J.A.Maffei, München, 1927, Fabr. Nr. 5672 für die Deutsche Reichsbahn, Bayr. Netz

Titelbild: Die großrädrige 18 458 (Bw Würzburg) verläßt um 1932 mit einem Schnellzug Würzburg-Hbf.          Foto: A. Ulmer, Slg: A. Braitmaier

Vorderer Vorsatz: 18 520 im Bauzustand der dreißiger Jahre nach einem Gemälde von Alfred Krause.          Slg: S. Lüdecke

Hinterer Vorsatz: 18 626 war gerade erst einen Monat mit ihrem neuen Kessel in Dienst, als sie am 18. März 1955 von Carl Bellingrodt in Passau aufgenommen wurde. Im Hintergrund das österreichische Krokodil 1189.07 in Richtung Wels ausfahrend.

ISBN 3-88255-118-6

**1** 18 505, eine der bis heute erhaltenen bayerischen S 3/6, war von 1955 bis 1967 bei der Lokomotiv-Versuchsanstalt Minden/Westf. eingesetzt. Wir sehen ihr markantes Gesicht anläßlich einer Meßfahrt am 12. Juni 1962 in Bebra.

Foto: H. Vaupel

Steffen Lüdecke

# Die Baureihe 18$^{4-6}$
# – Geschichte einer legendären Dampflokomotive

Eisenbahn-Kurier Verlag GmbH
Freiburg/Breisgau

**2** Am Bahnsteig in Augsburg-Hbf steht 18 502 (Bw Augsburg) am 12. Dezember 1951 zur Abfahrt bereit. Foto: DB

# Inhalt

# Vorwort

Bayerische S 3/6, Baureihe 18[4–6] – Bezeichnungen für eine ganz besondere Dampflokomotive. Fast 60 Jahre fuhr sie auf deutschen und zeitweilig auch auf französischen, belgischen, tschechischen und österreichischen Schienen, zog über Jahrzehnte hinweg Luxus- und Fernschnellzüge, war bei ihren Personalen beliebt wie kaum eine andere Baureihe und stellte für viele Freunde der Eisenbahn eine der formschönsten Lokomotiven dar, die je gebaut wurden. Bereits lange vor ihrer Außerdienststellung haftete ihr der Ruhm des Besonderen an, so daß wir mit dem Titel »Geschichte einer legendären Dampflokomotive« nicht zu weit gehen. Trotzdem stand von der ersten bis zur letzten Seite dieses Bandes das Bemühen an oberster Stelle, ihren Werdegang weitgehend unter Vernachlässigung persönlicher Begeisterung nachzuzeichnen, um ein möglichst objektives Bild entstehen zu lassen. Daneben wurde jedoch nicht versäumt, an geeigneter Stelle auch ihre Wirkung auf den Betrachter aufzunehmen.

Neben einer Reihe von Zeitschriftenartikeln ist bereits ein hervorragendes Buch über die S 3/6 erschienen:
Hoecherl/Kronawitter/Tausche: »S 3/6 – Star unter den Dampflokomotiven«.

Daneben behandelte Düring die Maschine innerhalb seines Werkes »Schnellzug-Dampflokomotiven der deutschen Länderbahnen 1907–1922« ausführlich. Warum also überhaupt noch ein weiteres Buch zur S 3/6? Wer sich einmal mit einem größeren eisenbahngeschichtlichen Thema befaßt hat, der weiß, wieviele Unterlagen bei intensiver Nachforschung zu Tage kommen, die es wert sind, in gedruckter Form wiedergegeben zu werden. Dies trifft bei der S 3/6 in ganz besonderem Maß zu, so daß es bei der Zusammenstellung dieses Bandes möglich gewesen wäre, die doppelte Seitenzahl zu füllen. Der erfreuliche Überfluß an interessantem Material und das nach wie vor lebhafte Interesse an der S 3/6 waren somit Anlaß zur Herausgabe des Buches, wobei unter Wahrung einer angestrebten Vollständigkeit versucht wurde, Wiederholungen weitgehend zu vermeiden. Dem Freund der S 3/6 sei daher empfohlen, die beiden o.g. Veröffentlichungen – sofern nicht schon geschehen – ebenfalls zu studieren.

Einen Schwerpunkt bildet der Betriebsdienst, der nach den Heimat-Betriebswerken aufgegliedert wurde. Bei aller Materialfülle war es freilich nicht möglich, für jede einzelne der 159 Lokomotiven einen lückenlosen Lebenslauf zu erstellen. Schwierig war auch die Auswertung der verschiedenen Quellen, die mitunter widersprüchliche Angaben lieferten. Ihre Richtigstellung orientierte sich in der Regel an denjenigen amtlichen Unterlagen, die sich in der Vergangenheit als die zuverlässigsten erwiesen haben. Erfreulicherweise bewegten sich die Unstimmigkeiten meist innerhalb geringer Grenzen. Bei aller Genauigkeit bei der Ausarbeitung von Stationierungslisten sollte es im übrigen als nicht zu wesentlich betrachtet werden, ob etwa 18 488 am 22. oder am 24. Oktober 1929 vom Bw Würzburg zum Bw Nürnberg-Hbf umbeheimatet worden ist …

Das vorliegende Buch sollte zunächst im Verlag W. Kohlhammer, Stuttgart, erscheinen. Bedauerlicherweise wurde jedoch kurz vor Drucklegung die dortige Eisenbahn-Edition eingestellt. Kurzfristig übernahm daher der Verlag Eisenbahn-Kurier GmbH, Freiburg, dankenswerterweise die Herausgabe des Bandes in seiner Reihe »Deutsche Lokomotiven«.

Mein herzlicher Dank gilt diversen Bundesbahnstellen, die mir Einsicht in ihre Unterlagen gewährten, sowie zahlreichen privaten Sammlern und Fotografen, die ihre Aufschreibungen und Bilder für diese Veröffentlichung bereitstellten. Sie bewahrten bereits vor Jahren unwiederbringliches Material und ermöglichten so diese umfassende Darstellung.

Besonders hervorzuheben sind Jürgen Schneider, Dr. Wolfgang Fiegenbaum, Dr. Albert Mühl und Johann B. Kronawitter, die in vielfältiger Weise an der Entstehung dieses Buches beteiligt sind.

Eine Vielzahl der Fotografien ist mehrere Jahrzehnte alt und kann den heutigen technischen Ansprüchen nicht genügen. Der von brillanten aktuellen Farbfotos verwöhnte Leser möge daher Verständnis haben, daß das vorliegende Buch kein Sammelwerk fotografischer Meisterleistungen sein kann und soll. Wenn dennoch bei nicht wenigen Bildern hohes Alter, Qualität und Ausdruckskraft zusammentreffen, so nötigt uns das großen Respekt vor der damaligen fotografischen Leistung ab. Erschwingliche, leistungsstarke Fotoapparate waren vor 50 Jahren noch keine Selbstverständlichkeit.

Die Bildauswahl richtete sich einerseits nach dem Seltenheitsgrad der Fotos, andererseits nach dem Bestreben, Unbekanntes zu veröffentlichen. Einige besonders schöne, jedoch andernorts bereits einmal erschienene Aufnahmen wurden bewußt nochmals aufgenommen, weil sie ganz einfach zu einer S 3/6-Darstellung gehören.

Ich wünsche nun erlebnisreiche Stunden bei der Wanderung durch sechs Jahrzehnte S 3/6-Geschichte.

Steffen Lüdecke
Pöcking, im Dezember 1984

**3** Morgens um 7.30 Uhr verläßt 18 481 mit mächtigem Dampfpilz den Bahnhof Lindau in Richtung Friedrichshafen (14. Oktober 1952). Foto: Dr. G. Scheingraber

# Entstehungsgeschichte

Die Königlich Bayerischen Staatseisenbahnen gehörten zu jenen Länderbahnen, deren Streckenverhältnisse an die Triebfahrzeuge besondere Ansprüche stellten. Linien mit ausgesprochenem Flachlandcharakter waren so gut wie nicht vorhanden, vielmehr hatten alle Hauptbahnen mehr oder weniger ausgedehnte Rampen aufzuweisen, deren Neigungen der Maßstab für die erforderliche Leistungsfähigkeit der zu planenden Lokomotiven waren. Selten allerdings sahen sich die K.B.St.B. in der Lage, Neukonstruktionen von angemessenen Dimensionen und ausreichender Stückzahl in Auftrag zu geben, die den Ansprüchen auf längere Sicht hätten genügen können. Dem stand die Sparsamkeit des Staatsministeriums und vor allem die meist schlechte Finanzlage des nur schwach industrialisierten und dünn besiedelten Bayern entgegen.

Die Entwicklung des Reisezugverkehrs, das Anwachsen der Zug- und Wagengewichte, sowie die steigende Tendenz der Fahrgeschwindigkeiten forderten zu Beginn des Jahrhunderts stärkere Maschinen. So entstanden ab 1903 insgesamt 39 Naßdampflokomotiven der Gattung S 3/5, ab 1906 weitere 30 Maschinen in Heißdampfausführung. Vorausgegangen waren 10 Exemplare S 2/5 (1904), denen allerdings trotz gut gelungener Konstruktion keine Chance zum Weiterbau beschieden war, da sie als Zweikuppler nur vor leichten Zügen eingesetzt werden konnten. Die S 3/5 N war für 300 t-Züge ausgelegt, ihre Heißdampfschwestern vermochten 350 t zu nehmen, auf günstigen Strecken auch 380–400 t. Auf den zahlreichen Linien mit 10 und 11‰-Steigungen reichten Kesselleistung und Zugkraft jedoch schon bald wieder nicht mehr aus. Um jene Zeit (1906/07) war in Baden die Atlantic-IId wegen des wachsenden Verkehrs zwischen Mannheim und Basel ebenfalls in schwierige Verhältnisse geraten, so daß sich die Großherzoglich Badische Staatsbahn in weitsichtiger Weise unter Umgehung der sonst fast überall üblichen 3/5-Type zum Bau einer 3/6-Pacific entschloß, die von J. A. Maffei im Jahr 1907 angeliefert wurde. Gegenüber der gut gelungenen IId zeigte diese IVf eine bedeutend höhere Leistungsfähigkeit, was die Aufmerksamkeit der K.B.St.B. erregte. Die Erfolge der Versuchsfahrten und im regulären Dienst waren so überzeugend, daß J. A. Maffei bald mit der Ausarbeitung des Entwurfs einer 3/6-Lokomotive für die K.B.St.B. beauftragt wurde, den die Firma im Sommer 1907 einreichte. Er sah eine Pacific mit Barrenrahmen, großem Kessel, breiter Feuerbüchse und reichlichem Rost vor, deren Treibraddurchmesser 70 mm mehr als bei der IVf, also 1870 mm betragen sollte. Der Bauzustand der bayerischen Hauptbahnen begrenzte den Achsdruck ebenfalls auf 16 t, weshalb es geschickter konstruktiver Arbeit bedurfte, um den Kessel in beabsichtigter Größe unterbringen zu können. Insgesamt lehnte sich der Entwurf stark an die badische IVf an, was auch bei der Betrachtung beider Reihen augenfällig wird. Der maschinentechnische Leiter der K.B.St.B., Ministerialrat von Biber, war von den Planungen überzeugt und beauftragte J. A. Maffei mit dem Bau.

Im Herbst 1907 begann die eigentliche Konstruktionsarbeit, die ihr unverwechselbares Gepräge durch Anton Hammel und Heinrich Leppla erhielt. Bereits am 16. Juli 1908 verließ die erste Lokomotive (Betriebsnummer 3601) das Werk, der vier Tage später die ockergelb lackierte S 3/6 3602 für die Ausstellung »München 1908« folgte, wo sie die Besucher durch ihre imposante Erscheinung und Formschönheit in Erstaunen versetzte.

Die K.B.St.B. hatten eine Maschine erhalten, der von Anfang an ein außerordentlicher Erfolg beschieden war. Sie erlangte nicht nur in ihrer engeren Heimat, sondern weit über die Grenzen hinweg Bekanntheit und war bei Eisenbahnern wie Freunden der Eisenbahn beliebt wie kaum eine andere Lokomotive. Sie wurde zu einer der erfolgreichsten Gattungen der K.B.St.B., aber nicht nur dort, sondern auch in der Reihe der ihr nachfolgenden Reichs- und Bundesbahnlokomotiven. Weder vor ihrer Zeit noch später beschaffte eine Bahnverwaltung eine Schnellzuglokomotive so lange nach wie im Fall der S 3/6: innerhalb von nicht weniger als 22 Jahren erschienen immer wieder verbesserte und verstärkte Serien, bis 1930 die endgültige Zahl von 159 Maschinen erreicht war. Dies allein spricht für ihre ausgezeichneten Eigenschaften, die von Serie zu Serie gehoben wurden, so daß die letzte Bauform die Leistung der ersten nennenswert übertraf, in Kohle- und Wasserverbrauch dagegen sparsamer war. Ein Musterbeispiel erfolgreicher Fortentwicklung!

Hören wir Baron Ludwig von Welser, lange Jahre bei J. A. Maffei tätig, in einem Bericht aus dem Jahr 1937 zu den Ausstellungslokomotiven S 3/6 3602 (München 1908) und S 3/6 3618 (Brüssel 1910):

»Schon 1908 in der Münchener Ausstellung von ihren Landsleuten mit Recht bestaunt und 1910 in Brüssel von aller Welt aufs neue bewundert, zog sie besonders auf dieser reich beschickten, internationalen Schau die Augen aller Besucher – Techniker und Laien – durch ihre prächtige Erscheinung auf sich. Machte sie schon in München im hellbraunen Anstrich, mit Messingbändern und dem Kgl. Bayerischen Wappen geziert, einen vorzüglichen Eindruck, so war das graublaue Gewand, das sie in Brüssel trug, im Verein mit den blanken Zierbändern, blanker kupferner Kaminkrone und der Neuartigkeit der ganzen Erscheinung noch in höherem Maß geeignet, den Beschauer durch vollendet schöne Konstruktionsformen und herrliches Gesamtbild zu erfreuen. Inmitten der deutschen Halle, umgeben von den preußischen und sächsischen zur Schau gestellten Typen, dominierte sie unbedingt und war beständig von interessierten Besuchern und Fragern umlagert.«

S 3/6 3601 wurde nach ihrer Anlieferung sofort den vorgesehenen Versuchsfahrten unterzogen, die insbesondere auf die Strecke München–Rosenheim–Salzburg führten. Mit der im Bauprogramm verlangten Belastung von 400 t konnten die vorgeschriebenen Zeiten mühelos eingehalten und zum Teil unterschritten werden. Die Lokomotive überzeugte vor allem durch die gute Verdampfungsleistung des Kessels, die nicht zuletzt im günstig dimensionierten Rost und der vorzüglichen Luftzuführung begründet lag. Sie war in der Lage, auf den zahlreichen 10‰-Steigungen, namentlich auf der langen Rampe Niederstraß–Lauter, bis zu 70 km/h zu fahren und erreichte bei gleicher Belastung auf 5‰ 90 km/h. Ihre vorgeschriebene Höchstgeschwindigkeit von 120 km/h wurde bei tadellosem Lauf erzielt, und sogar 135 km/h ließen den Kessel nicht ermüden. Solches Fahren gestatteten die Oberbauverhältnisse jedoch nur auf wenigen Streckenabschnitten, so daß im regelmäßigen Betrieb, auch wegen des Treibraddurchmessers von 1870 mm, 110 km/h vorerst die obere Grenze bilden mußten.

S 3/6 3601 erreichte mit ihren Versuchszügen Fahrzeiten, wie sie dreißig Jahre später von den schnellsten elektrisch geführten Planzügen gefahren wurden! Zur Feststellung ihrer zumutbaren Höchstleistung wurden Fahrten mit 412 t Belastung auf mehreren 10‰-Steigungen durchgeführt, wobei 70 km/h erzielt wurden, obwohl die Bremsen eines Wagens nicht einwandfrei gelöst waren. Auf der schwächeren Rampe Rosenheim–Grafing erreichte der Zug 96 km/h und auf der Rennstrecke Kirchseeon–München-Ost 135 km/h bei ruhigem Lauf. Bei alledem waren Kohle- und Dampfverbrauch für damalige Verhältnisse sehr günstig.

Anläßlich der Eröffnung der Tauernbahn im Jahr 1909 zog die Maschine, geführt von Lokführer Zuschanko, am 14. Juni und

7. Juli 1909 zwei Extrazugpaare (ohne Halt) zwischen München und Salzburg, deren Pläne und Fahrtverläufe nachfolgend wiedergegeben sind:

| | | | |
|---|---|---|---|
| München Hbf ab | 7.05 | Uhr | morgens |
| München Ost | 7.15½ | Uhr | |
| Grafing | 7.35½ | Uhr | |
| Rosenheim | 7.55½ | Uhr | (Durchfahrt um 7½ Min. zu früh) |
| Endorf | 8.11¾ | Uhr | (4,24 km fast durchweg 1:100) |
| Rimsting | 8.15¾ | Uhr | |
| Prien | 8.18½ | Uhr | (Durchfahrt um 11 Min. zu früh) |
| Übersee | 8.27¾ | Uhr | (lange 1:100-Steigungen) |
| Traunstein | 8.43 | Uhr | |
| Lauter | 8.49 | Uhr | |
| Teisendorf | 8.57 | Uhr | |
| Niederstraß | 9.04 | Uhr | |
| Freilassing | 9.06 | Uhr | |
| Salzburg | 9.12 | Uhr | (Ankunft um 12 Min. zu früh) |

| | | | |
|---|---|---|---|
| Salzburg ab | 7.05 | Uhr | abends |
| Freilassing | 7.16 | Uhr | |
| Niederstraß | 7.19½ | Uhr | |
| Teisendorf | 7.27½ | Uhr | (lange 1:100-Steigungen) |
| Lauter | 7.38 | Uhr | |
| Traunstein | 7.43½ | Uhr | |
| Übersee | 7.55 | Uhr | |
| Prien | 8.03¾ | Uhr | (1:100) |
| Rimsting | 8.07¼ | Uhr | |
| Endorf | 8.10½ | Uhr | |
| Rosenheim | 8.23¼ | Uhr | (1:200) |
| Grafing | 8.44 | Uhr | |
| Kirchseeon | 8.47¾ | Uhr | |
| München Ost | 9.02¾ | Uhr | |
| München Hbf | 9.10¾ | Uhr | |

(Fahrzeit Hinweg: 2 Stunden und 7 Minuten nach Plan, tatsächlich 1 Stunde und 55 Minuten; Fahrzeit Rückweg: 2 Stunden und 5 Minuten. – Im Winterfahrplan 1983/84 benötigte der D 261 »Rosenkavalier« zwischen München und Salzburg – ohne Halt – 1 Stunde und 34 Minuten.)

Baron von Welser berichtet von einer Fahrt mit dem D 50 im August 1908:
»Die Belastung betrug 412 t, die bestehende Verspätung wurde von Augsburg bis München leicht eingebracht und dabei zwischen Nannhofen und Lochhausen längere Zeit mit 100 bis 105 km/Std. gefahren. Sehr bemerkenswert und dortmals Verfasser sofort auffallend war das hohe Beschleunigungsvermögen beim Anfahren in Augsburg und nach einer Geschwindigkeitsreduktion auf ca. 20 km/Std. bei Haspelmoor, wobei sich die gegen die S 3/5 merklich höhere Anzugs- und Beschleunigungskraft deutlich bekundete. In München, nach der Ankunft, lobte der Führer die neue Maschine sehr und erklärte, daß sie ausgezeichnet Dampf mache und dabei gute Kohlenprämie ermögliche, außerdem auch ihr Lauf bei 100 km/Std. sehr ruhig und sicher sei.«

Im Herbst 1908 (30. Oktober bis 12. November) lieferte J.A. Maffei die restlichen fünf S 3/6 der ersten Serie, die – resultierend aus den Versuchsfahrten mit der Lokomotive 3601 – eine Reihe kleinerer Verbesserungen erfahren hatten, als deren wesentlichste die Anbringung seitlicher Zusatzluftkanäle am Aschkasten genannt sei, die auch bei Verfeuerung wenig stückreicher Kohle noch eine ausreichende Verdampfungsleistung gewährleisteten.

Bei Maffei herrschte freudige Genugtuung über den großen Erfolg, den die Firma mit der neuen Maschine erzielt hatte. Das Konstruktionsbüro hätte jedoch gewünscht, das Reibungsgewicht höher ausführen zu können, um den Lokführern die Mög-

**4** S 3/6 3601, Ahnherrin einer berühmten Baureihe, im Jahr 1909 in Regensburg. Zylinder- und Kesselbekleidungsbleche sind spiegelblank.
Foto: Kappelmaier, Slg: C. Asmus

lichkeit zu geben, sowohl beim Anfahren als auch auf Steigungen energischer vorzugehen. Man war sich von vornherein darüber klar, daß die Achslast von 16 t bei den weiter steigenden Zuggewichten und der zu erwartenden Straffung der Fahrzeiten bald nicht mehr genügen würde, doch der Zustand von Oberbau und Brücken schob vorerst einen Riegel vor eine Erhöhung des Gewichtes. Erst im Jahr 1915 wurden 17 t zugelassen, was auch ab der Serie S 3/6 i (Betriebsnummern 3650 ff.) sofort seinen Niederschlag fand.

Im September 1908 erhielt J. A. Maffei eine Nachbestellung von 10 S 3/6 (3608–3617), deren Bau sich einer Serie von 10 bereits in Arbeit befindlichen S 3/5 anschloß. Sie wurden vom 1. September bis 3. November 1909 abgeliefert. Im Jahre 1910 verließ nur S 3/6 3618 das Werk, die für die Weltausstellung in Brüssel einen graublauen Anstrich erhalten hatte. Weitere fünf S 3/6 (3619–3623) sollten erst bis Juli 1911 geliefert werden, doch zwang der dringende Fahrzeugbedarf für den Pfingstverkehr, die Maschinen beschleunigt fertigzustellen, was auch in Rekordzeit geschah. Kaum waren sie der Staatsbahn übergeben, mußten sie ohne Einlauffahrten im Schnellzugdienst mitwirken. S 3/6 3621 wurde bereits am Tag nach ihrer Lieferung in Kufstein mit einem D-Zug einfahrend beobachtet.

Infolge Geldmangels und der Notwendigkeit, auch neue Fahrzeuge für den Güterzugdienst zu beschaffen (G 5/5), kam es erst im Dezember 1911 zu neuen S 3/6-Aufträgen. Es waren dies die Lokomotiven der Serien d und e mit 2000 mm Treibraddurchmesser, die sogenannten Großrädrigen oder, wie sie in ihrer Heimat genannt wurden, die »Hochhaxigen« oder »Langhaxeten«. Ihre Entstehung erklärt sich wie folgt:

In den Jahren 1911/12 führten die K.B.St.B. zwei besonders schnelle Zugpaare ein, die die Strecken München–Nürnberg (199 km) in 2 Std. 15 Min. und München–Würzburg (277 km) in 3 Std. 20 Min. mit Grundgeschwindigkeiten von 90–100 km/h und Höchstgeschwindigkeiten von 110–115 km/h ohne Halt zurücklegen sollten. Es waren dies:

D 57/58 München–Cöln–Hamburg/Bremen
D 79/80 München–Berlin

Die bisher ausgelieferten S 3/6 waren für diese Züge, wie zu erwarten, nicht ohne Bedenken zu verwenden, da die Schmiervorrichtungen an Triebwerk und Steuerung für Langläufe nur knapp ausreichten und vor allem der Raddurchmesser von 1870 mm eine zu hohe Drehzahl bedingte. Bereits bei einer der ersten Fahrten des D 57 nach Würzburg trat an der Niederdrucksteuerung der Lokomotive infolge Ölmangels ein Schaden ein, der zum Abspannen führte. Da überdies die Hochdruck-Treibstangenlager an der Kropfachse an heißen Tagen zum Warmlaufen neigten und eine zu große Abnutzung des gesamten Triebwerks zu erwarten war, lag es nahe, eine Anzahl S 3/6 mit größerem Treibraddurchmesser herzustellen und damit Lokomotiven für schnelle Langläufe zu schaffen. Für die Fahrt nach Würzburg (mehr noch auf dem Rückweg) konnten 26 m³ Tenderwasser nicht ausreichen und erst recht war der neue Durchlauf Nürnberg–Halle (314 km) mit den bisherigen Vorräten ohne Zwischenwassern nicht möglich. Es wurde daher gleichzeitig ein neuer Tender mit 32 m³ Wasser und 8 t Kohle entworfen, den Maffei in einigen Exemplaren noch vor den großrädrigen Lokomotiven im Juni/Juli 1911 lieferte. So kamen die ersten Langlaufmaschinen mit der bisherigen Tenderbauart (26 m³ Wasser) zur Anlieferung, erhielten aber sofort die bereits gelieferten 32er, mit denen inzwischen diejenigen S 3/6 ausgerüstet waren, die die non-stop-Züge nach Nürnberg und Würzburg geführt hatten.

Die im Jahr 1912 gebauten großrädrigen S 3/6 (3624–3641) erwiesen sich als ausgezeichnete Läufer und erfüllten die Anforderungen vollauf. Ihr äußeres Erscheinungsbild, geprägt durch größere Treib- und Kuppelräder und eine größere Gesamtlänge, machte sie zu *den* Schnellzuglokomotiven der

5   Die im Jahr 1912 gebauten S 3/6 mit 2000 mm Treibraddurchmesser wurden als ausgezeichnete Läufer zunächst auf den Strecken München–Würzburg, München–Nürnberg–Halle und Nürnberg–Lindau vor schnellen Reisezügen mit wenigen Unterwegshalten eingesetzt. Im Bild S 3/6 3638 von der Betriebswerkstätte Nürnberg-Hbf um 1913 im Münchener Centralbahnhof. Der Meister steht stolz vor seiner noch fast neuen Maschine.                    Slg: Deutsches Museum München

K.B.St.B. Die letzte Lokomotive dieser Serie (3641) konnte wegen des versuchsweisen Einbaus eines Riegerschen Vorwärmers erst am 21. Januar 1913 abgeliefert werden.

Um die Jahreswende 1913/14 kamen wieder drei S 3/6 zur Auslieferung (Serie f, 3642–3644), die – abgesehen von kleineren Verbesserungen – weitgehend mit den ersten 23 Maschinen übereinstimmten, jedoch als erste S 3/6 mit Speisewasservorwärmer und zugehöriger Pumpe ausgestattet waren. Dadurch wuchs das Reibungsgewicht und ergab den willkommenen Wert von 16,4 t pro gekuppelte Achse. Ihre Tender waren zwecks ruhigeren Laufs bei abnehmenden Vorräten statt des hinteren Drehgestells mit zwei fest im Rahmen gelagerten Achsen versehen (wie auch die Langlauftender der großrädrigen S 3/6).

Im Frühjahr 1914 beschafften die K.B.St.B. für ihr Pfälzer Netz 10 S 3/6 (Betriebsnummern 341–350), deren Radstand wegen kleinerer Drehscheibenlängen um 17,5 cm kürzer war als bei den vorangegangenen kleinrädrigen Bauserien. Darüberhinaus wich die Form des Kamins ebenfalls von den bisherigen Gepflogenheiten ab. Die Anlieferung erfolgte zwischen 5. März und 6. Mai 1914. Ende Mai gingen wiederum fünf neue S 3/6 (3645–3649) an das rechtsrheinische bayerische Netz, womit die Beschaffung der Maschinen mit 16 t Achsdruck abgeschlossen war.

Während des Ersten Weltkrieges wurden 30 S 3/6 gebaut (Betriebsnummern 3650–3679), deren Achsdruck nun 17 t betrug. Die kriegsbedingt eingebauten Eisen- statt Kupferfeuerbüchsen machten die Anbringung von Ballastgewichten notwendig, um das erforderliche Gesamtgewicht zu erzielen. Die Serie war erst kurze Zeit vollzählig in Betrieb, als nach Ende des

6  Eine S 3/6 der ersten Lieferungen passiert um 1926 einen Bahnübergang nahe Forchheim.

7  FD 80 Berlin–München in voller Fahrt bei Forchheim um 1929. Die führende großrädrige 18⁴ besitzt zwar schon Reichsbahnnummer, jedoch noch keine Windleitbleche.
Fotos: Slg. C. Asmus

11

Krieges die Ablieferung zahlreicher Lokomotiven an die Entente deutliche Lücken riß. Nachdem der Verkehr wieder in Gang gekommen war, mußte die neugegründete Deutsche Reichsbahn zunächst für die Aufstockung ihres Personen- und Güterzuglokbestandes sorgen, der unter den Abgaben noch stärker gelitten hatte. Daher kam es erst 1923/24 zu weiteren S 3/6-Lieferungen (Betriebsnummern 3680–3709), die nun von der »Zweigstelle Bayern« (München) im Reichs-Verkehrsministerium beschafft wurden. Die Leistungsfähigkeit dieser Maschinen war durch den Einbau eines größeren Überhitzers nochmals angewachsen, außerdem hatte man aus Gewichtsgründen stärkere Kesselbleche verwendet, so daß der Achsdruck auf 17,7 t anstieg und nunmehr die Führung von 500 t-Zügen über 10‰-Steigungen sicher ermöglichte. Der Bau dieser Lieferung verursachte wegen der Besetzung des Ruhrgebietes durch Frankreich große Probleme. Man war gezwungen, Rohmaterial und Halbfabrikate für den größeren Teil der Serie aus dem Ausland zu beziehen, so z. B. Kesselbleche aus England, Radreifen und Tragfedern aus Böhmen (Skoda, Witkowitz), Achsen, Radsterne, Mittel- und Feinbleche aus Österreich (Ternitz, Kapfenberg, Fohnsdorf), sowie diverse Stahlgußteile von Fischer aus Schaffhausen. Daß diese Art von Beschaffung zeitraubend und kostspielig war, versteht sich von selbst.

Der zunehmende Verkehr und vor allem das Bestreben, die Fahrzeiten weiter zu kürzen, veranlaßten die DRG, ab 1926 nochmals S 3/6 zu bestellen (Betriebsnummern 18509 ff.). Die Beschaffung der neuen Einheitslokomotiven hatte bisher nur Teilbereiche des Betriebes erreicht und noch keine Schnellzuglokomotive von mittlerem Achsdruck gebracht. So verließen tatsächlich noch im Jahr 1930, also 10 Jahre nach Auflösung der Länderbahnen, bayerische Schnellzuglokomotiven für die Reichsbahn fabrikneu die Herstellerwerke (Betriebsnummern 18529–548).

Ohne sich der Gefahr der Übertreibung auszusetzen, darf festgestellt werden, daß diese Maschinen zur Krönung des bayerischen Lokomotivbaus gehörten, wenn man Wirtschaftlichkeit und Beliebtheit beim Personal als Gradmesser annimmt. Sie hatten lediglich geringfügige Änderungen gegenüber ihren bis 1924 gelieferten Vorgängerinnen erfahren, als da sind höherer Kessel- und Achsdruck, größere Hochdruckzylinder und teilweise Vier- statt Sechspunktabstützung. Damit verfügten die Lokomotiven über eine effektive Leistung am Zughaken von 1805 PS, die allerdings, wie auch bei allen älteren S 3/6, dank günstiger Kesseldimensionen kurzzeitig drastisch gesteigert werden konnte. Die hervorragende Luftzuführung durch den Aschkasten bewahrte den Rost vor frühzeitiger Verschlackung und damit das Personal vor sinkendem Kesseldruck, womit ein verschärftes Fahren zum Hereinholen von Verspätungen auch nach längerer Fahrtstrecke oder ein besonders energisches Angehen von Steigungsstrecken ermöglicht wurde. Diese Vorzüge können erst richtig bewertet werden, wenn man bedenkt, daß nur wenige der viel jüngeren Reichs- und Bundesbahnlokomotiven solche Eigenschaften für sich verbuchen konnten.

Die Schilderung einer Versuchsfahrt von München nach Nürn-

**8** 18538 gehörte zur letzten S 3/6-Lieferung aus dem Jahr 1930. Das Werkbild ihrer Herstellerfirma Henschel und Sohn, Kassel, zeigt sie im Fotografieranstrich. Slg: VMN

**9** Im Jahr 1927 war die Münchener 18 518 für Versuchsfahrten beim LVA Grunewald in Berlin. Die Lokomotive ist mit zahlreichen Meßeinrichtungen ausgerüstet. Foto: Dr. R. Kallmünzer, Slg: H. Koppisch

berg und zurück am 27. März 1927, an der Vertreter verschiedener Reichsbahnstellen und Lokomotivfabriken teilnahmen, soll die enorme Elastizität des S 3/6-Kessels belegen. Baron von Welser berichtet:

»Bei dieser Hauptversuchsfahrt nach Nürnberg und zurück im März 1927 betrug auf dem Hinweg die Belastung 617 t, wobei sich zeigte, daß die Leistung der Maschine, es war die 18 518, noch keineswegs erschöpft war. Es wurde daher für die Rückfahrt, obzwar dieselbe sich in fast durchwegs steigender Strecke vollzog und im Jura die lange 7‰-Steigung von Treuchtlingen bis Fünfstetten bzw. Nußbühl zu überwinden war, noch ein Wagen angehängt, wodurch die Belastung auf 656 t anstieg! Nichtsdestoweniger vermochte die Maschine den schweren Zug in der vorgeschriebenen Zeit über die ganze Strecke zu bringen, sie übertraf sich selbst und erreichte München in einem Zustand, welcher Fortsetzung der Fahrt ohne weiteres gestattet hätte! Um die Maschine möglichst anzustrengen, wurde in Treuchtlingen angehalten, so daß der sehr schwere Zug vom Stillstand aus auf der sogleich ansteigenden Strecke zu beschleunigen war, mit dem Ergebnis, daß Möhren mit 72 km/h passiert wurde, welches Tempo bis zum Brechpunkt beibehalten wurde; dabei hatte die Füllung im Niederdruckzylinder 75% betragen. Eine ungewöhnliche, eine ganz außerordentliche Leistung! Sie entspricht ungefähr 2400 PSi und bei n = 80% einer effektiven Leistung von ca. 2000 PS. Der Kessel lieferte unerschöpflich Dampf, der Kohlenverbrauch betrug für die ganze Fahrt von Nürnberg bis München ca. 5 t, also etwa 25 kg/km und ist für die vorliegende Leistung nicht als übermäßig zu bezeichnen. Die Maschine war also keineswegs überanstrengt. Das Tenderwasser, 27 cbm, reichte natürlich bei solcher Belastung und Geschwindigkeit nicht für die ganze Strecke aus, es wurden daher in Augsburg 10 cbm gefaßt. Wie in Treuchtlingen, so wurde auch in Donauwörth gehalten und aus dem Stillstand angefahren. Trotzdem betrug die Geschwindigkeit bei der Durchfahrt der ersten Station (Bäumenheim)

bereits 90 km/h, worauf in Mertingen bereits 102 km/h erreicht waren und dieses Tempo sank bis Oberhausen trotz ständig zunehmender Steigung nicht unter 100 km/h, abermals eine Bravourleistung! Auf der Weiterfahrt nach München verursachten mehrfache Streckenumbauten Fahrtbehinderung. Hochzoll wurde mit 95 km/h durchfahren, in Mering mußte bis auf 45 km/h heruntergegangen werden; sodann wurde bis Nannhofen mit 100–115 km/h gefahren und nach neuerlichen Baustellen 90 bis 100 km/h bis Pasing eingehalten.«

Planung und Bau der S 3/6 lagen von Anfang an in Händen der traditionsreichen Lokomotivfabrik J. A. Maffei. Als das Werk Ende der zwanziger Jahre in der schweren Zeit der weltweiten Wirtschaftskrise in immer größere Schwierigkeiten geriet und zudem bei der Vergabe des Einheitslokbaus infolge eines nach Meinung nicht weniger bayerischer Eisenbahner und Lokomotivfabriksangehöriger ungerechten Verteilungsschlüssels nahezu leer ausging, stand der Bankrott vor der Tür. 18 529 und 530 wurden daher zu den letzten Maffei-S 3/6 und zugleich zu den letzten überhaupt dort gebauten Lokomotiven. Sie wurden am 25. Juli und 27. August 1930 angeliefert und trugen – gewissermaßen symbolisch das Ende ihres berühmten Herstellerwerkes anzeigend – als erste S 3/6 das schwarze Reichsbahnkleid, bevor J. A. Maffei durch Fusion mit Krauß & Co. in der neuen Lokomotivfabrik Krauß-Maffei aufging.

Die letzten 18 S 3/6 (Betriebsnummern 18 531–548) wurden von Henschel u. Sohn, Kassel, nach Plänen von J. A. Maffei, die die Firma lieferte, im Jahr 1930 hergestellt.

Anton Hammel und Heinrich Leppla sind die Väter einer langen Reihe bewährter bayerischer Lokomotiven, als deren berühmteste die S 3/6 in die Geschichte einging. Die von ihnen geschaffenen Maschinen zeigten nicht nur ihren Sinn für Erfordernisse der Praxis und solide Konstruktionsarbeit, sondern auch ausgesprochene Formschönheit, womit eine in Deutschland beispiellose Synthese entstanden war. Ihrer beider Namen sei daher an dieser Stelle ganz besonders gedacht.

## Baudaten, Anlieferung, Abnahme, Erstzuteilung, Ausmusterung, Verschrottung

| K.B.St.B. Nummer | DR/DB Nummer | Hersteller | Fabrik-Nr. | Bau-jahr | An-lieferung | Abnahme | Erstzuteilung | Ab-stellung *) | Aus-musterung | letztes Bw (als Betriebslok) | Verschrottung | Bemerkung |
|---|---|---|---|---|---|---|---|---|---|---|---|---|
| 3601 | 18 401 | J. A. Maffei | 3016 | 1908 | 16.07.08 | 24.11.08 | München I | 15.10.46 | 21.04.49 | Bamberg | Pressig-Rothenkirchen 1949 | |
| 3602 | – | J. A. Maffei | 3017 | 1908 | 20.07.08 | 08 | München I | | 1946 | SNCF | | ETAT 231-981 |
| 3603 | 18 402 | J. A. Maffei | 3018 | 1908 | 30.10.08 | 08 | München I | | 21.04.49 | Hof | | |
| 3604 | 18 403 | J. A. Maffei | 3019 | 1908 | 31.10.08 | 25.11.08 | München I | | 04.05.46 | Hof | Pressig-Rothenkirchen 1946 | |
| 3605 | – | J. A. Maffei | 3020 | 1908 | 04.11.08 | 08 | München I | | 1945 | SNCF | | ETAT 231-982 |
| 3606 | 18 404 | J. A. Maffei | 3021 | 1908 | 07.11.08 | 02.12.08 | München I | 08.04.45 | 21.04.49 | Hof | | |
| 3607 | 18 405 | J. A. Maffei | 3022 | 1908 | 12.11.08 | 23.12.08 | München I | 23.02.47 | 14.08.50 | Bamberg | Desching 1952 | |
| 3608 | 18 406 | J. A. Maffei | 3088 | 1909 | 01.09.09 | 10.09.09 | München I[1] | 01.45 | 21.04.49 | Treuchtlingen | | |
| 3609 | 18 407 | J. A. Maffei | 3089 | 1909 | 07.09.09 | 09 | München I | vor 09.47 | 14.08.50 | Treuchtlingen | Desching 51/52 | |
| 3610 | 18 408 | J. A. Maffei | 3090 | 1909 | 13.09.09 | 27.09.09 | München I | 23.02.47 | 14.08.50 | Bamberg | Desching 1952 | |
| 3611 | 18 409 | J. A. Maffei | 3091 | 1909 | 16.09.09 | 26.09.09 | München I | 29.11.48 | 14.08.50 | Hof | | |
| 3612 | 18 410 | J. A. Maffei | 3092 | 1909 | 21.09.09 | 30.09.09 | München I | 45 | 21.04.49 | Hof | | |
| 3613 | 18 411 | J. A. Maffei | 3093 | 1909 | 28.09.09 | 20.10.09 | München I | | 13.12.50 | Hof | | |
| 3614 | 18 412 | J. A. Maffei | 3094 | 1909 | 06.10.09 | 09 | München I | | 14.08.50 | Hof | | |
| 3615 | 18 413 | J. A. Maffei | 3095 | 1909 | 16.10.09 | 23.10.09 | München I | | 19.08.46 | Bamberg | | |
| 3616 | 18 414 | J. A. Maffei | 3096 | 1909 | 28.10.09 | 15.11.09 | München I | | 29.01.46 | München-Hbf | Bw München-Hbf 1948 | |
| 3617 | 18 415 | J. A. Maffei | 3097 | 1909 | 03.11.09 | 17.11.09 | München I[2] | 08.08.47 | 14.08.50 | Bamberg | Desching | |
| 3618 | – | J. A. Maffei | 3142 | 1910 | | 04.11 | München I | | 1949 | SNCF | | ETAT 231-983 |
| 3619 | 18 416 | J. A. Maffei | 3156 | 1911 | 11.05.11 | 24.05.11 | München I | | 14.08.50 | Regensburg | | |
| 3620 | – | J. A. Maffei | 3157 | 1911 | 16.05.11 | 11 | München I | | 1923/24 | SNCB | | EB 5920 |
| 3621 | 18 417 | J. A. Maffei | 3158 | 1911 | 24.05.11 | 31.05.11 | München I | | 14.08.50 | Regensburg | | |
| 3622 | – | J. A. Maffei | 3159 | 1911 | 27.05.11 | 11 | München I | | 1949 | SNCF | | ETAT 231-984 |
| 3623 | 18 418 | J. A. Maffei | 3160 | 1911 | 22.06.11 | 10.07.11 | München I | 01.03.45 | 21.04.49 | Treuchtlingen | Desching | |
| 3642 | 18 419 | J. A. Maffei | 3449 | 1913 | 31.12.13 | 21.01.14 | München I | | 14.08.50 | Hof | | |
| 3643 | 18 420 | J. A. Maffei | 3450 | 1914 | 08.01.14 | 02.02.14 | München I | | 01.09.49 | Regensburg | | |
| 3644 | 18 421 | J. A. Maffei | 3451 | 1914 | 31.01.14 | 07.02.14 | München I | 26.02.50 | 14.08.50 | Bamberg | Desching 1952 | Als 18 478 Museumslok |
| 3645 | 18 422 | J. A. Maffei | 3482 | 1914 | 18.05.14 | 27.05.14 | München I | | 01.09.49 | München-Hbf | | |
| 3646 | – | J. A. Maffei | 3483 | 1914 | 19.05.14 | 14 | München I | | 1923/24 | SNCB | | EB 5946 |
| 3647 | 18 423 | J. A. Maffei | 3484 | 1914 | 23.05.14 | 14 | München I | | 21.04.49 | München-Hbf | München 1949 | |
| 3648 | 18 424 | J. A. Maffei | 3485 | 1914 | 28.05.14 | 14 | München I | | 14.08.50 | Treuchtlingen | Desching 51/52 | |
| 3649 | – | J. A. Maffei | 3486 | 1914 | 29.05.14 | 14 | München I | | 1923/24 | SNCB | | EB 5949 |

[1] andere Quelle: Regensburg    [2] andere Quelle: Nürnberg-Hbf    *) Als Datum wurde entweder die Z-Stellung oder die möglicherweise schon vorher erfolgte Abstellung angegeben.

## Baudaten, Anlieferung, Abnahme, Erstzuteilung, Ausmusterung, Verschrottung

| K.B.St.B. Nummer | DR/DB Nummer | Hersteller | Fabrik-Nr. | Bau-jahr | An-lieferung | Abnahme | Erstzuteilung | Ab-stellung *) | Aus-musterung | letztes Bw (als Betriebslok) | Verschrottung | Bemerkung |
|---|---|---|---|---|---|---|---|---|---|---|---|---|
| 341 | 18 425 | J. A. Maffei | 3439 | 1914 | 05.03.14 | 14 | Ludwigshafen | 10.44 | 18.04.47 | München-Hbf | | |
| 342 | 18 426 | J. A. Maffei | 3440 | 1914 | 06.03.14 | 24.04.14 | Ludwigshafen[1] | 44/45 | 20.09.48 | Regensburg | Ingolstadt 1949 | |
| 343 | 18 427 | J. A. Maffei | 3441 | 1914 | 07.03.14 | 09.03.14 | Ludwigshafen | | 14.08.50 | Treuchtlingen | | |
| 344 | 18 428 | J. A. Maffei | 3442 | 1914 | 13.03.14 | 14.03.14 | Ludwigshafen | 22.02.45 | 15.12.45 | Nürnberg-Hbf | RAW Nürnberg | |
| 345 | 18 429 | J. A. Maffei | 3443 | 1914 | 31.03.14 | 01.04.14 | München I | 23.06.46 | 21.04.49 | Bamberg | Pressig-Rothenkirchen 1949 | |
| 346 | 18 430 | J. A. Maffei | 3444 | 1914 | 13.04.14 | 17.04.14 | ED München | 09.08.49 | 14.08.50 | Bamberg | Desching 1951 | |
| 347 | 18 431 | J. A. Maffei | 3445 | 1914 | 23.04.14 | 14 | Ludwigshafen | 06.45 | 14.08.50 | Hof | | |
| 348 | 18 432 | J. A. Maffei | 3446 | 1914 | 23.04.14 | 14 | Ludwigshafen | vor 09.47 | 14.08.50 | Treuchtlingen | Desching 51/52 | |
| 349 | 18 433 | J. A. Maffei | 3447 | 1914 | 29.04.14 | 04.14 | Ludwigshafen | 27.09.49 | 14.08.50 | München-Hbf | Desching 51/52 | |
| 350 | 18 434 | J. A. Maffei | 3448 | 1914 | 06.05.14 | 06.05.14 | Ludwigshafen | 47 | 14.08.50 | Dresden-Alt. | Desching 1952 | |
| 3624 | 18 441 | J. A. Maffei | 3305 | 1912 | 22.03.12 | 05.05.12 | Nürnberg-Hbf | 01.01.47 | 14.08.50 | Nürnberg-Hbf | Desching 1952 | |
| 3625 | 18 442 | J. A. Maffei | 3306 | 1912 | 27.03.12 | 16.04.12 | Nürnberg-Hbf | 20.03.47 | 21.04.49 | Nürnberg-Hbf | EAW Schwerte | |
| 3626 | 18 443 | J. A. Maffei | 3307 | 1912 | 01.04.12 | 13.04.12 | Nürnberg-Hbf | 20.03.47 | 21.04.49 | Nürnberg-Hbf | EAW Schwerte | |
| 3627 | 18 444 | J. A. Maffei | 3308 | 1912 | 12.04.12 | 27.04.12 | Nürnberg-Hbf | | 14.08.50 | Hof | Straubing 1966 | |
| 3628 | 18 445 | J. A. Maffei | 3309 | 1912 | 24.04.12 | 12 | München I | | 04.08.49 | Kempten | | |
| 3629 | 18 446 | J. A. Maffei | 3310 | 1912 | 30.04.12 | 14.05.12 | München I | 08.48 | 04.08.49 | Kempten | | |
| 3630 | 18 447 | J. A. Maffei | 3311 | 1912 | 13.05.12 | 12 | München I | | 04.08.49 | ED Augsburg | | |
| 3631 | 18 448 | J. A. Maffei | 3312 | 1912 | 21.05.12 | 12 | München I | | 14.11.51 | Augsburg | | |
| 3632 | 18 449 | J. A. Maffei | 3313 | 1912 | 24.05.12 | 08.06.12 | München I | | 13.12.50 | Regensburg | | |
| 3633 | 18 450 | J. A. Maffei | 3314 | 1912 | 14.08.12 | 02.10.12 | München I | 13.03.47 | 14.08.50 | Bamberg | Desching 1952 | |
| 3634 | 18 451 | J. A. Maffei | 3315 | 1912 | 23.08.12 | 30.09.12 | München I | 05.04.52 | 18.10.54 | Minden | – | Museumslok |
| 3635 | 18 452 | J. A. Maffei | 3316 | 1912 | 31.08.12 | 02.10.12 | München I | | 04.08.49 | ED Augsburg | | |
| 3636 | 18 453 | J. A. Maffei | 3317 | 1912 | 13.09.12 | 23.09.12 | München I | 08.04.45 | 14.08.50 | Nürnberg-Hbf | Desching 1952 | |
| 3637 | 18 454 | J. A. Maffei | 3318 | 1912 | 20.09.12 | 23.10.12 | Nürnberg-Hbf[2] | 01.04.48 | 14.08.50 | Nürnberg-Hbf | Desching | |
| 3638 | 18 455 | J. A. Maffei | 3319 | 1912 | 08.10.12 | 10.10.12 | Nürnberg-Hbf[2] | 02.02.45 | 14.08.50 | Nürnberg-Hbf | Desching 1952 | |
| 3639 | 18 456 | J. A. Maffei | 3320 | 1912 | 16.10.12 | 30.10.12 | Nürnberg-Hbf | vor 06.47 | 21.04.49 | Nürnberg-Hbf | EAW Schwerte | |
| 3640 | 18 457 | J. A. Maffei | 3321 | 1912 | 30.11.12 | 13.12.12 | Nürnberg-Hbf[2] | 13.03.47 | 14.08.50 | Bamberg | Desching 1952 | |
| 3641 | 18 458 | J. A. Maffei | 3322 | 1913 | 21.01.13 | 18.02.13 | Nürnberg-Hbf[2] | 01.46 | 14.08.50 | Nürnberg-Hbf | Desching | |
| 3650 | 18 461 | J. A. Maffei | 4513 | 1915 | 27.03.15 | 12.04.15 | München I | 27.06.54 | 18.10.54 | Neu-Ulm | Desching 1956 | |
| 3651 | 18 462 | J. A. Maffei | 4514 | 1915 | 31.03.15 | 01.05.15 | | 28.11.57 | 25.04.58 | Augsburg | | |
| 3652 | 18 463 | J. A. Maffei | 4515 | 1915 | 10.04.15 | 23.04.15 | München I | 02.07.54 | 18.10.54 | Neu-Ulm | Desching 57/58 | |

[1] vor Abnahme bei Bw München I    [2] andere Quelle: München I    *) Als Datum wurde entweder die Z-Stellung oder die möglicherweise schon vorher erfolgte Abstellung angegeben.

## Baudaten, Anlieferung, Abnahme, Erstzuteilung, Ausmusterung, Verschrottung

| K.B.St.B Nummer | DR/DB Nummer | Hersteller | Fabrik-Nr. | Bau-jahr | An-lieferung | Abnahme | Erstzuteilung | Ab-stellung *) | Aus-musterung | letztes Bw (als Betriebslok) | Verschrottung | Bemerkung |
|---|---|---|---|---|---|---|---|---|---|---|---|---|
| 3653 | 18 464 | J.A. Maffei | 4516 | 1915 | 19.04.15 | 15 | München I | 14.01.55 | 18.03.55 | Neu-Ulm | Desching | |
| 3654 | 18 465 | J.A. Maffei | 4517 | 1915 | 01.05.15 | 14.05.15 | Nürnberg-Hbf | 17.10.55 | 18.04.56 | Augsburg | | |
| 3655 | 18 466 | J.A. Maffei | 4518 | 1917 | 26.10.17 | 03.11.17 | Nürnberg-Hbf | 01.10.55 | 02.11.55 | Neu-Ulm | Desching | |
| 3656 | 18 467 | J.A. Maffei | 4519 | 1917 | 14.11.17 | 17 | | 04.01.55 | 18.03.55 | Neu-Ulm | | |
| 3657 | 18 468 | J.A. Maffei | 4520 | 1917 | 28.11.17 | 04.12.17 | München I | | 09.11.53 | Neu-Ulm | | |
| 3658 | 18 469 | J.A. Maffei | 4521 | 1917 | 12.12.17 | 20.12.17 | München I | 10.55 | 02.11.55 | Augsburg | Desching 1956 | |
| 3659 | 18 470 | J.A. Maffei | 4522 | 1917 | 27.12.17 | | München I | 10.01.57 | 14.03.57 | Ulm | | |
| 3660 | 18 471 | J.A. Maffei | 4523 | 1918 | 12.01.18 | 18 | München I | | 30.04.59 | Augsburg | | |
| 3661 | 18 472 | J.A. Maffei | 4524 | 1918 | 21.01.18 | 01.02.18 | München I | 06.58 | 30.04.59 | Augsburg | | |
| 3662 | 18 473 | J.A. Maffei | 4525 | 1918 | 11.02.18 | 18 | München I | 08.08.58 | 30.04.59 | Ulm | | |
| 3663 | 18 474 | J.A. Maffei | 4526 | 1918 | 26.02.18 | 18 | München I | | 20.09.48 | Nürnberg-Hbf | | |
| 3664 | 18 475 | J.A. Maffei | 4527 | 1918 | 20.03.18 | 26.03.18 | | 12.01.55 | 18.03.55 | Augsburg | | |
| 3665 | – | J.A. Maffei | 4528 | 1918 | 17.04.18 | 18 | | | 1946 | SNCF | | ETAT 231-985 |
| 3666 | – | J.A. Maffei | 4529 | 1918 | 24.06.18 | 18 | | | 1946 | SNCF | | ETAT 231-986 |
| 3667 | 18 476 | J.A. Maffei | 4530 | 1918 | 27.06.18 | 18 | | | 28.05.54 | Augsburg | | |
| 3668 | – | J.A. Maffei | 4531 | 1918 | 02.07.18 | 18 | | | 1945 | SNCF | | ETAT 231-987 |
| 3669 | – | J.A. Maffei | 4532 | 1918 | 08.07.18 | 18 | | | 1945 | SNCF | | ETAT 231-988 |
| 3670 | – | J.A. Maffei | 4533 | 1918 | 12.07.18 | 18 | | | 1949 | SNCF | | ETAT 231-989 |
| 3671 | 18 477 | J.A. Maffei | 4534 | 1918 | 18.07.18 | 18 | München I | | 28.05.54 | Lindau | | |
| 3672 | – | J.A. Maffei | 4535 | 1918 | 24.07.18 | 18 | | | 1945 | SNCF | | ETAT 231-990 |
| 3673 | 18 478 | J.A. Maffei | 4536 | 1918 | 29.07.18 | 01.08.18 | | 13.04.59 | 14.07.60 | Ulm | – | Museumslok |
| 3674 | – | J.A. Maffei | 4537 | 1918 | 31.07.18 | 18 | | | 1945 | SNCF | | ETAT 231-991 |
| 3675 | – | J.A. Maffei | 4538 | 1918 | 06.08.18 | 18 | | | ~50 | SNCF | | ETAT 231-992 |
| 3676 | – | J.A. Maffei | 4539 | 1918 | 10.08.18 | 18 | | | 1945 | SNCF | | ETAT 231-993 |
| 3677 | – | J.A. Maffei | 4540 | 1918 | 14.08.18 | 18 | | | 1946 | SNCF | | ETAT 231-994 |
| 3678 | – | J.A. Maffei | 4541 | 1918 | 19.08.18 | 18 | | | 1949 | SNCF | | ETAT 231-995 |
| 3679 | – | J.A. Maffei | 4542 | 1918 | 23.08.18 | 18 | | | 1949 | SNCF | | ETAT 231-996 |
| 3680 | 18 479 | J.A. Maffei | 5448 | 1923 | 23 | 14.11.23 | Lindau | 17.06.56 | 23.11.56 | Lindau | | |
| 3681 | 18 480 | J.A. Maffei | 5449 | 1923 | 23 | 02.12.23 | Lindau | 17.09.55 | 02.11.55 | Lindau | Desching | |
| 3682 | 18 481 | J.A. Maffei | 5450 | 1923 | 05.10.23 | 26.11.23 | München I | 21.06.61 | 05.08.61 | Lindau | Feldkirchen 1963 | |
| 3683 | 18 482 | J.A. Maffei | 5451 | 1923 | 02.11.23 | 29.11.23 | München I | 29.04.56 | 07.08.56 | Lindau | Desching 57/58 | |

*) Als Datum wurde entweder die Z-Stellung oder die möglicherweise schon vorher erfolgte Abstellung angegeben.

## Baudaten, Anlieferung, Abnahme, Erstzuteilung, Ausmusterung, Verschrottung

| K.B.St.B Nummer | DR/DB Nummer | Hersteller | Fabrik-Nr. | Bau-jahr | An-lieferung | Abnahme | Erstzuteilung | Ab-stellung *) | Aus-musterung | letztes Bw (als Betriebslok) | Verschrottung | Bemerkung |
|---|---|---|---|---|---|---|---|---|---|---|---|---|
| 3684 | 18 483 | J.A. Maffei | 5452 | 1923 | 07.11.23 | 30.11.23 | München I | 15.05.60 | 14.07.60 | Augsburg | Feldkirchen 1965 | |
| 3685 | 18 484 | J.A. Maffei | 5453 | 1923 | 12.11.23 | 04.12.23 | München I | 08.04.56 | 07.08.56 | Lindau | Desching | |
| 3686 | 18 485 | J.A. Maffei | 5454 | 1923 | 23 | 12.12.23 | Nürnberg-Hbf | 01.04.56 | 07.08.56 | Lindau | | |
| 3687 | 18 486 | J.A. Maffei | 5455 | 1923 | 19.11.23 | 15.12.23 | Nürnberg-Hbf | 10.12.55 | 18.04.56 | Augsburg | | |
| 3688 | 18 487 | J.A. Maffei | 5456 | 1923 | 22.11.23 | 21.12.23 | Nürnberg-Hbf | 11.01.57 | 14.03.57 | Ulm | | |
| 3689 | 18 488 | J.A. Maffei | 5457 | 1923 | 27.11.23 | 02.01.24 | Nürnberg-Hbf | 26.12.44 | 29.05.46 | Nürnberg-Hbf | | |
| 3690 | 18 489 | J.A. Maffei | 5539 | 1923 | 23 | 11.01.24 | Würzburg | 18.08.56 | 23.11.56 | Ulm | | |
| 3691 | 18 490 | J.A. Maffei | 5540 | 1923 | 11.12.23 | 17.01.24 | Würzburg | 26.09.57 | 10.08.57 | Ulm | | |
| 3692 | 18 491 | J.A. Maffei | 5541 | 1923 | 18.12.23 | 21.01.24 | München I | 23.08.54 | 18.03.55 | Lindau | | |
| 3693 | 18 492 | J.A. Maffei | 5542 | 1923 | 28.12.23 | 14.01.24 | München I | 10.02.58 | 25.04.58 | Augsburg | | |
| 3694 | 18 493 | J.A. Maffei | 5543 | 1924 | 18.01.24 | 01.02.24 | München I | 11.03.58 | 25.04.58 | Ulm | | |
| 3695 | 18 494 | J.A. Maffei | 5544 | 1924 | 23.01.24 | 06.02.24 | München I | 23.07.57 | 15.11.57 | Ulm | | |
| 3696 | 18 495 | J.A. Maffei | 5545 | 1924 | 24 | 18.02.24 | Nürnberg-Hbf | 23.04.59 | 13.07.59 | Ulm | | |
| 3697 | 18 496 | J.A. Maffei | 5546 | 1924 | 31.01.24 | 25.02.24 | Nürnberg-Hbf | 20.02.56 | 07.08.56 | Lindau | | |
| 3698 | 18 497 | J.A. Maffei | 5547 | 1924 | 28.01.24 | 08.03.24 | Nürnberg-Hbf | 21.10.55 | 18.04.56 | Ulm | | |
| 3699 | 18 498 | J.A. Maffei | 5548 | 1924 | 24 | 05.03.24 | Nürnberg-Hbf | 09.11.55 | 18.04.56 | Lindau | | |
| 3700 | 18 499 | J.A. Maffei | 5549 | 1924 | 06.03.24 | 22.03.24 | Nürnberg-Hbf | 09.02.55 | 12.05.55 | Ulm | | |
| 3701 | 18 500 | J.A. Maffei | 5550 | 1924 | 24 | 29.03.24 | Würzburg | 25.06.58 | 20.11.58 | Ulm | | |
| 3702 | 18 501 | J.A. Maffei | 5551 | 1924 | 25.03.24 | 11.04.24 | Würzburg | 09.05.57 | 10.08.57 | Lindau | | |
| 3703 | 18 502 | J.A. Maffei | 5552 | 1924 | 02.04.24 | 16.04.24 | Würzburg | 12.08.57 | 15.11.57 | Lindau | | |
| 3704 | 18 503 | J.A. Maffei | 5553 | 1924 | 01.05.24 | 01.05.24 | (Hof) | | 23.03.54 | Lindau | | |
| 3705 | 18 504 | J.A. Maffei | 5554 | 1924 | 07.05.24 | 07.05.24 | (Hof) | | 15.08.55 | Lindau | | |
| 3706 | 18 505 | J.A. Maffei | 5555 | 1924 | 02.05.24 | 16.05.24 | Nürnberg-Hbf | 20.05.67 | 10.07.69 | Minden | – | Museumslok |
| 3707 | 18 506 | J.A. Maffei | 5556 | 1924 | 05.24 | 05.24 | München I | 28.04.55 | 15.08.55 | Lindau | | |
| 3708 | 18 507 | J.A. Maffei | 5557 | 1924 | 20.05.24 | 31.05.24 | München I | 08.58 | 13.07.59 | Augsburg | | |
| 3709 | 18 508 | J.A. Maffei | 5558 | 1924 | 12.09.24 | 12.11.24 | München I | 30.07.62 | 20.10.62 | Lindau | – | Museumslok |
| – | 18 509 | J.A. Maffei | 5661 | 1926 | 22.10.26 | 02.05.27 | Würzburg | – | – | – | – | Umbau 18 611 |
| – | 18 510 | J.A. Maffei | 5662 | 1926 | 12.11.26 | 16.05.27 | Würzburg | – | – | – | – | Umbau 18 618 |
| – | 18 511 | J.A. Maffei | 5663 | 1926 | 17.11.26 | 11.05.27 | Würzburg | – | – | – | – | Umbau 18 622 |
| – | 18 512 | J.A. Maffei | 5664 | 1926 | 24.11.26 | 13.05.27 | Würzburg | 07.02.61 | 27.04.61 | Augsburg | Blumau/Ö. 1962 | |
| – | 18 513 | J.A. Maffei | 5665 | 1926 | 29.11.26 | 16.05.27 | Nürnberg-Hbf | 26.09.57 | 15.11.57 | Lindau | | |
| – | 18 514 | J.A. Maffei | 5666 | 1926 | 26 | 13.05.27 | Nürnberg-Hbf | – | | | | Umbau 18 620 |

*) Als Datum wurde entweder die Z-Stellung oder die möglicherweise schon vorher erfolgte Abstellung angegeben.

## Baudaten, Anlieferung, Abnahme, Erstzuteilung, Ausmusterung, Verschrottung

| K.B.St.B. Nummer | DR/DB Nummer | Hersteller | Fabrik-Nr. | Bau-jahr | An-lieferung | Abnahme | Erstzuteilung | Ab-stellung *) | Aus-musterung | letztes Bw (als Betriebslok) | Verschrottung | Bemerkung |
|---|---|---|---|---|---|---|---|---|---|---|---|---|
| – | 18 515 | J. A. Maffei | 5667 | 1926 | 26 | 05. 27 | München-Hbf | 44/45 | 06. 09. 47 | Darmstadt | | |
| – | 18 516 | J. A. Maffei | 5668 | 1926 | 16. 12. 26 | 27 | München-Hbf | 04. 59 | 28. 04. 60 | Augsburg | | |
| – | 18 517 | J. A. Maffei | 5669 | 1926 | 23. 12. 26 | 06. 05. 27 | München Hbf | – | – | – | – | Umbau 18 616 |
| – | 18 518 | J. A. Maffei | 5670 | 1927 | | 06. 05. 27 | München Hbf | – | – | – | – | Umbau 18 608 |
| – | 18 519 | J. A. Maffei | 5671 | 1927 | 07. 05. 27 | 16. 05. 27 | München-Hbf | 12. 02. 58 | 25. 04. 58 | Lindau | 1960 | |
| – | 18 520 | J. A. Maffei | 5672 | 1927 | 17. 05. 27 | 02. 06. 27 | München Hbf | – | – | – | – | Umbau 18 612 |
| – | 18 521 | J. A. Maffei | 5689 | 1927 | 27 | 14. 01. 28 | Wiesbaden | – | – | – | – | Umbau 18 601 |
| – | 18 522 | J. A. Maffei | 5690 | 1927 | 27. 12. 27 | 20. 01. 28 | Hof | – | – | – | – | Umbau 18 604 |
| – | 18 523 | J. A. Maffei | 5691 | 1927 | 04. 01. 28 | 23. 01. 28 | Wiesbaden | – | – | – | – | Umbau 18 610 |
| – | 18 524 | J. A. Maffei | 5692 | 1928 | 28 | 28. 01. 28 | Wiesbaden | – | – | – | – | Umbau 18 627 |
| – | 18 525 | J. A. Maffei | 5693 | 1928 | 28 | 03. 02. 28 | Lindau | – | – | – | – | Umbau 18 603 |
| – | 18 526 | J. A. Maffei | 5694 | 1928 | 28 | 17. 02. 28 | Lindau | – | – | – | – | Umbau 18 621 |
| – | 18 527 | J. A. Maffei | 5695 | 1928 | 28 | 03. 28 | Würzburg | – | – | – | – | Umbau 18 607 |
| – | 18 528 | J. A. Maffei | 5696 | 1928 | 28 | 22. 03. 28 | Würzburg | 11. 10. 62 | 15. 11. 63 | Lindau | – | Denkmallok |
| – | 18 529 | J. A. Maffei | 5873 | 1930 | 25. 07. 30 | 08. 08. 30 | Nürnberg-Hbf | – | – | – | – | Umbau 18 615 |
| – | 18 530 | J. A. Maffei | 5874 | 1930 | 27. 08. 30 | 14. 09. 30 | Nürnberg-Hbf | – | – | – | – | Umbau 18 605 |
| – | 18 531 | Henschel u. Sohn | 21731 | 1930 | 30 | 01. 07. 30 | Nürnberg-Hbf | – | – | – | – | Umbau 18 623 |
| – | 18 532 | Henschel u. Sohn | 21732 | 1930 | 16. 06. 30 | 01. 07. 30 | Nürnberg-Hbf | – | – | – | – | Umbau 18 614 |
| – | 18 533 | Henschel u. Sohn | 21733 | 1930 | 30 | 07. 30 | Osnabrück-Hbf | 44/45 | 25. 03. 48 | Darmstadt | | |
| – | 18 534 | Henschel u. Sohn | 21734 | 1930 | 30 | 15. 07. 30 | Osnabrück-Hbf | – | – | – | – | Umbau 18 619 |
| – | 18 535 | Henschel u. Sohn | 21735 | 1930 | 08. 07. 30 | 14. 07. 30 | Osnabrück-Hbf | – | – | – | – | Umbau 18 606 |
| – | 18 536 | Henschel u. Sohn | 21736 | 1930 | 30. 06. 30 | 16. 07. 30 | Osnabrück-Hbf | – | – | – | – | Umbau 18 613 |
| – | 18 537 | Henschel u. Sohn | 21737 | 1930 | 30 | 07. 30 | Osnabrück-Hbf | 02. 60 | 14. 07. 60 | Augsburg | | |
| – | 18 538 | Henschel u. Sohn | 21738 | 1930 | 30 | 07. 30 | Osnabrück-Hbf | 23. 05. 58 | 20. 11. 58 | Lindau | | |
| – | 18 539 | Henschel u. Sohn | 21739 | 1930 | 30. 06. 30 | 21. 07. 30 | Osnabrück-Hbf | – | – | – | – | Umbau 18 629 |
| – | 18 540 | Henschel u. Sohn | 21740 | 1930 | 30 | 30. 07. 30 | Osnabrück-Hbf | – | – | – | – | Umbau 18 625 |
| – | 18 541 | Henschel u. Sohn | 21741 | 1930 | 29. 07. 30 | 30. 07. 30 | Darmstadt | 19. 02. 58 | 25. 04. 58 | Lindau | 1960 | |
| – | 18 542 | Henschel u. Sohn | 21742 | 1930 | 30 | 01. 08. 30 | Darmstadt | – | – | – | – | Umbau 18 609 |
| – | 18 543 | Henschel u. Sohn | 21743 | 1930 | 30 | 12. 08. 30 | Darmstadt | – | – | – | – | Umbau 18 630 |
| – | 18 544 | Henschel u. Sohn | 21744 | 1930 | 11. 08. 30 | 13. 08. 30 | Darmstadt | – | – | – | – | Umbau 18 628 |
| – | 18 545 | Henschel u. Sohn | 21745 | 1930 | 30 | 19. 08. 30 | Halle P | – | – | – | – | Umbau 18 624 |
| – | 18 546 | Henschel u. Sohn | 21746 | 1930 | 22. 08. 30 | 26. 08. 30 | Halle P | – | – | – | – | Umbau 18 626 |
| – | 18 547 | Henschel u. Sohn | 21747 | 1930 | 30 | 24. 09. 30 | Halle P | – | – | – | – | Umbau 18 602 |
| – | 18 548 | Henschel u. Sohn | 21748 | 1930 | 30 | 01. 11. 30 | Halle P | – | – | – | – | Umbau 18 617 |

*) Als Datum wurde entweder die Z-Stellung oder die möglicherweise schon vorher erfolgte Abstellung angegeben.

## Umbau 18⁶ / Z-Stellung / Ausmusterung / Verschrottung

| Neue Nummer | Alte Nummer | Neubau-kessel | Werk, in dem der Umbau ausgeführt wurde | Abnahme nach Umbau | Z-Stellung | Aus-muste-rung | Verschrottung |
|---|---|---|---|---|---|---|---|
| 18 601 | 18 521 | 17 691 | Krauß-Maffei | 16. 03. 53 | 03. 10. 61 | 28. 06. 62 | |
| 18 602 | 18 547 | 17 693 | München-Freimann | 10. 06. 53 | 02. 12. 63 | 01. 07. 64 | Saarbrücken 1983 (teilweise) |
| 18 603 | 18 525 | 17 692 | München-Freimann | 03. 07. 53 | 02. 09. 64 | 20. 06. 66 | |
| 18 604 | 18 522 | 17 694 | München-Freimann | 29. 11. 53 | 30. 09. 61 | 04. 12. 61 | Offenburg 1963 (Fahrgestell) |
| 18 605 | 18 530 | 17 695 | Ingolstadt | 14. 01. 54 | 22. 11. 62 | 28. 05. 63 | Feldkirchen 1965 |
| 18 606 | 18 535 | 17 835 | Ingolstadt | 20. 02. 54 | 29. 12. 61 | 28. 06. 62 | 1963 |
| 18 607 | 18 527 | 17 836 | Ingolstadt | 25. 03. 54 | 03. 09. 63 | 15. 11. 63 | Feldkirchen 1965 |
| 18 608 | 18 518 | 17 837 | Ingolstadt | 15. 04. 54 | 14. 04. 63 | 15. 11. 63 | München 1966 |
| 18 609 | 18 542 | 17 838 | Ingolstadt | 08. 05. 54 | 22. 07. 62 | 20. 10. 62 | Frankfurt 1964 |
| 18 610 | 18 523 | 17 839 | Ingolstadt | 29. 05. 54 | 17. 03. 62 | 20. 10. 62 | Neuenmarkt-W. 1976 (teilweise) |
| 18 611 | 18 509 | 18 169 | Ingolstadt | 04. 12. 54 | | 01. 07. 64 | Karthaus 1966 |
| 18 612 | 18 520 | 18 170 | Ingolstadt | 15. 12. 54 | 19. 02. 64 | 01. 07. 64 | Museumslok |
| 18 613 | 18 536 | 18 171 | Ingolstadt | 14. 01. 55 | 14. 11. 63 | 01. 07. 64 | München 1966 |
| 18 614 | 18 532 | 18 172 | Ingolstadt | 28. 01. 55 | 25. 01. 65 | 28. 04. 65 | Karthaus 1965 (Fahrgestell) |
| 18 615 | 18 529 | 18 173 | Ingolstadt | 11. 03. 55 | 28. 03. 64 | 28. 07. 64 | Feldkirchen 1965 |
| 18 616 | 18 517 | 18 174 | Ingolstadt | 26. 03. 55 | 02. 03. 64 | 01. 07. 64 | Karthaus 1966 (Fahrgestell) |
| 18 617 | 18 548 | 18 175 | Ingolstadt | 04. 05. 55 | 28. 09. 64 | 30. 10. 64 | Konstanz 1970 |
| 18 618 | 18 510 | 18 176 | Ingolstadt | 27. 05. 55 | 28. 05. 61 | 04. 12. 61 | 1963 |
| 18 619 | 18 534 | 18 177 | Ingolstadt | 15. 06. 55 | 63 | 15. 11. 63 | München 1966 |
| 18 620 | 18 514 | 18 178 | Ingolstadt | 02. 07. 55 | 16. 11. 64 | 10. 03. 65 | Karthaus 1966 |
| 18 621 | 18 526 | 18 146 | Ingolstadt | 12. 08. 55 | 23. 08. 61 | 04. 12. 61 | Frankfurt |
| 18 622 | 18 511 | 18 147 | Ingolstadt | 09. 09. 55 | 09. 09. 65 | 06. 11. 66 | Konstanz 1972 |
| 18 623 | 18 531 | 18 148 | Ingolstadt | 07. 10. 55 | 28. 11. 62 | 15. 11. 63 | Frankfurt 1965 |
| 18 624 | 18 545 | 18 149 | Ingolstadt | 24. 11. 55 | 23. 09. 61 | 04. 12. 61 | 1963 |
| 18 625 | 18 540 | 18 150 | Ingolstadt | 17. 12. 55 | 11. 01. 61 | 29. 05. 61 | Blumau 12. 61 |
| 18 626 | 18 546 | 18 151 | Ingolstadt | 08. 02. 56 | 09. 12. 61 | 28. 06. 62 | Frankfurt 1964 |
| 18 627 | 18 524 | 18 152 | Ingolstadt | 28. 03. 56 | 02. 10. 61 | 28. 06. 62 | 1965 |
| 18 628 | 18 544 | 18 153 | Ingolstadt | 23. 03. 56 | 15. 05. 61 | 28. 05. 63 | München 1966 |
| 18 629 | 18 539 | 18 154 | Ingolstadt | 24. 08. 56 | 22. 05. 64 | 28. 07. 64 | 1966 |
| 18 630 | 18 543 | 18 155 | Ingolstadt | 10. 04. 57 | 03. 04. 65 | 06. 01. 66 | Konstanz 1970 |

# Technische Beschreibung

Die bayerische S 3/6 wurde über 22 Jahre hinweg in 15 Serien beschafft, hinzu kommen zwei Umbauserien $18^6$ aus der Zeit der Deutschen Bundesbahn. Somit gab es insgesamt 17 verschiedene Bauformen innerhalb der Baureihe, die allerdings – abgesehen von der Reihe $18^6$ – keine grundlegenden Unterschiede aufwiesen, sondern lediglich einer kontinuierlichen Weiterentwicklung unterworfen waren. Seit Ende der zwanziger Jahre strebte die Deutsche Reichsbahn eine teilweise Angleichung der älteren Lokomotiven an die moderneren an und rüstete sie mit einer Reihe von Neuerungen aus. Am Schuß der folgenden Auflistung findet sich eine Zusammenstellung. Zur Unterscheidung der einzelnen Serien seien im folgenden die charakteristischen Merkmale in Stichwortform aufgeführt. Sie betreffen jeweils den Anlieferungszustand. Weitere technische Daten am Ende dieses Kapitels.

S 3/6   3601–3607 (18401–405)
S 3/6 a 3608–3617 (18406–415)
S 3/6 b 3618
S 3/6 c 3619–3623 (18416–418):
Kesseldruck 15 atü
Achsdruck 16 t
Radstand der Lok 11365 mm
Länge über Puffer 21396 mm
Leergewicht 78,6 t (S 3/6), 78,8 (S 3/6 a), 79,2 (S 3/6 b und c)
Heizfläche 268,4 m²
Überhitzerheizfläche 50 m²
Leistung 1660 PSe
Windschneidenführerhaus
Gerader Kamin (3602 und 3618 mit Versuchskrempe)
Petroleumbeleuchtung

S 3/6 d 3624–3632 (18441–449)
S 3/6 e 3633–3641 (18450–458):
Treibraddurchmesser 2000 mm
Kesseldruck 15 atü
Achsdruck 16 t
Radstand der Lok 11420 mm
Länge über Puffer 22095 mm
Kolbenhub 670 mm (HD)
Geänderte Kropfachse
Verstellbares Blasrohr (Froschmaul)
Leergewicht 81,0 t
Heizfläche 269,1 m²
Überhitzerheizfläche 50 m²
Leistung 1815 PSe
Breiteres Führerhaus ohne Windschneide
Erstmals Kamin mit Krone
Anstrich des Rahmens und des Triebwerks erstmals
    dunkel-englischrot
Vergrößerter Tender (32 m³ Wasser, 8 t Kohle)
Petroleumbeleuchtung
3641 versuchsweise mit Rieger-Vorwärmer ausgerüstet

S 3/6 f 3642–3644 (18419–421):
Füllventile ab Anlieferung
Speisewasservorwärmer mit Pumpe (wie alle folgenden S 3/6)
3642 noch kompletten Barrenrahmen, 3643 und 3644 bereits
    Blechhinterrahmen
Unveränderliches Blasrohr (wie alle folgenden S 3/6)
Kesseldruck 15 atü
Achsdruck 16 t
Radstand der Lok 11365 mm

Länge über Puffer 21396 mm
Leergewicht 82,0 t
Heizfläche 269,1 m²
Überhitzerheizfläche 50 m²
Leistung 1660 PSe
Windschneidenführerhaus
Gerader Kamin
Gasbeleuchtung

S 3/6 g 341–350 (18425–434):
Kürzerer Radstand von 11190 mm (wegen 19 m-Drehscheibe
    in der Pfalz)
Verkürzte Rauchkammer
Gasbeleuchtung
Kesseldruck 15 atü
Achsdruck 16 t
Länge über Puffer 21221 mm
Leergewicht 84,4 t
Heizfläche 269,1 m²
Überhitzerheizfläche 55,7 m²
Leistung 1660 PSe
Windschneidenführerhaus
Kamin mit schmaler Krempe, 350 normale Krempe
Armaturen zum Teil von den rechtsrheinischen S 3/6
    abweichend

S 3/6 h 3645–3649 (18422–424):
Kesseldruck 15 atü
Achsdruck 16 t
Radstand der Lok 11190 mm
Länge über Puffer 21221 mm
Leergewicht 82,3 t
Heizfläche 269,1 m²
Überhitzerheizfläche 55,7 m²
Leistung 1660 PSe
Windschneidenführerhaus
Kamin mit Krone
Füllventile ab Anlieferung
Blechhinterrahmen
Gasbeleuchtung

S 3/6 i 3650–3679 (18461–478):
Kesseldruck 15 atü
Achsdruck erhöht auf 17 t
Radstand der Lok 11190 mm
Länge über Puffer 21221 mm
Leergewicht 83,5 t
Heizfläche 274,8 m²
Überhitzerheizfläche 55,7 m²
Leistung 1715 PSe
Windschneidenführerhaus
Kamin mit Krone
Blechhinterrahmen
3650–3655 noch Kupferfeuerbüchsen, 3656–3679 kriegs-
    bedingt Feuerbüchsen aus Eisen
3656–3679 zum Gewichtsausgleich mit drei Ballastgewichten
    ausgestattet
Am Sattelflansch verstärktes HD-Zylindergußstück
Petroleumbeleuchtung

S 3/6 k 3680–3709 (18479–508):
Kesseldruck 15 atü
Achsdruck 17 t
Radstand der Lok 11190 mm
Länge über Puffer 21221 mm
Leergewicht 88,7 t
Heizfläche 277,9 m²
Überhitzerheizfläche 76,3 m²

Leistung 1715 PSe
Neues Führerhaus mit modernen Armaturen und schrägen
 Seitenwänden im Oberteil, ohne Windschneide
 (wie alle folgenden S 3/6)
Kamin mit Krone (wie alle folgenden S 3/6)
Kipprost (wie alle folgenden S 3/6)
Verstärktes HD-Zylindergußstück (wie alle folgenden S 3/6)
Statt bisher zwei nur noch eine, vergrößerte Feuertür
 (wie alle folgenden S 3/6)
Deuta-Geschwindigkeitsmesser (wie alle folgenden S 3/6)
Petroleumbeleuchtung

S 3/6 l 18509–520
S 3/6 m 18521–528
S 3/6 n 18529–530:
Keine bayerische Betriebsnummer mehr
Anstrich ab 18529 schwarz/rot
Kesseldruck auf 16 atü erhöht
Achsdruck auf 18 t erhöht
Radstand 11190 mm
Länge über Puffer 21370 mm (mit Tender 2'2T 27,4)
Länge über Puffer 22842 mm (mit Tender 2'2'T 31,7)
Leergewicht 87,5 t
Heizfläche 277,9 m$^2$
Überhitzerheizfläche 76,3 m$^2$
Leistung 1805 PSe
Stahlgußschieber mit schmalen Ringen
Ab 18529 Windleitbleche
Ab 18529 Vier- statt Sechspunktabstützung
Vergrößerte Hochdruck-Zylinder von 440 mm Ø
 (wie alle folgenden S 3/6)
Hülsenpuffer ab Anlieferung
Ab 18521 weichere Tragfedern
Elektrische Beleuchtung ab Anlieferung

S 3/6 o 18531–548:
Hersteller Henschel und Sohn, Kassel
Kesseldruck 16 atü
Achsdruck 18 t
Radstand der Lok 11190 mm
Länge über Puffer 21221 mm
 (mit Tender 2'2T 27,4 = 18531–537)
Länge über Puffer 22842 mm
 (mit Tender 2'2'T 31,7 = 18538–548)
Leergewicht 88,7 t
Heizfläche 277,9 m$^2$
Überhitzerheizfläche 76,3 m$^2$
Leistung 1805 PSe
Vierpunktabstützung

S 3/6 u 18601–610
S 3/6 u 18611–630:
Vollständig geschweißter Neubaukessel der Fa. Krauß-Maffei
 mit Verbrennungskammer
Neue Führerhäuser mit modernen Armaturen
Kesseldruck 16 atü
Achsdruck 18 t
Radstand der Lok 11190 mm
Länge über Puffer 21221 mm (mit Tender 2'2T 27,4)
Länge über Puffer 22842 mm (mit Tender 2'2'T 31,7)
Leergewicht 85,7 t
Heizfläche 267,4 m$^2$, ab 18611 269,0 m$^2$
Überhitzerheizfläche 72 m$^2$, ab 18611 84 m$^2$
Leistung 2220 PSe
Mehrfachventilregler mit Seitenzugbedienung
Zweiklang-Einheitspfeife der DB
Umbau aus 18509–548 (mit Lücken)

**10**  Die ersten S 3/6-Serien der Jahre 1908–1911 waren annähernd bauartgleich. S 3/6 3602 besaß für die Ausstellung »München 1908« abweichend von ihren Schwestern einen ockergelben Anstrich, blanke Kesselringe, messingverkleidete Zylinder- und Schieberdeckel, sowie eine Krone auf dem verkürzten Kamin. Die beiderseits an der Rauchkammer angebrachten Königswappen trug die Lokomotive noch bei ihrer Ablieferung an Frankreich im Jahr 1919.  Foto: J. A. Maffei, Slg: A. Kauper

**11** S 3/6 3623 (DR 18 418) in München um 1921. Foto: Dr. R. Kallmünzer, Slg: S. Lüdecke

**12** Letzte Lokomotive der beiden großrädrigen Serien d und e war S 3/6 3641 (DR 18 458), die am 21. Januar 1913 abgeliefert wurde. Foto: J. A. Maffei, Slg: VMN

**13** S 3/6 344 aus der Serie g, Betriebsnummern 341–350, 1914 für das pfälzische Netz der Königlich Bayerischen Staatseisenbahnen gebaut. – Eine Anmerkung zur Kaminform der verschiedenen S 3/6-Serien: die ersten Maschinen, die serienmäßig eine Krone erhielten, waren die großrädrigen S 3/6 aus dem Jahr 1912. Die Pfälzer Lokomotiven besaßen lediglich eine angedeutete Krempe, während bis auf die Ausstellungs-S 3/6 3602 und 3618 alle vorhergehenden einen geraden Kamin aufwiesen. Daß von dieser Regel bisweilen abgewichen wurde, zeigen Bild 12 (gerader Schlot) und ein nicht abgedrucktes Werkbild der Pfälzer S 3/6 350, die ab Anlieferung eine Krone nach rechtsrheinischer bayerischer Art besaß. Foto: Dr. R. Kallmünzer, Slg: Dr. A. Mühl

**14** Ab Serie i (S 3/6 3650 ff.) konnten die Maschinen wegen verbesserter Oberbauverhältnisse schwerer ausgeführt werden, wodurch ihr Achsdruck auf 17 t stieg. Im Bild S 3/6 3671 (DR 18 477) in einer alten Postkartendarstellung des Dresdener Verlages Leonhardt. Slg: Dr. A. Mühl

**15** Auf der »Eisenbahntechnischen Ausstellung« in Seddin bei Berlin (21. September bis 5. Oktober 1924) war S 3/6 3709 (DR 18 508) ausgestellt. Sie war blau lackiert und besaß Kesselringe, Kaminkrone und Kolbendeckelverkleidungen aus Messing. Mit ihr wurde 1924 die letzte S 3/6 mit bayerischer Betriebsnummer und 17 t Achsdruck geliefert. Slg: C. Asmus

**17** Letzte Bauform der bayerischen S 3/6: 18601 nach Ausrüstung mit Krauß-Maffei-Neubaukessel aufgenommen 1953 im EAW München-Freimann.
Foto: Dr. G. Scheingraber

**16** (links unten) Nach zweijähriger Pause wurden ab 1926 wieder S 3/6 gebaut, deren Achsdruck auf 18 t angewachsen war: 18509, die erste Lokomotive dieser Serie, trug bei Ablieferung zwar schon Reichsbahnnummer, aber noch grünen Länderbahnanstrich. Erst ab 18529 (Baujahr 1930) war mit Einführung der schwarzen Lackierung das Äußere der Maschinen ganz den Reichsbahngepflogenheiten angepaßt. Aufnahme der Lokomotive 18509 um 1934 im RAW München-Freimann nach erfolgter Hauptuntersuchung.
Slg: H. Tauber

## Bauartänderungen:

Während eine einmal in Dienst gestellte Lokomotive den Stand der Technik ihres Baujahres verkörpert, entwickeln sich Wissen und Erfahrung im Lokomotivbau kontinuierlich weiter. Besonders anschaulich wird diese Erscheinung, wenn man die erste S 3/6 des Jahres 1908 mit der letzten, um 22 Jahre jüngeren Lieferung von 1930 vergleicht. Obwohl die gleiche Grundkonstruktion zugrundeliegt und es sich um die gleiche Baureihe handelt, sind eine Vielzahl der Bauteile verbessert bzw. vergrößert worden. Letzteres findet seine Ursache auch darin, daß eine Erhöhung des Achsdruckes infolge des stabileren Oberbaus möglich geworden war. Die älteren S 3/6-Lieferungen wurden daher im Lauf der Jahre in bestimmten Bereichen ihres Bauzustandes den jüngeren Lokomotiven angeglichen, darüberhinaus erfuhren alle 159 Lokomotiven bis in die späten Jahre ihres Daseins Verbesserungen, die die Erkenntnisse des Betriebsdienstes als zweckmäßig erwiesen. Die anschließende stichwortartige Liste beschränkt sich auf die wesentlichen Änderungen und Neuerungen und läßt eine Vielzahl von Kleinigkeiten, wie etwa den Ersatz der Fensterscheiben durch bruchsicheres Sekurit-Glas oder die Anbringung von Blitzschildern unberücksichtigt:
Ausrüstung mit Vorwärmer und Kolbenspeisepumpe (ab 1918).
Ersatz der eisernen Kriegsfeuerbüchsen durch kupferne (ab 1920).
Westinghouse-Luftpumpen statt der einstufigen Luftpumpen (ab 1921).
Hülsenpuffer (ab 1925).
Klinger-Wasserstände (ab 1928).
Zusatzbremse (ab 1928).
Schwarzer Reichsbahnanstrich ab 18529 serienmäßig, die vorherigen Lokomotiven ab ca. 1928 umlackiert.
Windleitbleche (ab ca. 1929).
Umbau auf höhere Überhitzung und 16 atü Kesseldruck (ab 1928).
Ausrüstung mit elektrischer Beleuchtung (ab 1928).

Normung vieler Bauteile und Armaturen ab Ende der zwanziger Jahre (z. B. Bremsklötze).
Verbesserung der Bremse (ab 1934).
Talfahrt- und Luftsaugeventile für bessere Leerlaufeigenschaften (ab 1936).
Umlaufwasserreiniger Bauart »Dejektor« bei einigen Lokomotiven (ab 1935).
Induktive Zugsicherung (ab ca. 1938).
Verdunkelungseinrichtung (ab 1939).
Ab Mitte der 30er Jahre zum Teil Stahlfeuerbüchsen, jedoch in der Folge dessen hohe Schadanfälligkeit. Mit Einbau der elastischen, gewindelos mit Spiel eingeschweißten Stehbolzen und Gelenkstehbolzen ab 1950 Schwierigkeiten beseitigt.
Gußeiserne Packungen an allen Schieberstangen- und ND-Kolbenstangenstopfbuchsen (ab 1940).
Schwingensteine aus Aluminiumlegierung (ab 1940).
Lagerausguß WM10 statt WM80 (ab 1940).
Vakuumbremseinrichtung bei einigen Linzer S 3/6 (ab etwa 1941).
Verschiedene Schornsteinvarianten, zum Teil kriegs- oder unfallbedingt.
Rückumstellung auf Vorkriegsbaustoffe bei der Ausbesserung (WM80, Kupfer, Zinn etc.) ab 1950.
Neuanfertigung der im Krieg eingeschmolzenen Loknummernschilder (Messing) in Graugruß (ab 1948).
Drittes Zugspitzenlicht (ab 1955).
Umbau von 30 $18^5$ auf Hochleistungskessel (ab 1953).
Herabsetzung des zulässigen Kesselhöchstdruckes aller 30 $18^6$ (ab 1956) auf 14 atü.
Erhöhung des zulässigen Kesselhöchstdruckes auf die ursprünglichen 16 atü (ab 1960).
Umbau auf Vier- statt Sechspunktabstützung (ab 1956 bei 18505 und diversen $18^6$).

Die genannten Änderungen wurden jeweils ab dem genannten Zeitpunkt bei in der Regel allen S 3/6 ausgeführt. Bis tatsächlich auch die letzte Lokomotive umgerüstet war, vergingen zum Teil mehrere Jahre.

# Gesichter der S 3/6

**18** Welche unterschiedlichen Gesichter die bayerische S 3/6 in ihren verschiedenen Bauformen während der Jahrzehnte hatte, möge diese Doppelseite zeigen:
S 3/6 der ersten Lieferung um 1910 im Münchener Centralbahnhof. Slg: H. Griebl

**19** S 3/6 3638 (DR 18 455) um 1913 in München. Die großrädrigen Maschinen hatten als erste serienmäßig eine Kaminkrone erhalten. Slg: Dr. G. Scheingraber

**20** S 3/6 3656 (DR 18 467) um 1920 in München.
Foto: Dr. R. Kallmünzer, Slg: H. Skrzypnik

**21** Vermutlich aufgrund eines Unfallschadens erhielt 18 423 während des Zweiten Weltkrieges einen dickeren Blechkamin. Aufnahme im RAW München-Freimann Anfang 1947.
Foto: Dr. G. Scheingraber

**22** Die Windleitbleche der Hofer 18 412 wurden 1947 versuchsweise leicht verändert, um eine bessere Ablenkung des Abdampfes zu erzielen.

Foto: J. B. Kronawitter

**23** Die ebenfalls beim Bw Hof beheimatete 18 419 erhielt zur gleichen Zeit Windleitbleche, wie sie wenige Jahre später bei der Deutschen Reichsbahn in der Ostzone eingeführt wurden.

Foto: J. B. Kronawitter

**24** 18 490 (Bw Augsburg) am 10. April 1952 im Heimat-Bw.

Foto: DB

**25** Am 29. Mai 1965 zog die letzte betriebsfähige 18⁶ für ihre Freunde einen Abschiedssonderzug. Das Bild der girlandengeschmückten Lokomotive entstand bei einem Halt in Solnhofen.

Foto: DB

| | $S^{3/6}$ | $S^{3/6}$ a | $S^{3/6}$ b | $S^{3/6}$ c | $S^{3/6}$ d | $S^{3/6}$ e | $S^{3/6}$ f | $S^{3/6}$ g | $S^{3/6}$ h | $S^{3/6}$ i | $S^{3/6}$ k | $S^{3/6}$ l | $S^{3/6}$ m | $S^{3/6}$ n | $S^{3/6}$ o | $S^{3/6}$ u | $S^{3/6}$ u |
|---|---|---|---|---|---|---|---|---|---|---|---|---|---|---|---|---|---|
| Höchstgeschwindigkeit km/h | 120 | 120 | 120 | 120 | 120 | 120 | 120 | 120 | 120 | 120 | 120 | 120 | 120 | 120 | 120 | 120 | 120 |
| Wasservorrat $m^3$ | 26,2 | 26,2 | 26,2 | 26,2 | 32,5 | 32,5 | 26,4 | 26,2 | 26,4 | 26,4 | 26,4/27,4 | 27,4 | 27,4 | 27,4 | 27,4/31,7 | 27,4/31,7 | 27,4/31,7 |
| Kohlevorrat t | 7,5 | 7,5 | 7,5 | 7,5 | 8,0 | 8,0 | 7,5 | 7,5 | 7,5 | 7,5 | 8,5 | 8,5 | 8,5 | 8,5 | 8,5/9,0 | 8,5/9,0 | 8,5/9,0 |
| Dienstgewicht des Tenders t | 54,6 | 54,6 | 54,6 | 54,6 | 64,0 | 64,0 | 56,6 | 54,6 | 56,6 | 56,6 | 56,6/59,8 | 59,8 | 59,8 | 59,8 | 59,8/69,5 | 59,8/69,5 | 59,8/69,5 |
| Tenderbauart | 2'2'T26,2 | 2'2'T26,2 | 2'2'T26,2 | 2'2'T26,2 | 2'2'T32,5 | 2'2'T32,5 | 2'2'T26,4 | 2'2'T26,2 | 2'2'T26,4 | 2'2'T26,4 | 2'2'T26,4/2'2'T27,4 | 2'2'T27,4 | 2'2'T27,4 | 2'2'T27,4 | 2'2'T27,4/2'2'T31,7 | 2'2'T27,4/2'2'T31,7 | 2'2'T27,4/2'2'T31,7 |
| Leistung PS (effektiv) | 1660 | 1660 | 1660 | 1660 | 1815 | 1815 | 1660 | 1660 | 1660 | 1715 | 1715 | 1805 | 1805 | 1805 | 1805 | 2220 | 2220 |
| Kesselmitte über Schienenoberkante mm | 2855 | 2855 | 2855 | 2855 | 2920 | 2920 | 2855 | 2855 | 2855 | 2855 | 2855 | 2855 | 2855 | 2855 | 2855 | 2965 | 2965 |
| Verdampfungsheizfläche zu Überhitzerheizfläche | 4,37 | 4,37 | 4,37 | 4,37 | 4,01 | 4,01 | 4,38 | 3,93 | 3,93 | 3,93 | 2,63 | 2,63 | 2,63 | 2,63 | 2,63 | 2,71 | 2,20 |
| Heizflächenverhältnis | 13,96 | 13,96 | 13,96 | 13,96 | 12,84 | 12,84 | 14,01 | 14,01 | 14,01 | 14,01 | 12,96 | 12,96 | 12,96 | 12,96 | 12,96 | 8,58 | 8,66 |
| Überhitzerheizfläche $m^2$ | 50,0 | 50,0 | 50,0 | 50,0 | 50,0 | 50,0 | 50,0 | 55,7 | 55,7 | 55,7 | 76,3 | 76,3 | 76,3 | 76,3 | 76,3 | 72,0 | 84,0 |
| Verdampfungsheizfläche $m^2$ | 218,4 | 218,4 | 218,4 | 218,4 | 204,5 | 204,5 | 219,1 | 219,1 | 219,1 | 219,1 | 201,1 | 201,1 | 201,1 | 201,1 | 201,1 | 195,4 | 185,0 |
| gesamte Heizfläche $m^2$ | 268,4 | 268,4 | 268,4 | 268,4 | 269,1 | 269,1 | 269,1 | 269,1 | 269,1 | 274,8 | 277,9 | 277,9 | 277,9 | 277,9 | 277,9 | 267,4 | 269,0 |
| Heizfläche der Feuerbüchse $m^2$ | 14,6 | 14,6 | 14,6 | 14,6 | 14,6 | 14,6 | 14,6 | 14,6 | 14,6 | 14,6 | 14,4 | 14,4 | 14,4 | 14,4 | 14,4 | 20,4 | 19,0 |
| feuerberührte Heizfläche der Rohre $m^2$ | 203,8 | 203,8 | 203,8 | 203,8 | 187,4 | 187,4 | 204,5 | 204,5 | 204,5 | 204,5 | 186,7 | 186,7 | 186,7 | 186,7 | 186,7 | 175,0 | 164,6 |
| Rostfläche $m^2$ | 4,5 | 4,5 | 4,5 | 4,5 | 4,5 | 4,5 | 4,5 | 4,5 | 4,5 | 4,5 | 4,5 | 4,5 | 4,5 | 4,5 | 4,5 | 4,1 | 4,1 |
| Kesseldruck atü | 15 | 15 | 15 | 15 | 15 | 15 | 15 | 15 | 15 | 15 | 16 | 16 | 16 | 16 | 16 | 16 | 16 |
| Kolbenhub HD/ND mm | 610/670 | 610/670 | 610/670 | 610/670 | 610/670 | 610/670 | 610/670 | 610/670 | 610/670 | 610/670 | 610/670 | 610/670 | 610/670 | 610/670 | 610/670 | 610/670 | 610/670 |
| Durchmesser ND-Zylinder mm | 650 | 650 | 650 | 650 | 650 | 650 | 650 | 650 | 650 | 650 | 650 | 650 | 650 | 650 | 650 | 650 | 650 |
| Durchmesser HD-Zylinder mm | 425 | 425 | 425 | 425 | 425 | 425 | 425 | 425 | 425 | 425 | 440 | 440 | 440 | 440 | 440 | 440 | 440 |
| Reibungsgewicht t | 48,0 | 48,0 | 48,0 | 48,0 | 49,0 | 49,0 | 49,4 | 49,4 | 49,4 | 51,0 | 53,8 | 55,1 | 55,1 | 55,1 | 55,1 | 53,3 | 53,3 |
| Dienstgewicht t | 86,6 | 86,9 | 87,3 | 87,3 | 89,0 | 89,0 | 89,8 | 92,3 | 92,3 | 92,3 | 96,2 | 96,2 | 96,2 | 96,2 | 96,2 | 96,1 | 96,1 |
| Leergewicht t | 78,6 | 78,8 | 79,2 | 79,2 | 81,0 | 81,0 | 82,0 | 84,4 | 82,3 | 83,5 | 86,5 | 87,5 | 87,5 | 87,5 | 88,7 | 85,7 | 85,7 |
| Gesamtradstand der Lok mm | 11365 | 11365 | 11365 | 11365 | 11420 | 11420 | 11365 | 11190 | 11190 | 11190 | 11190 | 11190 | 11190 | 11190 | 11190 | 11190 | 11190 |
| Länge über Puffer mm | 21396 | 21396 | 21396 | 21396 | 22095 | 22095 | 21396 | 21221 | 21221 | 21221 | 21221 | 21370*) | 21370*) | 21370*) | 21370*) | 21370*) | 21370*) |
| Achsdruck t | 16 | 16 | 16 | 16 | 16 | 16 | 16 | 16 | 16 | 17 | 17 | 18 | 18 | 18 | 18 | 18 | 18 |
| Durchmesser Laufräder vorn/hinten mm | 950/1206 | 950/1206 | 950/1206 | 950/1206 | 950/1206 | 950/1206 | 950/1206 | 950/1206 | 950/1206 | 950/1206 | 950/1206 | 950/1206 | 950/1206 | 950/1206 | 950/1206 | 950/1206 | 950/1206 |
| Treibraddurchmesser mm | 1870 | 1870 | 1870 | 1870 | 2000 | 2000 | 1870 | 1870 | 1870 | 1870 | 1870 | 1870 | 1870 | 1870 | 1870 | 1870 | 1870 |
| Baujahr | 1908 | 1909 | 1910 | 1911 | 1912 | 1912/13 | 1913/14 | 1914 | 1914 | 1915 1917/18 | 1923/24 | 1926/27 | 1927/28 | 1930 | 1930 | 1953/54 | 1954–1957 |
| Fabriknummer | 3016–3022 | 3088–3097 | 3142 | 3156–3160 | 3305–3313 | 3314–3322 | 3449–3451 | 3439–3448 | 3482–3486 | 4513–4542 | 5448-57 5539-58 | 5661–5672 | 5689–5696 | 5873–5874 | 21731–21748 | div. | div. |
| Hersteller | JAM | JAM | JAM | JAM | JAM | JAM | JAM | JAM | JAM | JAM | JAM | JAM | JAM | JAM | He | JAM/He | JAM/He |
| DR/DB-Nummer | 18401–405 | 18406–415 | – | 18416–418 | 18441–449 | 18450–458 | 18419–421 | 18425–434 | 18422–424 | 18461–478 | 18479–508 | 18509–520 | 18521–528 | 18529–530 | 18531–548 | 18601–610 | 18611–630 |
| K.B.St.B.-Nummer | 3601–3607 | 3608–3617 | 3618 | 3619–3623 | 3624–3632 | 3633–3641 | 3642–3644 | 341–350 | 3645–3649 | 3650–3679 | 3680–3709 | – | – | – | – | – | – |
| Bauserie | $S^{3/6}$ | $S^{3/6}$ a | $S^{3/6}$ b | $S^{3/6}$ c | $S^{3/6}$ d | $S^{3/6}$ e | $S^{3/6}$ f | $S^{3/6}$ g | $S^{3/6}$ h | $S^{3/6}$ i | $S^{3/6}$ k | $S^{3/6}$ l | $S^{3/6}$ m | $S^{3/6}$ n | $S^{3/6}$ o | $S^{3/6}$ u | $S^{3/6}$ u |

*) Mit Tender 2'2'T31,7 LüP 22842 mm

# Leistungstafeln

## 18401–18458
### Gattung S 36.16

| Steigung | | 30 | 40 | 50 | 60 | 70 | 75 | 80 | 85 | 90 | 95 | 100 | 110 | 120 |
|---|---|---|---|---|---|---|---|---|---|---|---|---|---|---|
| km/std | | | | | | | Wagengewicht in t | | | | | | |
| 0 | 1:∞ | — | — | — | — | — | — | — | — | 860 | 750 | 650 | 465 | 330 |
| 1‰ | 1:1000 | — | — | — | — | — | — | — | 770 | 670 | 590 | 515 | 380 | 270 |
| 2‰ | 1:500 | — | — | — | — | 900 | 800 | 700 | 625 | 550 | 480 | 420 | 310 | 225 |
| 3‰ | 1:333 | — | — | — | — | 750 | 670 | 600 | 525 | 460 | 405 | 360 | 265 | 185 |
| 4‰ | 1:250 | — | — | — | 800 | 625 | 560 | 500 | 440 | 385 | 350 | 300 | 220 | 160 |
| 5‰ | 1:200 | — | 910 | 840 | 675 | 535 | 480 | 420 | 380 | 340 | 300 | 265 | 185 | 130 |
| 6‰ | 1:166 | — | 790 | 715 | 580 | 470 | 420 | 370 | 335 | 300 | 265 | 225 | 165 | 105 |
| 7‰ | 1:140 | — | 700 | 635 | 510 | 410 | 370 | 340 | 300 | 265 | 220 | 190 | — | — |
| 8‰ | 1:125 | — | 620 | 565 | 455 | 370 | 330 | 300 | 270 | 220 | 190 | 170 | — | — |
| 10‰ | 1:100 | — | 490 | 450 | 365 | 295 | 260 | 230 | 195 | 170 | 145 | 125 | — | — |
| 14‰ | 1:70 | — | 330 | 300 | 245 | 185 | 165 | 145 | 120 | 100 | — | — | — | — |
| 20‰ | 1:50 | — | 210 | 180 | 140 | 95 | — | — | — | — | — | — | — | — |
| 25‰ | 1:40 | — | 150 | 130 | — | — | — | — | — | — | — | — | — | — |

## 18509–18548
### Gattung S 36.18

| Steigung | | 30 | 40 | 50 | 55 | 60 | 65 | 70 | 75 | 80 | 85 | 90 | 100 | 110 |
|---|---|---|---|---|---|---|---|---|---|---|---|---|---|---|
| km/std | | | | | | Wagengewicht in t*) (Personenzug) | | | | | | | |
| 0 | 1:∞ | — | — | — | — | — | — | — | — | 1108 | 930 | 777 | 550 | — |
| 1‰ | 1:1000 | — | — | — | — | — | — | — | 1040 | 883 | 748 | 630 | 451 | — |
| 2‰ | 1:500 | — | — | — | — | — | 1142 | 993 | 850 | 740 | 621 | 523 | 377 | — |
| 3‰ | 1:333 | — | — | — | — | 1100 | 953 | 829 | 714 | 612 | 524 | 443 | 320 | — |
| 4‰ | 1:250 | — | — | 1100 | 1045 | 932 | 811 | 707 | 611 | 523 | 448 | 380 | 274 | — |
| 5‰ | 1:200 | — | 1035 | 943 | 898 | 805 | 701 | 612 | 528 | 454 | 389 | 328 | 236 | — |
| 6‰ | 1:166 | — | 900 | 823 | 787 | 705 | 615 | 537 | 464 | 397 | 340 | 287 | 204 | — |
| 7‰ | 1:140 | — | 792 | 726 | 695 | 623 | 544 | 476 | 409 | 351 | 300 | 252 | 178 | — |
| 8‰ | 1:125 | — | 706 | 647 | 621 | 557 | 486 | 424 | 365 | 312 | 266 | 222 | 155 | — |
| 10‰ | 1:100 | — | 571 | 526 | 506 | 453 | 394 | 348 | 294 | 250 | 211 | 175 | 118 | — |
| 14‰ | 1:70 | — | 400 | 369 | 356 | 316 | 273 | 239 | 199 | 166 | 136 | 109 | — | — |
| 20‰ | 1:50 | — | 256 | 238 | 227 | 200 | 168 | 143 | 106 | — | — | — | — | — |
| 25‰ | 1:40 | — | 185 | 169 | 162 | 140 | 114 | — | — | — | — | — | — | — |

## 18461–18508
### Gattung S 36.17

| Steigung | | 30 | 40 | 50 | 60 | 70 | 75 | 80 | 85 | 90 | 95 | 100 | 110 | 120 |
|---|---|---|---|---|---|---|---|---|---|---|---|---|---|---|
| km/std | | | | | | | Wagengewicht in t | | | | | | |
| 0 | 1:∞ | — | — | — | — | — | — | — | 1000 | 875 | 750 | 640 | 440 | 320 |
| 1‰ | 1:1000 | — | — | — | — | — | — | 900 | 800 | 680 | 600 | 500 | 355 | 260 |
| 2‰ | 1:500 | — | — | — | — | — | 830 | 730 | 635 | 560 | 480 | 420 | 300 | 215 |
| 3‰ | 1:333 | — | — | — | — | 765 | 690 | 610 | 530 | 470 | 400 | 350 | 250 | 180 |
| 4‰ | 1:250 | — | — | — | 825 | 650 | 580 | 515 | 450 | 400 | 340 | 300 | 210 | 150 |
| 5‰ | 1:200 | — | — | 880 | 710 | 560 | 500 | 440 | 390 | 335 | 290 | 250 | 180 | 125 |
| 6‰ | 1:166 | — | — | 760 | 615 | 490 | 425 | 380 | 335 | 290 | 245 | 210 | 150 | 100 |
| 7‰ | 1:140 | — | — | 670 | 530 | 420 | 375 | 330 | 290 | 245 | 220 | 180 | 130 | — |
| 8‰ | 1:125 | — | — | 595 | 470 | 370 | 330 | 300 | 260 | 220 | 190 | 160 | 110 | — |
| 10‰ | 1:100 | — | — | 475 | 380 | 300 | 265 | 230 | 200 | 170 | 140 | 120 | — | — |
| 14‰ | 1:70 | — | — | 325 | 260 | 200 | 170 | 145 | 125 | 105 | — | — | — | — |
| 20‰ | 1:50 | — | — | 205 | 165 | 110 | — | — | — | — | — | — | — | — |
| 25‰ | 1:40 | — | — | 130 | 100 | — | — | — | — | — | — | — | — | — |

## 18509–18548
### Gattung S 36.18

| Steigung | | 40 | 50 | 60 | 70 | 75 | 80 | 85 | 90 | 95 | 100 | 110 | 120 |
|---|---|---|---|---|---|---|---|---|---|---|---|---|---|
| km/std | | | | | Wagengewicht in t*) (D-Zug) | | | | | | | |
| 0 | 1:∞ | — | — | — | — | — | 1250 | 1055 | 887 | 745 | 635 | 451 | 329 |
| 1‰ | 1:1000 | — | — | — | — | 1140 | 972 | 830 | 704 | 596 | 510 | 365 | 268 |
| 2‰ | 1:500 | — | — | — | 1056 | 917 | 788 | 680 | 576 | 492 | 418 | 304 | 219 |
| 3‰ | 1:333 | — | — | 1150 | 879 | 761 | 657 | 564 | 481 | 415 | 351 | 256 | 182 |
| 4‰ | 1:250 | — | 1130 | 968 | 745 | 630 | 557 | 480 | 408 | 347 | 298 | 211 | 152 |
| 5‰ | 1:200 | 1055 | 967 | 833 | 640 | 556 | 480 | 413 | 352 | 314 | 254 | 182 | 126 |
| 6‰ | 1:166 | 914 | 842 | 713 | 560 | 486 | 418 | 359 | 305 | 268 | 219 | 152 | — |
| 7‰ | 1:140 | 803 | 741 | 642 | 493 | 428 | 368 | 315 | 267 | 221 | 189 | 129 | — |
| 8‰ | 1:125 | 714 | 658 | 572 | 440 | 379 | 326 | 278 | 234 | 196 | 164 | — | — |
| 10‰ | 1:100 | 577 | 534 | 463 | 353 | 303 | 259 | 222 | 183 | 151 | 124 | — | — |
| 14‰ | 1:70 | 403 | 374 | 323 | 242 | 203 | 169 | 141 | — | — | — | — | — |
| 20‰ | 1:50 | 258 | 238 | 200 | 143 | 117 | — | — | — | — | — | — | — |
| 25‰ | 1:40 | 185 | 170 | 142 | — | — | — | — | — | — | — | — | — |

*) Leistungstafeln auf Grund von Versuchsfahrten aufgestellt.

Stellvertretend für die S 3/6-Bauserien der Jahre 1908 bis 1914 werden nachfolgend die »Besonderen Bedingungen für die Lieferung von Vier-Zylinder-Verbund-Schnellzuglokomotiven, Gattung S 3/6« vom Juli 1913, gültig für die Maschinen 3642 bis 3644 (DR 18419 bis 421) abgedruckt (Sammlung H. Koppisch). Sie entsprechen einer technischen Beschreibung, wie sie üblicherweise nach dem Bau von Lokomotiven aufgestellt wird.

Königl. Bayer. Staatseisenbahnen.

**Besondere Bedingungen**
für die Lieferung von Vier-Zylinder-Verbund-Schnellzug-lokomotiven, Gattung S 3/6.

Aufgestellt im Juli 1913.

Giltig für die S 3/6 No 3642–3644

### § 1.

### Bestimmung der Lokomotiven & Leistungsfähigkeit.

Eine Lokomotive soll einen Wagenzug von 500 Tonnen auf einer Steigung von 10 pro mille mit einer Geschwindigkeit von 50 km, auf einer Steigung von 5 pro mille mit einer Geschwindigkeit von 75 km in der Stunde befördern & auf der Horizontalen mit demselben Zuggewicht eine Geschwindigkeit von 100 km in der Stunde dauernd einhalten können.
Bei der Fahrt in der Steigung von 10 pro mille ist trockenes Wetter vorausgesetzt.

### § 2.

### Beschreibung der Bauart im allgemeinen.

Die Lokomotiven sind vierzylindrige Verbundlokomotiven mit drei gekuppelten Achsen, einem zweiachsigen vorderen Drehgestell & einer hinteren radial einstellbaren Laufachse.
Die vier Zylinder, die neben einander unter der Rauchkammer befestigt sind, wirken mit ihren Kolben auf eine gemeinsame Triebachse, & zwar die beiden äußeren Niederdruckzylinder auf die Kurbelzapfen, die beiden inneren Hochdruckzylinder auf eine Kröpfachse. Die Hochdruckzylinder sind gegen die Horizontale geneigt, die Niederdruckzylinder liegen waagrecht.
Die Hoch- & Niederdruckkurbeln je einer Seite stehen ungefähr im Winkel von 180° zu einander, während die Kurbeln der gleichen Zylinder unter sich einen Winkel von 90° bilden.
Infolge dieser Anordnung gleichen sich die Massendrücke der hin- & hergehenden Teile großenteils aus, so daß von der Anbringung von Gegengewichten für den Ausgleich dieser Massendrücke abgesehen werden kann.
Die Steuerung der Hoch- & Niederdruckzylinder erfolgt durch Kolbenschieber, die infolge obengenannter Kurbelstellung für je einen Hoch- & Niederdruckzylinder durch eine gemeinsame Steuerung bewegt werden können.
Zum Anfahren bei den ungünstigen Kurbelstellungen dienen ein Anfahrhahn, durch den bei etwa 70% Füllung Frischdampf in den Verbinder und damit in die Niederdruckzylinder gelangt, sowie je 2 Anfahrventile an den Niederdruckzylindern.
Die zwischen den Rahmen liegenden Hochdruckzylinder sind zusammengegossen. Dieses Gußstück bildet zugleich den

Verbinder, der durch kurze Krümmer mit den außenliegenden Niederdruckzylindern verbunden ist.
Der obere Teil der Hochdruckzylinder ist als Sattel zur Befestigung der Rauchkammer ausgebildet.
Der Kessel ist von normaler Bauart & hat eine breite über den Rahmen hinausragende Feuerbüchse, deren Vorder- & Rückwand geneigt ist. Der Kessel stützt sich mit der Feuerbüchse hinten verschiebbar auf eine Rahmenverbindung aus Blech und Winkeleisen, vorne gleichfalls verschiebbar auf eine Rahmenverbindung aus Stahlformguß.
Der Rahmen liegt innerhalb der Räder.
Die Übertragung der aufgehängten Last erfolgt auf die Trieb- & Kuppelräder durch untenliegende, auf die hintere Laufachse durch oben liegende Federn, deren Spannung zwischen Trieb- & vorderer Kuppelachse sowie zwischen hinterer Kuppelachse & Laufachse durch Hebel ausgeglichen ist. Vorne stützt sich der Rahmen mit 2 seitlichen Kugelzapfen auf ein zweiachsiges Drehgestell, das um einen schmiedeeisernen Mittelzapfen drehbar ist & eine Seitenverschiebung von beiderseits 70 mm erhält.
Die Größe der seitlichen Bewegung ist so bemessen, daß unter Berücksichtigung der Spurerweiterung noch Krümmungen von 180 m durchfahren werden können. Der Mittelzapfen wird durch 2 seitliche Einstell-Blattfedern in die Mittellage gedrängt. Der Drehzapfenträger aus Stahlformguß und die gußeisernen Kugelstützzapfen sind an der unteren Seite des Hochdruck-Zylinderstückes befestigt.
Zwischen der Rauchkammer und dem Feuerkasten stützt sich der Kessel auf 3 Pendelbleche, von denen das vordere zugleich Träger für die Hochdrucklineale ist.
Die hintere Laufachse wird nach Bauart Adams ausgeführt; sie erhält Rückstellfedern und eine Auslenkung von 57½ mm nach jeder Seite. Zur Erzielung eines möglichst zwanglosen Laufes ist außerdem die Triebachse mit schmalen Spurkränzen versehen.
Die Last, die auf dem Vordergestell ruht, wird durch 4 Blattfedern unmittelbar auf die Achlager übertragen.
Die Lokomotiven erhalten Westinghouse-Schnellbremse, auf Lokomotive, Tender & Wagenzug wirkend.
Die Bremsung der Lokomotive wird bewirkt durch 2 Bremszylinder für die sechs Trieb- & Kuppelräder, durch 1 Bremszylinder für die 4 Räder des Vordergestells & einen Bremszylinder für die hintere Laufachse.
Die Lokomotiven erhalten ferner einen Schmidt'schen Rauchröhrenüberhitzer, einen Speisewasser-Vorwärmer, eine Sandstreuvorrichtung für Handbetrieb (auf die Triebräder wirkend), eine Einrichtung zur Heizung der Wagenzüge, zwei nicht saugende Friedmann-Injektoren, zwei Spiralschlauchkupplungen zwischen Lokomotive & Tender, außerdem einen Funkenfänger Bauart Thomas, ein thermoelektrisches Pyrometer von Siemens & Halske zur Feststellung der Temperatur in der Hochdruckeinströmung, je 1 Manometer mit Windkessel für die Hochdruckdampfkammer und den Verbinder, einen Geschwindigkeitsmesser Bauart Haußhälter, einen Federzugmesser von Schäffer & Budenberg zur Feststellung der Luftverdünnung in der Rauchkammer, 2 Friedmann'sche Zentralschmierpumpen zur Schmierung der Dampfkolben und der Kolbenschieber, Gasbeleuchtung, einen kleinen Gaskocher auf der Heizerseite sowie die später näher bezeichnete Kesselarmatur.
Über die Bauart des Speisewasser-Vorwärmers bleibt Verfügung vorbehalten.
Für den Bau der Lokomotiven sind im allgemeinen die Bestimmungen der Technischen Vereinbarungen vom 1. Januar 1909 (T V) nebst I. & II. Nachtrag, sowie die Eisenbahn-Bau- & Betriebsordnung für die Haupteisenbahnen Bayerns vom 1. Mai 1905 (B O) mit Ergänzungen und die allgemeinen Bedingungen für die Lieferung von Lokomotiven, aufgestellt im Oktober 1912 (mit Änderungen bis Juli 1913) maßgebend.

Bei der Verteilung des Gewichtes der Lokomotive, das im Dienste ungefähr 88 Tonnen beträgt, ist darauf Rücksicht zu nehmen, daß der größte Raddruck keinesfalls 8 Tonnen überschreitet. (Einschlägig sind hier auch die Bestimmungen der Techn. Ver. § 64 Abs. 1–3 und § 90.)

Die Hauptverhältnisse der Lokomotive sind folgende:

| | |
|---|---|
| Spurweite | 1435 mm |
| Zylinder-Durchmesser Hochdruck | 425 mm |
| Zylinder-Durchmesser Niederdruck | 650 mm |
| Kolbenhub der Hochdruckzylinder | 610 mm |
| Kolbenhub der Niederdruckzylinder | 670 mm |
| Trieb- & Kuppelrad-Durchmesser im Laufkreis | 1870 mm |
| Durchmesser der vorderen Laufräder im Laufkreis | 950 mm |
| Durchmesser der hinteren Laufräder im Laufkreis | 1206 mm |
| Dampfdruck | 15 Atm |
| Rostfläche | 4,5 qm |
| Sattdampf-Heizfläche | 219 qm |
| Überhitzer-Heizfläche | 50 qm |
| Gesamte Heizfläche | 269 qm |
| Höhe des Kesselmittels über Schiene | 2860 mm |
| Fester Radstand | mm |
| Vordergestellradstand | 2200 mm |
| Gesamter Radstand | mm |
| Größte Länge der Lokomotive | mm |
| Größte Breite der Lokomotive | 2985 mm |
| Größte Höhe der Lokomotive | 4560 mm |
| Dienstgewicht der Lokomotive etwa | 88 t |
| Leergewicht der Lokomotive etwa | 80,4 t |
| Größter Achsdruck | 16 t |
| Gesamtradstand der Lokomotive mit Tender | 16612 mm |
| Gesamtlänge von Lokomotive mit Tender zwischen den Puffern gemessen | 21396 mm |

## Besondere Vorschriften für den Bau.

### § 3.

### Kessel.

#### a.) Langkessel.
Der zylindrische Teil des Kessels besteht aus 3 Schüssen & jeder Schuß aus einer Blechtafel. Die Verbindung der Bleche erfolgt in der Längsrichtung durch Doppellaschen mit 3 Nietreihen & in der Querrichtung durch zweireihige Überlappungsnietung.

Die vordere Rohrwand erhält zweireihige Nietung. Die Blechstärke des Rundkessels und seine Vernietung ist so bemessen, daß bei einer Zerreißfestigkeit des Bleches von 34 kg/qmm die Nietnaht noch eine vierfache Sicherheit besitzt.

Sämtliche Nietlöcher sind zu bohren & die Nietung ist soweit möglich mit Nietmaschinen auszuführen.

Die Laschennietungen müssen wenn möglich in den Dampfraum zu liegen kommen.

#### b.) Feuerbüchse mit Verankerung.
Der eiserne Feuerkasten erhält eine halbkreisförmige Decke. Die Vernietung mit der Vorder- & Hinterwand ist doppelreihig. Die Vernietung der kupfernen Feuerbüchse wird einreihig ausgeführt.

Die Verbindung des eisernen Feuerkastens mit der kupfernen Feuer-Büchse wird durch einen doppelreihig eingenieteten Bodenring hergestellt.

Zum besseren Umlauf des Wassers wird der Abstand der Stirnwände vorne größer als hinten ausgeführt.

Die Versteifung der Feuerkasten- und Feuerbüchs-Wände erfolgt duch Stehbolzen. Bei den Stehbolzen ist bayerisches Gewinde anzuwenden. Die Deckenstehbolzen werden von

Eisen ausgeführt & erhalten im Innern der Feuerbüchse Sicherungsmuttern mit kupfernen Unterlagscheiben.

Die vorderen 3 Deckenbolzenreihen erhalten 10 Bügelanker, die sich einerseits auf die Rohrwand, andererseits auf Muttern der Deckenbolzen der dritten Reihe stützen.

Die Deckenbolzen der dritten Reihe erhalten einen äußeren Gewindedurchmesser von 36,48 mm (12½‴ b.), die übrigen Deckenbolzen eine Gewindestärke von 32,1 mm (11‴ b.).

Die drei oberen waagrechten Reihen, sowie die beiden äußeren senkrechten Reihen Stehbolzen der rechten und linken Seite des Feuerkastens, ferner die obere waagrechte & die beiden äußeren senkrechten Reihen Stehbolzen der Feuerkastenhinter- und Vorderwand sind aus Mangankupfer herzustellen und erhalten einen äußeren Gewindedurchmesser von 26,27 mm (9‴), die übrigen aus gewöhnlichem Kupfer herzustellenden Stehbolzen sind so stark auszuführen, daß ihre Beanspruchung 3 kg/qmm nicht übersteigt. (24,81 mm = 8½‴). Für Mangankupfer wird eine Zugfestigkeit von wenigstens 30 kg/qmm, und eine Dehnung von wenigstens 35% vorgeschrieben. Es muß 5–6% reines Mangan ohne Beimischung von Zinn oder Zink enthalten und ein spezifisches Gewicht von 8,6 besitzen.

Die Decken- & Seiten-Stehbolzen erhalten eine nach innen & außen mündende Bohrung. Steigung der Stehbolzengewinde 0,8‴ bayer. = 2,335 mm.

Der untere Teil der kupfernen Rohrwand wird durch 17 Schleppanker gegen den Rundkessel hin abgesteift. Der obere Teil der eisernen Feuerkastenhinterwand wird durch 6 Längsanker ebenfalls mit dem Rundkessel verbunden, während die beiden eisernen Seitenwände eine Querverankerung durch ⌐L Eisen & 6 Zugstangen erhalten.

Die Blechkanten des ganzen Kessels sind innen und außen, die Nieten am Stiefelknecht gleichfalls innen und außen, die übrigen Nieten außen zu stemmen.

Die Rohrwand an der Rauchkammer erhält die übliche Blechversteifung mit Winkeln.

#### c.) Dampfdom.
Auf dem vorderen Schusse des Rundkessels ist ein Dampfdom zur Aufnahme des Reglerkopfes angebracht. Der Domausschnitt, der zugleich als Mannloch dient, ist entsprechend zu verstärken. In den Dom ist ein gelochtes Blech als Wasserabscheider einzubauen.

#### b.) Heizröhren, Ankerröhren & Überhitzer.
Die nahtlosen Heizröhren, die keine Kupferstutzen erhalten, haben einen äußeren Durchmesser von 56 mm & einen inneren Durchmesser von 51,5 mm. In der Rauchkammerrohrwand werden die Rohrenden auf 58 mm äußeren Durchmesser erweitert.

Die nahtlosen Ankerröhren erhalten keine Kupferstutzen. Sie werden in die Rohrwände eingeschraubt. Der äußere Gewindedurchmesser beträgt in der Rauchkammerrohrwand 54 mm, in der Feuerbüchsrohrwand 46 mm. Durchmesser der Ankerröhren: 42/50 mm.

In den Kessel ist ein Rauchröhrenüberhitzer Bauart Schmidt mit Vorrichtung zur Regelung der Überhitzung und selbsttätigen Ausschaltung bei Schluß des Reglers einzubauen. Er muß eine Dampfüberhitzung von 350° ermöglichen.

Die nahtlosen Rauchröhren erhalten Kupferstutzen und einen Durchmesser von 129/138 mm. Der äußere Durchmesser wird in der Rauchkammer-Rohrwand auf 141 mm erweitert, und am entgegengesetzten Ende auf 122 mm verringert.

Die Überhitzerrohre erhalten einen Durchmesser von 29/36 mm; sie sind aus nahtlos gewalzten mit 50 atm. Probedruck geprüften Röhren, die Gußteile des Überhitzers aus Zylinderguß (Eisenguß mit Stahlzusatz) von mindestens 18 kg Festigkeit herzustellen.

Der Ventilteller des Regulierklappen-Automaten ist nach Zeichnung Schmidt 6097 beweglich auszuführen. Die Überhitzerröhren sind mit Kupferringen mit Asbestschnureinlage (Z.6002) zu dichten.

Die Enden der Rauch-, Heiz- und Ankerröhren müssen mindestens 15 mm über die Vorderfläche der Rauchkammerrohrwand vorstehen.

Die Länge der Röhren zwischen den Rohrwänden beträgt 5255 mm.

### e.) Reinigungsöffnungen.

Reinigungsöffnungen sind an den folgenden Stellen anzubringen:

Je 2 Waschluken rechts und links am Feuerkasten oberhalb der Seiten-Stehbolzen,

1 Waschluke in der Mitte der Feuerkastenrückwand über den Feuertüren,

je 2 große Waschbolzen an den hinteren Ecken des Feuerkastens, und zwar:

je 1 über dem Bodenring und

je 1 in der Höhe der Feuertüren;

ferner:

2 große Waschbolzen an der Feuerkastenrückwand über den Feuertüren,

je 1 großer Waschbolzen an den beiden vorderen Ecken des Feuerkastens,

je 2 kleine Waschbolzen in der unteren Hälfte der rechten und linken Seite des Feuerkastens und

4 große Waschbolzen in der Rauchkammerrohrwand.

Die Ausschnitte der Waschluken erhalten schmiedeiserne Aufsätze.

Die Waschluken werden mit Linsen verschlossen, die durch Deckel mit sechs 7/8″-Schrauben auf ihren Sitz gepreßt werden.

Die Waschbolzen sind konisch auszuführen.

### f.) Feuertüren.

Die Feuerbüchse erhält 2 Feuertüren mit Luftschieber.

Die Nieten & die Blechkanten der Feuertüröffnungen sind durch einen ringsum laufenden schweißeisernen Ring zu schützen.

Die linke Feuertüre muß sich in gleicher Weise wie bei den S 3/6 No 3624–3641 weiter öffnen lassen als die Feuertüre auf der Führerseite.

### g.) Rauchkammer, Funkenfänger.

Der Kessel erhält eine runde Rauchkammer. Der untere Teil derselben wird durch ein Verstärkungsblech versteift.

Die ebenfalls runde Rauchkammertüre erhält kräftige Scharniere und 13 Vorreiber, von denen einer zwischen den Scharnieren liegt. Die Türe erhält eine ebene Sitzfläche & muß vollkommen dicht schließen.

In die Rauchkammer ist ein Funkenfänger Bauart Thomas einzubauen. Das Bodenblech des Funkenfängers ist wie bei den zuletzt gelieferten S 3/6-Lokomotiven zu lochen.

### h.) Kamin & Blasrohr.

Der kegelförmige Kamin wird aus Gußeisen hergestellt.

Das Blasrohr erhält eine durch Klappen verstellbare Mündung. Die Klappen sind mit Keilen und Stiften, die an den Enden der Wellen sitzenden Hebel mit Vierkant und durchgehendem Stift zu befestigen.

### i.) Aschenkasten & Rost.

Der Aschenkasten besteht aus drei Abteilungen, von denen eine größere innerhalb und zwei kleinere außerhalb des Rahmens liegen. Jeder Teil erhält vorne und hinten je 1 Klappe mit Zug. An den äußeren Teilen sind zur Vermehrung der Luftzufuhr seitliche Luftfänger anzubringen, die hinten geschlossen sind und vorne je 1 Klappe mit Zug erhalten.

Am mittleren Teil ist ein Bodenschieber, an den Seitenteilen in Bodenhöhe des Kastens je 1 seitliche Türe zur Ermöglichung einer bequemen Entleerung des Aschenkastens anzuordnen. Diese Türen sind gut zu versteifen.

Damit das Herausfallen von Kohlenteilen tunlichst vermieden wird, sind quer vor den vorderen und hinteren Öffnungen auf den Enden der Schenkel liegende Winkeleisen anzubringen.

Der Aschenkasten erhält ein Spritzrohr mit Anschluß an das Druckrohr des rechtsseitigen Injektors.

Die Roststäbe sind von Schmiedeisen. Die Spaltenweite beträgt 17 mm.

### k.) Dampfregler mit Einströmröhren.

Der Dampfregler wird wie bei den S 3/6 No 3622–3641 ausgeführt.

### l.) Kesselarmatur.

Der Kessel erhält nachstehende Armaturteile:

1 Wasserstandzeiger,

3 Probierventile oder nach besonderer Bestimmung ein zweiter Wasserstand,

1 Kesselmanometer,

1 Manometer mit Windkessel für die Hochdruckdampfkammer,

1 Manometer mit Windkessel für den Verbinder,

1 Dampfpfeife mit Absperrhahn,

1 Manometerhahn mit Flansch für das Kontrollmanometer,

2 Pop-Sicherheitsventile Bauart Maffei,

1 Heizungsventil,

1 thermo-elektrisches Pyrometer, Bauart Siemens & Halske,

1 Vacuummeter,

1 Armaturkopf mit

2 Injektorventilen

1 Westinghouse-Pumpenventil

1 Hilfsbläserventil

1 Talfahrtventil

1 Hahn für die Heizung der Schmierpumpen, und

1 Hauptabsperrventil;

2 Kesselspeiseventile mit Absperrwechseln,

1 Kesselablaßhahn.

Die Sicherheitsventile sind mit dem gleichen Mantel wie die Sicherheitsventile der S 3/6 No 3624–3641 zu umgeben.

Eines der beiden Ventile muß vom Führerhaus aus gelüftet werden können.

Der Armaturkopf ist an das Dampfentnahmerohr nach Zeichnung No 5769 anzuschließen.

Das Dampfzuführungsrohr zum Heizventil ist mit dem kegelförmigen Anschlußstutzen zu vernieten und gut zu verlöten.

Die Rohrleitungen der Manometer für die Hochdruckdampfkammer und den Verbinder, die vom Talfahrtventil nach den Zylindern geführte Dampfleitung, die Hilfsbläserleitung, die Dampfleitungen zur Anwärmung der Schmierpumpen und das Dampfzuleitungsrohr der Luftpumpe sind wie bei den S 3/6 3624–3632 zu verlegen.

### m.) Speisevorrichtungen, Aschenkasten- und Kohlenspritzrohr.

Zur Speisung des Kessels dienen zwei gleichgroße nichtsaugende Injektoren von Friedmann, Klasse A S Z No 11 (mit Nickeldüsen).

Vom Druckrohr des rechten Injektors zweigt das Aschenkastenspritzrohr ab, vom Druckrohr des linken Injektors eine Kohlennäßvorrichtung. Die Leitung der letzteren Vorrichtung ist bis an das hintere Ende des Führerhausdaches zu führen.

In das Aschenkastenspritzrohr und in das Kohlenspritzrohr, die von den Injektordruckrohren an der gleichen Stelle wie bei den S 3/6 No 3624–3641 abzweigen müssen, sind statt der bei den

**26** D 40 war über Jahrzehnte eine beliebte Verbindung zwischen Berlin und München. Bei Bamberg führte ihn um 1925 eine Nürnberger S 3/6 der damals neuesten Lieferung (Serie k) im letzten Abendlicht südwärts. Slg: VMN

**27** Der Gegenzug D 39 München–Berlin, ebenfalls mit einer neuen Nürnberger Maschine an der Spitze, rollte zur Mittagszeit durch das weite Tal der Regnitz nahe Bamberg (1925). Slg: VMN

S 3/6-Lokomotiven bisher verwendeten Absperrwechsel, Absperrventile einzubauen.

Die Verschraubungen der Dampfzulaßrohre zu den Injektoren sind wie bei den S 3/6 No 3624–3641 in das Führerhaus zu verlegen und gegen Lockerung zu sichern.

**n.) Kesselverkleidung.**

Kessel nebst Dom sind in der üblichen Weise mit Blech zu verkleiden; an den Stellen der Seiten-Stehbolzen sind die Verkleidungsbleche ausnahmlich der Verschalung des Stiefelknechtes mit kleinen Bohrungen zu versehen; sämtliche Armaturteile müssen ohne Wegnahme der Kesselverkleidung gedichtet & abgenommen werden können.

Der Kessel ist innerhalb des Führerhauses mit Blauasbestmatten zu isolieren.

Die Matten sind kreuzweise zu durchstepen, an den Rändern

und Ausschnitten sorgfältig einzusäumen und an den Verschalungsblechen zu befestigen. An den Öffnungen vor den Stehbolzenköpfen sind die Matten mit Ösen aus verzinktem Eisenblech einzufassen & am Verschalungsblech eiserne Nippel einzunieten (Z. 5999).

Vor den Feuertüren sind Blenden zur Verhinderung der Wärmestrahlung anzubringen.

§ 4.

**Rahmen.**

Der Barrenrahmen wird nach amerikanischer Bauart aus einzelnen Teilen geschmiedet & zusammengeschweißt; die Teile erhalten einen Querschnitt von mindestens 90 qcm, über den

Achsausschnitten wird der Rahmen noch entsprechend stärker gehalten.

Nach dem Zusammenschweißen wird die eine Rahmenseite im ganzen im Flammofen ausgeglüht, sodann gerichtet & an allen Flächen bearbeitet.

Das vordere Ende des Rahmens, das durch die Zylinder geht, besteht aus nur einem Barren, der zwischen Zylinder & Triebrad mit dem Hinterrahmen verschraubt ist & vorne die U-förmige, aus gepreßtem Blech hergestellte Brust trägt.

Die Verbindung und Versteifung der beiden Rahmenwangen erfolgt vorne durch den Stoßbalken und durch das Hochdruckzylinderstück & hinten durch den Kuppelkasten und außerdem durch eine Anzahl Querverbindungen, die zum Teil zugleich die Verbindung mit dem Kessel bewerkstelligen. Der vordere Teil des Rahmens mit der Pufferbohle wird durch 2 schmiedeeiserne Streben mit der Rauchkammer verbunden.

Auf die hintere Rahmenverbindung sind kräftige schmiedeeiserne Widerlager für die Kuppelbolzen zu nieten.

Die Verbindung des Rahmens mit der Feuerbüchse & dem Rundkessel muß derart sein, daß beim Heben der Lokomotive ohne Verbindungsstege in den Lagerbügeln eine Verbiegung des Rahmens nicht eintreten kann.

## § 5.

### Drehgestell, Adamsachse, Lager, Lagerbacken, Federn.

Das Vordergestell erhält Rahmen aus glatten Blechen von 25 mm Stärke. Diese werden durch eine kastenförmige Haupttraverse aus Blechen und Winkeleisen, außerdem durch 2 schmiedeeiserne Verbindungsstangen von rechteckigem Querschnitt, 2 Bremstraversen und am vorderen Ende durch eine Querversteifung aus Winkeleisen, die an den Enden zu Bahnräumern ausgebildet ist, verbunden. Die Haupttraverse trägt den Gleitstock für das Kugellager des Drehzapfens, sowie die Stütz- und Gleit-Pfannen für die Kugelstützzapfen.

Die Achslagerbüchsen sind aus Stahlguß herzustellen, die Deckel der Trieb-Kuppel- und Vordergestell-Achskisten sind mit 4⅜″-Schrauben mit Sechskantkopf, die Deckel der Laufachskisten mit 6 versenkten ⅜″-Schrauben zu befestigen.

An den Trieb- und Kuppel-Achskisten sind die Bohrungen für die Bolzen der Federhängestücke auszubüchsen.

Die Lagerschalen sind von Lagerbronze & mit Kompositionsstreifen versehen.

Die beiden Achslagerbüchsen der Adamsachse sind mit ihrer Verbindungstraverse in einem Stück zu gießen. Dieses Gußstück trägt oben den Mitnehmerbolzen, der in eine aus Blechen und Winkeleisen gebildete Rahmentraverse eingreift. Der Ausschnitt dieser Traverse ist so bemessen, daß das Spiel des Bolzens nach jeder Seite 57,5 mm beträgt.

Der Bolzen wird durch 2 sechsblätterige Rückstellfedern von 10×100 mm Stahlstärke in die Mittellage gedrängt.

Bei den Achskistenausschnitten für die Trieb- und Kuppelachsen sind an die schrägen Flächen der Rahmenstege, an denen die Stellkeile liegen, 10 mm starke Beilagen anzuschrauben.

Für alle Federn der Lokomotive sind die Bedingungen für die Lieferung von Blatt- und Wickelfedern für Lokomotiven, Triebwagen, Tender und Wagen vom April 1912/Dezember 1912 maßgebend.

Die Federn sind aus Spezialstahl herzustellen.

Sämtliche Achsen erhalten Blattfedern. Die Stahlstärke der Federblätter für Trieb-, Kuppel- und hinteres Laufrad beträgt 120×13 mm, für die vorderen Laufachsen 100×10 mm.

Die Federn für Trieb- & Kuppelachsen werden unten, die der Laufachsen über den Lagern angeordnet; die unter den Lagern befindlichen Federn sind durch Bügel gegen Herabfallen (beim Bruch einer Federstütze) zu sichern.

Die Zugstangen der Federausgleichvorrichtung zwischen den

beiden hinteren Achsen sind gleichfalls durch je 2 am Aschenkasten befestigte Schlingen zu sichern.

Die Augen der Federhänger sind auszubüchsen.

Die Federhänger werden zum Nachspannen mit einem ausgerundeten Gewinde und mit Muttern versehen.

## § 6.

### Dampfzylinder.

Die Zylinder sind aus dichtem, zähen Gußeisen von mindestens 18 kg/qmm Festigkeit herzustellen. Die Gußstücke sind so zu gestalten, daß Risse infolge innerer Spannungen vermieden bleiben.

Der Flansch am Hochdrucksattel erhält außen eine Höhe von 60 mm und 17 Versteifungsrippen.

Hoch- & Niederdruckzylinder haben Kolbenschieber; für die Laufflächen der Schieberkolben sind besondere Büchsen einzusetzen.

Die Hochdruckzylinder haben innere Dampfeinströmung, die Niederdruckzylinder dagegen äußere Dampfzuführung mit innerer Ausströmung.

Die Ausströmungsstutzen an den Niederdruckzylindern müssen wie bei den S 3/6 No 3624–3641 Linsendichtung erhalten.

Die Bohrung, die genau zylindrisch sein muß, wird an jedem Ende um 10 mm erweitert.

Die Zylinderdeckel sind aufzuschleifen & müssen ohne eine Zwischenlage dicht sein.

Die Dampfzylinder erhalten je 2 Ausblasehähne, je 2 Sicherheitsventile, ferner Stutzen zur Einführung des Öles & zur Anbringung von Indikatoren.

Außerdem ist ein Sicherheitsventil am Verbinder und je 1 Luftsaugeventil aus Stahlguß an der Hochdruckdampfkammer und am Verbinder anzubringen.

Die Sicherheitsventile an den Zylindern sind so anzuordnen, daß sie sich in geradeliniger Fortsetzung des Kolbenweges öffnen können. Sie müssen ohne Wegnahme der Zylinderverkleidung nachgeschliffen werden können; es soll auch hinter den Ventilen dem Wasser vollständig freier Austritt geschaffen sein.

Die Zylindermäntel werden mit Blauasbest, die vorderen Zylinderdeckel mit Kieselguhr gut isoliert & mit Blech sauber verkleidet.

Die Verschalung an der vorderen und hinteren Stirnseite der Hochdruck-Zylinder ist in gleicher Weise wie bei den S 3/6 No 3624–3641 zu unterteilen.

Die Vorreiber an der Verschalung der Niederdruckzylinder-Mäntel sind wie bei den S 3/6 No 3633–3641 auszuführen.

Die Befestigung der Zylinder erfolgt in der Weise, daß die Hochdruckzylinder mit dem Rahmen fest verbunden werden, während die Niederdruckzylinder mit den Hochdruckzylindern zu verschrauben sind. Zur Entlastung der Schrauben werden noch entsprechende Nasen vorgesehen.

## § 7.

### Dampfkolben.
### Steuerkolben.

Die Hochdruckkolben werden aus Gußeisen, die Niederdruckkolben aus Stahlguß hergestellt; die Hoch- & Niederdruckkolben erhalten durchgehende Kolbenstangen.

Die Hochdruckkolbenstangen werden durch je zwei in die Stopfbüchsen eingelegte Tragringe geführt. Die Hochdruckstopfbüchsen haben gußeiserne Liderungsringe, die durch Stahlfederspiralen angepreßt werden, die Niederdruckstopfbüchsen haben Metallliderung.

Die Kolbenringe sind aus weichem Gußeisen herzustellen.

Die Steuerkolben sind nebst ihren federnden Ringen von Gußeisen.

## § 8.
### Kreuzkopf, Lineale & Linealträger.

Die Kreuzköpfe sind von Stahlguß.
Die Sohlen erhalten Kompositionsausguß.
Der Kreuzkopfzapfen ist aus Schmiedeeisen & einzusetzen.
Die Linealträger werden aus Schmiedeeisen hergestellt.
Der innere Linealträger bildet zugleich eine Rahmentraverse.
Die Lineale aus naturhartem Siemens-Martin-Stahl werden an dem Zylinderdeckel & am Linealträger mit je 2 Schrauben von 1¼″ Durchmesser befestigt. Die Schrauben am Zylinderdeckel stehen in der Längsachse des Lineals hinter einander, so daß beim Bruch einer Schraube das Lineal noch zentral festgehalten ist.

## § 9.
### Trieb- & Kuppelstangen.

Die Trieb- & Kuppelstangen werden aus Siemens-Martin-Stahl (Zugfestigkeit 50–60 kg; Dehnung mindestens 20%) hergestellt.
Die Hochdruck-Triebstangen erhalten offene, die Niederdrucktriebstangen & Kuppelstangen dagegen geschlossene Köpfe.
Die Triebstangenlager werden mit Keilnachstellung, die Schalen aus Lagerbronze mit Weißmetalleinguß ausgeführt.
Die Lagerschalen der Kuppelstangen bestehen aus Bronze mit Kompositionseinguß und sind nicht nachstellbar.

## § 10.
### Trieb- & Kuppelzapfen.

Die Kuppelzapfen & die Triebzapfen mit Gegenkurbeln werden von Schmiedeeisen hergestellt & eingesetzt. Die Triebzapfen sind mit einem Druck von 75000 kg, die Kuppelzapfen mit einem Druck von 50000 kg einzupressen.

## § 11.
### Räder & Achsen.

Die Triebachse, die für die innen liegenden Zylinder zweimal gekröpft ist, wird aus Nickelstahl & die geraden Achsen werden aus Siemens-Martin-Stahl hergestellt.
Die Radsterne sind von Flußeisenformguß mit angegossenen

**28** Neue S 3/6-Kropfachse bei J. A. Maffei. Interessant sind die verschiedenen Spurweiten des Werkgleises. Werkbild J. A. Maffei

Gegengewichten zum vollständigen Ausgleich der Drehmassen auszuführen.
Die Radreifen sind aus Tiegelstahl & werden durch Sprengringe befestigt.
Im übrigen gelten für die Radsätze die besonderen Bedingungen für die Ausführung von Radsätzen für Lokomotiven und Tender vom September 1912.

## § 12.
### Steuerung.

Die Lokomotiven erhalten außenliegende Heusinger-Steuerung.
Die Niederdruckzylinder erhalten ungefähr die gleiche Füllung wie die Hochdruckzylinder.
Die Umsteuerung erfolgt durch eine Schraubenspindel außerhalb des Führerhauses und ein Handrad im Führerhause; bei Rechtsdrehung des Handrades soll die Steuerung auf vorwärts verstellen.
Alle Bolzen & Zapfen sind von Schmiedeeisen & eingesetzt; sämtliche Augen, in denen sich Bolzen drehen, sind mit gehärteten Büchsen zu versehen. Die schmiedeeisernen, im Einsatz gehärteten Kulissen erhalten Steine aus harter Bronze. Die Drehzapfen der Kulisse laufen in nachstellbaren Bronzelagern.
Die Steuerspindelstange erhält ein Zwischenlager am Langkessel. Der Körper der Steuerungsspindelmutter ist aus Stahlguß mit Phosphorbronzebüchse herzustellen.

## § 13.
### Schmierung des Triebwerkes, der Steuerung und der Zylinder.

Alle bewegten Teile sind an ihren reibenden Flächen mit Schmiergefäßen, wenig beanspruchte Teile mit Schmierlöchern zu versehen.
Die Verschlüsse der Schmiergefäße an den Trieb-, Kuppel- & Exzenterstangen sowie an den Kreuzkopfoberteilen sind nach dem Deckblatt zu Plan 92 S 3/6 3601–3623, die übrigen Schmiergefäßverschlüsse in gleicher Weise wie bei den S 3/6 3618–3623 auszuführen. Die Schmierdeckel an den Steuerungsbolzen sind mit Stiftschrauben, deren Muttern gesichert sind, zu befestigen.
Die Zylinder & Steuerkolben werden durch 2 Zentralschmierpumpen Bauart Friedmann, Marke N S III, mit je 6 Auslässen und mit je 4,5 l Inhalt mit Öl versehen.
Die Pumpen sind mit einer isolierenden Verschalung aus Filz und Blech zu umgeben. Das Abdampfröhrchen der Vorwärmung ist in die Ausströmung zu leiten.
Die Schmierrohre verzweigen sich zu den einzelnen Schmierstellen wie folgt:
1.) Hochdruckschieber – Einströmraum,
2.) Hochdruckschieber – Ringe vorne,
3.) Hochdruckschieber – Ringe hinten,
4.) Hochdruckzylinder,
5.) Niederdruckschieber – Ringe vorne (gegabelt),
6.) Niederdruckschieber – Ringe hinten (gegabelt).
Die einzelnen Leitungsröhrchen sind an der Stelle, an der sie durch die Zylinderverschalung geführt sind, durch Schilder zu kennzeichnen.

## § 14.
### Führerstand & Trittbleche.

Die Lokomotiven erhalten ein Führerhaus, welches unabhängig vom Kessel auf dem hinteren Fußblech befestigt ist.
Die rechte & linke Seite der Führerhausvorderwand erhält je ein Drehfenster, der mittlere Teil Luftschieber.
Die Seitenwände erhalten je ein feststehendes & ein auf Rollen verschiebbares Fenster, sowie außenliegende schmale Rah-

**29/30**  Oben der Führerstand einer älteren S 3/6 (Betriebsnummer 18 401–434, 18 461–478) mit zwei Feuertüren und Windschneide, zum Vergleich rechts der Führerstand einer 18[5] mit nur noch einer Feuertür und genormten Armaturen.

Werkbilder J. A. Maffei

men mit Schutzglas. Die Fensterscheiben in der Vorderwand sind aus Spiegelglas herzustellen.

Der Boden des Führerhauses erhält einen gefederten Holzbelag. Die Lokomotivplattform greift bis zum Wasserkasten des Tenders über. Die Eingangsöffnungen des Führerhauses werden mit Türen nach den bestehenden Vorschriften versehen.

Zu beiden Seiten der Lokomotive sind Fußbleche & Handstangen anzubringen.

Die Halter der hinter den Niederdruckzylindern liegenden Fußtritte sind nach der Zeichnung No 6249/MA auszuführen und an den Linealen in gleicher Weise wie bei den S 3/6 3624–3641 mit Schrauben mit Vierkant zu befestigen.

Die seitlichen Fußbleche sind in der Höhe der Feuerkastenvorderwand zu unterteilen.

## § 15.

### Zug- & Stoßvorrichtungen, Bahnräumer.

Die Stoßbalken der Lokomotive werden aus ⊐ förmig gepreßtem Eisenblech hergestellt und an den Enden mit Stirnplatten aus starkem Eisenblech abgesteift.

Die Schraubenkupplungen und Zughaken an der Lokomotive und am Tender sind aus schweißbarem, basischen Martinflußeisen von 45 bis 50 kg Festigkeit und nach der Zeichnung No 605[1]/MA herzustellen.

Die Kupplungsteile sind, wie auf der Zeichnung angegeben, mit dem Zeichen D W V zu versehen. Auf dem Schwengel ist das Eigentumsmerkmal K.Bay.Sts.B. anzubringen.

Die Zughaken erhalten 2 durch einen Ausgleichhebel verbundene Spiralfedern. (Zeichnung Nr. 65 a[1]).

Die Haken müssen den Normalien der kgl. bayerischen Staatseisenbahnen entsprechen; die Puffer sind nach Zeichnung Nr. 102[1] auszuführen.

An dem Vordergestell sind kräftige Bahnräumer ohne Besenhalter und ohne Schneeschaufeln anzubringen.

## § 16.

### Luftdruckbremse.

Mit der Luftdruckbremse werden sowohl Lokomotive als Wagenzug gebremst, & zwar sämtliche Achsen der Lokomotive & des Tenders.

Der Druck der Bremsklötze ist nach § 101 der Technischen Vereinbarungen vom 1. Januar 1909 zu bemessen.

Zur Einrichtung der Westinghouse-Bremse gehören:

1 zweistufige Westinghouse-Dampf-Luftpumpe No. 3, Größe 203/270 mm mit Leitungen, Entwässerungsventil (D 1081 Abb. 2) für den Dampfzylinder, Luftpumpenregler No. 8 Blatt XVIII F (D 1115) und Wasserabscheider mit Entwässerungsventil (D 1081 Abb. 1) für die Dampfzuführung zur Pumpe; ferner

1 Hauptluftbehälter,

1 Doppel-Luftdruckmesser,

2 kurzhubige 15″-Bremszylinder mit je 1 Steuerventil und mit je 1 Hilfsluftbehälter zur Bremsung der Trieb- und Kuppelachsen,

1 kurzhubiger 10″-Bremszylinder mit 1 Steuerventil und 1 Hilfs-Luftbehälter zur Bremsung der hinteren Laufachse,

1 langhübiger 8″-Bremszylinder mit 1 Steuerventil und 1 Hilfsluftbehälter zur Bremsung des Vordergestelles,

1 Führerbremsventil mit Druckregler (Blatt IV No. 65 B),

3 Auslös-Ventile,

die erforderlichen Leitungen, Abschlußhähne und Schlauchkupplungen.

Für die Triebrad- und die Hinterrad-Bremse sind gewöhnliche Steuerventile No. 4 Blatt IX B (Z.D 975) zu verwenden; die Vordergestellbremse soll jedoch nur bei Notbremsung in Tätigkeit treten; diese Wirkung wird durch Verwendung eines Steuerventils No 5, Blatt IX C (Z.D 1234) mit ausgeschalteter Betriebsbremsung erreicht.

Die vom Führerbremsventil abzweigenden Kupferröhren sind wie bei den S 3/6 No. 3624–3641 federnd anzuordnen.

Der Griff des Wasserablaßhahnes am Hauptluftbehälter muß bei geschlossenem Hahn nach abwärts stehen.

Das Bremsgestänge an Lokomotive & Tender ist so stark auszuführen und so anzuordnen, daß der Einbau der Schnellbahnbremse leicht vorgenommen werden kann.

Alle Augen, in denen sich Bolzen oder Zapfen drehen, mit Ausnahme der gußeisernen Lager der Bremswellen und ausnahmlich der Augen der Bremsklötze sind mit gehärteten Büchsen zu versehen.

Die Bremsklötze sind aus Gußeisen mit 25% Stahlzusatz anzufertigen; sie erhalten mit Ausnahme der Klötze der Adams-Achse über den Spurkranz greifende Lappen.

Für gute Versicherung der Luftbremsteile ist zu sorgen. Wassersäcke in den Leitungen sind zu vermeiden.

Zur Verbindung der Luftleitung zwischen Lokomotive & Tender dient eine an der rechten Seite zwischen Lokomotive & Tender anzubringende Schlauchkupplung mit je einem Abschlußhahn an der Lokomotive & am Tender; für den Anschluß einer Vorspannlokomotive erhält die Lokomotive an der nach vorne geführten Luftleitung 2 tiefliegend angeordnete Schlauchkupplungen mit Absperrhähnen (Z. 5791[1]/MA).

Alle Luftdruck-Bremsteile müssen der von der Eisenbahnverwaltung vorgeschriebenen Bauart und Größe entsprechen.

Alle Absperrhähne zwischen der Leitung und den einzelnen Steuerventilen sind ausschließlich in lotrechte Leitungsstücke zu verlegen und so einzusetzen, daß die Handgriffe der Wechsel bei geöffnetem Hahn senkrecht nach abwärts stehen.

Der Schlüssel des Bremsventil-Absperrhahns in der Leitung zwischen dem Hauptluftbehälter und dem Führerbremsventil muß jedoch bei offenem Hahn senkrecht nach aufwärts stehen.

## § 17.
### Dampfheizung.

Die Druckleitung für die Dampfheizung ist mit einem Reduzierventil von 40 mm L. W. auszuführen. Die Heizleitung erhält eine Lichtweite von 2¼″ engl., sie ist innerhalb und außerhalb des Führerhauses gut zu umhüllen, nach rückwärts zu führen und mit dem Tender durch zwei Schlauchleitungen nach Zeichn. 6188/MA zu verbinden. Die Heizkonusse erhalten Absperrhähne. (Z.Nr. 603.)

## § 18.
### Sandstreuvorrichtung.

Die Lokomotiven erhalten einen auf dem Scheitel des Langkessels hinter dem Dampfdom sitzenden Sandkasten mit einer Sandstreuvorrichtung für Handbetrieb. Die Sandstreuvorrichtung soll sowohl vom Führer als vom Heizer bequem bedient werden können.

Die Sandkastenwelle ist mit dem Zughebel durch Vierkant und Stift zu verbinden. Die Sandrohre münden beiderseits vor das Triebrad.

## § 19.
### Geschwindigkeitsmesser.

Die Lokomotiven werden mit einem Geschwindigkeitsmesser, Bauart Haußhälter, mit Teilung bis 130 km, nebst den zugehörigen Bewegungsteilen, versehen.

Die Antriebsstange zwischen dem Antriebsgehäuse und der Gegenkurbel muß waagrecht liegen.

Die Aufziehkurbel des Geschwindigkeitsmessers muß der besseren Zugänglichkeit wegen oben liegen.

## § 20.
### Signalmittel & Laternen.

Die Lokomotiven sind mit allen Signalmitteln & Laternen nebst ihren Trägern nach den Vorschriften der Bayer. Staatseisenbahnen zu liefern.

## § 21.
### Anschriften und Bezeichnungstafeln.

Die Lokomotiven erhalten beiderseits am Langkessel eine Nummerntafel, ferner beiderseits am Führerstand das Gattungszeichen & Eigentumsmerkmal, das Zugkraftzeichen c, sowie Tafeln mit dem Namen des Lieferanten der Lokomotiven & des Kesselfabrikanten, innerhalb des Führerstandes ein Schild mit der Aufschrift:

»Höchste Fahrgeschwindigkeit 120 km
in der Stunde.«,

ferner an den Rahmen der an den Führerhausseitenwänden

**31** Nürnberg-Hbf am 27. Oktober 1927: S 3/6 3671, die bald darauf die Reichsbahnnummer 18 477 erhalten wird, ist aus Richtung Treuchtlingen angekommen.
Slg: C. Asmus

**32**  18486 (Bw Nürnberg-Hbf) brachte 1934 den D 117 von Nürnberg nach Neuenmarkt-Wirsberg. Nach zweistündigem Aufenthalt übernahm sie den Gegenzug D 118 Breslau–Stuttgart, den unsere Aufnahme bei der Ausfahrt Neuenmarkt-Wirsberg zeigt, zurück nach Nürnberg. Auf dem kleinen Schildchen über der Pufferbohle ist noch »D 117« zu lesen. Foto: E. Köditz, Slg: H. Tauber

**33**  Im nächtlichen Stuttgarter Hauptbahnhof wartet 18512 (Bw Nürnberg-Hbf) auf die Heimfahrt (um 1935). Foto: A. Ulmer, Slg: A. Braitmaier

angebrachten Schutzgläser ein Schild mit der Aufschrift: »Nicht hinausbeugen!« und an den Stellen, an denen die Schmierröhrchen in die Zylinderverschalung einmünden, Schilder mit Aufschriften zur Kennzeichnung der verschiedenen Schmierrohrleitungen.

Außerdem sind die Handgriffe des Luftpumpen-Anlaßventils, des Hilfsbläserventils, des Talfahrtventils, der Dampfzulaßventile zu den Injektoren und des Ventils für die Heizung der Schmierpumpen mit einer dauerhaften Anschrift über ihren Zweck zu versehen.

Ferner ist auf dem Mantel des Hauptluftbehälters die Nummer der Lokomotive und das Datum der Erprobung des Behälters nebst dem Firmenzeichen in roter Ölfarbe und in roter Umrahmung anzuschreiben.

## § 22.

### Anstrich.

Kessel- & Zylinderverschalung, Rahmen sowie alle sonstigen nicht blank bearbeiteten Teile sind gut zu verkitten, sauber & dauerhaft anzustreichen & zu lackieren.

Die Lokomotiven erhalten den gleichen Anstrich wie die S 3/6 3624–3641.

## § 23.

### Feststellung der Körner & Konstruktionsrisse & Bezeichnung der Lokomotivteile.

Bei allen der Abnützung unterworfenen Teilen, bei denen die Auffindung der ursprünglichen zentralen Achse bei späterer Reparatur erforderlich ist (wie z. B. bei Achsen, Kurbelzapfen x.), ist die Lage der Mittelpunkte durch feine, aber scharfe Kreise oder Risse zu bezeichnen.

Die einzelnen Lokomotivteile, bei denen eine Verwechslung möglich ist, sind durch eingeschlagene Buchstaben & Nummern zu bezeichnen.

Königl. Bayer. Staatseisenbahnen.

### Bedingungen
### für die Lieferung von
### vierachsigen Tendern mit 26 cbm. Wasser-Fassungsraum.

Aufgestellt im Juli 1913.

Giltig für die Tender der Lokomotiven S 3/6 No. 3642–3644

## § 1.

### Beschreibung der Tender im allgemeinen.

Die Tender ruhen auf zwei zweiachsigen Drehgestellen.

Der über die ganze Breite des Tenders reichende Wasserkasten hat oben eine geneigte Decke, die zugleich Boden des Kohlenraumes ist. Die Wände des letzteren werden auf die Wasserkastendecke so aufgesetzt, daß sie seitlich hinter die Wände des Wasserkastens zurücktreten.

Am oberen Rande der rechten Seitenwand des Kohlenraumes ist über die ganze Länge der Wand eine Anhaltstange anzubringen.

Der Wasserkasten ist mit dem Tenderrahmen vernietet; dieser ist mit Drehzapfen & Gleitbacken auf den beiden Drehgestellen gelagert.

Der Tender ist mit Westinghouse-Bremseinrichtung & Handspindelbremse versehen, die beide auf die vier Achsen wirken.

Die Tender erhalten zur Ausrüstung einen großen Werkzeugkasten, einen kleinen Werkzeugkasten, je einen Kleiderkasten für Führer und Heizer, einen großen Gerätekasten und einen Signalmittelkasten, einen Wasserstandsmesser, die Leitungen und Schlauchverbindungen für Injektoren, Heizung & Bremse, außerdem die erforderlichen Zug- und Stoßvorrichtungen, Bahnräumer & die nötigen Fußtritte, Handgriffe, Anhaltstangen sowie Träger für Laternen & Signale.

Die Puffer sind nach Zeichnung Nr. 102[1] auszuführen.

Für die Gewichtsverteilung sind die §§ 72[3] und 110 der T.V. zu beachten.

## § 2.

### Hauptmasse.

| | |
|---|---:|
| Inhalt des Wasserraumes | 26 cbm |
| Kohleninhalt | 7500 kg |
| Dienstgewicht bei vollen Vorräten etwa | 55 t |
| Leergewicht etwa | 21,5 t |
| Durchmesser der Räder im Laufkreis | 1006 mm |
| Radstand der Drehgestelle | 1750 mm |
| Gesamter Radstand | 5300 mm |
| Größte Länge | 7880 mm |
| Größte Breite | 3062 mm |
| Gesamtradstand von Lokomotive & Tender | 18 617 mm |
| Gesamtlänge von Lokomotive & Tender | 21 396 mm |

## § 3.

### Wasser- & Kohlenkasten.

Der Wasserkasten erhält einen Boden von 7 mm, Seitenwände von 6 mm & eine Decke von 6 mm Stärke.

Der Kasten ist im Innern durch 2 Fachwerklängsträger und 6 Querverbindungen gut zu versteifen. Die obere und untere Gurtung der Längsträger wird aus Winkeleisen gebildet; die Diagonalstreben bestehen aus Flacheisen.

Die Querverbindungen werden aus Blechen und Winkeln hergestellt.

Zur Verhinderung des Wellenschlages ist eine in der Mitte des Wasserkastens in der Längsrichtung durchlaufende Schwankwand aus 5 mm starken Eisenblechstreifen anzuordnen.

Vorne erhält der Kasten zu beiden Seiten eine Füllöffnung mit Seihern & Deckeln, die mit 3 Vorreibern mit Anzug zu verschließen sind.

Die Höhe der Füllöffnungen über Schienenoberkante beträgt 2750 mm.

Die vordere Stirnwand des Wasserkastens, die zugleich die vordere Bordwand des Kohlenkastens bildet, erhält einen Ausschnitt zur Entnahme der Kohlen; der Boden hinter dieser Schaufelöffnung ist durch ein aufgenietetes Blech zu schützen.

An den Stellen, an denen der Wasserkasten auf den Längs- und Querträgern und den Diagonalstreben des Rahmens aufliegt, sind außen versenkte Schraubennieten zu verwenden. Die Stoßfugen der Bodenbleche müssen gut zugänglich sein. Sie dürfen daher nicht durch Querversteifungen verdeckt werden.

Möglichst nahe an der tiefsten Stelle des Bodens der Schaufelöffnung ist ein Wasserablaufrohr von 40 mm lichtem Durchmesser und an den zu beiden Seiten des Kohlenraumes befindlichen toten Räumen je 1 Entwässerungsrohr von 54 mm lichter Weite anzubringen.

Am hinteren Ende der Wasserkastendecke ist rechts und links vom Kohlenkasten je 1 Luftrohr vorzusehen.

## § 4.

### Rahmen.

Der Rahmen besteht der Hauptsache nach aus 2 U-Eisen, die durch Querversteifungen & Diagonalstreben gut unter sich verbunden sind. Vorne ist der Kuppelkasten mit Stoßplatte, hinten die schmiedeeiserne Kopfschwelle befestigt.

Der Kuppelkasten ist gegen die vordere Stirnwand des Wasserkastens durch 2 Blechkonsolen abgesteift.

An jeder der zwei kastenförmigen Hauptquerversteifungen sind ein Drehzapfen und 2 seitliche Kugelstützzapfen befestigt.

## § 5.

### Drehgestelle.

Die Drehgestelle werden aus 20 mm starken Blechschildern gebildet, die in der Mitte durch kastenförmige Querversteifungen aus Blech und Winkeleisen an den Enden durch ⊏-Eisen und außerdem noch durch 2 Längsbänder und 4 Diagonalbänder verbunden und versteift sind.

Am Deckblech der Querverbindungen sind in der Mitte Einsatzstücke zur Aufnahme der Kugellager für die Drehzapfen und seitlich die Gleitpfannen und Stützlager für die Kugelstützzapfen befestigt.

Die gußeisernen Lagerbacken sind an die Blechrahmen angenietet. Die Eckverbindungen der Drehgestellrahmenbleche sind aus je 2 kräftigen, 20 mm starken gut angepaßten schmiedeisernen Winkeln herzustellen und kalt zu nieten.

## § 6.

### Achsen, Räder & Achslager.

Die Achsen und Radreifen sind aus Martin-Flußstahl, die Radsterne aus Flußeisenformguß herzustellen. Die Radreifen werden mit Sprengringen befestigt.

Im übrigen gelten für die Anfertigung der Radsätze die Besonderen Bedingungen für die Ausführung von Radsätzen für Lokomotiven und Tender vom September 1912.

Die Achsbüchsen sind aus Gußeisen, die Lagerschalen aus Rotmetall mit Weißmetalleinguß herzustellen.

Die Abmessungen der Achsen müssen den Vorschriften in § 32 der Eisenbahn-Bau- & Betriebsordnung vom 1. V. 1905 entsprechen.

## § 7.

### Federn.

Für alle Federn des Tenders sind die Bedingungen für die Lieferung von Blatt- und Wickelfedern für Lokomotiven, Triebwagen, Tender und Wagen vom April 1912/Dezember 1912 maßgebend.

Die Federn sind aus Spezialstahl herzustellen.

Die außenliegenden Tragfedern haben je 9 Blätter von 90×13 mm. Die Hauptblätter erhalten an den Enden keine angeschmiedeten Stollen, sondern Sättel als Keilauflage.

Die Federstützen werden zum Nachspannen mit einem ausgerundeten Gewinde und mit Muttern versehen.

Die Augen der Federhänger sind auszubüchsen.

## § 8.

### Bremsen.

Die Tender werden mit Westinghouse-Bremse und mit einer Handspindelbremse versehen; die Bremskurbel der Handbremse liegt auf der Heizerseite.

Beide Bremsen wirken auf ein gemeinsames Hebelsystem.

Jedes Rad wird mit einem über den Spurkranz greifenden Bremsklotz gebremst. Die Bremsklötze sind aus Gußeisen mit 25% Stahlzusatz anzufertigen.

Die Bremsklötze müssen ohne Demontieren anderer Teile leicht ausgewechselt werden können. Zur Erleichterung der Auswechslung sind in den Rahmenschildern Aussparungen vorzusehen.

Die Klötze müssen von außen soweit sichtbar sein, daß das Anliegen & Abheben leicht und sicher wahrgenommen werden kann.

Alle Augen des Bremsgestänges, in denen sich Bolzen oder Zapfen drehen, sind mit Ausnahme der gußeisernen Lager für die Welle der Handspindelbremse und ausnahmlich der Augen der Bremsklötze auszubüchsen.

Zur Einrichtung der Westinghouse-Bremse gehören ein langhubiger 12″ Bremszylinder, ein Hilfs-Luftbehälter, ein schnellwirkendes Steuerventil (Katalog 1905 Blatt IV No 124), ein Auslöseventil (Zeichnung D 960), 1 Tropfbecher, 1 Staubfänger und die nötigen Leitungen und Abschlußhähne.

Die Bremsleitung mit dem Absperrhahn und die Schlauch-Kuppelung an der hinteren Stirnseite sind nach Zeichn. 5790[1] anzuordnen.

Die Mitte der Stirnfläche des Rohrkrümmers darf jedoch nur 350 mm hinter den Stoßflächen der eingedrückten Puffer liegen.

Der Schlauch muß eine Länge von 730 mm haben.

Alle Bremsteile müssen der von der Eisenbahnverwaltung vorgeschriebenen Bauart und Größe entsprechen.

Das Bremsgestänge ist gegen Herabfallen zu sichern (Zeichnung Nr. 5746).

Der Bremsdruck ist so zu bemessen, daß vom Gewicht des Tenders mit halben Vorräten 70–80% abgebremst werden. (§ 113 der Technischen Vereinbarungen vom 1. Januar 1909).

## § 9.

### Kuppelkasten, Zug- & Stoßvorrichtungen.
### Bahnräumer.

Der vordere Kuppelkasten ist zur Aufnahme eines Hauptkuppelnagels, zweier Notkuppelbolzen, der beiden Spannpuffer & der Spannfeder eingerichtet.

Die Kuppelnägel sind in kräftigen flußeisernen Platten zu führen.

Die Spannfedern erhalten je 10 Blätter von 90×10 mm Stahlstärke.

Der hintere Stoßbalken trägt außen die beiden Puffer & erhält in der Mitte den normalen Zughaken nebst Sicherheitskupplung & 2 Zughakenfedern mit Ausgleichhebel (Zeichnung Nr. 65a[1]).

Das hintere Drehgestell wird mit zwei Bahnräumern ohne Besenhalter und Schneeschaufeln versehen.

## § 10.

### Saugleitungen.

Die Injektoren entnehmen das Wasser durch Saugschläuche aus Bodenöffnungen des Wasserkastens, die mit einem Seiher aus gelochtem Blech überdeckt sind.

Zwischen die Bodenöffnungen und die Saugschläuche sind Saughähne einzuschalten.

Die Saughähne werden vom Führerstande aus bedient.

## § 11.

### Heizleitung.

Die Heizleitung liegt an der linken Seite des Tenders außerhalb des Langträgers unter dem Wasserkasten. Sie erhält eine lichte Weite von 2¼″ und ist am vorderen und hinteren Ende in je 2 Rohrstutzen von je 2¼″ Lichtweite gegabelt.

**34** 18 497 (Bw Nürn-
berg-Hbf) durcheilt mit
D 117 Stuttgart–Breslau
die kleine Station Erlen-
stegen bei Nürnberg um
1934. Slg: C. Asmus

Alle vier Heizkonusse erhalten Absperrhähne (Zeichnung No 603).
Die Schlauchkupplungen sind nach der Zeichnung No 6188/MA auszuführen.

### § 12.
### Wasserstandzeiger.

An der vorderen Wasserkastenstirnwand ist ein Wasserstandzeiger mit Gradbogen angebracht. Die Bewegung des Zeigers erfolgt durch einen in den Wasserkasten eingebauten Schwimmer mit Hebel. Der Schwimmer taucht in seinen unteren Lagen in einen an den Boden des Wasserkastens genieteten gußeisernen Behälter.

### § 13.
### Laternstützen, Fußtritte, Handstangen.

An der Tenderrückwand sind 4 Laternstützen anzubringen, 2 unten für die großen Bahnbeleuchtungslaternen, 2 oben für die kleinen Signallaternen.
Zur Bedienung der Laternen sind entsprechende Fußtritte & Handstangen anzubringen.

### § 14.
### Signalmittel und Laternen.

Die Tender sind mit allen Signalmitteln und Laternen nach den Vorschriften der Bayer. Staatseisenbahnen zu liefern.

### § 15.
### Anstrich, Bezeichnungen & Anschriften.

Bezüglich des Anstriches gelten dieselben Bestimmungen wie für die Lokomotiven.
An den Seitenwänden ist das Eigentumsmerkmal & an der Rückwand eine Nummerntafel anzubringen.

### § 16.
### Kästen für Kleider, Werkzeuge usw., Ausrüstungsgegenstände.

Zur Unterbringung von Ausrüstungsgegenständen, Ölvorräten usw. sind vorzusehen:
1 großer und 1 kleiner Kasten für Ölkannen, Werkzeuge usw. an der Tendervorderwand;
1 großer Werkzeugkasten, oben am Wasserkasten über die ganze Breite des Kohlenbehälters reichend;
2 Kleiderkästen und 1 Signalmittelkasten seitlich unter dem Wasserkasten.
Der kleinere Werkzeugkasten an der Tendervorderwand muß mindestens ebensogroß wie bei den S 3/6 3624–3641 sein.
Die Kästen müssen durch nicht wegnehmbare gute und sichere Schlösser verschließbar und die Schlösser der einzelnen Lokomotiven von einander verschieden sein.
Die Ausrüstungsgegenstände sind – soweit wie möglich – in den Kästen übersichtlich unterzubringen. Die kleineren, häufiger benötigten Werkzeuge sind an den Wänden der Werkzeugkästen so aufzuhängen, daß sie einzeln leicht abgenommen

werden können. Ihre Schattenrisse sind an den Befestigungs-
stellen in roter Farbe auf dunklem Grunde anzugeben.
Die Kleiderkästen müssen einen ähnlichen Verschluß wie die
Kleiderkästen der S 3/6 No 3624—3641 erhalten.
Die 2 beizugebenden Pratzenwinden mit 20 t Tragkraft müssen
den Bedingungen für die Lieferung von Lokomotivwinden von
20 t Tragfähigkeit, aufgestellt im August 1912, entsprechen. Die
Pratzenwinden sind seitlich unter dem Wasserkasten des Ten-
ders so aufzuhängen, daß sie im Bedarfsfalle leicht weggenom-
men werden können.
Jeder Lokomotive sind die in der nachstehenden Zusammen-
stellung verzeichneten Ausrüstungsgegenstände beizugeben.
Sämtliche Gegenstände sind mit der Betriebsnummer der
Lokomotive dauerhaft zu bezeichnen.

## Verzeichnis
### der Ausrüstungsgegenstände für die Lokomotiven
### S 3/6 No 3642—3644

| Stück-zahl | Gegenstände | Zeich-nung Nr. | Bemerkungen |
|---|---|---|---|
| 1 | Kohlenschaufel | 6316/MA | |
| 1 | Kohlenhaken | 2 | |
| 1 | Schürhaken, einfach | 3 | 2900 mm lang |
| 1 | Rostspieß | 4 | 2900 mm lang |
| 1 | eiserner Rohrputzer | 29 | 6000 mm lang |
| 1 | Röhrenausblasevorrichtung | 6316/MA | |
| 1 | Schlackenschaufel | 6316/MA | |
| 1 | Aschenkrücke | 6 | 2900 mm lang |
| 1 | Satz Schraubenschlüssel für alle an der Lokomotive vorkom-menden Muttern & zwar: | | |
| 3 | einfache Gabelschlüssel, gerade | 6316/MA | |
| 7 | doppelte Gabelschlüssel, gerade | 6316/MA | |
| 5 | doppelte Gabelschlüssel, schräge ferner | 6316/MA | |
| 1 | Schlüssel mit geschlossenem Sechskant für den Wasserstand | 6316/MA | |
| 1 | Steckschlüssel für das Absperr-ventil am Armaturkopf | 6316/MA | |
| 2 | Hakenschlüssel für die Zylinder-Sicherheitsventile | 6316/MA | |
| 1 | Zapfenschlüssel für die Luft-sauge-Ventile | 6316/MA | |
| 7 | verschiedene Schlüssel für die Westinghousebremseinrichtung | 6316/MA | |
| 1 | französischer Schraubenschlüssel | 16 | |
| 1 | Schraubenzieher | 17 | |
| 1 | Kupferhammer | 18 | |
| 1 | Vorschlaghammer aus Gußstahl | 19 | |
| 1 | Handhammer aus Gußstahl | 20 | |
| 2 | Flachmeißel | 24 | |
| 2 | Kreuzmeißel | 25 | |
| 4 | Griffschrauben | 6316/MA | |
| 5 | eiserne Rohrstöpsel | | |
| 1 | Stopseldorn | 22 | 2900 mm lang |
| 1 | Bohrdorn | 23 | 2900 mm lang |
| 2 | Röhrenstemmer | 26 | |
| 4 | Stopfbüchsenringzieher | 6316/MA | |
| 2 | Stopfbüchsenkratzer | 6316/MA | |
| 2 | Durchschläge | 27 | |
| 1 | Handbeil | 28 | |
| 2 | Hebeisen | 30 | |

| 1 | Schraubenschlittenwinde (20 t Tragf) mit Ratsche und Steckdorn | | Wie für die EP 3/5 20001—20005 geliefert. |
| 2 | Pratzenwinden (20 t Tragfähigkeit) | — | nach Bedin-gungen |
| 1 | Ölkanne aus Weißblech für 20 kg Inhalt | 6316/MA | |
| 2 | Ölkannen aus Weißblech für je 10 kg Inhalt | 6316/MA | |
| 1 | Ölkanne aus Weißblech für 5 kg Inhalt | 6316/MA | |
| 1 | kleine Ölkanne für 1½ kg Inhalt | 6316/MA | |
| 1 | Achskistenschmierkanne für 3 kg Inhalt (Schnabelausladung von Kannenmitte 520 mm) | | nach Muster |
| 1 | Achskistenschmierkanne für 3 kg Inhalt (Schnabelausladung von Kannenmitte 390 mm) | | nach Muster |
| 1 | Petroleumkanne aus Weißblech | 36 | |
| 1 | Lampenölkanne aus Weißblech | 37 | |
| 2 | Wassereimer aus Eisenblech | 38 | |
| 1 | Reserve-Schraubenkupplung | | |
| 1 | Reserve-Kuppeleisen | | |
| 1 | Holzsäge | 40 | |
| 1 | Holzhacke | 41 | |
| 1 | Kiste mit 4 Petroleumfackeln | 43 | |
| 1 | Kiste mit 2 Petroleumfackeln | 54 | |
| 1 | Wasserstandslaterne | 49 | |
| 1 | Laterne für die Steuerungsskala | — | De Limon-Laterne |
| 1 | Manometerlaterne | 49 | |
| 2 | Handlaternen | 48 | |
| 2 | große Bahnbeleuchtungslater-nen mit je 1 roten Signalglas | | |
| 2 | Signallaternen mit je 1 roten Signalglas | | |
| 1 | Satz Signalscheiben mit Behälter | | |
| 1 | Führerstandslaterne | | |
| 1 | Blechbüchse mit 3 Signal-fackeln und Zubehör | | |
| 2 | Blechbüchsen mit je 6 Knall-kapseln | | |
| 2 | rot-weiße Fahnen mit Blech-futteral | 55 | |
| 1 | Signalmittelkasten (für Fackeln mit Zubehör, Fahnen & Knall-kapseln) | | nach neuem Muster |
| 6 | Federklötze aus Eisen | 6316/MA | |
| 2 | Radkeile aus Fichtenholz | 51 | |
| 2 | Windebohlen aus Eichenholz | 52 | |
| 2 | Bindestränge 3,5 m lang | — | |
| 2 | Bindeketten | 57 | |
| 1 | Zugleine 6 mm stark (1 kg etwa 43 lfd. m lang) | | |
| 4 | Heizschlauchkupplungen | 6188/MA | |
| 1 | Vorspannschlauch mit Blech-büchse | | |
| 1 | Vorhangschloß mit Schlüssel und Kette zum Anhängen der Schürgeräte | | |
| 2 | Schlüssel für die festen Schlös-ser an Lokomotive und Tender | | |
| 1 | Blechkästchen mit Glas & Träger für das Fahrplanbuch | 5896/MA | |
| 1 | Blechkästchen für das Inventar-verzeichnis | | wie für die S 3/6 3624—3641 geliefert |
| 1 | Blechbehälter für die Leistungs- und Materialfaßbücher | | |
| 1 | Schmierdeckelöffner | 6316/MA | |
| 1 | Ölzieher | | nach Muster |
| 6 | Wasserstandgläser mit Kistchen | | |
| 12 | Gummidichtungsringe hierzu | | |
| 1 | Dochtpinzette | 6316/MA | |

**35** Werbeanzeige der Lokomotivfabrik Krauß-Maffei.

Slg: S. Schneider

**36** S 3/6 3632 der Betriebswerkstätte München I, eine großrädrige Maschine, um 1914 im Centralbahnhof München.

Slg: Deutsches Museum München

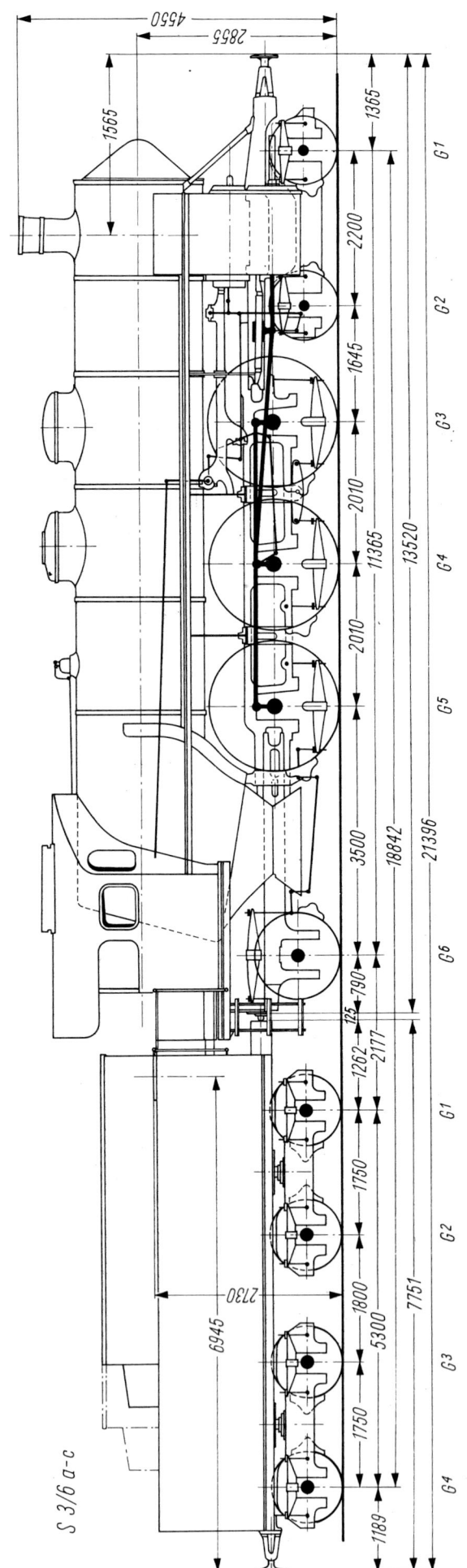

S 3/6 a-c

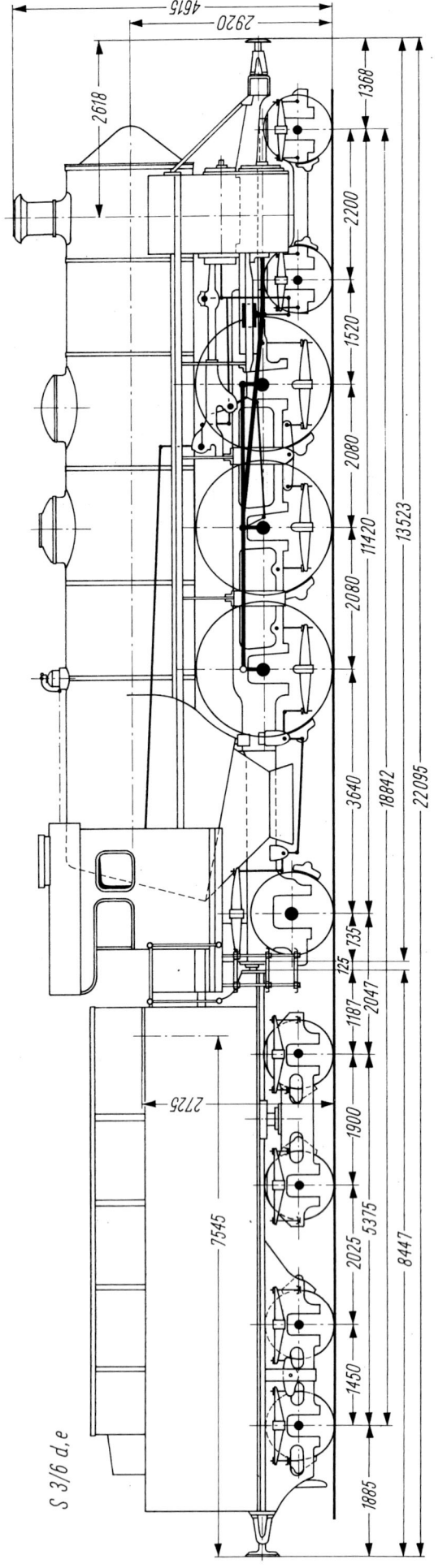

S 3/6 d,e

40

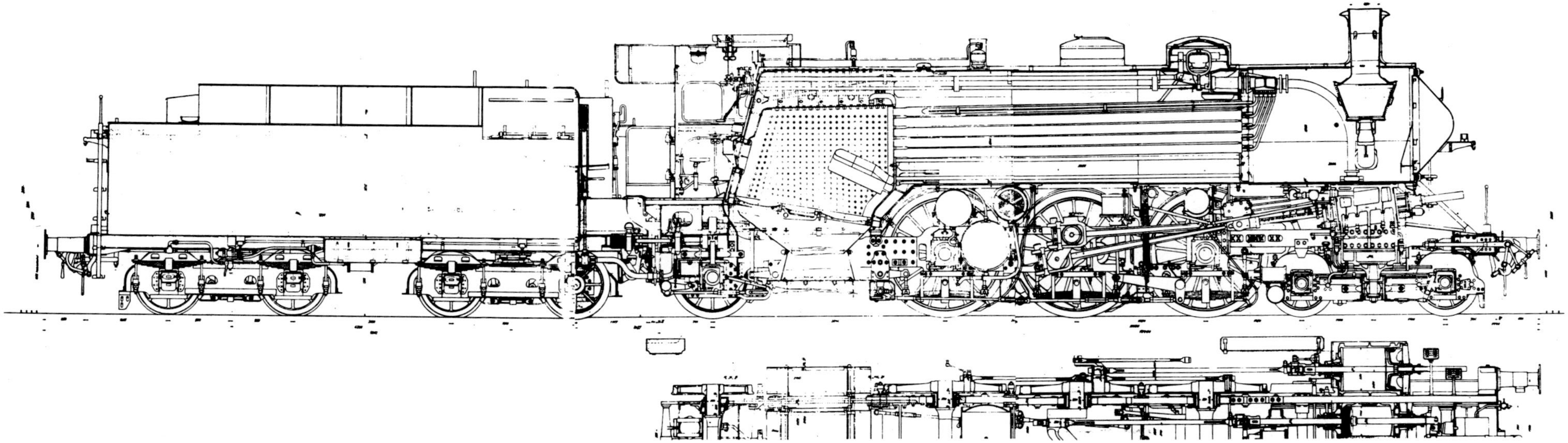

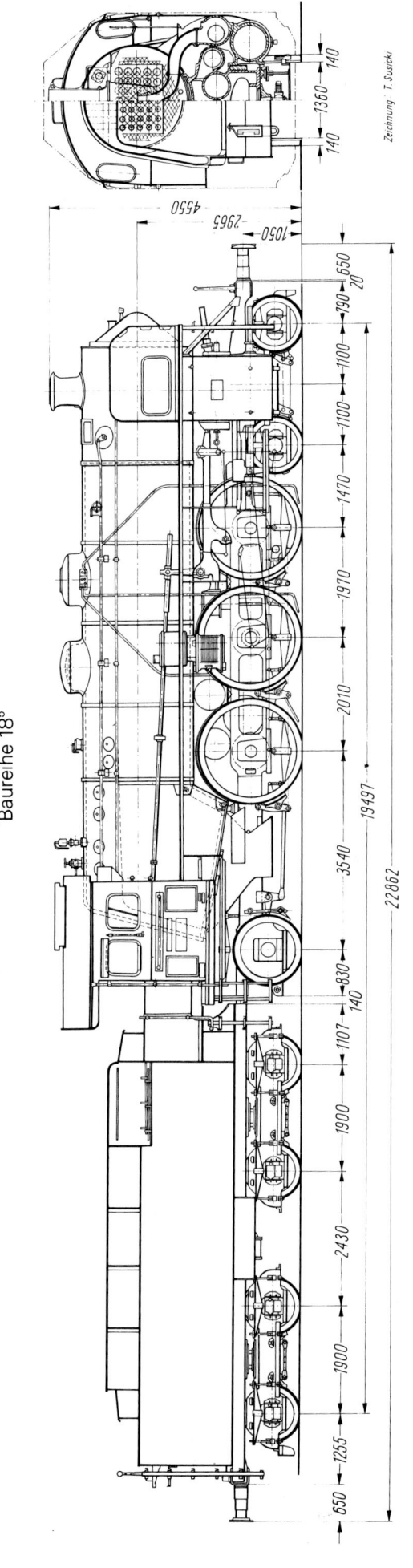

Baureihe 18⁶

Baureihe 18⁵

Zeichnung T.Susicki

41

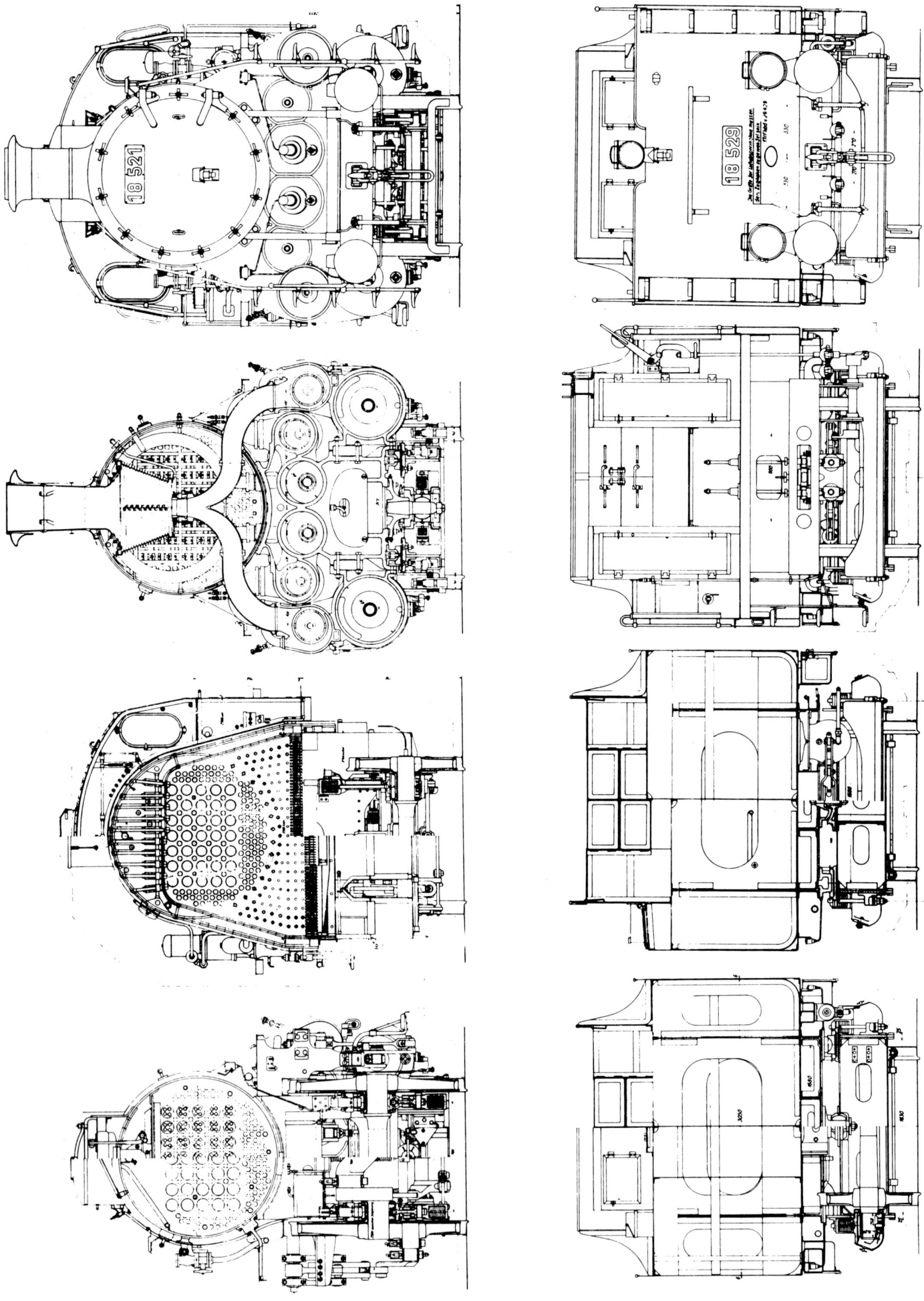

**37/38** Im Jahr 1930 lieferte J. A. Maffei mit 18529 und 18530 seine letzten beiden Lokomotiven, bevor die Firma wegen finanzieller Schwierigkeiten mit Krauß & Co. fusionierte. Die beiden prächtigen Werkbilder zeigen 18530 im August 1930 in der Münchener Hirschau noch ohne und schließlich mit Beschilderung kurz vor Anlieferung an die Deutsche Reichsbahn.

**39/40** Nur wenige Jahre liegen zwischen diesen beiden Aufnahmen: oben 18 517 (Bw Regensburg) im Juni 1950 beim Zwischenhalt in Plattling, unten dieselbe Lokomotive drei Wochen nach Ausrüstung mit Neubaukessel unter der Betriebsnummer 18 616 auf der Drehscheibe ihres neuen Heimat-Betriebswerkes Nürnberg-Hbf (20. April 1955).                                                                                    Fotos: Dr. G. Scheingraber, C. Bellingrodt

# Entstehung der Baureihe 18$^6$

Zum Zeitpunkt ihrer Gründung im Jahr 1949 verfügte die Deutsche Bundesbahn über einen Fahrzeugpark, der einer umfassenden Aufarbeitung und einer Ergänzung durch neue Lokomotiven bedurfte. Der wenige Jahre zurückliegende Krieg hatte Neuentwicklungen weitgehend verhindert, andererseits aber für eine beispiellose Abwirtschaftung und teilweisen Zerstörung des Maschinenparks geführt. Man möge sich vor Augen halten, daß etwa im Mai 1947 von 19 in der RBD Regensburg beheimateten S 3/6 ganze drei betriebsfähig waren. Ein Jahr vorher fuhr eine einzige! Dieses Bild zeigte sich in allen Direktionen gleichermaßen und traf besonders Schnellzuglokomotiven, da auf sie in der damaligen Situation am ehesten verzichtet werden konnte. Somit war für die DB eines der vordringlichsten Ziele die Schaffung eines leistungsfähigen Fahrzeugparks. Wegen der begrenzten finanziellen Möglichkeiten konnte dies jedoch nur allmählich vor sich gehen. Vier Wege wurden beschritten:
a) Ausmusterung von Baureihen mit großem Erhaltungsaufwand und/oder kleiner Stückzahl
b) Modernisierung wirtschaftlicher Baureihen
c) Neubeschaffung von Lokomotiven bewährter Baureihen
d) Beschaffung von Neubaulokomotiven nach modernsten Baugrundsätzen

Nach Ausmusterung der ersten Bauserien betrug der Bestand an betriebsfähigen S 3/6 im Jahr 1950 noch 86 Lokomotiven, die zwischen 20 und 38 Jahre alt waren. Ihre Unterhaltung gestaltete sich mit zunehmendem Alter aufwendiger, was zu dem Entschluß führte, die jüngeren Maschinen zu modernisieren und mit neuen Kesseln, Führerhäusern und Zylinderblöcken auszurüsten. Krauß-Maffei wurde beauftragt, den Umbau auszuarbeiten, da zu erwarten war, daß sich die jahrzehntelangen Erfahrungen der Firma im Bau von Vierzylinder-Verbundlokomotiven und speziell der S 3/6 günstig auswirken würden. Der neue Ersatzkessel sollte laut Auftrag der DB nach den jüngsten Erkenntnissen im Kesselbau vollständig geschweißt ausgeführt sein, mit dem Ziel, die Unterhaltungsarbeiten gegenüber dem ursprünglichen Kessel verringern zu können. An eine Leistungssteigerung war nicht gedacht.
Am 10. Juni 1950 bestellte die DB in München-Allach zunächst fünf Kessel, die im Lauf des Jahres 1951 fertiggestellt wurden (Fabriknummern 17691–17695). Der erste wurde anläßlich einer von Krauß-Maffei durchgeführten Hauptuntersuchung auf Rahmen und Fahrgestell der Lokomotive 18521 aufgebaut (L4 vom 7. Mai bis 20. September 1951). Dem Wunsch des Eisenbahn-Zentralamtes entsprechend sollten die alten Windleitbleche beibehalten werden, um das Gesicht der Maschine nicht zu verändern.
Die zunächst ausgeführte Domkonstruktion erwies sich im Probebetrieb bei Krauß-Maffei als zu schwach (Formveränderungen an der Domaushalsung). Man schweißte daher im Herbst 1952 an vier Kesseln einen Verstärkungsring auf, der jedoch nicht die erhoffte Besserung brachte und daher wieder entfernt wurde. Die nun notwendig gewordene genaue Untersuchung der Schweißstellen am Kesselblech durch Röntgenaufnahmen führte Krauß-Maffei im Beisein des DB-Abnahmebeamten exemplarisch am Kessel 17694 durch und übersandte das Ergebnis dem EZA Minden. Dort zeigte man sich trotz der fehlerfreien Aufnahmen nicht bereit, die übrigen drei Kessel ohne Röntgenbilder als einwandfrei anzuerkennen. Somit mußte Krauß-Maffei die Überprüfungen auch an den restlichen

Kesseln ausführen, was wegen der montierten Verkleidungsbleche mit einigem Aufwand verbunden war. Lediglich der bereits in 18521 eingebaute Kessel 17691 durfte mit dem einfacheren Schlämmkreideverfahren geprüft werden. Die schließlich ausgeführte Domänderung bestand aus einem geteilten, von innen aufgenieteten Verstärkungsring und einem eingezogenen Queranker.
Wegen der schlechten Finanzlage der mit dem Wiederaufbau ihres Netzes und der Modernisierung des Fahrzeugparks beschäftigten DB verzögerte sich die ursprünglich rascher geplante Ausrüstung von 18$^5$ mit dem neuen Ersatzkessel. Hinzu kam, daß die Inbetriebnahme der ersten fünf Kessel wegen der eben genannten Schwierigkeiten mit der Domkonstruktion wesentlich später als vorgesehen erfolgte. Mit Schreiben vom 19. Januar 1953 schlug das EZA Minden vor, die Bestellung von fünf weiteren bereits in Auftrag gegebenen Kesseln (Fabriknummern 17835–17839) zurückzustellen, da »die augenblickliche finanzielle Lage der Bundesbahn nicht erlaubt, Teile zu beschaffen, die nicht dringend gebraucht werden.« Erst am 19. Mai 1953 erging die endgültige Bestellung, die allerdings einräumte, daß der erste Kessel der zweiten Serie frühestens Ende 1953 geliefert werden mußte.
Wegen der Änderungsarbeiten an der Domausführung wurde die erste Umbaulokomotive erst am 16. März 1953 im EAW München-Freimann abgenommen. Nur wenige Tage vorher entschied sich die DB, für die umgebauten Maschinen eine neue Baureihenbezeichnung einzuführen. Die bereits im neuen Kleid bei Krauß-Maffei vom Werkfotografen als 18521 portraitierte Lokomotive wurde im Februar 1953 in 18601 umgezeichnet.
Bedauerlicherweise unterblieb die beabsichtigte Ausrüstung mit neuen Zylinderblöcken aus Kostengründen. Noch im Herbst 1952 war Krauß-Maffei mit Planungsarbeiten an einem zweiteiligen Stahlgußzylinderblock mit verbesserten Kompressionsräumen beschäftigt. Wären diese Modernisierungsarbeiten, die dem neuesten Wissensstand auf dem Gebiet der Verbundlokomotive folgten, zum Tragen gekommen, hätte die Baureihe 18$^6$ fraglos alle vorhandenen Regelschnellzuglokomotiven sowohl leistungsmäßig als auch wirtschaftlich erreicht bzw. übertroffen.
Da die Geldmittel der Deutschen Bundesbahn für Arbeiten in sogenannten Privatausbesserungswerken (meist Lokomotivfabriken) durch die Lieferverzögerung der ersten fünf Kessel bereits anderweitig verbraucht waren, konnte der Umbau von weiteren 18$^5$ nicht mehr – wie vorgesehen – an Krauß-Maffei vergeben werden. So kamen die beiden Kessel 17692 und 17693 im April 1953 per Bahnverladung zum EAW München-Freimann, die Kessel 17694 und 17695 folgten im Juni. Das Ausbesserungswerk rüstete daraufhin im Laufe des Jahres 1953 drei Maschinen um:
18547 in 18602 (Kessel 17693), Abnahme: 10. 06. 1953
18525 in 18603 (Kessel 17692), Abnahme: 03. 07. 1953
18522 in 18604 (Kessel 17694), Abnahme: 29. 11. 1953
Da mit Ablauf des Jahres 1953 die Dampflokunterhaltung in Freimann aufgegeben und fortan nur noch Elloks und elektrische Triebwagen ausgebessert wurden, mußte der weitere Umbau im EAW Ingolstadt durchgeführt werden, das jetzt Erhaltungswerk für die S 3/6 wurde. Erste Lokomotive war 18530, die das Werk am 14. Januar 1954 mit dem zunächst nach Freimann gelieferten Kessel 17695 als 18605 verließ.
Die ersten fünf von Krauß-Maffei gebauten Ersatzkessel erhielten versuchsweise je drei Feuerschirmtragrohre, die als Wasserumlaufrohre ausgebildet waren. Grund war die extreme Breite der S 3/6-Feuerbüchse, die den Einbau des Feuerschirms erschwerte und dessen Lebensdauer erheblich verkürzte. Als während des Krieges und in den ersten Jahren danach die Beschaffung hochwertiger Baustoffe große Schwierigkeiten bereitete und in manchen Bereichen unmöglich

**41/42** Beinahe die gleiche Betriebsnummer und doch nicht dieselbe S 3/6-Unterbauart. Oben 18520 übergabebereit auf einem Werkbild von J. A. Maffei in dunkelgrüner Lackierung (1927), unten 18521 im Februar 1953 bei Krauß-Maffei in München-Allach nach Erhalt des Ersatzkessels mit der Fabriknummer 17691. Noch trägt die schwarzglänzende Maschine ihre bisherigen Lokschilder, doch bereits einen Monat später erfolgte die Umnummerung in 18601, nachdem die HVB entschieden hatte, die Umbaulokomotiven in der neuen Nummernserie 18⁶ zusammenzufassen. Der Wandel, dem 18521 bzw. 18601 im Lauf der Jahrzehnte unterworfen war, wird an diesen Bildern sehr anschaulich. Fotos: J. A. Maffei, Krauß-Maffei

47

## Bescheinigung

über die

*) ~~Hauptuntersuchung~~

*) ~~Zwischenuntersuchung~~ ~~XXX~~ ~~XXX~~ ~~XXXXXXXXXXXXX~~

*) Wasserdruckversuch bei umfangreicher Ausbesserung

des Kessels Fabriknummer  17 693  erbaut von  Krauss-Maffei Aktiengesell.

in  München-Allach  im Jahre  1951

Besitzer: Deutsche ~~Reichsbahn~~ Bundesbahn

Heimatort: _____

_____

Der Kessel war zur Untersuchung fällig am ........................................ 19 .........

Er wurde außer Betrieb gestellt   am ........................................ 19 .........

Er wurde der Werkstatt zugeführt   am  Krauss-Maffei AG  15.1. 19 53 .

Er wurde vorzeitig/später untersucht, weil  Formveränderungen an der Domaushalsung

festgestellt wurden

*) Der Kessel wurde innen und außen genau untersucht.

*) Der Kessel wurde in der Feuerbüchse, in der Rauchkammer und außen an .................................................

.......................................................................... genau untersucht.

Darüber hinaus wurden auf Grund .................................................

.......................................................................... folgende Teile zugängig

gemacht und untersucht:

Bei der Untersuchung ergab sich folgendes:  keine augenfälligen Mängel  .

Ausgeführt wurden folgende Arbeiten:  Einnieten eines Verstärkungsbleches

und Einziehen eines Querankers am Dampfdom nach beiliegender

Zeichnung : Deckblatt zu Fld 1.08 Bl.0101

Bauprüfung der Bleche und Überprüfen der Arbeitsausführung

Der Kessel wurde am  12.3.53 19 ...... mit einem Wasserdruck von

21  kg/cm² Überdruck mit Erfolg geprüft.

_____

Es bestehen keine Bedenken, die nächste Zwischenuntersuchung und Hauptuntersuchung erst zum spätesten zulässigen Zeitpunkt vorzunehmen.

*) Die nächste Zwischen- und Hauptuntersuchung muß bis spätestens am

.................. 19 ...... vorgenommen werden, weil

Bei der nächsten Zwischenuntersuchung müssen insbesondere folgende Teile untersucht werden:

| Für die ~~Haupt~~/Zwischen *) Untersuchung: | Die Speise- und Sicherheitsvorrichtungen wurden geprüft und in Ordnung befunden. |
|---|---|
| München , den 10.3. 1953 | Höhe der Kontrollhülse: ...... mm |
| Der Kesselprüfer | .........., den ........ 19 ...... |
| | (Amtsbezeichnung) |
| Für den Wasserdruckversuch | Bei Auswechselung des Sicherheitsventils : |
| München , den 12.3. 19 53 | Das eingebaute Sicherheitsventil wurde geprüft und in Ordnung befunden. |
| Der Kesselprüfer | Höhe der Kontrollhülse: ...... mm |
| Die Nieten des Fabrikschildes wurden wie nebenstehend gestempelt: | .........., den ........ 19 ...... |
| | (Amtsbezeichnung) |

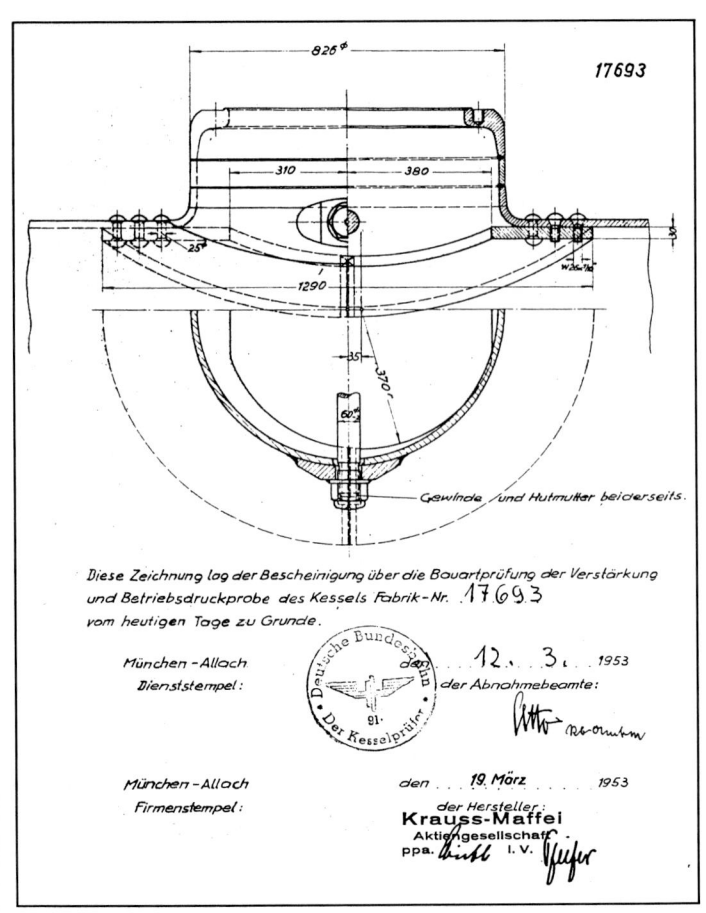

17693

Diese Zeichnung lag der Bescheinigung über die Bauartprüfung der Verstärkung und Betriebsdruckprobe des Kessels Fabrik-Nr. 17693 vom heutigen Tage zu Grunde.

München - Allach  den  12. 3. 1953
Diensststempel:   der Abnahmebeamte:

München - Allach  den  19. März  1953
Firmenstempel:   der Hersteller:
Krauss-Maffei
Aktiengesellschaft
ppa.            I.V.

Links: Untersuchungsbescheinigung des Neubaukessels 17693 (für 18602) nach den Änderungsarbeiten an der Domaushalsung.

Oben: Darstellung der Domänderung anläßlich der Abnahme des Neubaukessels 17693 im März 1953. 18602 erhielt diesen Kessel anschließend im EAW München-Freimann und wurde am 10. Juni 1953 endgültig abgenommen.

Unten: Ablieferungsschein der beiden Neubaukessel 17692 und 17693 (für 18603 und 602) für den Versand nach München-Freimann.

## KRAUSS-MAFFEI
AKTIENGESELLSCHAFT

MÜNCHEN-ALLACH

An die

Deutsche Bundesbahn
Eisenbahn-Zentralamt

M i n d e n / Westf.
==================

Abtlg. Versand  Ho/Bie.
Best. Nr. 100 120
In allen Schriftstücken anzugeben

2 5. APR. 1953

DEN 22./23.4.53
ABLIEFERUNGSSCHEIN

Wir sandten heute auf Ihre Rechnung und Gefahr ab München-Allach  zufolge

Ihrer Bestellung vom 20.4.51 Nr.20007/230053  durch  die Bahn

als Dienstgut-Wagenladung an Eisenbahnausbesserungswerk, Mü-Freimann
Stat. Mü-Freimann

| Zeichen, Nr. Verpackung | Anzahl | Gegenstand | Gewicht in kg Netto | Brutto |
|---|---|---|---|---|
| KM | | Verladen auf Waggon Nr.918510 DB | | 27890. |
| | | verladen auf Waggon Nr.11191 Köln DR | | 27810. |
| | 2 | S 3/6 Kessel Fabr.Nr.17692, 17693 mit Zubehör. | | 55700. |
| | 48 | 2 Kisten enth.: Feuerschirmsteine  3.12 Bl.046 | | |
| | 2 | Gestraventile  4.17 Bl.52 | | |

48

**43** Zur endgültigen Abnahme kam die bei Krauß-Maffei umgebaute 18 601 (ex 18 521) ins EAW München-Freimann. Noch ist kein Abnahmedatum an der Pufferbohle angeschrieben. Im Hintergrund E 94 044.
Slg: G. Böck

Deutsche Reichsbahn
Reichsbahndirektion
   Augsburg
  21 M 5 Fkl

Augsburg, den 11. Juli 1949

An RZA München
~~nachr.: GDW München~~

Reichsbahnzentralamt
München
13. JUL. 1949

Betreff: Feuerschirme für S 3/6 Lok

   Die **Frage** des Einbaues der Feuerschirme in die S 3/6 Lok
ist noch in keiner Weise gelöst. Nachdem die vom RAW München=
Freimann eingebauten Feuerbrücken nur wenige Tage oder Wochen
halten und wegen einer Beschaffung der von der RBD Frankfurt (M)
versuchten 5-teiligen Feuerbrücken noch nichts veranlaßt wurde,
stehen wir vor der Tatsache, daß in die S 3/6 Lok unseres Bezirks
z.Z. überhaupt keine Feuerbrücken eingebaut werden.
   Das RAW Mü=Freimann rüstet die Lok mit Feuerbrücken aus,
die aus den 7 vom RZA Göttingen noch zugelassenen Steinsorten
zusammengebaut sind. Dabei müssen die Seitensteine infolge der
schrägen Feuerbuchswände noch eigens behauen werden. Wie nachstehende Aufstellung zeigt, kann hier von einem wirtschaftlichen
Einbau nicht gesprochen werden.

| Bw | Lok-Nr. | Auslauf aus RAW | Feuerbrücke eingestürzt nach | Bemerkungen |
|---|---|---|---|---|
| Neu-Ulm | 18 461 | 16.5.49 | | nach 14 Tagen wegen Rohrwechsel ausgebaut |
| " | 462 | 27.6.49 | | läuft noch mit Feuerschirm |
| " | 463 | 17.6.49 | | Bauwerk bereits stark verschoben |
| Kempten | 465 | 27.11.48 | 6 Tagen | |
| " | 467 | 24.11.48 | 4 Wochen | |
| " | 470 | 15.10.48 | 5 Tagen | |
| " | 471 | 21.5.49 | 5 Tagen | |
| Augsburg | 478 | 30.5.49 | | nach 8 Tagen wegen Buchsarbeiten ausgebaut |
| " | 482 | 28.4.49 | 28 Tagen | |
| " | 483 | 9.6.49 | | läuft noch mit Feuerschirm |
| " | 484 | 24.6.49 | | " " |
| " | 485 | 6.5.49 | | " " |
| " | 490 | 29.6.49 | | " " |
| " | 492 | 3.6.49 | | " " |
| " | 496 | 20.5.49 | 25 Tagen | |
| Kempten | 545 | 13.1.49 | 4 Tagen | |

wurde, traten bei Lokomotiven mit großen Feuerschirmen massive Probleme auf. Die S 3/6 mit einer der breitesten Feuerbüchsen war hiervon besonders betroffen. Nebenstehendes Schreiben der RBD Augsburg an das Reichsbahn-Zentralamt München vermittelt einen Eindruck von der damaligen Situation. Zahlreiche Feuersteinsorten und konstruktive Maßnahmen zum bestmöglichen Einbau der Schirme wurden in jenen Jahren erprobt, führten aber nur zu einer mäßigen Besserung. Die Regel blieb vorerst eine nur wenige 1000 Kilometer dauernde Haltbarkeit der Schirme.

Die Lokomotive 50 2326 des Bw Münster erhielt aus diesem Grund versuchsweise Feuerschirmtragrohre, es stellten sich jedoch nach kurzer Betriebszeit Undichtigkeiten ein. Die Ursache war im schnellen Verkalken der Rohre, das zusammen mit den großen Wärmebelastungen zu raschen Abzehrungen führte, zu finden. Die erwähnte Ausrüstung der ersten fünf $18^6$-Kessel mit Tragrohren brachte endlich die erhoffte Verbesserung: infolge der inzwischen in mehreren Betriebswerken eingeführten Speisewasserinnenaufbereitung war die Kesselsteinablagerung erheblich zurückgegangen, so daß ganz allgemein die Kesselschäden deutlich verringert werden konnten. Eine dieser positiven Auswirkungen war die nahezu völlige Steinfreiheit der Feuerschirmtragrohre und ihre daraus resultierende wesentlich größere Widerstandsfähigkeit gegen Wärmespannungen.

Die schlechten Erfahrungen mit den Tragrohren in der BR 50 (ohne Wasseraufbereitung) waren jedoch Anlaß für eine am 2. Juli 1953 an Krauß-Maffei ergangene Auftragsänderung: die zweite Serie der S 3/6-Ersatzkessel (Fabriknummern 17 835–17 839) und alle folgenden sollten nun doch ohne Tragrohre geliefert werden. Somit mußten die an vier der fünf bereits in Arbeit befindlichen Kesseln die teilweise bereits montierten Rohre wieder entfernt und die Feuerbüchswände

verschweißt werden. Darüberhinaus trat eine Lieferverzögerung ein, weil neue Schamottsteine beschafft werden mußten. Nachdem 18601 bis 605 im Dauerbetrieb den Beweis erbracht hatten, daß ihren Feuerschirmen eine wesentlich größere Lebensdauer als jenen der anderen 18⁶ beschieden war, entschloß sich die DB im Jahr 1958 schließlich doch, alle Maschinen der Baureihe nachträglich mit je zwei Feuerschirmtragrohren zu versehen (Sonderarbeit 1.237, Kosten pro Lokomotive 315,79 DM). Die Ausrüstung, bei der gleichzeitig auch der Gärtner-Dampfbläser eingebaut wurde, zog sich allerdings in die Länge, da die Arbeiten erst anläßlich größerer Untersuchungen durchgeführt werden sollten (z. B. 18612 im Jahr 1961).

Zur Verbesserung des Saugzugs stellte die DB Versuche mit dem französischen Kylchap-Blasrohr an. Im Rahmen dieser Erprobungen war 1953 vorgesehen, zwei der umgebauten 18⁶ dergestalt auszustatten. Wegen Lieferschwierigkeiten der französischen Herstellerfirma und noch zu klärender Lizenzrechte mußte dieser Plan vorerst zurückgestellt und auf den letzten Kessel der zweiten Lieferung reduziert werden (Fabriknummer 17 839, vorgesehen für 18610). Nachdem auch bei Fertigstellung dieses Kessels noch nicht alle Fragen geklärt waren, wurde die Planung für den Einbau in die Baureihe 18⁶ aufgegeben und anstelle dessen die Lokomotive 23025 für Versuchszwecke vorgesehen.

Im Sommer 1954 beauftragte das BZA Minden Krauß-Maffei, die Möglichkeit des Einbaus einer Heinl-Mischvorwärmeranlage in die BR 18⁶ zu prüfen. Am 20. Oktober 1954 legte die Firma dem BZA drei Entwurfszeichnungen vor, deren eine nachstehend abgebildet ist. Die deutlich sichtbare, das Gesamtbild der Lokomotive beeinträchtigende Verlängerung der Rauchkammer ergab sich durch die Anordnung des Niederdruckvorwärmers (Mischbehälter) vor dem Schornstein und die Unterbringung der Vorwärmerpumpe auf der linken Maschinenseite, deren Platz durch das Bestreben nach freier Sicht des Heizers und die Notwendigkeit des ungehinderten Schieberaus- und -einbaus festgelegt war. Für die Anbringung des Mischkastens wurde die bereits an der Baureihe 23 ausgeführte Variante vorgeschlagen. Der Wasserspeicher sollte in zwei Behälter zu 415 und 215 Liter aufgeteilt werden, wobei der größere anstelle des wegfallenden Oberflächenvorwärmers und der kleinere zwischen den hinteren beiden Kuppelachsen angeordnet sein sollte. Da zum Zeitpunkt der Entwurfsvorlage bereits 10 Ersatzkessel eingebaut und die restlichen im Bau bzw. in Auftrag gegeben waren, hielt es die HVB nicht für zweckmäßig, nochmals Änderungsarbeiten durchführen zu

lassen und ordnete mit Verfügung vom 11. November 1954 die Beendigung der Planungen an.

Zurück ins Jahr 1953: der Erhaltungsbestand konnte nach Einleitung der eingangs beschriebenen Modernisierungsmaßnahmen auf 10 000 Dampflokomotiven reduziert werden; dennoch war es nicht möglich, im zunächst erhofften Maß auf die S 3/6 zu verzichten. Die Generalbetriebsleitung Süd in Stuttgart sah sich wegen des im Sommer des Jahres stark gestiegenen Bedarfs an Reisezuglokomotiven gezwungen, die BR 18⁴⁻⁵ wieder mit der vollen Zahl von 45 Maschinen in den Bestand aufzunehmen, zumal für den neuen Jahresfahrplan 1954/55 eine weitere Mehrung schnellfahrender Reisezüge vorgesehen war. Die Anlieferung von 12 Neubaulokomotiven der BR 23 an die BD Mainz machte zwar eine Reihe von P 8 und T 18 frei, diese wurden aber bis auf zwei P 8 in anderen Direktionen für neue Aufgaben benötigt. Ein Überbestand an Reisezugdampflokomotiven trat erst mit Aufnahme des elektrischen Betriebes auf der Strecke Nürnberg—Würzburg Ende 1954 auf. Bis dahin (und in eingeschränktem Maß auch danach) mußten die vorhandenen Maschinen voll unterhalten werden, zumal sich die Anlieferung der BR 23 in die Länge zog. Lediglich die Lokomotiven 18461—478 wurden nur noch bedingt erhalten und bekamen keine L4-Hauptuntersuchungen mehr. Dagegen zog man in Betracht, auch die noch betriebsfähigen Maschinen der Serie 18479—508 mit neuem Kessel zu versehen. Dazu schreibt die GBL Süd am 8. September 1953 an die HVB:

»Wir halten diesen Vorschlag auch deswegen für berechtigt, da die Untersuchung der ersten umgebauten 18⁶ beim Versuchsamt für Lokomotiven in Minden ein sehr befriedigendes Ergebnis gebracht hat. Es soll dort sogar der Eindruck gewonnen worden sein, daß sich die umgebaute 18⁶ als Mehrzylinderlok für schnell fahrende Züge besser eignen würde als die Zwillingslok R 01.«

Die HVB schloß sich dem Vorschlag des Umbaus auch der älteren S 3/6 nicht an, sah aber am 27. Oktober 1953 die Neubekesselung aller 38 im Erhaltungsbestand befindlichen 18⁵ vor (von den ursprünglich 40 18⁵ schieden 18515 und 18533 bereits 1947 und 1948 aus). Daß letztlich nur 30 Maschinen umgerüstet wurden, ist Verzögerungen bei der Kesselanlieferung zuzuschreiben, die die Fertigstellung der letzten 18⁶ bereits in eine Zeit rücken ließ, in der der Dampflokbedarf durch Elektrifizierungen und die Anlieferung von Diesellokomotiven merklich gesunken war.

Die Untersuchung der 18601 durch das LVA Minden im Jahr 1953 zeigte sehr ansprechende Resultate, machte aber auch deutlich, daß einige Verbesserungsmaßnahmen notwendig

Entwurf (Krauß-Maffei) der Baureihe 18⁶ mit Mischvorwärmer.

Zeichnung: T. Susicki

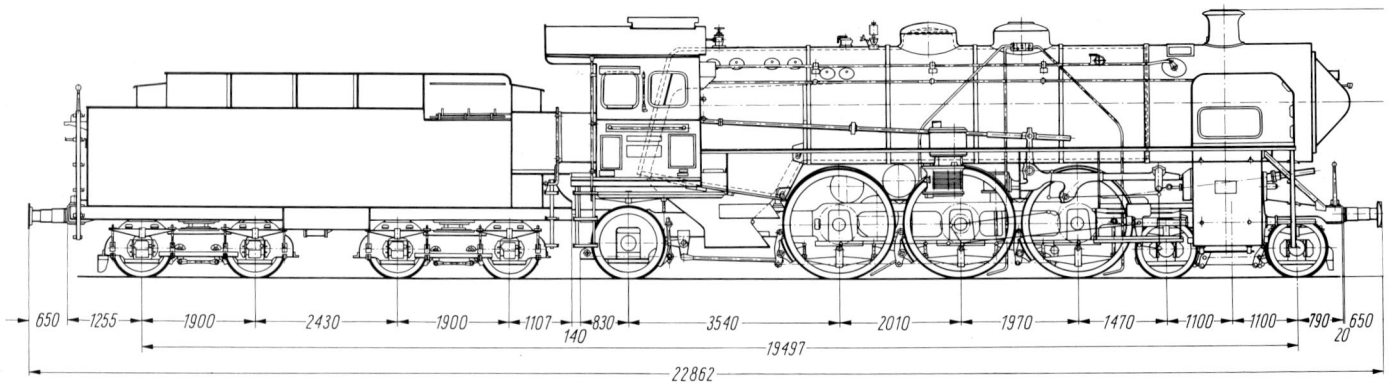

**44** Ein illustrer Vorspann: 18 606 (Bw Darmstadt) und 38 3395 stehen am 14. Juli 1955 gemeinsam vor einem Personenzug im neuen Heidelberger Hauptbahnhof.
Foto: Dipl.-Ing. H. Schneeberger

**45** Am 8. Februar 1956 wurde 18 626 mit Neubaukessel in Dienst gestellt und dem Bw Regensburg zugeteilt. Im gleichen Jahr fotografierte Mag. Pharm. Luft die prachtvolle Maschine in Passau-Hbf. Noch sind die Kesselringe blank!

waren. Eine dieser Änderungen bestand in der Steigerung der Heißdampftemperatur durch eine neue Aufteilung der Rohrheizflächen und die Vergrößerung des Überhitzers. Wegen der erforderlichen Konstruktionsarbeiten gelangte der erste geänderte Kessel erst im Herbst 1954 zur Ablieferung und in 18509 zum Einbau. Am 4. Dezember 1954 erfolgte die Abnahme der nun als 18611 bezeichneten Lokomotive im AW Ingolstadt. Wegen der guten Betriebsergebnisse wurden alle folgenden Kessel in dieser Bauform hergestellt.

Bis zum Frühjahr 1956 baute das AW Ingolstadt im Schnitt eine $18^5$ pro Monat um, so daß im März 1956 einschließlich 18628 insgesamt 28 Maschinen in Dienst gestellt waren. Mit 18629 und 630 folgten ein halbes bzw. ein ganzes Jahr später die beiden letzten Maschinen. Letztere erhielt den Kessel 18155, der vom 8. August 1956 bis 22. Januar 1957 bereits in 18602 gefahren war.

Damit fand die von 1953 bis 1957 dauernde Ausrüstung der bayerischen S 3/6 mit Krauß-Maffei-Neubaukesseln ihr Ende. Es standen nun 30 leistungsfähige Schnellzuglokomotiven zur Verfügung, deren Erhaltungsaufwand dem neuer Dampflokomotiven entsprach. Der Umbau, der jeweils bei einer anstehenden Hauptuntersuchung durchgeführt wurde, kostete pro Lokomotive rund 130 000 DM.

Fabriknummern der Ersatzkessel

17 691–17 695/Krauß-Maffei/Baujahr 1951
17 835–17 839/Krauß-Maffei/Baujahr 1954
18 146–18 155/Krauß-Maffei/Baujahr 1955
18 169–18 178/Krauß-Maffei/Baujahr 1954–55

Durchschnittliche Betriebszeit der Baureihe $18^6$: rund 8 Jahre
Längste Betriebszeit: 18603 (11 Jahre und 2 Monate)
Kürzeste Betriebszeit: 18625 (5 Jahre und drei Wochen)

| Anzahl der jährlich umgebauten $18^5$ | ausführendes Werk |
|---|---|
| 1953: 4 | KM und EAW MF |
| 1954: 8 | AW Ing |
| 1955: 13 | AW Ing |
| 1956: 4 | AW Ing |
| 1957: 1 | AW Ing |
| 30 | |

**46/47** Auf der »Deutschen Verkehrsausstellung München 1953« war für den Bereich Dampflokomotive neben der fabrikneuen 23024 und der mit Stokerfeuerung ausgerüsteten 45012 die gerade umgebaute 18602 ausgestellt. Mit ihr wurden Pendelfahrten im Ausstellungsgelände durchgeführt, die die Besucher dazu nutzen konnten, selbst einmal zum Regler zu greifen. Sogar Damen machten von diesem Angebot Gebrauch! Fotos: DB, M. van Kampen

# Deutsche Bundesbahn

## Meldung
## über die endgültige Abnahme einer neu gelieferten Lokomotive

Die ~~von der Lokomotivfabrik~~ vom AW Ingolstadt, mit dem von der Fa Krauß-Maffei gelieferten Kessel Fabrik-Nr. 18 155

~~in~~ 15.007 auf Vertrag Nr 63.1725 ~~xxx~~ ~~xxx~~

~~gebaute~~ umgebaute Dampf- Lokomotive Betr Nr 18 630

fertiggestellt

ist am 10.4. 19 57 ~~hinxxxxgegangen~~ und gemäß der Eisenbahn-Bau- und Betriebsordnung (§ 43) geprüft worden.

Auf Grund dieser Prüfung und der im Betriebsbuch abgegebenen Bescheinigungen über die Bauüberwachung ist die Lokomotive abgenommen und die Abnahme im Betriebsbuch bescheinigt worden.

~~XXXXXXXXXXXXXXX dem Dienstgutachten der XXXXXXXXXXXXXXXXXXXXXXXXXXXXXXXXXXXXX 19XXXX~~

der Tag der Abnahme der 10.4. 19 57

Durch den Werkdirektor
und BD (GDW) München Ingolstadt , den 24.4. 19 57

Geseken: 614,4,4 Fid/...
An München, den 25.2.57...
das **Bundesbahn-Zentralamt**

in Minden (Westf) Eing 2 7. APR. 1957 TBA

23 07

---

**48** Als letzte S 3/6 erhielt die Lindauer 18543 einen Neubaukessel, mit dem sie am 10. April 1957 als 18630 abgenommen wurde. Sie kam nach Lindau zurück und stand dort bis zum Jahr 1965 in Dienst. Das Bild zeigt sie 1957 in München-Hbf. Slg: E. Mayer

# Untersuchung der Baureihe 18⁶ im LVA Minden

Nach der endgültigen Abnahme im EAW München-Freimann (16. März 1953) wurde 18601 sofort zu ersten Untersuchungen dem Versuchsamt für Lokomotiven in Minden/Westf. zugeteilt. Um die 1952 bei der Untersuchung der Lokomotive 18543 des Bw Darmstadt gesammelten Erfahrungen hinsichtlich der zweckmäßigsten Anordnung der Steuerung bei den Versuchsfahrten mit 18601 berücksichtigen zu können, wurden im März 1953 im EAW München-Freimann Voreilhebel mit geänderter Teilung und zwei neue Schieber angefertigt. Ziel der Untersuchung war die Prüfung der negativen Auslaßdeckung, die bei vorausgegangenen Vergleichsfahrten mit 18532 (normale Steuerung) und 18543 (geänderte Steuerung) durch die wechselnden Bedingungen des Regelbetriebes nur bedingt möglich gewesen war.

Die Darmstädter Vorversuche und die anschließenden Änderungen an der Steuerung von 18601 waren erforderlich, um die Beurteilung des neuen Ersatzkessels nicht durch gewisse Mängel in der Dampfverteilung, die der S 3/6-Steuerung anhafteten, zu beeinflussen. Die neuen Steuerungsmaße gewährleisteten eine gleichmäßige Dampfverteilung. Die zu großen Verdichtungsdrücke ließen allerdings darauf schließen, daß die Zylinder zu kleine Kompressionsräume hatten. Die Möglichkeit der Verminderung der Kompressionsdrücke durch Verkleinerung der Ausströmdeckung wäre unwirtschaftlich gewesen, weil dadurch der Verbinderdruck zu groß und die Vorausströmung zu weit vorverlagert worden wäre. 1952 beschäftigte sich Krauß-Maffei bereits mit der Neukonstruktion des Zylinderblockes, leider verhinderten aber die für den Umbau der 18⁵ begrenzten finanziellen Mittel und der abzusehende Strukturwandel in der Zugförderung letztlich die Weiterführung dieser sinnvollen Verbesserungsarbeit.

Noch bevor ein schlüssiges Ergebnis über die verschiedenen Steuerungsvarianten vorlag, stellten sich an 18601 Schäden ein, die zur Unterbrechung der Fahrten zwangen:

1) Vom 13. bis 21. April 1953 mußte der Oberflächenvorwärmer wegen starker Undichtigkeiten an den Rohren ausgewechselt werden. Die Reparatur dauerte neun Tage, weil die NW Minden auf ein vom EAW München-Freimann zu lieferndes Tauschteil warten mußte. Wegen abweichender Maße konnte ein zwischenzeitlicher Einbau eines Einheitslok-Vorwärmers nicht vorgenommen werden.

2) Am 16. Mai 1953 mußte die Kolbenspeisepumpe (Bauart Knorr-Tolkien) ausgewechselt werden, weil die Ausgleichsleitung an der Steuerung fehlte.

3) Vom 23. bis 27. Mai 1953 mußte die Lokomotive der NW Minden wegen starker Undichtigkeiten an den Hochdruck-Zylinderdeckeln und an den Kolbenstopfbuchsen zugeführt werden.

Die Firma Krauß-Maffei, bei der die Lokomotive in der Hauptuntersuchung gewesen war, hatte entgegen den Bestimmungen der Erhaltungsvorschrift auf die Dichtflächen der Zylinderdeckel Kupferringe gelegt. Um die im Hinblick auf den Hochbedarf an Reisezuglokomotiven knapp bemessene Versuchszeit nicht zu überschreiten, wurden die Deckel in der NW Minden nicht von Hand eingeschliffen, sondern die Ringe nach dem Ausglühen wieder verwendet.

Schon kurz nach Beginn der Leistungsuntersuchungen (Anfang Juni) zeigten sich erneut starke Undichtigkeiten an den Stopfbuchsen der Hochdruckzylinder, so daß die Versuchsfahrten abgebrochen und die Maschine neuerlich der NW Minden zugeführt werden mußte (12. Juni 1953). Dort wurde festgestellt, daß beide innere Kreuzkopfgleitbahnen hinten zu tief

standen (4,0 mm und 4,2 mm), die Gleitplatten um 8 mm aus der Zylindermitte lagen und die Kolben im hinteren Zylinderteil aufliefen, wodurch die Kolbenringe in den Nuten festgeklemmt waren. Die Werkstatt berichtete die Gleitbahnlage und die Kreuzkopfgleitplatten, fertigte neue Kolbenringe an und baute neue Stopfbuchsen ein. Gleichzeitig wurden die Zylinderdeckel gemäß den Erhaltungsvorschriften eingeschliffen. Nach dem Einregulieren der Steuerung stand die Lokomotive erst Ende Juni 1953 wieder für die Versuche bereit, die laut Zeitplan am 7. Juli 1953 beendet sein sollten.

Das LVA Minden schrieb den größten Teil der aufgetretenen Schäden der Ausbesserung bei Krauß-Maffei zu. Zur Behebung waren insgesamt 320 Arbeitsstunden erforderlich, 29 Ausbesserungstage und 10 zusätzliche Versuchs-, Auf- und Abrüsttage. Diese Zeit ging für die Versuchsdurchführung verloren, so daß es nicht möglich war, die Untersuchung der Lokomotive zum vorgesehenen Zeitpunkt zu beenden. Am 25. Juni 1953 teilte das BZA Minden der Hauptverwaltung in Offenbach mit: »Wenn die Lok 18601 am 8. 7. an den Betrieb zurückgegeben werden muß, dann wäre es nicht vertretbar, nach der jetzigen Ausbesserung wieder in die Versuche einzusteigen. Für eine sichere Beurteilung der Lok und besonders des neuen Kessels werden noch 40 Meßpunkte gebraucht, die voraussichtlich 25 Meßfahrten erfordern. Diese Messungen können nicht später nach einer Unterbrechung fortgesetzt werden, wenn die Lok nach der Hauptreisezeit vom Betrieb zurückgegeben werden kann, weil sich dann der Zustand der ganzen Lok weitgehend verändert hat. Es bleibt also nur übrig, die Versuche mit der Lok 18601 abzubrechen und später mit einer neuen Lok, ggf. nach Schluß der Verkehrsausstellung in München mit der Ausstellungslok 18602, mit den Versuchen neu zu beginnen. In diesem Fall sind die bisher gewonnenen Meßergebnisse zum größten Teil wertlos. Um die Versuche abschließen und dadurch die bisherigen Arbeiten des Lok-Versuchsamtes verwerten zu können, wären wir bereit, eine Lok 18³ des Versuchsamtes als Ersatz für die Lok 18601 an den Betrieb abzugeben, so daß während der Versuchsdauer der Mangel an Reisezuglok nicht noch zusätzlich vergrößert wird. Wir glauben, kurzfristig auf eine Lok des Lok-Versuchsamtes verzichten zu können, weil nach der Eröffnung der Verkehrsausstellung die Zahl der Versuchsfahrten mit neuen Wagenzügen wesentlich kleiner sein wird.«

Dem Versuchsamt blieben im Juli und August noch einige Tage für weitergehende Untersuchungen, doch als 18601 am 14. August 1953 an ihr Heimat-Betriebswerk Darmstadt zurückgegeben werden mußte, fehlte immer noch eine Reihe von Meßergebnissen, die zur Veranlassung notwendiger Bauartänderungen und zur Abfassung eines endgültigen Versuchsberichtes erforderlich gewesen wären. Daher wurde der Hauptverwaltung zunächst folgender Bericht vorgelegt:

## Leistungsuntersuchung der Lok 18601 – Versuchsbericht des BZA Minden/Westf. (14. 12. 1953)

»Das Lok-Versuchsamt hat uns am 25. 11. 1953 die Berichte über die Leistungsuntersuchung der Lok 18601 und über die Versuche mit der Anfahrvorrichtung und Steuerungsänderungen an Lok der BR 18⁴⁻⁵ vorgelegt, die wir als Anlagen zu diesem Bericht zusammen überreichen, weil das Lok-Versuchsamt mit unserer Genehmigung vor der Leistungsuntersuchung auch die Steuerung der Lok 18601 änderte. Wir genehmigten die Steuerungsänderungen, um die Einflüsse der bei dieser Lok-BR bereits erkannten Mängel und Fehler der Steuerung bei der Leistungsuntersuchung auszuschließen. Jeder Bericht behandelt Teilgebiete aus dem gesamten für die Beurteilung der neuen Lok-BR

**49** Nach ihrer Abnahme im EAW München-Freimann (16. März 1953) wurde 18 601 bis August d. J. von der LVA Minden untersucht und erst anschließend von ihrem Heimat-Bw Darmstadt im regulären Zugdienst verwendet. Von einem ihrer ersten Einsätze stammt die nebenstehende Aufnahme aus Frankfurt am Main (1953). Foto: M. van Kampen

18[6] maßgebenden Fragenkomplex (Anlage 1 die Leistungsuntersuchung und Anlage 2 Steuerungsänderungen).

Wir fassen die Ergebnisse aus den Untersuchungen, zu denen wir anschließend noch Stellung nehmen werden, zusammen:

**1) Ersatzkessel für Lok der BR 18[5]**

a) Der Ersatzkessel läßt für den Dauerbetrieb eine Heizflächenbelastung $b_H = 70$ kg/m²h zu. Bei den Versuchsfahrten wurden Heizflächenbelastungen bis zu 83,3 kg/m²h erreicht.

b) Bei einer Heizflächenbelastung von 70 km/m²h liefert der Kessel in der Stunde 13,6 t Heißdampf von im Mittel 375° C bei 16 atü Kesseldruck. Gegenüber dem alten Kessel der BR 18[5], der bei einer Heizflächenbelastung von 57 kg/m²h eine Gesamtdampfmenge (Heißdampf von im Mittel 365° C und Naßdampf) D = 11,2 t/h abgab, ist die Leistung des neuen Kessels um 2,4 t/h, also um rund 20% größer.

c) Während der Untersuchungen zeigten sich an dem neuen Kessel, der bei einigen Fahrten mit $b_H > 80$ kg/m²h größten Beanspruchungen ausgesetzt wurde, keine Schäden. Auch an den Wasserumlaufrohren, die sich bei der breiten Feuerbüchse sehr gut als Feuerschirmträger bewährten, wurden keine Mängel festgestellt.

d) Aus dem Verhältnis ›freier Querschnitt in den Heiz- und Rauchrohren zu Rostfläche‹ 0,572/4,09 = 0,14 (bei Lok R 23 ist dies Verhältnis 0,520/3,11 = 0,17) erklärt sich der größere Druckabfall im Langkessel, der bei gleicher Rostwärmebelastung quadratisch mit diesem Verhältnis ansteigt.

e) Der Blasrohrdruck ist im Vergleich zu anderen Lok bei gleichen Kesselanstrengungen außergewöhnlich groß. Er entspricht, da die Blasrohranlage unverändert blieb, dem Verlauf bei der 18[5].

f) Der Dampf wird im mittleren Leistungsgebiet ($b_H = 50$ bis 60 kg/m²h) auf 370° C überhitzt. Erst bei Grenzleistungen ($b_H \sim 83$ kg/m²h) steigt die mittlere Heißdampftemperatur bis auf 382° C. Das Ergebnis stimmt genau überein mit der Berechnung des Kessels, bei der die entwerfende Firma Krauß-Maffei unter Hinweis auf das Temperaturniveau im Hochdruckteil vor einer Erhöhung der Überhitzung warnte.

**2) Steuerungsänderungen und Dampfmaschine**

a) Die neue Teilung der Voreilhebel (120 : 885 statt 100 : 905) ergibt auch bei kleinen Füllungen noch große Kanalöffnungen.

b) Durch symmetrische Hochdruckschieber wird bei ungleichen Fül-

lungen auf Kurbel- und Deckelseite (bei 40% Skalenfüllung Unterschied in den tatsächlichen Füllungen 50 zu 55%) eine ausreichende Voreinströmung, die auf Kurbel- und Deckelseite annähernd übereinstimmt (3% zu 2%), und ein annähernd gleicher Kompressionsbeginn (17 zu 17,5%) erreicht.

c) Die Steuerungsänderungen bringen eine größere Voreinströmung; sie bauen jedoch nicht die Kompressionsenddrücke ab, die bei allen Geschwindigkeiten über den Einfülldrücken liegen.

d) Die größere Kesselleistung gestattet auch bei höheren Geschwindigkeiten (V > 80 km/h) ein Fahren mit größeren Füllungen. Hieraus ergibt sich eine Steigerung der Maschinenleistung. Bei einer Heizflächenbelastung von 70 kg/m²h beträgt die indizierte Leistung bei V = 120 km/h 2100 PS.

e) Der sich nach den gegebenen Blasrohr-Abmessungen, die unverändert von der Lok der BR 18[4-5] übernommen wurden, einstellende Gegendruck ist sehr groß. Er erreicht bei $b_H \sim 83$ kg/m²h $\sim 0,7$ atü.

**3) Laufruhe**

a) Die Laufruhe der Lok ist besonders bei höheren Geschwindigkeiten mangelhaft. Es machen sich starke senkrechte und seitliche Stöße bemerkbar, die man auf die Abstützung des Rahmens (6-Punkt-Abstützung) zurückführen kann.

b) Aus der Bauart der Tragfedern ergibt sich ein harter Lauf. Gleisunebenheiten wirken sich stark als senkrechte Stöße aus.

c) Durch die flachen Stoßpufferköpfe und flachen Gleitplatten fehlt bei dieser Lok-BR die gegenseitige Bewegungsdämpfung zwischen Lok und Tender, die bei der Einheitslok durch die keilförmigen Stoßpufferköpfe und Gleitplatten erreicht wird.

Zu 3 a–c lagen bei Entwurf des Kessels seitens des Betriebes keine Änderungsanträge vor.

Bevor wir zu den Versuchsergebnissen und zu den Ausführungen in den Versuchsberichten Stellung nehmen, müssen wir die Änderung der Bezugsmaßstäbe für die Darstellung der Versuchsergebnisse begründen. Wir haben die bisher in den Versuchsberichten benutzten Bezugsmaßstäbe, die Heizflächenbelastung (kg/m²h) und Dampfmengen (kg/h oder t/h) verlassen, weil sie für die nach verschiedenen Baugrundsätzen konstruierten Kessel keine zweckmäßigen Vergleichsmaßstäbe für die Kesselanstrengungen sind.

Die Belastung der Heizflächen und die ihr zugeordneten Dampfleistungen richten sich nach der Größe und in einem besonders starken Maß

nach der Abstimmung des Heizflächenverhältnisses ($H_{vb} : H_{vs} : H_v$). Die Heizflächenbelastung genügte für Vergleiche verschiedener Kessel, deren Heizflächenabstimmung annähernd gleich ist. Sie reichte also für Vergleiche der Kessel der Einheitslok 1925 aus, die nach gleichen Kesselbaugrundsätzen angefertigt sind. Die Kesselanstrengung kann für alle Kessel, ohne Rücksicht auf die der Konstruktion zugrundeliegenden Heizflächenaufteilungen, nach der Wärmemenge bestimmt werden, die dem Kessel stündlich je $m^2$ Rostfläche in der verfeuerten Kohle zugeführt wird.

In diesem spezifischen Wert der Rostwärmebelastung [$10^6$ kcal/$m^2$h] ist die dem Kessel stündlich zugeführte Wärmemenge, die alle Vorgänge im Kessel ursächlich steuert, auf die Rostfläche bezogen. Die Größe der Rostfläche ist von der Abstimmung des Heizflächenverhältnisses unabhängig, denn sie wird nach den Dampfleistungen jedes Kessels auf den mittleren Heizwert und auf die physikalischen Eigenschaften des zu verfeuernden Brennstoffes, also im wesentlichen auf die dem Kessel zuzuführende Wärmemenge abgestimmt. Da die Lokomotivkohlen in Deutschland und auch in den übrigen westeuropäischen Ländern verhältnismäßig gleichartig sind, ergeben sich, von wenigen Ausnahmen abgesehen, auch für verschieden große Kessel bei vergleichbaren Kesselanstrengungen gleiche Rostwärmebelastungen.
(...)

In der nachstehenden Stellungnahme (A bis D) zu den Versuchsergebnissen und den Ausführungen in den Versuchsberichten fassen wir zur Klärung einzelner Fragen mehrere der vorstehend aufgeführten Punkte zusammen. Bevor wir auf Einzelheiten eingehen, machen wir besonders darauf aufmerksam, daß die Untersuchung der Lok 18 601 nicht in allen Punkten widerspruchsfreie Ergebnisse für die Beurteilung des Ersatzkessels lieferte. Die Untersuchung hat wesentlich

a) unter Zeitnot, die durch umfangreiche Ausbesserungen während der Versuchszeit noch größer wurde, und

b) unter Betriebseinflüssen

gelitten, die sich als Unterbrechung des Beharrungszustandes bei mehreren Meßfahrten auswirkten. Die Versuchszüge wurden wegen des Vorranges der schnellfahrenden Reisezüge aus ihren Plänen verdrängt und kamen außerplanmäßig zum Halten. Wegen der Zeitnot war es auch nicht möglich, die Blasrohranlage, mindestens durch Ausbau des 17 mm starken Steges, zu ändern.

## A. Zu 1 e) und 2 e)
### Blasrohrdruck und Maschinengegendruck:
Der Blasrohrdruck der Lok 18 601 ist, da die Blasrohranlage unverändert von der 18$^5$ übernommen wurde, im Vergleich zu den bei gleichen Wärmebelastungen an der Lok 23 015 gemessenen Drücken bis zu 300% größer. Die den Blasrohrdrücken zugeordneten Unterdrücke sind dagegen um rund 50% kleiner. Mit den jetzigen Blasrohr- und Schornsteinabmessungen werden also Unterdrücke mit einem zu großen Aufwand erzeugt.

Obwohl nach dem Verhältnis ›freie Querschnitte in den Heiz- und Rauchrohren je $m^2$ Rostfläche‹ im Ersatzkessel für die Lok R 18$^5$ die Differenz zwischen Rauchkammer- und Feuerbuchsunterdruck größer als im Kessel der Lok R 23 sein muß, sind besonders bei größeren Rostwärmebelastungen die mit außergewöhnlich hohem Blasrohrdruck erzeugten Rauchkammerunterdrücke zu groß. Der sich bei diesen Drücken einstellende große Feuerbuchsunterdruck zwang die Heizer, eine hohe Feuerschicht zu halten; denn bei einer normalen Brennschichthöhe wurde das Feuer aufgerissen. Eine Berechnung, die sich auf die gemessenen Feuerbuchsunterdrücke und auf die den verfeuerten Kohlen zugeordneten Verbrennungsluftmengen aufbaut, ergab, daß bei den Versuchsfahrten der Rostwiderstand 20% größer als bei den Fahrten mit der Lok 23 015 war. Da die Rostkonstruktion der Lok 18 601 und der Lok 23 015 gleich ist, kann man nach dem Rostwiderstand die Höhe der Brennschicht in der Lok 18 601 beurteilen. Ohne Frage hat die hohe Brennschicht zu einer mangelhaften Verbrennung geführt, die schon bei den Versuchsfahrten an der Qualmbildung zu erkennen war. Aus nicht zu erklärenden Gründen läßt sich die mangelhafte Verbrennung aus der Rauchgasanalyse nicht nachweisen. Die Feuerungsverluste sind daher auch nicht einwandfrei belegt.

Erst nach einer Abstimmung der Saugzuganlage können wir verbindliche Werte für den günstigsten Brennstoffverbrauch und die Wärmeverluste im Kessel angeben. Ein kleinerer Blasrohrdruck, der sich bei der Abstimmung der Saugzugverhältnisse ergeben wird, bringt ein größeres, in den Maschinen ausnutzbares Druckgefälle, das zu einer Senkung des spezifischen Dampfverbrauchs führen muß.

## B. Zu 2 f)
### Heißdampftemperatur
Die Überhitzung ist mit rund 375° C im Vergleich zu dem Kessel der Lok R 23, der bei $q_R > 3 \cdot 10^6$ kcal/$m^2$h Heißdampf von über 400° C liefert, recht klein. Der Bauart-Dezernent weist hierzu darauf hin, daß beim Entwurf des Kessels weder eine Erhöhung der bis dahin in der Verbundmaschine bewährten Überhitzung noch eine Änderung der Blasrohranlage zur Debatte gestanden hat. Gegen eine Erhöhung der Überhitzung sprach sich die entwerfende Firma Krauß-Maffei mit dem Hinweis auf die dann gegenüber der Zwillingslok im Hochdruckteil zu erwartenden hohen mittleren Temperaturen aus. Der Kessel ist dementsprechend auch im Gegensatz zum Kessel der 23 bewußt für die gemessenen Temperaturen berechnet worden.

Durch eine Erhöhung der Überhitzung auf mindestens die bei der Lok 23 015 erreichten Heißdampftemperaturen lassen sich nach Ansicht des Sachbearbeiters der spezifische Dampfverbrauch senken und Wärmeersparnisse bis rund 3% erreichen.

Die Bedenken des Lok-Versuchsamtes im Bericht über die Leistungsuntersuchung, daß eine Erhöhung der Überhitzung nur mit einer gleichzeitigen Senkung der Dampfaustrittstemperatur einen Gewinn bringen kann, teilen wir nicht. Zunächst ist einmal festzustellen, daß der Abdampf der Lok 18 601 mit ungefähr der gleichen Temperatur wie bei den früher vom Lok-Versuchsamt Grunewald untersuchten Lok 18 538 und 18 539 die Maschinen verläßt. Die auffällig hohen Temperaturen liegen bei der Lok 18 601 erst bei Dampfleistungen, die von den früher untersuchten Lok mit dem alten Kessel im Zugförderungsdienst nur kurzzeitig während der Beschleunigung und bei Fahrten auf Steilrampen gebraucht werden. Zum anderen wird die Senkung des Maschinengegendrucks durch Änderung der Blasrohrabmessungen, z.B. durch Fortlassen des jetzt vorhandenen Steges von 17 mm Stärke, zwangsläufig niedrigere Dampfausströmtemperaturen bringen.

Die Kompression des Dampfendvolumens bis über die Einfülldrücke, die bei den Maschinen der bayerischen S 3/6 schon seit der Anlieferung besonders auffällig ist, muß höhere Zylinder-Wandtemperaturen zur Folge haben. Da der ausströmende Dampf von den Wänden aufgeheizt wird, sind die hohen Dampfaustrittstemperaturen, die in der Nähe der bei einfacher Dampfdehnung gemessenen Werte liegen, nicht zu vermeiden. Die aus einer Wärmezufuhr stammenden hohen Dampfaustrittstemperaturen verschleiern die Größe des in den Dampfmaschinen ausgenutzten Wärmegefälles. Diese Temperaturen dürfen daher nicht ohne weiteres für die Beurteilung der Güte des Wärmeprozesses in den Maschinen benutzt werden.

Die hohen Kompressionsdrücke lassen sich nur durch Vergrößerung der Kompressionsräume abbauen, was aber eine Neukonstruktion des ganzen Zylinderblocks erfordert. Bei den Steuerungsänderungen mußte sogar noch eine, wenn auch nicht ins Gewicht fallende Vergrößerung des Kompressionsvolumens (13 zu 17 und 15 zu 17,5% des Hubvolumens bei 40% Skalenfüllung) in Kauf genommen werden. Wenn man die Lok BR 18 im ganzen thermisch verbessern will – was bei dem Auftrag zur Entwicklung des Ersatzkessels nicht zur Diskussion stand –, dann gehören zu dem neuen Ersatzkessel eigentlich auch neue Dampfmaschinen. Unseres Erachtens wird aber ein größerer Überhitzer, der sich bereits in der Konstruktion befindet, und ein kleinerer Maschinengegendruck, der sich bei der Abstimmung der Saugzugverhältnisse ergeben muß, mit einem vertretbaren Aufwand befriedigende thermische Verhältnisse bringen.

## C. Zu 2 a) bis 2 c)
### Steuerungsänderungen
Die Anregung zu den Steuerungsänderungen gab der Techn. BOI Zunhammer des AW München-Freimann. Zu den Vorschlägen des

Techn. BOl Z. nimmt das Lok-Versuchsamt in der Anlage 2 weitestgehend Stellung, so daß wir nur die Änderungen zu behandeln brauchen, die für die neue Lok BR 18^6 wertvoll sein können.

Die neue Voreilhebelteilung bringt größere Kanalöffnungen und größere Schiebergeschwindigkeiten beim Schließen der Kanäle. Hierdurch wird die Drosselung des Dampfes beim Füllen der Zylinder verkleinert. Bei gleicher Füllung kann also mehr Dampf mit höherem Druck einströmen, so daß der Expansionsenddruck höher liegt, was aus der größeren Völligkeit der Indikator-Diagramme zu erkennen ist. In welchem Ausmaße hierdurch der spezifische Dampfverbrauch beeinflußt wird, läßt sich nach den wenigen Meßpunkten der Vorversuche mit der alten und mit der geänderten Steuerung an der Lok 18 601 nicht endgültig belegen. Die mit Werten aus den Versuchsberichten des Lok-Versuchsamtes Grunewald durchgeführten Vergleiche haben ergeben, daß Undichtigkeiten an Kolben und Stopfbuchsen den spezifischen Dampfverbrauch mehr als die Steuerungsänderungen beeinflussen können. Die in der Anlage 2 für die einzelnen Steuerungsbauarten angegebenen Verbrauchszahlen darf man daher nur als Anhalt benutzen, aber nicht als absolute Werte ansehen.

Die sich aus der neuen Voreilhebelteilung ergebenden größeren Schieberwege bringen aber eine Unempfindlichkeit der Steuerung gegen die aus dem allgemeinen Verschleiß entstehenden Steuerungsfehler. Auch unmittelbar vor dem Erreichen der Betriebsgrenzmaße kann sich das Spiel in den Steuerungsteilen nicht auffällig auf die Dampfverteilung auswirken. Als besonderer Vorteil muß erwähnt werden, daß auch bei der größten zulässigen Steuerungsabnutzung die Voreinströmung nicht verlorengeht. Ferner wird die Regulierung der Steuerung, die das Lok-Versuchsamt sehr ausführlich in der Anlage 2 behandelt, durch diese Steuerungsänderungen wesentlich vereinfacht.

Die symmetrischen Hochdruckschieber machen in Verbindung mit der Verminderung der Dampfdrosselung beim Einströmen durch die größeren Kanalöffnungen und durch das schnellere Schließen der Kanäle die Füllventile entbehrlich. Auf die unbedeutende Vergrößerung der Maschinenleistung durch das Nachfüllen müßte man bei dem neuen Kessel verzichten können, da dessen Dampfleistungen ein Fahren mit großen Füllungen gestattet. Durch den Wegfall der Füllventile lassen sich Unterhaltungsarbeiten einsparen, die bei einer vierzylindrigen Verbundlok schon wegen der größeren Zahl der Triebwerke umfangreich sind.

## D. Zu 3a) bis 3c)
### Laufruhe

Die Umstellung der Federung von 6- auf 4-Punkt-Stützung dürfte eine Verbesserung der Laufruhe bedeuten, ebenso die Anbringung keilförmiger Stoßpufferköpfe und -platten. Beides sind Änderungen ohne größere finanzielle Aufwendungen.

Die Ausführungen des Lok-Versuchsamtes in Anlage 2, daß nur bei kurzen Bahnhofsabständen mit der größtmöglichen Beschleunigung angefahren werden soll, dagegen bei der Beförderung schwerer Züge und bei größeren Bahnhofabständen mit gedrosseltem Schieberkastendruck anzufahren ist, lehnen wir entschieden ab. Nach dem Ergebnis umfangreicher Auswertungen, über die der Sachbearbeiter auf der 9. Besprechung der Zugförderungsdezernenten in Augsburg zu Punkt 9 der Tagesordnung sprach, wird in allen Fällen wirtschaftlich gefahren, wenn man die Züge schnell beschleunigt. Durch die Bekanntgabe einer hiervon abweichenden Fahrweise, die unter bestimmten Voraussetzungen ebenso wirtschaftlich sein kann, können beim Lokpersonal Zweifel entstehen, wie sich im Einzelfall die Züge mit dem kleinsten Brennstoffverbrauch beschleunigen lassen. Die Fahranweisung für die Lok R 18 mit dem alten Kessel ist darüberhinaus durch die Anordnungen überholt, daß alle im Erhaltungsbestand bleibenden Lok dieser BR einen Ersatzkessel erhalten, der den neuen Kesselbaugrundsätzen entspricht. Dieser Kessel liefert nach dem Bericht des Lok-Versuchsamtes für alle von der Lok zu erwartenden Leistungen ausreichende Dampfmengen, so daß eine Drosselung des Dampfes mit dem Regler beim Anfahren nicht erforderlich ist.

Zusammenfassend stellen wir fest:
1) Die Saugzuganlage des Ersatzkessels, die der 18^5 entspricht, muß den größeren Dampfdurchsätzen angepaßt werden.
2) Eine höhere Überhitzung würde den spezifischen Dampf- und Kohlenverbrauch senken.
3) Mit der geänderten Voreilhebelteilung wird der Einfluß der Steuerungsfehler auf das Arbeiten der Steuerung kleiner und das Regulieren der Steuerung erleichtert.
4) Symmetrische Hochdruckschieber gewährleisten eine ausreichende Voreinströmung und machen zusammen mit der geänderten Voreilhebelteilung die Füllventile entbehrlich.

Wir bitten, zur Abstimmung der Saugzuganlage die Lok 18 601 nochmals dem Lok-Versuchsamt zuzuweisen. Nach den hierbei ermittelten

**50** Im alten Heidelberger Hauptbahnhof wartet die Darmstädter 18 604 vor E 536 Frankfurt/M–Stuttgart auf Ausfahrt (1954). Foto: C. Bellingrodt

Blasrohr- und Schornsteinabmessungen können dann die Saugzuganlagen der bereits im Betriebe befindlichen Ersatzkessel geändert werden, was zu einer Senkung des Brennstoffverbrauchs führen wird. Durch diese nochmalige Untersuchung der Lok 18601 würde allerdings die Untersuchung der Neubaulok R 65 und 82 und die Untersuchung des Ersatzkessels für die Lok R 01$^{10}$ mit Heinl-Mischvorwärmer verzögert werden.«

Die Leistungsuntersuchung von 18601 war bedauerlicherweise durch den beschriebenen Zeitmangel behindert, der es nicht gestattete, die Lokomotive so detailliert zu untersuchen, wie dies zur Behebung einzelner Mängel notwendig gewesen wäre. Darüberhinaus wurden einige Meßergebnisse durch den schlechten Allgemeinzustand der Maschine beeinträchtigt, der auf die beanstandete Arbeitsausführung bei der von Krauß-Maffei durchgeführten Hauptuntersuchung im Jahr 1951 zurückzuführen war.

Wegen des nach wie vor herrschenden Lokmangels hatte die Hauptverwaltung lediglich die Versuchszeit verlängern können, nicht aber die Genehmigung zur kompletten Neuuntersuchung einer vollständig intakten 18$^6$ gegeben. Am 4. Februar 1954 erging lediglich die Weisung, 18601 zur Abstimmung der Saugzuganlage nochmals nach Minden zu schicken. Vorab mußte die Lokomotive jedoch zur Beseitigung ihrer Schäden und Abnutzungserscheinungen (unter anderem: gebrochener Flansch an einem HD-Zylinder, undichte Schieberbuchsen, stark ausgelaufene Zylinder- und Schieberbohrungen, starker Verschleiß des Lauf- und Triebwerkes) ins AW Ingolstadt zu einer L0-Bedarfsausbesserung. Die Maschine hatte in ihrem Heimat-Bw Darmstadt bereits längere Zeit einen um 1t/1000 km höheren Kohleverbrauch als ihre Schwesterlokomotiven gezeigt und war deutlich abgefahren. Die in Ingolstadt vorgenommene L0 konnte folglich nur mit Mühe als Bedarfsausbesserung eingestuft werden, ihr Aufwand entsprach dem einer L2-Zwischenausbesserung.

Um die Untersuchung der Maschine nicht von vornherein wieder unter Zeitdruck ausführen zu müssen (es kam dennoch wieder zu Zeitproblemen!), setzte sich die Meßgruppe 1 des LVA am 7. März 1954 Richtung Ingolstadt in Marsch, rüstete die noch in Ausbesserung befindliche Lokomotive für erste Erprobungen aus, fertigte mehrere für die Versuche erforderliche Blasrohre und Schornsteineinsätze und nutzte die AW-Probefahrten bereits für Messungen. Die Überführung in Richtung Norden wurde schon als Versuchsfahrt verwertet. Am 16. März 1954 begann man mit den eigentlichen Meßfahrten, die zunächst auf die Strecke Lehrte–Hamburg-Harburg führten. Da die mit dem Versuch betraute Meßgruppe 1 vom 1.–30. April 1954 die Zugkräfte der V 200 zu messen hatte, gingen die Versuche mit 18601 ab 2. April an die Meßgruppe 5 über, die bereits Erfahrungen in der Abstimmung von Saugzuganlagen mehrerer Baureihen gesammelt hatte.

Nachfolgend der Wortlaut des abschließenden LVA-Berichtes vom 12. August 1954:

»1) **Aufgabe des Versuchs:** Die Saugzuganlage der Lok 18601 ist abzustimmen und einige Punkte aus der Leistungsuntersuchung sind nachzufahren. Die Saugzuganlage ist dabei, wenn möglich, so zu verbessern, daß die Luftüberschußwerte größer und damit die Verbrennungsverhältnisse günstiger werden. Die Ergebnisse der bisherigen Versuche waren z. T. dadurch gekennzeichnet, daß sehr niedrige λ-Werte ermittelt wurden, die sich auch äußerlich im Betrieb durch eine verhältnismäßig starke Rauchfahne kenntlich machten.

2) **Gegenstand, Ort und Zeit des Versuchs:** Die Beharrungsmeßfahrten mit Leistungsmessungen wurden von der Meßgruppe 1 mit Lok-Meßwagen 1 und Bremslok 18316 auf der Strecke Lehrte–Harburg vom 16. 3. bis 2. 4. 1954 ausgeführt und nach Änderung der Saugzuganlage durch Meßgruppe 5 auf den Strecken Lehrte–Harburg und Harburg–Cuxhaven in der Zeit vom 12. 5. bis 19. 5. 1954 fortgesetzt.

Die Untersuchung der Saugzuganlage durch die Meßgruppe 5 wurde mit Meßwagen 5 in der Zeit vom 27. 4. bis 6. 5. 1954 und vom 30. 6. bis 2. 7. 1954 auf der Strecke Darmstadt–Offenburg und zurück mit Bremslok 18319 als Belastung durchgeführt.

3) **Gesamtergebnis:** Die Untersuchung der Saugzuganlage geschah in der gleichen Form, wie sie in letzter Zeit bei der Nachprüfung verschiedener Saugzuganlagen an Reisezuglok durchgeführt wurde. Ausgehend vom Urzustand der Anlage wurden durch verschiedene Maßnahmen, insbesondere Ausbau des Steges, Verkleinern des Blasrohrdurchmessers auf 140 mm ∅ und Vergrößern des Abstandes Blasrohroberkante–Schornstein in einer ersten Versuchsreihe Abmessungen der Saugzuganlage gefunden, die gegenüber dem Anfangszustand eine Verbesserung des Rauchkammerunterdruckes um im Mittel 20% brachte. Diese nicht allzu große Verbesserung gibt das wieder, was wir bereits in unserem Vorbericht zu dieser Untersuchung bemerkten, daß nämlich die Wirkung der Saugzuganlage auch in ihrem Urzustand grundsätzlich nicht schlecht war. Es war uns von Anfang an möglich, alle Leistungspunkte, auch die schweren (bis 120 km/h, 62,5% Füllung und 15 atü im Schieberkasten) zu fahren.

Da die Beharrungsmeßfahrten auch nach dieser Änderung ergaben, daß mit dieser verbesserten Saugzuganlage die Rauchfahne noch nicht beseitigt war und die Luftüberschußwerte λ verhältnismäßig niedrig lagen, wurde danach aufgrund neuerer Erfahrungen bei anderen Lok die Luftzuführung unter dem Rost noch einer Überprüfung unterzogen. Während dieser zweiten kurzen Versuchsreihe wurden die Verhältnisse am Aschkasten so geändert, daß die seitlichen nach vorn offenen Luftklappen geschlossen wurden und Ersatz fanden durch rein seitliche Öffnungen, so daß nunmehr der Saugzug sich die Verbrennungsluft durch ausreichende Querschnitte längs des Rostes ansaugen muß. Es ist dadurch erreicht, daß der Einfluß des Fahrwindes nur auf bestimmte Teile des Rostes durch diese nach vorn offenen Luftklappen vermieden wird, und daß nunmehr unter dem Rost sehr gleichmäßige ruhige Luftverhältnisse herrschen. Als Ergebnis ist ein niedriges helles Feuer über den gesamten Rost und das Verschwinden der bisherigen schwarzen Rauchfahne festzustellen. Die während der kurzen Beharrungsabschnitte ermittelten Luftüberschußwerte liegen jetzt höher, sie bedürfen jedoch, wie dies nach diesen Änderungen für die gesamte Kesselbilanz wünschenswert wäre, noch der Bestätigung durch wenigstens eine Reihe regulärer Leistungsmeßfahrten.

Mit der geänderten Saugzuganlage wurden mit zunehmender Belastung in der Beharrung bis zu 25° C höhere Heißdampftemperaturen erzielt als im Versuchsbericht vom 10. 11. 1953 genannt (z. B. bei $b_H = 70$ kg/m$^2$h 402° C statt 376° C).

4) **Versuchsdurchführung und Auswertung:** Da die Lok laut Auftragsverfügung bis Ende März wieder an den Betrieb zurückgegeben werden sollte, wurde sie bereits während der L0-Ausbesserung im AW Ingolstadt in der Zeit vom 8. 3.–15. 3. 1954 mit den für die Leistungsuntersuchung notwendigen Meßstellen ausgerüstet.

Es wurden zunächst mit verschiedenen Änderungen der Saugzuganlage Beharrungsmeßfahrten mit Leistungsmessungen ausgeführt. Hierbei gelang es nicht, eine meßbare Verbesserung der Verbrennung (höheren Luftüberschuß und Beseitigung der Rauchfahne) gegenüber dem Urzustand zu erreichen.

Als wegen der Leistungsuntersuchung der Diesellok BR V 200 die Untersuchung der Lok 18601 von der Meßgruppe 1 am 2. 4. 1954 abgebrochen werden mußte, wurde die Abstimmung der Saugzuganlage von Meßgruppe 5 fortgeführt.

Bei dieser Untersuchung wurden die Unterdrücke in Rauchkammer, Feuerbüchse und Aschkasten, am Schornstein oben und unten sowie der Blasrohrdruck in der üblichen Form ermittelt. Kessel- und Schieberkastendruck und die Temperaturen der Rauchgase in der Rauchkammer und des überhitzten Dampfes wurden auch in diesem Fall auf die registrierenden Meßgeräte des Meßwagens 5 übertragen. Zur genauen Erfassung des Gegendruckes auf die Dampfmaschine wurden zusätzlich Schwachfederdiagramme mit dem Indikator aufgenommen. Die Rauchgasanalyse erfolgte mit dem elektrischen Prüfgerät und bei der zweiten Versuchsreihe zusätzlich mit dem Orsat-Apparat.

Die Versuche wurden bei Geschwindigkeiten von 80, 100 und 120 km/h

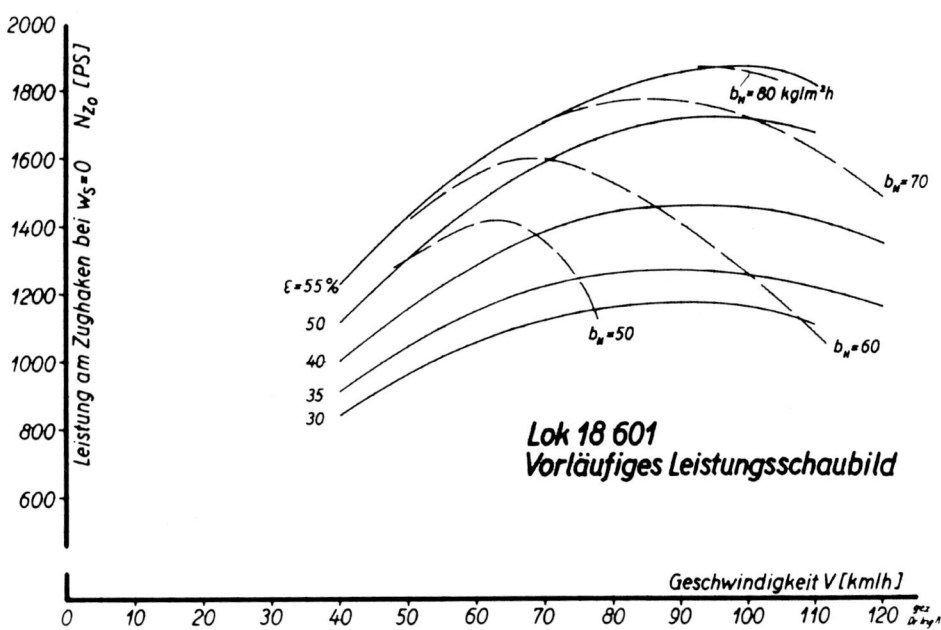

**Lok 18 601**
**Vorläufiges Leistungsschaubild**

Der Verlauf der Linien für $b_H$ = 60 und 70 kg/m²h läßt den durch den neuen Kessel erzielten Leistungsgewinn der Lokomotive 18601 erkennen. Seine vorteilhafte Auswirkung ist umso größer, je größer die Fahrgeschwindigkeit ist. Mit $N_{Zo}$ = 1775 PS bei einer Heizflächenbelastung von $b_H$ = 70 kg/m²h und einer Geschwindigkeit von V = 85 km/h liegt die Lokomotive um rund 340 PS höher als die Baureihe 18⁵ bei $b_H$ = 57 kg/m²h und übertrifft sogar die Baureihe 01 mit dem alten Kessel bei dieser Belastung um ein geringes. Während der Mindener Versuche wurde untersucht, ob noch eine weitere Leistungssteigerung erzielbar wäre. Wie sich herausstellte, waren Heizflächenbelastungen von über 80 kg/m²h ohne Schwierigkeiten dauernd zu erreichen. Die effektive Leistung lag schließlich bei knapp 1900 PSe entsprechend 2200 PSi.

bei jeweils gleichen Arbeitslagen, bestimmt durch Füllung und Schieberkastendruck, von geringster bis zu größter Leistung (V = 80 km/h, $p_{Sch}$ = 8 atü und ε = 41 % bis V = 120 km/h, $p_{Sch}$ = 15 atü, ε = 62 %) durchgeführt.

Die verschiedenen untersuchten Anordnungen der Saugzuganlage sind in Anlage 3 wiedergegeben. Der Endzustand mit der gemessenen Verbesserung wurde erreicht durch Fortlassen des Steges im Blasrohr; bei gleichen Schornsteindurchmessern wurde die Blasrohrmündung von ursprünglich 155 mm Ø mit 17 mm Steg auf einen Durchmesser von 140 mm ohne Steg verändert. Da für diese Abmessungen der Abstand Blasrohroberkante–Schornstein zu klein war, mußte wegen des bei der bayer. S 3/6-Lok hochliegenden Blasrohres durch Verwendung eines Schornsteines der Lok BR 18⁴⁻⁵ (infolge der Differenz im Kesseldurchmesser der BR 18⁴⁻⁵ gegen BR 18⁶ ragt der Schornstein der 18⁴⁻⁵ beim Kessel der 18⁶ nicht soweit in die Rauchkammer hinein) und durch unmittelbares Aufsetzen des Blasrohrkopfes auf das Hosenstück der Ausströmung dieser Abstand vergrößert werden.

Die Meßergebnisse mit der Saugzuganlage im Endzustand gibt Anlage 4 wieder. Über $D_M{}^2$ (Maschinendampf) sind der Blasrohrdruck, der Aschkasten-, Feuerbüchs- und Rauchkammerunterdruck sowie der Unterdruck am Schornstein unten im Vergleich zu den Meßergebnissen vor Änderung der Saugzuganlage aufgetragen. Es zeigte sich, daß die getroffenen Maßnahmen eine Erhöhung des Blasrohrdruckes um ~60–80% zur Folge hatten, und sowohl vor wie nach der Untersuchung schneidet er die Abszisse nicht in 0, sondern bei etwa 4600 kg/h Dampf. Dies dürfte damit zu erklären sein, daß in $D_M$ einmal der zum Vorwärmer abgezweigte Dampf enthalten ist und daß ferner bei der manometrischen Messung mit Führung der Dampfsäule vom Ausströmrohr zur Wasservorlage durch Kondensationsverluste Druckabfälle entstehen. Die strichpunktierte Linie zeigt die Gegendrücke, die durch Planimetrierung der Fläche unter den Ausschublinien (bis zu ihrem Schnittpunkt) der jeweiligen Schwachfederdiagramme ermittelt wurden. Diese Kurve geht fast durch 0; sie scheint also der wirklichen Größe des Maschinengegendruckes am nächsten zu kommen. Der Knick in den Blasrohrdruckkurven ist, wie wir dies bereits bei anderen Untersuchungen feststellten, durch Erreichen der kritischen Geschwindigkeit im Blasrohrkopf bedingt.

Der Aschkastenunterdruck, der vor Änderung der Luftzufuhr zum Aschkasten stark ins Positive hineinwechselte, liegt nunmehr bei der zweiten Versuchsreihe nach Anbringung ausreichender seitlicher Luftzutrittsöffnungen, durch die sich der Saugzug die Luft hereinholen

muß, eindeutig um 0 mm WS. Der Feuerbuchsunterdruck zeigt nach Änderung eine Steigerung um etwa 20 %.

Der Rauchkammerunterdruck verbesserte sich ebenfalls um etwa 20 %. Beim Unterdruck am Schornstein unten wurde keine Erhöhung der Werte gemessen. Wir vermuten, daß die Meßstelle nach Einbau des neuen Schornsteins ob ihrer nicht ganz exakt gleichen Lage wie zuvor die Verbesserung nicht wiedergeben konnte.

Anlage 1 zeigt die ermittelten Abmessungen der Saugzuganlage, Anlage 2 die Anordnung der seitlichen Luftöffnungen am Aschkasten mit einem Gesamtquerschnitt von ca. 0,7 m² (vordere seitliche Luftklappen zugeschweißt). Das Verhältnis der seitlichen Lufteintrittsfläche zum Rost beträgt dabei 1:6,5, das heißt, es ist durchaus möglich, auch mit völlig geschlossener vorderer mitttlerer Luftklappe zu fahren. Wir haben dies bei unserer letzten Versuchsfahrt getan, ohne dabei irgendwelchen nachteiligen Einfluß auf Unterdrücke oder Rauchgaszusammensetzung festzustellen. Das Verhältnis des Gesamtluftquerschnittes zur Rostfläche war mit 1:8,18 auch vor dem Umbau nicht allzu ungünstig, wenn man bedenkt, daß durch den Fahrtwind Druckluft zugeführt wurde. Jedoch gerade diese Luftbündelung, die den Rost ungleichmäßig von unten beaufschlagt, und die Tatsache, daß die Luftklappen sich durch ihre Gestänge nur etwa auf 2/3 ihres Sollquerschnittes öffnen ließen, verursachte zumindest an einigen Stellen des Rostes Luftmangel und damit die beanstandete, lang stehende Rauchfahne.

Da die Änderung der Luftzufuhr zum Aschkasten die Verbrennungsergebnisse auf dem gesamten Rost wesentlich beeinflußt hat, haben wir während dieser Versuchsreihe Rauchgasproben entnommen und im Orsat-Apparat analysiert. Es zeigte sich, daß nach diesen Änderungen die $CO_2$- und $CO+H_2$- und damit die λ-Werte wesentlich günstiger liegen als zuvor. Leider konnten die Gasmengen für diese Analysen nur während weniger kurzer Beharrungspunkte entnommen werden. Für eine abschließende exakte Beurteilung wäre es daher wünschenswert, wenn die Lok im letzten Umbauzustand zumindest bei einer Geschwindigkeit noch einmal voll in Beharrungsmeßfahrten, das heißt bei etwa 8–10 Anstrengungsgraden, durchgemessen werden könnte.

In der Anlage 5 sind die Meßergebnisse aus den Leistungsmeßfahrten mit parallelen Änderungen der Saugzuganlage und nach Änderung gemäß der ersten Versuchsreihe (das heißt vor der Veränderung des Aschkastens) zusammengestellt. In Anlage 5a ist die Lage der Meßstellen in der Rauchkammer eingezeichnet.

Die Differenzen zwischen den Meßwerten aus der Untersuchung der

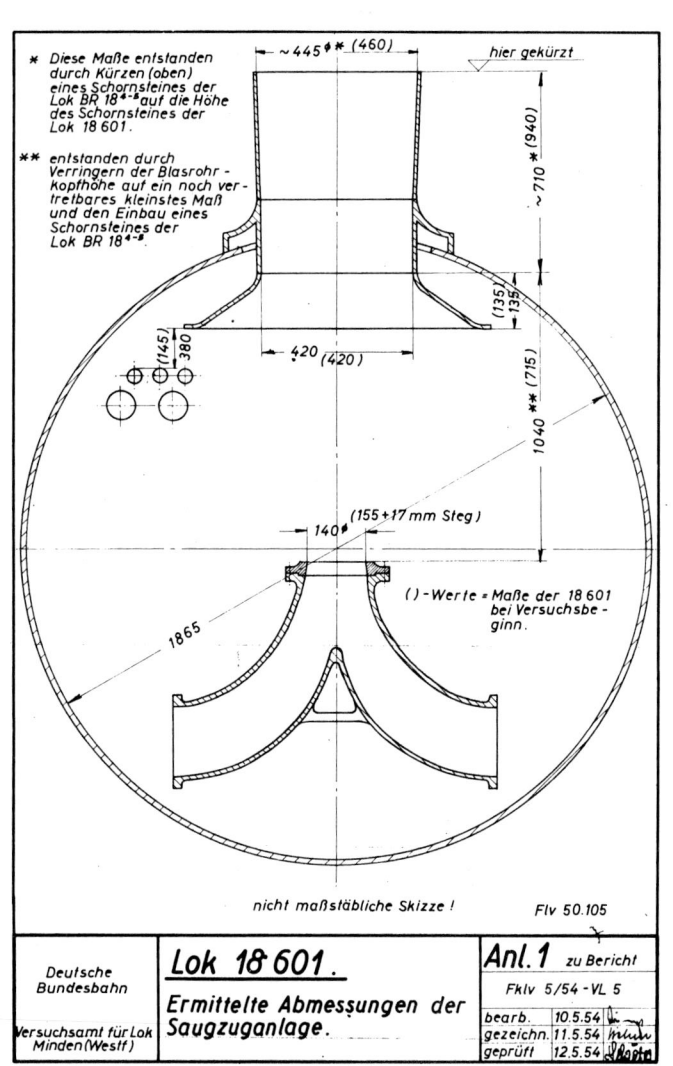

* Diese Maße entstanden durch Kürzen (oben) eines Schornsteines der Lok BR 18⁴⁻⁵ auf die Höhe des Schornsteines der Lok 18 601.

** entstanden durch Verringern der Blasrohr - Kopfhöhe auf ein noch vertretbares kleinstes Maß und den Einbau eines Schornsteines der Lok BR 18⁴⁻⁵.

hier gekürzt

~445 ∅ * (460)

~710 * (940)

(135) 135

420 (420)

(145) 380

1040 ** (715)

(155+17 mm Steg)

140 ∅

( )-Werte = Maße der 18 601 bei Versuchsbeginn.

1865

nicht maßstäbliche Skizze !

Flv 50.105

| Deutsche Bundesbahn | **Lok 18 601.** | **Anl.1** zu Bericht |
| | Ermittelte Abmessungen der Saugzuganlage. | Fklv 5/54 -VL 5 |
| Versuchsamt für Lok Minden (Westf.) | | bearb. 10.5.54 / gezeichn. 11.5.54 / geprüft 12.5.54 |

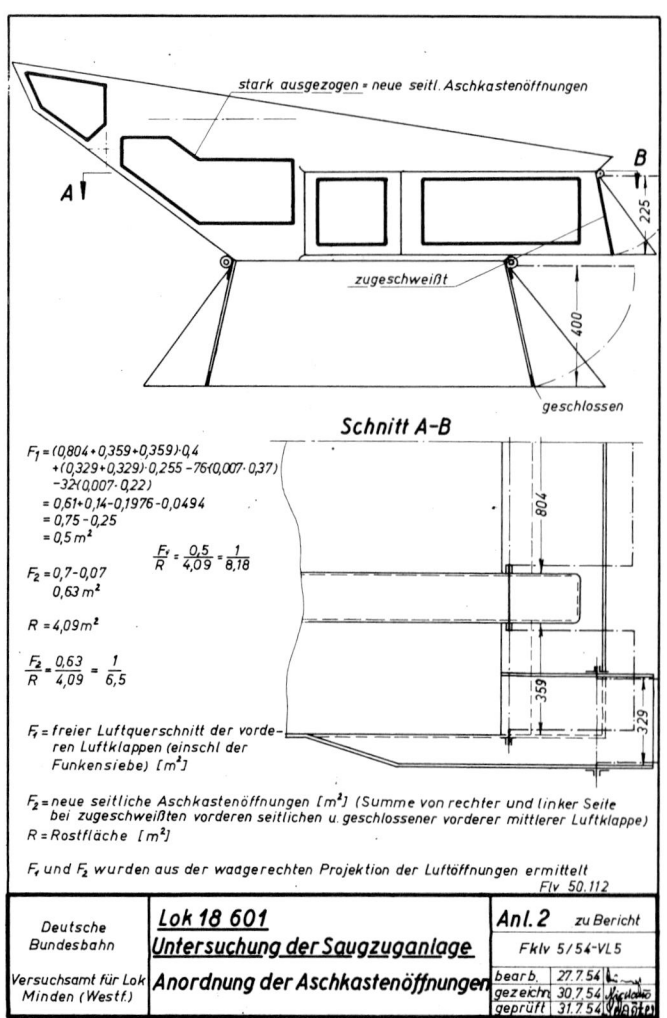

stark ausgezogen = neue seitl. Aschkastenöffnungen

A

B

225

zugeschweißt

400

geschlossen

**Schnitt A-B**

$F_1 = (0,804 + 0,359 + 0,359) \cdot 0,4 + (0,329 + 0,329) \cdot 0,255 - 76 (0,007 \cdot 0,37) - 32 (0,007 \cdot 0,22)$
$= 0,61 + 0,14 - 0,1976 - 0,0494$
$= 0,75 - 0,25$
$= 0,5 \, m^2$

$\dfrac{F_1}{R} = \dfrac{0,5}{4,09} = \dfrac{1}{8,18}$

$F_2 = 0,7 - 0,07$
$0,63 \, m^2$

$R = 4,09 \, m^2$

$\dfrac{F_2}{R} = \dfrac{0,63}{4,09} = \dfrac{1}{6,5}$

804

359

329

$F_1 =$ freier Luftquerschnitt der vorderen Luftklappen (einschl der Funkensiebe) $[m^2]$

$F_2 =$ neue seitliche Aschkastenöffnungen $[m^2]$ (Summe von rechter und linker Seite bei zugeschweißten vorderen seitlichen u. geschlossener vorderer mittlerer Luftklappe)

$R =$ Rostfläche $[m^2]$

$F_1$ und $F_2$ wurden aus der waagerechten Projektion der Luftöffnungen ermittelt

Flv 50.112

| Deutsche Bundesbahn | **Lok 18 601** | **Anl.2** zu Bericht |
| | **Untersuchung der Saugzuganlage** | Fklv 5/54-VL5 |
| Versuchsamt für Lok Minden (Westf.) | Anordnung der Aschkastenöffnungen | bearb. 27.7.54 / gezeich. 30.7.54 / geprüft 31.7.54 |

## Abmessungen der Saugzuganlage. (Versuchsanordnungen)

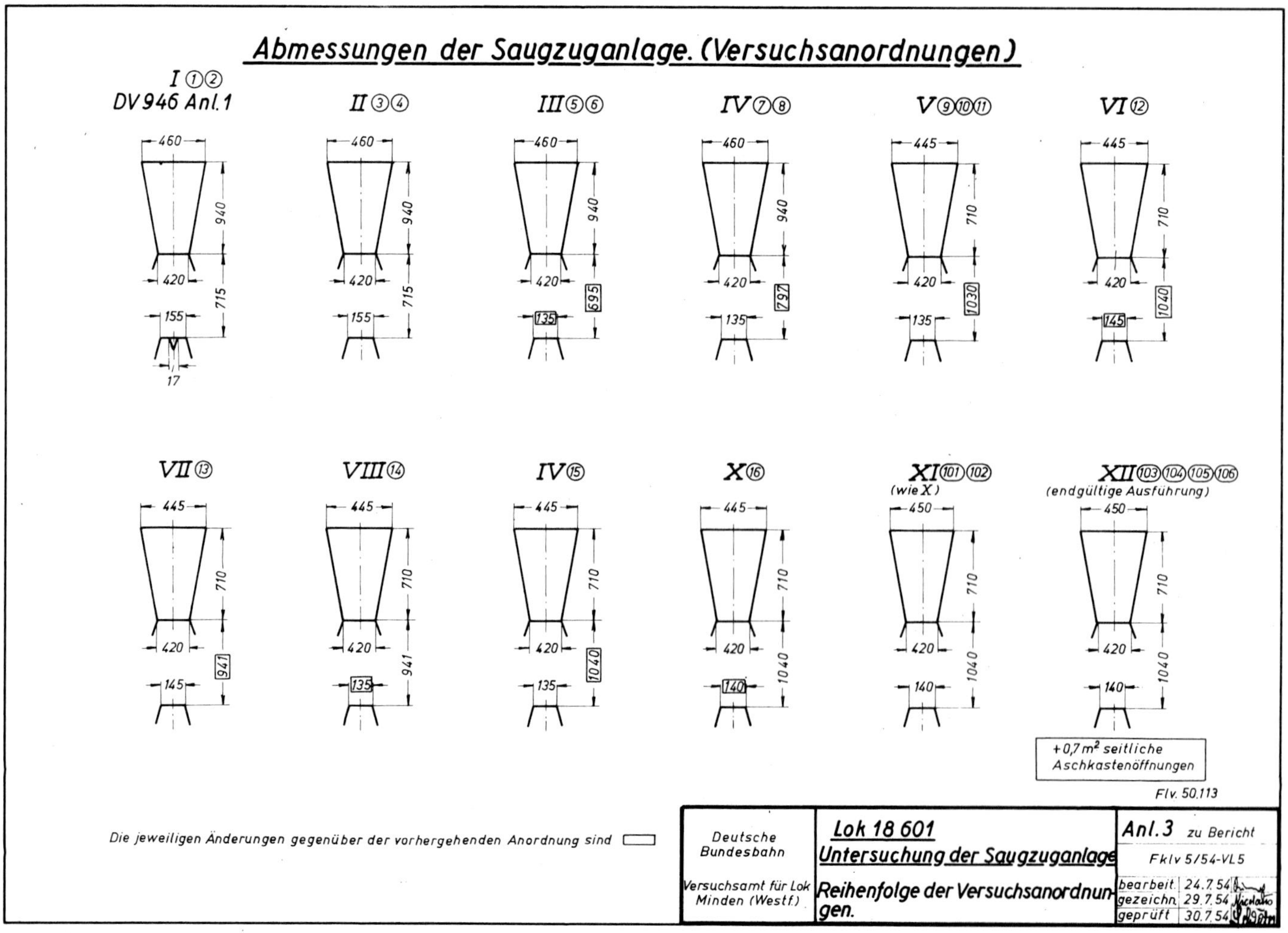

I ①② DV 946 Anl.1

460 / 940 / 420 / 715 / 155 / 17

II ③④

460 / 940 / 420 / 715 / 155

III ⑤⑥

460 / 940 / 420 / 695 / 135

IV ⑦⑧

460 / 940 / 420 / 797 / 135

V ⑨⑩⑪

445 / 710 / 420 / 1030 / 135

VI ⑫

445 / 710 / 420 / 1040 / 145

VII ⑬

445 / 710 / 420 / 941 / 145

VIII ⑭

445 / 710 / 420 / 941 / 135

IV ⑮

445 / 710 / 420 / 1040 / 135

X ⑯

445 / 710 / 420 / 1040 / 140

XI ⑩①⑩② (wie X)

450 / 710 / 420 / 1040 / 140

XII ⑩③⑩④⑩⑤⑩⑥ (endgültige Ausführung)

450 / 710 / 420 / 1040 / 140

+0,7 m² seitliche Aschkastenöffnungen

Die jeweiligen Änderungen gegenüber der vorhergehenden Anordnung sind ▭

Flv 50.113

| Deutsche Bundesbahn | **Lok 18 601** | **Anl.3** zu Bericht |
| | **Untersuchung der Saugzuganlage** | Fklv 5/54-VL5 |
| Versuchsamt für Lok Minden (Westf.) | Reihenfolge der Versuchsanordnungen. | bearbeit. 24.7.54 / gezeichn. 29.7.54 / geprüft 30.7.54 |

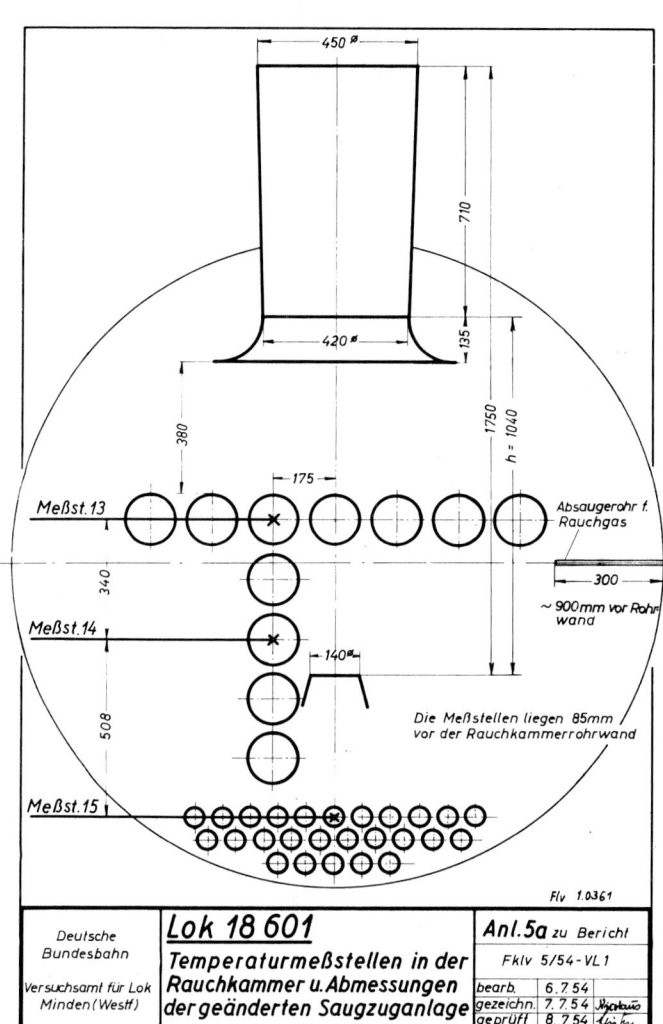

450 ⌀
710
420 ⌀
135
380
1750
h = 1040
175
300
Meßst.13
Absaugerohr f. Rauchgas
~ 900mm vor Rohrwand
340
Meßst.14
140⌀
508
Die Meßstellen liegen 85mm vor der Rauchkammerrohrwand
Meßst.15
Flv 1.0361

| Deutsche Bundesbahn | Lok 18 601 | | Anl.5a zu Bericht |
|---|---|---|---|
| | Temperaturmeßstellen in der Rauchkammer u. Abmessungen der geänderten Saugzuganlage | | Fklv 5/54-VL1 |
| Versuchsamt für Lok Minden(Westf) | | bearb. | 6.7.54 |
| | | gezeichn. | 7.7.54 |
| | | geprüft | 8.7.54 |

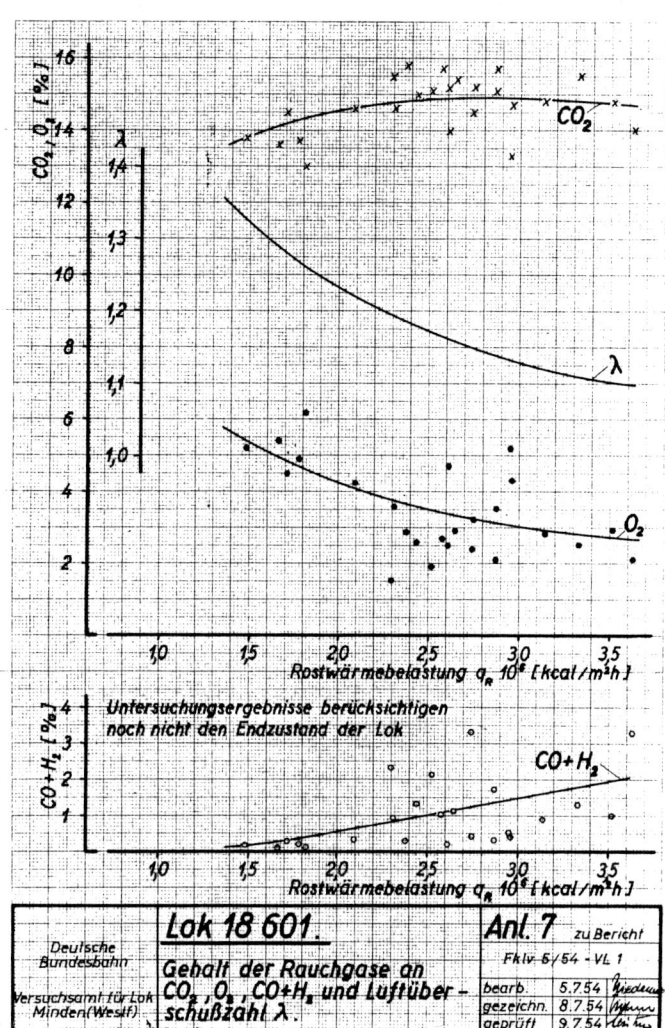

$CO_2, O_2$ [%]
λ
16
14
12
10
8
6
4
2
1,4
1,3
1,2
1,1
1,0
CO₂
λ
O₂
1,0  1,5  2,0  2,5  3,0  3,5
Rostwärmebelastung $q_R$ 10⁶ [kcal/m²h]

$CO+H_2$ [%]
4
3
2
1
Untersuchungsergebnisse berücksichtigen noch nicht den Endzustand der Lok
CO+H₂
1,0  1,5  2,0  2,5  3,0  3,5
Rostwärmebelastung $q_R$ 10⁶ [kcal/m²h]

| Deutsche Bundesbahn | Lok 18 601. | | Anl. 7 zu Bericht |
|---|---|---|---|
| | Gehalt der Rauchgase an $CO_2, O_2, CO+H_2$ und Luftüber-schußzahl λ. | | Fklv 5/54-VL1 |
| Versuchsamt für Lok Minden(Westf) | | bearb. | 5.7.54 |
| | | gezeichn. | 8.7.54 |
| | | geprüft | 9.7.54 |
Flv 1 0363

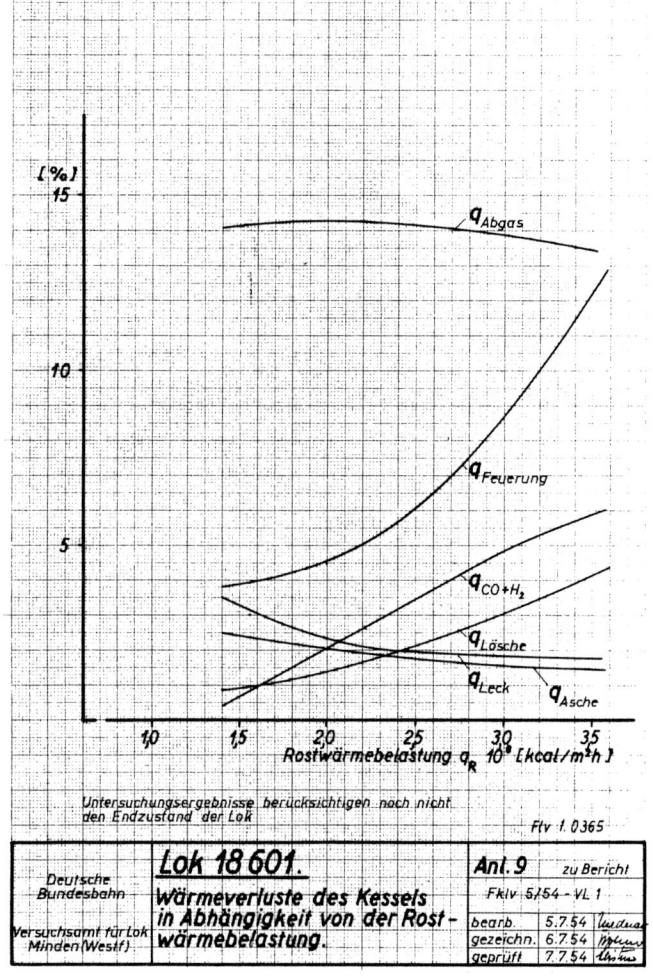

[%]
15
10
5
q_Abgas
q_Feuerung
q_CO+H₂
q_Lösche
q_Leck
q_Asche
1,0  1,5  2,0  2,5  3,0  3,5
Rostwärmebelastung $q_R$ 10⁶ [kcal/m²h]
Untersuchungsergebnisse berücksichtigen noch nicht den Endzustand der Lok
Flv 1.0365

| Deutsche Bundesbahn | Lok 18 601. | | Anl. 9 zu Bericht |
|---|---|---|---|
| | Wärmeverluste des Kessels in Abhängigkeit von der Rost-wärmebelastung. | | Fklv 5/54-VL1 |
| Versuchsamt für Lok Minden(Westf) | | bearb. | 5.7.54 |
| | | gezeichn. | 6.7.54 |
| | | geprüft | 7.7.54 |

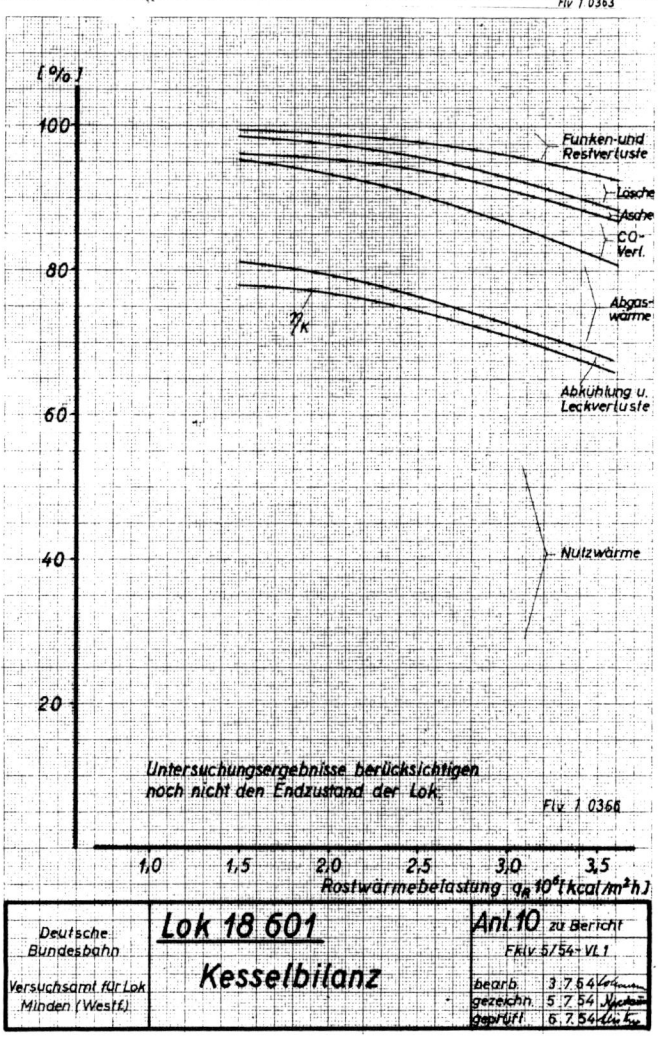

[%]
100
80
60
40
20
Funken- und Restverluste
Lösche
Asche
CO-Verl.
Abgas-wärme
Abkühlung u. Leckverluste
γ_K
Nutzwärme
Untersuchungsergebnisse berücksichtigen noch nicht den Endzustand der Lok.
1,0  1,5  2,0  2,5  3,0  3,5
Rostwärmebelastung $q_R$ 10⁶ [kcal/m²h]
Flv 1 0368

| Deutsche Bundesbahn | Lok 18 601 | | Anl.10 zu Bericht |
|---|---|---|---|
| | Kesselbilanz | | Fklv 5/54-VL1 |
| Versuchsamt für Lok Minden (Westf) | | bearb. | 3.7.54 |
| | | gezeichn. | 5.7.54 |
| | | geprüft | 6.7.54 |

| Lfd. Nr. | Dat[1] | L[2] | T[3] | V[4] | $Z_z$[5] | $W_s$[6] | $Z_{zo}$[7] | $N_{zo}$[8] | $P_{Sch}$[9] | E[10] | D[11] | $b_H$[12] | $D_M$[13] | $B_{7000}$[14] | $t_T$[15] | $t_{Sp}$[16] | $t_u$[17] | $t_v$[18] | $t_A$[19] | $t_{Rk}$[20] | $t_{Luft}$[21] | $CO_2$[22] | $O_2$[23] | $CO+H_2$[24] | S[25] | $P_{HO}$[26] | $P_{Aschk}$[27] | $F_{Fb}$[28] | $F_{Rk}$[29] | Blasrohr Ø | h* | Steg-breite | Bemerkungen |
|---|---|---|---|---|---|---|---|---|---|---|---|---|---|---|---|---|---|---|---|---|---|---|---|---|---|---|---|---|---|---|---|---|---|
| | 1954 | km | min | km/h | kg | kg/t | kg | PS | atü | % | kg/h | kg/m²h | kg/h | kg/h | °C | °C | °C | °C | °C | °C | °C | % | % | % | % | atü | mmWS | mmWS | mmWS | mm | mm | mm | |
| 1 | 16.3. | 17,5 | 12,1 | 86,8 | 4430 | 2,0 | 4733 | 1520 | 15 | 40 | 12460 | 64,0 | 12190 | 2370 | 5 | – | – | – | – | – | – | – | – | – | – | 0,34 | 3 | 39 | 116 | 154 | 695 | 17 | |
| 2 | 17.3. | Ausfall | | | | | | | | | | | | | | | | | | | | | | | | | | | | | | | |
| 3 | 17.3. | 48,2 | 26,1 | 110,8 | 2940 | 0,815 | 2808 | 1152 | 15 | 35 | 12660 | 65,0 | 12410 | 1835 | 5 | 101 | 384 | 267 | 136 | 364 | 8 | 14,8 | 2,8 | 0,7+0,2 | 1,15 | 0,38 | 2 | 36 | 116 | 145 | 695 | o. Steg | |
| 4 | 18.3. | 29,1 | 20,1 | 86,9 | 4290 | 0,62 | 4384 | 1410 | 15 | 40 | 10970 | 56,3 | 10690 | 2260 | 5 | 98 | 362 | 231 | 100 | 350 | 8 | 13,8 | 1,6 | 3,0+0,3 | 1,08 | 0,23 | 2 | 28 | 82 | 154 | 740 | o. Steg | |
| 5 | | Kurzfahrten auf der Strecke Lehrte – Isenbüttel | | | | | | | | | ~11980 | 61,5 | | | | | | | | | | 14,2 | 2,0 | 1,8+0,2 | 1,1 | 0,22 | | 21 | 78 | 154 | 740 | o. Steg | |
| 6 | | Kurzfahrten auf der Strecke Lehrte – Isenbüttel | | | | | | | | | ~10550 | 54,1 | | | | | | | | | | 14,7 | 2,2 | 2,0+0,2 | 1,12 | 0,33 | 2 | 33 | 99 | 145 | 740 | o. Steg | |
| 7 | | Kurzfahrten auf der Strecke Lehrte – Isenbüttel | | | | | | | | | ~10640 | 54,7 | | | | | | | | | | 15,5 | 1,5 | 2,8+0,2 | 1,08 | 0,23 | 2 | 28 | 88 | 154 | 695 | o. Steg | |
| 8 | 22.3. | 86,3 | 59,75 | 86,7 | 4870 | 0,706 | 4763 | 1530 | 15 | 40 | 12020 | 61,7 | 11720 | 1685 | 9 | 99 | 380 | 247 | 121 | 366 | 17 | 14,5 | 2,4 | 2,7+0,6 | 1,13 | 0,29 | 2 | 32 | 88 | 150 | 695 | o. Steg | |
| 9 | 23.3. | 69,02 | 48,15 | 86,0 | 4270 | 0,956 | 4415 | 1406 | 15 | 40 | 11850 | 60,8 | 11340 | 1900 | 7 | 99 | 378 | 290 | 119 | 361 | 6 | 13,8 | 1,7 | 3,0+0,3 | 1,085 | 0,32 | 2 | 37 | 99 | 150 | 785 | o. Steg | |
| 10 | 23.3. | 66,60 | 46,60 | 85,7 | 4615 | 0,64 | 4719 | 1497 | 15 | 40 | 12340 | 63,3 | 12030 | 1653 | 7 | 99 | 388 | 252 | 122 | 362 | 17 | 15,5 | 2,0 | 1,0+0,0 | 1,1 | 0,30 | 2 | 27 | 95 | 150 | 785 | o. Steg | |
| 11 | 24.3. | 45,08 | 31,5 | 85,9 | 2012 | 0,1 | 2027 | 645 | 10 | 30 | 8000 | 41,0 | 7745 | 973 | 8 | 98 | 345 | 215 | 105 | 315 | 4 | 14,5 | 3,4 | 0,5 | 1,19 | 0,11 | 2 | 7 | 35 | 155 | 785 | 10 | |
| 12 | 25.3. | 66,6 | 46,25 | 86,5 | 2198 | 0,079 | 2210 | 708 | 10 | 30 | 8080 | 41,5 | 00000 | 1342 | 6 | 98 | 351 | 214 | 108 | 319 | 7 | 14,5 | 4,5 | 0,3 | 1,27 | 0,13 | 3 | 11 | 37 | 155 | 785 | 10 | |
| 13 | 25.3. | 63,85 | 63,2 | 60,65 | 6015 | 0,027 | 6011 | 1350 | 15 | 42 | 10660 | 54,7 | 10360 | 1508 | 6 | 98 | 375 | 231 | 121 | 350 | 5 | 15,5 | 2,7 | 2,0+0,3 | 1,05 | 0,18 | 3 | 26 | 69 | 155 | 785 | 10 | |
| 14 | 26.3. | 71,8 | 50,3 | 85,6 | 4595 | 0,034 | 4600 | 1456 | 15 | 40 | 11040 | 55,2 | 10720 | 1452 | 6 | 100 | 389 | 248 | 121 | 361 | – | 15,7 | 2,7 | 0,9+0,1 | 1,15 | 0,29 | 3 | 27 | 96 | 155 | 785 | 17 | |
| 15 | 26.3. | 54,34 | 53,1 | 61,4 | 6275 | 0,027 | 6270 | 1425 | 15 | 45 | 11170 | 57,4 | 10870 | 1452 | 5 | 98 | 388 | 240 | 116 | 351 | 8 | 15,8 | 2,9 | 0,3 | 1,16 | 0,25 | 2 | 21 | 84 | 155 | 785 | 17 | |
| 16 | 29.3. | 68,4 | 47,98 | 85,6 | 4515 | 0,032 | 4510 | 1430 | 15 | 40 | 11530 | 59,2 | 11260 | 1616 | 6 | 98 | 396 | 258 | 128 | 358 | 8 | 15,2 | 3,2 | 0,4 | 1,18 | 0,30 | 2 | 27 | 105 | 162 | 785 | 25 | |
| 17 | 30.3. | 55,4 | 55,23 | 60,2 | 6955 | 0,133 | 6975 | 1555 | 15 | 50 | 12360 | 63,5 | 12035 | 1666 | 6 | 96 | 390 | 248 | 123 | 358 | 8 | 15,4 | 2,8 | 0,9+0,2 | 1,15 | 0,30 | 2 | 31 | 93 | 162 | 785 | 25 | |
| 18 | 30.3. | 67,74 | 47,02 | 86,4 | 4590 | 0,019 | 4587 | 1466 | 15 | 40 | 12110 | 62,2 | 11800 | 1680 | 7 | 97 | 403 | 264 | 132 | 367 | 8 | 15,7 / 15,1 | 2,1 / 3,5 | 1,4+0,3 / 0,3+0,0 | 1,11 / 1,19 | 0,35 | – | 25 | 112 | 155 | 785 | 25 | |
| 19 | 31.3. | Ausfall | | | | | | | | | | | | | | | | | | | | | | | | | | | | | | | |
| 20 | 1.4. | 85,20 | 59,90 | 85,5 | 4570 | 0,82 | 4446 | 1408 | 15 | 37 | 11000 | 56,5 | 10700 | 1524 | 7 | 95 | 381 | 245 | 117 | 353 | 7 | 14,0 / 15,2 | 4,7 / 2,5 | 0,2 / 1,2+0,3 | 1,28 / 1,13 | 0,27 | 2 | 23 | 90 | 155 | 695 | 17 | |
| 21 | 1.4. | 68,7 | 37,1 | 111,2 | 3288 | 0,04 | 3389 | 1395 | 15 | 40 | 14150 | 72,7 | 13700 | 1948 | 6 | 100 | 404 | 281 | 146 | 385 | 9 | 15,5 | 2,5 | 1,0+0,3 | 1,13 | 0,39 | 2 | 39 | 147 | 155 | 695 | 17 | |
| 22 | 2.4. | 69,95 | 49,35 | 85,0 | 3950 | 0,868 | 3818 | 1202 | 15 | 30 | 10760 | 55,2 | 10490 | 1350 | 6 | 98 | 374 | 235 | 108 | 347 | 6 | 14,6 | 3,6 | 0,7+0,1 | 1,2 | 0,22 | 1 | 20 | 78 | 155 | 695 | 17 | |
| 23 | 2.4. | 62,9 | 37,73 | 100,0 | 4090 | 0,65 | 4189 | 1550 | 15 | 40 | 12940 | 66,4 | 12540 | 1727 | 7 | 104 | 403 | 272 | 136 | 377 | 12 | 14,7 | 4,3 | 0,4 | 1,25 | 0,35 | 1 | 34 | 132 | 155 | 695 | 17 | |
| 24 | 12.5. | 79,85 | 42,10 | 101,0 | 3858 | 0,805 | 3736 | 1396 | 15 | 35 | 12560 | 64,5 | 12340 | 1726 | 14 | 104 | 385 | 273 | 139 | 368 | 22 | 13,3 | 5,2 | 0,5 | 1,32 | 0,32 | – | 35 | 99 | 140 | 1040 | o. Steg | |
| 25 | 13.5. | 74,2 | 44,00 | 101,2 | 2265 | 0,108 | 2281 | 855 | 15 | 25 | 9970 | 51,2 | 9720 | 1224 | 16 | 101 | 367 | 251 | 117 | 334 | 10 | 14,6 | 4,2 | 0,3 | 1,23 | 0,13 | 3 | 18 | 56 | 140 | 1040 | o. Steg | |
| 26 | 13.5. | 53,4 | 38,90 | 82,4 | 2370 | 1,09 | 2205 | 673 | 12,5 | 25 | 7940 | 40,9 | 7700 | 864 | 13 | 99 | 351 | 229 | 108 | 320 | 17 | 13,8 | 5,2 | 0,2 | 1,32 | 0,08 | 3 | 11 | 34 | 140 | 1040 | o. Steg | |
| 27 | 14.5. | Ausfall | | | | | | | | | | | | | | | | | | | | | | | | | | | | | | | |
| 28 | 14.5. | 70,3 | 42,1 | 100,3 | 4675 | 0,63 | 4579 | 1700 | 15 | 45 | 14040 | 72,1 | 13750 | 2122 | 11 | 106 | 401 | 286 | 155 | 391 | – | 14,0 | 2,1 | 3,3 | 1,11 | 0,39 | 3 | 45 | 144 | 140 | 1040 | o. Steg | |
| 29 | 15.5. | 74,0 | 74,25 | 59,8 | 4910 | 0,04 | 4904 | 1085 | 15 | 30 | 8510 | 43,75 | 8280 | 1065 | 12 | 100 | 363 | 230 | 104 | 323 | 14 | 13,0 | 6,2 | 0,1 | 1,41 | 0,13 | 2 | 14 | 53 | 140 | 1040 | o. Steg | |
| 30 | 15.5. | 75,8 | 52,85 | 86,1 | 3095 | 0,053 | 3103 | 990 | 15 | 25 | 8470 | 43,5 | 8230 | 1041 | 11 | 101 | 376 | 240 | 111 | 337 | 13 | 13,7 | 4,9 | 0,2 | 1,29 | 0,14 | 2 | 16 | 52 | 140 | 1040 | o. Steg | |
| 31 | 16.5. | 64,0 | 63,1 | 60,8 | 4130 | 0,109 | 4113 | 926 | 15 | 25 | 8110 | 41,6 | 7860 | 975 | 11 | 100 | 356 | 221 | 103 | 320 | 12 | 13,6 | 5,4 | 0,1 | 1,31 | 0,11 | 2 | 15 | 47 | 140 | 1040 | o. Steg | |
| 32 | 17.5. | 46,15 | 32,15 | 86,2 | 5110 | 0,108 | 5126 | 1636 | 15 | 45 | 12670 | 63,1 | 12580 | 1788 | 9 | 105 | 402 | 278 | 140 | 388 | 9,5 | 13,9 | 1,9 | 3,4 | 1,10 | 0,31 | 2 | 43 | 126 | 140 | 1040 | o. Steg | |
| 33 | 18.5. | 62,25 | 30,9 | 121,0 | 2560 | 0,82 | 2436 | 1092 | 15 | 35 | 13900 | 71,3 | 13620 | 2060 | 10 | 104 | 397 | 292 | 155 | 372 | 9,5 | 14,8 | 2,8 | 1,0 | 1,15 | 0,33 | 2 | 37 | 186 | 140 | 1040 | o. Steg | |
| 34 | 18.5. | 76,1 | 46,25 | 98,7 | 3345 | 0,31 | 3393 | 1242 | 15 | 30 | 11750 | 60,3 | 11460 | 1475 | 13 | 102 | 384 | 266 | 129 | 360 | 18 | 15,1 | 1,9 | 2,1 | 1,10 | 0,20 | 2 | 24 | 90 | 140 | 1040 | o. Steg | |
| 35 | 19.5. | 69,3 | 34,70 | 119,8 | 2185 | 0,722 | 2076 | 920 | 15 | 30 | 12200 | 62,6 | 11900 | 1420 | 9 | 102 | 396 | 288 | 145 | 362 | 9 | 15,0 | 2,6 | 1,3 | 1,14 | 0,21 | 2 | 27 | 101 | 140 | 1040 | o. Steg | |
| 36 | 19.5. | 60,6 | 30,10 | 120,6 | 2140 | 0,445 | 2072 | 926 | 15 | 32 | 13860 | 71,1 | 13530 | 2020 | 11 | 105 | 403 | 299 | 159 | 367 | 12 | 15,1 | 1,9 | 2,3 | 1,10 | 0,40 | 2 | 28 | 121 | 140 | 1040 | o. Steg | |

Die Werte entsprechen nicht dem Endzustand der Lok.

*Abstand Blasrohroberk. bis engste Stelle des Schornsteines

## Bedeutung der Kurzzeichen:

| | | |
|---|---|---|
| 1 Dat | | Datum des Versuchstages |
| 2 L | km | Meßstrecke |
| 3 T | min | Versuchszeit |
| 4 V | km/h | Fahrgeschwindigkeit |
| 5 $Z_z$ | kg | Zugkraft am Zughaken |
| 6 $W_s$ | kg/t | Steigungszugkraft |
| 7 $Z_{zo}$ | kg | Beharrungszugkraft am Zughaken bei $w_s = 0$ |
| 8 $N_{zo}$ | PS | Beharrungsleistung am Zughaken bei $w_s = 0$ |
| 9 $P_{Sch}$ | atü | Schieberkastendruck |
| 10 E | % | Füllung |

| | | |
|---|---|---|
| 11 D | kg/h | stündliche Dampferzeugung |
| 12 $b_H$ | kg/m²h | Heizflächenbelastung |
| 13 $D_M$ | kg/h | stündliche Maschinendampfmenge |
| 14 $B_{7000}$ | kg/h | stündlicher Kohlenverbrauch bezogen auf 7000 kcal/kg |
| 15 $t_T$ | °C | Tenderwassertemperatur |
| 16 $t_{Sp}$ | °C | Wassertemperatur bei Eintritt in den Kessel |
| 17 $t_u$ | °C | Heißdampftemperatur |
| 18 $t_v$ | °C | Dampftemperatur im Verbinder |
| 19 $t_A$ | °C | Dampftemperatur in der Ausströmung |
| 20 $t_{Rk}$ | °C | Rauchgastemperatur in der Rauchkammer |

| | | |
|---|---|---|
| 21 $t_{Luft}$ | °C | Lufttemperatur |
| 22 $CO_2$ | % | $CO_2$-Gehalt aus der Rauchgasanalyse |
| 23 $O_2$ | % | $O_2$-Gehalt aus der Rauchgasanalyse |
| 24 $CO+H_2$ | % | $CO+H_2$-Gehalt aus der Rauchgasanalyse |
| 25 S | | Luftüberschußzahl |
| 26 $P_{HO}$ | atü | Gegendruck im Hosenrohr |
| 27 $P_{Aschk}$ | mmWS | Unterdruck im Aschkasten |
| 28 $P_{Fb}$ | mmWS | Unterdruck in der Feuerbüchse |
| 29 $P_{Rk}$ | mmWS | Unterdruck in der Rauchkammer |

Saugzuganlage und den Leistungsmeßfahrten (Anlage 4 und 5) sind aus der unterschiedlichen Versuchsmethode zu erklären, ohne daß sie einen Widerspruch bedeuten.

In Anlage 6 sind die bei den üblichen Beharrungsmeßfahrten gemessenen Mittelwerte der Dampf-, Speisewasser- und Rauchgastemperaturen über Rostwärmebelastung aufgetragen. Wie daraus ersichtlich ist, wurden mit der geänderten Saugzuganlage mit zunehmender Belastung in der Beharrung bis zu 25° C höhere Heißdampftemperaturen ermittelt, als im Versuchsbericht vom 10. 11. 1953 wiedergegeben sind. Dabei dürfte ebenfalls der im Mittel um rund 600 kcal/kg niedrigere Heizwert der bei der damaligen Untersuchung der Lok vor dem Meßwagen 2 zur Verwendung gekommenen Kohle von Einfluß gewesen sein.

Anlage 7 bringt die mittels Orsatanalysen ermittelten Werte von $CO_2$, $O_2$, $CO+H_2$ und $\lambda$ für die Beharrungsmeßfahrten.

In Anlage 8 und 9 sind die Wärmeverluste in Abhängigkeit von der Rostwärmebelastung dargestellt.

Anlage 10 gibt die Kesselbilanz wieder. Der Kesselwirkungsgrad hat sich gegenüber der Darstellung im Bericht zu Versuchsauftrag Nr. 298 nur geringfügig verschoben.

Zusammenfassend kann gesagt werden, daß die neue Abstimmung der Saugzuganlage den früheren Steg im Blasrohr überflüssig macht und den Saugzug verbessert. Die Ergebnisse dieser Beharrungsmeßfahrten nach Anlage 5—10, die im Anfangszustand und mit geänderter Saugzuganlage (gemäß Versuchsserie 1) gefahren wurden, können noch nicht als endgültige angesehen werden, da die durch die verbesserte Luftzuführung zum Rost (Änderung des Aschkastens) erreichte bessere Verbrennung die in ihnen mitgeteilten Werte zum Teil erheblich beeinflußen. Wegen der Einhaltung der Anordnung der HVB, nach der während der Hauptreisezeit keine Reisezuglok dem Betrieb für Versuche entzogen werden darf, mußte die Lok 18601 an das Heimat-Bw zurückgegeben werden, ohne daß nach der zweiten Versuchsreihe Beharrungsfahrten (Leistungspunkte) mit der Lok im Endzustand durchgeführt werden konnten.

Nach der ersten Untersuchung der Saugzuganlage fand eine Betriebsmeßfahrt vor den Zügen F 23/24 Mannheim—Dortmund und zurück statt. Sie zeigte, mit welcher Leichtigkeit und Eleganz diese Lok in der Lage ist, derartige Züge bei erheblichen Reserven in Kessel und Maschine zu fahren. Es dürfte an dieser Stelle der Hinweis gestattet sein, daß die Lok wesentlich andere Leistungen übernehmen kann, als sie dem Bw Darmstadt jetzt zugeteilt sind. Sie hält in jedem Fall leistungsmäßig den Vergleich mit der BR 01 oder 01[10] aus. Bereits während der im Anschluß an die 1. Versuchsreihe absolvierten Betriebszeit fiel die Lok mit der geänderten Saugzuganlage eindeutig hinsichtlich der Feueranfachung innerhalb der anderen 18[6]-Lok des Bw Darmstadt auf und kann jetzt nach Auskunft des Bw mit gleichmäßig flachem Feuer und ohne die vorher starke, störende Rauchentwicklung gefahren werden.«

Der letzte Absatz des vorangegangenen Versuchsberichtes enthält einige wesentliche Gesichtspunkte, auf die unten noch eingegangen werden soll.

Zunächst ist dem vorstehenden Bericht anzufügen, daß er der Bundesbahn-Hauptverwaltung letztlich nicht vorgelegt wurde, weil auch er kein endgültiges Bild des Ersatzkessels liefern konnte. Die letzte Versuchsreihe der Beharrungsmeßfahrten mußte vorzeitig abgebrochen werden, als nach Versuch Nr. 36 die Meßergebnisse der weiteren Versuche darauf schließen ließen, daß die innere Steuerung der Lokomotive nicht mehr in Ordnung war. Beim Ausbau der Schieber wurde festgestellt, daß der rechte Hochdruck-Schieberkörper vorne ausgebrochen und der erste Schieberkolbenring zertrümmert war. Einzelne Stücke davon wurden in den Zylinderhähnen gefunden. Die Ursache für diese Schäden und den allgemein beobachteten schnellen und vorzeitigen Verschleiß an den gleitenden Teilen schrieb das LVA der ungenügenden Schmierung der Schieberbuchsen zu. Da die Schmierpresse der Bauart de Limon Klasse N mit sechs Anschlüssen, mit denen ein Teil der Baureihen 18[5] und 18[6] noch ausgerüstet war, zu wenig An-

schlüsse für eine Vierzylinderlokomotive hatte, mußten beide Schieberbuchsen jeder Seite über eine T-Verzweigung an eine gemeinsame Leitung der Schmierpresse angeschlossen werden. Dadurch war nicht sichergestellt, daß beide Buchsen auch gleichmäßig und genügend Öl erhielten. Darüberhinaus hatten die Schieberstangen, Schieberstopf- und -tragbuchsen überhaupt keinen Anschluß an die Schmierleitungen und unterlagen daher einem besonders großen Verschleiß. Die Folge war ein vorzeitiges Auflaufen der Schieberkörper und eine übermäßige Abnutzung der Schieberlaufflächen. Die Umrüstung aller S 3/6 auf die modernere Bosch-Schmierpresse mit 20 Anschlüssen wurde daher dringend empfohlen.

Wegen des großen Bedarfs an Reisezuglokomotiven mußte 18601 – nun zum zweiten Mal – vor Beendigung der Versuchsfahrten nach Darmstadt zurückgeschickt werden. Ihre Untersuchung nahm auch deshalb viel Zeit in Anspruch, weil die Abstimmung der Saugzuganlage erst sehr spät (aus Erkenntnissen eines Parallelversuchs mit 05003) gelang. Die anschließend notwendige Messung des Lokverhaltens mußte unterbleiben, so daß die hier abgedruckten Diagramme und Tabellen nicht die tatsächlich erreichte Leistung und Wirtschaftlichkeit der Baureihe 18[6] zeigen. Sie werden dennoch im Rahmen dieser Versuchsbeschreibung gebracht, da später keine neuen Meßfahrten mehr angesetzt wurden und damit keine abschließende Beurteilung durch amtliche Stellen stattfand. Lediglich 18627 war 1956 kurzzeitig zur Untersuchung der Heißdampftemperatur beim LVA Minden (sie besaß einen Kessel der dritten Serie mit geänderter Rohrteilung und größerem Überhitzer.)

Insgesamt standen die Meßfahrten mit 18601 von Anfang an unter einem schlechten Stern: es begann damit, daß die Lokomotive aufgrund der von Krauß-Maffei nicht mängelfrei durchgeführten Hauptuntersuchung mehrfach während der Versuchszeit in die Werkstatt mußte. Die an der Lokomotive aufgetretenen Schäden konnten zwar weitgehend beseitigt werden, doch Lauf- und Triebwerk blieben weiterhin ein immer wiederkehrender Anlaß für Unterbrechungen. Durch diese Verzögerungen und die Notwendigkeit, die Lokomotive für den Sommerverkehr an ihr Heimat-Betriebswerk Darmstadt zurückzugeben, war es bei beiden Versuchsreihen nicht möglich, alle für eine fundierte Beurteilung und zur Veranlassung notwendiger Bauartänderungen nötigen Messungen in Ruhe durchzuführen. Aber gerade das hätte die hervorragende Konstruktion der S 3/6 verdient und gerechtfertigt.

Bereits zu Zeiten der Deutschen Reichsbahn kam es nie zu einer schlüssigen und vollständigen Untersuchung einer Länderbahn-Pacific, weil auch damals die Versuchslokomotiven vorzeitig aus dem LVA Grunewald abgerufen wurden. Im Fall 18601 schrieb das BZA Minden am 7. Februar 1955 an die Bundesbahn-Hauptverwaltung: »Im Hinblick auf die bei der Untersuchung der Lok 18601 aufgetretenen Schwierigkeiten, die eine abschließende Beurteilung der ersten Ausführung des Ersatzkessels für die Lok R 18[5] verhinderten, wollen wir es nicht versäumen, darauf hinzuweisen, daß eine systematische Untersuchung vor dem Meßwagen – besonders die einer vierzylindrigen Schnellzug-Verbundlok – keine widerspruchsfreien Ergebnisse liefern kann, wenn sie unter Zeitnot leidet.«

Zurück zum Schlußwort des LVA-Berichtes vom 12. August 1954. Die darin angeregte Aufwertung des 18[6]-Einsatzes stieß bei der Hauptverwaltung wegen der (trotz aller Widrigkeiten!) guten Versuchsergebnisse zunächst auf eine offenes Ohr. Man beorderte die Maschinen 18608 und 18609 für einige Wochen zum Bw Frankfurt/M-1, um sie im Dienstplan der Baureihe 01 einzusetzen. Ziel des Versuchs war der Vergleich des Kohleverbrauchs beider Baureihen. Obwohl die Werte der Leistungszusammenstellung wegen der kurzen Beobachtungszeit keine schlüssigen Vergleiche zuließen, wurde trotzdem der spezifische Brennstoffverbrauch der Lokomotiven auf eine einheitlich

**51** 18 608 (Bw Darmstadt) verläßt am 22. Juli 1956 mit D 469 Heidelberg-Hbf.                    Foto: C. Bellingrodt

koordinierte Brutto-Last BL = Leistungstonnenkilometer : Lok-kilometer minus Lokdienstgewicht umgerechnet und dem koordinierten spezifischen Verbrauch (t/$10^3$ Lokkm) gegen-übergestellt:

| Lok | spez. Ver-brauch nach der Lei-stungszu-sammen-stellung t/$10^3$ Lokkm | Differenz koord. Brutto-Last $\Delta$ BL | korr. spez. Verbrauch $B_{km}$ t/$10^3$ Lokkm | Abweichun-gen vom mittl. korr. spez. Verbrauch $\Delta B_{km}$ % |
|---|---|---|---|---|
| 18 608 | 13,70 | + 9 | 13,54 | − 3,2 |
| 18 609 | 14,06 | − 4 | 14,12 | + 1,0 |
| 01 101 | 13,93 | − 5 | 14,03 | + 0,4 |
| 01 151 | 14,22 | − 3 | 14,28 | + 2,1 |
| Mittelwert: | | | | |
| BR $18^6$ | | | 13,82 | − 1,1 |
| BR 01 | | | 14,15 | + 1,2 |

Die Gegenüberstellung zeigt, daß der Verbrauch, bezogen auf ein einheitliches Zuggewicht, bei der $18^6$ um 0,33 t/$10^3$ Lokkm kleiner war. Das BZA Minden bemerkte dazu folgendes: »Die Betriebserprobung der beiden Lok R $18^6$ mit zwei Lok R 01 lieferte bisher auch noch keine Ergebnisse, nach denen man die Bewährung der Lok R $18^6$ beurteilen darf. Nach den Ergebnissen einer Betriebserprobung kann man allgemein erst nach einer Beobachtungszeit von mindestens 6 Monaten ein zuverlässiges Urteil finden. Hier ist aber eine noch weit längere Beobachtungszeit erforderlich, denn das Personal des Bw Darmstadt, das die Lok R $18^6$ führte, hat erst jetzt – ureigens für die Betriebserprobung – die Streckenkenntnis auf den Strecken erworben, auf denen das Personal (Bw Frankfurt/M-1) der Lok R 01 seit Jahren streckenkundig ist. Erfahrungsgemäß liegen Brennstoffersparnisse von 10% schon allein in der Güte der Fahrtechnik der Lokführer und der Feuerführung der Hei-

zer. Eine gute – wirtschaftliche – Fahrweise und eine sparsame Feuerbedienung darf man erst dann erwarten, wenn das Personal die Strecke kennt – aber nicht nur im Sinne der Fahrdienstvorschrift.« Und abschließend bringt das Zentralamt, zum wiederholten Mal, den Hinweis: »Zusammenfassend läßt sich nur feststellen, daß die Ergebnisse der Leistungsuntersuchung der Lok 18 601 und die bisher vorliegenden Angaben über die Betriebserprobungen der Lok R $18^6$ für eine abschließende Beurteilung des Ersatzkessels für die Lok R $18^5$ nicht ausreichen. Hierzu müssen dem Lokversuchsamt für Leistungsuntersuchungen vor dem Meßwagen auf eine nicht zu kurze Frist eine Lok R $18^6$ mit einem einwandfrei aufgearbeiteten Trieb- und Laufwerk zugewiesen werden und mehrere Lok R $18^6$ – 2 Vergleichslok sind u. E. nicht ausreichend – mit mehreren Lok R 01 oder einer anderen Lokbauart längere Zeit (mindestens 6 Monate nach einer einmonatigen Einlaufzeit) in einem bestimmten Dienstplan eingesetzt werden.«

Weder dem Wunsch nach eingehender Erprobung einer voll aufgearbeiteten $18^6$ noch dem Vergleichseinsatz über einen längeren Zeitraum hinweg wurde entsprochen.

Um die vorgeschlagene Verwendung der Baureihe $18^6$ in Dienstplänen mit hochwertigen Leistungen durch Betriebsversuche begründen zu können, ordnete die HVB an, die Lokomotive 18 601 vom 13. bis 25. September 1954 vor dem Zugpaar F 41/42 Frankfurt–Hamburg einzusetzen. Nachfolgend der Bericht der BD Frankfurt vom 7. November 1954 zu diesem Versuch:

»Der mit der Bezugsverfügung angeordnete versuchsweise Einsatz einer Lok der BR $18^6$ des Bw Darmstadt bei den Zügen F 41/42 Frankfurt (Main)–Hamburg–Frankfurt (Main) wurde durch das Bw Darmstadt am 13. 9. 1954 mit der am 9. 9. 1954 aus einer Zwischenausbesserung gekommenen Lok 18 601 begonnen und wegen eines Schadens am rechten hinteren Tenderachslager (Lagerschale gebrochen) bei F 42 in Göttingen am 14. 9. 1954 abgebrochen. Seine Fortsetzung fand der Versuch am 16. 9. 1954 mit der Lok 18 606 (letzte L 4 20. 2. 1954), die

wegen eines Schadens am rechten Hochdruck-Treibstangenlager am 17. 9. 1954 für einen Tag durch die Lok 18 601 ersetzt werden mußte. Am 18. 9. 1954 kam die Lok 18 606 wieder zum Einsatz und wurde bis 25. 9. 1954 im Versuch belassen. Aber auch in dieser Zeit kam es zu verschiedenen Ausfällen und damit zum Einsatz von Ersatzlok der BR 01 und 03. Die Schäden, die jeweils zur Abgabe des Zuges zwangen, waren folgende:

1) 18. 9. 1954 – F 42 – kurz vor Hannover linkes vorderes Kuppelstangenlager Schmiergefäßdeckel verloren; anscheinend durch Fremdkörper abgeschert. Schrauben zeigten frischen Bruch und mußten alle 4 ausgebohrt werden.
2) 21. 9. 1954 – F 41 – Göttingen, linke Drehgestellfeder gebrochen.
3) 22. 9. 1954 – F 41 – Lüneburg, linkes Hochdrucktreibstangenlager ausgeschmolzen.
4) 24. 9. 1954 – F 41 – Lüneburg, rechtes hinteres Kuppelstangenlager ausgeschmolzen.

Unsere Absicht, die anfänglich eingesetzte Lok 18 601 nach Wiederherstellung des Tenderlagers weiter im Einsatz zu belassen, konnten wir wegen ungenügender Leistung infolge von Maßunterschieden in der Steuerung der Hochdruckdampfmaschine nicht verwirklichen. Bei der inzwischen vorgenommenen Indizierung der Lok im AW Ingolstadt wurden in der Steuerung des linken gegenüber des rechten Zylinders Abweichungen von 5–6 mm festgestellt. Dagegen hat sich die im Auftrag des BZA Minden eingebaute abgeänderte Saugzuganlage gut bewährt, insbesondere was die Dampferzeugung und Feueranfachung der Lok betraf. (...)

Von 4 Fällen, in denen die für den Versuch fast ausschließlich eingesetzte Lok 18 606 wegen eingetretener Schäden abspannen mußte, betrafen 3 solche an Stangenlagern. Die naheliegende Vermutung, daß hierbei Ölmangel infolge Ölverlustes die Ursache sein könnte, läßt sich nach dem Ergebnis der Untersuchung der Schmiergefäße nach längerem Durchlauf, z. B. beim F 41 in Göttingen und nach F 42 in Frankfurt (M), nicht aufrechterhalten. Es ist durchaus möglich, daß die allgemein auf längeren Streckenabschnitten noch festzustellende schlechte Gleislage im Zusammenwirken mit dem Federspiel der Lok zum häufi-

gen Verkanten der Stangenlager und damit zu hohen spezifischen Beanspruchungen der Lagerflächen führt. Eine andere Erklärung für die Lagerschäden dürfte unter Umständen in schädlichen Druckwechseln im Triebwerk zu suchen sein, hervorgerufen durch Schleifenbildung in den Indikatordiagrammen der Hoch- und Niederdruckzylinder bei fehlerhafter Einstellung oder Bedienung der Steuerung und demzufolge nicht ausgeglichenem Verbinderdruck. Weiter besteht die Vermutung, daß die Lok der Reihe 18⁵ durch den Umbau in 18⁶ im Rahmen Spannungsänderungen erfahren hat, die sich ebenfalls auf die Lager ungünstig auswirken. Die nach den Fahrten angestellten Untersuchungen des Rahmens ergaben gelockerte Verschraubungen. Hervorzuheben bleibt, daß die genannten Schäden bei dem bisherigen Einsatz im Bw Darmstadt nicht festzustellen waren. Allerdings erforderten die Fahrzeiten für F 41/42 überwiegend das Ausfahren der Lok mit ihrer höchstzulässigen Geschwindigkeit. Dennoch gelang es wiederholt, die planmäßige Fahrzeit der Züge zu unterschreiten. Ebenso konnten die Züge nach Überfahren der sehr zahlreichen La-Stellen immer wieder schnell auf Höchstgeschwindigkeit beschleunigt werden. Gegenüber der 03-Lok mit ihrer Höchstgeschwindigkeit von 130 km/h fehlt der R 18⁶ im oberen Geschwindigkeitsbereich die Reserve. Die Dampfentwicklung war zufriedenstellend. Bei schweren Zügen wäre es aber durch das ständige Öffnen und Schließen des Reglers, bedingt durch die 37 Langsamfahrstellen zwischen Frankfurt (M) und Hamburg und verspätete Signalfreigabe, zu einem vorzeitigen Verschlacken des Rostes und damit gegen Ende der Fahrt zu Dampfmangel gekommen. Vorsorglich haben die Personale während des Wasserfassens in Göttingen das Feuer behelfsmäßig gereinigt.

Zu berücksichtigen bleibt bei der Bewertung des Versuchs, daß das mit der Bedienung der Lok vertraute Personal vom Bw Darmstadt nicht streckenkundig war und auf die Anweisung von Lotsen fahren mußte. Keinesfalls werden dabei die Streckenverhältnisse so ausgenutzt, wie dies durch streckenkundige Lokführer geschehen würde. (...)

Vergleicht man noch die Ergebnisse der Erprobung der 01-Lok bei diesem Zugpaar, so muß man feststellen, daß diese sowohl hinsichtlich schadenfreier Laufleistung als auch in bezug auf den Brennstoffverbrauch günstigere Ergebnisse zeitigte.«

## Übersicht über den Fahrtverlauf der Züge F 41 und F 42
## Frankfurt (M)–Hamburg u. z. vom 13. 9. bis 25. 9. 1954

| | | |
|---|---|---|
| 13. 9. 1954: | F 41 – Lok 18 601<br>Ffm ab + 1'<br>Göttingen + 6'/9' (Wasserfassen)<br>Hannover + 13'/13'<br>Hamburg an + 25' (10' betrieblich) | F 42 – Lok 18 601<br>Hamburg ab + 4'<br>Hannover + 4'/5'<br>Ffm an plan. |
| 14. 9. 1954: | F 41 – Lok 18 601<br>Ffm ab + 1'<br>Göttingen + 10'/19' (Wasserfassen)<br>Hannover + 19'/20'<br>Hamburg an + 30' | F 42 – Lok 18 601<br>Hamburg ab plan<br>Hannover plan/plan<br>Göttingen an plan<br>Lokwechsel: Tenderlager schadhaft,<br>Weiterfahrt mit Lok R 01 BD Kassel,<br>ab Bebra mit Lok R 38 bis Ffm.<br>Ffm an + 25' |
| 16. 9. 1954: | F 41 – Lok 18 606<br>Ffm ab plan<br>Göttingen – 1'/+7' (Wasserfassen)<br>Hannover +15'/+16'<br>Hamburg an + 22' | F 42 – Lok 18 606<br>Hamburg ab + 2'<br>Hannover plan/plan<br>Göttingen + 7'/+ 8' (Abstand, Wasserfassen)<br>Ffm an + 8' |

| | |
|---|---|
| 17. 9. 1954: | F 41 – Lok 18601<br>Ffm ab plan<br>Meerholz gestellt wegen fester Bremse<br>am Speisewagen, + 3′<br>Salm-Bad Soden Speisewagen wegen starker Flachstellen ausgesetzt, + 38′<br>Göttingen an + 34′, obgleich im Streckenabschnitt Bebra–Cornberg 5 Blocksignale Hp0 zeigten und einen Fahrzeitverlust von 4–5 Min. brachten.<br>Göttingen ab + 39′ (Wasserfassen)<br>Hannover + 39′/+ 41′<br>Hamburg an + 50′ (betrieblich) | F 42 – Lok 18601<br>Hamburg ab + 6′ (betrieblich)<br>Göttingen + 2′/2′<br>Ffm an + 2′ (betrieblich) |
| 18. 9. 1954: | F 41 – Lok 18606<br>Ffm ab plan<br>Göttingen + 12′/+ 20′ (Wasserfassen)<br>Hamburg + 36′ | F 42 – Lok 18606<br>Hamburg ab plan<br>Hannover an + 2′ (Lokwechsel: 1. v. Kuppelstangenlager schadhaft, Lok R 03)<br>Hannover ab + 8′<br>Ffm an + 42′ |
| 19. 9. 1954: | F 41 – Lok R 03 Bw Hannover<br>Ffm ab plan<br>Göttingen + 2′/+ 6′ (Wasserfassen)<br>Hamburg + 18′ | F 42 – Lok R 03 Bw Hannover<br>Hamburg ab + 12′ (betrieblich)<br>Langenhagen Bremsgestänge der Lok verloren, hierbei wurde der Bremszylinder am Speisewagen beschädigt, ein Wagen erhielt Flachstellen. Beide Wagen in Hannover ausgesetzt. Dort übernahm 18606 wieder F 42.<br>Hannover + 13′/+ 39′<br>Ffm an + 23′ |
| 20. 9. 1954: | F 41 – Lok 18606<br>Ffm ab + 2′<br>Göttingen + 1′/+ 7′ (Wasserfassen)<br>Hannover + 7′/+ 9′ (Post)<br>Hamburg an + 11′ | F 42 – Lok 18606<br>Hamburg ab plan<br>Hannover plan<br>Göttingen + 2′/+ 2′<br>Ffm plan. |
| 21. 9. 1954: | F 41 – Lok 18606<br>Ffm ab plan<br>Göttingen + 1′/+ 18′ (Drehgestellfeder gebrochen, Lokwechsel R 41 Göttingen)<br>Hannover + 30′/+ 36′ (Lokwechsel R 03)<br>Hamburg an + 44′ | F 42 – Lok R 03 Hannover<br>Hamburg ab plan<br>Hannover an + 1′ (Lokwechsel auf 18606)<br>Hannover ab + 3′<br>Göttingen plan/plan<br>Ffm an + 15′ (betrieblich) |
| 22. 9. 1954: | F 41 – Lok 18606<br>Ffm ab + 2′<br>Göttingen + 1′/+ 14′ (Wasserfassen)<br>Hannover + 16′/+ 18′<br>Uelzen + 21′/+ 46′<br>Lüneburg + 76′/+ 84′ (Lokwechsel R 03 wegen ausgeschmolzenem mittlerem Treibstangenlager)<br>Hamburg an + 97′ | F 42 – Lok R 03 Hannover<br>Hamburg ab plan<br>Hannover + 5′/+ 5′<br>Göttingen + 3′/+ 5′<br>Ffm an + 15′ (betrieblich) |
| 23. 9. 1954: | F 41 – Lok R 03 Hannover<br>Ffm ab plan<br>Göttingen + 11′/+ 19′ (Wasserfassen)<br>Hannover + 23′/+ 31′ (Bei 03198 Rost heruntergefallen, Ersatzlok 03283)<br>Hamburg an + 33′ | F 42 – Lok 18606<br>Hamburg ab plan<br>Hannover + 2′ / + 2′<br>Göttingen plan/+ 2′<br>Ffm an plan |
| 24. 9. 1954 | F 41 – Lok 18606<br>Ffm ab plan<br>Göttingen – 2′/+ 3′ (Wasserfassen)<br>Hannover + 9′/+ 9′ (Schienenbruch)<br>Lüneburg + 10′/+ 19′ (Lokwechsel wegen ausgeschmolzenem r. h. Kuppelstangenlager, Ersatzlok R 03)<br>Hamburg an + 29′ | F 42 – Lok R 03<br>Hamburg ab + 2′<br>Hannover + 95′/+ 99′ (Umleitung über Buchholz–Soltau–Hannover)<br>Göttingen + 130′/+ 115′<br>Ffm an + 130′ (es wurde ab Hannover ein Vorzug gefahren, Ffm an + 12′) |

25. 9. 1954:   F 41 – Lok R 03
Ffm ab plan
Göttingen – 1'/+ 3' (Wasserfassen)
Hannover + 10'/+ 12'
Hamburg an + 23'

(Verspätungsminuten, die nicht näher begründet wurden, sind jeweils betrieblicher Art und nicht durch Trieb-
fahrzeugmängel verursacht)

F 42 – Lok 18 606
Hamburg plan ab
Wegen Streckensperrung zwischen Celle und Hannover
Umleitung: Hannover Kopfmachen, daher ab Hannover
Lok R 01
Hannover + 35'/+ 41'
Göttingen + 40'/+ 43'
Ffm an + 75'
Lok 18 606 ab Hannover D 88 bis Bebra, dann im Vor-
spann vor D 276 nach Ffm.

Die Durchsicht der einzelnen Fahrtverläufe ist Beleg dafür, daß die Baureihe $18^6$ in ihrem damaligen Betriebszustand für Langläufe im Bereich ihrer Höchstgeschwindigkeit nicht geeignet war. Wenn auch einer der vier Schadensfälle, die zum Abspannen führten, auf äußere Einwirkung zurückzuführen war, so verblieben dennoch drei Triebwerkschäden zu Lasten der Versuchslokomotive. Im Zusammenhang damit soll jedoch nicht unbeachtet bleiben, daß zwei der jeweils notwendigen Ersatzlokomotiven ebenfalls »auf der Strecke« blieben (Baureihe 03) und ihrerseits eine weitere Ersatzmaschine erforderlich machten. Betrachtet man noch die Störungen, die durch schadhafte Wagen, Schienenbruch, Streckensperrung und Umleitung hinzukamen, so verbleiben von den beschriebenen 24 Fahrten ganze drei, die pünktlich am Zielbahnhof endeten und weitere zwei mit einer Verspätung unter 10 Minuten. Ein Bild also, das den damaligen Fahrgast nicht eben von der Zuverlässigkeit der Deutschen Bundesbahn überzeugen konnte.

Trotz des viermaligen Abspannens der $18^6$ von diesem Zugpaar ist ihre gezeigte Leistungsfähigkeit erwähnenswert: sie war mehrfach in der Lage, Verspätungen rasch aufzuholen und Vorsprünge einzufahren. Wenn in Göttingen das Feuer jeweils provisorisch gereinigt wurde, so ist das nicht Zeichen für einen Bauartmangel, sondern Folge des durch Langsamfahrstellen beeinträchtigten Streckenverlaufs und der notgedrungen nur mäßigen Streckenkenntnis der Personale, die ein optimales Ausnützen der Neigungen verhinderte. Die bei den zum Vergleich eingesetzten Lokomotiven der Baureihe 01 vom Bw Frankfurt/M-1 eingeteilten Lokführer und Heizer verfügten hingegen über genaue Kenntnisse dieser von ihnen ständig befahrenen Linie und waren wohl der eigentliche Grund für den günstigeren Kohleverbrauch der 01 gegenüber der $18^6$. Die Umstellung der Baureihe $18^6$ auf die in der zweiten Versuchsreihe vom Frühjahr 1954 gefundenen Saugzugverhältnisse hätte im übrigen günstigere Bedingungen geschaffen.

Das Bundesbahn-Zentralamt Minden kommentierte den Versuchseinsatz folgendermaßen: »Die Zuglaufstörungen durch Lokschäden bei der Erprobung der Lok R $18^6$ im F-Zugdienst sind nicht auf Bauartmängel zurückzuführen. Man kann auch dem Bw Darmstadt keine Vorwürfe machen, daß es die Lok mangelhaft unterhalten hätte. Die Unterhaltung der Triebfahrzeuge wird stets auf die Beanspruchung der Lok abgestellt, was dadurch bewiesen ist, daß z. B. die Lok 18 604 schon nach etwa einjähriger Betriebszeit seit der letzten Untersuchung mit Aufbau des neuen Kessels eine Ausbesserung im Erhaltungswerk Ingolstadt erhielt, wobei der Kessel zur gründlichen Aufarbeitung des Fahrgestells vom Rahmen abgenommen wurde. Das sind Arbeiten, die üblicherweise über den Rahmen einer Ausbesserung hinausgehen, die aber vorgenommen werden mußten, um die Lok für die erhöhte Beanspruchung einsatzfähig zu machen. Wegen der völlig andersartigen Betriebsbedingungen im F-Zugdienst als im E- und D-Zugdienst auf der Strecke Frankfurt/M (oder Wiesbaden) – Heidelberg unterscheidet sich auch die Beanspruchung der Lok ganz erheblich. Nach einer angemessenen Einlaufzeit wird das Bw Darmstadt die Lok R $18^6$ auch so unterhalten, daß sie – wie die Lok R 01 des Bw

Frankfurt/Main – F-Züge ohne Zuglaufstörungen durch Lokschäden befördern können.«

Im Zuge der fortschreitenden Elektrifizierung (damals »Elektrisierung« genannt) und der Umstellung auf Dieseltriebfahrzeuge wurden weiterhin Überlegungen angestellt, wo und in welchem Dienst die umgebauten $18^6$ nach der Traktionsumstellung ihrer damaligen Einsatzgebiete zu verwenden seien. Die Generalbetriebsleitung West in Bielefeld schlug am 30. September 1954 vor, die Baureihe der BD Münster zuzuteilen und im Bw Osnabrück-Hbf zu beheimaten, um dort die Baureihen 01 und 03 zu ersetzen. Es bestanden jedoch Bedenken in bezug auf die Lokbremse, die einem Regelbetrieb mit hohen Geschwindigkeiten nicht angepaßt war. Das Bw Osnabrück-Hbf bespannte viele LS-Züge mit einer Höchstgeschwindigkeit von 120 km/h, wofür die 01 und die 03 mit hoher Abbremsung ausgerüstet waren (Bremsgewicht der $18^6$ P = 140 t, bei einigen Lokomotiven sogar nur 137 t bzw. 131 t, Dienstgewicht 152 t). Man schlug daher vor, die Baureihe mit bei der GBL Süd zur Verfügung stehenden Tendern der Reihe 44 zu kuppeln (2'2'T 34), um die Abbremsung zu erhöhen. Hinsichtlich des beschriebenen Versuchseinsatzes der $18^6$ vor dem besonders schnellen F 41/42 Frankfurt–Hamburg beauftragte die GBL West das BZA Minden mit der Prüfung, durch welche konstruktiven und erhaltungstechnischen Maßnahmen die Baureihe $18^6$ für den sehr angestrengten Osnabrücker Dienstplan (836 km pro Betriebstag vor meist schnellen Zügen) verwendungsfähig zu machen sei.

Der weitere Verlauf der Betriebsgeschichte hat gezeigt, daß die vom Versuchsamt und der GBL West angeregte Aufbesserung des $18^6$-Einsatzes nicht zustandekam. Man möchte dies umso mehr bedauern, als die ersten Umbaulokomotiven bereits nach fünf Betriebsjahren aus dem Bestand ausschieden (18 624–628)! Hätten die Maschinen einen angemesseneren Verwendungsraum gefunden, dann wäre ihnen aller Wahrscheinlichkeit nach ein längeres Leben beschieden gewesen. Ihr früher Abgang war nicht allein eine Folge des zurückgegangenen Dampflokbedarfs, sondern hatte auch andere Ursachen. Hierzu sei auf Kapitel »Ausmusterung und Verschrottung« verwiesen.

Es stellt sich allerdings die Frage, ob es denn tatsächlich sinnvoll gewesen wäre, die $18^6$ vor schnellen F-Zügen im Flachland einzusetzen. Bei der Konstruktion der S 3/6 im Jahr 1907/08 wählte man nicht umsonst den Treibraddurchmesser mit 1870 mm und die Gesamtkonzeption der Lokomotive so, daß sie für den Schnellzugdienst im Hügelland mit Geschwindigkeiten zwischen 80 und 100 km/h prädestiniert war. Wie sich bei allen versuchsmäßigen Untersuchungen der S 3/6 (auch der umgebauten $18^6$) zeigte, war dieser Geschwindigkeitsbereich genau das Gebiet, in dem die Maschine ihre größte Wirtschaftlichkeit und Eignung zeigte. Warum wohl bauten die Königlich Bayerischen Staatsbahnen im Jahr 1912 zwei Serien S 3/6 mit einem Treibraddurchmesser von 2000 mm, wenn nicht für den Dienst vor schnellen D-Zügen mit wenigen Unterwegshalten? Die naheliegendste Verwendung der Maschinen mit 1870 mm Treibraddurchmesser hätte zweifellos ein Betriebswerk im

Hügelland geboten, doch gerade dort trachtete die Deutsche Bundesbahn am ehesten danach, ihre moderneren Elloks und Dieselfahrzeuge einzusetzen. Mit ihnen war es möglich, die Fahrzeiten zu kürzen und die Attraktivität der Strecken zu heben.

Nach dieser kurzen Abschweifung in denkbare Möglichkeiten des Betriebes zurück zu den Versuchen mit der Baureihe 18[6], die sich nun dem Ende zuneigten. Ab 18611 hatten alle Umbaulokomotiven einen Ersatzkessel erhalten, dessen Verdampfungsheizfläche durch Verminderung der Heizrohranzahl leicht verkleinert und dessen Überhitzer auf 84 m² vergrößert war. Durch diese Maßnahmen konnte die Heißdampftemperatur erhöht und damit die Wirtschaftlichkeit nochmals leicht gesteigert werden. Der neue Kessel gestattete also eine bessere Ausnutzung der im Dampf enthaltenen Wärmeenergie. Zur Beurteilung dieser Kesselbauform und zum Vergleich mit dem ursprünglichen Ersatzkessel wurde 18627 vom 10. bis 28. April 1956 vom LVA Minden untersucht. Die Lokomotive hatte, da eine Anweisung zur Änderung der Saugzuganlage nach den Versuchen mit 18601 im Jahr 1954 noch nicht ergangen war, bei ihrer Zuführung zum LVA noch das bisherige Blasrohr von 160 mm ∅. Mit Einverständnis des BZA Minden erhielt sie vor Beginn der Meßfahrten einen Blasrohrring mit dem vorteilhafteren Maß von 140 mm ∅, was sich auch bei dieser Versuchsreihe wieder bewährte. Schwierigkeiten mit der Verbrennung haben sich nicht ergeben. Es wurde daher nochmals mit Nachdruck empfohlen, die Abmessungen der Saugzuganlage aller 18[6] in dieser Weise zu ändern (ausgeführt ab 1957).

Auch 18627 (alte Nummer 18524) hatte noch die Sechspunktabstützung der älteren S 3/6. Hinsichtlich ihrer Laufruhe machte das Versuchsamt die gleichen Feststellungen wie drei Jahre vorher bei 18601 (senkrechte Bewegungen der Lokomotive und seitliche Gegenbewegungen zwischen Lok und Tender). Erneut wurde vorgeschlagen, alle 18[6] auf Vierpunktabstützung, Federn der Einheitsbauart und Stoßpuffergleitplatten mit prismatischem Kopf umzurüsten. Die Hauptverwaltung lehnte den Antrag zunächst wieder ab, nahm diese Entscheidung aber kurz darauf zurück und ordnete den Umbau an. So erhielten alle 18[6], die aus den Serien S 3/6 l und m stammten, zwischen Treib- und hinterer Kuppelachse einen Ausgleichhebel (die Serien n und o verfügten bereits seit Anlieferung über eine Vierpunktabstützung), darüberhinaus wurde bei der gesamten Baureihe die Kupplung zwischen Lok und Tender verbessert. Da die Arbeiten wiederum erst bei größeren Untersuchungen im AW durchgeführt wurden (Sonderarbeiten 1.224 a und b),

zog sich die Umrüstung bis zum Beginn der sechziger Jahre hin, als schon die ersten Umbaulokomotiven aufs Abstellgleis wanderten.

Zum Abschluß der Versuchsfahrten mit 18627 wurde am 28. April 1956 eine Betriebsmeßfahrt vor dem D 396 von Hamburg-Altona nach Köln durchgeführt, die leider durch das Losdrehen einer Schieberstellmutter beeinträchtigt wurde. Die Ursache fand man in der nicht ausreichenden Befestigung der Sicherungsschrauben, die bei großen Hubzahlen zur Lockerung neigten. Ein ähnlicher Vorfall war einige Zeit zuvor an der LVA-Lokomotive 18505 eingetreten. Durch Änderung der Schieberstellmuttersicherung bei allen S 3/6 konnten weitere Schäden vermieden werden.

Am 31. Juli 1956 legte das LVA Minden dem Zentralamt den folgenden Versuchsbericht über die Fahrten mit 18627 vor:

**1) Aufgabe des Versuchs:** In einer Kurzuntersuchung sollte der Einfluß der gegenüber der ursprünglichen Konstruktion geänderten Heizflächen- und Überhitzerabmessungen des neuen Verbrennungskammerkessels für die Lok BR 18[6] (bayer. S 3/6) auf die Heißdampftemperatur festgestellt werden.

**2) Gegenstand, Ort und Zeit des Versuchs:** Für die Versuche war die Lok 18627 des Bw Hof dem Lok-Vers-A vom 10. 4. bis 28. 4. 1956 zur Verfügung gestellt. Die Versuchsfahrten wurden auf der Strecke Löhne−Rheine mit gleichbleibender Geschwindigkeit von 80 km/h durchgeführt.

Die wesentlichen Unterschiede zwischen dem Ersatzkessel bisheriger Bauart ($H_v = 195,4$ m²) und dem neuen Kessel ($H_v = 185$ m²) ergeben sich aus der folgenden Zusammenstellung:

**Kessel der ersten Lieferung (Lok 18601−610)**

| | | |
|---|---|---|
| 139 Heizrohre 51 × 2,5 × 5055 | $H_{Hr}$ = | 100,5 m² |
| 35 Rauchrohre 143 × 4,25 × 5063 | $H_{Rr}$ = | 74,5 m² |
| Heizfläche der Feuerbüchse | $H_{vs}$ = | 20,4 m² |
| Verdampfungsheizfläche | $H_v$ = | 195,4 m² |
| Überhitzerheizfläche | $H_ü$ = | 72,0 m² |

**geänderter Kessel (Lok 18611 ff):**

| | | |
|---|---|---|
| 111 Heizrohre 51 × 2,5 × 5055 | $H_{Hr}$ = | 80,1 m² |
| 40 Rauchrohre 143 × 4,25 × 5063 | $H_{Rr}$ = | 84,5 m² |
| Heizfläche der Feuerbüchse | $H_{vs}$ = | 20,4 m² |
| Verdampfungsheizfläche | $H_v$ = | 185,0 m² |
| Überhitzerheizfläche | $H_ü$ = | 84,0 m² |

| Lfd. Nr. | Datum[1] 1956 | Weg[2] km | T[3] min | V[4] km/h | $Z_{20}$[5] kg | $N_{20}$[6] PS | E[7] % | $P_{Sch}$[8] atü | $P_K$[9] atü | $P_V$[10] atü | $t_{Ü}$[11] °C | $t_V$[12] °C | $t_A$[13] °C | $t_T$[14] °C | $t_{Rk}$[15] °C | $t_{Sp}$[16] °C | $P_{Bl}$[17] atü | $P_A$[18] mmWS | $P_{Fb}$[19] mmWS | $P_{Rk}$[20] mmWS | $CO_2$[21] % | $O_2$[22] % | $D_T$[23] kg | D[24] kg/h | $b_h$[25] kg/m²h | $B_T$[26] kg | $B_{Hu}$[27] kg/h | $H_u$[28] kcal/kg | $B_{7000}$[29] kg/h | $q_R$[30] Gcal/m²h |
|---|---|---|---|---|---|---|---|---|---|---|---|---|---|---|---|---|---|---|---|---|---|---|---|---|---|---|---|---|---|---|
| 1 | 16.4 | 82,1 | 60,6 | 81,2 | 2315 | 700 | 30 | 13,1 | 16,0 | 3,5 | 356 | 226 | 104 | 9 | 317 | 96 | 0,10 | 0 | 9 | 26 | – | – | 7085 | 7020 | 37,9 | – | – | – | – | – |
| 2 | 17.4 | 64,2 | 47,8 | 80,4 | 3065 | 913 | 40 | 13,2 | 16,0 | 4,0 | 369 | 234 | 110 | 9 | 332 | 94 | 0,15 | 3 | 17 | 47 | 11,9 | 6,8 | 6655 | 8340 | 45,1 | 708 | 888 | 7599 | 965 | 1,647 |
| 3 | 17.4 | 74,6 | 55,4 | 80,8 | 3965 | 1185 | 45 | 15,0 | 16,0 | 4,6 | 385 | 256 | 122 | 6 | 346 | 96 | 0,21 | 6 | 22 | 61 | 12,7 | 6,1 | 9225 | 10000 | 54,1 | 975 | 1055 | 7662 | 1155 | 1,97 |
| 4 | 18.4 | 70,0 | 52,1 | 80,6 | 4810 | 1420 | 50 | 15,1 | 16,0 | 5,0 | 390 | 263 | 129 | 6 | 355 | – | 0,28 | 8 | 27 | 77 | 12,0 | 7,0 | 9695 | 11200 | 60,5 | 1100 | 1265 | 7741 | 1400 | 2,39 |
| 5 | 18.4 | 69,7 | 51,6 | 81,0 | 5420 | 1625 | 55 | 15,3 | 16,0 | 5,0 | 398 | 270 | 137 | 7 | 364 | 100 | 0,37 | 10 | 34 | 91 | 14,1 | 4,5 | 10315 | 12000 | 65,0 | 1190 | 1385 | 7766 | 1538 | 2,62 |
| 6 | 19.4 | 59,6 | 44,75 | 79,8 | 6420 | 1905 | 50 | 15,3 | 16,3 | 5,2 | 407 | 283 | 152 | 7 | 382 | 100 | 0,49 | 0 | 33 | 108 | 13,2 | 5,3 | 10575 | 14000 | 76,5 | 1300 | 1740 | 7549 | 1885 | 3,22 |
| 7 | 19.4 | 71,2 | 53,75 | 79,4 | 5380 | 1585 | 45 | 15,2 | 16,3 | 5,0 | 400 | 274 | 142 | 8 | 365 | 99 | 0,38 | 0 | 24 | 85 | 13,2 | 5,2 | 10940 | 12200 | 66,0 | 1230 | 1375 | 7479 | 1470 | 2,51 |
| 8 | 20.4 | 77,9 | 58,4 | 80,3 | 4825 | 1435 | 40 | 15,0 | 16,2 | 4,9 | 389 | 267 | 133 | 7 | 356 | 97 | 0,29 | 0 | 22 | 71 | 12,5 | 6,1 | 11130 | 11450 | 61,9 | 1200 | 1232 | 7536 | 1320 | 2,26 |
| 9 | 20.4 | 71,8 | 53,8 | 79,9 | 4010 | 1185 | 30 | 15,2 | 16,2 | 4,7 | 385 | 257 | 121 | 7 | 340 | 97 | 0,20 | 0 | 15 | 60 | 12,6 | 6,2 | 8870 | 9900 | 53,5 | 1000 | 1114 | 7484 | 1185 | 2,036 |
| 10 | 21.4 | 75,8 | 56,05 | 81,2 | 1525 | 460 | 55 | 12,45 | 16,2 | 3,4 | 343 | 218 | 103 | 6 | 301 | 95 | 0,09 | 0 | 7 | 25 | 10,0 | 9,2 | 5470 | 5850 | 31,6 | 600 | 643 | 7663 | 703 | 1,20 |
| 11*)***) | 23.4 | 45,5 | 34,05 | 80,4 | 6405 | 1910 | 45 | 15,15 | 16,2 | 5,1 | 405 | 272 | 145 | 8 | 373 | 102 | 0,51 | 6 | 50 | 124 | 13,3 | 4,7 | 7520 | 13250 | 71,6 | 1240 | 2185 | 6100 | 1905 | 3,25 |
| 12**) | 24.4 | 74,2 | 55,8 | 79,8 | 4970 | 1470 | 60 | 15,35 | 16,3 | 5,0 | 389 | 264 | 131 | 8 | 356 | 98 | 0,28 | 4 | 27 | 78 | 12,7 | 5,8 | 10160 | 11100 | 60,1 | 1078 | 1160 | 7732 | 1258 | 2,19 |
| 13 | 24.4 | 47,2 | 35,2 | 80,1 | 6760 | 2008 | 60 | 15,1 | 16,1 | 5,2 | 408 | 284 | 160 | 8 | 388 | 100 | 0,57 | 4 | 45 | 129 | 11,8 | 6,5 | 9290 | 15800 | 85,5 | 1155 | 1970 | 7805 | 2200 | 3,75 |
| 14 | 25.4 | 37,0 | 27,75 | 79,9 | 6960 | 2060 | 60 | 15,1 | 16,1 | 5,2 | 410 | 286 | 164 | 8 | 388 | 103 | 0,61 | 3 | 43 | 130 | 14,0 | 3,3 | 7175 | 15500 | 83,8 | 1050 | 2270 | 7711 | 2500 | 4,27 |

*) seitliche vordere Aschkastenklappen geschlossen, mittlere vordere Aschkastenklappe offen.
**) Bunkerkohle mit vielen Steinen.

## Bedeutung der Kurzzeichen:

| | | | |
|---|---|---|---|
| 1 | Datum | | Datum des Versuchstages |
| 2 | Weg | km | Meßstrecke |
| 3 | T | min | Versuchszeit |
| 4 | V | km/h | Fahrgeschwindigkeit |
| 5 | $Z_{20}$ | kg | Beharrungszugkraft am Zughaken bei $w_s = 0$ |
| 6 | $N_{20}$ | PS | Beharrungsleistung am Zughaken bei $w_s = 0$ |
| 7 | E | % | Füllung |
| 8 | $P_{Sch}$ | atü | Dampfdruck im Schieberkasten |
| 9 | $P_K$ | atü | Dampfdruck im Kessel |
| 10 | $P_V$ | atü | Dampfdruck im Verbinder |
| 11 | $t_{Ü}$ | °C | Heißdampftemperatur im Einströmrohr |
| 12 | $t_V$ | °C | Heißdampftemperatur im Verbinder |
| 13 | $t_A$ | °C | Temperatur des Abdampfes |
| 14 | $t_T$ | °C | Wassertemperatur im Tender |
| 15 | $t_{Rk}$ | °C | Rauchgastemperatur in der Rauchkammer |
| 16 | $t_{Sp}$ | °C | Wassertemperatur vor Eintritt in den Kessel |
| 17 | $P_{Bl}$ | atü | Dampfdruck im Blasrohr |
| 18 | $P_A$ | mmWS | Unterdruck im Aschkasten |
| 19 | $P_{Fb}$ | mmWS | Unterdruck in der Feuerbuchse |
| 20 | $P_{Rk}$ | mmWS | Unterdruck in der Rauchkammer |
| 21 | $CO_2$ | % | Gehalt der Rauchgase an $CO_2$ |
| 22 | $O_2$ | % | Gehalt der Rauchgase an $O_2$ |
| 23 | $D_T$ | kg | Dampferzeugung während des Versuchs |
| 24 | D | kg/h | Stündl. Dampferzeugung |
| 25 | $b_h$ | kg/m²h | Heizflächenbelastung |
| 26 | $B_T$ | kg | Kohlenverbrauch während des Versuchs |
| 27 | $B_{Hu}$ | kg/h | Stündl. Kohlenverbrauch ohne Heizwertkorrektur |
| 28 | $H_u$ | kcal/kg | Unterer Heizwert der Kohle |
| 29 | $B_{7000}$ | kg/h | Stündl. Kohlenverbrauch bezogen auf $H_u$-7000 kcal/kg |
| 30 | $q_R$ | Gcal/m²h | Rostwärmebelastung |

## Für die Berechnung wichtige Daten:

$R$ = Rostfläche 4,1 m²
$H_v$ = Verdampfungsheizfläche 185 m²

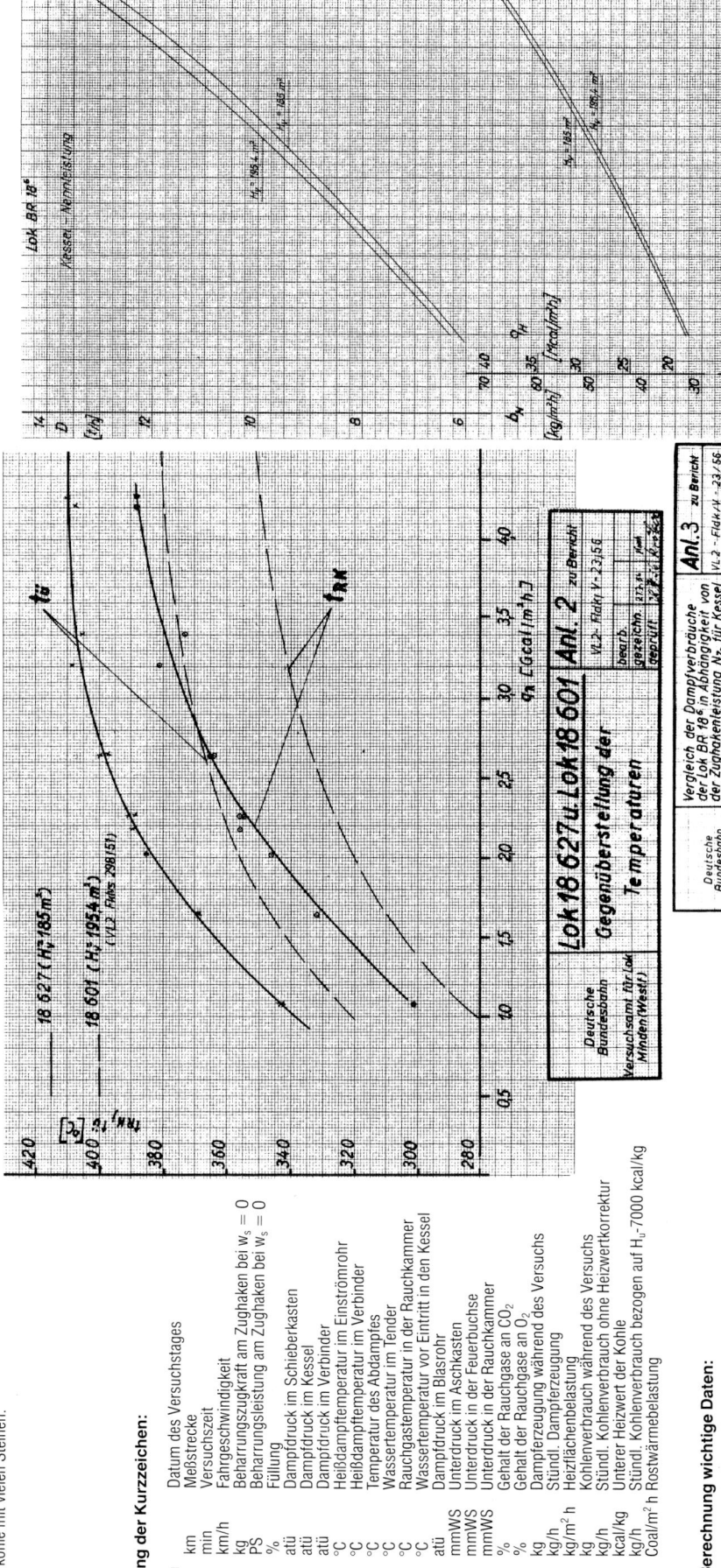

**Lok 18 627 u. Lok 18 601** — Anl. 2 zu Bericht
Gegenüberstellung der Temperaturen
Deutsche Bundesbahn, Versuchsamt für Lok Minden (Westf.)

**Anl. 3 zu Bericht** — Vergleich der Dampfverbräuche der Lok BR 18 in Abhängigkeit von der Zughakenleistung $N_{20}$ für Kessel mit $H_v = 195,4$ m² und für Kessel mit $H_v = 185$ m².
Deutsche Bundesbahn, Versuchsamt für Lok Minden (Westf.)

3) Gesamtergebnis: An der Lok 18627 wurde der um ~ 12 m² vergrößerten Überhitzerheizfläche, dem vergrößerten Anteil des freien Gasquerschnittes der Rauchrohre am Gesamtquerschnitt und der dem verkleinerten Gesamtgasquerschnitt gemäßen, höheren Gasgeschwindigkeit in den Rohren entsprechend eine im Bereich kleinerer Rostwärmebeanspruchungen

$(q_R = 1,0 \ \dfrac{Gcal}{m^2 h})$ um ~ 20° C, bei hoher Rostwärmebelastung

$q_R = 4,0$ um ~ 30° C höhere Heißdampftemperatur gemessen. Die in der Rauchkammer gemessenen Gastemperaturen liegen entsprechend. Bei gleicher Zughakenleistung wird der Dampfbedarf der Maschine dem höheren Wärmeinhalt des Dampfes entsprechend niedriger, so daß gleich bleibender Nutzleistung trotz der Verkleinerung der Verdampfungsheizfläche eine nur wenig unterschiedliche Heizflächenbelastung entspricht.

4) Versuchsdurchführung und Auswertung: Die Versuchsfahrten fanden auf der Strecke Löhne–Rheine vom 16. bis 25. 4. 1956 vor Lok-Meßwagen 2 und Lok 18505 als Bremslok statt. Die Fahrgeschwindigkeit betrug bei allen Fahrten V = 80 km/h. Die Meßergebnisse aus diesen Beharrungsmeßfahrten sind in Anlage 1 in Tabellenform zusammengestellt. In Anlage 2 sind die gemessenen Heißdampf- und Rauchkammertemperaturen in Abhängigkeit von der Rostwärmebelastung $q_R$ (Gcal/m²h) aufgetragen, dazu die Kurven für $t_ü$ und $t_{Rk}$ für die Lok 18601 aus dem Bericht vom 10. 11. 1953.

Der Gewinn an Überhitzung beträgt bei kleinen Rostwärmebelastungen ($q_R$ ~ 1,0) ~ 20° C, bei großer Rostwärmebelastung ($q_R$ ~ 4,0) ~ 30° C.

Da es für die Beurteilung der Wirksamkeit der getroffenen Maßnahme (Steigerung der Überhitzung durch Vergrößerung der Überhitzerheiz-

fläche bei gleichzeitiger Verringerung der Berührungsheizfläche) wesentlich ist, wie sich der Dampfverbrauch der Lok bei gleichbleibender Zughakenleistung ändert, die Vergleichsversuche aber an 2 verschiedenen Lok-Exemplaren, deren Dampfmaschinenteil nicht ohne weiteres vergleichbar ist und deren Nebenverbräuche sicher auch nicht gleich geblieben sind, durchgeführt wurden, mußte nach einem Weg gesucht werden, diesen Einfluß der zwei verschiedenen Lok-Exemplare zu eliminieren.

Die geeignete Handhabe hierzu bietet die Tatsache, daß bei gleicher Drehzahl, also auch bei gleichbleibender Fahrgeschwindigkeit, bei ein und derselben Maschine der indizierten und damit auch der effektiven Leistung ein ganz bestimmtes $D_M \cdot \Delta_{iad}$ zugeordnet ist. Wir sind also so vorgegangen, daß wir zunächst aus den Versuchsergebnissen der Lok 18601 die Beziehung $D_M \cdot \Delta_{ind}$ als Funktion von $N_{zo}$ (für V = 80 km/h) ermittelt haben, die dann auch für die Lok mit dem Kessel mit 185 m² Heizfläche gelten sollte. Danach konnte auch für den 185 m²-Kessel die Gesamtdampferzeugung D als Funktion von $D_M \cdot \Delta_{iad}$ errechnet werden (unter der Voraussetzung, daß die Nebenverbräuche für beide Lok die gleichen sind). Die so ermittelten D-Werte wurden schließlich für beide Kessel in Abhängigkeit von der Nutzleistung $N_{zo}$ aufgetragen (Anlage 3). Anlage 3 läßt erkennen, um wieviel die Kurve für die Gesamtdampferzeugung D für den Kessel mit 185 m² Verdampfungsheizfläche dem höheren Wärmeinhalt des erzeugten Heißdampfes entsprechend niedriger liegt als diejenige für den Kessel mit 195,4 m² Heizfläche. Infolgedessen sind gleicher Nutzleistung bei dem Kessel mit 185 m² Heizfläche nur geringfügig höhere Heizflächenbelastungen $b_H$ zugeordnet. Der Kessel ist somit in der Lage, trotz der verkleinerten Verdampfungsheizfläche den von der Dampfmaschine geforderten Dampf bis zur gleichen Höchstleistung zu liefern.«

**53** Versuchsfahrt mit 18601 im Juni 1954: während eines kurzen Zwischenhalts herrscht geschäftiges Treiben. Foto: C. E. Wild

Zum Abschluß dieses Kapitels dürfen wir für kurze Zeit Gast sein in einem Meßzug vom Juni 1954. Er wird geführt von 18601, Bremslokomotive ist 18319 des LVA Minden/Westf. C. E. Wild berichtet:

»An einem schönen Sommermorgen fand ich mich verabredungsgemäß um 8.00 h auf dem westlichen Bahnsteig des Darmstädter Hauptbahnhofs ein, dem Ausgangspunkt der Meßfahrten. Kurz danach rollte, vom Bahnbetriebswerk her kommend, auf dem übernächsten Gleis »mein« Zug ein, bestehend aus der Zuglok 18601, dem Meßwagen des BZA Minden sowie der Bremslok 18319, einer ehem. badischen IV h. Der Zug hielt kurz zum Einsteigen und rollte dann weiter vor dem auf Halt stehenden Ausfahrtssignal.

Die gesamte Strecke war in drei Beharrungsfahrt-Abschnitte eingeteilt, und zwar von Darmstadt Hbf – Mannheim-Friedrichsfeld = 50 km mit einer Geschwindigkeit von 80 km/h, von Mhm-Friedrichsfeld – Karlsruhe Hbf = 50 km mit einer Geschwindigkeit von 100 km/h und von Karlsruhe Hbf – Offenburg Hbf = 73 km mit einer Geschwindigkeit von 120 km/h. Die Bremslok 18319 hatte den Auftrag, die Zuglok 18601 entsprechend einer Zuglast von 800 t abzubremsen, das sind 200–300 t mehr Zuggewicht, als unsere damaligen Schnellzüge mit den maximal 15 schweren Waggons der Vorkriegszeit maximal beförderten.

Die einzelnen Streckenabschnitte konnten immer nur in den Fahrplanpausen des allgemeinen Personen- und Güterverkehrs befahren werden. Bei einer Beharrungsfahrt ist es von größter Wichtigkeit, daß die vorgesehene Geschwindigkeit über die geplante Distanz absolut exakt eingehalten wird und daß die Strecke zum geplanten Zeitpunkt frei ist.

Mittlerweile hatten wir »zwei Flügel« bekommen, das heißt, das Ausfahrtsignal gibt uns freie Fahrt von unserem Nebengleis auf die Hauptstrecke. Beide Lokomotiven donnern nun mit ihren zusammen 8 Zylindern los, so daß in kürzester Zeit die vorgesehenen 80 km/h erreicht sind. Die rund 50 t Gewicht des

Meßwagens fallen bei dieser Energieentfaltung glatt unter den Tisch.

Der Versuchsleiter gibt seine ersten telefonischen Anweisungen und man spürt auch im Meßwagen deutlich, wie die beiden Maschinen ihre eigentliche Arbeit aufnehmen. Unter Beobachtung von Tachometern, Zugkraftmesser, Heißdampfthermometer und weiteren Instrumenten und den dazugehörigen Registrierstreifen erfolgen nunmehr laufend Korrekturen, bis nach einigen Minuten der gewünschte Beharrungszustand erreicht ist. Die damals noch üblichen Schienenstöße sorgen für einen gleichmäßigen Takt der Achsen, während die Blasrohrmusik der 18601 mit ihren harten Auspuffschlägen auch im Meßwagen unüberhörbar ist. Das wären Tonaufnahmen geworden! Aber wer hat damals schon daran gedacht.

Schwere Rauch- und Dampfwolken zeugen von der Arbeit des Heizers. Draußen gleitet die Sommerlandschaft vorbei, links der Odenwald mit seinen sanft geschwungenen Höhen, rechts die im Sonnendunst verschwimmende Oberrhein-Ebene. Mit gleichbleibender Geschwindigkeit donnern wir durch kleine und größere Bahnhöfe, wo wartende Reisende von sich aus von der Bahnsteigkante zurücktreten. Nach rund 45 Minuten überqueren wir den Neckar und haben kurz danach Mannheim-Friedrichsfeld, unsere erste Station erreicht. Das Personal des Meßwagens eilt zur Zuglok, um die während der Fahrt an den Zylindern auf Papierstreifen aufgenommenen Indikator-Diagramme abzunehmen. Diese Diagramme werden anschließend im Meßwagen ausplanimetriert, die ausgemessene Fläche ist mit der Leistung eines Kolbenhubes identisch. Hieraus wiederum kann die Gesamtleistung der Dampfmaschine ermittelt werden.

Nach ungefähr 30 Minuten Aufenthalt geht es dann weiter nach Karlsruhe. Die vorgesehene Beharrungsgeschwindigkeit von nunmehr 100 km/h ist unter den gleichen optischen und akustischen Begleiterscheinungen wie bei der Abfahrt in Darmstadt bald erreicht. Bei der Fahrt durch den Bahnhofsbereich von Schwetzingen, wo wir die Hauptstrecke von Mannheim Hbf nach Karlsruhe erreichen, wird die Geschwindigkeit auf 70 km/h

**54** Abnehmen der Indikatordiagramme.

**55** Während der Beharrungsfahrt im Meßwagen.        Fotos: C. E. Wild

**56** Die dem LVA Minden unterstellte 18 319 diente als Bremslokomotive. Mit ihrer Gegendruckbremse war sie in der Lage, eine Belastung von mehreren hundert Tonnen konstant zu simulieren. Foto: C. E. Wild

**57** Während des Aufenthaltes in Mannheim-Friedrichsfeld werden die Indikator-Diagramme gewechselt.

Foto: C. E. Wild

gedrosselt. So wie aber die letzten Weichen hinter uns liegen, zeigt der große Tachometer in der Schalttafel an der Wagendecke bereits wieder 100 km/h an. Der Fahrtverlauf gleicht dem im vorher durchfahrenen Abschnitt, nur merkt man deutlich die größere Anstrengung der Zuglok, um die gewünschte Geschwindigkeit zu halten.

Nach rund 30 min Beharrungsfahrt zwingt uns der Bahnhofsbereich von Karlsruhe mit seinen umfangreichen Weichenstraßen zur langsameren Fahrt. Noch immer sind viele Kriegsschäden zu sehen, so auch die große Bahnhofshalle, in die wir langsam hineinrollen und zum Halten kommen. Auch hier wieder Abnahme der Diagramme und Untersuchung der Lokomotiven, denen man die bisherigen enormen Leistungen deutlich anmerkt. Ihre ganze Umgebung ist in eine Dunstwolke von Kohlengas, heißem Schmieröl und warmen Metall, eben der typischen Dampflok-Atmosphäre gehüllt. Die zwei Heizer, die sich auf der 18 601 gegenseitig ablösen, bereiten das Feuer für die kommenden maximalen Anstrengungen vor, soweit dies in einer Bahnhofshalle eben noch gestattet werden kann. Nun,

Scheiben waren sowieso noch nicht wieder eingebaut, die natürliche Ventilation funktionierte einwandfrei.

Diesmal dauert der Aufenthalt fast eine Stunde, bis wir wieder einsteigen und die letzte Etappe in Angriff genommen wird. Jetzt verlassen wir die Halle wie ein ganz normaler Zug, um erst am Ende der Weichenstraßen unsere bereits gewohnte Fahrt aufzunehmen, allerdings mit 120 km/h.

Es fehlen die Worte, diese Kraftentfaltung zu beschreiben. Die Heizer müssen praktisch ständig schaufeln, man sieht es an dem nach rückwärts fliegenden dunklen Abdampf. Nur so kann die Überbelastung von 800 t am Haken bewältigt werden. Die rund 40 Minuten der Beharrungsfahrt vergehen wie im Fluge mit Ablesen und Zuruf von Meßdaten, telefonieren und Notizen. Die durchfahrenen Stationen sind menschenleer, die Aufsichtsbeamten stehen möglichst gedeckt. Dann – Regler zu und rollen lassen in den Offenburger Bahnhof. Es ist kurz vor 12 h.«

(In Teilen entnommen aus »em 9/79«)

58   Vor der Rückfahrt am Bahnsteig in Offenburg/ Hbf, am Zugschluß 18319.
Foto: C. E. Wild

# Betriebliche Bewährung der Baureihe 18<sup>6</sup>

Die Lokomotiven 18601–610 wurden zwischen Juni 1953 und Mai 1954 im Bw Darmstadt in Dienst gestellt. Neben den Versuchsdaten des LVA Minden, die an 18601 ermittelt worden waren, standen zur Beurteilung ihrer Bewährung vor allem die Ergebnisse des täglichen Betriebsdienstes zur Debatte. Hierzu meldete das Bw Darmstadt regelmäßig seine Erfahrungen an das Mindener Zentralamt, darüberhinaus bereiste ein Betriebsmaschinenkontrolleur mehrfach das Einsatzgebiet der Lokomotiven.

Nach einigen Monaten zeigte sich bei allen Lokomotiven ein deutliches Ansteigen des Brennstoff- und Heißdampfölverbrauchs. In einzelnen Fällen wurden die Werte der abgefahrensten Darmstädter 18<sup>5</sup> erreicht, wobei 18601 und 603 von dieser Erscheinung am stärksten betroffen waren. Man mußte der Ursache auf den Grund gehen. Beim Betrieb von 18601 und 603 trat sofort nach dem Umbau ein starker Verschleiß der Kolben und Schieber ein. Zunächst wurde vermutet, daß dies durch die Innenaufbereitung des Kesselspeisewassers hervorgerufen worden sein könnte. Dies traf aber nicht zu, wie sich nach eingehenden Überprüfungen herausstellte. Dagegen wurde festgestellt, daß die Zylinder- und Schieberschmierung ungenügend war, da die Ölpressen mit zu kleinem Vorschub angetrieben wurden. Die Abstellung dieses Fehlers und damit verbunden eine starke Erhöhung des Heißdampfölverbrauchs ergab aber keine wesentliche Verringerung des Kolben- und Schieberringverschleißes. Erst bei einer weiteren Untersuchung der Lokomotive 18602 wurde bemerkt, daß das Heißdampföl wegen Fehlens eines Tülleneinsatzes nicht in die Schieberbuchsen gelangte, sondern an ihren Außenwänden weglief. Den gleichen Mangel wiesen 18601 und 603 auf.

Der durch die mangelhafte Ölung hervorgerufene schnelle und starke Verschleiß der Schieberringe trug wesentlich zu den Dampfverlusten und damit zum erhöhten Kohleverbrauch der ersten Umbaulokomotiven bei. Bei 18601 kamen außerdem noch Aufarbeitungsfehler anläßlich ihrer Umbau-L4 hinzu, die erst im Rahmen einer umfangreichen L0-Bedarfsausbesserung im EAW Ingolstadt (Februar/März 1954) beseitigt werden konnten. Diese Lokomotive, die im übrigen während der Mindener Versuchsfahrten einer größeren Belastung als derjenigen des täglichen Regeleinsatzes ausgesetzt gewesen war, benötigte mithin fünf L0-Bedarfsausbesserungen innerhalb ihres ersten Betriebsjahres. Üblicherweise war für eine S 3/6 nur durchschnittlich ein AW-Aufenthalt pro Jahr erforderlich. Nachdem die Mängel der Zentralschmierung durch das Bw Darmstadt und das AW Ingolstadt behoben waren, sank der Brennstoffverbrauch deutlich ab und lag fortan im Mittel um rund 1 t niedriger als bei den im gleichen Plan eingesetzten 18<sup>5</sup>. Die Höhe des Brennstoffverbrauchs unterliegt grundsätzlich auch den Bedingungen, die der Laufplan schafft. Die Darmstädter 18<sup>6</sup> waren anfangs im Dienstplan 2 eingesetzt, der vergleichsweise kurze Leistungen im Raum Frankfurt–Wiesbaden–Heidelberg enthielt. Herausragende Niedrigstwerte, wie sie in Langläufen erreichbar waren, konnten hier nicht erzielt werden. Für die Anfangszeit kam beeinträchtigend hinzu, daß für das Darmstädter Betriebswerk Lokomotiven mit Verbrennungskammer noch neu waren. Die Notwendigkeit der Entfernung der sich in diesem Teil der Feuerbüchse ablagernden Feuerungsrückstände wurde nicht sofort erkannt, so daß häufig die untersten Heizrohrreihen zugesetzt waren und bis zu 10% der Verdampfungsheizfläche nicht wirksam werden konnten. Welche weitreichenden Folgen die Verwendung eines falschen Baustoffes bei der Anfertigung eines kleinen Kesselbauteiles haben kann, zeigte ein Vorfall, der sich am 9. Februar 1954 in der Nähe des Bahnhofs Lützelsachsen auf der Strecke Frankfurt–Heidelberg ereignete. Hören wir den Bericht eines zufällig im betroffenen Zug befindlichen Betriebsmaschinenkontrolleurs:

»Am 9. 2. 1954 befand ich mich auf Dienstreise nach Kornwestheim im E 522 (Frankfurt/M–Stuttgart–Tübingen). Der Zug hatte 36 Achsen und 362 t. Er wurde durch die Lok 18605 des Bw Darmstadt befördert. Kurz vor Bf Lützelsachsen hinter Weinheim/Bergstraße wurde der E 522 plötzlich gegen 20.35 Uhr durch Schnellbremsung gestellt und kam im Bf Lützelsachsen zum Stehen. Ich begab mich zur Lok 18605 und stellte fest, daß aus dem Schornstein der Lok Dampf unter Druck mit starkem Geräusch ausströmte. Desgleichen kamen starke Dampfschwaden aus Führerstand und Aschkasten. Die Beleuchtung der Lok war erloschen. Das Lokpersonal hatte den Führerstand verlassen.

Der Lokführer der Lok 18605 berichtete mir, daß er bemüht war, durch Halten der kürzesten Fahrzeit die Verspätung von 17 Minuten herauszufahren, als plötzlich vor Bf Lützelsachsen bei 16 atü Kesseldruck nach kurzem Knall unter starkem Geräusch Dampf aus Feuertür und Aschkasten in den Führerstand strömte. Aus den nach vorne gerichteten Luftschächten des Aschkastens wurde das Feuer vom Rost bis auf Kesselscheitelhöhe herausgeschleudert. Feuerteile und Gase drangen in den mit Dampfschwaden angefüllten Führerstand. Der Lokführer brachte den E 522 sofort durch Schnellbremsung zum Stehen. Das Lokpersonal mußte den Führerstand wegen der starken Dampfschwaden verlassen.

Bei Besichtigung der Lok an Ort und Stelle stellte ich fest, daß am vorderen Teil des Stehkessels der Lack von der Kesselbekleidung verbrannt war und zum Teil in großen Lappen sich vom Blech gelöst hatte. Ebenfalls waren Anstrich des Rahmens, des Umlaufbleches und der letzten Kuppelachse durch die Hitze des austretenden Feuers in Mitleidenschaft gezogen. Die Glasglocke der Triebwerksleuchte an der hinteren Kuppelachse war auf beiden Seiten durch die Hitze geplatzt. Der Zug wurde durch Ersatzlok (P 8) des Bw Weinheim um 21.25 Uhr nach Heidelberg weiterbefördert, nachdem er ca. 50 Minuten auf Bf Lützelsachsen gestanden hatte. Die Schadlok blieb am Zug, wurde in Heidelberg ausgesetzt und dem Bw Heidelberg zugeführt. Der E 522 bekam dadurch insgesamt 2 Stunden Verspätung.

Die auf meine Veranlassung im Bw Heidelberg am 10. 2. 1954 durchgeführte Untersuchung ergab, daß das kupferne Verbindungsrohr von der Heißdampfkammer des MV-Reglers zum Ventilstock für Lichtmaschine, Kolbenspeisepumpe und Bläser in der Rauchkammer kurz hinter der Schweißverbindung am Befestigungsflansch am MV-Reglergehäuse rundherum aufgerissen war. Außerdem war noch an der gleichen Stelle ein Längsriß von 5 cm vorhanden. Der Dienststellenvorstand des Bw Darmstadt, BAmtm Nau, den ich heute fernmündlich von dem Vorfall verständigte, teilte mir mit, daß ein ähnlicher Schaden bei Lok 18602 in dieser kupfernen Verbindungsleitung in einer Krümmung (6 cm langer Riß) aufgetreten sei. Nur war infolge der kleineren Öffnung die Auswirkung nicht so stark.

Es hat den Anschein, daß die kupferne Verbindungsleitung von der Heißdampfkammer des MV-Reglers zum Ventilstock auf der linken Lokseite in der Wanddicke zu schwach ist. Die Lok 18605 ist erst ca. 3 Wochen nach Ausrüstung mit dem neuen Kessel in Betrieb.«

Wie sich bei der weiteren Untersuchung des Schadens herausstellte, hatte das AW München-Freimann an der Lok 18602 in Ermangelung vollständiger Umbauzeichnungen (die Maschine mußte wegen der Münchener Verkehrsausstellung beschleunigt fertiggestellt werden) den falschen Baustoff für das Verbindungsrohr gewählt. Auch die Maschinen 18603–605, letztere im AW Ingolstadt, erhielten Kupfer- statt Stahlrohre, die der

**59** Carl Bellingrodt portraitierte am 2. Juni 1954 die wenige Monate zuvor aus 18527 entstandene Darmstädter 18607.

hohen Beanspruchung nicht gewachsen waren. Die BD München begründete den Irrtum mit den personellen Maßnahmen bei der Auflösung der Dampflokabteilung des AW München-Freimann und mit dem durch Zeitnot verursachten Fehlen der notwendigen Zeichnungen. Um weitere Betriebsstörungen zu vermeiden, wurden 18602–605 ins AW Ingolstadt gerufen und mit zeichnungsgemäß vorgesehenen Rohren ausgestattet. Die gerade im Umbau befindliche 18606 erhielt von vornherein ein Verbindungsrohr aus Stahl.

An anderen Stellen wurden bereits die Schwierigkeiten beschrieben, die sich bei den Feuerschirmen der S 3/6 ergeben hatten. Auch der Krauß-Maffei-Ersatzkessel wies, anknüpfend an die bewährte ursprüngliche Bauform, eine sehr breite Feuerbüchse auf. Man war daher bei seiner Konstruktion bestrebt, das Problem des Feuerschirms von Grund auf zu lösen und entschloß sich zum Einbau von sogenannten Feuerschirmtragrohren, für die allerdings zum damaligen Zeitpunkt noch keine überzeugenden Erfahrungen vorlagen. So beließ es die Deutsche Bundesbahn zunächst bei den ersten fünf Ersatzkesseln (eingebaut in 18601 bis 605) und verfügte die Anlieferung aller übrigen Kessel ohne Tragrohre. Die BD Frankfurt wurde als Heimat-Direktion der ersten Umbaumaschinen beauftragt, die Bewährung der Konstruktion zu überwachen. Wegen der inzwischen vielerorts eingeführten Speisewasserinnenaufbereitung gab es keinerlei vorzeitige Abnutzung der Rohre und somit auch keine zusätzlichen Instandhaltungskosten. Die Feuerschirme von 18601–605 erreichten eine durchschnittliche Lebensdauer von 36200 km, während jene der anderen seinerzeit im Bw Darmstadt stationierten 18606–610, 614 und 628 nur auf 13700 km kamen. Diese Überlegenheit veranlaßte die HVB am 20. August 1956 zur Änderungsverfügung der zuletzt genannten 18⁶. Zwei Jahre später folgte die Weisung zum Umbau der übrigen 18⁶, der anläßlich größerer AW-Aufenthalte vorgenommen wurde. Am 20. November 1958 besaßen folgende Lokomotiven Tragrohre: 18601–605, 607, 608, 609, 617, 619, 625, 629.

Wie sich im Laufe des Jahres 1955 zeigte, stimmten die Steuerungsskalen auf den Führerständen verschiedener 18⁶ nicht mit der tatsächlichen Lage der Steuerung überein. In mehreren Fällen zeigten die Skalen eine weitere Auslegung als tatsächlich gegeben an, wodurch die Maschinen mit zu kleinen Füllungen gefahren wurden. Die zu dieser Erkenntnis führende Überprüfung war angeordnet worden, weil überdurchschnittlich viele Lagerschäden aufgetreten waren. So mußten bei den Lokomotiven des Bw Darmstadt in der Zeit von Juni 1953 bis September 1955 nicht weniger als 206 und bei den Nürnberger 18⁶ immerhin 23 Schäden an den Treibstangenlagern der Niederdruckmaschine beseitigt werden. Die Betrachtung der Laufzeit dieser Lager seit Inbetriebnahme nach der letzten L4-Ausbesserung ergab, daß sich die Schäden in Darmstadt ab Mai 1954 (Fahrplanwechsel) häuften und von dieser Zeit an ständig zunahmen. Es zeigte sich, daß die Heißläufer dann auftraten, wenn leichte Züge mit hohen Geschwindigkeiten innerhalb kurzer Fahrzeiten bei oftmaligem Wechsel zwischen Leerlauf und Lastfahrt zu befördern waren. Dagegen blieben die Lager bei höheren, aber gleichmäßigen Beanspruchungen fast immer kalt.

Um die unverhältnismäßig hohe Zahl von Betriebsstörungen zu senken, wurden zum einen die Steuerungsskalen berichtigt und zum anderen die beim Umbau nicht mehr eingebauten Talfahrtventile nun doch wieder angebracht. Auf diese Weise ließen sich die Verhältnisse merklich bessern, aber noch nicht auf das betrieblich normale Maß senken. Da überdies die hohe Verdampfungsleistung des neuen Kessels ausgenutzt werden sollte (in den bisherigen Plänen wurde sie nur zum Teil benötigt), ordnete das BZA Minden am 24. Oktober 1955 eine detaillierte Nachforschung an. Wie durch Untersuchungen des Lagerversuchsamtes Göttingen nachgewiesen werden konnte, war die Häufung der Schäden nicht auf mangelhafte Unterhaltung seitens der Heimatbetriebswerke zurückzuführen, hingegen befriedigte der Zustand der im AW Ingolstadt ausgebesser-

**60/61** Im Bild oben steht 18517 vom Bw Regensburg im Ulmer Betriebswerk als Wendelok (Oktober 1953). Unten hat die Lokomotive ihren Umbau gerade eine Woche hinter sich und gehört nun zum Bw Nürnberg-Hbf. Eben läuft sie vor einem Zug des 01-Planes in Stuttgart-Hbf ein (31. März 1955).   Fotos: G. Turnwald, E. Wolf

ten Treibachsen nicht. Das Kropfachsschleifwerk war in schlechtem Zustand und mußte in Reparatur genommen werden. Danach trat sofort eine Besserung ein.

Die wirksamste Lösung des Heißläuferproblems wurde jedoch erst in der Maßnahme gefunden, die Baureihe 18$^6$ mit einer Füllung von mindestens 48% zu fahren. Beim Bw Regensburg wurden die Lokomotiven von den Personalen bereits von Anfang an so geführt, weshalb man dort auch keine außergewöhnlichen Triebwerkschäden zu verzeichnen hatte. Nunmehr bestand bei keinem der vier 18$^6$-Betriebswerke Darmstadt, Nürnberg-Hbf, Hof und Regensburg mehr Bedenken, die Leistungsfähigkeit der Maschinen auch tatsächlich auszunützen. Das Bw Hof hatte sofort nach Zuteilung der ersten 18$^6$ eine Maschine im 01-Plan eingesetzt und gute Erfahrungen gemacht. Hören wir dazu den Bericht des Betriebsmaschinenkontrolleurs des BZA Minden vom 5. Januar 1956:

»Beim Bw Hof sind z.Z. 3 Lok der R 18$^6$ beheimatet. Sie sind im Dienstplan der Lok der R 18$^5$ eingesetzt und befahren die Strecken Hof–Bamberg und Hof–Regensburg. Die Wagenzuggewichte betragen: Hof–Bamberg = 250 t, Bamberg–Hof = 350 t. Die Regellasten der 01-Lok = 350 t, die Regellasten der 18$^5$-Lok = 300 t.

Die Höchstgeschwindigkeit beträgt 100 km/h, die größte selbst zu fahrende Steigung 1:120.

Auch bei dieser Dienststelle werden die Lok nicht unter 48% Füllung gefahren; sie sind ebenfalls mit einem Frischdampfventil ausgerüstet. Die Triebwerkschäden halten sich auch bei dieser Dienststelle und bei dem jetzigen Einsatz der Lok in betrieblich normalen Grenzen.

Wie verhielten sich nun in Wirklichkeit die Lok R 18$^6$ während des Einsatzes im 01-Dienstplan beim Bw Hof? Im Dienstplan der 01-Lok wurde erstmalig die Lok 18611 in der Zeit vom 6. 12. 1954 bis 31. 3. 1955 planmäßig eingesetzt. Nach Angabe der BD Regensburg hat sich die Lok bei allen Zügen, selbst bei den verstärkten Schnellzügen während des Weihnachtsverkehrs so gut bewährt, daß während der Einsatzzeit dieser Lok im 01-Plan keine Betriebsschwierigkeiten aufgetreten sind. Somit wird bestätigt, daß bei höherer Beanspruchung der Lok keine Triebwerkschäden aufgetreten sind. Diese Tatsache deckt sich auch mit meinen Erfahrungen bei anderen Dienststellen. Die Lok wurde am 30. 3. 1955 nach Nürnberg abgegeben. Vom 22. 5. bis 24. 8. 1955 wurde dann die Lok 18615 planmäßig in den Dienstplan der 01-Lok eingesetzt. Die BD Regensburg führt hierzu aus, daß bis Anfang Juli keine Betriebsstörungen aufgetreten seien, erst als die Lasten der Züge (300 t für 18$^5$ und 350 t für 01-Lok) größer als die Fahrplanregellasten waren, stellten sich Lagererwärmungen ein. Die Untersuchung hat ergeben, daß während des Einsatzes der Lok im 01-Plan während des Sommerfahrplanes, also nach nahezu 80000 km nur 5 Kuppelachslager wegen natürlicher Abnutzung erneuert werden mußten. Weiter hat die Untersuchung ergeben, daß keine Lagererwärmungen eingetreten sind bei Einhaltung der Fahrplan-Regellasten. Erst nachdem die Lok mit Lasten bis zu 420 t beansprucht worden ist, neigten die Lager zu leichter Erwärmung. Die Erfahrungen des C-Gruppenleiters ließen klar erkennen, daß diese leichte Erwärmung, noch dazu im Hochsommer, keine Veranlassung gaben, die Lok aus dem 01-Plan herauszuziehen. Auch diese Dienststelle ist der Ansicht, daß die Maschinenleistung der R 18$^6$ der größeren Kesselleistung angepaßt werden kann. Allerdings wird vorgeschlagen, eine Lok zunächst versuchsweise auf der Strecke Hof–Stuttgart einzusetzen und ihrer erhöhten Leistungsfähigkeit entsprechend zu belasten.

Zusammenfassend kann gesagt werden, daß die Maßnahmen, die Lok der R 18$^6$ grundsätzlich nicht unter 48 bzw. 50% Füllung zu fahren und die Anwendung des Frischdampfventils sich allgemein günstig auf die Schonung des Triebwerks ausgewirkt hat. Meines Erachtens bestehen somit bei den Einsatzstellen der Lok R 18$^6$ keine Gründe mehr, die die Untersuchung einer Lok durch das Lok-Versuchsamt noch notwendig erscheinen lassen.«

Die nun mögliche höhere Auslastung kam leider nur in beschränktem Maß zum Tragen: in allen Betriebswerken wurden auch weiterhin annähernd die gleichen Dienstpläne gefahren, es fand lediglich in Einzelfällen eine höhere Belastung durch Vergrößerung des Zuggewichtes statt.

Als die ersten S 3/6 den neuen Ersatzkessel erhalten und sowohl die Durchführung der Versuchsfahrten als auch der erste Betriebseinsatz gezeigt hatten, daß der Neubaukessel eine wesentlich größere Dampfleistung zu erbringen imstande war, lag es nahe, zur Fahrplanberechnung neue Geschwindigkeit-Weg-Diagramme aufzustellen. Da die Versuche mit 18 601 bekanntlich weder 1953 noch 1954 zu einem Endergebnis gebracht werden konnten und damit kein definitives Leistungsbild vorlag, zögerte das BZA Minden, ein eigenes sV-Diagramm für die Baureihe 18$^6$ herauszugeben. Auch weiterhin setzte man die Daten aller S 3/6-Spielarten mit denen der Baureihe 03 gleich, obwohl es offenkundig war, daß deutliche Unterschiede vorlagen. (Ähnlich verfuhr man bei den Reihen 01, 01$^{10}$, 03, 03$^{10}$ und 05, für die nur die Werte der 01$^0$ und 03$^0$ galten.) Im September 1955 ordnete die HVB an, die geplante abschließende Leistungsuntersuchung einer 18$^6$ vor dem Meßwagen aus Kostengründen zu streichen. Damit war es nicht mehr möglich, den Leistungszuwachs gegenüber der ursprünglichen Bauform auch rechnerisch exakt zu belegen. Man war nun auf Erfahrungen des Betriebsdienstes angewiesen, der bereits 18$^6$ in Plänen anderer Baureihen verwendet hatte. Es gab hierbei in keinem Betriebswerk Schwierigkeiten. So berichtete die BD Nürnberg am 18. Oktober 1955 dem BZA Minden: »Die Lok BR 18$^6$ ist seit Sommerfahrplan 1955 planmäßig eingesetzt. Auf den Einsatzstrecken waren die Fahrpläne bereits für die Lok BR 01 festgelegt. Der Einsatz der Lok BR 18$^6$ in diesen Fahrplänen, die allerdings auch gewisse fahrplantechnisch bedingte Reserven aufweisen, hat keine Schwierigkeiten gebracht.«

Auch die Direktionen Frankfurt und Regensburg teilten mit, daß es keine Probleme bei der Einhaltung von 01-Plänen gegeben habe. Aus einer gewissen Vorsicht heraus erließ die HVB am 5. April 1956 schließlich die Verfügung, das neue 18$^6$-Diagramm durch Verwendung des 01-Diagramms, jedoch mit um 100 t verringerter Last, aufzustellen. Diesen Anforderungen wurde die 18$^6$ freilich ohne Mühe gerecht.

Zu Beginn des Jahres 1956 wurden an mehreren Neubaukesseln Risse, ausgehend von Kesselnähten an den angeschweißten Pumpenträgern, sowie abgerissene Verankerungen im Kesselinneren festgestellt. Die Prüfung eines sofort untersuchten Kessels ergab nach Ansicht des Mindener Zentralamtes, daß nicht bedingungsgemäßer Werkstoff von Krauß-Maffei eingebaut worden sei. Das Zentralamt beauftragte daraufhin am 18. April 1956 alle Direktionen, in denen 18$^6$ beheimatet waren (Frankfurt, Regensburg, Nürnberg), mit der Überprüfung ihrer Lokomotiven. Im Schadensfall waren die Maschinen umgehend außer Betrieb zu setzen und dem AW Ingolstadt zuzuführen. Da im Kesselinneren aufgetretene Schäden von außen nicht erkennbar waren, ordnete die HVB wenige Tage später an, auch alle noch nicht schadhaften Maschinen nach und nach dem Erhaltungswerk zuzuweisen. Umseitiges Bild zeigt den Riß am Pumpenträger der Lokomotive 18606 nach dem nicht geglückten Versuch des Bw Darmstadt, ihn durch Schweißung zu beseitigen.

Im Verlauf der Jahre 1956 und 1957 mußte daher die gesamte Baureihe entweder zur Behebung von Schäden oder zur Überprüfung ins Ausbesserungswerk, wodurch in den Hauptreisezeiten Engpässe in der Gestellung von Schnellzuglokomotiven auftraten. Einige Maschinen standen für derartige L0-Bedarfsausbesserungen mehrere Monate im Ausbesserungswerk. Um den AW-Aufenthalt so kurz wie möglich zu halten, wurden die Heimat-Betriebswerke angewiesen, bei der Ausbesserungs-Vormeldung keine Kolben-, Schieber- oder Bremsuntersuchungen anzugeben.

Am 9. Juli 1956 unterrichtete das BZA Minden die betroffenen Direktionen über den Stand der Untersuchungen: »Die bei den

Kesseln der Lok BR 18⁶ auftretenden Anrisse im Kesselblech – es handelt sich hier um einen alterungsempfindlichen Werkstoff – erfordern eine besonders sorgfältige Überwachung der Kessel im Betrieb. Es müssen deshalb die gleichen Überwachungsmaßnahmen durchgeführt werden, wie sie für die Lokkessel aus St 47 K in der DV 948 vorgeschrieben sind. Es ist streng darauf zu achten, daß bei jeder festgelegten Undichtigkeit am Kessel die Lok sofort außer Betrieb zu setzen und dem Erhaltungswerk zuzuführen ist. Die Kennzeichnung der Lok mit einem zweiten Rotpunkt entfällt, da dieser nur für Kessel aus St 47 K vorgesehen ist.«

Eine Woche später ordnete das BZA Minden vorsorglich die Herabsetzung des höchstzulässigen Kesseldrucks von 16 auf 14 atü an, was sich auf die Leistung und Wirtschaftlichkeit der Baureihe negativ auswirken mußte. Da die Lokomotiven in ihren bisherigen Dienstplänen jedoch nicht vollständig ausgelastet waren, bestand keine Veranlassung zu Planänderungen. Hätte die ins Auge gefaßte Umbeheimatung nach Osnabrück-Hbf zur Beförderung der mit 120 km/h verkehrenden LS-Züge 1955 stattgefunden, wären die Auswirkungen deutlicher geworden.

Das AW Ingolstadt behob die entstandenen Schäden durch Einschweißen von Kesselflicken und anschließendes Annieten der Pendelblechbefestigungsplatten und Luft- und Speisepumpenträger. Außerdem wurden die Hängeeisenträger ausgebaut und durch durchgehende Deckenstehbolzen ersetzt (Sonderarbeit 1.209 a, b und c).

Zum Ende des Jahres 1957 war die Anbringung der kritischen Halterungen bei allen Lokomotiven geändert, so daß von seiten der BD Nürnberg am 17. Dezember 1957 beim Zentralamt die Erhöhung des Kesseldruckes auf den ursprünglichen Wert von

**62** Kesselriß am Pumpenträger der Darmstädter 18 606 nach dem mißglückten Versuch, ihn durch Schweißung zu beheben (1955). Foto: DB

**63** Noch nach frischer Farbe roch 18 626 vom Bw Regensburg, als sie Gottfried Turnwald wenige Tage nach ihrem Umbau mit einem Eilzug bei der Ausfahrt Straubing fotografierte (Februar 1956).

## Bescheinigung über Kesseluntersuchungen

### Bescheinigung

über

~~Hauptuntersuchung~~

Zwischenuntersuchung $\frac{\text{mit}}{\text{~~ohne~~}}$ Wasserdruckversuch*)

~~Wasserdruckversuch nach ausgeführten Ausbesserungen*)~~

des Kessels Fabriknummer **17693**　Baujahr **1951**

Hersteller　**Krauß - Maffei**　in　**München-Allach**

Besitzer: Deutsche Bundesbahn

Heimatdienststelle　Bw　~~Darmstadt~~　*Nürnberg Hbf.*

Der Kessel war zur Untersuchung fällig am ......... *9. 2.* 19 *57*

Er wurde außer Betrieb gestellt　　am ......... *28. 6.* 19 *56*

Er wurde der Werkstatt zugeführt　am ......... *3. 7.* 19 *56*

Er wurde vor Ablauf der Frist untersucht, weil ..............

~~Der Kessel wurde von innen und außen untersucht*)~~

Der Kessel wurde in der Feuerbüchse, in der Rauchkammer und außen an ..................... untersucht*)

Darüber hinaus wurden auf Grund ....................

folgende Teile zugänglich gemacht und untersucht ....

Bei der Untersuchung ergab sich folgendes: **Fb.Decke.Hängeträger ausbauen. Bügelanker ausbauen. Rauch- und Heizrohre abgezehrt. Bodenring Ecken li u re hint. u vorne leichte Anrisse. Langkessel am Pumpenträger li u re und an den Pendelblechwinkeln Anrisse.**

*) Nichtzutreffendes streichen.

---

Ausgeführt wurden folgende Arbeiten **Langkessel hinten und vorne je 1/2 Schuß eingeschweißt. Bodenringecken hinten und vorne re u li leichte Anrisse belassen. Sonderarbeit 1.2o9 a,b, u c ausgeführt.**
**1.2o9a = Befestigungsplatte für Pendelblech am Kessel (Umbau)**
**1.2o9b = Anbau der Untersätze am Kessel für Träger der Luft- und Speisepumpe (Umbau)**
**1.2o9c = Deckenstehbolzen- Ersatz für Hängeeisen (Umbau)**
**Heiz- und Rauchrohre gewechselt. Kessel gewaschen. Heiz- und Rauchrohre mit Spiel eingeschweißt.**

Der Kessel wurde am ......... **11.3.** 19 **57** mit einem Wasserdruck von **16 - 2o,8** .............. kg/cm² (Überdruck) mit Erfolg geprüft.

Es bestehen — keine*) — Bedenken, die nächste Zwischenuntersuchung und Hauptuntersuchung erst zum spätesten zulässigen Zeitpunkt vorzunehmen.

~~Die nächste Zwischen - Haupt - Untersuchung*) muß bis spätestens am~~　19

vorgenommen werden, weil ....................

~~Bei der nächsten Zwischenuntersuchung müssen folgende Teile besonders untersucht werden~~

Für die ~~Haupt~~ Zwischen-Untersuchung　　　Für den Wasserdruckversuch

**Ingolstadt** , den **5.2.** 19 **57**　**Ingolstadt** , den **11.3.** 19 **57**

(Dienststempel)　*Grimoll* TBOI　(Dienststempel)　*[Unterschrift]* TBOI

Der Kesselprüfer　　　　Der Kesselprüfer

Die Nieten des Fabrikschildes wurden wegen notwendiger Erneuerung wie nebenstehend neu gestempelt.

...... , den ..... 19 ...... Der Kesselprüfer

Die Speise- und Sicherheitseinrichtungen wurden geprüft und in Ordnung befunden (Bescheinigung über die Prüfung der Kesselsicherheitsventile siehe Vordruck Nr. 946.00.127)

Der Kesselprüfer

**Ingolstadt** , den **16. April** 19 **57**　*Grimoll* TBOI

*) Nichtzutreffendes streichen

---

Oben: Untersuchungsbescheinigung der Lokomotive 18 602 nach den 1956 notwendig gewordenen Änderungsarbeiten am Kessel.
Unten: Schematische Darstellung der Änderungen am Kessel 18 171 (ausgebaut aus 18 613, eingebaut in 18 612).

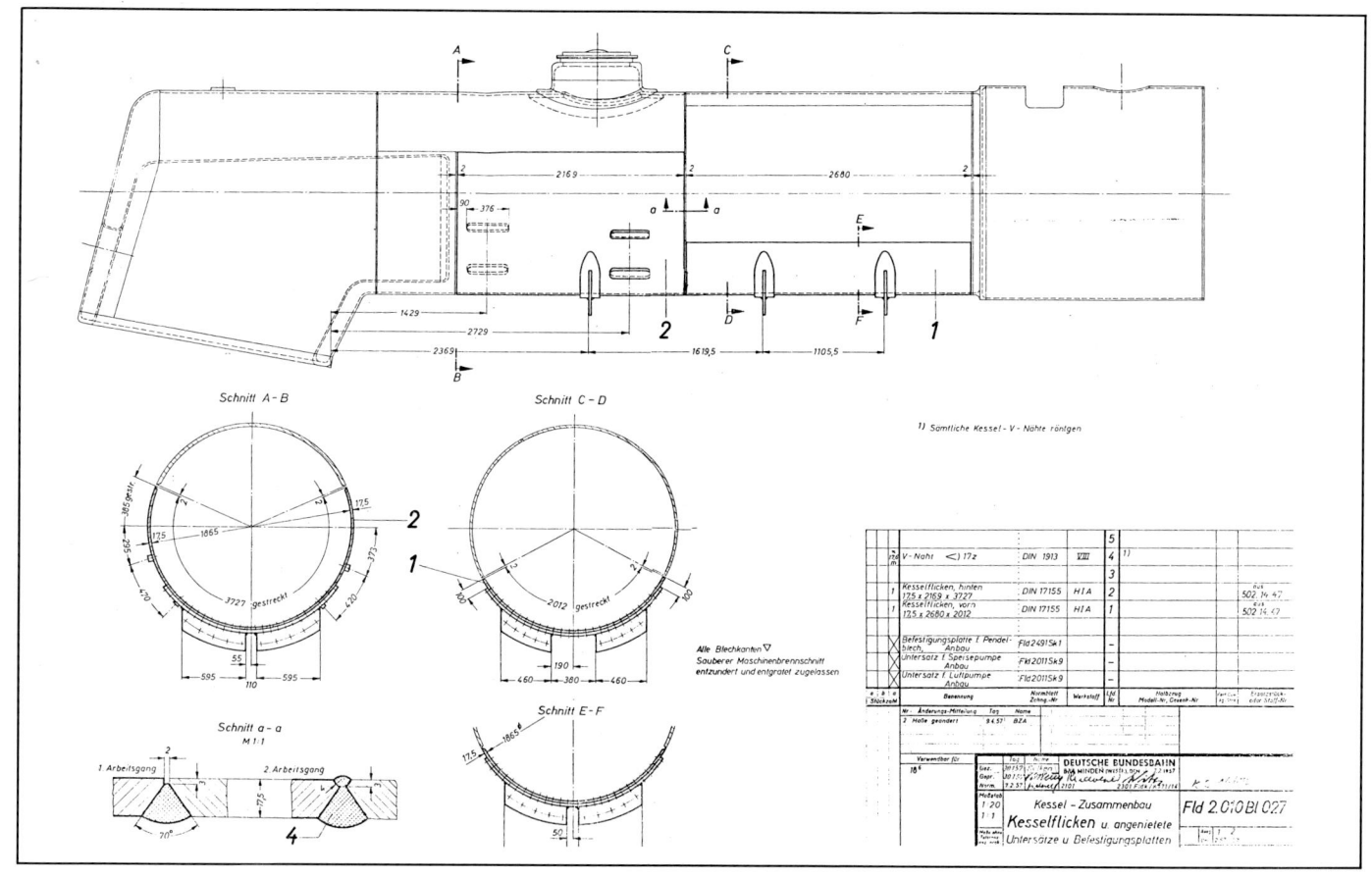

**64** Zum letzten Mal kam am 26. Mai 1962 eine S 3/6 planmäßig von Augsburg nach Weilheim/Obb. (P 1861). Aufnahme in der Lokstation Weilheim. Foto: R. Birzer

16 atü angeregt wurde. Da vom Betrieb keine Klagen über Schwierigkeiten bei der Zugförderung kamen und das Verhalten der Kessel weiter beobachtet werden sollte, blieb die Verfügung zur Druckminderung zunächst bestehen. Erst am 7. Dezember 1960, als die Abstellung der Baureihe $18^6$ bereits geplant war, erging vom BZA Minden die Weisung zur Heraufsetzung des Druckes auf 16 atü. Nach den vorliegenden Unterlagen wurde die Verfügung jedoch nicht mehr bei allen Lokomotiven ausgeführt.

Am 8. Juli 1956 entstand an 18621 (Bw Nürnberg-Hbf), die den E 572 Bayreuth–Stuttgart zog, zwischen dem Bahnhof Ellrichshausen und der Blockstelle Beuerlbach bei einer Geschwindigkeit von 100 km/h ein umfangreicher Triebwerkschaden, der durch den Verlust des rechten vorderen Niederdruck-Kreuzkopfbolzens und das Herabfallen der rechten Niederdrucktreibstange verursacht wurde. Der Schaden war in der unzureichenden Konstruktion der Lagerung und Sicherung des Kreuzkopfbolzens begründet und führte zur sofortigen Überprüfung des Zustandes der anderen Nürnberger $18^6$. Dort fand man eine erhebliche Anzahl von Sicherungsstiftschrauben, die in der Folge unzulässigen Spiels der Kreuzkopfbolzenlagerung bereits verbogen oder abgerissen waren. Das AW Ingolstadt wurde beauftragt, Stellung zu nehmen und ggf. einen Änderungsvorschlag zu machen. Da es ohne nennenswerte Kosten möglich war, die Sicherung des Kreuzkopfbolzens wirkungsvoller auszuführen, verfügte das BZA Minden am 21. Dezember 1956 die Umrüstung aller $18^6$ nach dem Vorschlag des AW Ingolstadt. Die Ausführung der Arbeiten konnte in den Heimatbetriebswerken vorgenommen werden.

Alle Neubaukessel der DB waren vollständig geschweißt, wodurch sich ihre Instandhaltung gegenüber älteren Kesselbauformen weniger aufwendig gestaltete. Um Erfahrungen über die zweckmäßigste Ausführung von Feuerbüchsbodenringen sammeln zu können, erhielten die einzelnen Neubaulokreihen und Ersatzkesseltypen verschiedene Varianten hinsichtlich der Materialwahl und Vergütung. So wurden die Bodenringe der Baureihe $18^6$ aus GS 38.1 in einem Stück gegossen, nach dem Gießen vergütet und dann geteilt. Eine Bearbeitung der Innenflächen führte man nicht durch. Über die Bewährung der jeweiligen Bauformen ließ sich das BZA Minden von den Ausbesserungs- und Betriebswerken in regelmäßigen Abständen berichten. Hier soll nur die Baureihe $18^6$ berücksichtigt sein.

Am 23. März 1956 teilte die BD Nürnberg mit, daß sich bei den Lokomotiven 18611, 612, 613 und 617 in waagerechter Richtung verlaufende, leichte Korrosionsnarben an allen vier Buchsecken zeigten, während an den übrigen zugeteilten Maschinen 18616, 618 und 621 keine Besonderheiten feststellbar waren. Bereits zum damaligen Zeitpunkt ließen die von den einzelnen Direktionen eintreffenden Berichte erkennen, daß sich Bodenringecken mit hartverchromter Innenfläche, wie sie schon in Lokomotiven der Baureihen $01^{10}$ und 66 in Verwendung waren, am besten bewährten.

Im Januar 1957 wiesen nun alle sieben $18^6$ der BD Nürnberg, die inzwischen Laufleistungen zwischen 175000 und 325000 km seit ihrem Umbau zurückgelegt hatten, Korrosionsnarben auf, die an den hinteren Ecken ausgeprägter als an den vorderen in Erscheinung traten. Die übrigen Direktionen meldeten die gleiche Tendenz. Bei anstehenden Untersuchungen erhielten daher Lokomotiven mit erneuerungsbedürftigen Bodenringecken nur noch solche aus hartverchromtem Stahlguß.

Mit Jahresende 1957 waren die – wenn man so sagen will – Kinderkrankheiten der $18^6$-Neubaukessel beseitigt, so daß sich der weitere Dienst der Maschinen problemlos gestaltete. Die nun erreichte volle Tauglichkeit der Umbaulokomotiven konnte sich allerdings nur noch in Grenzen erweisen, da im Zuge des Strukturwandels rasch ein Einsatzgebiet nach dem anderen an modernere Fahrzeuge verlorenging. Im Oktober 1957 wurden die Hofer $18^6$ überflüssig, nachdem in Würzburg durch Elektrifizierung freigewordene 01 an ihre Stelle getreten waren, im gleichen Monat mußten die Darmstädter Maschinen abtreten, da die meisten ihrer Züge nun elektrisch gefahren wurden, und nur knapp zwei Jahre später, im Mai 1959, war das »Aus« für die Regensburger $18^6$ gekommen, weil auch dort der Fahrdraht den Fortschritt gebracht hatte. Als wiederum zwei Jahre später auch in Ulm Schluß war, blieb als letzte Heimatstätte nur noch Lindau übrig, das 1961 nach zahlreichen Zugängen aus anderen Betriebswerken seinen höchsten S 3/6-Bestand aufzuweisen hatte, der allerdings für die dortigen Bedürfnisse viel zu hoch war. Daher war der Schritt zur kontinuierlichen Abstellung der Maschinen nicht weit, zumal die V 200 im Kommen war.

So schwebte die nur zwölfjährige Betriebszeit der Umbaulokomotiven zu einem großen Teil unter dem Damoklesschwert der frühzeitigen Ablösung durch andere Maschinen. Dies stand in krassem Gegensatz zur Beliebtheit der Lokomotiven bei ihren Personalen. Dem Verfasser ist bisher noch kein einziger Lokführer oder Heizer bekannt geworden, der auf der S 3/6 nicht gerne gefahren ist. Daher lag beim Ausscheiden der Baureihe im Jahr 1965 das Bedauern nicht nur auf seiten der zahlreichen Eisenbahnfreunde, sondern ebenso bei den Männern, die tagtäglich mit der S 3/6 zu tun hatten.

**65**  Eine der ersten 18⁶ des Bw Lindau war 18609, die dort ab März 1957 beheimatet war. Im Bild führt sie den E 4693 bei Ulm-Donautal am 2. September 1957.
Foto: U. Montfort

**66**  Der Einsatz beim Bw Lindau stellte an die S 3/6 jahrzehntelang insbesondere im Winter harte Anforderungen, da das Allgäu zu den schneereichsten Regionen Deutschlands gehört. Die Aufnahme aus dem Winter 1959/60, auf der die vereiste 18603 beim Zwischenhalt in Kaufbeuren zu sehen ist, sagt mehr als alle Worte.
Slg: E. Mayer

**67** Im Morgenlicht des 12. Oktober 1951 stehen am Bahnsteig des Augsburger Hauptbahnhofes zwei edle Renner nebeneinander!    Foto: DB

# 59 Jahre Betriebsdienst

Wirtschaftliche, betriebliche und ästhetische Vorzüge brachten der S 3/6 hohes Ansehen bei Fachleuten und Laien ein und zeugten von der Fähigkeit ihrer Schöpfer. Nur wenige Lokomotivbaureihen erreichten ein so hohes Alter wie diese schon zur Legende gewordene Maschine, die erst 59 Jahre nach ihrem Erscheinen aus dem Dienst ausschied (1908–1967). Die Zahl der Lokgattungen, die eine vergleichbar weite Verbreitung auf Deutschland und das benachbarte Ausland fanden, ist sehr gering.

Über sechs Jahrzehnte hinweg entwickelte sich ein überaus vielschichtiges Bild des Betriebsdienstes, das im folgenden auf die jeweiligen Heimat-Betriebswerke bezogen wurde. Darüberhinaus hat der Leser die Möglichkeit, die Lebensgeschichten der 159 Lokomotiven am Ende dieses Buches zu verfolgen. Ihre Nachzeichnung gelang mit unterschiedlichem Erfolg: lag das Betriebsbuch vor, so war in der Regel ein lückenloses Bild zu erreichen; ließen sich die Lokomotivunterlagen nicht auffinden, waren die erfreulicherweise noch existierenden statistischen Nachweise der Reichs- und Bundesbahndirektionen München, Nürnberg und Regensburg, sowie eine Vielzahl von Lokomotivkarteikarten und sonstige amtliche Listen eine willkommene Hilfe. Man möge bedenken, daß insbesondere durch den Zweiten Weltkrieg, aber auch ganz einfach durch die Zeitläufe viele Unterlagen der Direktionen und Betriebswerke verschwunden sind.

Bevor wir mit der detaillierten Darstellung des Betriebsdienstes beginnen, sei des besseren Gesamtüberblicks wegen eine stichwortartige Zusammenfassung der wesentlichsten S 3/6-Lebensdaten gegeben:

**1908:** Erste S 3/6 wird am 16. Juli von J. A. Maffei angeliefert. Diese und alle weiteren Maschinen der Baujahre 1908–1911 gehen zur Bw München I. Dort Bespannung der meisten Schnellzüge auf den wichtigen Hauptstrecken, 3602 auf Ausstellung »München 1908«.

**1910:** 3618 auf Weltausstellung Brüssel.

**1912:** Anlieferung von 18 S 3/6 mit 2000 mm Treibraddurchmesser (3624–3640). Verteilung auf die Bw München I und Nürnberg-Hbf. Langläufe Nürnberg–Halle (314 km), Nürnberg–Lindau (330 km) München–Aschaffenburg (367 km).

**1914:** Anlieferung von 10 S 3/6 mit kürzerem Radstand für das pfälzische Netz der K.B.St.B. (341–350). Stationierung in Ludwigshafen. Langlauf Metz–Stuttgart (312 km).

**1915:** S 3/6 neu in Würzburg, Aschaffenburg und Hof.

**1919:** Als Kriegsfolge Ablieferung von 16 »Armistice«-S 3/6 an Frankreich (dort Einsatz bis 1942) und 3 Stück an Belgien (Abstellung bereits in den zwanziger Jahren).

**1923:** Erstmals auch bei den Bw Regensburg und Lindau S 3/6. Nachbeschaffung von verstärkten und modernisierten Lokomotiven (3680ff.).

**1924:** Lieferung der letzten S 3/6 unter bayerischer Betriebsnummer (3694–3709). Seit den zwanziger Jahren weitere Langläufe (München–Frankfurt 413 km, Nürnberg–Leipzig 323 km), Führung der Luxuszüge L 51/52 »Ostende–Wien–Expreß«, L 62/63 »Orient-Expreß«, L 64/65 »Paris–Karlsbad–Prag-Expreß«.

**1926:** Nachbeschaffung nochmals verstärkter S 3/6, Anlieferung bereits unter DR-Betriebsnummer 18 509ff.

**1927:** S 3/6-Zuteilung an das Bw Augsburg.

**1928:** Erstmals Zuteilung von S 3/6 an außerbayerische Betriebswerke, zunächst Wiesbaden. Dort Führung des FFD 101/102 »Rheingold« zwischen Mannheim und Zevenaar (410 km). FD 263/264 München–Holland auf dem deutschen Streckenteil ausschließlich von S 3/6 geführt.

**1929:** S 3/6 beim Bw Halle P, u. a. Durchlauf Berlin–Kassel (430 km). Bespannung mehrerer Schnellzüge zwischen München und Berlin ausschließlich mit S 3/6 der Betriebswerke München-Hbf, Nürnberg-Hbf und Halle P.

**1930:** Anlieferung der beiden letzten Maffei-S 3/6 (18529/530) und der 18 von Henschel in Lizenz gebauten $18^5$ (18531–548). Ende der S 3/6-Beschaffung. Neu-Stationierung in Darmstadt und Osnabrück Br., dort Langlauf Köln–Hamburg (452 km).

**1931:** $18^5$ in Mainz, Durchlauf Frankfurt–Zevenaar (375 km). »Rheingold« jetzt vom dortigen Betriebswerk übernommen. Abgabe der Osnabrücker $18^5$.

**1933:** Luxuszug L 51/52 »Ostende–Wien-Expreß« von 1933 bis 1937 mit großrädrigen S 3/6 des Bw Passau im Durchlauf Passau–Frankfurt (456 km) bespannt.

**1934:** Abgabe der S 3/6 aus Halle P.

**1935:** Neu-Beheimatung in Bamberg, Treuchtlingen und Bingerbrück. Allmähliches Zurückdrängen der S 3/6 aus den bisherigen Einsatzgebieten durch Einheitsloks der Baureihen 01 und 03.

**1936:** Längster planmäßiger Durchlauf in der S 3/6-Geschichte: D 463 München–Frankfurt Süd–Köln = 635 km.

**1938:** Versetzung von acht pfälzischen S 3/6 zum Bw Heydebreck in Oberschlesien für Korridorzüge nach Wien (333 km).

**1939:** Linz an der Donau erhält S 3/6.

**1940:** Abgabe der Heydebrecker S 3/6. Kriegsbedingt Ende bzw. Rückgang der Leistungen vor Luxus-, F- und D-Zügen.

**1942:** Die 16 als »Armisticelokomotiven« im Jahr 1919 an Frankreich abgetretenen S 3/6 werden als »Leihlokomotiven« bzw. »Rückführlokomotiven« den Bw München-Hbf und Würzburg zugeteilt.

**1943:** Abgabe der Linzer und Bingerbrücker Lokomotiven.

**1945:** Nur sehr wenige S 3/6 betriebsfähig. Abgabe der Würzburger Maschinen. In Kempten Aufbau einer größeren Gruppe S 3/6. Rückgabe der ETAT-231 an Frankreich. Ausmusterung der $18^4$ beginnt.

**1946:** Abgabe der Mainzer $18^5$.

**1948:** Ingolstadt bekommt $18^5$.

**1949:** S 3/6-Zuteilung an Neu-Ulm. Ausmusterung von 17 S 3/6.

**1950:** Ausmusterung von 27 S 3/6. 18451 wird Versuchslok beim LVA Göttingen. Abgabe der Wiesbadener, Treuchtlinger, Kemptener und Ingolstädter Maschinen. München-Hbf mustert seine letzten Lokomotiven aus.

**1951:** 18451 kommt zum neuen LVA Minden/Westf. Die Lok fährt am 2. Mai Langstreckenrekordfahrt Hamburg–München (820 km).

**1952:** Mit Beginn der fünfziger Jahre erhält die S 3/6 wieder zahlreiche Leistungen im schnellen Reisezugverkehr (u. a. F 3/4, F 19/20, F 51/52). LVA-18451 wird z-gestellt.

**1953:** Indienststellung der ersten mit Krauß-Maffei-Neubaukessel versehenen S 3/6 (neue Betriebsnummer 18601ff.) in Darmstadt. Abgabe der Bamberger und Nürnberger Maschinen. In Ulm erstmals S 3/6.

1954: Ausmusterung der 18⁴⁻⁵ beginnt. 18⁶-Zuteilung an das Bw Hof.

1955: 18⁶-Zuteilung an die Bw Regensburg und Nürnberg-Hbf. Durchlauf Hof–Stuttgart (372 km). 18505 kommt zum LVA Minden. Neu-Ulm gibt seine Maschinen ab.

1957: Abgabe der Darmstädter und Hofer S 3/6. Ulm und Lindau bekommen 18⁶. 18630 wird als letzte Umbaulok in Dienst gestellt.

1958: Abgabe der Nürnberger 18⁶. S 3/6 wird 50 Jahre alt. 18451 wird als erste S 3/6 Museumslok.

1959: Abgabe der Regensburger 18⁶.

1961: Abgabe der Augsburger und Ulmer Lokomotiven. Jetzt nur noch in Lindau S 3/6. Erste 18⁶ ausgemustert.

1962: 18478 geht in Privathand über.

1963: Ende der Schnellzugleistungen.

1964: Letzter S 3/6-Dienstplan im Sommer, Planende 26. September. Anschließend nur noch Bedarfseinsatz. 18528 wird Denkmallok.

1965: 18622 am 1. September als letzte 18⁶ abgestellt.

1967: 18505 (LVA Minden) als letzte S 3/6 am 21. Mai abgestellt.

1969: Ausmusterung der letzten S 3/6 (18505) am 10. Juli.

1971: Verschrottung von 18622. Jetzt neben den bisher erhaltenen S 3/6 (18451, 478, 528) nur noch 18505, 508, 602, 610 und 612 vorhanden.

1972: 18505 wird von der »Deutschen Gesellschaft für Eisenbahngeschichte e. V.« übernommen.

1973: 18508 geht in Privatbesitz über und wird in die Schweiz überführt.

1975: 18612 kommt ins »Deutsche Dampflokomotiv-Museum« Neuenmarkt.

1976: Fahrgestell, Zylinderblock und Kopfteil von 18610 werden im DDM aufgestellt.

1983: 18602 wird verschrottet mit Ausnahme des Radsatzes, der 1984 auf dem Saarbrücker Bahnhofsvorplatz aufgestellt wird.

Betriebswerke: Erstzuteilung – Abgabe bzw. Ausmusterung

| Aschaffenburg | 1915–1918, 1920–1928 |
|---|---|
| Augsburg | 1927–1961 |
| Bamberg | 1935–1953 |
| Bingerbrück | 1935–1943 |
| Buchloe | 1950, 1952 |
| Darmstadt | 1930–1957 |
| Dresden-Altstadt | 1915–1916, 1947 |
| Eger | 1934, 1939 |
| Freilassing | 1927–1945 (mit Unterbrechungen) |
| Göttingen P | 1950–1951 |
| Halle P | 1929–1934 |
| Heydebreck | 1938–1940 |
| Hof | 1918–1957 |
| Ingolstadt | 1934–1935, 1948–1950 |
| Kempten | 1933–1936, 1945–1950, 1952, 1955 |
| Landshut | 1933–1937 |
| Lehrte | 1968–1969 |
| Lindau | 1923–1966 |
| Linz/Donau | 1939–1943 |
| Ludwigshafen | 1914–1938 |
| Mainz | 1931–1946 |
| Minden/Westf. | 1951–1954, 1955–1968 |
| Mühldorf | 1933, 1934, 1945, 1946 |
| München I/-Hbf | 1908–1950, 1953 |
| Neu-Ulm | 1949–1955 |
| Nürnberg-Hbf | 1912–1953, 1955–1958 |
| Osnabrück Br. | 1930–1931 |
| Passau | 1930–1937 |
| Regensburg | 1923–1959 |
| Rosenheim | 1927, 1928 |
| Treuchtlingen | 1935–1950 |
| Ulm | 1953–1961 |
| Wiesbaden | 1928–1931, 1932–1939, 1943–1950 |
| Würzburg | 1915–1945 |
| Belgien | 1919–1924/25 |
| Frankreich | 1919–1942, 1945–1950 |

**68** S 3/6 3619 (DR 18416) der Betriebswerkstätte München I hat sich im Münchener Centralbahnhof vor ihren Zug gesetzt (um 1912). Slg: Dr. G. Scheingraber

**69** Fast sechzig Jahre lang überquerten S 3/6 die Donau in Ulm. Diese in unseren Augen lange Zeitspanne wird relativiert durch das im Hintergrund sichtbare, inzwischen 600 Jahre alte gotische Ulmer Münster, dessen 161 m hoher Turm (größter Kirchturm der Welt) dem Treiben in der Tiefe mit erhabener Gelassenheit zusieht. 18512 vom Bw Lindau hat gerade den Hauptbahnhof verlassen und strebt nun mit E 712 Ulm−Oberstdorf ihrem Ziel Kempten-Hbf zu (24. April 1958). Foto: U. Montfort

## Jährlicher Bestand an S 3/6
(jeweils per 31. Dezember)

| Jahr | Bestand | Bemerkung |
|---|---|---|
| 1908 | 7 | Neulieferung 3601−3607 |
| 1909 | 17 | Neulieferung 3608−3617 |
| 1910 | 17 | |
| 1911 | 23 | Neulieferung 3618−3623 |
| 1912 | 40 | Neulieferung 3624−3640 |
| 1913 | 42 | Neulieferung 3641−3642 |
| 1914 | 59 | Neulieferung 3643−3649, 341−350 |
| 1915 | 64 | Neulieferung 3650−3654 |
| 1916 | 64 | |
| 1917 | 69 | Neulieferung 3655−3659 |
| 1918 | 89 | Neulieferung 3660−3679 |
| 1919 | 70 | Armisticelokomotiven an Frankreich und Belgien: 3602, 3605, 3618, 3620, 3622, 3646, 3649, 3665, 3666, 3668, 3669, 3670, 3672, 3674, 3675, 3676, 3677, 3678, 3679 |
| 1920 | 70 | |
| 1921 | 70 | |
| 1922 | 70 | |
| 1923 | 84 | Neulieferung 3680−3693 |
| 1924 | 100 | Neulieferung 3694−3709 |
| 1925 | 100 | |
| 1926 | 109 | Neulieferung 18509−517 |
| 1927 | 114 | Neulieferung 18518−522 |
| 1928 | 120 | Neulieferung 18523−528 |
| 1929 | 120 | |
| 1930 | 140 | Neulieferung 18529−548 |
| 1931 | 140 | |
| 1932 | 140 | |
| 1933 | 140 | |
| 1934 | 140 | |
| 1935 | 140 | |
| 1936 | 140 | |
| 1937 | 140 | |
| 1938 | 140 | |
| 1939 | 140 | |
| 1940 | 140 | |
| 1941 | 140 | |
| 1942 | 156 | ETAT-231 als »Rückführlokomotiven« wieder im DR-Bestand (16 Lok) |
| 1943 | 156 | |
| 1944 | 156 | |
| 1945 | 139 | + 18428, Rückgabe der ETAT-231 (16 Lok) an Frankreich |
| 1946 | 135 | + 18403, 413, 414, 488 |
| 1947 | 133 | + 18425, 515 |
| 1948 | 130 | + 18426, 474, 533 |
| 1949 | 113 | + 18401, 402, 404, 406, 410, 418, 420, 422, 423, 429, 442, 443, 445, 446, 447, 452, 456 |
| 1950 | 86 | + 18405, 407, 408, 409, 411, 412, 415, 416, 417, 419, 421, 424, 427, 430, 431, 432, 433, 434, 441, 444, 449, 450, 453, 454, 455, 457, 458 |
| 1951 | 85 | + 18448 |
| 1952 | 85 | |
| 1953 | 84 | + 18468 |
| 1954 | 78 | + 18451, 461, 463, 476, 477, 503 |
| 1955 | 68 | + 18464, 466, 467, 469, 475, 480, 491, 499, 504, 506 |
| 1956 | 58 | + 18465, 479, 482, 484, 485, 486, 489, 496, 497, 498 |
| 1957 | 51 | +18470, 487, 490, 494, 501, 502, 513 |
| 1958 | 44 | + 18462, 492, 493, 500, 519, 538, 541 |
| 1959 | 39 | + 18471, 472, 473, 495, 507 |
| 1960 | 35 | + 18478, 483, 516, 537 |
| 1961 | 28 | + 18481, 512, 604, 618, 621, 624, 625 |
| 1962 | 21 | + 18508, 601, 606, 609, 610, 626, 627 |
| 1963 | 14 | + 18528, 605, 607, 608, 619, 623, 628 |
| 1964 | 6 | + 18602, 611, 612, 613, 615, 616, 617, 629 |
| 1965 | 4 | + 18614, 620 |
| 1966 | 1 | + 18603, 622, 630 |
| 1967 | 1 | |
| 1968 | 1 | |
| 1969 | − | + 18505 |

# Übersicht über die S 3/6-Zuteilung der Direktionen München, Nürnberg und Regensburg

## RBD/ED München 1923–1950:

|  | S 3/6 |
|---|---|
| 01.12.23: | 33 |
| 01.12.25: | 33 |
| 01.01.27: | 33 |
| 01.07.27: | 40 |
| 01.01.28: | 33 |
| 01.07.28: | 23 |
| 31.12.28: | 17 |
| 31.12.29: | 17 |

|  | $18^4$ | $18^5$ | 231 |
|---|---|---|---|
| 30.06.30: | 16 | 5 | – |
| 31.12.30: | 15 | 5 | – |
| 30.06.31: | 7 | 5 | – |
| 30.06.32: | 7 | 5 | – |
| 30.06.33: | 7 | 5 | – |
| 31.12.33: | 7 | 5 | – |
| 30.06.34: | 13 | – | – |
| 31.12.34: | 14 | – | – |
| 30.06.35: | 17 | – | – |
| 31.12.35: | 18 | – | – |
| 31.12.36: | 18 | – | – |
| 31.12.37: | 18 | – | – |
| 31.12.38: | 18 | – | – |
| 31.12.39: | 19 | – | – |
| 31.12.40: | 22 | – | – |
| 31.12.41: | 22 | – | – |
| 31.12.42: | 22 | – | 6 |
| 31.12.43: | 21 | – | 6 |
| 31.01.45: | 21 | – | 6 |
| 30.11.45: | 14 | – | – |
| 31.01.46: | 14 | 5 | – |
| 28.02.46: | 12 | 6 | – |
| 31.12.46: | 11 | 6 | – |
| 31.12.47: | 9 | 8 | – |
| 31.01.48: | 9 | 5 | – |
| 31.01.49: | 9 | 6 | – |
| 30.04.49: | 6 | 6 | – |
| 30.09.49: | 5 | 6 | – |
| 31.10.49: | 5 | 7 | – |
| 30.04.50: | 5 | 4 | – |
| 31.05.50: | 5 | – | – |
| 31.07.50: | 5 | – | – |
| 31.08.50: | – | – | – |

## RBD/ED/BD Nürnberg 1923–1958:

|  | S 3/6 |
|---|---|
| 16.11.23: | 22 |
| 24.06.24: | 33 |

|  | $18^4$ | $18^{4-5}$ | $18^5$ | 231 |
|---|---|---|---|---|
| 31.12.29: | 19 | 11 | 6 | – |
| 30.06.30: | 20 | 23 | 6 | – |
| 31.12.30: | 20 | 23 | 10 | – |
| 30.06.31: | 18 | 22 | 10 | – |
| 30.06.32: | 18 | 22 | 10 | – |
| 31.12.32: | 16 | 22 | 10 | – |
| 31.12.33: | 16 | 24 | 10 | – |
| 31.12.34: | 16 | 22 | 10 | – |
| 31.12.35: | 15 | 17 | 6 | – |
| 31.12.36: | 16 | 16 | 6 | – |
| 31.12.38: | 16 | 16 | 6 | – |
| 30.06.39: | 10 | 16 | 6 | – |
| 31.12.39: | 10 | 17 | 5 | – |
| 31.03.40: | 13 | 17 | 6 | – |
| 30.11.40: | 13 | 16 | 6 | – |
| 31.12.41: | 13 | 16 | 5 | – |
| 31.03.42: | 13 | 16 | 6 | 6 |
| 30.04.42: | 13 | 16 | 6 | 8 |
| 31.07.42: | ? | ? | ? | 10 |
| 31.03.43: | 14 | 16 | 6 | 10 |
| 31.12.43: | 19 | 19 | 3 | 10 |
| 31.01.44: | 19 | 22 | – | 10 |
| 31.05.44: | 19 | 22 | – | 10 |
| 31.07.45: | 5 | 23 | – | – |
| 31.10.45: | 19 | 15 | 6 | – |
| 31.10.46: | 16 | 21 | 3 |  |
| 30.11.47: | 16 | 21 | 7 |  |
| 26.06.48: | 17 | 17 | 7 |  |
| 25.09.48: | 18 | 17 | 3 |  |
| 31.12.48: | 18 | 12 | 1 |  |
| 29.01.49: | 18 | 12 | – |  |
| 30.04.49: | 13 | 12 | – |  |
| 27.05.50: | 13 | 13 | – |  |
| 30.09.50: | – | 13 | – |  |
| 28.10.50: | – | 12 | – |  |
| 28.06.51: | – | 12 | – |  |
| 26.06.52: | – | 12 | – |  |
| 29.01.53: | – | 11 | – |  |
| 26.03.53: | – | 9 | – |  |
| 30.04.53: | – | 6 | – |  |
| 30.07.53: | – | 4 | – |  |
| 24.09.53: | – | 2 | – |  |
| 29.10.53: | – | – | – |  |
| 30.10.54: | – | – | – |  |

|  | $18^{4-5}$ | $18^5$ | $18^6$ |
|---|---|---|---|
| 31.03.55: | – | – | 1 |
| 28.04.55: | – | – | 2 |
| 26.05.55: | – | – | 6 |
| 30.06.55: | – | – | 7 |
| 31.12.55: | – | – | 7 |
| 28.06.56: | – | – | 7 |
| 26.07.56: | – | – | 8 |
| 30.08.56: | – | – | 7 |
| 25.04.57: | – | – | 8 |
| 31.12.57: | – | – | 8 |
| 27.02.58: | – | – | 5 |
| 26.06.58: | – | – | 3 |
| 25.09.58: | – | – | 3 |
| 30.10.58: | – | – | – |

## RBD/ED/BD Regensburg 1945–1959:

| | $18^4$ | $18^{4-5}$ | $18^5$ | $18^6$ |
|---|---|---|---|---|
| 31.01.45: | 19 | 4 | – | |
| 31.08.45: | 17 | 4 | – | |
| 31.01.46: | 16 | 4 | – | |
| 31.05.46: | 15 | 4 | – | |
| 31.05.47: | 15 | 4 | – | |
| 29.05.48: | 15 | 4 | – | |
| 31.07.48: | 15 | 8 | – | |
| 30.10.48: | 13 | 9 | – | |
| 26.02.49: | 13 | 9 | – | |
| 30.04.49: | 10 | 9 | – | |
| 29.04.50: | 9 | 9 | 3 | |
| 27.05.50: | 9 | – | 16 | |
| 30.12.50: | – | – | 18 | |
| 27.12.51: | – | – | 18 | |
| 31.12.52: | – | – | 18 | |
| 31.12.53: | – | – | 18 | |
| 25.11.54: | – | – | 17 | 1 |
| 31.12.54: | – | – | 15 | 3 |
| 31.03.55: | | – | 13 | 4 |
| 26.05.55: | | – | 15 | 1 |
| 30.06.55: | | – | 12 | 3 |
| 28.07.55: | | – | 11 | 4 |
| 27.10.55: | | – | 11 | 5 |
| 24.11.55: | | – | 10 | 6 |
| 31.12.55: | | – | 9 | 7 |
| 26.01.56: | | – | 7 | 9 |
| 29.03.56: | | – | 6 | 9 |
| 26.04.56: | | – | 5 | 9 |
| 30.05.56: | | – | 4 | 10 |
| 28.06.56: | | – | 3 | 11 |
| 26.07.56: | | – | 3 | 10 |
| 30.08.56: | | – | 3 | 11 |
| 25.04.57: | | – | 3 | 11 |
| 29.05.57: | | – | – | 11 |
| 26.09.57: | | – | – | 11 |
| 31.10.57: | | – | – | 9 |
| 31.12.57: | | – | – | 8 |
| 29.05.58: | | – | – | 8 |
| 26.06.58: | | – | – | 9 |
| 27.11.58: | | – | – | 10 |
| 29.01.59: | | – | – | 9 |
| 30.04.59: | | – | – | 7 |
| 29.05.59: | | – | – | 6 |
| 25.06.59: | | – | – | – |

**70** Bei Nürnberg-Dutzendteich begegnet uns 18463 um 1935 im Personenzugdienst. Die Werbeanschrift am Geländer der Bahnüberführung weist auf die damals bereits einsetzende Straßenverkehrskonkurrenz hin.

Slg: C. Asmus

## Bw München I/-Hbf

Erste Betriebswerkstätte und gleichzeitig bedeutendster Standort der S 3/6 für die Jahre bis 1928 war München I. Dorthin kamen bis zur Lieferung des Jahres 1918 die meisten der fabrikneuen Maschinen, so daß die Mehrzahl der von München abgehenden D-Züge dieser Zeit mit den modernsten Lokomotiven bespannt werden konnten. Im Jahr 1914 standen rund vierzig S 3/6 zur Verfügung, die auf den Strecken nach Würzburg, Nürnberg, Regensburg, Salzburg, Kufstein, Lindau und Ulm hauptsächlich Schnellzüge führten, während die im selben Jahr zugeteilten zehn S 3/5 H, fünfzehn S 3/5 N, vier S 2/5 und acht P 3/5 die leichteren Schnell- und Personenzüge zogen. München gab nach und nach S 3/6 an andere Betriebswerkstätten ab, behielt aber vorerst neben Nürnberg und Ludwigshafen, denen ab 1912 bzw. 1914 jeweils eine kleinere Anzahl S 3/6 zur Verfügung stand, das Monopol für diese Lokgattung.

Die erste Lokomotive, S 3/6 3601, wurde am 24. November 1908 abgenommen, nachdem sie zuvor mehrere Monate im Probebetrieb gestanden hatte. Die weiteren sechs S 3/6 des Baujahrs 1908, die im Herbst von J. A. Maffei angeliefert wurden, übernahm die Bahnverwaltung im November und Dezember, so daß für den Rest des Jahres nur noch wenige Kilometer zusammenkamen:

1908:  Schnell- und Eilzüge    = 5816 km
       Personenzüge           = 2042 km
       Sonstige                = 75 km
       zusammen            = 7933 km

Im Herbst 1909 kamen zehn neue S 3/6 hinzu. Sie leisteten zusammen mit den ersten sieben Maschinen:

1909:  Schnell- und Eilzüge    = 736120 km
       Personenzüge           = 17890 km
       Sonstige      ca.   3000 km
       zusammen          = 757000 km

Im folgenden Jahr war der Lokomotivbestand von siebzehn S 3/6 konstant, so daß wir aus den Jahreswerten einen verläßlichen Schnittwert der einzelnen Lokomotivleistung herauslesen können:

1910:  Schnell- und Eilzüge    = 1701110 km
       Personenzüge           = 19835 km
       Sonstige                = 3000 km
       zusammen          = 1723945 km

Damit entfallen auf jede der siebzehn Maschinen gut 101000 km Jahreslaufleistung, die für damalige Zeiten einen enormen Wert darstellen. Die Vorbereitungs- und Abschlußzeiten einer Dienstschicht waren noch wesentlich länger als während der späteren Reichs- oder gar Bundesbahnzeit, die Streckenhöchstgeschwindigkeiten geringer und die Ausbesserungszeiten länger (letzteres fällt allerdings nur unwesentlich ins Gewicht, da an den neuen Lokomotiven noch keine Untersuchungen nach Zeit- oder Kilometerfrist anfielen). Der Vergleich mit den jährlich gefahrenen Kilometern späterer Zeiten macht deutlich, welche Bedeutung die S 3/6 vor dem Ersten Weltkrieg hatte.

Im Jahr 1911 trafen wieder neue Maschinen ein, und zwar sechs Stück zwischen April und Juli:

1911:  Schnell- und Eilzüge    = 1903442 km
       Personenzüge           = 20730 km
       Sonstige                = 3800 km
       zusammen          = 1927972 km

Im nächsten Jahr erschienen die neuen großrädrigen S 3/6, von denen die eine Hälfte zur Bw München I und die andere nach Nürnberg kam, womit zum ersten Mal eine andere Betriebswerkstätte S 3/6 erhielt. Die Münchener fuhren mit ihnen die Ohne-Halt-Züge D 57/58 zwischen München und Würzburg und D 79/80 zwischen München und Nürnberg, die zunächst mit kleinrädrigen Lokomotiven bespannt waren.

Mit Kriegsausbruch 1914 gingen die Kilometerleistungen insbesondere der Schnellzugmaschinen schlagartig zurück. Dies belegt die Aufstellung dieses Jahres, die für 49 S 3/6 (das sind 39 Münchener und 10 Nürnberger ausschließlich der 10 Ludwigshafener) gilt:

1914:  Schnell- und Eilzüge    = 2900450 km
       Personenzüge           = 128110 km

**71**   Prächtiges Bild der Münchener S 3/6 3608 (DR 18406), aufgenommen von Dr. Feißel im Jahr 1910 in Ulm. Man betrachte die vielen Einzelheiten der Aufnahme, um zu erkennen, wie grundlegend sich der Eisenbahnbetrieb seit jener Zeit verändert hat. Lokomotive, Wagen, Signale, Gleise, Bettung, Personal und nicht zuletzt der gepflegte Zustand der Maschine ... alles sieht heute anders aus!

**72** Münchener Bahnhofsatmosphäre um 1913: S 3/6 3629 (DR 18 446), eine der neuen Maschinen mit 2 m-Treibrädern, kurz vor der Abfahrt.     Slg: Dr. G. Scheingraber

| Sonstige | = | 58 650 km |
|---|---|---|
| Militärzüge | = | 231 815 km |
| zusammen | = | 3 319 025 km |

Da 8 der 49 S 3/6 erst zwischen Januar und Juni 1914 in Dienst gingen, sei der Schnittwert aus 45 Maschinen gebildet. Er beträgt rund 73 000 km und liegt weit unter dem der Vorjahre. Der Münchener S 3/6-Bestand von 1914:

| 30.06.14: | 3601–3623 | = | 23 |
|---|---|---|---|
| | 3628–3635 | = | 8 |
| | 3642–3649 | = | 8 |
| | 346 | = | 1 |

Die kriegsbedingt verminderte Zahl der Schnellzüge gestattete nun, einige der Münchener S 3/6 abzugeben, wovon zwischen 1914 und 1918 die Betriebswerkstätten Nürnberg-Hbf, Hof, Aschaffenburg und Würzburg profitierten. Dennoch gingen weiterhin fast alle Neulieferungen an die Bw München I, deren Bestand allerdings von 1914–1918 zusätzlich die ständige Abgabe von Lokomotiven an die Militär-Eisenbahndirektion II in Frankreich zu verkraften hatte. Nachweislich waren die Betriebsnummern 3611, 3612, 3613, 3614, 3615, 3642, 3645 und 3652 zeitweise und zum Teil mehrmals im französischen Kriegsgebiet. Wenn eine Maschine zu einer größeren Reparatur oder Untersuchung anfiel, war umgehend Ersatz zu stellen. Der weitere S 3/6-Betrieb bis zum Beginn der zwanziger Jahre war von mäßigen Leistungen gekennzeichnet, da auch nach 1918 erst allmählich wieder Schnellzüge im vor 1914 üblichen Maß gefahren wurden. Einige Zeit war in den Fahrplänen bei einer Reihe von D-Zügen noch der Hinweis »verkehrt vorerst nicht« angefügt. Nur langsam erholte sich der Eisenbahnbetrieb von den Kriegsfolgen, von denen als einschneidendste die Ablieferung einer großen Zahl Lokomotiven an die Entente zu bezeichnen ist. Unter ihnen waren auch zahlreiche Münchener S 3/6, und zwar in der Hauptsache jene, die erst 1918 von J. A. Maffei angeliefert worden waren.
1923 zählten 33 S 3/6 zur Bw München I, deren Verteilung auf die einzelnen Nummerngruppen wie folgt aussah:

| 01.12.23: | aus 341 – 350 | = | 2 |
|---|---|---|---|
| | aus 3601–3654 | = | 16 |
| | aus 3655–3673 | = | 12 |
| | aus 3680 ff. | = | 3 |

Eine größere Anzahl der leichteren Vorkriegsmaschinen mit 16 t Achsdruck (aus Nummernreihe 3601–3649) hatte München I inzwischen abgegeben, unter anderem nun auch an die Bw Regensburg, die damit erstmals S 3/6 erhielt (1923).
Für das Jahr 1926 können die mit S 3/6 der Bw München I bespannten Züge genannt werden (unter anderem gehörte der »Orient-Expreß« L 62/63 dazu):

| München–Lindau: | D 82/83 |
|---|---|
| | D 125/126 |
| München–Stuttgart: | D 107/108 |
| | D 56/59 |
| | L 62/63 |
| München–Würzburg: | BP 849/850 |
| | D 87/88 |
| | D 47/48 |
| München–Nürnberg: | D 39/40 |
| | FD 80 |
| | BP 847 |
| | D 71 |
| | D 102 |
| München–Salzburg: | D 9/10 |
| | D 13/14 |
| | D 18/19 |
| München–Freilassing: | D 15/16 |
| | BP 801 |
| | D 17/20 |
| | BP 816 |
| München–Kufstein: | D 49/50 |
| | D 79/80 |
| | D 22 |
| | D 29 |

**73** Anläßlich des Umbaus der Großhesseloher Brücke über das Münchener Isartal dienten am 23. März 1910 drei S 3/6 der Betriebswerkstätte München I als Belastungsfahrzeuge. Bereits im Jahr zuvor hatte ein aus zwei S 3/6 und einer S 3/5 gebildeter Lokzug dieselbe Aufgabe.
Slg: J. B. Kronawitter

**74** S 3/6 3656 (DR 18467) zu Beginn der zwanziger Jahre in München-Hbf. Stolz steht der Meister vor seiner Maschine – in gebührendem Abstand darf auch der Heizer mit aufs Bild!
Foto: Dr. R. Kallmünzer, Slg: Dr. G. Scheingraber

Der Bestand von 33 S 3/6 hatte sich seit 1923 nicht geändert, bekam jedoch durch die Anlieferung der neuen 18⁵ mit 18 t Achsdruck, die ab Mai 1927 in Dienst gestellt wurden, Verstärkung. Neben einer Reihe anderer Betriebswerke erhielt auch München-Hbf (inzwischen umbenannt) nochmals Neulieferungen, und zwar die Lokomotiven 18515–520. So war per 1. Juli 1927 die stattliche Zahl von 38 S 3/6 in München beheimatet. Diese außergewöhnlich dominierende Rolle ging jedoch bald darauf verloren, denn die Elektrifizierungspläne im südbayerischen Raum traten in das Stadium der Verwirklichung. Ein großer Teil der bisherigen Einsatzgebiete der S 3/6 wurde innerhalb von nur acht Jahren mit Fahrdraht versehen:

München–Rosenheim: 12.04.27
München–Regensburg: 11.05.27 (Teilst. mitunter schon
München–Kufstein: 15.07.27 früher elektr. betrieben)
Rosenheim–Salzburg: 20.04.28
München–Augsburg: 15.05.31
Augsburg–Stuttgart: 30.05.33
Augsburg–Nürnberg: 10.05.35

Parallel dazu sank die Zahl der in München stationierten S 3/6:

| | | |
|---|---|---|
| 01.07.27: 38 | 31.12.29: 17 | 30.06.32: 12 |
| 01.01.28: 32 | 30.06.30: 21 | 30.06.33: 11 |
| 01.07.28: 23 | 31.12.30: 20 | 30.06.34: 11 |
| 31.12.28: 17 | 30.06.31: 12 | 30.06.35: 12 |

Einige Schnellzuglok-Bestände nach Betriebsnummern:

01.04.33: 18417, 418, 421, 422, 451, 462, 465, 471, 516, 517, 518, 519
E16 div.
E17 01, 02, 03, 08, 10, 11, 12, 13, 14, 15, 16

15.05.35: 18417, 418, 420, 421, 422, 423, 424, 462, 465, 467, 478, 490
T18 1002
E04 11, 12, 13
E16 09, 11, 13, 14, 16, 18, 19, 20, 21
E17 06, 08, 09, 10, 11, 12, 13, 14, 15
E18 01

Die Aufstellungen zeigen zum einen, daß die elektrische Traktion stark im Kommen war, zum anderen, daß von 1927 bis 1935 nicht nur die Zahl der stationierten S 3/6 abgebaut worden war, sondern daß man vornehmlich die modernen und damit leistungsfähigsten Maschinen gegen ältere der Direktionen Nürnberg, Regensburg und Augsburg ausgetauscht hatte. Der Grund für diese Maßnahme lag im Bedienungsbereich der Münchener S 3/6 seit dem Wegfall der elektrifizierten Stuttgarter, Regensburger und Salzburger/Kufsteiner Strecken: verblieben waren nur noch München–Ingolstadt–Würzburg und München–Lindau, wobei erstere seit 1935 durch die Führung einer Reihe von Zügen über die elektrische Linie München–Augsburg–Treuchtlingen (dort Lokwechsel) einen Teil ihrer vorherigen Stellung verloren hatte und überdies auch von Würzburger Maschinen bedient wurde. Die Lindauer Strecke war nicht so stark befahren wie die anderen von München ausgehenden Hauptbahnen und gehörte ebenfalls in den Einzugsbereich weiterer Betriebswerke. So ist es nicht verwunderlich, daß die Münchener 18er im Gegensatz zu früher nur noch eine zweitrangige Rolle spielten und täglich im Schnitt nicht mehr als 350 km erreichten. Noch bis zu Beginn der dreißiger Jahre waren 420–450 km die Regel.

18418:
1934  58912 km  203 Betriebstage  ∅ 290 km/Tag
1935  45317 km  162 Betriebstage  ∅ 280 km/Tag
(oft betriebsfähig kalt abgestellt)

**75** Die 1924 in Seddin ausgestellte S 3/6 3709 (DR 18508) trug noch am 20. Juli 1926, als sie der Fotograf in Stuttgart-Hbf vor einem Münchener Schnellzug aufnahm, ihren Messingzierring auf der Rauchkammer.  Foto: Geitmann

**76** Auf der schwäbischen Alb bei Amstetten/Württ. führt 18470 (Bw München-Hbf) im Jahr 1928 morgens gegen 8 Uhr den Luxuszug 63 »Orient-Expreß«. Er verkehrte in dieser Richtung nur sonntags, mittwochs und freitags. Foto: C. Bellingrodt

Buchfahrplan des Gegenzuges L 62 »Orient-Expreß« im Abschnitt München–Ulm (Sommer 1930)

### L 62, Luxuszug, Orient-Expreß. (1)   1. Kl.   39

Fortsetzung aus Heft 14.

a) Strecke München=Ulm.

Verkehrt jeden Dienstag, Donnerstag und Samstag.

München Hbf.—Augsburg Hbf. . . . Bayer. S 36.18. 495 575 100 I.
Augsburg Hbf.—Ulm Hbf. . . . . Bayer. S 36.18. 595 675 150 I.

| Entfernung km | Bahnhöfe und Blockstellen | Fahrzeit M | Ankunft | Aufenthalt M | Abfahrt | Kreuzung mit Zug | Überholung durch Zug | Kürzeste Fahrzeit M \| M | | |
|---|---|---|---|---|---|---|---|---|---|---|
| | München Hbf 20 | | 20 00 | 17 | 20 17 | | | 45 | 85 | |
| 1,9 | Bl Donnersbergerbr. | — | | | 22¾ | 4,3 | | 100 | | |
| 2,3 | Bl Landsbergerstraße | — | | | 26 | 1,8 | | | | |
| 3,2 | ●Pasing 25 [1] | — | | | 28¾ | 2,3 | | | | |
| 5,1 | ●Lochhausen | — | | | 33¾ | 3,9 | | | | |
| 6,6 | Olching | — | | | 38¼ | 4,4 | | | | |
| 5,7 | ●Maisach | — | | | 42¼ | 3,8 | | | | |
| 6,2 | Nannhofen | — | | | 46½ | 4,1 | | | | |
| 5,7 | ●Haspelmoor | — | | | 50½ | 3,8 | | | | |
| 3,1 | ●Althegnenberg | — | | | 52¾ | 2,1 | | | | |
| 6,4 | ●Mering 45 | — | | | 57¼ | 4,3 | | | | |
| 5,8 | ●Kissing | — | | | 21 02 | 4,4 | | | | |

| Entfernung km | Bahnhöfe und Blockstellen | Fahrzeit M | Ankunft | Aufenthalt M | Abfahrt | Kreuzung mit Zug | Überholung durch Zug | Kürzeste Fahrzeit M \| M | | |
|---|---|---|---|---|---|---|---|---|---|---|
| 5,1 | 90 ●Augsburg=Hochzoll 90 | | — | | 05½ | | | 3,4 | 80 | |
| 2,0 | Bl Siebentisch | | — | | 07½ | | | 1,7 | | |
| 2,8 | S 45 ●Augsburg Hbf S 45 | | — | | S 10½ | | | 2,2 | 90 | 74 |
| 2,2 | 85 ●Augsburg=Oberhausen | | — | | 14 | | | 2,6 | | |
| 4,2 | 70 ●Westheim (Schw) 45 | | — | | 18½ | | | 3,2 | | |
| 4,5 | ●Diedorf (Schw) . | | — | | 22½ | | | 3,5 | | |
| 4,2 | 70 ●Gessertshausen . | | — | | 25½ | | | 3 | | |
| 6,2 | ●Mödishofen . . | | — | | 30¾ | | | 4,3 | | |
| 5,1 | Dinkelscherben . | | — | | 34¾ | | | 3,4 | | |
| 5,5 | 80 ●Gabelbach 80 . | | — | | 39¼ | | | 4 | | |
| 4,4 | ●Freihalden . | | — | | 43½ | | | 3,1 | | |
| 4,8 | ●Jettingen . . | 124 | — | | 47¼ | | | 3,3 | 108,3 | |
| 3,2 | ●Burgau (Schw) . | | — | | 49¾ | | | 2,1 | | |
| 3,8 | ●Mindelaltheim . | | — | | 52¾ | | | 2,5 | | |
| 3,7 | ●Offingen . . | | — | | 55½ | | | 2,5 | | |
| 2,7 | Neuoffingen . . | | — | | 57¾ | | | 2 | | |
| 5,5 | ●Günzburg 80 . . | | — | | 22 01½ | | | 3,7 | | |
| 5,1 | ●Leipheim . . | | — | | 05¼ | | | 3,5 | | |
| 4,5 | ●Unterfahlheim . | | — | | 08½ | | | 3 | | |
| 3,2 | 80 ●Nersingen . . | | — | | 10¾ | | | 2,2 | | |
| 4,2 | ●Burlafingen . | | — | | 13¾ | | | 2,9 | | |
| 5,4 | ●Neu=Ulm 45 . . | | — | | 17½ | | | 3,7 | 45 | 64 |
| 2,2 | 30 ●Ulm Hbf 45 . . | | | | durch 22 21 | | | 3,3 | | |
| 146,5 | | | | | | | | | | |

92

8

## Schnellzug 3. (1. 2. 3. Kl.)

**Fortsetzung aus Heft 10.**

München—Übersee Grund-G. 90 km Höchst-G. 90 km Br.%59.
Übersee—Salzburg Grund-G. 85 km Höchst-G. 90 km Br.%64.

Verkehrt ab **1. Juni.**

| Entfernung | Stationen | Kreuzt mit Zug | Ueberholt den Zug | Ueberholt von Zug | Ankunft | Aufenthalt | Abgang | Fahrzeit fahrplanmäßige | Fahrzeit kürzeste |
|---|---|---|---|---|---|---|---|---|---|
| km | | № | № | № | Uhr | M. | Uhr | | |
| | **München Hbf.** | . | . | . | 3 25¼ | 44¾ | 4 10 | | |
| | — a | | | | | | | | |
| 5,43 | München Süd | . | . | . | 4 17¼ | . | . | 7¼ | 7¼ |
| | — c | | | | | | | | |
| 4,34 | München Ost | . | . | . | 4 21½ | 1 | 4 22½ | 4¼ | 4¼ |
| | — d | | | | | | | | |
| 4,73 | Trudering | . | . | . | 4 27 | . | . | 4½ | 4½ |
| | — e | | | | | | | | |
| 5,33 | Haar | . | . | . | 4 31 | . | . | 4 | 4 |
| | — f | | | | | | | | |
| | — g | | | | | | | | |
| 7,96 | Zorneding | . | . | . | 4 37 | . | . | 6 | 6 |
| | — h | | | | | | | | |
| 4,59 | Kirchseeon | . | . | . | 4 40 | . | . | 3 | 3 |
| | — i | | | | | | | | |
| 5,11 | **Grafing Bahnhof** | . | . | . | 4 43½ | . | . | 3½ | 3½ |
| 3,13 | Oberölkofen | . | . | . | 4 45½ | . | . | 2 | 2 |
| 4,30 | Aßling (Obb.) | . | . | . | 4 48¼ | . | . | 2¾ | 2¾ |
| | — k | | | | | | | | |
| 6,56 | Ostermünchen | . | . | . | 4 53 | . | . | 4¾ | 4¾ |
| | — l | | | | | | | | |
| 7,44 | Gr.-Karolinenfeld | . | . | . | 4 58 | . | . | 5 | 5 |
| | — n | | | | | | | | |
| 5,84 | **Rosenheim** ○ | . | 813 | . | 5 04 | 6 | 5 10 | 6 | 5¾ |
| 3,49 | Zw.Blockst. Landl | . | . | . | . | . | . | . | . |
| 2,92 | Stephanskirchen | . | . | . | 5 17¾ | . | . | 7¾ | 7¾ |
| 5,08 | Krottenmühl | . | . | . | 5 21½ | . | . | 3¾ | 3¾ |
| 5,19 | **Endorf (Obb.)** | . | . | . | 5 27¼ | . | . | 5¾ | 5¾ |
| 4,24 | Rimsting | . | . | . | 5 31¼ | . | . | 4 | 4 |
| 4,04 | **Prien** | . | . | . | 5 35 | 2 | 5 37 | 3¾ | 3¾ |
| 5,20 | Bernau (Obb.) | . | . | . | 5 41½ | . | . | 4½ | 4½ |
| 8,19 | **Uebersee** ○ | . | 2259 | . | 5 47¼ | . | . | 5¾ | 5¾ |
| | — p | | | | | | | | |
| 8,23 | Bergen (Obb.) | . | . | . | 5 56¾ | . | | 9½ | 8½ |
| 6,74 | **Traunstein** | . | . | . | 6 05 | 2 | 6 07 | 8¼ | 7½ |
| 2,15 | Zw.Blockst Hufschlag | . | . | . | 6 10¾ | . | . | 3¾ | 3½ |
| 3,87 | Lauter (Obb.) | . | . | . | 6 15 | . | . | 4¼ | 3½ |
| | — q | | | | | | | | |
| 10,51 | Teisendorf | . | . | . | 6 23¼ | . | . | 8¼ | 8 |
| | — r | | | | | | | | |
| 8,19 | Niederstraß | . | . | . | 6 30¼ | . | . | 7 | 7 |
| 3,65 | **Freilassing** | . | . | . | 6 34 | 7 | 6 41 | 3¾ | 3¾ |
| 6,69 | **Salzburg** | . | . | . | 6 50 | . | . | 9 | 7½ |
| 158,14 | | | | | | | | | |

D 3 im Abschnitt München–Salzburg (Sommerfahrplan 1913)

**77** Über die Laiblachbrücke bei Maria Thann zog 18 430 (Bw München-Hbf) am 18. Juli 1940 in Richtung München einen Schnellzug. Foto: DR

**18478:**

| | | | |
|---|---|---|---|
| 1934 (ab Juli) | 28260 km | 82 Betriebstage | ∅ 345 km/Tag |
| 1935 | 64870 km | 190 Betriebstage | ∅ 341 km/Tag |
| 1936 | 87434 km | 245 Betriebstage | ∅ 357 km/Tag |
| 1937 | 65667 km | 203 Betriebstage | ∅ 323 km/Tag |
| 1938 | 76742 km | 264 Betriebstage | ∅ 291 km/Tag |
| 1939 | 76541 km | 220 Betriebstage | ∅ 348 km/Tag |
| 1940 | 72136 km | 290 Betriebstage | ∅ 249 km/Tag |
| 1941 (bis Mai) | 29278 km | 112 Betriebstage | ∅ 261 km/Tag |

**18520:** 02.06.27–22.10.28 = 168617 km
(16 Monate ≙ ~ 10500 km/Monat
≙ ~ 420 km/Tag)

Im Sommer 1939 führten die Münchener S 3/6 neben einigen Lindauer Schnellzügen unter anderem:

FD 264 Würzburg–München
D 463 München–Würzburg
D 503 München–Würzburg
D 504 Würzburg–München

Der Zweite Weltkrieg brachte dem Münchener S 3/6-Bestand wesentliche Veränderungen: die in den dreißiger Jahren zugeteilten Maschinen wurden fast komplett abgegeben, und zwar 1941 nach Regensburg und Augsburg und 1942 nach Treuchtlingen, dafür gingen aus den Reichsbahndirektionen Regensburg und Augsburg andere Maschinen zu. Augenscheinlicher als dieser Austausch war jedoch die Rückkehr der 16 im Jahr 1919 nach Frankreich abgetretenen Armistice-S 3/6, von denen Würzburg die eine und München-Hbf die andere Hälfte bekam. So kehrten eine Reihe von Maschinen an ihr einstiges Münche-

ner Heimat-Betriebswerk zurück, denen deutlich ihr zwischenzeitlicher Aufenthalt anzusehen war: sie hatten ihre Kaminkrone und die spitzkegelige Rauchkammertür verloren, dafür waren französische Windleitbleche angebracht worden, womit die Lokomotiven ihr typisches Gesicht eingebüßt hatten. Im März und April 1942 wurden die Maschinen mit den ETAT-Nummern 231-984, -986, -987, -988, -990, -991, -993 und -996 als sogenannte »Rückführlokomotiven« bzw. als »Leihlokomotiven« dem Betriebswerk zugeteilt, von denen die beiden erstgenannten im Juli d. J. nach Würzburg abgegeben wurden. Unter den Dampfschnellzuglokomotiven des Bw München-Hbf waren dies jedoch nicht die einzigen Neuerungen. Vom Sommer 1940 bis zum Jahreswechsel 1942/43 standen sechs neue Stromlinienlokomotiven der Baureihe 01$^{10}$ unter Dampf, denen fünf der leichteren Schwestermaschinen der Baureihe 03$^{10}$ aus Nürnberg und Ulm folgten. An ihren nur kurzen Verbleib (Dezember 1942–April 1943) schloß sich die Stationierung von fünf Zweizylinder-03, die ebenfalls nur wenige Jahre vorhanden waren. Aus dieser kriegsbedingt trüben, bezogen auf den bunten Lokomotivpark jedoch interessanten Zeit seien zwei Bestände der Dampfschnellzugloks angegeben:

31.12.42: 01 1102
03 1073, 1076, 1078, 1086
18 414, (423), 462, 465, 467, 468, (470), 482, 483
231-987, -988, -990, -991, -993, -996

15.07.43: 03 107, 134, 160, 209, 210
18 414, 445, 462, 465, 467, 468, 470, 482, 483
231-987, -988, -990, -991, -993, -996

**78** P 8 und S 3/6 – zwei der bewährtesten deutschen Dampflokomotivbaureihen bringen einen D-Zug gemeinsam nach Lindau, hier aufgenommen bei der Einfahrt in den Bahnhof Oberstaufen im Sommer 1934 (Lokomotiven 38 1235 und 18 417 vom Bw München-Hbf). Foto: Dr. Bürger, Slg: H. Koppisch

**79** Die Münchener 18 462 zog 1938 den zehn Wagen zählenden D 39 München–Berlin bei Ellingen auf der Strecke Treuchtlingen–Nürnberg. Unten ein Buchfahrplanauszug vom Winter 1935/36.
Foto: C. Bellingrodt

**D 39** (15,1)  1. 2. 3. Klasse  (450 t)  11

Rom—Brenner—Kufstein (Reichsbahn)—**München Hbf—Augsburg Hbf—Nürnberg Hbf—**
—Probstzella—Halle/S—Berlin Ahb

Höchstgeschwindigkeit München Hbf—Pasing  90 km/h
Pasing—Augsburg Hbf  110 km/h
Augsburg Hbf—Treuchtlingen  100 km/h
Treuchtlingen—Nürnberg Hbf  110 km/h

Mhh—A E 16. E 17
A—Nh S 36.17u (18⁴)  **Last 500 t I**  Mindestbremshundertstel $\frac{102}{}$

| 1 | 2 | 3 | 4 | 5 | 6 | 7 | 8 | 9 | 10 | 11 |
|---|---|---|---|---|---|---|---|---|---|---|
| Entfernung km | Beschränkung der Höchstgeschw. im Gefälle km/h | Betriebstellen | Ankunft | Aufenthalt M | Abfahrt M | Planmäßige Fahrzeiten M | Kürzeste Fahrzeiten M | Summe der planm. Fahrzeit/kürzesten Fahrzeit M | Kreuzung mit Zug | Überholung durch Zug |
| | | **München Hbf** ▼ . | — | — | **8 38** | | | | | |
| 1,9 | | Bk Donnersbergerbr | — | — | **41** | 3,7 | 2,7 | | | |
| 2,3 | | Bk Landsbergerstr | — | — | **43** | 1,9 | 1,6 | | | |
| 3,2 | | ●Pasing ▼ . . . . | — | — | **46** | 2,6 | 2,5 | | | |
| 5,1 | | Lochhausen . . . . | — | — | **50** | 4,3 | 3,7 | 29,7 | | |
| 6,6 | | Olching . . . . . . | — | — | **54** | 4,3 | 3,8 | 26,1 | | |
| 5,7 | | Maisach . . . . . . | — | — | **58** | 3,6 | 3,3 | | | |
| 6,2 | | ●Nannhofen ▼ . . | — | — | **9 02** | 3,9 | 3,5 | | | |
| 5,7 | | Haspelmoor . . . | — | — | **05** | 3,5 | 3,2 | | | |
| 3,1 | | ●Althegnenberg . . | — | — | **07** | 1,9 | 1,8 | | | |
| 6,3 | | ●Mering . . . . . | — | — | **11** | 3,9 | 3,7 | | | |
| 5,8 | | ●Kissing . . . . . | — | — | **15** | 3,6 | 3,3 | 15,3 | | |
| 5,1 | | ●Augsburg-Hochzoll ▼ . | — | — | **18** | 3,4 | 3,1 | 14,2 | | |
| 2,0 | | Bk Siebentisch . | — | — | **20** | 1,4 | 1,3 | | | |
| 2,8 | | ●**Augsburg Hbf** ▼ | 9 23 | 8 | **31** | 3,0 | 2,8 | | | |
| 2,0 | | ●Augsb.-Oberhausen | — | — | **35** | 4,5 | 3,0 | | | |
| 4,8 | | ●Gersthofen . . . . | — | — | **39** | 4,0 | 2,9 | | | |
| 4,5 | | ●Gablingen . . . . | — | — | **42** | 3,1 | 2,8 | | | |
| 3,0 | | ●Langweid (Lech) . | — | — | **44** | 2,0 | 1,9 | | | |
| 6,2 | | ●Meitingen . . . . | — | — | **48** | 4,0 | 3,7 | 31,2 | | |
| 5,4 | | ●Nordendorf . . . | — | — | **52** | 3,5 | 3,3 | 26,9 | | |
| 7,6 | | ●Mertingen . . . . | — | — | **9 57** | 5,0 | 4,6 | | | |
| 2,4 | | ●Bäumenheim . . . | — | — | **58** | 1,6 | 1,5 | | | |
| 4,9 | | Donauwörth . . . | — | — | **10 02** | 3,5 | 3,2 | | | |
| 5,5 | | Bk Berg . . . . . | — | — | **07** | 5,7 | 3,7 | | | |
| 5,8 | | ●Mündling . . . . | — | — | **14** | 6,6 | 3,7 | | | |
| 5,1 | | ●Fünfstetten . . . . | — | — | **20** | 5,5 | 3,1 | 31,8 | | |
| 5,8 | | ●Otting-Weilheim . . | — | — | **25** | 5,0 | 3,5 | 22,1 | | |
| 6,6 | | ●Möhren ▼ . . . | — | — | **29** | 4,4 | 4,0 | | | |
| 5,7 | | ●**Treuchtlingen** ▼ | — | — | **34** | 4,6 | 4,1 | | | |
| 3,8 | | Bk Grönhart Hp | — | — | **37** | 3,1 | 2,5 | | | |
| 5,0 | | ●Weißenburg (Bay) | — | — | **40** | 3,4 | 2,7 | | | |
| 4,4 | | ●Ellingen (Bay) ▼ | — | — | **43** | 2,6 | 2,5 | | | |
| 4,9 | | ●Pleinfeld ▼ . . . | — | — | **46** | 3,0 | 2,9 | 22,6 | | |
| 5,9 | | Bk Mühlstetten Hp | — | — | **49** | 3,5 | 3,3 | 20,6 | | |
| 3,8 | | ●Georgensgmünd . | — | — | **51** | 2,2 | 2,1 | | | |
| 4,6 | | Bk Unterheckenhofen Hp | — | — | **54** | 2,6 | 2,5 | | | |
| 3,8 | | Roth ▼ . . . . . | — | — | **56** | 2,2 | 2,1 | | | |
| 3,1 | | Bk Büchenbach Hp | — | — | **58** | 1,9 | 1,8 | | | |
| 4,1 | | Bk Rednitzhembach Hp | — | — | **11 00** | 2,4 | 2,3 | | | |
| 3,4 | | ●Schwabach ▼ . . | — | — | **03** | 2,2 | 1,9 | | | |
| 3,5 | | Bk Katzwang Hp | — | — | **05** | 2,1 | 2,0 | 16,4 | | |
| 3,1 | | ●Reichelsdorf . . . . | — | — | **07** | 1,8 | 1,8 | 15,2 | | |
| 3,2 | | Eibach . . . . . . | — | — | **08** | 1,9 | 1,8 | | | |
| 2,2 | | Bk Schweinau Hp | — | — | **10** | 1,3 | 1,2 | | | |
| 3,0 | | 45 ●**Nürnberg Hbf** | 11 13 | (12) | **(11 25)** | 2,8 | 2,4 | | | |
| 198,9 | | | | 8 | | 147,0 | 125,1 | | | |

**80**  18 423 (Bw München-Hbf) und eine weitere 18⁴ rollen bei Wildpoldsried talwärts in Richtung Kempten (um 1934).    Foto: Dr. Bürger, Slg: H. Koppisch

**81**  Dieselbe Maschine kam am 10. Juli 1937 gemeinsam mit ihrer Münchener Schwesterlokomotive 18 424 vor einem Sonderzug für das Sängerbundesfest Breslau nach Dresden. Die Aufnahme entstand im Bw Dresden-Altstadt.    Foto: Slg: H. Wenzel

Die 231er liefen bis gegen Ende des Krieges und wurden schließlich Mitte 1945 wieder an die SNCF zurückgegeben. Das vorliegende Betriebsbuch von 231-990 weist aus, daß die Maschine im Juni 1945 vom RAW München-Freimann kurz instandgesetzt und am 29. Juni vom Bw München-Hbf zwecks Rückführung nach Frankreich abgeholt wurde.

Bei Kriegsende sah der Betrieb im Bezirk München genauso katastrophal aus wie überall: es waren nur 75 Dampflokomotiven (früher 450) und 21 Elloks (früher 220) betriebsbereit, mit denen nach Möglichkeit gefahren wurde. Nur mit notdürftigen Mitteln und unter schwierigsten Verhältnissen konnten die Maschinen fahrfähig gehalten werden, wobei nur wenige 18er zu den Betriebslokomotiven zählten. Im Dezember 1945 gehörten acht S 3/6 zum Bw München-Hbf:

17.12.45: 18 414, 425, 462, 465, 467, 470, 482, 483

18 414 und 425 standen schwer beschädigt abgestellt und wurden nicht mehr instandgesetzt.

Der Sammlung Skrzypnik verdanken wir die S 3/6-Laufpläne vom Sommer 1946 (siehe nebenstehende Abbildung) und Sommer 1947. Auch sie sind Beleg für die damalige Situation:

Sommer 1947, gültig ab 4.5.47 für drei S 3/6 (∅ Tag = 142 km):

DUS 627  München 7.20 Uhr – Treuchtlingen 9.40 Uhr
DUS 628  Treuchtlingen 17.45 Uhr – München 20.05 Uhr

| 5265 | München 10.50 Uhr – Pasing 11.05 Uhr |
| 5264 | Pasing 15.12 Uhr – München 15.24 Uhr |
| P 1529 | München 17.55 Uhr – Buchloe 21.17 Uhr |
| P 1502 | Buchloe 5.12 Uhr – München 7.01 Uhr |

Das Ende der S 3/6 in München ist schnell umrissen: der in den genannten Laufplänen enthaltene Zugverkehr bedurfte keines großen Schnellzuglokparks, so daß der Bestand klein blieb. Die abgestellten Maschinen wurden durch einige wenige Zugänge ersetzt (drei 18[5] aus Darmstadt im Jahr 1946), ansonsten verkleinerten weitere Abstellungen den Bestand. Als 1947/48 Stromknappheit im Münchener Raum herrschte, kamen im November 1947 aus Wiesbaden 18 513 und aus Darmstadt 18 532, um auszuhelfen. Sie wurden im März 1948 wieder zurückgegeben. Noch im gleichen Jahr endete der Münchener S 3/6-Betrieb, die Z-Lokomotiven 18 422, 423 und 433 wurden 1949 und 1950 ausgemustert. Anschließend kamen 18er nur noch von auswärts herein.

Die Beheimatung der im Jahr 1953 auf der »Deutschen Verkehrsausstellung München« ausgestellten 18 602 beim Bw München-Hbf (3. Juli–14. Oktober 1953) sei als kleine Besonderheit erwähnt. Die Lokomotive fuhr im Ausstellungsgelände hin und her, mußte bekohlt, bewässert, entschlackt und ausgewaschen werden, wofür Personal des Betriebswerkes zuständig war.

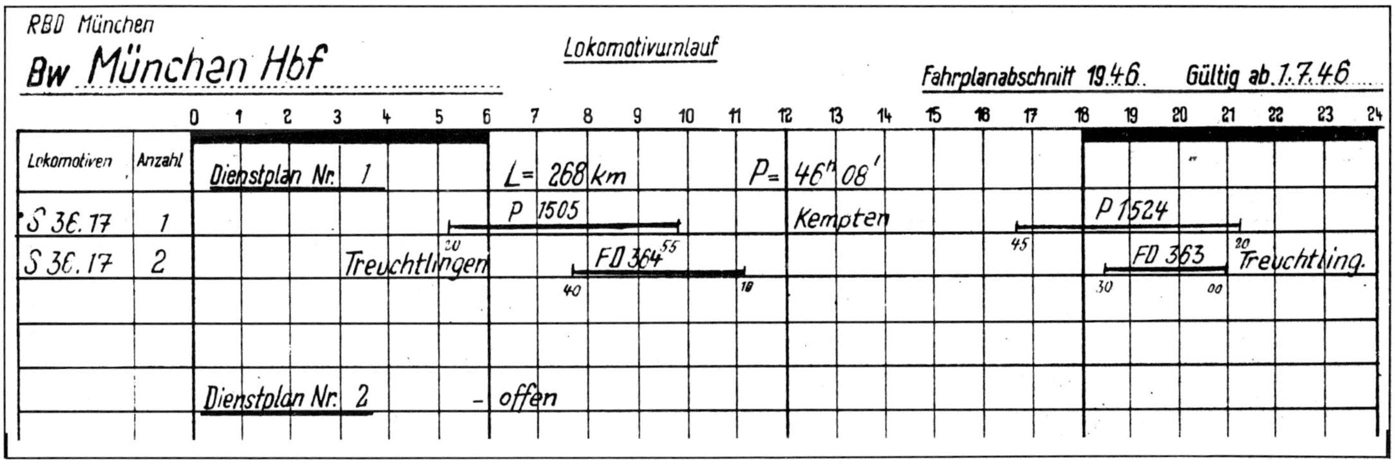

RBD München
Bw München Hbf

Lokomotivumlauf

Fahrplanabschnitt 19.46.  Gültig ab 1.7.46

|  | | 0 | 1 | 2 | 3 | 4 | 5 | 6 | 7 | 8 | 9 | 10 | 11 | 12 | 13 | 14 | 15 | 16 | 17 | 18 | 19 | 20 | 21 | 22 | 23 | 24 |
|---|---|---|---|---|---|---|---|---|---|---|---|---|---|---|---|---|---|---|---|---|---|---|---|---|---|---|
| Lokomotiven | Anzahl | Dienstplan Nr. 1 | | | | | | | L = 268 km | | | | | P = 46[h]08' | | | | | | | | " | | | | |
| S 3E.17 | 1 | | | | | | | | P 1505 | | | | | Kempten | | | | | | | P 1524 | | | | | |
| S 3E.17 | 2 | | Treuchtlingen | | | | | FD 364[55] | | | | | | | | | | 45 | | | FD 363 | Treuchtling.[20] | | | | |
|  |  |  |  |  |  |  |  |  | 40 | | 10 | | | | | | | | | 30 | | 00 | | | |
|  |  | Dienstplan Nr. 2 | – | offen | | | | | | | | | | | | | | | | | | | | | |

Deutsche Reichsbahn
Reichsbahndirektion München        München, den 23.4.1949
        21 M 14 Fuv                Ruf 1425

An MA München 1 und Ingolstadt
   Bw München Hbf und Treuchtlingen

nachr: GDW München u RAW München-Freimann

        – je besonders –

[Stempel: Bahnbetriebswerk München Hbf. Eing: 2 5. APR 1949]

Betreff: Ausmusterung von Dampflok

Die HVR hat mit Verf 21.213 Fuv 3/53 vom 21.4.49 die Ausmusterung nachfolgender Lok genehmigt:
   "Z"-Lok  18 406   Bw Treuchtlingen
      "     18 418   "    "
      "     18 423   "  München Hbf. 2. Verschrottung 23./6.49 Schwabing

Die genannten Bw setzen diese Lok ab 28.4.49 von ihrem "Z"-Bestand ab, kennzeichnen die Lok wie üblich und übersenden die abgeschlossenen Betriebsbücher an RBD Arbeitsanteil m 122.
Wegen Zuführung obiger 3 Lok zu Zerlegewerken ergeht besondere Anweisung.
            gez Rösch              Beglaubigt:

**82** Der Blick von der heute nicht mehr existierenden alten Friedenheimer Brücke in München bot dem Eisenbahnfreund einen guten Ausblick auf die Bahnanlagen: in westlicher Richtung stellte das nahegelegene Bw München-Hbf bis zuletzt seine schadhaften oder ausgemusterten Dampflokomotiven ab, so wie hier eine Anzahl T 18 und G 10; auf östlicher Seite gab es freie Einsicht in das Betriebswerk mit den Lokbehandlungsanlagen und dem Rundhaus 5. Im übrigen boten die zehn Gleise der Augsburger, Buchloer, Ingolstädter, Regensburger und Starnberger Linien vollständige Übersicht über alle Züge, die zum Hauptbahnhof fuhren oder von dort kamen. Die 1948 entstandene Aufnahme von Dr. G. Scheingraber zeigt eine 18⁴ vor einem Ingolstädter Eilzug. Im selben Jahr endete die S 3/6-Unterhaltung beim Bw München-Hbf.

| | | | | | |
|---|---|---|---|---|---|
| 18 401 | Neulieferung | 02.12.08–29.05.15 | Würzburg | 18 414 | Neulieferung | 15.11.09–03.12.23 | Regensburg |
| | Würzburg | 18.08.18–23.09.25 | Regensburg | | Regensburg | 08.06.41–29.01.46 | Ausmusterung |
| 3 602 | Neulieferung | 08– | (14) | 18 415 | Neulieferung | 09– | (14) |
| 18 402 | Neulieferung | 08–15.03.15 | Aschaffenburg | 3 618 | Neulieferung | 11– | (14) |
| | Aschaffenburg | 24.07.18–25.10.18 | Treuchtlingen | 18 416 | Neulieferung | 11– | (14) |
| | Treuchtlingen | 16.11.18–06.05.20 | Nürnberg-Hbf | | | – | 23 | Regensburg |
| | Nürnberg-Hbf | 30.07.20–30.09.20 | Nürnberg-Hbf | 3 620 | Neulieferung | 11– | (14) |
| 18 403 | Neulieferung | 11.08–24.02.15 | Aschaffenburg | 18 417 | Neulieferung | 11– | (14) |
| 3 605 | Neulieferung | 08– | (14) | | Nürnberg-Hbf | 05.05.31–21.03.36 | Freilassing |
| 18 404 | Neulieferung | 12.08– | (14) | | Freilassing | 25.04.36–04.01.38 | Freilassing |
| 18 405 | Neulieferung | 24.12.08– | 10.23 | Nürnberg-Hbf | | Freilassing | 28.05.38–03.06.41 | Regensburg |
| 18 406 | Neulieferung | 02.09.09– | 10.23 | Regensburg | 3 622 | Neulieferung | 11– | (14) |
| | Regensburg | 04.06.41–29.06.42 | Treuchtlingen | 18 418 | Neulieferung | 11.07.11– | |
| 18 407 | Neulieferung | 09– | 10.23 | Regensburg | | Nürnberg-Hbf | 05.05.31–17.01.36 | Treuchtlingen |
| | Regensburg | 05.06.41– | | 18 419 | Neulieferung | 21.01.14–24.05.17 | MED II Sedan |
| 18 408 | Neulieferung | 27.09.09–30.04.15 | Aschaffenburg | | | | (Mohon) |
| | Aschaffenburg | 29.05.15–21.03.17 | Nürnberg-Hbf | | | 26.02.20–26.02.24 | Regensburg |
| 18 409 | Neulieferung | 26.09.09–30.08.15 | MED II Sedan | 18 420 | Neulieferung | 14– | |
| | MED II Sedan | 04.12.15–27.01.16 | MED II Sedan | | Regensburg | 11.04.31–03.06.41 | Regensburg |
| | MED II Sedan | 05.12.16–23.03.17 | Nürnberg-Hbf | 18 421 | Neulieferung | 04.14– | |
| | Würzburg | 18.02.25–24.02.25 | Würzburg | | Hof | 28.04.31–30.09.40 | Freilassing |
| 18 410 | Neulieferung | 09– | (15) | MED II Sedan | | Freilassing | 19.10.40–04.06.41 | Regensburg |
| | MED II Sedan | (15)–01.04.25 | Hof | 18 422 | Neulieferung | 23.08.14–02.12.15 | MED II Sedan |
| 18 411 | Neulieferung | 20.10.09–21.11.16 | MED II Sedan | | MED II Sedan | 17.09.16– | 02.17 | Ludwigshafen |
| | MED II Sedan | 18.09.17–25.12.17 | MED II Sedan | | Ludwigshafen | 03.19–26.02.24 | Regensburg |
| | MED II Sedan | 22.11.18–09.10.23 | Regensburg | | Regensburg | 11.04.31–03.06.41 | Regensburg |
| 18 412 | Neulieferung | 09– | 1.Wk. | MED II Sedan | | Treuchtlingen | 22.04.48–01.09.49 | Ausmusterung |
| | MED II Sedan | 1.Wk. – | 10.23 | Regensburg | 3 646 | Neulieferung | 14– | |
| 18 413 | Neulieferung | 24.10.09–24.11.16 | MED II Sedan | 18 423 | Neulieferung | 10.14– | |
| | MED II Sedan | 29.10.17–09.09.18 | Hof | | Hof | 21.06.33–27.06.33 | Mühldorf |

```
         Mühldorf          31.08.33–17.05.41  Linz                 18471 Neulieferung           18–
         (Nürnberg-Hbf)        42             (Freilassing)               Nürnberg-Hbf    16.01.29–          (35) (Lindau)
         RBD Augsburg      10.47–21.04.49     Ausmusterung         18472 Neulieferung           18–
18424    Neulieferung      11.14–                                  18473 Neulieferung           18–
         (Hof)             05.05.31–     36   (Freilassing)                                   –  04.31  RBD Augsburg
                              –          08.39 (Freilassing)        18474 Neulieferung           18–
         Freilassing       41–          01.42 Treuchtlingen        18475               22.04.26–05.05.31  Regensburg
 3649    Neulieferung      14–                                     18476 Neulieferung           18–
18425                          –04.07.27     Regensburg            18477 Neulieferung           18–
         Heydebreck        14.04.40–                               18478 Neulieferung           18–   06.19
                           (11.46)–18.04.47  Ausmusterung                              15.05.27–21.07.30  Nürnberg-Hbf
18426    Neulieferung      07.03.14–22.04.14 Ludwigshafen                Nürnberg-Hbf    19.10.30–10.05.31  Augsburg
         Ludwigshafen      10.02.18–15.07.19 Ludwigshafen                Augsburg        16.06.34–26.06.41  Augsburg
         Ludwigshafen      01.08.22–25.06.25 Lindau                18481 Neulieferung     11.23–10.05.31  Augsburg
         Lindau            06.05.26–03.01.27 Rosenheim             18482 Neulieferung     30.11.23–
         Heydebreck        14.04.40–07.06.41 Regensburg                  RBD Augsburg    05.06.41–  11.46  Kempten
18427    Treuchtlingen        46–       46   Treuchtlingen         18483 Neulieferung     11.23–
         Treuchtlingen     22.04.48–    (48) Treuchtlingen                              07.10.26–10.05.31  Augsburg
18429    Neulieferung      01.04.14–27.04.14 Ludwigshafen                Augsburg        31.05.41–10.03.47  Augsburg
18430    Neulieferung      18.04.14–04.12.15 Ludwigshafen          18484 Neulieferung    05.12.23–11.05.31  Augsburg
         Lindau            29.12.27–25.01.28 Ludwigshafen          18490 Würzburg           09.34–05.06.41  Augsburg
18433    (Kempten)         (08.47)–14.08.50  Ausmusterung          18491 Neulieferung    01.05.24–10.05.31  Augsburg
18442    Nürnberg-Hbf      18.11.14–03.11.27 Nürnberg-Hbf          18492 Neulieferung    14.01.24–14.05.31  Augsburg
18443    Nürnberg-Hbf      24.03.17–10.04.18 Würzburg              18493 Neulieferung    01.02.24–13.06.29  Würzburg
         Würzburg          06.10.18–07.03.19 Würzburg              18494 Neulieferung    06.02.24–14.05.31  Augsburg
18444    Nürnberg-Hbf      04.11.27–16.01.28 Nürnberg-Hbf          18495 Nürnberg-Hbf       25–13.06.29  Würzburg
         Regensburg        19.08.45–    (46) Regensburg            18506 Neulieferung       05.24–23.05.31  Lindau
18445    Neulieferung      12–                                     18507                    11.24–04.05.28  Würzburg
         RBD Regensb.      05.06.41–                               18508 Neulieferung    13.11.24–03.05.28  Würzburg
                           (01.43)–     11.45 Kempten              18513 Wiesbaden          11.47–13.03.48  Wiesbaden
18446    Neulieferung      14.05.12–23.09.17 Aschaffenburg         18514 Darmstadt       20.01.46–30.03.48  Ingolstadt
         Aschaffenburg     10.02.18–05.10.18 Aschaffenburg         18515 Neulieferung       05.27–12.04.34  Wiesbaden
         Treuchtlingen     30.08.39–10.10.39 Treuchtlingen         18516 Neulieferung          27–12.04.34  Darmstadt
18447    Neulieferung      12–          (14) (Hof)                 18517 Neulieferung    07.05.27–01.05.34  Wiesbaden
18448    Neulieferung      12–          (14) (Hof)                 18518 Neulieferung    07.05.27–     27  LVA Grunewald
18449    Neulieferung      08.06.12–23.10.19 Nürnberg-Hbf                LVA Grunewald       27–14.04.28  Wiesbaden
         Nürnberg-Hbf      25.07.20–27.09.27 Augsburg                    Wiesbaden       06.10.28–02.05.34  Wiesbaden
18450    Neulieferung      03.10.12–11.04.18 Würzburg              18519 Neulieferung    17.05.27–30.05.34  Wiesbaden
         Würzburg          15.05.18–16.02.26 Würzburg              18520 Neulieferung    02.06.27–22.10.28  Hof
         Würzburg          21.10.26–15.12.26 Nürnberg-Hbf          18532 Darmstadt       09.11.47–  03.48  Darmstadt
         Nürnberg-Hbf      02.01.27–13.09.27 Würzburg              18540 Darmstadt       03.05.46–29.02.48  Ingolstadt
         Würzburg          14.12.28–06.01.29 Würzburg              18541 Darmstadt       27.02.46–20.09.46  Treuchtlingen
18451    Neulieferung      12–          (14)                             Treuchtlingen   19.11.47–09.12.47  Ingolstadt
         Treuchtlingen     28.08.39–19.10.39 Treuchtlingen         18602 Darmstadt       03.07.53–14.10.53  Darmstadt
18452    Neulieferung      03.10.12–04.05.28 Nürnberg-Hbf                (für Verkehrsausstellung München)
18453    Neulieferung      23.09.12–17.10.12 Nürnberg-Hbf
18454                         23
         Nürnberg-Hbf      26.02.27–11.05.27 Freilassing
18456    Nürnberg          26.03.17–01.04.18 Nürnberg-Hbf
18458                         23
18461    Neulieferung      12.04.15–28.09.27 Augsburg              ETAT 231 als »Rückführlok«:
18462    Lindau            22.02.34–30.09.46 Treuchtlingen         231-984 Saintes       11.03.42–22.07.42  Würzburg
18463    Neulieferung      29.08.15–28.10.18 MED II Sedan                  (SNCF)
                                             (Mohon)               231-986 Saintes       14.03.42–22.07.42  Würzburg
         MED II Sedan      14.11.18–14.05.27 Freilassing                   (SNCF)
         (Mohon)                                                   231-987 Saintes       03.03.42–     45  SNCF
18464    Neulieferung      15–                                             (SNCF)
18465    Würzburg          08.05.34–    12.45                      231-988 Saintes       10.04.42–     45  SNCF
18466    Nürnberg-Hbf      24.01.18–23.06.21 Nürnberg-Hbf                  (SNCF)
         Nürnberg-Hbf      14.07.21–23.09.25 Regensburg            231-990 Saintes       09.03.42–  06.45  SNCF
18467    Neulieferung      17–(04.05.28)     Nürnberg-Hbf                  (SNCF)
         Augsburg          16.05.34–    09.46 Kempten              231-991 Saintes       14.03.42–     45  SNCF
18468    Neulieferung      12.17–                                          (SNCF)
         Regensburg        05.06.41–    12.45 Kempten              231-993 Saintes       03.03.42–     45  SNCF
18469    Neulieferung      12.17–                                          (SNCF)
18470    Neulieferung      18–                                     231-996 Saintes       01.03.42–     45  SNCF
         Augsburg          14.08.35–                                       (SNCF)
                              –        10.47 Kempten
```

**83** Die 1912 gelieferten großrädrigen S 3/6 der Betriebswerkstätte Nürnberg-Hbf liefen von Anfang an im 314 km messenden Durchlauf ins preußische Halle. Die wertvolle Aufnahme aus der Sammlung Dr. A. Mühl zeigt dort S 3/6 3625 (DR 18442) im Jahr 1913.
Foto: Krebs

## Bw Nürnberg-Hbf

Das Bw Nürnberg-Hbf hatte zeit seines Bestehens wesentliche Bedeutung für die Schnellzugförderung in weiten Teilen Bayerns, erst in jüngerer Zeit verlagerte sich der Schwerpunkt auf andere Stützpunkte. Es verfügte ständig über eine stattliche Anzahl von Reisezuglokomotiven, woran die S 3/6 seit 1912 wesentlich beteiligt war. Seinerzeit erschienen aus Neulieferung die neun großrädrigen S 3/6 3624–3627 und 3637–3641 (3636 kam wenig später aus München I dazu), die hauptsächlich vor den Berliner Schnellzügen D 79/80 im Durchlauf Nürnberg–Saalfeld–Halle (314 km) und vor dem D 69/70 zwischen Nürnberg und Lindau (330 km) verwendet wurden, während die übrigen Schnellzugmaschinen der Gattungen S 2/5 (3 Stück), S 3/5 N (11 Stück) und S 3/5 H (10 Stück) auf allen von Nürnberg ausgehenden Hauptstrecken fuhren.

Baron von Welser erlebte 1912 und 1913 einige der Lindauer Fahrten ab Augsburg mit:

»Die erste Fahrt im Juli 1912 verlief sehr befriedigend. Die Lokomotive 3624 führte den 430 t schweren Zug, der in Augsburg infolge Wasserfassens um 3 Minuten zu spät (6 Uhr 53 Min.) abfuhr, mit Bavour, hatte bis Buchloe – durch 7 Uhr 24 Min. – die Verspätung beseitigt, passierte rechtzeitig Biessenhofen um 7 Uhr 48 Min. und konnte auf der anschließenden kurvenreichen 10-Promille-Steigung bis Günzach die Fahrzeit eben noch einhalten (8 Uhr 06 Min.); zweimal trat des nebligen Morgens halber Schleudern ein; doch wurde prompt durch Sandgeben nachgeholfen, so daß die Geschwindigkeit von 40 km/h aufrechterhalten werden konnte. Obwohl auf der folgenden Talfahrt mehrere Baustellen Fahrbehinderung verursachten und daher Immenstadt – der einzige Aufenthalt – um etliche Minuten zu spät erreicht wurde, führte die Maschine nun ihren Zug in lustigem Lauf gen Lindau hinab, so daß derselbe dort um 6 Minuten zu früh einlangte! Der Gegenzug D 69 am Abend, den auch Verfasser benützte, bestand bis Immenstadt aus nur

8 Vier- und Sechsachsern und 1 Pw3, insgesamt rund 380 t und wurde natürlich anstandslos in der vorgeschriebenen Zeit von derselben Maschine befördert und auch nach Beigabe eines Verstärkungswagens in Immenstadt – nun 415 t schwer – wurde die Fahrzeit auf der 10-Promille-Rampe bis Günzach genau eingehalten. Nach Passieren von Biessenhofen kam der Zug alsbald in solches Rennen, daß die Durchfahrt in Buchloe sowie die Ankunft in Augsburg zu früh erfolgten.

Weniger leicht tat sich am gleichen Zuge D 70/69 im August 1913 die 3638 mit Überlast, ca. 470–480 t. Da in Buchloe damals keine Lokomotiven stationiert waren und anscheinend auch in Augsburg keine BXI verfügbar war, mußte die Maschine mit ihrem schweren Zug ohne Vorspann durchkommen, was ihr auch bis Biessenhofen ganz gut gelang, da die Maschine noch fast neu, gut im Stand und die Führung offenbar geschickt war. Bei der nun folgenden Rampenfahrt nach Günzach* hinauf war es trotz trockener Schienen nicht möglich, die Fahrzeit zu halten, da die Geschwindigkeit auf 30 km/Std. herunterging. Die Maschine schleuderte wiederholt, sie fuhr ersichtlich an der Adhäsionsgrenze, die Kesselventile bliesen heftig, auch die Dampfmaschine war ausreichend stark, doch konnte mit der Zylinderfüllung offenbar nicht weiter gegangen werden, da sofort Rädergleiten eintrat – der deutliche Beweis, daß es nur an der nötigen Adhäsion fehlte. Das Resultat waren ca. 3 Minuten Verspätung bei der Durchfahrt in Günzach. Dieselbe war jedoch bereits bis Immenstadt durch scharfes, zeitweilig wohl unerlaubtes Tempo hereingebracht und dann eilte die Maschine mit ihrem schweren Zug fahrplanmäßig ihres Wegs und traf auf die Minute in Lindau ein. Abends war für die Rückfahrt bei nicht ganz so hoher Belastung (440 t) bis Oberstaufen Vorspann beigegeben in Gestalt einer Lindauer DXII.«

---

\* Der Zug bestand aus 1 Pw4 40 t (mit Ladung), 1 Ci$^3$ 20 t, 1 Schlafwagen (vierachsig) 45 t, 5 Schlafwagen sechsachsig 255 t/CCü 40 t, 2 ABBü 80 t, zusammen 480 t.

Während des Ersten Weltkrieges wurde ein Teil der Lokomotiven mit 2 m-Treibraddurchmesser abgezogen und durch kleinrädrige ersetzt. Bis zum Jahr 1925 hatte sich das Bild wie folgt verändert:

1925: $17^4$ (11 Stück), $17^5$ (17 Stück), $18^4$ (25 Stück)

Mit dieser großen S 3/6-Gruppe wurden die Strecken nach Saalfeld, Bamberg—Lichtenfels—Hof, Marktredwitz—Hof, Bayreuth—Neuenmarkt-Wirsberg, Schwandorf, Eger, Passau, Stuttgart, München und Würzburg befahren. In der zweiten Hälfte der zwanziger Jahre kamen die Durchläufe Nürnberg—Saalfeld—Leipzig (323 km) mit D 237/238 und Nürnberg—Würzburg—Frankfurt (238 km) hinzu, letzterer mit dem Luxuszugpaar L 51/52 »Ostende-Wien-Expreß«. Die zeitweilig entfallenen Kurse nach Lindau (jetzt D 179/180) und Halle (FD 79/80 ohne planmäßigen Halt auf der gesamten Distanz) wurden wieder gefahren. Zur Abwicklung dieser Aufgaben erhielt das Bw Nürnberg-Hbf einige weitere S 3/6 zugeteilt, so daß zum Jahresende 1928 weit mehr als 30 Lokomotiven stationiert waren:

31.12.28: 18405, 408, 413, 415, 417, 418, 423, 441, 442, 444, (445), 446, 447, 448, 452, 453, 454, 456, 457, 463, (464), 466, 467, 471, 474, 485, 486, 487, 488, 496, 497, 498, 499, 505, 513

Die S 3/6 war auf der Höhe ihrer Bedeutung angelangt und zog in jenen Jahren eine Reihe von Schnellzügen auf weiten Strecken, als da sind:

D 39/40 zwischen München und Berlin
(S 3/6 der Bw Mü.-Hbf, Nür.-Hbf und Halle)
D 49/50 zwischen München und Berlin
(S 3/6 der Bw Mü.-Hbf, Nür.-Hbf und Halle)
D 91/92 zwischen Lindau und Berlin
(S 3/6 der Bw Lindau, Nür.-Hbf und Halle)
FD 79/80 zwischen München und Berlin
(S 3/6 der Bw Mü.-Hbf, Nür.-Hbf und Halle)

Nürnberger S 3/6 waren in ganz Bayern, darüberhinaus auch in Thüringen, Sachsen, Hessen und Württemberg unterwegs. Ihre damalige Bedeutung wird auch dadurch unterstrichen, daß das Bw Nürnberg-Hbf häufig fabrikneue Maschinen erhielt;

nicht weniger als 25 S 3/6 kamen zwischen 1912 und 1930 ab Werk dorthin.

Sehen wir uns die Leistungen einiger Nürnberger 18er während der dreißiger Jahre an, dann stellen wir die unterschiedliche Verwendung der einzelnen Unterbauarten fest. Während die neueren Maschinen auf einen Tagesschnitt zwischen 400 und 500 km kamen und Monatshöchstleistungen von 13000—15000 km erzielten (18505 fuhr im Mai 1937 sogar über 20000 km entsprechend einem Tagesschnitt von 770 km!), lagen die Großrädrigen und insbesondere die älteren Lokomotiven mit 16 t Achsdruck deutlich unter diesen Werten. Die Maschinen mit 2 m-Treibrädern wurden inzwischen häufig für Sonderdienste und sogar im Eilgüterzugdienst verwendet und standen nicht selten in Reserve. Dazwischen liefen sie im Saisonverkehr ebensoviel wie die moderneren $18^{4,5}$. Die vier noch zugeteilten, älteren 18405, 408, 413 und 415 waren in der ersten Hälfte der dreißiger Jahre bereits vielfach im Personenzugdienst anzutreffen und wurden bis Mai 1935 nach Bamberg abgegeben.

18405: Jahreslaufleistung
1931:   48498 km, 168 Betriebstage, $\varnothing$ 289 km/Tag
1932:   43153 km, 142 Betriebstage, $\varnothing$ 304 km/Tag
1933:   66680 km, 187 Betriebstage, $\varnothing$ 357 km/Tag
1934:   87561 km, 250 Betriebstage, $\varnothing$ 350 km/Tag

Monatshöchstleistung
1931: August     = 9799 km
1932: Juli       = 10277 km
1933: November   = 12046 km
1934: März       = 11700 km

18456: Jahreslaufleistung
1932:   70339 km, 201 Betriebstage, $\varnothing$ 350 km/Tag
1933: 111832 km, 294 Betriebstage, $\varnothing$ 380 km/Tag
1934:   56168 km, 138 Betriebstage, $\varnothing$ 407 km/Tag
1935: 116298 km, 266 Betriebstage, $\varnothing$ 437 km/Tag
1936:   82577 km, 208 Betriebstage, $\varnothing$ 397 km/Tag
1937:   74634 km, 196 Betriebstage, $\varnothing$ 381 km/Tag
1938:   86316 km, 208 Betriebstage, $\varnothing$ 415 km/Tag

84   Bei Forchheim zieht 18456 (Bw Nürnberg-Hbf) im Jahr 1928 einen Personenzug. Wenig später erhielt die Lokomotive Windleitbleche.
Slg: VMN

**85** Glückssekunde für den Fotografen! Auf der Mainbrücke bei Kitzingen eilt kurz nach 8 Uhr morgens in rascher Fahrt der Luxuszug 52 »Ostende–Wien-Expreß« mit einer großrädrigen 18⁴ seinem nächsten Halt Nürnberg-Hbf entgegen, während ein Flugzeug des Typs Klemm-Daimler L-20 gerade zur rechten Zeit ins Bild kommt (um 1928). Slg: H. Koppisch

**86** Weihnachtstag 1931 im Nürnberger Hauptbahnhof mit 18509 (Bw Nürnberg-Hbf) und einer weiteren S 3/6 zwei Gleise daneben. Riecht es hier nicht nach Rauch und Dampf?
Foto: Geitmann

**87** Im folgenden drei Aufnahmen aus dem herrlichen Frankenwald: oben 18 500 (Bw Nürnberg-Hbf) vor D 39 München–Berlin, geschoben von einer der mächtigen Rothenkirchener Mallet-Schiebelokomotiven der Baureihe 96, zwischen Förtschendorf und Steinbach am Wald auf der 1:40 geneigten Rampe. Ernst Köditz schrieb auf die Rückseite seiner 1927 entstandenen Fotografie: »Meine allererste Aufnahme im Frankenwald!«                     Slg: H. Tauber

**88** Im Laufe der zwanziger und dreißiger Jahre schoß Ernst Köditz viele schöne Bilder vom Betrieb auf der Frankenwaldbahn Rothenkirchen–Steinbach a. W.–Probstzella. 18 466 (Bw Nürnberg-Hbf) befuhr an einem warmen Sommertag des Jahres 1934 die nördliche Rampe mit dem Vorzug zum D 40 Berlin–München nahe der Station Lauenstein, es schiebt ausnahmsweise eine preußische T 16$^1$, Baureihe 94$^5$. Beim Bw Rothenkirchen herrschte 1934 während der Hauptreisezeit durch vermehrte Schiebefahrten und Abgänge an das RAW Ingolstadt Mangel an Lokomotiven der Baureihe 96.                     Slg: H. Tauber

**89** Weniger Meter vor dem Haltepunkt Falkenstein rollt 18 466 (Bw Nürnberg-Hbf) mit D 39 München–Berlin um 1932 Probstzella entgegen. Die an dieser Stelle seinerzeit nicht sichtbare Grenze zwischen Bayern und Thüringen hat wenige Jahre später durch die Trennung von östlicher und westlicher Welt traurige Bedeutung erlangt. Heute ist die Grenze unübersehbar und unüberwindlich. Auch verkehrspolitisch hatte diese Veränderung ihre Auswirkung, denn der zur Zeit der Aufnahme noch rege fließende Nord-Süd-Verkehrsstrom ist heute auf ein Minimum zusammengeschrumpft, für das ein Streckengleis ausreichend ist. Foto: C. Bellingrodt

**90** Die später als Mindener LVA-Maschine und heutige DGEG-Museumslokomotive bekannt gewordene 18 505 war fast 30 Jahre lang beim Bw Nürnberg-Hbf stationiert. 1934 fotografierte sie Ernst Köditz bei Neuenreuth/b. Creußen auf der eingleisigen Strecke Bayreuth–Schnabelwaid. Slg: H. Koppisch

38

## FD 79 (1) 1. 2. Klasse

**München Hbf—Nürnberg Hbf(—Halle a S.—Berlin Ahb)**

**Fortsetzung aus Heft 8.**

Höchstgeschwindigkeit Nürnberg Hbf—Lichtenfels 100 km/h
Lichtenfels—Rothenkirchen (Ofr) 90 km/h
Rothenkirchen (Ofr)—Probstzella 50 km/h
Probstzella—Saalfeld 80 km/h

S 36.16u (18 4)
Rothenkirchen (Ofr)—Steinbach a W. Schiebelok Gt 88.16 (96 0)

Mindestbremsprozente: 90%
Fahrzeitzuschlag: 4%

| 1 | 2 | 3 | 4 | 5 | 6 | 7 | 8 | 9 | 10 | 11 | 12 |
|---|---|---|---|---|---|---|---|---|---|---|---|
| | ●**Nürnberg Hbf** [40] | 14 32 | 7 | 14 39 | | | | | | | 430 II |
| 2,1 | Bk Rothenburgerstr. | — | — | 43½ | | | | | | | 335 II |
| 1,4 | Bk Neusündersbühl | — | — | 45 | | | | | | | 86 II |
| 1,9 | [70]●Nürnberg-Doos [60] | — | — | 47 | | | | | | | |
| 2,3 | [45]●Fürth (Bay) Hbf [80] | — | — | 49½ | | | | | | | |
| 2,5 | Bk Fürth-Unterfarnbach | — | — | 52¼ | | | | | | | |
| 4,3 | Bach . . . . . | — | — | 55¼ | | | | | | | |
| 2,3 | Bk Großgründlach | — | — | 56¾ | | | | | | | |
| 2,0 | Eltersdorf . . . . | — | — | 58¼ | | | | | | | |
| 1,8 | ●**Erlangen-Bruck** . | — | — | 59¾ | | | | | | | |
| 1,9 | Bk Erlangen Gbf | — | — | 15 01¼ | | | | | | | |
| 1,0 | [70]●**Erlangen Pbf** [45] | — | — | 02½ | | | | | | | 580 I |
| 3,9 | Bubenreuth . . . | — | — | 05¾ | 106 | 95,3 | | | | | 355 I |
| 3,5 | Baiersdorf . . . | — | — | 08 | | | | | | | 60 I |
| 3,6 | Kersbach . . . . | — | — | 10½ | | | | | | | |
| 3,8 | **Forchheim** (Ofr) . | — | — | 13 | | | | | | | |
| 3,0 | Bk Bammersdorf | — | — | 15 | | | | | | | |
| 4,0 | Eggolsheim . . . | — | — | 17¾ | | | | | | | |
| 3,2 | Buttenheim . . . | — | — | 20 | | | | | | | |
| 2,7 | Hirschaid . . . . | — | — | 21¾ | | | | | | | |
| 3,6 | **Strullendorf** . . . | — | — | 24¼ | | | | | | | |
| 4,0 | Bk Wasserwerk | — | — | 27 | | | | | | | |
| 3,6 | [70]**Bamberg** [70] . . | — | — | 15 29¾ | | | | | | | |

| 1 | 2 | 3 | 4 | 5 | 6 | 7 | 8 | 9 | 10 | 11 | 12 |
|---|---|---|---|---|---|---|---|---|---|---|---|
| | [70]**Bamberg** [70] . . . | — | — | 15 29¾ | | | | | | | 485 I |
| 3,5 | ●Hallstadt b. Bbg. . | — | — | 32½ | | | | | | | 315 I |
| 4,1 | **Breitengüßbach** . . | — | — | 35¼ | | | | | | | 85 I |
| 4,4 | Ebing . . . . . . | — | — | 38¼ | | | | | | | |
| 2,2 | Zapfendorf . . . | — | — | 39¾ | | | | | | | |
| 6,0 | ●Ebensfeld . . . | — | — | 43¾ | | | | | | | |
| 5,5 | ●Staffelstein . . . | — | — | 47¼ | | | | | | | |
| 6,2 | ●**Lichtenfels** [45] . . | — | — | 51¾ | | | | | | | |
| 2,3 | Bk Oberwallenstadt | — | — | 54½ | | | | | | | |
| 1,9 | [60]Michelau (Ofr) [60] | — | — | 56¼ | | | | | | | |
| 1,8 | Bk Trieb | — | — | 58 | 106 | 95,3 | | | | | |
| 2,3 | [45]**Hochstadt-Mzln.** . | — | — | 16 00¼ | | | | | | | 425 II |
| 3,5 | ●Redwitz (Rodach) . | — | — | 03½ | | | | | | | 340 II |
| 3,7 | Oberlangenstadt . | — | — | 06¼ | | | | | | | 85 II |
| 1,9 | ●Küps . . . . . | — | — | 07¾ | | | | | | | |
| 3,6 | ●Neuses b. Kr. . . | — | — | 10¼ | | | | | | | |
| 2,7 | [60]●**Kronach** [80] . . | — | — | 12¾ | | | | | | | |
| 4,9 | ●Gundelsdorf . . | — | — | 16¾ | | | | | | | |
| 3,4 | [65]●**Stockheim** (Ofr) | — | — | 19½ | | | | | | | |
| 5,5 | [70]●**Rothenkirchen** (Ofr) | 16 25 | 2+ | 27 | — | — | | | | | 460 V |
| 2,9 | Bk Hessenmühle | — | — | 31½ | | | | | | | 410 V |
| 3,0 | [40]●Förtschendorf [40] | — | — | 35 | | | | | | | 135 IV |
| 2,0 | Bk Kohlmühle | — | — | 38¼ | | | | | | | |
| 2,0 | Bk Bastelsmühle | — | — | 41½ | | | | | | | |
| 2,3 | ●Steinbach a. W. . | — | — | 45¾ | | | | | | | 1020 IV |
| 2,8 | Bk Leinenmühle | — | — | 49¼ | | | | | | | 590 IV |
| 3,4 | ●**Ludwigsstadt** . . | — | — | 53½ | 57½ | 53,3 | | | | | 105 IV |
| 3,0 | Lauenstein (Ofr) . | — | — | 57¼ | | | | | | | |
| 2,3 | Bk Falkenstein | — | — | 17 00¼ | | | | | | | |
| 1,7 | ●**Probstzella** . . . | — | — | 17 02½ | | | | | | | |

Buchfahrplan des FD 79 (Sommer 1931)

**91** Bayerische S 3/6 3687 (DR 18 486) in Thüringen bei Saalfeld (1925). Sie führt den FD 79 München–Berlin von Nürnberg bis Halle an der Saale. Scharfe Fotografien von schnell fahrenden Zügen aus jener Zeit sind äußerst selten! Foto: C. Bellingrodt

Monatshöchstleistung
1932: August     = 11 318 km
1933: Dezember   = 12 176 km
1934: August     = 12 063 km
1935: September  = 13 603 km
1936: Januar     = 13 800 km
1937: Juli       = 10 676 km
1938: März       = 12 200 km


**18 505: Jahreslaufleistung**
1930: 117 225 km, 295 Betriebstage, Ø 397 km/Tag
1931:  84 046 km, 198 Betriebstage, Ø 424 km/Tag
1932:  54 831 km, 140 Betriebstage, Ø 392 km/Tag
1933: 120 626 km, 263 Betriebstage, Ø 459 km/Tag
1934:  98 116 km, 221 Betriebstage, Ø 444 km/Tag
1935:  79 096 km, 209 Betriebstage, Ø 378 km/Tag
1936:  99 599 km, 242 Betriebstage, Ø 412 km/Tag
1937: 110 236 km, 212 Betriebstage, Ø 520 km/Tag
1938:  98 942 km, 232 Betriebstage, Ø 426 km/Tag
1939:  90 136 km, 247 Betriebstage, Ø 365 km/Tag

Monatshöchstleistung
1930: Januar    = 12 292 km
1931: August    = 13 752 km
1932: Dezember  = 11 799 km
1933: Juli      = 15 351 km
1934: Juli      = 14 933 km
1935: Januar    = 13 589 km
1936: August    = 12 892 km
1937: Mai       = 20 779 km  (27 Tage = 770 km/Tag!)
1938: März      = 14 241 km
1939: März      = 12 914 km


**18 512: Jahreslaufleistung**
1933:  94 484 km, 205 Betriebstage, Ø 461 km/Tag
1934:  83 837 km, 194 Betriebstage, Ø 432 km/Tag
1935: 128 363 km, 271 Betriebstage, Ø 474 km/Tag
1936:  93 712 km, 219 Betriebstage, Ø 428 km/Tag
1937: 122 131 km, 257 Betriebstage, Ø 475 km/Tag
1938:  82 922 km, 203 Betriebstage, Ø 408 km/Tag

Monatshöchstleistung
1933: Mai        = 14 140 km
1934: März       = 13 366 km
1935: März       = 14 356 km
1936: Oktober    = 12 967 km
1937: September  = 14 407 km
1938: August     = 14 584 km


Der Lokomotivbestand von 1933 entspricht in der Gesamtzahl etwa dem letztgenannten von 1928, zeigt aber den Austausch einer Reihe von älteren gegen neuere Maschinen:

01.04.33: 18 405, 408, 413, 415, 441, 452, 453, 454, 456,
          457, 466, 474, 486, 487, 494, 496, 497, 498, 499,
          504, 505, 509, 510, 511, 512, 513, 514, 529, 530,
          531, 532

Wie in anderen bayerischen Betriebswerken, so wurde auch in Nürnberg-Hbf die bisher unangefochtene Vormachtstellung der S 3/6 durch Streckenelektrifizierungen und Zuteilung neuer Einheitslokomotiven ab 1935 gebrochen. Seit 10. Mai 1935 hing der Fahrdraht auch zwischen Augsburg und Nürnberg, womit ein elektrischer Durchlauf nach München möglich wurde. Für diese Dienste erhielt das Betriebswerk zunächst

E 04, die bald durch weitere Elloks Zuwachs bekamen. Weitreichender war für den Augenblick aber der Zugang von sieben neuen 01, die auf den Strecken nach München und Berlin (u. a. vor FD 79/80 Durchlauf bis Berlin = 476 km) verwendet wurden und gleichsam über Nacht ein Viertel des Nürnberger S 3/6-Bestandes überflüssig machten. Zu Beginn des Sommerfahrplanes 1935 waren folgende Schnellzuglokomotiven vorhanden:

15.05.35: 01 122–125, 144–146
          17 412, 418, 419, 505, 510, 511, 515, 516, 519
          18 441, 442, 452, 453, 454, 456, 457, 466, 472,
          474, 486, 487, 494, 496, 497, 498, 499, 505, 509,
          510, 512, 513, 530
          E 04 17, 18, 19

Über die Situation dieser Zeit gibt uns ein Telegrammbrief der RBD Nürnberg vom 5. Oktober 1936 an die DR-Hauptverwaltung in Berlin Auskunft, der die Aufgabe hatte, die Ursachen des Kohlemehrverbrauchs der im Nürnberger Bezirk stationierten Baureihen zu erläutern:

»Die 1933 einsetzende Steigerung (des S 3/6-Kohleverbrauchs) war veranlaßt durch Kürzung der Fahrzeiten. Gleichzeitig brachte die 1933 beginnende Elektrifizierung der Strecke Nürnberg–Augsburg eine Mehrung der Langsamfahrstellen. Die Einbringung der durch diese zahlreichen Umbaustellen bewirkten Fahrzeitverluste führte ebenfalls zu einer Steigerung des Kohlenverbrauchs. 1935 trat eine starke Umschichtung der Schnellzugleistungen ein. Mit Beginn des elektrischen Zugbetriebs erfolgte Zurückziehung der Dampflokomotiven von der Strecke Nürnberg–Augsburg–München. Der vermehrte Einsatz von 03- und 01-Lok bei gleichzeitiger Abgabe von S 3/6-Lok an andere RBD und der Neueinsatz der S 36.16-Lok beim Bw Bamberg lassen einen Vergleich des Kohlenverbrauchs mit dem der Vorjahre nicht mehr zu.«

Die diesem Bericht beigefügte Übersicht über die durchschnittlichen Kohleverbrauchswerte sieht wie folgt aus:

| Baureihe | Jahr | Verbrauch auf 1000 Lok-km | Verbrauch auf 1 Mio. Lokleistungs-Tonnenkilometer |
|---|---|---|---|
| 01 | 1932 | – | – |
|    | 1933 | – | – |
|    | 1934 | – | – |
|    | 1935 | 13,02 t | 22,04 t |
| 03 | 1932 | – | – |
|    | 1933 | – | – |
|    | 1934 | 10,51 t | 22,71 t |
|    | 1935 | 10,73 t | 22,98 t |
| 18 | 1932 | 11,05 t | 24,17 t |
|    | 1933 | 11,26 t | 24,76 t |
|    | 1934 | 11,77 t | 25,89 t |
|    | 1935 | 11,93 t | 25,84 t |

Zur Interpretation dieser Werte ist der Hinweis von Bedeutung, daß 01 und 03 ausschließlich FD- und D-Züge führten, während die S 3/6 auch Personen- und Eilzüge zu bespannen hatten, die einen höheren Brennstoffverbrauch verursachten.
Vorerst verblieb der S 3/6 noch ein wesentlicher Teil des Schnellzugdienstes, sie befuhr mit Ausnahme der Strecke nach Augsburg weiterhin alle bisherigen Linien. Die Führung des L 51/52, der zwischen 1933 und 1937 zwei eigens in Passau stationierten Großrädrigen vorbehalten war, gehörte in den Abschnitten Nürnberg–Frankfurt, Mainz–Frankfurt-Süd–Nürnberg und Nürnberg–Passau wieder den Nürnber-

**92** Zur Mittagszeit des 5. Mai 1927 verläßt 18 448 (Bw Nürnberg-Hbf) mit D 54 Ostende–Bukarest den Hauptbahnhof in Nürnberg. Der Zug führt Kurswagen u.a. nach Stambul, Budapest und Wien. Links unten der Buchfahrplan dieses Zuges im Abschnitt Aschaffenburg–Würzburg (Sommer 1930). Rechts eine Aufstellung der vom Bw Nürnberg-Hbf zu Jahresbeginn 1938 gezahlten Kohleprämien. Damals war die Mehrzahl der Lokomotiven noch zwei- oder dreifach besetzt, d.h. es taten grundsätzlich dieselben Personale auf derselben Maschine Dienst! Slg: VMN

### D 54, Schnellzug. (1) 1. 2. 3. Kl. 19

S 36.16u. 510. 605. 100.

| Aschaffenburg Hbf.—Laufach | . . . S 36.17u. 510 580 90 II. |
| Laufach—Heigenbrücken | . S 36.17 + Gt 88.16. 520 610 90 V. |
| Heigenbrücken—Würzburg Hbf. | . . . S 36.17u. 510 580 90 II. |
| Würzburg Hbf.—Nürnberg Hbf. | . . . S 36.17u. 470 540 90 III. |
| Nürnberg Hbf.—Regensburg | . . . S 36.16u. 490 530 85 III. |
| Regensburg—Passau Hbf. | . . . S 36.16. 400 490 65 II. |

| Entfernung km | Bahnhöfe und Blockstellen | Fahrzeit M | Ankunft | Aufenthalt M | Abfahrt | Kreuzung mit Zug | Überholung durch Zug | Kürzeste Fahrzeit M | M | Str.abneigung % | % |
|---|---|---|---|---|---|---|---|---|---|---|---|
| 45 | Aschaffenburg Hbf 45 | | 6 48 | 2 | 6 50 | | | | | 90 | 70 |
| 3,2 | Aschaffenburg-Goldbach | 15½ | — | — | 57 | | | 3,4 | 8,9 | | |
| 3,4 | Hösbach . . . | | — | — | 7 01 | | | 2,3 | | | |
| 3,9 | 60 Laufach . . . | | 7 05½ | 2 | 07½ | | | 3,2 | | 50 | 40 |
| 2,1 | Bf Eisenwerk | | — | — | 11 | | | 2,7 | | | |
| 1,7 | Bf Hain | | — | — | 13¾ | | | 2,1 | | | |
| 3,1 | 45 Heigenbrücken 45 | | — | — | 19¼ | | | 3,7 | | 90 | 72 |
| 3,6 | Bf Neuhütten | | — | — | 23¼ | | | 3,3 | | | |
| 2,8 | Wiesthal . . . | 29¼ | — | — | 25 | | | 1,7 | | 89 | |
| 2,1 | Bf Krommenthal | | — | — | 26¾ | | | 1,6 | 24,8 | | |
| 2,7 | Bf Lohrthal | | — | — | 28¾ | | | 2 | | | |
| 2,6 | 60 Partenstein 60 . | | — | — | 30¾ | | | 2 | | 90 | |
| 2,2 | Bf Spathmühle | | — | — | 32¾ | | | 1,9 | | | |
| 1,6 | Bf Beilstein | | — | — | 34 | | | 1,1 | | | |
| 2,7 | Lohr Bahnhof 60 | | 37 | 1 | 38 | | | 2,7 | | 70 | |
| 3,3 | Bf Rantenbach | | — | — | 43¾ | | | 3,2 | | | |
| 3,1 | 80 Neuendorf (Main) | 14½ | — | — | 46 | | | 2,2 | 11,3 | | 65 |
| 4,1 | Langenprozelten . | | — | — | 49¼ | | | 3,1 | | | 63 |
| 3,2 | Gemünden (Main) 70 | | 52½ | 2 | 54½ | | | 2,8 | | | |
| 3,1 | 80 Wernfeld 80 . | | — | — | 8 00 | | | 3,1 | | | |
| 2,7 | Bf Harbach | | — | — | 02¾ | | | 1,9 | | | |
| 2,8 | Gambach (Main) | | — | — | 04¾ | | | 1,9 | | | |
| 2,3 | Bf Karlburg | | — | — | 06½ | | | 1,6 | | | |
| 2,5 | Karlstadt (Main) 70 | | — | — | 08¼ | | | 1,7 | | | |
| 3,4 | Bf Stettnerberg | | — | — | 11 | | | 2,6 | | | |
| 2,4 | Himmelstadt | 35½ | — | — | 12¾ | | | 1,6 | 28,4 | | |
| 2,1 | Retzbach . . . | | — | — | 14¾ | | | 1,5 | | | |
| 3,7 | Thüngersheim . . | | — | — | 17½ | | | 2,6 | | | |
| 2,8 | Erlabrunn . . . . | | — | — | 19½ | | | 1,9 | | 70 | |
| 3,1 | Veitshöchheim . . | | — | — | 22½ | | | 2,1 | | 64 | |
| 3,1 | 80 Würzburg-Zell . | | — | — | 25¼ | | | 2,2 | | 76 | |
| 3,9 | 45 3 Würzburg Hbf 45 | | 8 30 | 25 | 8 55 | | | 3,7 | | | |

86,3 ¹) 30 nur bei Lok P 46.19.

An

R B D Nürnberg.

    Personal und Lokomotiven, die im ersten Vierteljahr
1938 die höchste Kohlenprämie erhielten.

| Lok 01.123 | Lokführer | Grandpair | 101.22 ℳ |
| | Lokheizer | Müller 2 Karl | 93.48 ℳ |
| Lok 01.214 | Lokführer | Sieberer | 69.38 ℳ |
| | " | Wohlrab | 63.27 ℳ |
| Lok 18.510 | Lokführer | Möltner | 72.49 ℳ |
| | " | Schedel | 83.91 ℳ |
| | Lokheizer | Stief | 76.17 ℳ |
| | Hilfsheizer | Arnold 2 | 70.28 ℳ |
| Lok 18.486 | Lokführer | Mahringer | 63.41 ℳ |
| | " | Nützel 1 | 84.38 ℳ |
| | Lokheizer | Jobst 1 | 62.21 ℳ |
| | " | Kellermann | 67.42 ℳ |
| Lok 38.2793 | Lokführer | Hellmuth | 61.95 ℳ |
| | " | Teupert 3 | 70.63 ℳ |
| | Lokheizer | Bachinger | 70.63 ℳ |
| | " W | Wenk | 69.78 ℳ |

Nürnberg, den 13. Mai 1938.
Bahnbetriebswerk Hbf.

**L 65, Luxuszug. Paris / Ostende — Karlsbad u. Prag-Expreß.** 9 (1)
1. Kl.
**Nur Sonntags, Mittwochs und Freitags vom 16. Mai bis 28. September.**
Höchst-G.: Stuttgart Hbf—Ellrichshausen 80 km/h. Lok 18⁴ (S 36.17).
Berechnete Belastung: Stuttgart Hbf—Cannstatt Pbf 450 t, Cannstatt Pbf.—Fellbach 390 t, Fellbach—Crailsheim 450 t (für kürzeste Fahrzeit Stuttgart Hbf—Crailsheim 300 t).
Crailsheim—Nürnberg Hbf. . . S 36.16. 410 465 135 II.

| 1 Entfernung km | 2 Bahnhöfe und Blockstellen | 3 Fahrzeit M | 4 Ankunft | 5 Aufenthalt M | 6 Abfahrt | 7 Kreuzung mit Zug | 8 Überholung durch Zug | 9 Kürzeste Fahrzeit M | 9 M | 10 Für Bremsbesetzung maßgeb. Geschwind. km | 11 Bremsbesetzung % |
|---|---|---|---|---|---|---|---|---|---|---|---|
| | ●Stuttgart Hbf [45] | | — | — | 7 30 | | | | | 75 | 62 |
| 1,8 | Bk Rosenstein | | — | — | 33 | | | 2¾ | | 80 | |
| 1,5 | [60]● Stuttgart-Cannstatt Pbf [65] | | — | — | 35 | | | 1½ | | | |
| 2,7 | Bk 5 | | — | — | 39½ | | | 3¼ | | | |
| 3,4 | [75]●Fellbach | | — | — | 46 | | | 4 | | | |
| 2,3 | [60]●**Waiblingen** [45] | | — | — | 48 | | | 2 | | | |
| 1,8 | Rommelshausen | | — | — | — | | | — | | | |
| 0,9 | Bk Beinstein † | | — | — | 50¾ | | | 2¼ | | | |
| 1,5 | Stetten im Remstal | | — | — | — | | | — | | | |
| 1,4 | ●Endersbach | | — | — | 53¼ | | | 2¼ | | | |
| 1,2 | Beutelsbach | | — | — | — | | | — | | | |
| 2,4 | Grunbach | | — | — | 56 | | | 2¾ | | | |
| 1,5 | Geradstetten | | — | — | — | | | — | | | |
| 3,1 | ●Winterbach | | — | — | 59¾ | | | 3¾ | | | |
| 1,5 | Weiler | | — | — | — | | | — | | | |
| 2,0 | [70]●**Schorndorf** | | — | — | 8 02½ | | | 2¾ | | | |
| 3,5 | ●Urbach | | — | — | 05½ | | | 2¾ | | | |
| 1,9 | ●Plüderhausen | | — | — | 07¼ | | | 1½ | | | |
| 3,5 | ●Waldhausen | | — | — | 10 | | | 2¾ | | | |
| 4,5 | ●Lorch | | — | — | 13¾ | | | 3½ | | | |
| 4,0 | Deinbach Bk § | | — | — | 17½ | | | 3¼ | | | |
| 3,6 | ●**Gmünd** Hbf [60] | | — | — | 21 | | | 2¾ | | | |
| 5,1 | Hussenhofen Bk | 111 | — | — | 26 | | | 4¼ | 95½ | | |
| 4,7 | ●**Unterböbingen** | | — | — | 31 | | | 3¾ | | 75 | |
| 3,4 | ●Mögglingen | | — | — | 35¼ | | | 3 | | | |
| 5,6 | ●Essingen | | — | — | 42½ | | | 5¼ | | 80 | |
| 5,7 | [65]●**Aalen** [65] | | — | — | 47½ | | | 4¾ | | | |
| 2,0 | ●Wasseralfingen | | — | — | 49¼ | | | 1¾ | | | |
| 1,7 | Hofen | | — | — | — | | | — | | | |
| 1,0 | Bk 91 | | — | — | 52½ | | | 2½ | | | |
| 1,8 | [75]●**Goldshöfe** [75] | | — | — | 8 55 | | | 1¾ | | | |
| 3,7 | [70]●Schwabsberg [70] | | — | — | 58¼ | | | 3 | | | |
| 3,4 | Schrezheim | | — | — | — | | | — | | | |
| 1,8 | [65]●Ellwangen | | — | — | 9 02½ | | | 4¼ | | | |
| 3,8 | Schönau Bk † | | — | — | 05¾ | | | 3¼ | | | |
| 2,8 | Schweighausen | | — | — | — | | | — | | | |
| 2,0 | [70]●Jagstzell [70] | | — | — | 09¾ | | | 4 | | | |
| 3,3 | ●Stimpfach | | — | — | 12½ | | | 2¾ | | | |
| 2,3 | Steinbach a d Jagst | | — | — | — | | | — | | | |
| 1,6 | Jagstheim | | — | — | 15½ | 6090 | | 3 | | | |
| 5,3 | [45]●**Crailsheim** [45] | — | 9 21 | + | 22 | | | 4½ | — | | 43 |
| 8,0 | ●Ellrichshausen | | — | — | 35 | | | 7,5 | | 90 | 76 |
| 4,3 | Schnelldorf | | — | — | 39¾ | | | 3 | | | |
| 4,9 | Zumhaus | | — | — | 43¼ | | | 3,3 | | | |
| 6,0 | **Dombühl** | | — | — | 47¾ | | | 4 | | | |
| 9,5 | Büchelberg | | — | — | 54½ | | | 6,4 | | | |
| 3,7 | ●**Leutershausen-Wiedersbach** | | — | — | 57¾ | | | 2,5 | | | |
| 10,2 | [45]●**Ansbach** [45] | | — | — | 10 06 | | | 7,5 | | | |
| 7,1 | ●Sachsen b Ansbach | 82 | — | — | 13½ | | | 5,6 | 65,3 | | |
| 4,2 | ●**Wicklesgreuth** | | — | — | 17¾ | | | 2,8 | | | |
| 7,0 | ●Heilsbronn | | — | — | 22¾ | | | 4,7 | | | |
| 5,3 | ●Raitersaich | | — | — | 26¾ | | | 3,5 | | | |
| 5,5 | ●Roßtal | | — | — | 30½ | | | 3,6 | | | |
| 5,3 | Bk Oberasbach | | — | — | 34¼ | | | 3,6 | | | |
| 4,2 | **Stein b Nürnberg** | | — | — | 37¾ | | | 2,7 | | | 66 |
| 2,2 | Nürnberg-Schweinau | | — | — | 39¾ | | | 1,5 | | | |
| 3,0 | [40]●Nürnberg Hbf | — | 10 44 | 15 | 10 59 | | | 3,1 | — | | |
| 201,4 | | | | | | | | | | | |

Buchfahrplan des L 65 »Paris/Ostende–Karlsbad-Expreß« im Abschnitt Stuttgart–Nürnberg (Sommer 1930)

**93** Die letzte Maffei-Dampflokomotive 18 530 aus dem Jahr 1930 wurde nach ihrer Abnahme dem Bw Nürnberg-Hbf zugewiesen. Noch fast neu präsentiert sie sich uns auf dieser schönen Streckenaufnahme, deren Aufnahmeort leider unbekannt ist. Aller Wahrscheinlichkeit nach handelt es sich um die Strecke Nürnberg–Bamberg.
Slg: H. Tauber

**94** Durch die Nürnberger Vorortstation Erlenstegen führt 18511 (Bw Nürnberg-Hbf) den Luxuszug 65 »Paris–Karlsbad–Prag-Expreß« in Richtung Eger (um 1932). Slg: C. Asmus

**L 65, Luxuszug,** Paris—Karlsbad u. Prag-Expreß. 1. Kl. / Ostende—Karlsbad-Expreß. 1. 2. Kl. (1) 11

Nur Sonntags, Mittwochs und Freitags vom 16. Mai bis 28. September.

Fortsetzung aus Heft 7a.

S 36.16. 465 510 135 II.

| 1 Entfernung km | 2 Bahnhöfe und Blockstellen | 3 Fahrzeit M | 4 Ankunft | 5 Aufenthalt M | 6 Abfahrt | 7 Kreuzung mit Zug | Überholung durch Zug | 9 Kürzeste Fahrzeit M | M | 10 Für Bremsberechnung maßgebende ... km | 11 Bremsbesetzung % |
|---|---|---|---|---|---|---|---|---|---|---|---|
| | Stuttgart Hbf ab | | — | — | 7 30 | | | | | | |
| | ●Nürnberg Hbf [40] . | | 10 44 | 15 | 10 59 | | | | | 80 | 54 |
| 1,7 | Bk Tullnau | | — | — | 11 03½ | | | 2,7 | | | |
| 2,2 | [65]●Nürnberg Ost . | | — | — | 06 | | | 1.9 | | 90 | 57 |
| 3,2 | Bk Eichelberg | | — | — | 08¾ | | | 2,3 | | | |
| 3,0 | ●Behringersdorf . | | — | — | 11 | | | 2 | | | |
| 2,6 | Rückersdorf (Mfr) | | — | — | 13 | | | 1,7 | | | |
| 4,2 | Lauf (rechts Pegnitz) [45] | | — | — | 16 | | | 2,8 | | | |
| 3,3 | [70]●Schnaittach Bf . | | — | — | 18¾ | | | 2,4 | | | |
| 4,4 | Reichenschwand . . | | — | — | 22 | | | 3 | | | |
| 3,2 | [45] Hersbruck (rechts Pegn.) | | — | — | 24¼ | | | 2,2 | | | |
| 5,8 | [45]●Hohenstadt (Mfr) | | — | — | 28½ | | | 4 | | | |
| 6,2 | [50]●Vorra (Pegnitz) [75] | | — | — | 33¼ | | | 4,6 | | | |
| 4,8 | ●Rupprechtstegen . | | — | — | 38 | | | 3,8 | | | |
| 3,0 | ●Velden b Hersbruck | | — | — | 40½ | | | 2,1 | | | |
| 3,1 | Neuhaus (Pegnitz) [70] | | — | — | 43 | | | 2,2 | | 85 | 50 |
| 3,5 | ●Nanna [80] . . . . . | | — | — | 46 | | | 2,7 | | | |
| 6,3 | ●Michelfeld (Opf) . | 138 | — | — | 50¾ | | | 4,5 | 117,6 | | |
| 6,4 | [85]●Pegnitz . . . . | | — | — | 55¾ | | | 4,6 | | | |
| 8,0 | ●Schnabelwaid [70] . | | — | — | 12 03½ | | | 6 | | 90 | 57 |
| 4,8 | ●Engelmannsreuth | | — | — | 08¼ | | | 3,6 | | | 76 |
| 6,0 | Vorbach . . . . . . | | — | — | 12¾ | | | 4,1 | | | |
| 7,9 | [70] Kirchenlaibach [60] | | — | — | 18½ | | | 5,5 | | | 57 |
| 3,9 | Haidenaab-Goppmannsbühl Hp | | — | — | 22½ | | | 3,3 | | | |
| 4,8 | ●Immenreuth . . . | | — | — | 27½ | | | 3,3 | | | 76 |
| 10,5 | [75]●Neusorg . . . . . | | — | — | 37¾ | | | 7,3 | | | |
| 8,4 | ●Waldershof . . . | | — | — | 44¼ | | | 5,7 | | | |
| 3,0 | [70] Marktredwitz [40] . | | — | — | 46¾ | | | 2,3 | | | |
| 7,0 | [80]●Seußen . . . . | | — | — | 53 | * 1550 | | 6 | | 85 | |
| 3,7 | ●Arzberg (Ofr) [80] . | | — | — | 56 | | | 2,8 | | 90 | |
| 3,4 | [85] Schirnding . . . | | — | — | 58½ | | | 2,5 | | | |
| 3,7 | Mühlbach . . . . | | — | — | 13 01½ | | | 2,6 | | | |
| 9,4 | [10]●Eger . . . . . . | — | 13 17 | — | — | | | 13,1 | — | | |
| 151,4 | | | | | | | | | | | |

Buchfahrplan des L 65 im Abschnitt Nürnberg–Eger (Sommer 1930)

gern, bis dieses Zugpaar bei Kriegsbeginn 1939 gestrichen wurde.

1937 und 1938 erhielt Nürnberg noch drei weitere 01 (01213, 214, 229), während die $17^{4,5}$ nahezu komplett abgegeben wurden. Innerhalb des 18er-Bestandes änderte dies nichts nennenswertes. Auch als am 15. Mai 1939 zwischen Nürnberg und Saalfeld der elektrische Betrieb aufgenommen wurde, blieb die Zahl von rund zwei Dutzend S 3/6 konstant, wenngleich eine Reihe von Leistungen an die neu zugeteilten acht E18 und vier E19 überging. Im gleichen Jahr verließen alle 01 im Tausch gegen Würzburger 03 das Betriebswerk, ein Jahr später erschienen zwei neue $03^{10}$ zur Verstärkung der Zweizylinder-03. So ergab sich Mitte 1940 der folgende Schnellzug-Dampflokbestand:

**31.07.40:** **03** 159, 160, 161, 162, 163, 190, 191, 192
**03** 1073, 1074
**18** 428, 429, 430, 443, 454, 457, 458, 466, 472, 474, 484, 486, 487, 494, 496, 497, 498, 499, 505, 509, 510, 511, 512, 513, 529

Während des Krieges trat eine Reihe von Verschiebungen ein: die 03 rollten bis März 1943 wieder ab, die $03^{10}$ bis April desselben Jahres ebenfalls, dagegen waren ab Jahreswechsel 1942/43 sieben zuvor in München-Hbf beheimatete $01^{10}$ stationiert, die jedoch auch nur bis März 1944 blieben. Dafür kam die Baureihe 01 ab Sommer 1944 zurück und blieb fast ununterbrochen bis 1967. Während all dieser Veränderungen hielt sich die S 3/6 im bisherigen Umfang und war nach wie vor mit gut 20 Maschinen vertreten. Inzwischen gehörten auch Wehrmachtszüge zu ihren Aufgaben.

Im Sommer 1945 waren über dreißig S 3/6 zugeteilt, von denen allerdings nur ein verschwindend kleiner Teil fahrfähig war:

**01.08.45:** 18428, 441, 442, 443, 452, 453, 454, 455, 456, 458, 466, (472), 474, 484, 485, 486, 487, 488, 489, 493, 494, 495, 496, 497, 498, 499, 500, 501, 502, 505, 507, 508, 517

Die Mehrzahl stand defekt abgestellt, zum Teil auf Bahnhöfen der Umgebung verstreut, andere hatten im Krieg schwere Schäden erlitten und warteten auf ihre Ausmusterung (z.B. 18428, 474). Nur allmählich kam der Betrieb wieder in Gang, wobei die Schnellzuglokomotiven in der Regel am längsten auf ihre Instandsetzung warten mußten. Am 31. Dezember 1945

**95** 18486 (Bw Nürnberg-Hbf) passiert am 4. Juni 1939 mit D 117 Stuttgart–Breslau die Pegnitzbrücke bei Lungsdorf. Unten der Buchfahrplan dieses Zuges vom Sommer 1925.
Foto: C. Bellingrodt

8

## Schnellzug D 117. (1. 2. 3. Kl.)

Fortsetzung aus Heft 7.

| Entfernung in km | Die Geschwindigkeit ist zu ermäßigen auf | Stationen | × Kreuzt mit Zug | ○ Überholt den Zug | Ankunft | Aufenthalt | Abfahrt | Fahrzeit in Minuten: fahrplanmäßige | Fahrzeit in Minuten: gekürzte | Maßgebende Grundgeschwindigkeit: fahrpl. Fahrzeit | Maßgebende Grundgeschwindigkeit: gekürzte Fahrzeit | Bremsprozent |
|---|---|---|---|---|---|---|---|---|---|---|---|---|
| | A 40 | Nürnberg Hbf. — a | . | . | 9 05½ | 24½ | 9 30 | | | 75 | 85 | 62(80) |
| 3,89 | E 65 | Nürnberg Ost . — b | . | . | 35 | . | . | 5 | 4¾ | . | . | 59(85) |
| 6,22 | . | Behringersdorf | . | . | 41 | . | . | 6 | 5 | . | . | . |
| 2,55 | . | Rückersdorf (Mfr.) | . | . | 44 | . | . | 3 | 2 | . | . | . |
| 4,15 | . | Lauf (rechts Pegnitz) | . | . | 48 | . | . | 4 | 3½ | . | . | . |
| 3,33 | . | Schnaittach Bf. | . | . | 51 | . | . | 3 | 2¼ | . | . | . |
| 4,39 | . | Reichenschwand | . | . | 55¼ | . | . | 4¼ | 3½ | . | . | . |
| 3,22 | E 65 | Hersbruck (rechts Pegnitz) | . | 7225 | 57¾ | . | . | 2½ | 2¼ | . | . | . |
| 5,84 | . | Hohenstadt (Mfr.) | . | . | 10 03 | . | . | 5¼ | 4½ | . | . | 60(85) |
| 6 20 | D 75 | Vorra (Pegnitz) | . | . | 09 | . | . | 6 | 5 | . | . | 59(80) |
| 4,75 | . | Rupprechtstegen | . | . | 14 | . | . | 5 | 4 | . | . | 59(85) |
| 3,03 | . | Velden b. Hersbruck | . | . | 17 | . | . | 3 | 2½ | . | . | . |
| 3,15 | A 75 | Neuhaus (Pegnitz) | . | . | 20 | . | . | 3 | 2¼ | . | . | . |
| 3,53 | A 85 | Ranna . . | . | . | 23 | . | . | 3 | 2½ | . | . | . |
| 6,29 | . | Michelfeld (Opf.) | . | . | 30 | . | . | 7 | 5¼ | . | . | . |
| 6,30 | . | Pegnitz . . . . | . | . | 38 | 1 | 10 39 | 8 | 6½ | . | . | 67(85) |
| 8,04 | A 45 | Schnabelwaid . | . | . | 52 | 8 | 11 00 | 13 | 10½ | 75 | 75 | 59(75) |
| 5,61 | A 45 | Creußen (Ofr.) | . | . | 11 07 | . | . | 7 | 6 | | . | . |
| 4,28 | . | Neuenreuth b. Creußen | . | . | 11 | . | . | 4 | 3½ | . | . | |
| 6,71 | . | Zbk Kreuzstein | . | . | 17 | . | . | 6 | 6 | . | . | . |
| 1,61 | E 45 A 45 | Bayreuth Hbf. . | 8882 | . | 22 | 5 | 11 27 | 5 | 3 | 70 | 75 | 63(80) |
| 4,16 | . | Bindlach . . | . | . | 34 | . | . | 7 | 6 | | . | . |
| 3,27 | . | Ramsenthal . | . | . | 37¾ | . | . | 3¾ | 3¼ | | . | . |
| 3,00 | . | Harsdorf . . | . | . | 40¾ | . | . | 3 | 2½ | . | . | . |
| 5,25 | E 65 A 65 | Trebgast . . | . | . | 45½ | . | . | 4¾ | 4¼ | | . | . |
| 2,45 | . | Zbk Schlömen | . | . | 50 | . | . | 4½ | 3½ | . | . | . |
| 2,87 | E 45 | Neuenmkt.-Wsbg. | . | . | 11 56 | . | . | 6 | 5½ | . | . | . |

**96** 18441 (Bw Nürnberg-Hbf) am 28. August 1935 im Bahnhof Neuenmarkt-Wirsberg. Foto: Geitmann

**97** In voller Fahrt durchfährt 18 472 (Bw Nürnberg-Hbf) im Jahr 1935 die kleine Station Roßtal Wegbrücke auf der Strecke Nürnberg–Ansbach. Der »Schmetterling« für das Gegengleis stand direkt auf dem Bahnsteig. Foto: E. Schörner

**98** Bayreuth am 14. Oktober 1935: 18 512 setzt einen Personenwagen um und wird anschließend nach Nürnberg fahren. Die Lokomotive gehörte im Jahr der Aufnahme mit fast 130 000 km Laufleistung (Tagesschnitt knapp 500 km) zu den weitgereisten S 3/6 ihrer Heimat-Dienststelle. Foto: Geitmann

**99** Die kurvenarme, fast ebene Strecke Nürnberg—Bamberg war seit jeher eine Rennbahn. FD 79 München—Berlin konnte dort eine für damalige Verhältnisse günstige Fahrzeit erzielen. Vor dem Zug 18 530 (Bw Nürnberg-Hbf) um 1933.
Slg: H. Tauber

**100** Anders der Streckenverlauf zwischen Lichtenfels und Saalfeld, wo nicht selten die Beigabe einer Vorspannmaschine erforderlich war. 18 498 (Bw Nürnberg-Hbf) teilte sich 1928 auf der 1:40 geneigten Rampe zwischen Ludwigstadt und Steinbach a. W. die Arbeit mit einer Schwesterlokomotive. Welch herrliche Wagengarnitur mag wohl hinter der Kurve hervorkommen?
Foto: E. Köditz, Slg: H. Koppisch

**101** Leichte Arbeit für die Nürnberger 18 484 war der D 321 Nürnberg–Hof, den Ernst Köditz 1934 bei Schnabelwaid fotografierte. Das bayerische Hauptsignal mit seinem »Schmetterling« zeigt freie Ein- und Durchfahrt.

Slg: H. Tauber

<table>
<tr><td colspan="11">⊗ DmW 122 (14,1)  1. 2. 3. Klasse  (400 t)     3<br>Prag—Tuschkau-Kosolup—Eger—Marktredwitz—Schnabelwaid—Nürnberg Hbf<br>Crailsheim—Backnang—Stuttgart<br>Höchstgeschwindigkeit 100 km/h<br>S 36.16 (18 4)        Mindestbremshundertstel 70<br>Last 500 t   ⑮</td></tr>
</table>

| 1 | 2 | 3 | 4 | 5 | 6 | 7 | 8 | 9 | 11 |
|---|---|---|---|---|---|---|---|---|---|
| Entfernung | Beschränkung der Höchstgeschwindigkeit im Gefälle | Betriebstellen | Ankunft | Aufenthalt | Abfahrt | Planmäßige Fahrzeiten | Kürzeste Fahrzeiten | Summe der planm. Fahrzeiten / kürzesten Fahrzeit | Überholung durch Zug |
| km | km/h | | | m | | m | m | m | |
| | | ●Nürnberg Hbf ▼ . | (15 48) | (17) | 16 05 | | | | |
| 3,0 | | Nürnberg-Schweinau . | — | — | 12 | 7,0 | 3,4 | 21,0 | |
| 2,2 | | Nür-Stein . . . . | — | — | 14 4 | 2,4 | 1,4 | 10,6 | |
| 4,2 | | ●Bf Oberasbach . . | — | — | 19 | 4,6 | 2,6 | | |
| 5,3 | | ●Roßtal . . . . . | — | — | 26 | 7,0 | 3,2 | | |
| 5,5 | | ●Raitersaich . . . . | — | — | 32 7 | 6,7 | 3,3 | | |
| 5,3 | | ●Heilsbronn . . . . | — | — | 38 6 | 5,9 | 3,2 | 30,5 | |
| 7,0 | | ●Widlesgreuth . . . | — | — | 46 8 | 8,2 | 4,3 | 18,2 | |
| 4,2 | | Sachsen (b Ansbach) . | — | — | 50 5 | 3,7 | 2,6 | | |
| 7,1 | | ●Ansbach ▼ . . . . | 16 56 5 | 3 | 59 5 | 6,0 | 4,8 | | |
| 4,6 | | Bf Schalkhausen . . | — | — | 17 08 5 | 9,0 | 4,1 | | |
| 5,6 | | Leutershsn-Wiedersbch | — | — | 15 3 | 6,8 | 3,4 | 28,0 | |
| 3,7 | | Büchelberg . . . . | — | — | 18 3 | 3,0 | 2,3 | 15,7 | |
| 5,0 | | Bf Eichholz . . . . | — | — | 22 5 | 4,2 | 3,0 | | |
| 4,5 | | Dombühl . . . . . | — | — | 27 5 | 5,0 | 2,9 | | |
| 6,0 | | Zumhaus . . . . . | — | — | 32 5 | 5,0 | 3,7 | | |
| 4,9 | | ●Schnelldorf . . . . | — | — | 36 3 | 3,8 | 3,0 | 20,5 | |
| 4,3 | | Ellrichshausen . . . . | — | — | 40 | 3,7 | 2,7 | 15,1 | |
| 4,5 | | Bf Beuerlbach . . . | — | — | 44 | 4,0 | 2,8 | | |
| 3,5 | | ●Crailsheim ▼ . . . | 17 48 | (6) | (17 54) | 4,0 | 2,9 | | |
| 90,4 | | | | 3 | | 100,0 | 59,6 | | |

Buchfahrplan des DmW 122 vom Sommer 1944

besaß Nürnberg-Hbf dreißig S 3/6, von ihnen waren zwei in Betrieb, zwei betriebsfähig kalt abgestellt und zehn im RAW. Nach und nach wurden die älteren S 3/6 ausgemustert, jedoch durch keine Neuzugänge mehr ersetzt, so daß der Bestand bis Ende 1950 auf vier Maschinen absank:

01. 12. 50:  18 501, 505, 507, 508

Zum selben Zeitpunkt standen 17 Lokomotiven der Baureihe 01 unter Dampf.

Bevor die 18[4] jedoch endgültig aus den Listen gestrichen wurden, stellten die ED Nürnberg, die GBL Süd in Stuttgart und das Bw Nürnberg-Hbf eingehende Überlegungen zu dieser Entscheidung an. Man kam im Februar 1950 zu dem Schluß, daß es unwirtschaftlich sei, die z. T. bereits über 40 Jahre alten S 3/6 auszubessern, um sie anschließend im Personenzugdienst zu verwenden. Überdies wäre die Aufarbeitung nicht bis zum Sommerfahrplan 1950 zu bewerkstelligen gewesen. Die ED Nürnberg schlug daher vor, zunächst die in der Unterhaltung billigeren 38[10] einzusetzen, gleichzeitig aber den Neubau der Baureihe 23 zu beschleunigen.

Für die Jahre 1948 und 1951 liegen die S 3/6-Laufpläne vor. Sie zeigen folgende Züge:

Dienstplan 2, gültig ab 03. 10. 48:

| | | | |
|---|---|---|---|
| D 238 | Nürnberg–Stuttgart | P 1600 | Bayreuth–Nürnberg |
| D 237 | Stuttgart–Nürnberg | P 1605 | Nürnberg–Bayreuth |
| D 403 | Nürnberg–Würzburg | Leerfahrt 12602 | Bayreuth– |
| P 1408 | Würzburg–Nürnberg | Pegnitz | |
| P 1583 | Nürnberg–Schwandorf | P 1622 | Pegnitz–Nürnberg |
| P 1572 | Schwandorf–Nürnberg | P 1700 | Nürnberg–Crailsheim |
| P 1633 | Nürnberg–Pegnitz | P 1703 | Crailsheim–Nürnberg |
| Leerfahrt 12601 | Pegnitz– | D 248 | Nürnberg–Crailsheim |
| Bayreuth | | D 247 | Crailsheim–Nürnberg |

**102** Bei Anwanden auf der Linie Nürnberg–Ansbach gelang Peter Ramsenthaler 1951 dieses dynamische Foto der Nürnberger 18 501. Nur noch kurze Zeit besaß das Bw Nürnberg-Hbf 18[5].

**Bahndienstfernschreiben**

Angenommen
Aufgenommen

am .......... Uhr .......... Min
von .......... durch
auf Vbdg oder Platz
Name ..........

| | an Fernschreibstelle | auf Vbdg oder von Platz | Tag | Zeit | Name |
|---|---|---|---|---|---|

Abgesendet *)

Urschr. an Dez.
1 Abschr. Abtl.
1 Abschr. Pr.

Gattung. B VON STUTTGART NR 1804 22/5 1410 = .......... (Ursprungs-) Nr. ..........

AN ED AUGSBURG UND NUERNBERG MITL ED MUENCHEN =

BETR: LOKTAUSCH = ED NUERNBERG GIBT SOFORT LEIHWEISE AUF

DIE DAUER DER AUSSERBETRIEBNAHME DER GARMISCHER DREHSCHEIBE

2 VOLLBETRIEBSFAEHIGE DAMPFLOK REIHE 78 HOCH NULL AN ED

AUGSBURG UND ERHAELT DAFUER 1 BETRIEBSFAEHIGE LOK REIHE

18 HOCH 4 - 5 VON ED AUGSBURG =

GBL SUED M 62 BLA HAAKE +

+ VGL 1804 22/5 1410 2 78 HOCH NULL 1 18 4 5 62 +

**Dienstplan 2, gültig ab 02.02.51:**

| | |
|---|---|
| P 1603 Nürnberg–Bayreuth | P 1622 Schnabelwaid–Nürnberg |
| P 1604 Bayreuth–Pegnitz | |
| P 1686 Pegnitz–Nürnberg | P 1700 Nürnberg–Crailsheim |
| E 570 Nürnberg–Crailsheim | P 1703 Crailsheim–Nürnberg |
| E 571 Crailsheim–Nürnberg | P 1677 Nürnberg–Schnabelwaid |
| P 4514 Nürnberg–Ochenbruck | |
| P 4515 Ochenbruck–Nürnberg | P 1601 Schnabelwaid–Bayreuth |
| P 1409 Nürnberg–Würzburg | |
| P 1410 Würzburg–Nürnberg | P 1602 Bayreuth–Nürnberg |
| P 1623 Nürnberg–Pegnitz | DER 983 Nürnberg–Würzburg |
| Leerfahrt 12623 Pegnitz–Bayreuth | P 1402 Würzburg–Nürnberg |
| | D 148 Würzburg–Nürnberg |
| Leerfahrt 12622 Bayreuth–Schnabelwaid | P 1410 Würzburg–Nürnberg |

In diesen beiden Plänen, insbesondere im letztgenannten, führten die S 3/6 fast nur noch Personenzüge, was bereits auf ihr nahendes Ende in Nürnberg-Hbf hindeutete. Die letzten drei Maschinen (18 487, 501, 505), nahmen im September 1953 in Richtung Ulm und Lindau ihren Abschied, nachdem sie bereits während des Sommers die letzten ihrer einstmals großen Sippe gewesen waren.

Damit endete nach 41 Jahren vorerst die Geschichte der baye-

rischen S 3/6 beim Bw Nürnberg-Hbf, doch nur, um bereits zwei Jahre später weiteren Fortgang zu nehmen. Am 26. März 1955 wurde die im AW Ingoldstadt mit Neubaukessel versehene Regensburger 18517, die jetzt die Nummer 18616 erhalten hatte, zugewiesen und im 01-Plan eingesetzt. Wegen der guten Ergebnisse, die diese Maschine zeigte, entschloß sich die DB, die Baureihe 01 zum Sommerfahrplan des Jahres durch 18[6] zu ersetzen und die bereits ausgearbeiteten 01-Laufpläne nahezu unverändert zu übernehmen. Seit Herbst 1954 war die Strecke Nürnberg–Würzburg unter Fahrdraht, ab Mai 1955 fuhren dort auch die meisten Reisezüge mit Elloks. Von diesem Zeitpunkt an war ein Teil der 01 entbehrlich, der Rest verließ Nürnberg mit Eintreffen von fünf 18[6] im Mai und einer weiteren im August 1955, die teils von den Betriebswerken Hof und Regensburg, teils direkt aus dem AW Ingoldstadt nach ihrem Umbau zugingen. Die Nummern im einzelnen:

**03.06.56:** 18611, 612, 613, 616, 617, 618, 621

Der Laufplan, in dem diese Lokomotiven verwendet wurden, enthielt die Durchläufe Hof–Stuttgart (372 km) mit D 247 und Neuenmarkt-Wirsberg–Stuttgart (305 km) mit den Eilzügen 572 und 574. Damit konnten die Nürnberger 18[6] den Ruhm für sich in Anspruch nehmen, den längsten Kurs ihrer Baureihe zu führen. Bemerkenswerter als jene 372 km war jedoch der

**104/105**  Zweimal 18 621: oben hat die Maschine am 21. September 1955 aus Ansbach ausfahrend den E 574 am Haken, den sie von Neuenmarkt-Wirsberg bis Stuttgart befördert (305 km). Unten ist die Lokomotive gerade in Stuttgart-Hbf angekommen (September 1957).  Fotos: C. Bellingrodt, Illig/Slg. Wollny

Tageswert von 814 km, den die Maschinen mit den Zügen E 571, E 572 und D 247 erreichten. Er entspricht den Leistungen, die in dieser Zeit von den meisten Einheitsschnellzuglokomotiven erbracht wurden.

1957 entfiel der Kurs Stuttgart–Hof, dafür wurde Lichtenfels mit einem Eilzugpaar angefahren. In diesem Jahr kam vom Bw Darmstadt noch 18 602 in den Bestand, so daß nun acht 18[6] verfügbar waren, von denen allerdings einzelne längere Zeit wegen der bereits beschriebenen Änderungsarbeiten am Kessel im AW waren.

1958 endete der Einsatz bereits wieder, nachdem durch die

Aufnahme des elektrischen Betriebes zwischen Würzburg und Frankfurt die beim Bw Würzburg beheimateten 01 zum Teil frei geworden waren und Zug um Zug nach Nürnberg verlegt werden konnten. 18 612, 618 und 621 gingen im Februar nach Lindau, gefolgt im Juni von 18 602 (nach Regensburg) und 18 617 (nach Augsburg, kurz später Lindau). Die verbliebenen drei Maschinen 18 611, 613 und 616 fuhren noch während des Sommerfahrplans, verließen das Betriebswerk aber schließlich Anfang Oktober 1958, um ebenfalls in Lindau eine neue Bleibe zu finden.

**106** Eilzug Bayreuth –München begegnet im Frühjahr 1957 mit der Nürnberger 18611 dem Fotografen bei Ranna. Gleich wird er den schönsten Teil des Pegnitztales durchfahren.
Foto: G. Turnwald

| BD | Nürnberg | | | | | | | | | |
|---|---|---|---|---|---|---|---|---|---|---|
| MA | Nürnberg 1 | | | | | | | | | |
| Bw | Nür Hbf | | | | | | | | | |

**Laufplan der Triebfahrzeuge** — gültig vom 29.9. 1957 an — ungültig vom 19... an

| Dpl Nr | Baureihe | Tag | Fahrten (0–24 Uhr) | Kilometer |
|---|---|---|---|---|
| 1 | 18⁶ | 1 | Nür ... 572 ... Stuttgart ... 231 ... Nür | 405 |
| " | | 2 | 571 Neuenm.-Wi 572 ... Nür ... 887 ... Lichtenfels 1877 | 395 |
| " | | 3 | 1877 Hof 1864 Licht.f ... 888 ... Nür 1722 Ansbach 1729 Nür 1613 | 529 |
| " | | 4 | 1613 Lr 12613/12 Schnab'm Bayr Schnab'w 1612 Nür 516 Crailsh. 1703 Nür 575 Neuenm.-Wi 4062 Nür | 638 |
| | " | 5 | Nür 4061 Neuenm.-Wi 574 Nür 574 Stuttgart 571 | 640 |
| | | | 2607 / 5 = 521 Km/Tag | 2607 /Tag |
| | Sa | 3 | 1877 Hof 1864 Lichtenf. Lichtenf. 888 Nür (wie Werktag) | |
| | So | 4 | Nür 516 Crailsheim 1703 Nür 575 Neuenm.-Wi 4062 Nür (wie werktags) | |

| | | | | | | |
|---|---|---|---|---|---|---|
| 18402 | München I | 07.05.20–29.07.20 | München I | 18441 | Neulieferung | 06.05.12–16.03.28 Wiesbaden |
| | München I | 01.10.20–28.11.20 | Hof | | Wiesbaden | 20.06.28–12.06.30 Würzburg |
| 18405 | München I | 01.24–08.05.35 | Bamberg | | Würzburg | 10.07.34–27.04.39 Linz |
| 18408 | München I | 22.03.17–28.08.25 | Hof | | Linz | 11.10.43–14.08.50 Ausmusterung |
| | Hof | 25.06.27–12.03.35 | Bamberg | 18442 | Neulieferung | 18.05.12–01.07.14 München I |
| 18409 | München I | 24.03.17–01.12.20 | Hof | | München-Hbf | 04.11.27–08.06.29 Würzburg |
| 18413 | Hof | 18.05.27–09.05.35 | Bamberg | | Würzburg | 10.07.34–03.08.34 Würzburg |
| 18415 | | 07.09.27–13.03.35 | Bamberg | | Würzburg | 04.09.34–13.05.39 Linz |
| 18417 | | 04.05.20–04.05.31 | München-Hbf | | Linz | 14.10.43–21.04.49 Ausmusterung |
| 18418 | | 23, 24 | | 18443 | Neulieferung | 31.05.12–23.03.17 München I |
| | | 14.05.27–04.05.31 | München-Hbf | | Würzburg | 02.05.39–15.05.39 Linz |
| 18423 | Würzburg | 05.28–31.03.33 | Hof | | Linz | 17.06.39–21.04.49 Ausmusterung |
| | Linz | 21.09.41–(41/42) | München-Hbf | 18444 | Neulieferung | 27.04.12–03.11.27 München-Hbf |
| 18428 | Heydebreck | 01.04.40–15.12.45 | Ausmusterung | | München-Hbf | 17.01.28–18.11.32 Passau |
| 18429 | Ludwigshafen | 11.07.25–27.06.26 | Hof | 18445 | | 24 |
| | Heydebreck | 01.04.40–23.01.43 | Bamberg | | | –21.12.32 Passau |
| | Würzburg | 26.05.43–18.03.44 | Bamberg | | Passau | 40 |
| 18430 | Heydebreck | 01.04.40–10.01.42 | Bamberg | 18446 | Hof | 05.06.25–29.05.29 Halle P |

Bundesbahndirektion Nürnberg          Nürnberg, den 31. Januar 1958
          21 M6 Zla

An
MA Nürnberg 1, Würzburg, Zl (Lokd) Würzburg,
Bw Nürnberg Hbf, Würzburg

nachrichtlich:
BD Augsburg, MA Kempten,
Bw Lindau, OBL Süd Stuttgart

Abdruck an:
Dez 21H, Bmktr1, 2, Ozl (Lokd), M5, M42, M16, M6


Betreff:
Lokabgabe

Bezug:
Verfg OBL Süd M62 Zla vom 27. Januar 1958


Nach obiger Verfügung der OBL Süd gehen die 8 Lok R 18$^6$ des Bw Nürnberg Hbf
in den Bestand der BD Augsburg über. Die durch die Aufnahme des elektrischen
Betriebes Würzburg - Frankfurt freiwerdenden Lok R 01 des Bw Würzburg werden
dafür beim Bw Nürnberg Hbf eingesetzt. Bw Würzburg gibt vorerst 3 voll betriebsfähige Lok R 01 an Bw Nürnberg Hbf ab. Nach Erhalt der 3 Lok gibt
Bw Nürnberg Hbf die ersten 3 Lok R 18$^6$ an BD Augsburg (Bw Lindau) ab. Lok-
überführung im gegenseitigen Benehmen der beteiligten Bw. Die Abgabe
weiterer Lok wird von Fall zu Fall durch die BD angeordnet.


Zusatz für BD Augsburg:

Wir bitten um Mitteilung, wohin die übrigen Lok abgegeben werden sollen.
Die unter die o g ersten 3 Lok fallende 18612 kann nach der im Februar
fälligen L2 übernommen werden.


                    gez Schaumburg

                                    lt Dienst-
                                    siegel          Beglaubigt:

                                                    BOS'in

| | | | | | | | |
|---|---|---|---|---|---|---|---|
| 18447 | | 23, 24, 28 | | 18457 | Neulieferung | 14.12.12–13.05.35 | Würzburg |
| 18448 | | (23)–27.05.29 | Halle P | | Würzburg | 19.12.35–01.07.39 | Linz |
| 18449 | München I | 24.10.19–19.01.20 | München I | | Linz | 04.07.39–27.12.41 | Bamberg |
| 18450 | München I | 16.12.26–01.01.27 | München I | 18458 | Neulieferung | 13– | |
| 18452 | München I | 05.05.28–09.03.39 | Linz | | | – 03.28 | Wiesbaden |
| | Linz | 11.10.43– 45 | Treuchtlingen | | Würzburg | 24.05.39–14.02.42 | Würzburg |
| 18453 | München I | 18.10.12–14.05.39 | Linz | | Würzburg | 15.03.42–14.08.50 | Ausmusterung |
| | Linz | 14.10.43–14.08.50 | Ausmusterung | 18463 | Augsburg | 01.11.28–19.12.28 | Augsburg |
| 18454 | Neulieferung | 24.10.12– 06.14 | München I | 18465 | Neulieferung | 05.15– 15 | Dresden-Altstadt |
| | | – 26 | Würzburg | | | | |
| | Würzburg | 10.26– | (27) | 18466 | Neulieferung | 04.11.17–19.01.18 | München I |
| | Freilassing | 05.05.28–14.08.50 | Ausmusterung | | München I | 24.06.21–13.07.21 | München I |
| 18455 | Neulieferung | 11.10.12– 06.14 | | | Regensburg | 06.05.28–29.01.43 | Würzburg |
| | Linz | 14.10.43–14.08.50 | Ausmusterung | | Würzburg | 30.04.43–05.10.47 | Bamberg |
| 18456 | Neulieferung | 03.12.12–25.03.17 | München I | 18467 | RBD München | 05.05.28–10.04.31 | RBD Augsburg |
| | München I | 30.08.18–01.06.39 | Treuchtlingen | | | | |
| | Treuchtlingen | 06.03.43–21.04.49 | Ausmusterung | 18471 | RBD München | 22.11.28–15.01.29 | München-Hbf |

| 18472 | Würzburg | 03.07.33–02.10.33 | Würzburg |
| | Würzburg | 19.12.33–26.07.35 | Würzburg |
| | Würzburg | 20.06.36– 04.45 | |
| | | 11.02.47–29.09.47 | Bamberg |
| 18474 | RBD München | 05.05.28–(20.09.48) | Ausmusterung |
| 18478 | München-Hbf | 26.08.30–22.09.30 | München-Hbf |
| 18482 | | 40 | |
| 18483 | Augsburg | 14.11.39–08.03.40 | Augsburg |
| 18484 | Augsburg | 19.05.35– 09.43 | Würzburg |
| | Würzburg | 04.44–27.06.47 | Kempten |
| 18485 | Neulieferung | 12.23– 05.29 | Würzburg |
| | Wiesbaden | 01.44– 12.48 | Augsburg |
| 18486 | Neulieferung | 16.12.23– 11.47 | Hof |
| 18487 | Neulieferung | 21.12.23–17.11.47 | Bamberg |
| | Bamberg | 02.06.53–22.09.53 | Ulm |
| 18488 | Neulieferung | 24– | |
| | | 29.10.26–01.04.29 | Würzburg |
| | Würzburg | 23.10.29–28.12.29 | Würzburg |
| | Wiesbaden | 10.02.44–29.05.46 | Ausmusterung |
| 18489 | Wiesbaden | 12.43–11.12.47 | Bamberg |
| | Bamberg | 12.05.51–22.03.53 | Ulm |
| 18493 | Wiesbaden | 05.12.43–20.11.47 | Bamberg |
| 18494 | Augsburg | 28.01.32–03.06.49 | Bamberg |
| | Bamberg | 03.06.53–26.07.53 | Ulm |
| 18495 | Neulieferung | 02.24– 25 | München I |
| | Wiesbaden | 11.43–21.12.47 | Bamberg |
| 18496 | Neulieferung | 02.24– 12.48 | Augsburg |
| 18497 | Neulieferung | 08.03.24–16.03.49 | Bamberg |
| 18498 | Neulieferung | 06.03.24–31.03.48 | Hof |
| 18499 | Neulieferung | 22.03.24–07.10.49 | Bamberg |
| 18500 | Wiesbaden | 01.44– 05.48 | Bamberg |
| 18501 | Würzburg | 02.41–15.09.53 | Lindau |
| 18502 | Würzburg | 17.12.40–12.06.48 | RBD Regensburg |
| | Augsburg | 26.05.50–10.10.50 | Augsburg |
| 18503 | Hof | 08.29– 32 | Lindau |
| 18504 | Hof | 02.29– 31 | Lindau |
| 18505 | Neulieferung | 20.05.24–17.09.53 | Lindau |
| 18507 | Würzburg | 17.12.40–05.03.53 | Lindau |
| 18508 | Würzburg | 30.12.40–28.11.52 | Lindau |
| 18509 | Wiesbaden | 07.07.29–20.12.41 | Linz |
| | Linz | 29.12.41–29.01.44 | Wiesbaden |
| 18510 | Würzburg | 24.06.30–30.01.44 | Wiesbaden |
| 18511 | Würzburg | 01.07.29– 12.43 | Wiesbaden |
| 18512 | Würzburg | 07.07.29–29.12.43 | Wiesbaden |
| 18513 | Neulieferung | 16.05.27–27.12.41 | Linz |
| | Linz | 09.01.42– 12.43 | Wiesbaden |
| 18514 | Neulieferung | 14.05.27– | |
| | | 06.06.29–12.03.35 | Mainz |
| 18517 | Mainz | 17.10.46–22.01.47 | Darmstadt |
| 18518 | Mainz | 07.11.46– | Darmstadt |
| 18520 | Hof | 17.05.29–06.07.29 | Wiesbaden |
| 18521 | Mainz | 17.10.46– 09.48 | Darmstadt |
| 18522 | Hof | 05.06.29–12.07.29 | Wiesbaden |
| 18523 | Mainz | 25.10.46–08.04.48 | Darmstadt |
| 18525 | Mainz | 31.10.46–22.09.48 | Darmstadt |
| 18526 | Mainz | 31.10.46–07.04.48 | Darmstadt |
| 18529 | Neulieferung | 09.08.30– | |
| | | –18.11.39 | |
| | Lindau | 08.02.40– 12.43 | RBD Mainz |
| 18530 | Neulieferung | 14.09.30–30.12.35 | Wiesbaden |
| | Mainz | 07.11.46–22.07.48 | Darmstadt |
| 18531 | Neulieferung | 10.07.30–24.05.35 | Wiesbaden |
| 18532 | Neulieferung | 05.07.30–25.04.35 | Darmstadt |
| 18536 | Mainz | 27.01.47–29.09.48 | Darmstadt |
| 18602 | Darmstadt | 16.04.57–15.06.58 | Regensburg |
| 18611 | Regensburg | 21.05.55–02.10.58 | Lindau |
| 18612 | Hof | 22.05.55–10.02.58 | Lindau |
| 18613 | Regensburg | 22.05.55–01.10.58 | Lindau |
| 18616 | Umbau aus 18517 | 27.03.55–03.10.58 | Lindau |
| 18617 | Umbau aus 18548 | 05.05.55–04.06.58 | Augsburg |
| 18618 | Umbau aus 18510 | 28.05.55–24.03.57 | LVA Minden |
| | LVA Minden | 16.04.57–07.02.58 | Lindau |
| 18621 | Umbau aus 18526 | 13.08.55–08.02.58 | Lindau |
| 18627 | Hof | 18.07.56–07.08.56 | Hof |

Zusätzlich folgende Lokomotiven, deren Zugehörigkeit zur RBD Nürnberg zum angegebenen Zeitpunkt belegt ist (als Heimat-Bw kommen nur Hof [bis 1930] und Nürnberg-Hbf in Betracht):

| 18425 | RBD Regensburg | 28– | | Ludwigshafen |
| 18427 | | (24)– | 28 | Ludwigshafen |
| 18428 | | – | 28 | Ludwigshafen |
| 18433 | | (06.24)– | 28 | Ludwigshafen |
| 18464 | | 24,28–12.06.29 | | RBD München |

## Bw Ludwigshafen

Die Königlich Bayerischen Staatseisenbahnen verfügten seit 1909 über ein rechtsrheinisches und ein linksrheinisches Streckennetz. »Bayern, rechts des Rheins«, so die amtliche Bezeichnung zum Beispiel auf Kursbüchern, bezog sich auf das bayerische Stammland, während sich das linksrheinische Netz aus den Strecken der ehemaligen Pfälzischen Eisenbahnen zusammensetzte, wozu auch die Betriebswerkstätten Ludwigshafen, Kaiserslautern, Neustadt (Haardt), Landau (Pfalz) und Zweibrücken zählten.

Für den Schnellzugbetrieb auf den Strecken Ludwigshafen–Straßburg–Basel (272 km), Ludwigshafen–Kaiserslautern–Saarbrücken–Metz, Metz–Landau–Bruchsal–Stuttgart (312 km), Straßburg–Neustadt–Bingerbrück und Ludwigshafen–Wiesbaden wurden von J. A. Maffei von März bis Mai 1914 zehn S 3/6 angeliefert, die nach den vom Bw München I durchgeführten Probefahrten zum Bw Ludwigshafen kamen. Sie wiesen gegenüber den bisherigen Lieferungen eine Reihe von Abweichungen auf, wobei als wesentlichste der wegen der kleineren pfälzischen Drehscheiben um 17,5 cm gekürzte Radstand zu bezeichnen ist. Sie trugen die Betriebsnummern 341–350, die sie in das pfälzische Nummernsystem einordneten.

Die meisten Lokomotiv-Betriebsbücher enthalten bedauerlicherweise keine Stationierungsangaben vor Mitte der zwanziger Jahre. Die wenigen vollständigen sagen aus, daß zumindest bis 1925 S 3/6 in Ludwigshafen stationiert waren. Als sicher ist anzunehmen, daß zwischen 1920 und 1927 nur eine kleine Gruppe der zehn Pfälzer S 3/6 vorhanden war, während die übrigen in den Direktionen München, Augsburg, Nürnberg und Würzburg fuhren. 18426 machte zwischen 1921 und 1928 eine Wanderung von München I über Lindau, Rosenheim, Freilassing und Augsburg zurück nach Ludwigshafen. Erst 1928

# Bescheinigung*

über die

## Abnahmeprüfung der Lokomotive des Triebwagens

Ordnungs-Nr. _____ Name _____

J 3 . 16 I

Die ~~für~~ für eine höchste Geschwindigkeit von _11,5_ km in der Stunde und einen höchsten Dampfüberdruck von _15_ Atmosphären bestimmte, von der _Lokomotivfabrik J.A. Maffei_ zu _München_ im Jahre _1913/14_ angefertigte _Lokomotive des Triebwagens_

Ordnungs-Nr. _342_ Fabriknummer _3440_ ist einschließlich ~~ihrer~~ _seiner_ Ausrüstungsteile

am _7. März_ 19_14_ der Abnahmeprüfung gemäß § 43 der Eisenbahn-Bau- und Betriebsordnung für die Haupt- und Nebeneisenbahnen Bayerns unterzogen worden.

Der Kessel der Lokomotive ~~des Triebwagens~~ wurde nach der vorgelegten Bescheinigung am _23. Januar_ 19_14_

für _12_ Atmosphären Betriebs-Überdruck geprüft.

Bei der Abnahme ist folgendes festgestellt worden:

Der Kessel hat

1. _2_ Speiseventile, ~~die~~ bei Aufstellung der Speisevorrichtungen durch den Druck des Kesselwassers ~~geschlossen werden,~~

2. zwei von einander unabhängige Vorrichtungen zur Speisung, wovon jede für sich imstande ist dem Kessel während der Fahrt die erforderliche Wassermenge zuzuführen und wovon _eine_ auch beim Stillstande des Fahrzeugs arbeiten _kann,_

3. _1_ Wasserstandsglas _—_ und _—_ mit dem Kessel in gesonderter Verbindung stehende Vorrichtungen (_—_ _—_) zur Erkennung des Wasserstandes, von denen die unterste in der Höhe des festgelegten niedersten Wasserstandes angebracht ist,

4. Marken des festgelegten niedersten Wasserstandes am Wasserstandsglas und an der Kesselwandung, die mindestens 100 mm über dem höchsten wasserberührten Punkte der Feuerbüchse liegen,

5. Zwei Sicherheitsventile, wovon _—_ _—_ so eingestellt _—_, ~~daß die Belastung~~ nicht über das bestimmte Maß gesteigert werden kann.

6. ein Manometer, das den Dampfdruck fortwährend anzeigt und auf dessen Zifferblatt die festgelegte höchste Dampfspannung durch eine unverstellbare, in die Augen fallende Marke bezeichnet ist,

7. eine Vorrichtung zum Anschluß eines Prüfungsmanometers,

8. ein metallenes Fabrikschild, worauf die festgelegte höchste Dampfspannung, der Name des Fabrikanten, die Fabriknummer und das Jahr der Anfertigung angegeben und das so am Kessel befestigt ist, daß es auch nach der Ummantelung sichtbar bleibt.

An der Lokomotive ~~des Triebwagens~~ ist die Eigentumsverwaltung, ~~der Name~~ ~~des Fabrikanten,~~ die Ordnungsnummer ~~des Triebwagens,~~ der Name des Fabrikanten, das Jahr der Anfertigung und die größte nach Maßgabe der Bauart zulässige Geschwindigkeit angegeben.

Die Lokomotive ist mit einer Dampfpfeife ~~und einer wirksamen Läutevorrichtung~~ ausgerüstet.

An der Lokomotive ~~dem Triebwagen~~ sind Bahnräumer nach Maßgabe der Bestimmungen in § 36 (4) der BO angebracht.

Die Lokomotive ~~des Triebwagens~~ ist mit einem verschließbaren Aschenkasten und mit einem Funkenfänger ausgerüstet.

Der Wassereinlauf der Lokomotive ~~des Triebwagens~~ liegt _2750_ mm über Schienenoberkante.

~~Der~~ Hauptluftbehälter wurde am _23. Januar_ 19_14_ mit einem Wasserdruck von _16_ Atmosphären geprüft.

Die Lokomotive ~~des Triebwagens~~ entspricht den Bestimmungen der Eisenbahn-Bau- und Betriebsordnung.

~~Sie~~ hat am _7. März_ 19_14_ eine Probefahrt von _München-Holz_ _nach Dachau_ ~~die~~/_sie_ kann daher in Betrieb genommen werden. bis _Dachau_ und zurück anstandslos zurückgelegt;

München , den 7. März 19_14_

_Heinrich Hörmann_

_Kirchenauer_

**107** Diese prachtvolle Aufnahme vom 5. November 1932 ist eines der raren Fotodokumente vom Betrieb der Ludwigshafener S 3/6. Wir sehen 18426, deren Abnahmebescheinigung aus dem Jahr 1914 oben wiedergegeben ist, beim fünfminütigen Halt in Mühlacker vor dem D 120 Köln–München, den sie von Landau bis Stuttgart zu befördern hat. Der Heizer nutzt die kurze Pause zur Kontrolle der Lager.
Foto: Geitmann

**D 120** (1) 1. 2. 3. Klasse

[Köln-Deutz—Bad Münster a Stein]—**Enkenbach—Neustadt (Haardt)—Landau (Pfalz)—Germersheim**—[Bruchsal—Stuttgart—München]

Höchstgeschwindigkeit Bad Münster-Langmeil 75 km/h
Langmeil-Hochspeyer Stellw 4 90 km/h
Hochspeyer Stellw 4-Stellw 3 50 km/h
Hochspeyer Stellw 3-Neustadt 90 km/h
Neustadt-Germersheim 100 km/h

Koblenz-Landau S 35.17 (17 0–12)
Landau-Stuttgart S 36.16u (18 4)

Mindestbremsprozente 88
Fahrzeitzuschlag 7 %

| | | | | | | | |
|---|---|---|---|---|---|---|---|
| | ●Bad Münster a St [45] | 9 31 | 1 | 9 32 | | | 385 / 265 III / 100 |
| 0,9 | ●Ebernburg | — | — | 34 | | | |
| 2,5 | ●Altenbamberg | — | — | 36,8 | | | |
| 2,8 | ●Hochstätten | — | — | 39,5 | | | |
| 4,5 | ●**Alsenz** | — | — | 43,8 | | | |
| 3,8 | ●Mannweiler | — | — | 49,3 | | | |
| 1,4 | ●Bayerfeld-Cölln | — | — | 50,8 | | | |
| 2,8 | ●Dielkirchen | — | — | 53,5 | | | |
| 4,3 | ●Rockenhausen | — | — | 57,3 | | | |
| 3,9 | ●Imsweiler | — | — | 10 00,8 | | | |
| 5,2 | ●Winnweiler | — | — | 05,5 | 45* | 39,1* | |
| 2,9 | ●[45] **Langmeil (Pf)** [45] | — | — | 08,5 | | | |
| 4,2 | ●Neuhemsbach | — | — | 12,8 | | | |
| 4,1 | ●**Enkenbach** | 10 17 | 1 | 18 | | | |
| 4,9 | [45] Hochspeyer Stellw 4 [45] | — | — | 24,3 | | | |
| | Umgehungsbahn | | | | | | |
| 1,3 | [45] Hochspeyer Stellw 3 [45] | — | — | 26 | | | |
| 3,6 | ●[75] Frankenstein [75] | — | — | 29,5 | | | |
| 4,1 | ●[75] Weidenthal | — | — | 33 | 27,5 | 24,4 | |
| 3,1 | Bk 95 | — | — | 35,5 | | | |
| 4,3 | ●[50] **Lambrecht (Pfz)** | — | — | 39 | | | |
| 2,6 | Bk 105 | — | — | 41,5 | | | |
| 3,8 | ●[45] **Nstadt (Hdt) Hbf** [65] | 45,5 | 1,5 | 47 | | | |
| 5,9 | ●Maikammer-Kirrwlr | — | — | 53,5 | | | 390 / 265 III / 95 |
| 2,5 | ●Edenkoben | — | — | 55,3 | | | |
| 2,2 | ●[45] Edesheim (Pf) | — | — | 57,8 | 18 | 14,7 | |
| 3,1 | ●Knöringen-Essingn | — | — | 11 00,8 | | | |
| 4,7 | ●[75] **Landau Hbf** [45] | 11 05 | 8 | 13 | | | |
| 3,1 | Dammheim | — | — | 16,8 | | | 500 / 275 II / 180 |
| 2,1 | ●Dreihof | — | — | 18,3 | | | |
| 2,0 | Hochstadt (Pf) | — | — | 19,5 | | | |
| 3,0 | Zeiskam [85] | — | — | 21,5 | 18 | 16,1 | |
| 2,6 | Lustadt | — | — | 23,5 | | | |
| 3,9 | ●[90] Westheim (Pf) | — | — | 26 | | | |
| 4,3 | ●[45] **Germersheim** [45] | 11 31 | 1 | 11 32 | | | |
| 110,4 | * Einschließlich 2,5 Minuten Bauzuschlag Alsenz | | | | | | |

**108** Regelmäßig kamen die Ludwigshafener $18^4$ nach Stuttgart, wo Hermann Maey die Lokomotive 18425 um 1930 aufnahm. – Oben abgebildet der Buchfahrplan des D 120 Köln–München vom Sommer 1931. Stellen Sie sich vor, Sie fahren von Koblenz nach Stuttgart und haben Lokomotiven der Baureihen S 10 und S 3/6 an der Spitze Ihres Zuges . . .! Slg: Dr. A. Mühl

wurde wieder die ganze Gruppe in der Pfalz zusammengefaßt, um fortan auf den Strecken Ludwigshafen–Kaiserslautern–Saarbrücken, Saarbrücken–Worms–Frankfurt, Heidelberg/Mannheim–Frankfurt/Wiesbaden und Trier–Saarbrücken–Landau–Bruchsal–Stuttgart in der Hauptsache Eil- und Schnellzüge zu führen. Vor 1928 waren in diesen Diensten vielfach P 8 der Betriebswerke Saarbrücken, Ludwigshafen und Landau zu finden.
Zeitweise waren auch S 3/6 der rechtsrheinischen Bauserien in Ludwigshafen, wie uns einige Bestände ausweisen:

1916: 0
1917: 4
1918: 3
1919: 3
sowie diverse S 3/6 der Serie 341 ff.

**31.03.20:** 341, 343, 345, 347, 349, 350, 3612, 3619, 3661

Aus dem Jahr 1931 liegt das Fahrplanbuch 1a der RBD Ludwigshafen vor. Es zeigt die folgenden von S 3/6 geführten Züge:

E 106 zwischen Ludwigshafen und Neustadt
D 108 zwischen Worms und Ludwigshafen
D 114 zwischen Ludwigshafen und Homburg
D 115 zwischen Homburg und Ludwigshafen
D 116 zwischen Ludwigshafen und Saarbrücken
D 119 zwischen Stuttgart und Landau
D 120 zwischen Landau und Stuttgart
D 133 zwischen Homburg und Ludwigshafen
D 141 zwischen Ludwigshafen und Worms
D 147 zwischen Zweibrücken und Ludwigshafen
D 148 zwischen Ludwigshafen und Homburg
D 193 zwischen Ludwigshafen und Homburg
D 194 zwischen Homburg und Ludwigshafen
D 278 zwischen Worms und Ludwigshafen
(Bespannungsabschnitte waren zum Teil länger, jedoch in anderen Fahrplanbüchern verzeichnet!)

Ein Kuriosum besonderer Art ergab sich für die S 3/6 der D-Züge 108 Amsterdam–München und 278 Wiesbaden–Nürnberg am Schluß ihres Bespannungsabschnittes: auf den 4,4 km zwischen dem Ludwigshafener Kopfbahnhof und dem Mannheimer Hauptbahnhof leisteten sie der neuen Zuglokomotive der Baureihe $75^{1-3}$ rückwärts Schubhilfe! Dies dürften die einzigen S 3/6 im planmäßigen Schiebedienst gewesen sein.

**109** Während der zwanziger Jahre war ein Teil der Pfälzer S 3/6 bei den rechtsrheinischen Direktionen Bayerns beheimatet. Im Bild eine dieser Maschinen noch unter alter Betriebsnummer mit D 116/102 Hof–Nürnberg bei Kersbach in Oberfranken.
Slg: C. Asmus

Zu den weiteren Aufgaben der Pfälzer S 3/6 zählten die Züge:

D 54     zwischen Landau und Saarbrücken
D 169    zwischen Bruchsal und Saarbrücken
D 170    zwischen Saarbrücken und Bruchsal
BP 900   zwischen Bruchsal und Saarbrücken
BP 911   zwischen Saarbrücken und Bruchsal

Am 27. September 1934 wurde dem Bw Ludwigshafen die fabrikneue 03 164 zugewiesen, der bis März 1935 ebenfalls ab Werk 03 165, 166, 167, 188 und 189 folgten. Dies war der Anfang vom Ende für die S 3/6, die sich nun in zunehmendem Maß mit untergeordneten Diensten zufriedengeben mußten. Zwei der zehn Maschinen, 18 432 und 433, wurden überzählig und nach Treuchtlingen umbeheimatet. Als 1936 zusätzlich Saarbrücker 17¹⁰ in das Einsatzgebiet der 18er eindrangen, waren Schnellzüge nach Wiesbaden und Personenzüge in Richtung Kaiserslautern und Neustadt (Haardt) ihr letztes Aufgabenfeld. Im Winterfahrplan 1937/38 bespannten sie noch das Zugpaar D 169/170 zwischen Bruchsal und Saarbrücken.
Die Betriebsbücher 18 426 und 434 zeigen uns die Laufleistungen in Ludwigshafener Diensten während der dreißiger Jahre:

**18 426:**

| | | | |
|---|---|---|---|
| 1934 | 87 597 km | 248 Betriebstage | Ø 353 km/Tag |
| 1935 | 73 036 km | 245 Betriebstage | Ø 298 km/Tag |
| 1936 | 31 520 km | 154 Betriebstage | Ø 205 km/Tag |
| 1937 | 78 490 km | 285 Betriebstage | Ø 275 km/Tag |
| 1938 | 73 918 km | 201 Betriebstage | Ø 368 km/Tag |

Es gab tatsächlich S 3/6 im Schiebedienst! Buchfahrplan des D 108 vom Sommer 1931.

**18 434:**

| | | | |
|---|---|---|---|
| 1933 | 87 038 km | 227 Betriebstage | Ø 383 km/Tag |
| 1934 | 87 191 km | 234 Betriebstage | Ø 373 km/Tag |
| 1935 | 65 387 km | 204 Betriebstage | Ø 320 km/Tag |
| 1936 | 77 157 km | 210 Betriebstage | Ø 367 km/Tag |
| 1937 | 64 509 km | 237 Betriebstage | Ø 272 km/Tag |
| 1938 | 64 328 km | 173 Betriebstage | Ø 372 km/Tag |

Waren die Werte schon vor Zuteilung der 03 wegen der häufig kurzen Bespannungsabschnitte nicht eben groß, so sanken sie 1936/37 auf einen Tiefpunkt, der unter den Kilometerleistungen mancher P 8 oder T 18 lag. 1938 kam es noch zu einer kurzen Blüte, als wieder soviel gefahren wurde wie vor 1935, doch noch im gleichen Jahr mußten die acht S 3/6 ihren Abschied nehmen. Im Oktober und November des Jahres traten sie eine fast 1000 km weite Reise an, um im oberschlesischen Bw Heydebreck eine neue Bleibe zu finden. Als Ersatz erhielt das Bw Ludwigshafen weitere 03.

| | | | |
|---|---|---|---|
| 18 410 | München I | 3.20 | München I |
| 18 416 | München I | 17,20 | München I |
| 18 422 | München I | 02.17–20.09.18 | München I |
| 18 425 | Neulieferung | 14– | (18) |
| | RBD Nürnberg | 28– | 38 Heydebreck |
| 18 426 | München I | 24.04.14–07.12.17 | München I |
| | München I | 16.07.19–20.10.21 | München I |
| | Augsburg | 29.02.28–31.10.38 | Heydebreck |
| 18 427 | Neulieferung | 14– | (18) |
| | Hof | 14.04.28–20.11.38 | Heydebreck |
| 18 428 | Neulieferung | 14– | (18) |
| | RBD Nürnberg | 08.05.28–17.11.38 | Heydebreck |
| 18 429 | München I | 28.04.14–10.07.25 | Nürnberg-Hbf |
| | Hof | 12.05.28–20.11.38 | Heydebreck |
| 18 430 | ED München | 06.12.15–10.12.25 | Lindau |
| | München-Hbf | 26.02.28–17.11.38 | Heydebreck |
| 18 431 | Neulieferung | 14– | (18) |
| | Lindau | 29.02.28–18.10.38 | Heydebreck |
| 18 432 | Neulieferung | 14– | (18) |
| | Lindau | 28–12.05.35 | Treuchtlingen |
| 18 433 | Neulieferung | 30.04.14– | (18) |
| | RBD Nürnberg | 28–11.05.35 | Treuchtlingen |
| 18 434 | Neulieferung | 14– | (18) |
| | | 27.08.29–20.11.38 | Heydebreck |
| 18 472 | (München I) | 03.20 | (München I) |

**D 108** (1)     1. 2. 3. Klasse

[Amsterdam und Dortmund—Köln—Wiesbaden—Worms]—**Ludwigshafen (Rhein)**—
[Heidelberg—Stuttgart—München]

Höchstgeschwindigkeit Worms–Lhafen     100 km/h
Lhafen–Mannheim     60 km/h

Worms–Lhafen     S 36.16u (18 4)          Mindestbremsprozente 83
Lhafen–Mannheim   Pt 35.14 (75 1–3) + S 36.16u (Nachschub)     Fahrzeitzuschlag 7 %

| | | | | | | | | | | |
|---|---|---|---|---|---|---|---|---|---|---|
| | **Worms** Hbf 60 . . . | 4 32 | 1 | 4 33 | | | | | | 750 |
| | | | | | | | | | | 600 IV |
| 5,2 | Bobenheim . . . . . | — | | 39,5 | 11,5 | 8,8 | | | | 180 |
| 5,8 | 95 Frankenthal Hbf . | 44,5 | | 45,5 | | | | | | |
| 5,9 | Oggersheim . . . . . | | | 52,8 | 13 | 9,7 | | | | |
| 4,8 | ● 20 Lhfn (Rh) Hbf 45 | 58,5 | 5 | 5 03,5 | | | | | | |
| 1,7 | Bf 191 . . . . . . | — | | 06,5 | * 10 | * 8,3 | D 193 D 41 | | | 730 |
| | ▼ | | | | | | | | | 565 VII |
| 2,7 | ● 40 **Mannheim** Hbf . | 5 13,5 | 11,5 | 5 25 | | | | | | 105 |

## Bw Würzburg

Seit dem Jahr 1915 beheimatete das Bw Würzburg S 3/6, zunächst allerdings nur in wenigen Exemplaren. Ab 1918 waren auch Maschinen der großrädrigen Serien darunter, die bis 1939 heimisch blieben. Erst mit Zuweisung der fabrikneuen Lokomotiven 3690 (später 18 489) und 3691 (18 490) im Januar 1924, sowie den Maschinen 3701 (18 500), 3702 (18 501) und 3703 (18 502) im März/April des gleichen Jahres war ein größerer Bestand von ca. acht S 3/6 erreicht:

**31.12.24:** 18 409, 443, (451), 489, 490, 500, 501, 502

Bis 1927 kamen weitere Lokomotiven hinzu, unter anderem wieder durch Neulieferungen ab Werk (Mai/Juni 1927: 18 509, 510, 511, 512), so daß zu Jahresanfang 1928 ein stattlicher Park von 18 S 3/6 zusammengekommen war:

**01.01.28:** 18 409, 420, 421, 423, 424, 443, 450, 451, 455, 489, 490, 500, 501, 502, 509, 510, 511, 512

Als im März 1928 noch die beiden neuen 18 527 und 528, übrigens als letzte S 3/6 in dunkelgrünem Länderbahnkleid, ins Bw Würzburg kamen, wurden einige der leichteren Vorkriegsmaschinen entbehrlich und nach Hof, Nürnberg und Regensburg abgegeben. Darüberhinaus waren zur gleichen Zeit weitere Verschiebungen zu verzeichnen, die jedoch an der Gesamtzahl von 18–20 S 3/6 nichts änderten.
Die S 3/6 des Bw Würzburg wurden auf den Strecken nach München, Frankfurt/M., Bamberg und Nürnberg eingesetzt, ab 1926 auch in dem respektablen Durchlauf München–Frankfurt (413 km). Bespannt wurden unter anderem D 57/58, D 89/90 und FD 263/264, zum Teil auf der gesamten Strecke München–Frankfurt mit einer Lokomotive. Uneingeschränkt beherrschte die S 3/6 das Feld der Schnellzugförderung und erfüllte die Anforderungen in zuverlässiger Weise. Hören wir dazu Dr. Wolfgang Kretschmar in der Zeitschrift »Die Lokomotive« des Jahres 1932:

»Gelegentlich des Pfingstverkehres, der sich in Deutschland zufolge Ausgabe von Festtagsrückfahrkarten mit vierzehntägiger Gültigkeit allem Anscheine nach sehr lebhaft gestaltete, konnten neuerdings ganz hervorragende Leistungen der vormals bayrischen S 3/6 beobachtet werden.
Am Pfingstsamstag, den 14. Mai 1932, bestand der Zug D 57 (München–Dortmund und München–Hamburg) aus 13 D-Wagen neuester Bauart im Gesamtgewichte von 592 Tonnen, mit Post, Gepäck und Reisenden laut Belastungsmeldung aber 617 Tonnen. In Augsburg wurde der bis dahin elektrisch geförderte Zug von der S 3/6 18 493 (S 36.17, Baujahr 1923) bis Frankfurt am Main – 352 km weit – übernommen.
Von Donauwörth bis Treuchtlingen verläuft die Strecke in einer etwa 25 km langen 7 Promille Steigung und zahlreichen Krümmungen und Gegenbogen über den fränkischen Jura. Mit diesem schweren Zuge wurde hier eine Durchschnittsgeschwindigkeit (gestoppt) von dauernd 53–55 km gemessen, so daß die Kesselleistung nahe bei 2300 PS, das sind rund 10 PS auf den $m^2$ feuerberührter Heizfläche, gelegen haben dürfte. Das Wetter war windstill, trocken und warm.
Auf der hinter der Station Steinach bei Rothenburg (etwa halbwegs zwischen Ansbach und Würzburg) beginnenden 6 km langen Gegensteigung von 9 Promille sank dann die Geschwindigkeit bis zum Gefällsbruch allerdings bis auf 25 km herab, in Anbetracht des ausnahmsweise schweren Zuges und der beschwerlichen Anfahrt aus der Station heraus (kein Nachschub!) nicht weiter zu verwundern.
Auf der Rückfahrt am 18. Mai 1932 bestand D 58 von Würzburg ab aus 11 schweren Vierachsern, bei guter Besetzung 507 Tonnen schwer, und der S 3/6 18 508 (S 36.17, Baujahr 1924). Auf der 45 km langen, anhaltenden 10 bis 12 Promille Steigung nach Ansbach betrug die

**110** Zwischenhalt der großrädrigen Würzburger S 3/6 3626 (DR 18 443) in Fürth 1919. Im Vordergrund ausgediente Laternen.      Foto: Scharold, Slg: C. Bellingrodt

**111** Frankfurter Schnellzug mit 18 489 (Bw Würzburg) in Hanau 1929. Foto: Dr. Feißel

**112** 18 500 kam 1924 fabrikneu zum Bw Würzburg. Das Bild vom Ende der zwanziger Jahre drückt die Übergangszeit im damaligen Eisenbahnwesen gut aus: während die S 3/6 bereits Reichsbahnnummer, aber noch keine Windleitbleche besitzt, trägt die Bahnbude mit dem schönen Läutewerk noch die Eigentumsbezeichnung der Königlich Bayerischen Staatseisenbahnen. Foto: H. Ott, Slg: Dr. A. Mühl

**113** Bei Gemünden führte am 27. November 1931 die Würzburger 18 507 den D 57 München–Frankfurt–Köln.　　　　　Foto: H. Ott, Slg: Dr. A. Mühl

**114** Am 29. April 1931 steht 18 443 (Bw Würzburg) zur Fahrt Richtung Treuchtlingen im Hauptbahnhof bereit. Auf dem Tender ist ein Berg von Briketts gestapelt.
Foto: Geitmann

**115** Bei Hanau begegnen sich im Jahr 1929 ein von einer P 10 geführter Personenzug und ein mit zwei S 3/6 bespannter Schnellzug. Offenbar leistet die großrädrige Maschine seit Würzburg Vorspann, denn ihr Tender ist noch gut mit Kohle gefüllt. Die Vorräte ihrer schon länger am Zug befindlichen (Münchener oder Nürnberger) Schwesterlokomotive gehen dagegen schon zur Neige.                    Foto: Dr. Feißel

Buchfahrplan des D 88 Hamburg–München im Abschnitt Würzburg–München (Winter 1935/36)

## 78 — D 88 (15,1) 1. 2. 3. Klasse (350 t)

Altona u. Bremen—Hannover—Bebra—Gemünden—Würzburg Hbf—Ansbach—Augsburg Hbf—München Hbf

Höchstgeschwindigkeit Wü—Heid Ost 75 km/h / Heid Ost—Alt 90 km/h / Alt—Tl 100 km/h / Tl—Pa 110 km/h / Pa—Mhh 90 km/h

Wü—Tl S 36.17u (18$^5$) / Tl—Mhh E 16/E 17    Last 600 t    Mindestbremshundertstel $\frac{95}{—}$

| 1 | 2 | 3 | 4 | 5 | 6 | 7 | 8 | 9 | 10 | 11 |
|---|---|---|---|---|---|---|---|---|---|---|
| | | [40]●Würzburg Hbf [40] ▼ | 8 42 | (33) | 9 15 | | | | | |
| 2,6 | | ●Bf Würzburg Süd Hp | — | — | 20 6 | 5,6 | 2,9 | | | |
| 2,5 | | ●Abzw Heidingsfeld West | — | — | 22 9 | 2,3 | 2,1 | | | |
| 1,2 | | Heidingsfeld Ost | — | — | 23 9 | 1,0 | 0,9 | 23,3 / 19,7 | | |
| 7,7 | | ●Winterhausen | — | — | 29 3 | 5,4 | 5,2 | | | |
| 2,9 | | Bf Goßmannsdorf Hp | — | — | 31 3 | 2,0 | 2,0 | | | |
| 4,3 | | Ochsenfurt | — | — | 34 3 | 3,0 | 2,9 | | | |
| 5,5 | | ●Marktbreit ▼ | — | — | 38 3 | 4,0 | 3,7 | | | |
| 7,2 | | ●Gnötzheim | — | — | 47 2 | 8,9 | 5,6 | | | |
| 3,7 | | ●Herrnberchtheim | — | — | 53 5 | 6,3 | 2,5 | 36,3 / 20,8 | | |
| 6,4 | | ●Uffenheim | — | — | 10 00 5 | 7,0 | 3,4 | | | |
| 6,1 | | ●Ermetzhofen | — | — | 08 7 | 8,2 | 4,1 | | | |
| 7,0 | | ●Steinach (b R) ▼ | 10 14 6 | 1 | 15 6 | 5,9 | 5,2 | | | |
| 3,2 | | ●Burgbernheim Bf | — | — | 22 6 | 7,0 | 3,2 | | | |
| 9,1 | | ●Oberdachstetten | — | — | 34 9 | 12,3 | 6,1 | 33,1 / 23,0 | | |
| 6,6 | | Rosenbach (Bay) | — | — | 39 4 | 4,5 | 4,4 | | | |
| 4,6 | | ●Lehrberg | — | — | 42 5 | 3,1 | 3,1 | | | |
| 8,2 | | ●Ansbach ▼ | 48 7 | 3¹) | 51 7 | 6,2 | 6,2 | | | |
| 9,2 | | ●Winterschneidbach ▼ | — | — | 11 04 | 12,3 | 7,6 | | | |
| 6,6 | | ●Triesdorf | — | — | 09 2 | 5,2 | 4,6 | 26,2 / 20,4 | | |
| 5,8 | | ●Altenmuhr ▼ | — | — | 13 1 | 3,9 | 3,9 | | | |
| 6,1 | | ●Gunzenhausen ▼ | — | — | 17 9 | 4,8 | 4,3 | | | |
| 8,5 | | Windsfeld-Dittenheim | — | — | 24 1 | 6,2 | 5,3 | | | |
| 3,9 | | Ehlheim Hp | — | — | 26 5 | 2,4 | 2,3 | 18,1 / 14,5 | | |
| 3,3 | | Markt Berolzheim | — | — | 29 | 2,5 | 2,0 | | | |
| 4,0 | | ●Wettelsheim | — | — | 32 | 3,0 | 2,5 | | | |
| 4,0 | | ●Treuchtlingen | 11 36 | 7,5 | 11 43 5 | 4,0 | 2,4 | | | |

¹) Wasserfassen.

## Noch D 88 — 79

| 1 | 2 | 3 | 4 | 5 | 6 | 7 | 8 | 9 | 10 | 11 |
|---|---|---|---|---|---|---|---|---|---|---|
| | | ●Treuchtlingen | 11 36 | 7,5 | 11 43 5 | | | | | |
| 5,7 | | ●Möhren | — | — | 49 3 | 5,8 | 3,8 | | | |
| 6,6 | | ●Otting-Weilheim | — | — | 53 7 | 4,4 | 3,8 | | | |
| 5,8 | | ●Fünfstetten | — | — | 57 2 | 3,5 | 3,3 | 23,3 / 20,2 | | |
| 5,1 | | ●Mündling | — | — | 12 00 2 | 3,0 | 2,9 | | | |
| 5,8 | | Bf Berg | — | — | 03 6 | 3,4 | 3,3 | | | |
| 5,5 | | Donauwörth | — | — | 06 8 | 3,2 | 3,1 | | | |
| 4,9 | | ●Bäumenheim | — | — | 09 7 | 2,9 | 2,8 | | | |
| 2,4 | | ●Mertingen | — | — | 11 1 | 1,4 | 1,3 | | | |
| 7,6 | | ●Nordendorf | — | — | 15 5 | 4,4 | 4,3 | | | |
| 5,4 | | ●Meitingen | — | — | 18 7 | 3,2 | 3,1 | | | |
| 6,2 | | ●Langweid (Lech) | — | — | 22 3 | 3,6 | 3,5 | 25,7 / 24,7 | | |
| 3,0 | | ●Gablingen | — | — | 24 1 | 1,8 | 1,7 | | | |
| 4,5 | | ●Gersthofen | — | — | 26 8 | 2,7 | 2,6 | | | |
| 4,3 | | ●Augsburg-Oberhausen Hp Stellw XII | — | — | 29 2 | 2,4 | 2,2 | | | |
| 1,1 | | Augsburg Hbf Stellw X | — | — | 30 3 | 1,1 | 1,1 | | | |
| 1,4 | | ●Augsburg Hbf ▼ | 12 32 5 | 5 | 37 5 | 2,2 | 2,1 | | | |
| 2,8 | | Bf Siebentisch | — | — | 42 | 4,5 | 2,8 | | | |
| 2,0 | | ●Augsburg-Hochzoll ▼ | — | — | 43 5 | 1,5 | 1,2 | | | |
| 5,1 | | ●Kissing | — | — | 46 6 | 3,1 | 2,8 | | | |
| 5,8 | | ●Mering | — | — | 50 2 | 3,6 | 3,2 | 25,6 / 21,8 | | |
| 6,3 | | ●Althegnenberg ▼ | — | — | 54 1 | 3,9 | 3,5 | | | |
| 3,1 | | Haspelmoor | — | — | 56 1 | 2,0 | 1,7 | | | |
| 5,7 | | ●Nannhofen ▼ | — | — | 59 5 | 3,4 | 3,2 | | | |
| 6,2 | | Maisach | — | — | 13 03 1 | 3,6 | 3,4 | | | |
| 5,7 | | Olching | — | — | 06 5 | 3,4 | 3,2 | | | |
| 6,6 | | Lochhausen | — | — | 10 4 | 3,9 | 3,6 | | | |
| 5,1 | | ●Pasing ▼ | — | — | 14 | 3,6 | 3,3 | 18,9 / 17,3 | | |
| 3,2 | | Bf Landsbergerstr | — | — | 16 7 | 2,7 | 2,3 | | | |
| 4,2 | | München Hbf ▼ | 13 22 | — | | 5,3 | 4,9 | | | |
| 277,3 | | | | 16,5 | | 230,5 | 182,4 | | | |

Geschwindigkeit im Beharrungszustande auf 10 Promille durchschnittlich 55 km, auf 12 Promille 47 km. Also auch hier eine ausnehmend gute Leistung, wenn man berücksichtigt, daß es sich um fahrplanmäßige Fahrzeiten im Dauerbetrieb und nicht um einzelne Versuchsfahrten handelt.«

Die monatlichen Durchschnittsleistungen lagen 1928 bei fast 12000 km. Vorübergehend liefen die Lokomotiven auch nach Lauda, Schweinfurt und bis Passau durch, um 1930/31 auch mit Hamburger D-Zügen bis Bebra.
Die Leistungen der Würzburger 18488 gestalteten sich 1934 wie folgt:

**18488:**

| | | | | | |
|---|---|---|---|---|---|
| Januar | 1934 | 11339 km | 31 Betriebstage | ∅ 366 km/Tag |
| Februar | 1934 | 3193 km | 8 Betriebstage | ∅ 399 km/Tag |
| März | 1934 | 3876 km | 12 Betriebstage | ∅ 323 km/Tag |
| April | 1934 | 12599 km | 29 Betriebstage | ∅ 434 km/Tag |
| Mai | 1934 | 13998 km | 30 Betriebstage | ∅ 467 km/Tag |
| Juni | 1934 | 13666 km | 29 Betriebstage | ∅ 471 km/Tag |
| Juli | 1934 | 16411 km | 31 Betriebstage | ∅ 529 km/Tag |
| August | 1934 | 15224 km | 31 Betriebstage | ∅ 491 km/Tag |
| September | 1934 | 11993 km | 24 Betriebstage | ∅ 500 km/Tag |
| Oktober | 1934 | 5973 km | 12 Betriebstage | ∅ 498 km/Tag |
| November | 1934 | (RAW) | – | – |
| Dezember | 1934 | (RAW) | – | – |

Im Frühjahr 1933 waren die folgenden Maschinen im Bw Würzburg beheimatet:

**01.04.33:** 18441, 442, 443, 450, 451, 455, 458, 465, 472, 485, 488, 489, 490, 493, 495, 500, 501, 502

Noch dominierten die S 3/6, doch ihre Vormachtstellung war in greifbare Nähe gerückt. Im April und Mai 1934 erhielt Würzburg als erstes Betriebswerk der RBD Nürnberg Einheitsschnellzuglokomotiven, und zwar direkt ab Werk 03159–162, die im Sommerfahrplan hauptsächlich vor FD-Zügen zu finden waren (FD 79/80, FD 263/264) und damit der S 3/6 bereits die Renommierleistungen abnahmen. Zwischen Dezember 1934 und Mai 1935 gingen weitere fabrikneue 03 zu (03163, 190–192), die nun auch im schweren Schnellzugdienst u. a. zwischen München und Frankfurt/M. fuhren. Die S 3/6 verloren Zug um Zug, so daß bald die schnellen und schweren D-Züge auf den Langstrecken eine Domäne der 03 waren, während den $18^{4-5}$ die kürzeren Kurse zwischen Würzburg und Frankfurt/M. bzw. Treuchtlingen und den großrädrigen $18^4$ die Strecke Würzburg – Treuchtlingen und anfallende Sonder- und Vorspanndienste blieben. Entsprechend gering waren die Kilometerleistungen der Großrädrigen: 18451 kam 1934 und 1935 bis zu ihrer Abgabe nach Treuchtlingen nur ein einziges Mal über 10000 km pro Monat hinaus, während ansonsten 4000–6000 km die Regel waren. Nichtsdestoweniger führten Würzburger 18er im Jahr 1935 den Nachtzug D 463 zwischen München und Köln (über Frankfurt-Süd) auf einer Distanz von 635 km, weil hier die 03 versagte! Dieser außerordentliche Durchlauf war der längste Plandienst in der gesamten S 3/6-Geschichte.
Der Schnellzuglokbestand zur Jahresmitte 1935:

**15.05.35:** 03159, 160, 161, 162, 163, 190, 191, 192
18443, 450, 455, 457, 458, 493, 495, 500, 501, 502, 507, 508

Acht S 3/6 waren bis Frühjahr 1935 nach Zuweisung der 03 an die Betriebswerke Nürnberg-Hbf, Treuchtlingen, München-Hbf und Bingerbrück abgetreten worden, denen Ende 1935/Anfang 1936 nochmals vier nach weiteren Zuweisungen meist neuer 03 (03208, 209, 210, 262, 263, 264, 298) folgten. Die Bedeutung der S 3/6 war damit auch stückzahlmäßig wesentlich gesunken (1938: 8 Stück), wenngleich man sich im Bw Würz-

burg darüber klar war, daß die mit viel Vorschußlorbeeren gepriesenen 03 keine Dauerlösung darstellen konnten. Fahrzeitüberschreitungen gehörten bei schweren Zügen zur Regel, was allerdings weniger der Lokomotivkonstruktion selbst, sondern ihrem verfehlten Einsatzgebiet zuzuschreiben war. Die 03 war keine Lokomotive für schwere Dienste im Hügelland, wie sie die Strecke Frankfurt/M.–München mit sich brachte. Wie zu erwarten, kam es bald zu umfangreichen Umverteilungen, die ihren Anfang mit Abgabe von neun 03 zum Sommerfahrplan 1939 nahmen. Dafür kamen die elf beim Bw Nürnberg-Hbf durch Elektrifizierung der Strecke Nürnberg–Saalfeld entbehrlich gewordenen 01 122–125, 144–146, 213, 214, 227 und 229 nach Würzburg und ersetzten die 03 vor sämtlichen schweren D-Zügen.
Unter den gegebenen Umständen konnten sich die restlichen S 3/6 auf Dauer nicht mehr halten und mußten nach und nach ihren Abschied nehmen. Im Sommer 1939 führten sie u. a. noch die folgenden Züge:

D 87  zwischen Treuchtlingen und Würzburg
D 88  zwischen Würzburg und Treuchtlingen
E 269 zwischen Treuchtlingen und Würzburg
D 355 zwischen Treuchtlingen und Frankfurt/M.
D 379 zwischen Treuchtlingen und Würzburg
D 380 zwischen Würzburg und Treuchtlingen
D 954 zwischen Frankfurt/M. und Würzburg
D 955 zwischen Würzburg und Frankfurt/M.

Der Würzburger Bestand an Schnellzuglokomotiven vom Sommer 1940:

**30.06.40:** 01 122, 123, 124, 125, 144, 146, 213, 214, 227, 229
03 209, 210, 262, 263, 264, 298
18 501, 502, 507, 508

Bis Jahresbeginn 1941 wanderten die vier $18^5$ nach Nürnberg-Hbf, bis Mitte 1942 auch die letzten 03. Bereits seit Sommer 1940 besaß Würzburg vier der neuen stromlinienverkleideten Dreizylinder-Schnellzuglokomotiven der Baureihe $01^{10}$ (01 1096–1099), die bis 1944 blieben, zeitweise verstärkt durch drei weitere Lokomotiven.
Zwischen 1942 und 1944 waren nochmals kurzzeitig einzelne 18er zugeteilt, darüberhinaus kamen zwischen Februar und Juli 1942 insgesamt zehn der im Jahr 1919 an Frankreich abgetretenen Armistice-S 3/6 neu in den Bestand, die sich allerdings wegen ihrer fremdartigen Einrichtungen (u. a. Führerseite links) keiner sonderlichen Wertschätzung beim Personal erfreuten. Sie fuhren bis 1944 und kamen dann aufs Abstellgleis. Der Versuch, sie an Privat- und Kleinbahnen zu vermieten oder zu verkaufen, scheiterte. Nach der Kapitulation Deutschlands wurden sie 1945 wieder an die SNCF zurückgegeben. Damit endete die Zeit der S 3/6 beim Bw Würzburg nach dreißig Jahren.
Der Schnellzugdienst wurde in den kommenden beiden Jahrzehnten mit Lokomotiven der Baureihe 01 abgewickelt.

| | | | |
|---|---|---|---|
| 18401 | München I | 30.05.15–17.08.18 | München I |
| 18403 | Aschaffenburg | 18.08.18–19.01.24 | Regensburg |
| 18404 | | – 23 | Regensburg |
| 18409 | Hof | 26.03.24–29.01.25 | München I |
| | München I | 25.02.25–07.05.28 | Regensburg |
| 18420 | | 12.09.26–08.05.28 | Regensburg |
| 18421 | | 14.01.27–16.04.28 | Hof |
| 18423 | Aschaffenburg | 25– 04.28 | Nürnberg-Hbf |
| 18424 | | 02.26– 04.28 | Hof |
| 18429 | Bamberg | 05.02.43–25.05.43 | Nürnberg-Hbf |
| 18434 | | 26 | |
| 18441 | Nürnberg-Hbf | 13.06.30–17.05.34 | Nürnberg-Hbf |

**116**  18451, heute im Deutschen Museum München, war lange Zeit in Würzburg stationiert. Die Aufnahme zeigt sie in dortigen Diensten um 1929.
Slg: H. Koppisch

**117**  Zwischenhalt des Beschleunigten Personenzuges 851 Nürnberg–Frankfurt in Würzburg-Hbf (29. April 1931). 18465 vom Bw Würzburg ergänzt für die Weiterfahrt ihre Wasservorräte.
Foto: Geitmann

**118** Mit 1/230 Sekunde und Blende 9 entstand bei Veitshöchheim um 1928 gegen 1 Uhr mittags dieses Bild der Würzburger 18490 vor einem nordwärts fahrenden Schnellzug. Am Langkessel ist noch die Halterung der bereits entfernten bayerischen Betriebsnummer 3691 vorhanden.                    Foto: H. Ott, Slg: H. Koppisch

**119** Ein kraftvolles Bild zweier Würzburger S 3/6! Bei Kitzingen am Main leistet 18451 um 1929 Vorspann. Noch haben beide Lokomotiven keine Windleitbleche.                    Foto: H. Ott, Slg: H. Koppisch

Deutsche Reichsbahn
Reichsbahndirektion Nürnberg          Nürnberg, den 4. Mai 1944
    21 M5 Bla 7
    - Ruf Nr 377--

                          Schnellbrief!

An
Deutsche Reichsbahn
Eisenbahnabteilungen des
Reichsverkehrsministeriums

B e r l i n   W 8
Voßstraße 35


Betreff: Lok für Privat= und Kleinbahnen
          u für Industrieanschlüsse

Bezug: RVM Verfg 34 Bla 259 vom 29.4.44

Sachbearbeiter: A Pr Scharrer


An Lok, die vermietet oder verkauft und ohne Ersatz abgegeben werden können,
stehen zur Verfügung:

| Lok Nr | Betriebs-gattung | Frühere Länderbe-zeichnung | Baujahr | Kleinster zu befahr Krümmungs-radius (m) | Bemerkung |
|---|---|---|---|---|---|
| 92521 | Gt 44.15 | T13 (pr) | 1910 | 100 | *handwritten note* |
| 9716 | | | 1916 | | |
| 9730 | Gt 46.16 | T14 (pr) | 1918 | 140 | Franz Leihlok 141 ?A *handwritten* |
| 9737 | | | 1918 | | |
| 9741 | | | 1918 | | |
| 56905 | | | 1915 | | ausgemustert.* *handwritten* |
| 56926 | | | 1916 | | an Ostdeutsche Eis Ges vermietet.* |
| 56987 | G 45.16 | G4/5 H (bayr) | 1917 | 160 | Vermietung zugesagt an SS |
| 561019 | | | 1918 | | an Ostdeutsche Eis Ges vermietet.* |
| 561116 | | | 1919 | | Vermietung zugesagt an SS |
| 231981 | | | 1900 | | |
| 231982 | | | 1900 | | |
| 231983 | | | 1911 | | |
| 231984 | | | 1911 | | |
| 231985 | S 36.16 | S3/6(bayr) | 1918 | 170 | Franz Leihlok 231 |
| 231986 | | | 1918 | | |
| 231989 | | | 1918 | | |
| 231992 | | | 1918 | | |
| 231994 | | | 1918 | | |
| 231995 | | | 1918 | | |

* Verkauf an Firma noch in Schwebe.

| | | | | | | | |
|---|---|---|---|---|---|---|---|
| 18442 | Nürnberg-Hbf | 09.06.29–28.04.34 | Nürnberg-Hbf | 18490 | Neulieferung | 18.01.24–21.04.34 | München-Hbf |
| | Nürnberg-Hbf | 04.08.34–03.09.34 | Nürnberg-Hbf | 18493 | München-Hbf | 14.06.29–30.10.35 | Bingerbrück |
| 18443 | München I | 11.04.18–05.10.18 | München I | 18495 | München-Hbf | 14.06.29–24.01.36 | Bingerbrück |
| | München I | 08.03.19–30.04.39 | Nürnberg-Hbf | 18500 | Neulieferung | 30.03.24–30.10.35 | Bingerbrück |
| 18446 | Aschaffenburg | 11.08.20–18.12.20 | Hof | 18501 | Neulieferung | 04.24–23.02.41 | Nürnberg-Hbf |
| | Hof | 24.04.21–27.03.24 | Hof | 18502 | Neulieferung | 04.24–16.12.40 | Nürnberg-Hbf |
| 18447 | Wiesbaden | 06.28–05.06.29 | Halle P | 18507 | München-Hbf | 05.05.28– 04.37 | LVA Grune-wald |
| 18450 | München I | 12.04.18–14.05.18 | München I | | LVA Grunewald | 05.37–16.12.40 | Nürnberg-Hbf |
| | München I | 17.02.26–11.10.26 | München I | 18508 | München-Hbf | 04.05.28–29.12.40 | Nürnberg-Hbf |
| | München I | 14.09.27–22.03.28 | Wiesbaden | 18509 | Neulieferung | 03.05.27–13.01.29 | Wiesbaden |
| | Wiesbaden | 07.06.28–13.12.28 | München-Hbf | 18510 | Neulieferung | 11.05.27–28.04.30 | Nürnberg-Hbf |
| | München-Hbf | 23.01.29–26.02.39 | Bamberg | 18511 | Neulieferung | 13.05.27–30.06.29 | Nürnberg-Hbf |
| 18451 | | 23 | | 18512 | Neulieferung | 08.06.27–06.07.29 | Nürnberg-Hbf |
| | | 11.05.26–12.05.35 | Treuchtlingen | 18527 | Neulieferung | 03.28– 06.28 | Wiesbaden |
| 18454 | Nürnberg-Hbf | 07.26– 10.26 | Nürnberg-Hbf | 18528 | Neulieferung | 23.03.28– 06.28 | Wiesbaden |
| 18455 | Rosenheim | 24.05.28–24.01.39 | Linz | | | | |
| 18457 | Nürnberg-Hbf | 14.05.35–04.11.35 | Nürnberg-Hbf | | | | |
| 18458 | Wiesbaden | 04.05.28–23.05.39 | Nürnberg-Hbf | | | | |
| | Nürnberg-Hbf | 15.02.42–14.03.42 | Nürnberg-Hbf | ETAT 231 als »Rückführlok«: | | | |
| 18465 | Aschaffenburg | 28–07.05.34 | München-Hbf | 231-981 | Saintes (SNCF) | 42– 45 | SNCF |
| 18466 | Nürnberg-Hbf | 30.01.43–29.04.43 | Nürnberg-Hbf | 231-982 | Saintes (SNCF) | 13.03.42– 45 | SNCF |
| 18472 | | 31–02.07.33 | Nürnberg-Hbf | 231-983 | Saintes (SNCF) | 19.03.42– 45 | SNCF |
| | Nürnberg Hbf | 03.10.33–18.12.33 | Nürnberg Hbf | 231-984 | München-Hbf | 23.07.42– 45 | SNCF |
| | Nürnberg Hbf | 27.07.35–19.06.36 | Nürnberg Hbf | 231-985 | Saintes (SNCF) | 05.04.42– 45 | SNCF |
| 18484 | Nürnberg-Hbf | 19.10.43–15.03.44 | Nürnberg-Hbf | 231-986 | München-Hbf | 23.07.42– 45 | SNCF |
| 18485 | Nürnberg-Hbf | 06.29–17.03.35 | Bingerbrück | 231-989 | Saintes (SNCF) | 22.02.42– 45 | SNCF |
| 18488 | Nürnberg-Hbf | 09.07.29–22.10.29 | Nürnberg-Hbf | 231-992 | Saintes (SNCF) | 19.02.42– 45 | SNCF |
| | Nürnberg-Hbf | 29.12.29–08.04.35 | Bingerbrück | 231-994 | Saintes (SNCF) | 13.03.42– 45 | SNCF |
| 18489 | Neulieferung | 12.01.24–11.05.35 | Bingerbrück | 231-995 | Saintes (SNCF) | 26.03.42– 45 | SNCF |

## Bw Aschaffenburg

Als die Auslieferung der S 3/6 am Jahresende 1914 die 59. Lokomotive erreicht hatte, sah die Verteilung wie folgt aus:

Bw München I:          39 Lokomotiven
Bw Nürnberg-Hbf:       10 Lokomotiven
Bw Ludwigshafen:       10 Lokomotiven

Damit war der Münchener Bedarf gedeckt, so daß anläßlich weiterer Neuanlieferungen Maschinen des Altbestandes an andere Betriebswerkstätten abgetreten werden konnten. Davon profitierte auch Aschaffenburg, das am nordwestlichen Ende der bayerischen Magistrale München–Würzburg–Aschaffenburg (–Frankfurt/M.) liegt. Für das Jahr 1915 ist die Zuteilung der Lokomotiven 3603, 3604 und 3610 belegt, wobei dies mit Sicherheit nicht die einzigen waren. Diejenigen Lokomotiv-Betriebsbücher, die erhalten sind, weisen nur selten vor 1925 Stationierungsangaben auf, was seine Ursache in der leider allzu häufigen Vernichtung der bayerischen Grundbücher anläßlich der Neuanlage der Reichsbahn-Betriebsbücher

hat. So besitzt die angeführte Liste der Aschaffenburger S 3/6 nur die Aufgabe, die bisher bekannt gewordenen Maschinen zu nennen. Andererseits steht fest, daß der jeweilige S 3/6-Bestand der Betriebswerkstätte Aschaffenburg nie groß war. Der Dienstplan der Lokomotiven enthielt Schnellzugleistungen Aschaffenburg–München, später auch Frankfurt–Würzburg und Frankfurt–München (413 km). Für diese wichtige Linie waren damals vier S 3/6-Stützpunkte vorhanden: München I, Nürnberg-Hbf, Würzburg und Aschaffenburg.
In den ersten zwanziger Jahren waren keine S 3/6 in Aschaffenburg, während 1925 nochmals ein Bestand von fünf Lokomotiven zu verzeichnen ist, der bis etwa 1928 wieder aufgelöst war.

| 3603 | München I | 16.03.15–23.07.18 | München I |
| 3604 | München I | 25.02.15–17.08.18 | Würzburg |
| 3610 | München I | 01.05.15–28.05.15 | München I |
| 3629 | München I | 24.09.17–09.02.18 | München I |
| 3643 | | 24– | |
| 3647 | | 24– | 25 Würzburg |
| 3648 | | 24– | 25 Würzburg |
| 3654 | | 25– | 28 Würzburg |

**120**  S 3/6 3604 zählte von 1915 bis 1918 zur Betriebswerkstätte Aschaffenburg. Die Aufnahme stammt etwa aus dieser Zeit.       Foto: Dr. R. Kallmünzer, Slg: S. Lüdecke

## Bw Dresden-Altstadt

Nachdem mehrere deutsche Bahnverwaltungen in den ersten Jahren des Jahrhunderts Pacific-Lokomotiven in Dienst gestellt hatten, plante auch Sachsen diesen für eine fortschrittliche Zugförderung notwendigen Schritt, zumal die dortigen Streckenverhältnisse eine solche Maßnahme besonders nahelegten. Die Sächsische Staatsbahn lieh daher in den Jahren 1915/16 für längere Zeit S 3/6 3654 (spätere DR-18465) aus und setzte sie unter anderem auf der steigungsreichen Strecke Reichenbach–Hof ein (die Maschine soll in Dresden stationiert gewesen sein). Der Erfolg des Probebetriebes veranlaßte die Verwaltung dazu, sich an J. A. Maffei zwecks Überlassung der Zeichnungen zu wenden, um eine Serie 3/6 bei der landeseigenen Lokomotivfabrik Hartmann in Auftrag zu geben. J. A. Maffei glaubte sich nicht zur Herausgabe von Plänen bayerischer Lokomotiven berechtigt und leitete die Anfrage an das Bayerische Verkehrsministerium weiter. Von dort erhielt die Sächsische Staatsbahn eine ablehnende Antwort. Es ist zu vermuten, daß der beabsichtigte Nachbau an unterschiedlichen Vorstellungen über die Lizenzgebühren scheiterte.
Drei Jahrzehnte später war nochmals eine S 3/6 in Dresden-Altstadt beheimatet, und zwar die Pfälzerin 18434. Die Lokomotive war bis 24. Juni 1945 in Hof stationiert, anschließend

finden sich keine Betriebsbucheintragungen bis zum 1. August 1946. Ab diesem Tag erhielt sie im RAW Stendal eine L2-Zwischenausbesserung, die am 20. August abgeschlossen war. Die Indienststellung erfolgte mit dem Vermerk: »Die Lok darf nur im leichten Kurierdienst verwendet werden.« Für die kommenden Monate liegen keine verläßlichen Angaben über Verbleib und Verwendung vor (zumindest zeitweise war sie vom RAW Stendal aus im genannten Kurierdienst eingesetzt), erst ab 14. April 1947 ist ihre Beheimatung in Dresden-Altstadt mit Eintrag in den Betriebsunterlagen belegt. Laut diesen stand die Maschine dort im April 1947 zwei Tage unter Dampf und mußte dann wegen schlechten Allgemeinzustandes und ablaufender L4-Frist abgestellt werden. Die folgenden Monate wartete die Lokomotive auf Ausbesserung, erhielt diese aber als Einzelgänger nicht mehr. Da die Deutsche Reichsbahn in der russischen Besatzungszone 1948 auf Anregung von Reichsbahnrat Dipl.-Ing. Max Baumberg eine badische IVh als besonders geeignete Lokomotive für den Kurierdienst des RAW Stendal und für Versuchszwecke suchte, kam es im Juni d. J. zu dem aus der Literatur bekannten Tausch der in der Bizone noch betriebsfähigen 18314 gegen 18434. Die S 3/6 kam am 2. Juni 1948 über das Bw Braunschweig-Vbf zum Bw Bamberg, wo sie ab 4. Juni bis zu ihrer Ausmusterung im Jahr 1950 nur noch als Z-Lokomotive geführt wurde. Am 12. März 1952 endete die weitgereiste Maschine im Hauptsammellager Desching.

## Bw Hof

Im Jahr 1915 soll Hof aus München die beiden großrädrigen S 3/6 3630 und 3631 (spätere DR-Nummern 18447 und 448) erhalten haben. Ihre dortige Stationierung bereits um diese Zeit ist jedoch nicht zweifelsfrei gesichert. Zumindest ab 1918 besaß Hof eigene S 3/6, die – wie seinerzeit üblich – von der Betriebswerkstätte München I zugewiesen wurden, die über Jahre hinweg fast alle Neulieferungen für sich beanspruchte. Die Betriebsnummern 3615, 3630 und 3631 sind für Ende 1918 nachgewiesen, zu denen wenigstens drei weitere hinzugerechnet werden müssen (darunter wahrscheinlich 3617), da im Winter 1918/19 ein Dienstplan für fünf S 3/6 und zwei BXI bestand. Dr. Albert Mühl stellte dieses wertvolle Dokument zur Verfügung:

Lokomotivdienst der Bw Hof (Winterfahrplan 1918/19)
Schnell- und Personenzugsdienst:

5 S 3/6 (doppelt besetzt), 2 BXI (mehrfach besetzt),
      10 Personale

| | | |
|---|---|---|
| D 26 | Hof–Regensburg | 4.09 Uhr – 7.36 Uhr (morgens) |
| D 21 | Regensburg–Hof | 10.08 Uhr – 1.53 Uhr (nachts) |
| P 1030* | Hof–Markt Redwitz | 6.25 Uhr – 7.55 Uhr (abends) |
| P 1073* | Markt Redwitz–Hof | 6.16 Uhr – 7.26 Uhr (morgens) |
| D 136 | Hof–Regensburg | 4.00 Uhr – 7.19 Uhr (abends) |
| D 135 | Regensburg–Hof | 9.19 Uhr – 12.48 Uhr (mittags) |
| S 116 | Hof–Bamberg | 4.13 Uhr – 6.56 Uhr (morgens) |
| 7003 | Bamberg–Hof | |
| 7002 | Hof–Bamberg | |
| S 115 | Bamberg–Hof | 10.16 Uhr – 1.40 Uhr (nachts) |
| 7042* | Hof–Markt Redwitz | |
| P 1021* | Markt Redwitz–Hof | 12.06 Uhr – 1.20 Uhr (mittags) |

* = mit S 3/5 oder BXI

Die Zahl von ca. sechs S 3/6 blieb bis zur Mitte der zwanziger Jahre gleich, bis Hof neben einigen Maschinen mit 16 t Achsdruck im Jahr 1924 auch die neuen Lokomotiven 3704 und 3705 (18503/504), sowie Anfang 1928 ab Werk 18522 und bald darauf aus München-Hbf 18520 erhielt. Seit 1926 waren dem Betriebswerk auch je drei neue Einheitsschnellzuglokomotiven der Baureihen 01 und 02 zugeteilt, die dort im Vergleichsbetrieb Aufschluß darüber geben sollten, welche Bauart weiter zu beschaffen sei. Der S-Lokomotivbestand von 1928:

31.12.28:  01 005–007
              02 008–010
              18 402, 410, (412), 421, 424, 503, 504, 520, 522

Die schweren 01 und 02 fuhren ausschließlich auf der Strecke Regensburg–Hof–Leipzig, während die S 3/6 seit Erscheinen dieser kräftigen Schnellzugmaschinen nur noch die zweite Garnitur darstellten. In der Hauptsache blieben ihnen Leistungen auf der Linie Hof–Lichtenfels–Bamberg und bis 1929 noch Hof–Leipzig (18⁵). Ab Mai 1929 erhielt Hof auch die übrigen sieben 02, die bisher im Probebetrieb bei den Betriebswerken Hamm und Erfurt P gelaufen waren, gleichzeitig wurden die drei 01 abgegeben. Nun gehörte der schwere Schnellzugdienst zwischen Leipzig und Regensburg fast ausschließlich den zehn Vierzylinder-Verbund-02. Die vier 18⁵, die am Tag im Schnitt 450 km gelaufen waren, wurden überflüssig und konnten nach Nürnberg-Hbf umbeheimatet werden. An der Jahreswende 1929/30, als das Bw Hof von der RBD Nürnberg zur RBD Regensburg kam, waren somit noch fünf 18⁴ zugeteilt.

Über die dreißiger und vierziger Jahre hinweg kam es zu keinen wesentlichen Veränderungen innerhalb der S 3/6-Gruppe und deren Einsatzgebiet. 18402, 409, 410, 411, 412 und 419 waren die Stammlokomotiven dieser Zeit, die gelegentlich Verstärkung bekamen. Anders bei den übrigen Schnellzugmaschinen des Bw Hof: seit 1936 waren wieder 01 vorhanden, darüberhinaus auch die beiden Mitteldruck-Lokomotiven 02101 und

---

**121** Eines der raren Hofer S 3/6-Bilddokumente zeigt die gerade gut ein Jahr alte 18522 am 29. März 1929 im Schnellzugdienst Hof–Leipzig beim Halt im Bahnhof Plauen/Vogtl.
Foto: Dr. Schlosser, Slg: J. Glöckner

102 (vorher 04001 und 002). Ihr Einsatz dauerte jedoch nicht sehr lange, denn am 3. April 1939 zerknallte der Kessel der 02102 aufgrund eines Bedienungsfehlers bei Rothenstadt auf der Strecke Hof−Regensburg, so daß man auch die Schwestermaschine sofort aus dem Betrieb zog. Beide Lokomotiven wurden noch im gleichen Jahr ausgemustert. Von 1937−1942 baute das RAW Meiningen die zehn h4v-02 um, die anschließend als Zweizylinder-01 nach Hof zurückkamen.

Einige Lokomotivaufstellungen jener Jahre zeigen uns den wechselnden Bestand:

01.04.33: 02001−010
18402, 409, 410, 412, 419, 423, 475

15.05.35: 02001−010
18402, 409, 410, 411, 412, 419
39184, 185, 186

01.07.36: 01101
02001−010
02101, 102
18402, 409, 410, 411, 412, 419
39186

31.08.43: 01011, 101, 199, 200, 220, 221, 233, 234, 235, 236, 237, 238, 239, 240, 241
18402, 403, 404, 409, 410, 411, 412, 419, 431, 434

Über die Kilometerleistungen der S 3/6 geben uns die Unterlagen von 18409 Auskunft:

**18409:** Jahresleistung

| | | | |
|---|---|---|---|
| 1932 | 65883 km | 212 Betriebstage | ⌀ 311 km/Tag |
| 1933 | 59887 km | 198 Betriebstage | ⌀ 302 km/Tag |
| 1934 | 47357 km | 163 Betriebstage | ⌀ 291 km/Tag |
| 1935 | 43096 km | 202 Betriebstage | ⌀ 213 km/Tag |
| 1936 | 43632 km | 212 Betriebstage | ⌀ 206 km/Tag |
| 1937 | 47302 km | 226 Betriebstage | ⌀ 209 km/Tag |
| 1938 | 90683 km | 291 Betriebstage | ⌀ 312 km/Tag |
| 1939 | 57099 km | 166 Betriebstage | ⌀ 344 km/Tag |
| (ohne Juni−September) | | | |
| 1940 | 44168 km | 229 Betriebstage | ⌀ 193 km/Tag |
| 1941 | 39773 km | 207 Betriebstage | ⌀ 192 km/Tag |
| 1942 | 74407 km | 249 Betriebstage | ⌀ 299 km/Tag |
| 1943 | 80097 km | 314 Betriebstage | ⌀ 255 km/Tag |
| 1944 | 37665 km | 169 Betriebstage | ⌀ 223 km/Tag |
| 1945 | 9321 km | 75 Betriebstage | ⌀ 124 km/Tag |
| 1946 | (RAW Mü-Freimann L4-Hauptuntersuchung) | | |
| 1947 | 39137 km | 168 Betriebstage | ⌀ 233 km/Tag |
| 1948 | 5828 km | 28 Betriebstage | ⌀ 208 km/Tag |

(Z ab 29.11.48)

Die Kilometerleistungen unterlagen starken Schwankungen, dennoch machen die Zahlen das Dominieren der leistungsfähigeren schwereren Einheitslokomotiven deutlich, die fast durchweg mehr zu fahren hatten.

Mit einem Lokomotivpark von rund 140 Maschinen (1942) besaß Hof eines der größten Betriebswerke Bayerns (nach München-Hbf, Nürnberg-Hbf und Würzburg) und damit besondere Bedeutung für die Verkehrsabwicklung im nordostbayerischen Raum. Daher waren die dortigen Bahnanlagen ein wichtiges Angriffsziel der damaligen Feindmächte Deutschlands. In der Mittagszeit des 8. April 1945 gelang ihnen ein verheerender Luftangriff, dessen Ergebnis die nahezu völlige Vernichtung des Bw Hof war (ist andernorts bereits mehrfach beschrieben). 18403 und 404 gehörten zu den Maschinen, die sich zum Zeitpunkt der Bombenabwürfe im Betriebswerk befanden. Während erstere total beschädigt wurde, überstand 18404 das Inferno besser als viele andere und kam mit unwesentlichen Blessuren davon. Zwei Schuppenstände neben ihr war eine Lokomotive der Baureihe 44 in die Höhe gewirbelt worden und anschließend auf die Regensburger 581193 gestürzt. Beide Lokomotiven lehnten sich nun an die von Schuttbergen bedeckte, aber weitgehend unversehrte 18404. Die auf dem Areal des zerbombten Lokschuppens 1 eingesperrte Lokomotive (Drehscheibe und Zufahrtgleise existierten so gut wie nicht mehr) wurde im Betriebsbuch noch bis 31. August 1945 als »betriebsfähig kalt abgestellt« geführt, anschließend jedoch auf »Z« gestellt und im Jahr 1949 ausgemustert. Mehr Glück hatte 18409, die drei Tage vor dem Angriff, am 5. April 1945 morgens, zur L4-Hauptuntersuchung ins RAW München-Freimann fuhr und damit den Bomben entging. Sie kehrte im Januar 1947 zurück, leistete aber nur noch 45000 km bis zur Ausmusterung 1950. Gleichfalls ungeschoren kamen 18410 und 426 davon,

**122** Mit P 205 (Nürnberg ab 9.25 Uhr, Hof an 15.40 Uhr) hatte 18402 vom Bw Hof eine zwar lange, aber gemächliche Tour. Aufnahme bei Forchheim um 1933. Slg: C. Asmus

Einen Tag vor dem verheerenden Luftangriff auf Hof wurde 18 426 nach Regensburg umstationiert und entging gerade noch den Bomben.

Buchfahrplan des D 123 Schweinfurt–Dresden im Abschnitt Bamberg–Hof (Sommer 1937)

## Standorte und Leistungen der Lokomotive 18 426

| 1 | 2 | 3 | 4 | 5 | 6 |
|---|---|---|---|---|---|
| Bahnbetriebswerk | | Eisenbahnausbesserungswerk oder Privatwerk | | Leistung in km*) | |
| | | | | seit der letzten bahnamtlichen Untersuchung des Fahrgestelles | seit der Anlieferung |
| Bahnbetriebswerk Mü Hbf | von 14.4.40 bis 7.6.41 | | von | 14.4.40–1.4.41 im Bw. Mü H ... 17 783. | |
| Regensburg | von 8.6.41 bis 4.3.42 | RAW. Mü-Freimann | von 5.3.42 bis 16.3.42 | | |
| | von bis | RAW. Mü-Freimann | von 17.3.42 bis 27.4.42 | L3-L4 1292/16 | 1051 774 |
| Regensburg | von 28.4.42 bis 8.11.43 | RAW Freimann | von 9.11.43 bis 23.12.43 | | |
| Regensburg | von 24.12.43 bis 25.4.44 | | von bis | | |
| Hof | von 26.4.44 bis 21.6.44 | RAW. Mü-Freimann | von 23.6.44 bis 5.8.44 | | |
| Hof | von 6.8.44 bis 7.4.45 | | von bis | | |
| | von 8.4.45 bis 7.6.49 | RAW ... | von 1.6.49 bis | 169 526 | 1221 ... |
| | von bis | | von bis | | |

*) Die Leistung in Spalte 5 und 6 ist bei jeder Zuführung zum Eisenbahnausbesserungswerk einzutragen. Bei Abgabe der Lokomotive ein anderes Bahnbetriebswerk ist die Leistung seit dem letzten Ausgang mit Bleistift zu vermerken

**D 123** (15,1) 1. 2. 3. Klasse — Bamberg—Neuenmarkt-Wsbg. 180 t / Neuenmarkt-Wsbg.—Hof 200 t

Schweinfurt—Bamberg—Münchberg—Hof—Dresden
22. V.—2. X.

Wenn von Neuenmarkt-Wsbg. bis Münchberg nachgeschoben wird, Höchstgeschwindigkeit bis km 96,152 (Brechpunkt) 50 km/h
Höchstgeschwindigkeit Bamberg—Untersteinach (b Stadtsteinach) 100 km/h
Untersteinach (b Stadtsteinach)—Neuenmarkt-Wsbg. 90 km/h
Neuenmarkt-Wsbg.—Münchberg 65 km/h
S 36.16 (18 4—5) Last Ba—Ne 300 t II / Ne—Ho 470 t IV — Mindestbremshundertstel $\frac{95}{}$
Schiebelok von Neuenmarkt-Wsbg. bis Marktschorgast Gt 55.17 (95 5—18), S 36.16 = 160 t, Gt 55.17 = 290 t

| km | | | | | | | |
|---|---|---|---|---|---|---|---|
| | ●Bamberg | 14 37 6 | 6 | 14 43 6 | | | |
| 3,5 | ●Halstadt (b Bamberg) | — | | 48 | 4,4 | 3,7 | |
| 4,1 | Breitengüßbach | — | | 50 9 | 2,9 | 2,5 | |
| 4,4 | Bf Ebing Hp | — | | 53 8 | 2,9 | 2,7 | 24,0 / 21,4 |
| 2,2 | Zapfendorf | — | | 55 3 | 1,5 | 1,3 | |
| 6,0 | ●Ebensfeld | — | | 59 1 | 3,8 | 3,6 | |
| 5,5 | ●Staffelstein | — | | 15 02 8 | 3,7 | 3,3 | |
| 6,2 | ●Lichtenfels | 15 07 6 | 11 | 15 18 6 | 4,8 | 4,3 | 79 |
| 2,3 | Bf Oberwallenstadt | — | | 22 3 | 3,7 | 3,2 | |
| 1,9 | Michelau (Oberfr) | — | | 24 1 | 1,8 | 1,5 | |
| 1,8 | Bf Trieb | — | | 25 9 | 1,8 | 1,6 | |
| 2,2 | Hochstadt-Marktzeuln | — | | 28 | 2,1 | 1,9 | 24,7 / 22,2 |
| 5,6 | Burgkunstadt | — | | 32 1 | 4,1 | 3,6 | |
| 5,7 | Mainroth ▼ | — | | 35 8 | 3,7 | 3,5 | |
| 5,2 | ●Mainleus | — | | 39 3 | 3,5 | 3,2 | |
| 5,4 | ●Kulmbach | 43 3 | 1 | 44 3 | 4,0 | 3,7 | |
| 6,3 | ●Untersteinach (bei Stadtsteinach) ▼ | — | | 50 5 | 6,2 | 5,5 | 11,7 |
| 2,4 | Bf Ludwigschorgast Hp | — | | 52 6 | 2,1 | 1,8 | 10,3 |
| 3,7 | ●Neuenmarkt-Wirsberg ⌐ | 56 | 24 | 16 20 | 3,4 | 3,0 | |
| 3,6 | Bf Streitmühle | — | | 27 1 | 7,1 | 5,1 | |
| 3,9 | ●Marktschorgast ▼ | — | | 35 6 | 8,5 | 5,8 | |
| 4,6 | ●Falls | — | | 43 4 | 7,8 | 4,8 | 44,0 / 31,3 |
| 6,6 | Stammbach | — | | 52 2 | 8,8 | 6,3 | |
| 9,9 | ●Münchberg ▼ | Durchfahrt — | | 17 04 | 11,8 | 9,3 | |
| 103,0 | Hof Hbf | 17 30 | 42 (18) | 17 48 | 104,4 | 85,2 | |

die am Tag vor dem Angriff nach Regensburg umbeheimatet wurden.

Der amtliche Bestand an Schnellzuglokomotiven vom Jahresende 1945 ist bei weitem nicht identisch mit dem Betriebslokbestand (noch im Juni 1946 war von den 19 S 3/6 der RBD Regensburg erst eine einzige betriebsfähig):

**31.12.45:** 01 011, 040, 199, 200, 201, 233, 234, 235, 236,
237, 238
18 402, 403, 404, 409, 411, 412, 419, 431
19 128, 137

Bis 1950 wurden die zum Teil nach dem Krieg nicht mehr in Betrieb gekommenen 18⁴ ausgemustert, wofür 1948 und 1949 einige 18⁴⁻⁵ aus Regensburg und Nürnberg hereinkamen. Zwei polnische Pt 31, eingenummert als 19 128 und 137, hatten in den ersten Nachkriegsjahren als beliebte Verstärkung in Hof Dienst getan, mußten aber ebenfalls ausrangiert werden. Die ausgemusterten 18⁴ standen noch längere Zeit in Oberkotzau abgestellt (18 409, 411, 412, 419, 431, 444) und wurden dann größtenteils verschrottet. Lediglich 18 444 und der Kessel von 18 409 fanden als Heizanlagen Weiterverwendung.

Die letzten Jahre der genannten 18 409 sind wegen einiger Besonderheiten der Erwähnung wert: die Lokomotive erhielt 1946/47 im RAW München-Freimann eine L4, die am 25. Januar 1947 abgeschlossen war. Anläßlich dieser Hauptuntersuchung wurde der zuletzt in 18 419 verwendete Kessel mit der Fabriknummer 3091 (Baujahr 1909) eingebaut, womit 18 409 wieder über ihren Ursprungskessel verfügte. Da ihr Tender seit Anlieferung nicht gewechselt worden war, trat der überaus seltene Fall ein, daß eine Lokomotive Jahrzehnte nach ihrer Herstellung wieder aus den ursprünglichen Hauptbauteilen bestand.

18 409 war nach ihrer L4 eine der wenigen betriebsbereiten S 3/6 in Hof, erhielt 1947 und 1948 noch je eine L0 bzw. L2 und mußte dann wegen eines Risses im Einströmflansch des linken Hochdruckzylinders dem RAW München-Freimann zur L0-Bedarfsausbesserung vorgemeldet werden (6. Juli 1948). Da vom Ausbesserungswerk kein Ersatzzylinderblock angebaut werden konnte, stellte die RBD Regensburg die Lokomotive nach nur eineinhalb Jahren Laufzeit seit ihrer HU ab 29. November 1948 auf »Z«. Ein Jahr später wurde angeordnet, die Maschine als Heizlokomotive zu verwenden, was jedoch vorerst nicht realisiert wurde. Sie stand in Oberkotzau zusammen mit ihren Schwestern auf dem Abstellgleis, wurde dann aber doch zumindest in Teilen herangezogen. Ihr Kessel kam zum Bw Regensburg als stationärer Dampfspender und war dort noch einige Jahre in Betrieb, bis auch er im Frühjahr 1963 verschrottet wurde.

Zurück zu den Betriebslokomotiven des Bw Hof: in das Jahr 1950 fällt der komplette Austausch aller Hofer 18⁴⁻⁵ gegen die schwereren 18⁵. Waren im Bestand vom

**01.01.50:** 01 011, 115, 199, 200, 233, 234, 235, 236, 237
18 409 z, 411, 412 z, 419 z, 431 z, 444, 472, 475,
477, 486, 498, 502

noch viele Z-Lokomotiven und 18⁴⁻⁵ mit 17 t-Achsdruck, so zeigt sich im darauffolgenden Jahr bereits ein völlig neues Bild:

**30.09.51:** 01 115, 199, 200, 233, 234, 236, 237
18 512, 518, 519, 520, 529, 536, 539, 545

Alle acht 18⁵ waren zum Planwechsel im Mai 1950 aus den Betriebswerken Kempten, Wiesbaden, Regensburg und Ingol-

stadt nach Hof gekommen. Sie führten im Winterfahrplan 1950/51 neben P- und E-Zügen folgende Schnellzüge:

D 11    Bamberg–Hof
D 12    Hof–Bamberg
D 115   Bamberg–Hof
D 116   Hof–Bamberg
D 337   Neuenmarkt-Wirsberg–Hof
D 338   Hof–Neuenmarkt-Wirsberg

Nach wie vor war die Bamberger Strecke ihr Revier und damit auch die »Schiefe Ebene« bei Neuenmarkt-Wirsberg, auf der sie allerdings (wie alle anderen Lokomotiven) bei schweren Zügen Schubhilfe erhielt. Dafür standen in den ersten Jahren ihrer Hofer Zeit noch Neuenmarkter CIII und CIV bereit, ab 1927 preußische T16[1]. Seit 1935 bzw. 1937 teilten sich die 94er diese Arbeit mit den bayerischen Malletriesen der Baureihe 96 und den bulligen preußischen T 20, bis diese Lokreihen 1942 (94⁵), 1944 (96) und 1952 (95) abgegeben oder abgestellt wurden. Seitdem waren preußische G 10 in Verwendung.

Während der langen Hofer Zeit der S 3/6 konnten also viele Kombinationen von Zug- und Schiebelokomotiven auf der imposanten Rampe beobachtet werden. Nur, damals tat dies noch fast niemand bewußt!

In der ersten Hälfte der fünfziger Jahre leisteten die Hofer 18⁵ im Schnitt 300 bis 350 km pro Tag, womit sie nicht eben zu den bestausgelastetsten Maschinen der Deutschen Bundesbahn gehörten:

**18 512: Jahreslaufleistung**

| | | | |
|---|---|---|---|
| 1950 (ab Mai) | 43 173 km | 137 Betriebstage | Ø 315 km/Tag |
| 1951 | 60 196 km | 179 Betriebstage | Ø 336 km/Tag |
| 1952 | 73 449 km | 205 Betriebstage | Ø 358 km/Tag |
| 1953 | 99 793 km | 283 Betriebstage | Ø 353 km/Tag |
| 1954 (bis 21.12.) | 73 817 km | 224 Betriebstage | Ø 330 km/Tag |

**18 520: Jahreslaufleistung**

| | | | |
|---|---|---|---|
| 1950 (ab Juni) | 41 206 km | 131 Betriebstage | Ø 315 km/Tag |
| 1951 | 55 183 km | 192 Betriebstage | Ø 287 km/Tag |
| 1952 | 55 328 km | 152 Betriebstage | Ø 364 km/Tag |
| 1953 | 42 518 km | 138 Betriebstage | Ø 308 km/Tag |
| 1954 (bis 27.10., dann Umbau) | 45 728 km | 148 Betriebstage | Ø 309 km/Tag |

**Deutsche Bundesbahn**

## Standorte und Leistungen der Lokomotive

...............ter Erhaltungsabschnitt der Lokomotive — Lokomotiv-Betriebs-Nr *18-612*

| 1 | 2 | 3 | 4 | 5 | 6 |
|---|---|---|---|---|---|
| Standort | | Ausbesserungen im Bundesbahn-Ausb.-Werk oder Privatwerk | | Laufleistung in km | |
| Bahn-Betriebswerk | Zeit | Werk / Schadgr. | Zeit | seit letzter Ausbess. im AW[1] | seit letzter L 4 |
| Leistung in km seit Anlieferung bis letzte L 4 | | | | | |
| Bw. Hof | von 18.12.54 / bis 21.5.55 | L | von / bis | | |
| Bw. Nürnberg Hbf | von 22.5.55 / bis 8.6.56 | AW Ingolstadt / L 2/m | von 9.6.56 / bis 30.7.56 | 180 536 | 180 536 |
| " | von 31.7.56 / bis 1.8.57 | AW Ingolstadt / L 0/EK/m | von 2.8.57 / bis 27.8.57 | | |
| " | von 28.8.57 / bis 10.2.58 | AW Ingolstadt / L 2 | von 10.2.58 / bis 23.4.58 | | |
| Bw. Lindau | von 24.4.58 / bis 05.12.60 | AW Ingolstadt / L 3/Umbau | von 06.12.60 / bis 20.3.61 | | |
| Lindau/B | von 21.3.61 / bis 12.7.62 | A.W.Nied / L 0 | von 13.7.62 / bis 7.8.62 | | |
| Lindau | von 8.8.62 / bis | L | von / bis | | |

Aus dem Betriebsbuch der heute im »Deutschen Dampflokomotiv-Museum« Neuenmarkt erhaltenen 18 612.

**124** 18615 (Bw Hof) verläßt mit geöffneten Zylinderhähnen den Bahnhof Bamberg in Richtung Lichtenfels (1957). Foto: G. Nowak

---

Deutsche Bundesbahn
Bundesbahndirektion Nürnberg          Nürnberg, den 15. Januar 1955
    21  M6   Zla

An
MA Würzburg, Zl (Lokd) Würzburg
Bw Würzburg

nachr.: BD Regensburg, Bw Hof
Abdruck: Bmktr 1,2,M5, Ozl(Lokd), M42,M6

Betreff: Lokabgabe
Bezug: Schreiben der OBL Süd M62 Zla vom 7. Januar 1955

Bw Würzburg gibt sofort eine **vollbetriebsfähige Lok Reihe 01** vorübergehend an BD Regensburg (Bw Hof) ab. Nach Beendigung der Untersuchung der Lok 18613 durch das Lok Vers A Minden wird die 01 Lok
wieder an Bw Würzburg zurückgegeben.

Am 10.Januar 1955 wurde die Lok 01.080  bereits an Bw Hof leihweise
abgegeben.

                              gez Pfahl      lt Dienst-        Beglaubigt:
                                             siegel
                                                              BS'in

---

Gelegentliche Monatsleistungen von 12000 km (= ~ 430 km/ Tag) blieben Ausnahmen; im Gegenteil: 18519 und 520, deren Betriebsunterlagen vorliegen, standen 1952 und 1953 zum Teil monatelang betriebsfähig abgestellt. Vergleicht man die geographische Lage Hofs der Zeit vor dem Zweiten Weltkrieg mit jener nach 1945, so erkennt man unschwer die besondere verkehrspolitische Situation dieser Stadt. Der Nord-Süd-Verkehrsstrom war seit der Teilung Deutschlands deutlich eingeschränkt, was sich unter anderem in der Reduzierung des Hofer Lokomotivbestandes ausdrückte. Gehörten bis in den Krieg rund 20 Schnellzugmaschinen zum Bw Hof, so genügten später zwei Drittel davon, um die Strecken nach Regensburg, Bamberg und Nürnberg zu bedienen.

Als Mitte der fünfziger Jahre eine Anzahl $18^5$ mit Neubaukesseln versehen wurde, kamen im Dezember 1954 zunächst 18611 und 612 nach Hof, um dort versuchsweise im 01-Plan eingesetzt zu werden. Von 18612 sind die Tagesschnittwerte bekannt: sie betrugen für das halbe Jahr der Stationierung in Hof über 500 km und waren damit wesentlich höher als diejenigen der $18^5$, die in ihrem Dienstplan 2 liefen. Da ab Sommerfahrplan 1955 im Bw Nürnberg-Hbf $18^6$ anstelle der Baureihe 01 stationiert werden sollten, kam es in Hof zu keiner umfangreichen Zuteilung von $18^6$, obwohl die beiden in 01-Diensten verwendeten Maschinen den Anforderungen vollauf genügt hatten. Lediglich 18622, 623 und 627 kamen zwischen September 1955 und März 1956 neu ins Betriebswerk. Da aber zwei von ihnen (18622, 627) aus vormals Hofer $18^5$ umgebaut worden waren (wie auch schon 18612 und 615; letztere war im März 1955 für 18611 gekommen), änderte sich der Umfang des S 3/6-Bestandes nicht und auch das Einsatzgebiet blieb dasselbe.

03.06.56: 01 199, 200, 227, 234, 236, 237
          18513, 528, 615, 622, 623, 627

Die S 3/6-Laufpläne der Jahre 1955–1957 sind annähernd

gleich. Als Beispiel sei jener vom Winter 1955/56 herausge-griffen:

**Laufplan 02.02, 3 Lokomotiven 18$^{5,6}$, gültig ab 2.10.55**

| | | |
|---|---|---|
| P 1862 | Hof 5.06 Uhr – Bamberg 8.55 Uhr | |
| E 873 | Bamberg 14.09 Uhr – Hof 16.35 Uhr | |
| P 1278 | Hof 18.15 Uhr – Marktredwitz 19.09 Uhr | |
| P 1286 | Markt Redwitz 20.12 Uhr – Weiden 21.15 Uhr | |
| P 1287 | Weiden 22.18 Uhr – Wunsiedel 23.01 Uhr | |
| P 1263 | Wunsiedel 5.48 Uhr – Hof 7.17 Uhr | |
| E 510 | Hof 12.10 Uhr – Bamberg 14.32 Uhr | |
| P 1871 | Bamberg 15.46 Uhr – Hof 19.49 Uhr | |
| E 572 | Hof 2.42 Uhr – Neuenmarkt-Wirsberg 3.43 Uhr | |
| P 1865 | Neuenmarkt-Wirsberg 6.55 Uhr – Marktschorgast 7.10 Uhr | |
| Lz 8611 | Marktschorgast 7.13 Uhr – Neuenmarkt-Wirsberg 7.28 Uhr | |
| E 573 | Neuenmarkt-Wirsberg 7.58 Uhr – Hof 9.05 Uhr | |
| E 874 | Hof 14.11 Uhr – Bamberg 16.27 Uhr | |
| E 865 | Bamberg 18.21 Uhr – Hof 20.53 Uhr | |

Der Tagesschnitt von 363 km war nicht überwältigend. Die besseren Pläne hatten nach wie vor die 01, die während des gleichen Fahrplanabschnittes auf 587 km/Tag kamen. So war abzusehen, daß die 18er über kurz oder lang abgelöst würden, womit das Bw Hof die Unterhaltung einer nicht ausgelasteten, überwiegend bestimmungsfremd eingesetzten (Pz-Dienst) und daher teuren h4v-Lokgattung einsparen konnte. 18513 und 528 wurden daher im Mai 1957 nach Lindau und 18627 nach Regensburg abgegeben. 18615 folgte zwei Monate später ebenfalls nach Regensburg, so daß für den Sommer 1957 nur noch 18622 und 623 übrig waren. Sie verließen Hof Anfang Oktober d. J. in Richtung Ulm und Regensburg.

Anstelle der umbeheimateten 18er erhielt das Betriebswerk im Mai 1957 die Lokomotiven 01 183 und 187 und im Oktober d. J. 01 109, 134 und 172.

| | | | |
|---|---|---|---|
| 18402 | Nürnberg-Hbf | 29.11.20–08.05.34 | Eger |
| | Eger | 01.11.34–21.04.49 | Ausmusterung |
| 18403 | Regensburg | 15.08.42–04.05.46 | Ausmusterung |
| 18404 | Regensburg | 04.12.42–21.04.49 | Ausmusterung |
| 18408 | Nürnberg-Hbf | 11.12.25–24.06.27 | Nürnberg-Hbf |
| 18409 | Nürnberg-Hbf | 02.12.20–27.12.23 | Würzburg |
| | Regensburg | 05.06.31–13.06.39 | Eger |
| | Eger | 05.09.39–14.08.50 | Ausmusterung |
| 18410 | München I | 02.04.25–07.04.45 | Regensburg |
| 18411 | Regensburg | 09.03.35–13.12.50 | Ausmusterung |
| 18412 | | (04.33)–14.08.50 | Ausmusterung |
| 18413 | München I | 10.09.18–18.05.27 | Nürnberg-Hbf |
| 18415 | | ~20 | |
| 18416 | Regensburg | 28.04.33–22.12.33 | Regensburg |
| 18419 | Regensburg | 17.06.31–01.11.38 | Regensburg |
| | Regensburg | 09.03.39–11.11.47 | Regensburg |
| | Regensburg | 12.12.47–14.08.50 | Ausmusterung |
| 18421 | Würzburg | 10.05.28–04.03.31 | München-Hbf |
| 18423 | Nürnberg-Hbf | 01.04.33–20.06.33 | München-Hbf |
| 18424 | Würzburg | 05.28–04.05.31 | RBD München |
| 18426 | Regensburg | 26.04.44–07.04.45 | Regensburg |
| 18427 | | 13.10.26–14.03.28 | Ludwigshafen |
| 18429 | Nürnberg-Hbf | 28.06.26–11.05.28 | Ludwigshafen |
| 18431 | Heydebreck | 13.04.40–14.08.50 | Ausmusterung |
| 18434 | Heydebreck | 13.04.40–24.06.45 | russ. Besat-zungszone |
| 18444 | | 15.02.48–14.08.50 | Ausmusterung |
| 18446 | Würzburg | 19.12.20–23.04.21 | Würzburg |
| | Würzburg | 28.03.24–04.06.25 | Nürnberg-Hbf |
| 18447 | (München I) | (15)– 20 | (Nürnberg-Hbf) |
| 18448 | (München I) | (15)– 20 | (Nürnberg-Hbf) |

| | | | |
|---|---|---|---|
| 18472 | Regensburg | 10.48– 05.50 | Buchloe |
| 18475 | Regensburg | 27.03.33–27.02.35 | Regensburg |
| | Regensburg | 03.06.49–25.05.50 | Buchloe |
| 18477 | Regensburg | 05.48– 05.50 | Augsburg |
| 18486 | Nürnberg-Hbf | 12.06.48– 04.50 | Augsburg |
| 18498 | Nürnberg-Hbf | 12.06.48– 04.50 | Augsburg |
| 18502 | Nürnberg-Hbf | 13.06.48–10.05.50 | Augsburg |
| 18503 | (Neulieferung) | 08.24– 02.29 | Nürnberg-Hbf |
| 18504 | (Neulieferung) | 08.24– 02.29 | Nürnberg-Hbf |
| 18511 | Darmstadt | 14.12.53–13.06.55 | Umbau in 18622 |
| 18512 | Kempten | 06.05.50–21.12.54 | Regensburg |
| 18513 | Darmstadt | 21.05.55–27.05.57 | Lindau |
| 18518 | Kempten | 12.05.50–23.10.51 | Regensburg |
| | Regensburg | 23.01.52–16.05.52 | Regensburg |
| 18519 | Wiesbaden | 29.05.50–15.07.52 | Regensburg |
| | Regensburg | 05.10.52–02.12.54 | Regensburg |
| 18520 | München-Hbf | 23.10.28–16.05.29 | Nürnberg-Hbf |
| | Wiesbaden | 27.05.50–27.10.54 | Umbau in 18612 |
| 18522 | Neulieferung | 01.02.28–03.06.29 | Nürnberg-Hbf |
| 18524 | Darmstadt | 19.05.55–09.11.55 | Regensburg |
| | Regensburg | 20.12.55–02.01.56 | Umbau in 18627 |
| 18526 | Darmstadt | 20.03.54–27.01.55 | Regensburg |
| | Regensburg | 09.03.55–26.05.55 | Umbau in 18621 |
| 18528 | Darmstadt | 29.06.55–28.05.57 | Lindau |
| 18529 | Kempten | 26.05.50–03.01.55 | Umbau in 18615 |
| 18536 | Regensburg | 06.06.50–29.04.52 | Regensburg |
| 18539 | Ingolstadt | 12.04.50–19.03.54 | Regensburg |
| 18545 | Kempten | 10.05.50–16.09.53 | Regensburg |
| | Regensburg | 25.10.53–03.12.53 | Regensburg |
| 18546 | Kempten | 10.06.49–26.02.50 | Regensburg |
| 18611 | Umbau aus 18509 | 04.12.54–30.03.55 | Regensburg |
| 18612 | Umbau aus 18520 | 18.12.54–21.05.55 | Nürnberg-Hbf |
| 18615 | Umbau aus 18529 | 12.03.55–01.07.57 | Regensburg |
| 18622 | Umbau aus 18511 | 10.09.55–08.10.57 | Ulm |
| 18623 | Umbau aus 18531 | 07.10.55–05.10.57 | Regensburg |
| 18627 | Umbau aus 18524 | 29.03.56–10.04.56 | LVA Minden |
| | LVA Minden | 30.04.56–17.07.56 | Nürnberg-Hbf |
| | Nürnberg-Hbf | 08.08.56–26.05.57 | Regensburg |

**125** (rechts) Im Jahr 1923 erhielt das Bw Regensburg erstmals eigene S 3/6. Vorher kamen die Maschinen nur von auswärts herein, wie hier die Münchener S 3/6 3673 (DR 18478) am 15. Juni 1919 früh um 9 Uhr. Am Nebengleis steht eine Regensburger C V.

## Bw Regensburg

Erst 15 Jahre nach Auslieferung der ersten S 3/6 bekam die Direktion Regensburg Lokomotiven dieser leistungsfähigen Bauart zugewiesen. Ein Telegrammbrief des RVM in München vom 12. November 1923 umreißt die damalige Betriebssituation:

Zur anstandslosen Durchführung des Sz-Dienstes im gegenwärtigen W Fpl hat die RBD Nürnberg einen vordringlichen Bedarf von je 2 S 3/6 Lok für die Bw Nürnberg-Hbf und Hof und die RBD Regensburg, der bisher keine Lok dieser Gattung zugeteilt waren, einen solchen von 6 S 3/6 Lok für Bw Regensburg angemeldet.

Nach der Übersicht über die Verwendbarkeit der Lokomotiven und Triebwagen auf den einzelnen Bahnstrecken, Ausgabe vom Oktober 1923, dürfen auf den von Regensburg ausgehenden Sz-Strecken Richtung Nürnberg und Passau und Richtung Hof mit Rücksicht auf die Tragfähigkeit des Oberbaues nur die Lokomotiven der Gruppe 6 verkehren. Für die Zuteilung an Bw Regensburg können also nur S 3/6 Lok früherer Lieferungen aus der Nummernreihe 3601–3654 in Frage kommen. Über solche Lok verfügen die RBD München, Nürnberg und Würzburg. Da die RBD Nürnberg ihre S 3/6 Lok aus Gruppe 6 im eigenen Bezirk benötigt, haben sich die RBD München und Würzburg in die Abgabe der S 3/6 nach Regensburg zu teilen.

Unter gleichzeitiger Berücksichtigung des Mehrbedarfes für den Sommerdienst erhält die RBD Regensburg 9 S 3/6 Lok zugeteilt. Hierfür werden zur möglichsten Zusammenziehung der Lokomotiven gleicher Bauart bei einem Bw die S 3/6 Nr. 3601, 3608, 3609, 3613, 3614, 3616 und 3619 des Bw I München und Nr. 3604 und 3606 des Bw Würzburg bestimmt. Das Bw I München gibt 4 dieser in gutem Unterhaltungszustand befindlichen S 3/6 Lok sofort an das Bw Regensburg ab. Die restigen 3 Münchener und die 2 Würzburger S 3/6 Lok gehen diesen Bw nach Übernahme der Ersatzlok aus Neulieferung und vorheriger Instandsetzung durch die abgebenden Bw zu.

Nach Vorstehendem werden zunächst die weiteren 13 neuen S 3/6 Lok verteilt wie folgt:

Bw I München erhält die 7 Lok 3682–3685 und 3692–3694,
Bw Nürnberg Hbf erhält die 4 Lok 3686–3689 und gibt an
Bw Hof 2 S 3/6 Lok der Nummernreihe 3601–3654 aus ihrem Bestande ab;
Bw Würzburg erhält die 2 S 3/6 3690 und 3691.

Der Verteilungsplan für die übrigen, bei den RBD München, Nürnberg und Würzburg als Mehrung im Sommerschnellzugverkehr benötigten S 3/6 Lok der laufenden Lieferung sowie über die für schweren Personenzugsbetrieb freigewordenen S- und P-Lok wird später bekannt gegeben werden. Gleichzeitig wird dann über die entbehrlich gemeldeten Hauptbahn-Personenzuglokomotiven der älteren Gattungen verfügt werden.

Die Abgabe von 2 S 3/5 N-Lok des Bw Nürnberg Hbf ab Bw Augsburg und von je 2 B XI V-Lok des Bw Hof und Landshut an Bw Neu-Ulm kann nach Eintreffen der S 3/6 Lok sofort durchgeführt werden. Bw Augsburg gibt dafür 2 B XI V-Lok an Bw Kempten ab; dieses und das Bw Neu-Ulm haben die hierdurch freigewordenen B XI Z-Lok zu hinterstellen.

Die RBD Regensburg hat nach Einführung eines S 3/6 Diensteinteilers bei der Bw Regensburg die freigewordenen C V-Lok ungesäumt dem Bw Landshut für den Pz-Dienst dieses Werkes auf den Strecken Landshut–München/Regensburg zuzuweisen. Mit dieser Regelung ist dem längst bestehenden Bedürfnis auf ausschließliche Verwendung dreifach gekuppelter Lokomotiven im Pz-Dienst Regensburg–München Rechnung getragen.

J. A.
Ruckdeschel.

Die genannten S 3/6 trafen ab November 1923 beim Bw Regensburg ein, allerdings zog sich die Umstationierung bis zum Jahr 1925 hin. So waren zum Sommerfahrplan 1924 folgende S 3/6 vorhanden (es sind wegen des besseren Zusammenhangs bereits die DR-Betriebsnummern genannt, obwohl alle Maschinen noch ihre bayerische Betriebsnummer trugen):

**30.06.24:** 18 403, 404, 406, 407, 411, 412, 414, 416, 419, 422

Das Einsatzgebiet waren die Strecken nach Nürnberg, Passau, Hof und München, von denen allerdings die Münchener Linie seit Aufnahme des elektrischen Betriebes im Mai 1927 zum Teil und nach Indienststellung einer ausreichenden Anzahl Elloks zur Gänze entfiel.

Im Mai 1928 konnten vom Bw Würzburg 18 409 und 420 nach Regensburg abgegeben werden, weil dort die beiden stärkeren 18 507 und 508 aus München zugegangen waren. Inzwischen hatten je drei seit 1926 beim Bw Hof stationierte 01 und 02 den größten Teil des Schnellzugdienstes auf der Strecke Hof–Regensburg übernommen. Als 1929 alle zehn 02 in Hof zusammengefaßt wurden, waren die Regensburger S 3/6 auf dieser Linie weitgehend überflüssig geworden.

Von April bis Juni 1931 kam es zu nennenswerten Verschiebungen: der sich bisher fast ausschließlich aus Maschinen von 16 t Achsdruck zusammensetzende Bestand erhielt durch die nach Elektrifizierung der Strecke München–Augsburg beim Bw München-Hbf freigewordenen 18 464, 468, 469, 475 und 477 Verstärkung, wofür die leichteren 18 409 und 419 nach Hof, 18 401 nach Passau und 18 420 und 422 nach München abgegeben werden konnten.

**15.04.33:** 18 401, 404, 406, 407, 411, 414, 416, 464, 468, 469, 475, 477

In den dreißiger Jahren versorgte das Bw Regensburg das zur gleichen Direktion gehörige Bw Landshut für jeweils wenige Wochen bzw. Monate mit einzelnen S 3/6 aus seinem Bestand,

**126** Gelegentlich kamen die im rechtsrheinischen Bayern beheimateten S 3/6 wegen Überlastung des Freimanner Ausbesserungswerkes zu größeren Untersuchungen ins RAW Kaiserslautern, das auch die Pfälzer Maschinen betreute. 18412 (Bw Regensburg) war dort um 1928 anzutreffen. Slg: H. Skrzypnik

Buchfahrplan des D 156 Berlin–Wien im Abschnitt Hof–Passau (Sommer 1930)

34

## D 156, Schnellzug. (1) 1. 2. 3. Kl.

Regensburg—Passau Hbf. . . . . S 36.16. 380 520 60 I.
Hof Hbf.—Regensburg . . . . S 36.20—02. 555 725 70 II.

| 1 Entfernung km | 2 Bahnhöfe und Blockstellen | 3 Fahrzeit M | 4 Ankunft | 5 Aufenthalt M | 6 Abfahrt | 7 Kreuzung mit Zug | 8 Überholung durch Zug | 9 Kürzeste Fahrzeit M | 9 M | 10 Für Bremsbesetzung maßgeb. Geschwind. km | 11 Bremsbesetzung % |
|---|---|---|---|---|---|---|---|---|---|---|---|
| | Hof Hbf [45] . . . | | 009 | 8 | 017 | | | | | 75 | 51 |
| 1,7 | Bk Hof-Moschendorf | | — | — | 21¼ | | | 2,3 | | | |
| 1,9 | Bk Döhlau | | — | — | 23¼ | | | 1,8 | | | |
| 2,0 | [45]●Oberkotzau Pbf [45] | | — | — | 26 | | | 2,2 | | 83 | |
| 2,8 | Bk Fattigau | | — | — | 29¾ | | | 2,8 | | | |
| 3,1 | [80]●Martinlamitz [45] | | — | — | 34 | | | 2,0 | | 90 | 57 |
| 3,8 | Bk Fahrenbühl | | — | — | 38½ | | | 2,7 | | | |
| 2,7 | [45]●Kirchenlamitz Bf [75] . | | — | — | 41½ | | | 2,0 | | 85 | 68 |
| 5,1 | ●Marktleuthen . . | | — | — | 46 | | | 3,7 | | 90 | 57 |
| 3,9 | Bk Neudes | | — | — | 49 | | | 2,7 | | | |
| 3,3 | [80]●Röslau . . . | | — | — | 51¾ | | | 2,1 | | | 76 |
| 3,9 | ●Holenbrunn . . . | | — | — | 55½ | | | 2,8 | | | |
| 3,9 | Bk Thölau | | — | — | 59¼ | | | 3,0 | | | |
| 3,5 | [50]●Marktredwitz [45] | | — | — | 102 | | | 2,1 | | 82 | 67 |
| 4,2 | Bk Reutlas | | — | — | 06¼ | | | 3,1 | | | |
| 5,5 | ●Groschlattengrün | | — | — | 11¼ | | | 3,6 | | 85 | |
| 4,1 | Bk Oberteich | | — | — | 14¼ | | | 2,9 | | | |
| 4,0 | ●Wiesau(Opf.) [70] | | — | — | 17½ | | | 3,2 | | 80 | 60 |
| 6,6 | Bk Rechenlohe | | — | — | 22½ | | | 4,9 | | | |
| 3,8 | [65]●Reuth b. Erbend [65] | | — | — | 25¾ | | | 2,9 | | 75 | 53 |
| 3,6 | Bk Pleisdorf | | — | — | 29 | | | 3,1 | | | |
| 3,9 | [70]●Windischeschenbach | | — | — | 32¼ | | | 3,0 | | 70 | 39 |
| 3,6 | ●Lamplmühle . . | | — | — | 35½ | | | 3,1 | | | |
| 5,7 | Neustadt (Waldn) . | | — | — | 40½ | | | 4,9 | | 90 | 70 |
| 6,0 | ●Weiden (Opf) . . | | — | — | 45 | | | 4,1 | | | |
| 5,1 | Rothenstadt . . . | 160 | — | — | 48½ | | | 3,4 | | | |
| 3,4 | ●Luhe-Wildenau . | | — | — | 51¼ | | | 2,7 | 135,1 | | 66 |
| 2,4 | ●Luhe . . . . . | | — | — | 53 | | | 1,7 | | | |
| 6,2 | ●Wernberg [70] . . | | — | — | 57¾ | | | 4,6 | | | 70 |
| 6,7 | ●Pfreimd . . . . | | — | — | 203 | | | 4,8 | | | 62 |
| 4,5 | [81]●Nabburg . . . | | — | — | 06½ | | | 3,3 | | | |
| 7,4 | Schwarzenfeld . . | | — | — | 11¾ | | | 4,8 | | | 65 |
| 4,0 | ●Irrenlohe [70] . . | | — | — | 14½ | | | 2,7 | | | |
| 2,0 | Bk Brunnenwiesen | | — | — | 16 | | | 1,4 | | | |
| 2,3 | [45]●Schwandorf [50] . | | — | — | 218 | | | 2,0 | | | |

| 1 Entfernung km | 2 Bahnhöfe und Blockstellen | 3 Fahrzeit M | 4 Ankunft | 5 Aufenthalt M | 6 Abfahrt | 7 Kreuzung mit Zug | 8 Überholung durch Zug | 9 Kürzeste Fahrzeit M | 9 M | 10 Für Bremsbesetzung maßgeb. Geschwind. km | 11 Bremsbesetzung % |
|---|---|---|---|---|---|---|---|---|---|---|---|
| | [45]●Schwandorf [50] . | | — | — | 218 | | | | | 90 | 65 |
| 6,5 | ●Klardorf . . . | | — | — | 23½ | | | 4,7 | | | 58 |
| 3,0 | ●Loisnitz . . . . | | — | — | 25¾ | | | 2 | | 84 | 50 |
| 5,9 | [45]●Haidhof . . . | | — | — | 30½ | | | 4,5 | | | 63 |
| 3,2 | ●Ponholz . . . . | | — | — | 33 | | | 2,4 | | | |
| 4,3 | Bk Ponholzer Forst | | — | — | 37¼ | | | 3,3 | | | |
| 4,6 | ●Regenstauf [85] . . | | — | — | 41½ | | | 3,5 | | 90 | 67 |
| 7,6 | ●Wutzlhofen . . . | | — | — | 48½ | | | 5,7 | | | |
| 3,2 | ●Walhallastraße . | | — | — | 51¾ | | | 2,5 | | | 63 |
| 4,3 | [45]●Regensburg [45] . | — | 257 | 7 | 304 | | | 4,1 | — | 88 | 70 |
| 2,6 | Bk Pürkelgut | | — | — | 08 | | | 2,8 | | | |
| 2,2 | ●Burgweinting . | | — | — | 09¾ | | | 1,5 | | 90 | 63 |
| 3,0 | [45]●Obertraubling [80] | | — | — | 12½ | | | 2,4 | | | 66 |
| 4,2 | ●Mangolding . . | | — | — | 16¼ | | | 3,1 | | | |
| 4,6 | [84]●Moosham . . | | — | — | 20 | | | 3,1 | | | 59 |
| 3,3 | Taimering . . . . | | — | — | 22¼ | | | 2,2 | | | 70 |
| 4,7 | Sünching . . . . | | — | — | 25½ | | | 3,1 | | | |
| 6,5 | Radldorf . . . . | | — | — | 30 | | | 4,4 | | | |
| 4,8 | Bk Atting . . . | | — | — | 33¼ | | | 3,2 | | | |
| 4,9 | ●Straubing . . . | | — | — | 36¾ | | | 3,3 | | | |
| 6,4 | ●Amselfing . . . | | — | — | 41¼ | | | 4,3 | | | |
| 5,6 | Straßkirchen . . . | | — | — | 45 | | | 3,7 | | | |
| 6,8 | ●Stephansposching | 96 | — | — | 49¾ | | | 4,6 | 85,3 | | |
| 5,6 | [80] Plattling [85] . . | | — | — | 53¾ | | | 3,9 | | | 62 |
| 9,3 | [65]●Langenisarhofen . | | — | — | 400¼ | | | 6,4 | | | 64 |
| 6,1 | ●Osterhofen(Ndb) [60] | | — | — | 04¾ | | | 4,2 | | | 66 |
| 5,4 | Girching . . . . | | — | — | 09 | | | 3,8 | | | 67 |
| 3,6 | ●Pleinting [75] . . | | — | — | 11½ | | | 2,4 | | | 70 |
| 6,5 | [45]●Vilshofen (Ndb) [45] | | — | — | 16¾ | | | 5 | | | |
| 6,4 | [80]Sandbach(Ndb) [80] | | — | — | 23½ | | | 5,2 | | 88 | |
| 3,2 | [83]●Seestetten . . | | — | — | 26½ | | | 2,3 | | 70 | 40 |
| 4,8 | Schalding . . . . | | — | — | 31¾ | | | 4,1 | | 80 | 43 |
| 2,4 | ●Heining . . . . . | | — | — | 34¼ | | | 1,8 | | | 51 |
| 2,2 | Passau Rbf . . . | — | — | — | 36¼ | | | 1,7 | | | 43 |
| 2,5 | [45] Passau Hbf . . | | 440 | 15 | 55 | | | 2,8 | — | | |
| 117,6 / 179,3 / 296,9 | Wien W an | | 930 | — | — | | | | | | |

die anschließend wieder zurückkamen. Sonst kam es nur zu wenigen Zu- und Abgängen, wobei als bedeutendste die Stationierung einiger großrädriger Lokomotiven ab Mitte des Jahrzehnts zu bezeichnen ist (18 444, 445, 447, 449).

31.07.36:  18 403, 404, 406, 407, 414, 416, 417, 449, 464, 468, 469, 475, 477
E 17 04, 05, 06, 07, 08, 09

Die gefahrenen Kilometerleistungen zeigen 18 404 und 444:

18 404: Jahreslaufleistung

| | | | |
|---|---|---|---|
| 1935: | 52 947 km | 137 Betriebstage | ∅ 386 km/Tag |
| 1936: | 48 228 km | 177 Betriebstage | ∅ 272 km/Tag |
| 1937: | 87 021 km | 228 Betriebstage | ∅ 382 km/Tag |
| 1938: | 76 081 km | 206 Betriebstage | ∅ 369 km/Tag |
| 1939: | 65 642 km | 212 Betriebstage | ∅ 310 km/Tag |
| 1940: | 48 171 km | 222 Betriebstage | ∅ 219 km/Tag |
| 1941: | 45 413 km | 251 Betriebstage | ∅ 181 km/Tag |

18 444: Laufleistung von Juni 1937 bis April 1939: 179 985 km an 523 Betriebstagen, entsprechend 344 km/Tag im Schnitt. Meist mäßige Kilometerleistungen, manchmal jedoch sehr hohe, z. B. Oktober 1937: 14 055 km, 29 Betriebstage, ∅ 485 km/Tag.

Es ist zu vermuten, daß die zugeteilten S 3/6 mit 17 t Achsdruck (Serie 18 461 ff.) in ihren Kilometerleistungen etwas höher lagen als obige 18 404, da sie durch ihr größeres Reibungsgewicht geringfügig leistungsfähiger waren. Leider liegen hierzu keine Angaben vor.

Zu Beginn der vierziger Jahre waren die nächsten größeren Veränderungen im Lokomotivpark zu verzeichnen. Im Juni 1941 wurden fünf S 3/6 des Bw Regensburg (18 406, 407, 414, 445, 468) gegen eine leistungsmäßig fast gleiche Gruppe von ebenfalls fünf Maschinen der RBD München (18 417, 420, 421, 422, 426) ausgewechselt, wobei der Zweck dieses Tauschgeschäftes nur schwer zu ergründen ist.

31.12.41:  18 403, 404, 416, 417, 420, 421, 422, 426, 444, 447, 449, (464), (469), 475

Die zu befahrenden Strecken hatten unterdessen durch Veränderung der politischen Lage mit der Linie Passau–Wien Zuwachs erhalten, wobei im kurzzeitig gefahrenen Durchlauf Regensburg–Wien 416 km erreicht wurden.
1942 gingen 18 403 und 404 an das Bw Hof. Nach nur wenigen weiteren Standortwechseln setzte sich der Regensburger Bestand des Jahres 1945 folgendermaßen zusammen:

31.12.45:  18 410, 416, 417, 420, 421, 426, 444, 449, 464, 469, 475, 477

Von diesen Lokomotiven war der überwiegende Teil nicht betriebsbereit. Im statistischen Nachweis der RBD Regensburg wird für die beiden S 3/6-Betriebswerke Regensburg und Hof am 30. Juni 1946 eine einzige Lokomotive in Betrieb gemeldet, am 31. Mai 1947 drei! Die schwierige und verworrene Lage der Nachkriegszeit belegt ein Eintrag vom August 1945 in die genannten Unterlagen. Er lautet: »18 469 und 475 wieder gefunden.«
Bis zum Jahr 1950 war der 18er-Bestand ständig zusammengeschrumpft und nach einigen Abgaben und Ausmusterungen bei nur noch sechs Lokomotiven angelangt:

1.1.50:  18 416 z, 417 z, 449, 464, 466, 469

Mit Beginn des Sommerfahrplans 1950 kam jedoch wieder neues (S 3/6-)Leben in die Regensburger Lokhallen: trotz Elektrifizierung der Strecke nach Nürnberg (15. Mai 1950) wurden zehn leistungsfähige $18^5$ von den Betriebswerken Wiesbaden, Treuchtlingen, Ingolstadt und Hof zusammengeholt und ab April/Mai 1950 in Regensburg stationiert. Zum gleichen Zeitpunkt gingen die restlichen drei $18^{4-5}$ des Bw Regensburg nach Neu-Ulm, während die letzten $18^4$ bis Jahresende ausgemustert wurden. 18 417 (ohne Tender) und 18 449 standen noch 1951/52 in Regensburg-Ost.

31.12.50:  18 509, 510, 514, 516, 517, 534, 535, 540, 541, 546

Im Winterfahrplan 1950/51 sah der Plan folgende D- und Eilzüge vor:

| | | | |
|---|---|---|---|
| D 22 | Hof–Regensburg | E 304 | Regensburg–Passau |
| FD 51 | Passau–Regensburg | D 385 | Passau–Regensburg |
| FD 52 | Regensburg–Passau | D 386 | Regensburg–Passau |
| D 57 | Passau–Regensburg | E 511 | Regensburg–Hof |
| D 58 | Regensburg–Passau | E 516 | Weiden–Regensburg |

**127** Zwischenhalt des Beschleunigten Personenzuges 894 Nürnberg–Passau im Bahnhof Plattling am 10. August 1930. Zuglokomotive ist 18 407, die jahrelang zum Bw Regensburg gehörte. Um 9.52 Uhr wird der Zug weiterfahren.
Foto: Geitmann

**128** Blick ins Bw Regensburg Ende der vierziger Jahre. Auf der Drehscheibe 18 464, die bald darauf abgegeben wurde. Slg: C. Asmus

**129** Im Jahr 1950 tauschte das Bw Regensburg seine letzten 18$^4$ komplett gegen eine Anzahl 18$^5$. Im Bild rollt 18 541 vom Ulmer Betriebswerk kommend zum Hauptbahnhof, um ihren Zug ins heimische Regensburg zu übernehmen (1952). Foto: C. Bellingrodt

**130** Frühling 1954 bei Sinzing auf der Strecke Regensburg–Ingolstadt: das bayerische Hauptsignal und der dazugehörige »Schmetterling« zeigen der Regensburger 18 514 freie Ein- und Durchfahrt.
Foto: G. Turnwald

**131** Mit einem Eilzug nach Hof passiert 18 541 (Bw Regensburg) im Jahr 1954 ein einsam gelegenes Bahnwärterhaus mit Läutewerk bei Haidhof auf der Strecke Regensburg – Schwandorf. Die typischen Telegrafenmasten sind inzwischen längst verschwunden.
Foto: G. Turnwald

D 147 Passau—Regensburg     E 517 Regensburg—Weiden
D 148 Regensburg—Passau     E 543 Ulm—Regensburg
E 303 Passau—Regensburg     E 544 Regensburg—Ulm

Die Strecke Regensburg—Ingolstadt—Ulm war zum Einsatzgebiet hinzugekommen, sie wurde gleichzeitig auch von S 3/6 des Bw Neu-Ulm befahren.

Die erste Hälfte der fünfziger Jahre brachte ein ständiges Anwachsen der Kilometerleistungen und damit wieder eine Auslastung der Lokomotiven, wie sie für einen wirtschaftlichen Betrieb notwendig ist:

18546: Jahreslaufleistung

1950 (ab Mai):   79970 km  221 Betriebstage  ∅ 362 km/Tag
1951:          104503 km  280 Betriebstage  ∅ 373 km/Tag
1952:          117420 km  297 Betriebstage  ∅ 395 km/Tag
1953:          120127 km  292 Betriebstage  ∅ 411 km/Tag
1954:          124489 km  282 Betriebstage  ∅ 441 km/Tag
1955 (bis Nov.): 101388 km  212 Betriebstage  ∅ 478 km/Tag
(Umbau 18626)

Der ehemalige Luxuszug L 51/52 »Ostende—Wien-Expreß«, der 1939 entfallen und nach dem Krieg als FD 51/52 »Wien—Ostende-Expreß« wieder eingeführt worden war, gehörte zwischen Regensburg und Passau zu den Aufgaben der Regensburger $18^5$. Seine von der GBL West herausgegebene Fahranweisung vom Winter 1953/54 (inzwischen nicht mehr

FD, sondern F 51/52) läßt uns ein wenig vom besonderen Flair dieses internationalen Zuges spüren, auch wenn die Fahrzeiten noch deutlich länger waren als zwanzig Jahre zuvor. Siehe dazu den nebenstehenden Auszug.

Der S 3/6-Laufplan des Bw Regensburg vom Sommer 1955 ist abgebildet. Die Tagesleistung von 561 km ist sehenswert, wenn man bedenkt, daß ein Großteil der zu bespannenden Züge auf dem nur 117 km langen Abschnitt Regensburg—Passau verkehrte. Am Tag 2 wurde mit dem E 843 zwischen Ulm und Plattling der größte Durchlauf gefahren (266 km).

Der Vergleich mit Plänen anderer Dienststellen macht deutlich, daß es sich hierbei um einen echten Schnellzugplan mit bestimmungsgerechter Verwendung der eingesetzten Lokomotiven handelte. Die Maschinen zeigten durchweg sehr gute Kohleverbrauchswerte (10—12 t/1000 km) und lagen in den Unterhaltungskosten günstig. So kostete die Regensburger 18546 zwischen 1950 und 1956 von L4- zu L4-Hauptuntersuchung **inclusive** ihres Umbaus in 18626 DM 498.— pro 1000 km (Gesamtleistung dieser Jahre = 647937 km). Bei entsprechender Laufleistung und vergleichbarer Verwendung kosteten die schwereren Einheitslokbaureihen 01 und 03 zu dieser Zeit zwischen 10 und 30% **mehr**, darüberhinaus hatten sie fast immer einen höheren Brennstoffverbrauch. Dies sei eingeflochten, um der verbreiteten Meinung zu widersprechen, die

---

### F 51   Wien—Ostende-Expreß
#### 1. 2. 3. Klasse

| | | |
|---|---:|---:|
| Wien West 1) | | 13.40 |
| Linz | 16.30 | 16.37 |
| Wels | 16.55 | 17.14 |
| Passau Hbf | 18.45 | 19.32 |
| Regensburg Hbf | 21.27 | 21.37 |
| Nürnberg Hbf | 23.05 | 23.20 |
| Würzburg Hbf | 0.49 | 0.59 |
| Frankfurt (M) Hbf | 2.56 | 3.04 |
| Wiesbaden Hbf | 3.46 | 4.14 |
| Beuel (Bonn) | 6.23 | 6.24 |
| Köln Hbf | 6.57 | 7.20 |
| Aachen Hbf | 8.23 | 8.43 |
| Herbesthal | 9.05 | 9.46 |
| Liège | 10.28 | 10.38 |
| Brüssel Nord | 11.53 | 11.57 |
| Brüssel C | 12.00 | 12.02 |
| Brüssel Midi | 12.06 | 12.15 |
| Ostende Kai | 13.42 | 14.30 |
| Dover M | 18.15 | 19.10 |
| London Victoria St | 20.50 | |

1) von Wien West bis Passau als Ex 133.

**Unpünktliches Verkehren der Reisezüge schädigt das Ansehen der Bundesbahn und verärgert die Reisenden!**

**Jeder Eisenbahner muß daher an seinem Platze mit allen Kräften für pünktliche Durchführung der Reisezüge sorgen!**

---

**3. Hinweise für die betriebliche Durchführung**

a) fehlende Zeitpuffer:  keine

b) Abweichung von der Rangfolge:  keine

c) Anschieben:  Frankfurt (Main) stets
                Wiesbaden stets
                Aachen stets

d) Achsbeschränkungen und sonstiges:
   Frankfurt (Main) Hbf: bei Ankunft, während des Aufenthalts und bei Abfahrt nicht mehr als 12 Wagen.
   Wiesbaden Hbf: Zugführer des F 451 übergibt an Zugführer F 51 Wagenzettel für die überzustellenden Wagen.
   Aachen Hbf: 13 Wagen.

**4. Lokomotivstellung**

Lok $18^5$    Heimatbw Regensburg aus D 658 an 14.24 von Passau bis Regensburg.
Lok E 18    Heimatbw Nürnberg Hbf aus P 1522 an 20.20 von Regensburg bis Nürnberg.
Lok 01     Heimatbw Würzburg aus F 54 an 21.27 von Nürnberg bis Würzburg.
Lok 01     Heimatbw Frankfurt (Main) 1 aus S 954 an 23. 13 von Würzburg bis Frankfurt.
Lok $38^{10}$   Bw Frankfurt (Main) 1 aus S 836 an 0.13 von Frankfurt (Main) bis Wiesbaden.
Lok 03     Heimatbw Köln-Deutzerfeld aus F 52 an 1.49 von Wiesbaden bis Köln.
Lok 01     Heimatbw Köln Betriebsbahnhof aus Sg 5518 an 4.43 von Köln bis Aachen.

**5. Zugbegleiter**

Zugführer:   Passau—Regensburg, Heimatbahnhof Passau Hbf
             Regensburg—Aachen, Heimatbahnhof Aachen Hbf
Schaffner:   Passau—Regensburg, Heimatbahnhof Passau Hbf
             Regensburg—Aachen, Heimatbahnhof Aachen Hbf.
Fahrladeschaffner: Würzburg—Aachen, Heimatbahnhof Würzburg.
Dienstfrau:  Passau—Würzburg, Heimatbw Passau
             Wiesbaden—Aachen, Heimatbw Aachen.

**6. Wartezeiten und Nachführungsbestimmungen**

| | Zug 51 wartet | | | | Es wartet auf Zug 51 | | | |
|---|---|---|---|---|---|---|---|---|
| im Bf | auf Zug | von | Min. | | im Bf | Zug | nach | Min. |
| Passau | Ex 133 | Wien | unbeschränkt | | | | | |
| Nürnberg | E 873 | Lindau | 10 | | | | | |
| Wiesbaden Hbf | F 451 | Mannheim | 30 | | | | | |
| Köln | F 107 | Basel | 5 | | | | | |
| | Ft 28/38 | Dortmund | 5 | | | | | |
| | Ft 8 | Dortmund | 5 | | | | | |
| Aachen | S 606 | Essen | 5 | | | | | |

**Auf andere Züge wird nicht gewartet** (Strichwartezeit)

**Alle übrigen Anschlußzüge haben Regelwartezeit**

**12. Postbeförderung**

Eine Achse = $\frac{1}{4}$ des Laderaumes Passau—Aachen.

**Bei Verspätungen nur Ausladen. Einladen von Post nur im Rahmen der für betriebliche Zwecke notwendigen Aufenthaltszeit.**

**132** Ankunft des F 52 »Ostende—Wien-Expreß« in Passau-Hbf am 18. März 1955 vormittags gegen 11 Uhr. 18541 (Bw Regensburg) setzt einige Schlafwagen aus, anschließend übernimmt eine österreichische Dampflokomotive die Weiterbeförderung des Zuges.

Foto: C. Bellingrodt

Buchfahrplan des F 52 »Ostende—Wien-Expreß« (Winter 1953/54)

Höchstgeschwindigkeit  Neumarkt (Oberpf)—Regensburg Hbf  **95** km/h   **Mbr 92**
Regensburg Hbf—Obertraubling  **90** km/h
Obertraubling—Seestetten  **95** km/h
Seestetten—Passau  **80** km/h
1) Von Obertraubling bis Seestetten zum Einholen von Verspätungen Hg 100 km/h, Mbr 96
Z Lok Nürnberg Hbf—Regensburg Hbf E 18   **Last:** Nürnberg Hbf—Regensburg Hbf  **450 t** (d
Regensburg Hbf—Passau Hbf 18.5    Regensburg Hbf—Passau Hbf  **450 t** (f

| 1 | 2 | 3 | 4 | 6 | 8 | 9 |
|---|---|---|---|---|---|---|
| | 85 | **E** ⌐ | | | | |
| 64,5 | | **Neumarkt (Oberpf)** . . | | **7**45 | | |
| 60,5 | | Bk Anschl Kalkwerk . | | 48 | 2,5 | |
| 54,1 | 95 | Deining (Oberpf) . . . | | 54 | 4,1 | |
| 47,8 | | Bk Batzhausen Hp . . | | 58₉ | 4,0 | |
| 44,0 | | Seubersdorf . . . . . | | **8**01₆ | 2,4 | |
| 36,7 | 70 | 38,9 / 38,8 / Parsberg . . . . . . | | **0**7 | 4,7 | Neumarkt (Oberpf)— |
| 30,7 | | Bk Mausheim Hp . . | | 12₇ | 3,7 | Regensburg Hbf |
| 26,7 | 95 | Beratzhausen . . . . . | | 16₁ | 2,9 | planmäßige Fahrzeit  **55,0 Min** |
| 19,6 | | Laaber . . . . . . . | | 21₆ | 4,2 | reine Fahrzeit  **50,1** ,, |
| 15,0 | | Bk Deuerling Hp . . . | | 25₁ | 2,9 | Fahrzeitreserven: |
| 12,6 | | Undorf . . . . . . . | | 27₈ | 1,5 | a)  **1,3** Min |
| 9,7 | 90 | Etterzhausen . . . . . | | 30₃ | 1,9 | b)  — |
| 3,7 | | **Regensburg-Prüfening** | | 35₈ | 4,0 | c)  **3,6** ,, |
| 1,9 | 95 | Abzw Regensburg Rbf . | | 36₈ | 1,2 | d) |
| 0,0 / 138,1 | 40 | **Regensburg Hbf** . . . . / **A** ⌐ | 840 | 52 | 2,6 | Summe:  **4,9** Min |
| 135,3 | | Regensburg Ost Stw 3 | | 57 | 2,9 | e) Lastreserve: |
| 133,2 | 90 | Regensburg Ost Stw 1 (Burgweinting Hst) | | 59₅ | 1,4 | 400 to  — Min / 300 to  **0,5** ,, / 200 to  **1,9** ,, |
| 130,4 / 109,8 | 60 | **E** ⌐ / **Obertraubling** . . . . / **A** ⌐ | | **9**02 | 2,2 | |
| 105,6 | | Mangolding . . . . . | | 07₅ | 3,0 | |
| 100,9 | | Moosham (b Regensbg) . | | 11₅ | 2,8 | |

| 97,7 | 95¹) | Taimering . . . . . | **14** | 2,0 | |
|---|---|---|---|---|---|
| 93,0 | | Sünching . . . . . . | 17₅ | 2,8 | |
| 86,4 | | **Radldorf (Niederbay)** . | **23** | 3,9 | |
| 81,7 | | Bk Atting . . . . . | 26₅ | 2,9 | |
| 76,8 | | **Straubing** . . . . . | **9**30 | 3,0 | |
| 70,4 | | Bk Amselfing Hp . . | 34₅ | 3,9 | |
| 64,8 | 95¹) | 66,2 Ve ▽ / Straßkirchen . . . . . | 38₅¹⁾ | 3,3 | |
| 58,0 | | 59,0 Ve ▽ / 58,3 Va ▽ / Stephansposching . . . | 43₅ | 4,1 | |
| 52,4 | 80 | 53,8 / **Plattling** . . . . . . | **48** | 3,6 | |
| 47,1 | | Bk Moos . . . . . | **54** | 3,2 | |
| 43,1 | | 44,5 Ve ▽ / Langenisarhofen . . . | **57** | 2,4 / 3,7 | |
| 37,0 | | Osterhofen (Niederbay) . | **100**1₅ | | |
| 31,5 | 95¹) | 32,9 Ve▽ / Girching . . . . . . | 05₅ | 3,3 | |
| 27,9 | | Pleinting . . . . . . | **08** | 2,2 | |
| 21,4 | 80 | 21,9 ⌐ / **Vilshofen (Niederbay)** | 12₆ | 4,1 | |
| 15,1 | 90 | **A** ⌐ / Sandbach (Niederbay) . | 17₁ | 3,9 | |
| 11,8 | 95¹) | 12,2 Vb ▽ / Bk Seestetten Hp . . | 19₄ | 2,0 | |
| 7,1 | 80 / 60 | 9,9 ⌐ / 8,6 / Schalding . . . . . | **24** | 4,1 | |
| 4,9 | 80 | 5,7 Vd ▽ / 5,1 Vb ▽ / Bk Heining Hp . . . | **26**₅ | 1,8 | |
| 2,5 | | Abzw Pa-Auerbach Hp . | 28₅ | 1,5 | |
| 0,0 | | **Passau Hbf** . . . . . | **1032 11**10 | 2,4 | |

Regensburg Hbf— Passau Hbf

Regensburg Hbf—Passau Hbf
planmäßige Fahrzeit **100,0** Min
reine Fahrzeit  **88,3** ,,
Fahrzeitreserven:
a)  **2,3** Min
b)  **0,5** ,,
c)  **8,9** ,,
d)  —
Summe:  **11,7** Min
e) Lastreserve:
400 to  **1,3** Min
300 to  **4,2** ,,
200 to  **5,0** ,,

| BD | Regensburg | | Laufplan der Triebfahrzeuge | gültig vom |
|---|---|---|---|---|
| MA | Regensburg | | | 22. Mai 1955 |
| Bw | Regensburg | | | |

| 1 DplNr | 2 Baureihe | 3 Tag | 0 — 24 (Laufplan) | 5 Bem Km |
|---|---|---|---|---|
| 42-05 | 18⁵ | 1 | 302  Pa  503  58  Pa  657  w Ja 12 35  Sch  1214  1245 (55 30 52 47 43 31 00 37 35 37 03 07 20) | 557 |
| | | 2 | 1245  Am  1250  844  Ulm  843  Rh  843  Pl (56 06 24 34 26 06 50 00 42 52 40 52 55) | 611 |
| | | 3 | Pl  W 1421  52  Pa  19  123  Ho (49 14 42 18 23 33 56 05 10 14) | 481 |
| | | 4 | Ho  124  658  Pa  57  504  Rh (18 17 27 05 21 09 48 36) | 536 |
| | | 5 | Pa  301  551  Ho  552  404  Pa  287 (47 20 25 44 08 20 20 07 03) | 592 |
| | | 6 | 287  288  Pa  403  20  Pa  51 (09 35 39 28 70 48 13 38 15 20) | 589 |
| | | | | 3366 |
| | | | ja Lok und Tag | 561 |

**133**  18 536 im Jahr 1954 in Regensburg-Hbf. Nur noch kurze Zeit trug die Lokomotive diese Betriebsnummer, denn zum Jahreswechsel 1954/55 erhielt sie einen Neubaukessel und kam als 18 613 nach Regensburg zurück. Foto: G. Turnwald

**134** Während 18 624 in Regensburg-Hbf gerade die bisherige Zuglokomotive, eine Nürnberger E 18, vor dem F 52 »Ostende–Wien-Expreß« abgelöst hat, saust die flinke 70 065 am Nebengleis weniger ehrenvollen Aufgaben zu (1956). Foto: G. Turnwald

S 3/6 sei grundsätzlich teurer gewesen als Einheitsschnellzuglokomotiven. Als entscheidender Gesichtspunkt müssen immer die Dienstpläne angesehen werden, wie dies im Fall Regensburg (und anderer Betriebswerke) offenkundig wird. Umbaulokomotiven der Baureihe $18^6$ kamen ab Januar 1955 zum Bw Regensburg und liefen gemeinsam mit den zahlenmäßig allmählich abnehmenden $18^5$.

**1.8.55:** 18 512, 516, 519, 539, 540, 541, 545, 546, 619, 620

Es änderte sich am Stamm des bisherigen Bestandes jedoch wenig, da die Mehrzahl der ins Ausbesserungswerk zum Umbau geschickten Lokomotiven auch wieder nach Regensburg zurückkam (18 514/620, 534/619, 536/613, 539/629, 540/625, 545/624, 546/626). Eine gewisse Zeit waren noch beide Unterbauarten vorhanden.

**3.6.56:** 18 512, 519, 619, 620, 624, 625, 626

Die Laufpläne der Jahre 1955 bis 1959 wichen nur unwesentlich voneinander ab. Nach wie vor waren hauptsächlich F-, D- und Eilzüge der Strecken Regensburg–Passau, Regensburg –Hof, Schwandorf–Amberg und Regensburg–Ulm das Einsatzgebiet (lediglich 1956 wurden Ulm und Amberg nicht angefahren). Besonderer Erwähnung bedarf der Sommerplan 1958, in dem am Tag 2 des $18^6$-Laufplans (5 + 1 + 1 Lokomotiven) 826 km geleistet wurden:

D 301    Passau 2.50 Uhr – Regensburg 4.22 Uhr
E 1621   Regensburg 6.22 Uhr – Hof 9.34 Uhr
E 1622   Hof 11.13 Uhr – Regensburg 14.17 Uhr
D 404    Regensburg 17.34 Uhr – Passau 19.14 Uhr
D 287    Passau 21.54 Uhr – Regensburg 23.48 Uhr

Die Lokomotivbestände der Jahre 1957 bis 1959:

**2.6.57:** 18 614, 619, 620, 624, 625, 626, 627, 629

**1.6.58:** 18 614, 615, 619, 623, 624, 625, 626, 627
**1.2.59:** 18 602, 614, 619, 623, 624, 625, 626, 627

Die Elektrifizierung der Hauptstrecke Frankfurt/M.–Passau hatte seit 1950 Stück um Stück Fortschritte gemacht:
1950  Regensburg–Nürnberg
1954  Nürnberg–Würzburg
1957  Würzburg–Aschaffenburg
1958  Aschaffenburg–Frankfurt/M.
Auch die Fortsetzung in östlicher Richtung nach Wien war bereits unter Fahrdraht, so daß als letzter Teil noch Regensburg–Passau verblieben war, auf dem der gesamte Schnellzugdienst mit $18^6$ abgewickelt wurde. Die eingesetzten Maschinen konnten infolge des regen Verkehrs dieser Magistrale hohe Laufleistungen verbuchen:

**18 626:** Jahreslaufleistung
| | | | | |
|---|---|---|---|---|
| 1956: | 148 198 km | 307 Betriebstage | $\varnothing$ 483 km/h |
| 1957: | 114 276 km | 251 Betriebstage | $\varnothing$ 455 km/h |
| 1958: | 109 824 km | 223 Betriebstage | $\varnothing$ 492 km/h |
| 1959 (bis Mai): | 51 749 km | 105 Betriebstage | $\varnothing$ 493 km/h |

Sind die Tagesschnittwerte, die hier aus den jährlich gefahrenen Kilometern und den Betriebstagen gebildet sind, bereits sehenswert, so waren außerdem einzelne wesentlich darüberliegende Werte zu verzeichnen (z.B. im August 1958 durchschnittlich 542 km pro Tag).
Für den Winter 1958/59, den letzten Fahrplanabschnitt vor der Elektrifizierung des Reststückes nach Passau (15. Mai 1959), waren die acht o.g. Lokomotiven verfügbar. Ihr Laufplan sah wie folgt aus:
D 302    Regensburg 1.32 Uhr – Passau 3.03 Uhr
E 709    Passau 5.50 Uhr – Regensburg 7.40 Uhr
D 58     Regensburg 9.46 Uhr – Passau 11.35 Uhr
D 657    Passau 15.02 Uhr – Regensburg 16.36 Uhr

**135** Am 21. April 1956 überquert 18 619 (Bw Regensburg) mit E 844 aus Regensburg die Donaubrücke in Ulm. Die Nachkriegs-Behelfsbrücke wurde 1956/57 durch eine Neukonstruktion ersetzt.
Foto: U. Montfort

**136** Pfingsten 1956 im schönen Donautal zwischen Vilshofen und Schalding. Wer damals an dieser Stelle in der blühenden Wiese sitzend den Zugbetrieb beobachtete, der kam auf seine Kosten! Im Bild 18 626 (Bw Regensburg) mit F 19 »Glückauf« Wien–Dortmund.
Foto: G. Turnwald

| | |
|---|---|
| P 1416 | Regensburg 17.44 Uhr – Passau 20.43 Uhr |
| D 301 | Passau 2.50 Uhr – Regensburg 4.22 Uhr |
| E 1621 | Regensburg 6.22 Uhr – Hof 9.34 Uhr |
| E 1622 | Hof 11.13 Uhr – Regensburg 14.17 Uhr |
| D 404 | Regensburg 17.34 Uhr – Passau 19.14 Uhr |
| D 287 | Passau 21.54 Uhr – Regensburg 23.48 Uhr |
| D 288 | Regensburg 5.58 Uhr – Passau 7.46 Uhr |
| D 403 | Passau 10.41 Uhr – Regensburg 12.22 Uhr |
| D 123 | Regensburg 16.10 Uhr – Hof 19.14 Uhr |
| Lz 12364 | Hof 3.45 Uhr – Marktredwitz 4.39 Uhr |
| P 1261 | Marktredwitz 5.42 Uhr – Hof 6.38 Uhr |
| D 124 | Hof 7.34 Uhr – Regensburg 10.16 Uhr |
| D 658 | Regensburg 12.27 Uhr – Passau 13.59 Uhr |
| D 57 | Passau 18.21 Uhr – Regensburg 20.12 Uhr |
| P 1438 | Regensburg 23.30 Uhr – Plattling 1.02 Uhr |
| P 1421 | Plattling 4.50 Uhr – Regensburg 6.16 Uhr |
| F 52 | Regensburg 6.56 Uhr – Passau 8.34 Uhr |
| D 303 | Passau 12.06 Uhr – Regensburg 13.38 Uhr |

| | |
|---|---|
| D 304 | Regensburg 16.01 Uhr – Passau 17.32 Uhr |
| F 51 | Passau 21.23 Uhr – Regensburg 23.03 Uhr |
| P 1245 | Regensburg 23.25 Uhr – Amberg 0.54 Uhr |
| P 1250 | Amberg 4.47 Uhr – Regensburg 6.28 Uhr |
| E 844 | Regensburg 8.10 Uhr – Ulm 11.42 Uhr |
| E 843 | Ulm 17.09 Uhr – Regensburg 20.39 Uhr |

Im April 1959 verließen 18 619, 623 (beide nach Ulm) und 624 (Lindau) das Betriebswerk, denen im Mai 18 614 (Ulm), 625 und 626 (beide Lindau) folgten. Die beiden letzten Lokomotiven waren 18 602 und 627; sie gingen Anfang Juni ebenfalls nach Lindau.

Die Regensburger S 3/6 waren seit 1950 die am stärksten eingesetzten 18er der Deutschen Bundesbahn. Sie erbrachten die höchsten Laufleistungen und konnten auf diese Weise äußerst wirtschaftliche Kosten- und Verbrauchswerte zeigen und damit das Ansehen ihrer Baureihe hochhalten. Aber nicht nur nüchterne Zahlen dürfen der Maßstab sein; auch die Män-

ner, die täglich mit ihnen umzugehen hatten, waren und sind des Lobes voll über die Zeit mit ihren S 3/6. Noch im Erscheinungsjahr dieses Buches schwärmen Regensburger Lokführer und Heizer von den Vorzügen ihrer Maschinen.

| 18401 | München I | 23.09.25−08.05.31 | Passau |
| | Passau | 04.12.31−17.06.36 | Bamberg |
| 18403 | Würzburg | 20.01.24−26.03.33 | Landshut |
| | Landshut | 02.09.33−14.08.42 | Hof |
| 18404 | Würzburg | 23− | |
| | | 17.11.26−14.06.30 | Passau |
| | Passau | 04.02.33−26.05.34 | Landshut |
| | Landshut | 30.08.34−03.12.42 | Hof |
| 18406 | München I | 27.11.23−13.05.37 | Landshut |
| | Landshut | 30.11.37−03.06.41 | München-Hbf |
| 18407 | München I | 01.24−04.06.41 | RBD München |
| 18409 | Würzburg | 08.05.28−04.06.31 | Hof |
| 18410 | Hof | 08.04.45−(14.09.45) | RBD Regensb. |
| 18411 | München I | 13.02.24−08.03.35 | Hof |
| 18412 | München I | 11.23− (05.28) | (Hof) |
| 18414 | München I | 04.12.23−07.06.41 | München-Hbf |
| 18416 | München I | 23− | |
| | | 20.02.26−27.04.33 | Hof |
| | Hof | 23.12.33−14.08.50 | Ausmusterung |
| 18417 | München-Hbf | 04.06.41−14.08.50 | Ausmusterung |
| 18419 | München I | 27.02.24−26.04.31 | Hof |
| | Hof | 02.11.38−18.01.39 | Hof |
| | Hof | 11.11.47−10.12.47 | Hof |
| 18420 | Würzburg | 09.05.28−10.04.31 | München-Hbf |
| | München-Hbf | 04.06.41−04.07.49 | ED München (z) |
| 18421 | München-Hbf | 05.06.41−25.06.48 | Bamberg |
| 18422 | München I | 27.02.24−10.04.31 | München-Hbf |
| | München-Hbf | 04.06.41−10.04.45 | Treuchtlingen |
| 18425 | RBD München | 05.07.27− 28 | RBD Nürnberg |
| 18426 | München-Hbf | 08.06.41−25.04.44 | Hof |
| | Hof | 08.04.45−20.09.48 | Ausmusterung |

**137** Nur noch zwei Monate werden S 3/6 den Schnellzugdienst zwischen Passau und Regensburg abwickeln. Drohend wie ein Damoklesschwert schwebt über 18625 der Ausleger eines neuen Fahrleitungsmastes (Ausfahrt Passau, März 1959). Foto: H. Eigner

| 18444 | Passau | 21.05.37−20.01.45 | München-Hbf |
| | München-Hbf | −15.01.46 | Hof |
| (18445 | | −04.06.41 | RBD München) |
| 18447 | (Halle P) | 32 | (Kempten) |
| | (Kempten) | 05.35− 08.43 | |
| 18449 | Halle P | 19.05.34−13.12.50 | Ausmusterung |
| 18464 | RBD München | 12.04.31− | |
| | | 33, 35, 36 | |
| | | −10.05.50 | Neu-Ulm |
| 18466 | München I | 24.09.25−05.05.28 | Nürnberg-Hbf |
| | Bamberg | 08.06.48−26.05.50 | Neu-Ulm |
| 18468 | RBD München | 04.31− | |
| | | 33, 35, 36 | |
| | | −04.06.41 | RBD München |
| 18469 | RBD München | 11.04.31− | |
| | | 35, 36, 45 | |
| | | −07.05.50 | Neu-Ulm |
| | Neu-Ulm | 30.01.55−13.02.55 | Neu-Ulm |
| | Neu-Ulm | 29.04.55−18.05.55 | Neu-Ulm |
| 18472 | Bamberg | 28.09.48− 10.48 | Hof |
| 18475 | München-Hbf | 06.05.31−23.05.32 | Passau |
| | Passau | 19.08.32−26.03.33 | Hof |
| | Hof | 06.04.35−13.04.49 | Hof |
| 18477 | RBD München | 27.06.31− | |
| | | 33, 35, 36, 45 | |
| 18509 | Wiesbaden | 22.05.50−17.10.54 | Umbau in 18611 |
| 18510 | Wiesbaden | 24.05.50−21.04.55 | Umbau in 18618 |
| 18512 | Hof | 22.12.54−27.06.56 | Lindau |
| 18514 | Treuchtlingen | 26.04.50−25.04.55 | Umbau in 18620 |
| 18516 | Wiesbaden | 20.05.50−23.02.56 | Lindau |
| 18517 | Treuchtlingen | 07.04.50−12.01.55 | Umbau in 18616 |
| 18518 | Hof | 24.10.51−22.01.52 | Hof |
| | Hof | 17.05.52−19.02.54 | Umbau in 18608 |
| 18519 | Hof | 16.07.52−04.10.52 | Hof |
| | Hof | 03.12.54−28.05.57 | Lindau |
| 18524 | Hof | 10.11.55−19.12.55 | Hof |
| 18526 | Hof | 28.01.55−08.03.55 | Hof |
| 18534 | Ingolstadt | 06.04.50− 55 | Umbau in 18619 |
| 18535 | Treuchtlingen | 27.05.50−26.10.53 | Umbau in 18606 |
| 18536 | Darmstadt | (08.49)−26.04.50 | Hof |
| | Hof | 30.04.52−10.11.54 | Umbau in 18613 |
| 18539 | Hof | 20.03.54− 56 | Umbau in 18629 |
| 18540 | Treuchtlingen | 17.05.50− 55 | Umbau in 18625 |
| 18541 | Treuchtlingen | 06.05.50−25.05.56 | Lindau |
| 18545 | Hof | 17.09.53−24.10.53 | Hof |
| | Hof | 04.12.53− 55 | Umbau in 18624 |
| 18546 | Hof | 04.05.50−23.11.55 | Umbau in 18626 |
| 18602 | Nürnberg-Hbf | 16.06.58−02.06.59 | Lindau |
| 18611 | Hof | 31.03.55−20.05.55 | Nürnberg-Hbf |
| | Lindau | 28.11.58−21.01.59 | Lindau |
| 18613 | Umbau aus 18536 | 14.01.55−21.05.55 | Nürnberg-Hbf |
| 18614 | Darmstadt | 23.06.56−22.05.59 | Ulm |
| 18619 | Umbau aus 18534 | 16.06.55−09.04.59 | Ulm |
| 18620 | Umbau aus 18514 | 03.07.55−14.12.57 | Ulm |
| 18623 | Hof | 06.10.57−09.04.59 | Ulm |
| 18624 | Umbau aus 18545 | 25.11.55−21.04.59 | Lindau |
| 18625 | Umbau aus 18540 | 18.12.55−31.05.59 | Lindau |
| 18626 | Umbau aus 18546 | 09.02.56−29.05.59 | Lindau |
| 18627 | Hof | 27.05.57−01.06.59 | Lindau |
| 18629 | Umbau aus 18539 | 26.08.56−24.09.56 | LVA Minden |
| | LVA Minden | 14.10.56−27.10.57 | Ulm |

**138** Kann es ein schöneres Bild vom winterlichen Dampfbetrieb im Allgäu geben? Der Fotograf der Reichsbahndirektion Augsburg fing dieses herrliche Motiv mit dem D 292 München–Lindau an der Wasserscheide Rhein/Donau bei Oberstaufen am 14. Februar 1937 ein.

## Bw Lindau

Mit der bayerischen S 3/6 verbinden viele Freunde der Eisenbahn den Namen Lindau. Dies hat zum einen seine Ursache in der jahrzehntelangen Stationierung der Lokomotiven im dortigen Betriebswerk, zum anderen liegt es wohl vor allem daran, daß diese so beliebte und berühmte Baureihe in Lindau ihre Tage beschloß. Viele Bewunderer lernten sie, an der Karlsbastion stehend, am Uferweg zwischen Bodensee und Betriebswerk kennen, wo es sich ungestört schauen und fotografieren ließ, ohne um Einlaß in die geheiligte Dienststelle bitten zu müssen. Zur Freude der Dampflokbegeisterten waren die Platzverhältnisse am Betriebswerk, wie überall auf der Bodenseeinsel, so beengt, daß man aufgrund der baulichen Gegebenheiten, gewissermaßen rechtmäßig, hautnahen Kontakt mit den majestätischen Schnellzuglokomotiven nehmen konnte, wenn sie etwa gewendet wurden oder im Schuppen verschwanden.

Als Lindau im November/Dezember 1923 mit den fabrikneuen Maschinen 3680 und 3681 (DR-Nummer 18479 und 480) erstmals S 3/6 erhielt, war die Baureihe dort schon lange bekannt. Von München und Nürnberg kam eine Reihe von Schnellzügen bereits über ein Jahrzehnt mit S 3/6 zum Bodensee, wobei insbesondere die kleinrädrigen Lokomotiven für die kurven- und steigungsreiche Strecke durch das Allgäu ihre hervorragende Eignung zeigten. Mit einem festen Radstand von unter 4 m waren sie in der Lage, die vielen in der Steigung liegenden, engen Kurven gut zu nehmen, andererseits gewährleistete ihr Treibraddurchmesser von 1870 mm in ebenem und fallendem Gelände ausreichend schnelles Fahren. Es lag daher nahe, an den Enden der Strecke München–Lindau S 3/6 zu stationieren. Während der zwanziger Jahre liefen neben den oben genannten 18479 und 480 einige Pfälzer Maschinen (18426, 430, 431, 432) beim Bw Lindau, die bis 1928 wieder abgegeben waren. Im Februar 1928 erhielt das Betriebswerk ab Fabrik 18525 und 526, womit zu Jahresmitte 1928 folgender Bestand vorhanden war:

**31.05.28:** 18 (476), 479, 480, 525, 526

Die beiden neuen Maschinen mit 18 t Achsdruck, die für die Lindauer Dienste am geeignetsten waren, mußten bereits 1929 nach Wiesbaden abgetreten werden, wofür 18461 und 462 aus Augsburg zugingen, die freilich wegen ihres geringeren Achsdruckes keinen gleichwertigen Ersatz darstellten. Kurzzeitig waren 1928–30 auch 18449 und 463 vorhanden, die schon bald an ihr Heimat-Bw Augsburg zurückgingen.

Im Mai 1931 wurde zwischen München und Augsburg der elektrische Betrieb aufgenommen. Dadurch konnte die Münchener 18506 im gleichen Monat nach Lindau überstellt werden, außerdem kamen in den Jahren 1931 und 1933 aus Nürnberg die Maschinen 18503 und 504 hinzu, die dort durch Zuweisung fabrikneuer S 3/6 abkömmlich geworden waren. Somit besaß Lindau 1933 folgende Maschinen:

**30.11.33:** 18462, (476), 479, 480, 503, 504, 506

Wenig später wurde 18462 nach München-Hbf abgegeben, während 18473 und 481 zugingen. Mit einem Bestand von im Schnitt sieben S 3/6, an dem sich in den folgenden zwanzig Jahren nur wenig veränderte, bespannte Lindau Schnell- und Eilzüge in Richtung München und Augsburg, besaß aber bei weitem noch nicht die Stellung in der bayerisch-schwäbischen Zugförderung, wie dies ab Mitte der fünfziger Jahre der Fall war, als die Bahnbetriebswerke Augsburg und München-Hbf ihre Bedeutung für diesen Streckenbereich teilweise oder ganz verloren hatten.

Aus dem Jahr 1941 existiert einer der beiden S 3/6-Personaldienstpläne des Bw Lindau. Er enthält lediglich drei Schnellzug- und eine Eilzugleistung zwischen Lindau und München. Der Beachtung wert ist aus heutiger Sicht auch die Wochenarbeitszeit von 54 Stunden!

1945 wurde das Bw Lindau (Bestand im Oktober: 18473, 479 w, 480 w, 481, 503, 504, 506), das in der französisch besetzten Zone lag, der RBD Karlsruhe angegliedert, das Erhaltungswerk seiner S 3/6, München-Freimann, unterstand jedoch den Amerikanern. Dank guter Zusammenarbeit der zuständigen Stellen konnten die Maschinen auch weiterhin in Freimann instandgesetzt werden. Am 1. Januar 1953 fiel Lindau schließlich wieder der Augsburger Direktion zu.

Im Jahr 1950 war beinahe noch der gleiche Bestand wie 15 Jahre vorher anzutreffen:

**01.01.50:** 18473, 479, 480, 481, 503, 504, 506

Diese Maschinen fuhren die nachfolgenden Schnell- und Eilzüge (Pz-Leistungen nicht enthalten):

| | |
|---|---|
| D 82 München–Lindau | D 462 Ulm–Friedrichshafen |
| D 121 Lindau–Radolfzell | E 509 Friedrichshafen–Ulm |
| D 130 Radolfzell–Lindau | E 510 Ulm–Friedrichshafen |
| D 461 Friedrichshafen–Ulm | E 575 Kempten–München |

Als 1953 die letzten Nürnberger 18⁵ abgegeben wurden, erhielt das Bw Lindau 18501, 505, 507 und 508. Ebenfalls 1953 und in den folgenden beiden Jahren kamen aus Augsburg mehrere

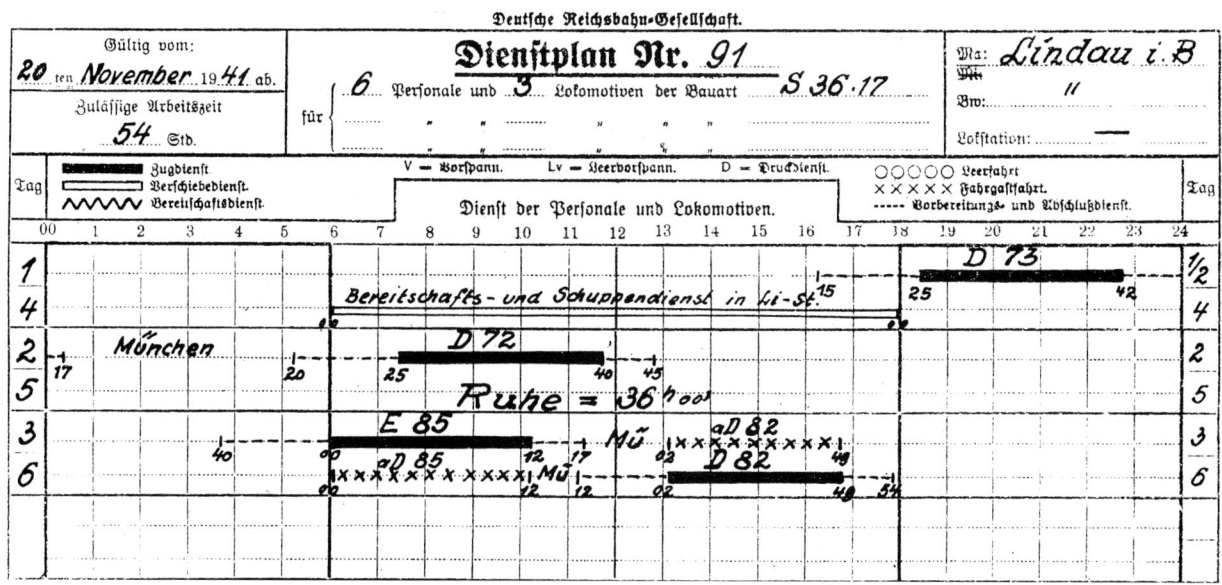

## D 83 (15,1) 1. 2. 3. Klasse (L—Bu 450 t / Bu—Mhh 320 t)
### Frankreich—Schweiz—Lindau Stadt—München Hbf

Höchstgeschwindigkeit
L—Or 65 km/h
Or—S 80 km/h
S—H 100 km/h
H—R 90 km/h
R—Ha 65 km/h
Ha—Os 80 km/h
Os—Th 75 km/h
Th—Ra 95 km/h
Ra—Im 80 km/h
Im—O 95 km/h
O—Hg 85 km/h
Hg—Lf 80 km/h
Lf—It 100 km/h
It—Ai 85 km/h
Ai—Bi 95 km/h
Bi—Pa 100 km/h
Pa—Mhh 90 km/h

S 36.16u (18 4) — Last 450 t*) — Mindestbremshundertstel $\frac{97}{-}$

| km | Station | | | | | | Bremsh. |
|---|---|---|---|---|---|---|---|
| | ●Lindau Stadt | 10 10 | (45) | 10 55 | | | |
| 1,5 | Stellwerk 1 Lindau Stadt | — | | 58 1 | 3,1 | 1,9 | |
| 3,2 | Bf Taubenberg | — | — | 11 01 8 | 3,7 | 2,8 | |
| 3,5 | ●Oberreitnau ▼ | — | — | 05 9 | 4,1 | 2,8 | |
| 5,7 | ●Schlachters | — | — | 12 4 | 6,5 | 4,2 | 44,7 / 28,1 |
| 3,5 | ●Hergensweiler | — | — | 15 7 | 3,3 | 2,2 | |
| 5,7 | ●Hergatz | — | — | 20 6 | 4,9 | 3,4 | |
| 6,3 | Bf Opfenbach Hp | — | — | 26 9 | 6,3 | 4,1 | |
| 4,5 | ●Heimenkirch | — | — | 32 4 | 5,5 | 3,0 | |
| | ●Röthenbach b L. ▼ | 11 39 7 | 2,3 | 11 42 | | | |
| 6,0 | ●Harbatshofen | — | — | 50 4 | 8,4 | 5,5 | 15,4 / 11,1 |
| 7,1 | ●Oberstaufen ▼ | 57 4 | 2 | 59 4 | 7,0 | 5,6 | |
| 4,7 | ●Thalkirchdorf | — | — | 12 04 4 | 5,0 | 4,4 | 14,8 / 13,0 |
| 4,9 | ●Ratholz Hp ▼ | — | — | 07 9 | 3,5 | 3,1 | |
| 7,2 | ●Immenstadt ▼ | 12 14 2 | 5 | 19 2 | 6,3 | 5,5 | |
| 5,7 | Seifen (Schwab) | — | — | 25 3 | 6,1 | 4,6 | |
| 4,4 | ●Oberdorf b J. ▼ | — | — | 28 8 | 3,5 | 2,8 | 16,2 / 13,2 |
| 5,0 | Waltenhofen | — | — | 32 8 | 4,0 | 3,4 | |
| 3,0 | ●Kempten-Hegge ▼ | 35 4 | 3,6 | 39 | 2,6 | 2,4 | |
| 1,7 | Stellwerk V | — | — | 42 | 3,0 | 1,8 | |

| km | Station | | | | | | Bremsh. |
|---|---|---|---|---|---|---|---|
| 1,3 | Stellwerk I ▼ | — | — | 43 7 | 1,7 | 1,2 | |
| 2,8 | Bf Lenzfried | — | — | 47 2 | 3,5 | 2,6 | |
| 2,3 | Betzigau | — | — | 49 6 | 2,4 | 1,4 | 32,9 / 22,8 |
| 3,1 | Wildpoldsried | — | — | 52 1 | 2,5 | 1,9 | |
| 5,2 | Bf Immenthal | — | — | 57 3 | 5,2 | 3,7 | |
| 4,7 | ●Günzach | — | — | 13 02 5 | 5,2 | 3,2 | |
| 5,3 | Bf St. Alban | — | — | 07 8 | 5,3 | 4,0 | |
| 4,4 | ●Aitrang ▼ | — | — | 11 9 | 4,1 | 3,0 | |
| 4,1 | ●Ruderatshofen | — | — | 15 8 | 3,9 | 2,6 | 12,1 / 9,5 |
| 4,2 | ●Biessenhofen ▼ | — | — | 19 2 | 3,4 | 2,8 | |
| 5,4 | ●Kaufbeuren ▼ | 13 24 | 3 | 27 | 4,8 | 4,1 | |
| 5,1 | ●Leinau | — | — | 32 8 | 5,8 | 3,9 | |
| 3,0 | ●Pforzen | — | — | 34 8 | 2,0 | 1,8 | 16,0 / 13,4 |
| 5,3 | ●Beckstetten | — | — | 38 1 | 3,3 | 3,2 | |
| 6,9 | Buchloe ▼ | 13 43 | 10 | 53 | 4,9 | 4,5 | |
| 7,5 | ●Igling | — | — | 14 00 5 | 7,5 | 5,4 | |
| 4,3 | Kaufering | — | — | 14 03 2 | 2,7 | 2,6 | |
| 5,0 | Epfenhausen | — | — | 06 3 | 3,1 | 3,0 | |
| 5,0 | Schwabhausen bei Landsberg (Lech) | — | — | 09 4 | 3,1 | 3,0 | |
| 4,1 | ●Geltendorf | — | — | 12 | 2,6 | 2,5 | 25,1 / 22,4 |
| 2,7 | ●Türkenfeld | — | — | 13 8 | 1,8 | 1,6 | |
| 7,1 | ●Grafrath | — | — | 18 1 | 4,3 | 4,3 | |
| 3,2 | ●Schöngeising | — | — | 20 7 | 2,6 | 2,0 | |
| 6,0 | ●Fürstenfeldbruck ▼ | — | — | 25 1 | 4,4 | 3,8 | |
| 3,0 | Bf Anschl Steinwerk | — | — | 27 6 | 2,5 | 1,8 | |
| 4,1 | Puchheim | — | — | 30 2 | 2,6 | 2,6 | 26,9 / 23,1 |
| 4,9 | Aubing | — | — | 33 4 | 3,2 | 2,9 | |
| 3,6 | Pasing ▼ | — | — | 36 2 | 2,8 | 2,6 | |
| 3,2 | Bf Landsbergerstr | — | — | 39 1 | 2,9 | 2,2 | |
| 4,2 | München Hbf ▼ | 14 45 | — | 59 | | 5,2 | |
| 219,3 | | | 25,9 | | 204,1 | 156,6 | |

Buchfahrplan D 83 St. Margarethen–München im Abschnitt Lindau–München (Winter 1935/36)

**139** Eben ist 18 504 (Bw Lindau) mit einem Schnellzug aus Lindau in München-Hbf eingetroffen (um 1935). Bald geht es hinaus zum Betriebswerk. Slg: J. Pongratz

**140** Bei Immenstadt hatte 18476 (Bw Lindau) am 9. Juni 1939 mit dem nur sechs Wagen zählenden D 138 leichte Arbeit.  Foto: C. Bellingrodt

**141** 18503 gehörte über dreißig Jahre lang zum Bw Lindau. Ernst Schörner traf die Lokomotive 1936 im Heimat-Bw.

**142** Winter im Allgäu, das bedeutete und bedeutet auch heute noch erschwerte Bedingungen für Mensch und Material. Am 11. März 1939 überquerte eine Lindauer 18⁴ die Argenbrücke zwischen Harbatshofen und Oberstaufen. Foto: DR

**143** 18506 (Bw Lindau) beim Zwischenhalt in Röthenbach, 1940. Das Gepäck der Reisenden wird mit dem Schlitten transportiert. Foto: DR

**144** Auf der Steigung vor Oberstaufen legt sich 18471 mit einer prächtigen Dampfwolke in die Kurve (1936). Foto: DR

**145** Die Kehrseite des für den Außenstehenden so schön wirkenden Winterbetriebes! Mit Gasflamme und Hammer muß der Heizer der Lindauer 18492 nach der Fahrt die Aschkastenklappen gangbar machen (Aufnahme auf dem Kanal des Bw München-Hbf 1952). Slg: H. Skrzypnik

**146** Bei Kilometer 104,7 zwischen Oberstaufen und Harbatshofen durcheilt 18 481 (Bw Lindau) die tief verschneite Strecke, 3. Februar 1942. Foto: DR

**147** Ganz unstandesgemäß muß sich 18 503 (Bw Lindau) am 8. Juni 1939 bei Thalkirchdorf mit P 627 Kempten–Lindau begnügen. Foto: C. Bellingrodt

Deutsche Reichsbahn

# Lokomotivverwendungsnachweis

Monat _Oktober_ 19 _45_     Bw _Lindau i/B_

**Zeichenerklärung:**

| Im Dienst | **/** | Warten auf Ersatzteile | **we** |
|---|---|---|---|
| Auswaschen | **a** | Warten auf Aufnahme in ein E A W | **w** |
| Kalt in Bereitschaft | **k** | In Ausbesserung im E A W | **h** |
| Ausbesserung im Bw | **b** | Schadhaft von Ausbesserung zurückgestellt | **z** |

| Lokomotive Nr | 1 | 2 | 3 | 4 | 5 | 6 | 7 | 8 | 9 | 10 | 11 | 12 | 13 | 14 | 15 | 16 | 17 | 18 | 19 | 20 | 21 | 22 | 23 | 24 | 25 | 26 | 27 | 28 | 29 | 30 | 31 | / | a | k | b | w | h |
|---|---|---|---|---|---|---|---|---|---|---|---|---|---|---|---|---|---|---|---|---|---|---|---|---|---|---|---|---|---|---|---|---|---|---|---|---|---|
| **S 36 17** | | | | | | | | | | | | | | | | | | | | | | | | | | | | | | | | | | | | | |
| 18473 | / | a | K | K | K | K | K | K | / | / | / | / | / | K | / | / | / | / | / | K | / | a | K | K | K | K | K | / | | | | 15 | 2 | 14 | – | – | – |
| ' 479 | w | w | w | w | w | w | w | w | w | w | w | w | w | w | w | w | w | w | w | w | w | w | w | w | w | w | w | w | w | w | w | – | – | – | – | 31 | – |
| ' 480 | w | w | w | w | w | w | w | w | w | w | w | w | w | w | w | w | w | w | w | w | w | w | w | w | w | w | w | w | w | w | w | – | – | – | – | 31 | – |
| ' 481 | w | w | w | w | w | w | w | b | b | / | / | K | b | b | K | / | / | / | / | / | / | / | / | / | / | / | / | / | / | / | a | 15 | 1 | 2 | 5 | 8 | – |
| ' 503 | K | / | / | / | / | / | / | / | / | a | K | K | K | K | K | K | K | K | K | / | K | / | / | K | K | / | | | | | | 14 | 1 | 16 | – | – | – |
| ' 504 | b | b | b | / | / | / | / | / | / | / | / | / | / | / | b | a | K | / | / | / | / | / | / | / | / | / | / | | | | | 15 | 1 | 1 | 4 | – | – |
| ' 506 | / | / | / | / | / | K | K | K | K | a | b | b | b | K | / | / | / | / | / | K | K | K | K | K | K | K | / | | | | | 14 | 1 | 14 | 2 | – | – |
| **P 35 15** | | | | | | | | | | | | | | | | | | | | | | | | | | | | | | | | | | | | | |
| 38432 | a | / | / | / | K | K | K | K | / | / | / | / | / | / | / | / | / | / | / | / | a | b | / | K | K | K | / | | | | | 21 | 1 | 8 | 1 | – | – |
| ' 460 | h | h | h | h | h | h | h | h | h | h | h | h | h | h | h | h | h | h | h | h | h | h | läuft im Bez. Augsburg | | | | | | | | | – | – | – | – | – | 31 |
| ' 463 | / | / | / | / | / | / | / | / | / | / | / | / | / | / | / | / | / | / | a | / | / | K | / | / | / | / | / | / | / | / | | 29 | 1 | 1 | – | – | – |
| ' 470 | w | w | w | w | w | w | w | w | w | w | w | w | w | w | w | w | w | w | w | w | w | w | w | w | w | w | w | w | w | w | w | – | – | – | – | 31 | – |
| **G 56 17** | | | | | | | | | | | | | | | | | | | | | | | | | | | | | | | | | | | | | |
| 42657 | / | a | / | / | / | / | / | / | / | / | / | / | / | / | / | / | / | / | / | / | / | / | a | / | / | / | / | | | | | 29 | 2 | – | – | – | – |
| ' 2615 | w | w | w | w | w | w | w | w | w | w | w | w | w | w | w | w | w | w | w | w | w | w | w | w | w | w | w | w | w | w | | – | – | – | – | 31 | – |
| ' 2616 | / | / | / | / | / | / | / | / | / | / | / | / | / | / | / | / | / | / | a | b | / | / | / | / | / | / | / | / | / | / | | 29 | 1 | – | 1 | – | – |
| ' 2618 | w | w | w | w | w | w | w | w | w | w | w | w | w | w | w | w | h | h | h | h | h | h | h | h | h | h | h | h | h | h | | – | – | – | – | 16 | 15 |
| ' 2619 | w | w | w | w | w | w | w | w | w | w | w | w | w | w | w | w | w | w | w | w | w | w | w | w | w | w | w | w | w | w | w | – | – | – | – | 31 | – |
| **Seite 1** | 1 | 3 | 1 | – | – | – | – | 1 | 1 | 2 | 1 | 1 | 1 | – | 3 | 2 | – | – | – | 1 | 2 | 1 | – | – | – | – | 1 | 1 | | | | | | | | | |
| ' 2 | 1 | 1 | 2 | 1 | – | – | – | 1 | 2 | – | 1 | 2 | 2 | 2 | 1 | 2 | 2 | 2 | 3 | 1 | 2 | 1 | 1 | 1 | 2 | 2 | 1 | | | | | | | | | | |
| ' 3 | – | – | – | 1 | – | 1 | – | 1 | – | 1 | 1 | – | 1 | 1 | | | | | | | | | | | | | 1 | 1 | | | | | | | | | |
| **Sa** | 2 | 4 | 3 | 2 | – | – | 1 | 1 | 3 | 3 | 3 | 2 | 3 | 3 | 5 | 4 | 1 | 1 | 2 | 2 | 3 | 5 | 2 | 2 | 1 | 1 | 3 | 4 | 2 | | | | | | | | | |

Gesamttage = 1199

41311 Lokomotivverwendungsnachweis   A 4   Bf 100 Paust Breslau VII 39 5000 W

18⁴⁻⁵ hinzu, mit denen 1955 über ein Dutzend S 3/6 in Lindau fuhr.

Lassen Sie uns den Führerstand einer Lindauer S 3/6 besteigen und zusammen mit dem Personal den Alltag auf der Lokomotive erleben, wie er gemäß des Dienstplanes Nr. 1, gültig ab 22. Mai 1955, aussah. In diesem Plan taten 12 Lokführer und 12 Heizer auf vier 18⁴⁻⁵ Dienst (daneben gab es einen weiteren S 3/6-Dienstplan). Folgende Lokomotiven standen zur Verfügung:

**30.06.55:** 18479, 480, 481, (482), 483, (484), 485, 492, 496, 498, 501, 502, 504z, 506z, 508

Der Turnus beginnt am Tag 1 um 8.35 Uhr mit Übernahme der Lokomotive im Bw Lindau für den D 185 Lindau–München, Ankunft dort 13.08 Uhr. Nach der Fahrt ins Betriebswerk und dem Abschlußdienst (u. a. Nachschau), hat das Personal eine gute Stunde Ruhe und rüstet dann seine Lokomotive für die Rückfahrt nach Lindau mit E 826 wieder auf. Dienstende für heute: 20.51 Uhr.

Am Tag 2 fahren Lokführer und Heizer nachmittags außer Dienst mit dem D 161 nach Friedrichshafen Stadt, um anschließend den P 3077 zurück nach Lindau zu bringen. Nach kurzem Rangierdienst wird der D 179 nach München gefahren (Ankunft 21.56 Uhr). Die Nacht verbringt die Mannschaft in der Unterkunft des Bw München-Hbf.

Am kommenden Morgen (Tag 3) klingelt der Wecker bereits zeitig, denn E 766, Abfahrt 7.39 Uhr, ist nach Aulendorf zu bringen. Der Dienst wird beschlossen durch eine Gastfahrt nach Lindau.

Tag 4 ist mit 4½ Stunden Arbeitszeit nur kurz: es geht um 5.45 Uhr mit D 461 nach Friedrichshafen Stadt und um 8.18 Uhr mit D 352 »Vorarlberg-Expreß« retour. Bis zum nächsten Dienst haben Lokführer und Heizer 35 Stunden Ruhe.

Tag 5 beginnt mit dem Gegenzug D 351 »Vorarlberg-Expreß« nach Friedrichshafen Stadt erst spät (Abfahrt Lindau 20.57 Uhr) und geht direkt in Tag 6 über: nach ein paar Stunden auf der Pritsche des Bw Friedrichshafen wird um 6 Uhr P 1311 an den Haken genommen, der bis Ulm auf jeder Station hält. Nach der Lokbehandlung im Betriebswerk ist mit D 76 Kiel–Lindau bis Friedrichshafen Stadt wieder eine standesgemäße Leistung zu fahren. Außer Dienst kommt das Personal mit P 3073 um 15.13 Uhr nach Hause.

Tag 7: Dienstbeginn um 4.25 Uhr für P 3050 nach Friedrichshafen Stadt, mit gleicher Garnitur weiter als P 3710 bis Radolfzell, anschließend Leerfahrt nach Singen, dort Abfahrt 9.02 Uhr mit E 827 nach Lindau (der dort für die Fahrt nach München-Hbf am anderen Zugende von einer weiteren S 3/6 übernommen wird). Den Schluß bilden P 3062/3069 Lindau – Friedrichshafen – Lindau.

Neben Schnellzugleistungen enthält der Dienstplan 1 auch einen Güterzug. Für den möglicherweise überraschten Leser sei angemerkt, daß auch heutige 103-Laufpläne Güterzüge als Fülleistungen beinhalten.

Am 8. Tag geht es anfangs Lz nach Lindau-Reutin und von dort mit Gz 5365 nach Kempten. Die Fahrt dauert nicht weniger als vier Stunden. Zurück nach Lindau müssen an diesem Tag

**148/149** Ausfahrt Lindau mit 18538 vor Eilzug nach Augsburg am 6. Juli 1956. Erst kurze Zeit vorher kam die Lokomotive vom Bw Darmstadt zum Bodensee.
Fotos: L. Rotthowe

P 1557 (Kempten–Immenstadt) und P 1559 (Immenstadt–Lindau) geführt werden. Dem Dienstschluß um 23.15 Uhr folgen 62 Stunden Pause, so daß Tag 9 und 10 frei sind.

Am Tag 11 fährt das Personal außer Dienst nach Aulendorf, um dort den E 765 nach München zu übernehmen, Ankunft um 20.15 Uhr. Da mit D 180 erst am nächsten Tag um 8.20 Uhr die Rückleistung nach Lindau anzutreten ist (12. und letzter Tag), bleibt noch Zeit für einen Abstecher in die Stadt.

Soweit der Dienstplan 1 vom Sommer 1955, in dem die Maschinen im Schnitt 422 km pro Tag erreichten. Dienstplan 2 enthielt an weiteren Schnellzugleistungen die Züge D 75 Lindau–Friedrichshafen, D 186 München–Lindau, D 462 Ulm–Friedrichshafen und Friedrichshafen–Lindau.

Die älteren S 3/6 liefen ab Mitte der fünfziger Jahre aus. Lindau hatte daher zwischen 1954 und 1958 insgesamt 16 Ausmusterungen zu verzeichnen, die eine Auffüllung des Bestandes verlangten. So erhielt das Betriebswerk von überall her (Augsburg, Ulm, Neu-Ulm, Regensburg, Hof, Darmstadt) immer wieder S 3/6 als Ersatz, die jedoch meist nur noch kurze Zeit im Einsatz standen und dann wegen Erreichens der Zeit- oder Kilometerfrist ebenfalls aufs Abstellgleis in Lindau-Reutin geschoben werden mußten. Unter den Ausgemusterten befanden sich auch die Maschinen 18479, 480, 503 und 504, die jahrzehntelang auf den Lindauer Strecken gefahren waren.

Dreißig Lokomotiven der Baureihe $18^5$ erlebten durch Ausrüstung mit DB-Neubaukesseln eine Renaissance. Davon profitierte auch das Bw Lindau, dem im April 1957 aus Darmstadt 18609 und aus dem AW Ingolstadt nach ihrem Umbau 18630 als erste $18^6$ zugingen. Beide Maschinen liefen im bisherigen S 3/6-Plan und waren ein willkommener Zuwachs für die gelich-

teten Reihen der älteren Lokomotiven. Zum Jahresende erschienen weitere Umbaumaschinen, die in Darmstadt durch Elektrifizierung überflüssig geworden waren:

30.11.57: 18483, 512, 516, 519, 528, 537, 538, 541, 603, 606, 609, 610, 630

1958 kamen die in Nürnberg durch 01 ersetzten 18er nach Lindau (18611, 612, 613, 616, 618, 621), 1959 folgten die Regensburger, deren Haupteinsatzstrecke Passau–Regensburg mittlerweile von Elloks befahren wurde (18602, 615, 624, 625, 626, 627). Nun waren $18^6$ nur noch bei den Betriebswerken Ulm und Lindau zu finden. Lindau hatte unterdessen alle $18^{4-5}$ abgestellt oder abgegeben (18483, 508 und 528 an Augsburg) und besaß jetzt ausschließlich Umbaumaschinen:

01.08.59: 18602, 603, 604, 606, 609, 610, 611, 612, 613, 615, 616, 617, 618, 621, 624, 625, 626, 627, 630

Eine Reihe von Betriebsbüchern gewährt uns Einblick in die Kilometerleistungen dieser Zeit:

18505:
| | | | |
|---|---|---|---|
| 1953 (ab 1.11.) | 22811 km | 56 Betriebstage | Ø 407 km/Tag |
| 1954 | 78087 km | 220 Betriebstage | Ø 355 km/Tag |
| 1955 (bis 24.1. dann z) | 2577 km | 6 Betriebstage | Ø 429 km/Tag |

18512:
| | | | |
|---|---|---|---|
| 1956 (ab 1.7.) | 58025 km | 157 Betriebstage | Ø 370 km/Tag |
| 1957 | 99129 km | 256 Betriebstage | Ø 387 km/Tag |
| 1958 (bis Mai, dann Bw Augsburg) | 29808 km | 99 Betriebstage | Ø 301 km/Tag |

**150** Auf diesem Ausschnittbild sind die breit ausladende Feuerbüchse und das elegante Windschneidenführerhaus der S 3/6 gut erkennbar (Lokomotive 18473 vom Bw Lindau). Slg: E. Mayer

**151** Im Münchener Hauptbahnhof hat 18 508 gerade an den nur kurzen D 186 München–Lindau angesetzt (1954). Das Bremsprobesignal zeigt »Anlegen«.   Slg: E. Mayer

**152** »Prost Neujahr« wünscht 18 503 zum Jahreswechsel 1952/53 bei der Ausfahrt aus Lindau. Das neue Jahr brachte der Lokomotive allerdings mit der Z-Stellung nichts Gutes, am 23. März 1954 erfolgte die Ausmusterung.   Foto: R. Tauber

**153/154** Gleicher Aufnahmeort – gleiche Baureihe – gleicher Fotograf: rechts 18 484 zwischen Immenstadt und Seifen im Winter 1954/55, unten 18 480 (beide Lokomotiven vom Bw Lindau) ein halbes Jahr später. Noch liegt Schnee in den Bergen.
Fotos: G. Turnwald

**18519:**
1957 (ab 1.6.)   51 856 km   184 Betriebstage   ∅ 282 km/Tag
1958 (bis 11.2.,   1 788 km   10 Betriebstage   ∅ 179 km/Tag
dann z)

**18541:**
1956 (ab 1.6.)   62 087 km   168 Betriebstage   ∅ 370 km/Tag
1957   78 225 km   239 Betriebstage   ∅ 327 km/Tag
1958 (bis 18.2.,   13 896 km   46 Betriebstage   ∅ 302 km/Tag
dann z)

**18605:**
1961 (ab 1.4.)   65 413 km   216 Betriebstage   ∅ 303 km/Tag
1962 (bis 21.11.,   77 915 km   241 Betriebstage   ∅ 323 km/Tag
dann z)

**18607:**
1961 (ab 1.8.)   27 752 km   101 Betriebstage   ∅ 275 km/Tag
1962   64 991 km   196 Betriebstage   ∅ 332 km/Tag
1963 (bis 2.9.,   49 811 km   180 Betriebstage   ∅ 277 km/Tag
dann z)

**18608:**
1961 (ab 1.6.)   53 774 km   157 Betriebstage   ∅ 343 km/Tag
1962   78 001 km   248 Betriebstage   ∅ 315 km/Tag
1963 (bis 13.4.,   24 149 km   88 Betriebstage   ∅ 274 km/Tag
dann z)

**18610:**
1957 (ab 1.11.)   16 853 km   53 Betriebstage   ∅ 318 km/Tag
1958   62 701 km   221 Betriebstage   ∅ 284 km/Tag

1959   91 420 km   274 Betriebstage   ∅ 334 km/Tag
1960   98 099 km   243 Betriebstage   ∅ 404 km/Tag
1961   125 864 km   307 Betriebstage   ∅ 410 km/Tag
1962 (bis 16.3.,   23 974 km   59 Betriebstage   ∅ 406 km/Tag
dann z)

**18612:**
1958 (ab 1.5.)   67 428 km   225 Betriebstage   ∅ 300 km/Tag
1959   83 834 km   288 Betriebstage   ∅ 291 km/Tag
1960   87 210 km   301 Betriebstage   ∅ 290 km/Tag
1961   103 371 km   257 Betriebstage   ∅ 402 km/Tag
1962   108 236 km   298 Betriebstage   ∅ 363 km/Tag
1963   70 612 km   247 Betriebstage   ∅ 286 km/Tag
1964 (bis 18.2.,   6 816 km   25 Betriebstage   ∅ 273 km/Tag
dann z)

**18626:**
1959 (ab 1.6.)   31 933 km   94 Betriebstage   ∅ 340 km/Tag
1960   136 702 km   339 Betriebstage   ∅ 403 km/Tag
1961 (bis 8.12.,   72 668 km   237 Betriebstage   ∅ 307 km/Tag
dann z)

Der Vergleich mit anderen Betriebswerken zeigt, daß in Lindau keine spektakulären Laufleistungen zustande kamen. Dies ist allerdings kein Beleg dafür, daß die dortigen S 3/6 weniger ausgelastet gewesen wären als andere, sondern findet seine Ursache in den zu bedienenden Strecken. Die am stärksten befahrene, kurvenreiche Route Lindau–Buchloe weist durchweg Steigungen auf, die von den Lokomotiven Dauerhöchstleistungen verlangten, andererseits gestattete sie aber nur relativ

**155** Ankunft der 18528 auf Gleis 15 des Münchener Hauptbahnhofes (1957). Wenige Wochen zuvor war die Maschine von Hof nach Lindau umstationiert worden.
Slg: E. Mayer

**156/157** Typische Münchener Bahn-
steigszene der beginnenden fünfziger
Jahre: 18473 und 18481 (beide Bw
Lindau) sind mit ihren gut besetzten
Zügen aus dem Allgäu gerade ange-
kommen, die Reisenden streben der
Bahnsteigsperre zu. Nicht alltäglich
waren allerdings mehrere Zillertaler
Trachtengruppen, die an diesem Tag
zum Oktoberfest nach München
fuhren.
Fotos: DB

**158** Blick in den Hauptbahnhof der Inselstadt Lindau mit 18519 am 10. August 1957.  Foto: U. Montfort

**159** Fast auf den Tag genau ein Jahr später, am 8. August 1958, traf Helmut Griebl dieselbe Lokomotive bereits außer Dienst in Lindau-Reutin an. Sie war am 12. Februar 1958 z-gestellt worden.

**160** Bw Lindau im Juni 1962: von links nach rechts sind 18 609, 18 508, 18 481, 18 528, 38 1743 und 18 616 zu sehen.                    Foto: H. Tauber

**161** Mit D-Zug Genf
–München überquert
18 613 im September
1960 den imposanten
Viadukt bei Maria Thann
auf der Strecke Lindau–
Kempten.
Foto: G. Turnwald

**162** Wachablösung beim Bw Lindau im Winter 1957/58: 18603 ist wenige Wochen vor der Aufnahme aus Darmstadt herübergekommen, 18519 erlebt dagegen ihre letzten Tage. Bald gab es nur noch 18⁶. Foto: J. B. Kronawitter

**163** Zwei unterschiedliche Betriebsnummern und dennoch handelt es sich um zwei Lokomotiven, die ihr Herstellerwerk fast gleichzeitig verließen: 18609 hieß vor dem Umbau 18542, ihre Schwesterlokomotive auf dem Nebengleis hatte die daneben liegende Nummer 18543. Die beiden Maschinen wurden Ende Juli 1930 von Henschel und Sohn in Kassel abgeliefert (Aufnahme im Bw Lindau, 31. Mai 1962). Foto: H. Koppisch

**164** Begegnung der Kemptener 39035 und der Lindauer 18607 am 20. April 1962 in Kempten-Hbf.　　　　　Foto: Dipl.-Ing. H. Schneeberger

geringe Höchstgeschwindigkeiten. Damit waren hohe Laufleistungen von vornherein ausgeschlossen, wozu außerdem die vergleichsweise kurzen Bespannungsabschnitte beitrugen. Lediglich mit einer Tour von Lindau nach München kamen die Maschinen über 200 km hinaus:

| | |
|---|---|
| Lindau–Kempten–München | 221 km |
| Lindau–Kempten–Augsburg | 190 km |
| Aulendorf–München | 186 km |
| Lindau–Memmingen–Augsburg | 170 km |
| Friedrichshafen–Ulm | 104 km |
| Kempten–Ulm | 87 km |
| Lindau–Radolfzell | 83 km |
| Lindau–Friedrichshafen | 23 km |

Die Dienstpläne 1 und 2 des Bw Lindau vom Winterfahrplan 1960/61 sind nebenstehend abgedruckt. Zusätzlich zu ihnen bestand beim Bw Kempten ein weiterer S 3/6-Plan, in dem 6 Lindauer 18⁶ liefen. Mit diesem Dienstplan hatten die Kemptener Personale ein attraktiveres Fahren als die Lindauer, zu deren Betriebswerk die Lokomotiven eigentlich gehörten. Ihnen blieben lediglich einige D- und Eilzüge neben einer stattlichen Anzahl von Personenzügen.

Mit Zuweisung der Ulmer 18⁶ im Jahr 1961 wurde Lindau zum letzten S 3/6-Betriebswerk, nachdem auch Augsburg seine restlichen 18⁴,⁵ abgestellt bzw. nach Lindau geschickt hatte (18481, 508, 528). Mit einem Bestand von nunmehr zwei Dutzend S 3/6 war es ohne Probleme möglich, Lokomotiven nach Ablauf der Untersuchungsfrist abzustellen. Auf diese Weise waren tatsächlich bereits im Jahr 1961 die ersten 18⁶ auf der Ausmusterungsliste (18604, 618, 621, 624, 625), die zum Teil nur etwas mehr als fünf Jahre in Dienst gestanden hatten. Am Jahresende waren die folgenden Nummern zugeteilt:

**15.12.61:** 18508, 528, 601 z, 602, 603, 605, 606, 607, 608, 609, 610, 611, 612, 613, 614, 615, 616, 617, 619, 620, 622, 623, 626 z, 627 z, 629, 630

Mit diesem großen Lokomotivpark war die letzte Blüte erreicht, denn das kommende Jahr 1962 brachte mit der Zuteilung eini-

ger V 200⁰ nach Kempten eine kräftige Leistungseinbuße. Ab Sommerfahrplan waren die Schnellzüge D 92/93 »Bavaria« und D 96/97 »Rhône-Isar« dieselbespannt, ab Winterfahrplan auch D 91/98. So ging ein Schnellzug nach dem anderen an die V 200, bis mit Erscheinen der u. a. auch für die Verhältnisse der Allgäubahn konzipierten V 200¹ ab 1. März 1963 nur noch Eil-, Personen- und Güterzüge für die 18⁶ übrigblieben.

Die Ausmusterungswelle entzog währenddessen dem Betriebspark in den Jahren 1962 und 1963 je sieben S 3/6, darunter auch die beiden letzten Original-S 3/6 18508 und 528. Damit war noch ein gutes Dutzend Lokomotiven vorhanden:

**31.12.63:** 18602 z, 603, 611, 612, 613 z, 614, 615, 616, 617, 620, 622, 629, 630

Durch Erreichen der Laufleistungsgrenze von 300000 km nach der letzten Großausbesserung oder Schäden, deren Behebung in Anbetracht des bevorstehenden Ausscheidens der Baureihe als unwirtschaftlich eingestuft wurde, traten bis zur Aufstellung des letzten S 3/6-Dienstplanes im Mai 1964 weitere S 3/6 ab. Für den Sommerfahrplan 1964 standen somit noch 6 betriebsfähige Lokomotiven bereit:

**01.06.64:** 18602 z, 603, 611 z, 612 z, 613 z, 614, 615 z, 616 z, 617, 620, 622, 629 z, 630

Ihr Plan (Dienstplan 03) enthielt die Züge:

| | |
|---|---|
| E 451 | Kempten–Ulm |
| E 452 | Ulm–Kempten |
| E 711 | Kempten–Ulm |
| E 765 | Aulendorf–München |
| E 766 | München–Aulendorf |
| E 780 | Immenstadt–Lindau |
| E 880 | Kempten–Immenstadt |
| P 1505 | Buchloe–Kempten |
| P 1522 | Kempten–München |
| P 1546 | Lindau–Kempten (Leervorspann) |
| P 1620 | Ulm–Kempten |
| Ne 5366 | München–Buchloe |

**Deutsche Bundesbahn**

| | | | |
|---|---|---|---|
| Triebfahrzeuge (Tfz): | $18^6$ | Personal: 8 H'Lokf + 8 O'Twf | Bahnbetriebswerk Lindau LB |

| | | | | |
|---|---|---|---|---|
| Auswaschen/Revision jeden 36. Tag, nach Tag 4 | planmäßige Arbeitszeit im 7-tägigen Zeitraum | 46 54 | zulässige Arbeitszeit | Bw-Außenstelle — |
| Bedarf für Auswaschen/Revision: 0.1 Tfz | $\dfrac{55^h52' \times 7 - 19^h49'}{8} + 30'$ | Std Min | 45 — | |
| Bedarf nach Laufplan: 4.0 Tfz | | | Std Min | **Dienstplan Nr 533.01** |
| Gesamtbedarf: 4.1 Tfz | Dienstunterricht: jed. Donnerstag von $10^{00}$–$12^{00}$ Teilnahmepflicht 1 Std/Monat | | | |
| $\dfrac{km}{Tfz\text{-}Tag}$ = 454 km $\dfrac{Einsatzstd}{Tfz\text{-}Tag}$ = $12^h07'$ | Dienstbesprechung: und $14^{00}$–$16^{00}$ Teilnahmepflicht 20 Min/Monat | | gültig vom 2. Okt. 1960 an | |
| | Zahl der Ruhetage im Jahr: 60 R + 52 r, davon an Sonn- und Feiertagen: 15 R + 7 r | | ungültig vom 19 an | |

Legend:
- ▬ = Zugdienst
- ◇◇◇◇ = Leerfahrt
- ⌐⌐⌐ = Vorheizen mit Tfz
- V = Vorspann
- F = Feuerbehandlung
- N = Nachschau
- ⬠ = Rangierdienst
- ✕✕✕ = Gastfahrt
- ▨ = planfremdes Personal
- Lv = Leervorspann
- K = Kohlennehmen
- A1, A2, A3 = Stufen des A-Dienstes
- ∿ = Dienstbereitschaft
- ├──┤ = V- und A-Dienst
- ▥ = planfremdes Tfz
- Dr = Druckdienst
- O = Rohrblasen

Graphical duty schedule (Bildfahrplan) with time columns 1–23, rows for Tag 1/5, 2/6, 3/7, 4/8, and "Abweichungen vom Regelplan" rows 2, 7, 7.

Notable annotations: Tag 1: Ls ® N 6 — 875 Aü 31 — Aü 1861 — Tco Bw Aü Weilh 793 Aü 23 876 25 A3 — ½; R = $34^h24'$

Tag 2/6: N 30 Ls — 3050 Fs 3057 Ls Pers 27/1 ... Ls 22 28 351 N Fs; 91 Mbh 826 Ls

Tag 3/7: Fs ® 25 3710 R 12 827 19 Ls ... 4869 Si R 3755 N Fs 34 3085 33 Ls

Tag 4/8: Ls 50 827 30 Mbh 98 21 Ls; Pers 27/4 Ls 3062 Fs 352 Ls; V = $28^h28'$

| Schicht | Triebfahrzeug-km | Örtliche Leistungen Rangierdienst Vorleistzn usw (7 km/h) Std\|Min | Dienstbereitschaft (3 km/h) Std\|Min | Triebfahrzeugeinsatzzeit Std\|Min | Dienstschicht Std\|Min | Dienstpause Std\|Min | Abzug nach §2 und 9 der DDV Std\|Min | Arbeitszeit Std\|Min | Ruhezeit Std\|Min | Ruhe durch Abweichungen vom Regelplan Std\|Min | Fehrzeit auf dem Tfz nach §9 DDV Std\|Min | es fällt weg: | | | dafür fällt an: | | | |
|---|---|---|---|---|---|---|---|---|---|---|---|---|---|---|---|---|---|---|
| | | | | | | | | | | | | km | Tag | Leistung | Arbeitszeit Std\|Min | km | Tag | Leistung | Arbeitszeit Std\|Min |
| 1 | 318 | 41 | | 8 24 | 6 15 | | | 6 15 | 8 57 | | 3 49 | nS | 2 | 351 | 3 43 | nS | 2 | R | — — |
| ½ | 170 | | | 4 02 | 5 27 | | | 5 27 | 19 28 | | 3 32 | Sa | 2 | " | 3 43 | Sq | 2 | R | — — |
| 2 | 75 | 10 | | 3 39 | 3 43 | | | 3 43 | 5 14 57 50 | | 48 | S | 2 | " | 3 43 | S | 2 | 18–351 | 4 51 |
| 3 | 145 | 30 | | 4 43 | 7 04 | | | 7 04 | 22 21 34 00 | | 3 42 | Ji | 3 | 3710–827 | 7 04 | Ji | 3 | R | — — |
| 4 | 418 | 10 | | 8 43 | 11 51 | | | 11 51 | | | 7 13 | S | 3 | " | 7 04 | S | 3 | R | — — |
| 5 | | | | | | | | 34 24 | | | | Sa | 7 | 4869–3085 | 10 17 | Sa | 7 | 4869–Lv 4870–3085 | 9 57 |
| 6 | 419 | 20 | | 8 33 | 11 48 | 1 30 | | 10 18 | 15 46 | | 7 31 | S | 7 | " | 10 17 | S | 7 | 4869–3757–3085 | 11 14 |
| 7 | 195 | 1 20 | | 7 54 | 11 14 | | | 11 14 | | | 5 37 | | | | | | | | |
| 8 | 48 | | | 2 30 | | | | | 28 28 | | | | | | | | | | |
| | 1818 | 3 11 | | 48 28 | 57 22 | 1 30 | | 55 52 134 38 | | | | | | | — 45 51 | | | + 26 02 | |
| | | | | | | | | | | | | | | | + 26 02 | | | | |
| | | | | | | | | | | | | | | | — 19 49 | | | | |

Die Mehrleistung wird gutgeschrieben und ausgeglichen!

Bw Lindau , den 24.9.1960 zugestimmt DV / Personalrat    MA Kempten , den 4.9.1960 genehmigt

948104  Dienstplan A 3 h Transparent Mainz I 58 10 000 M

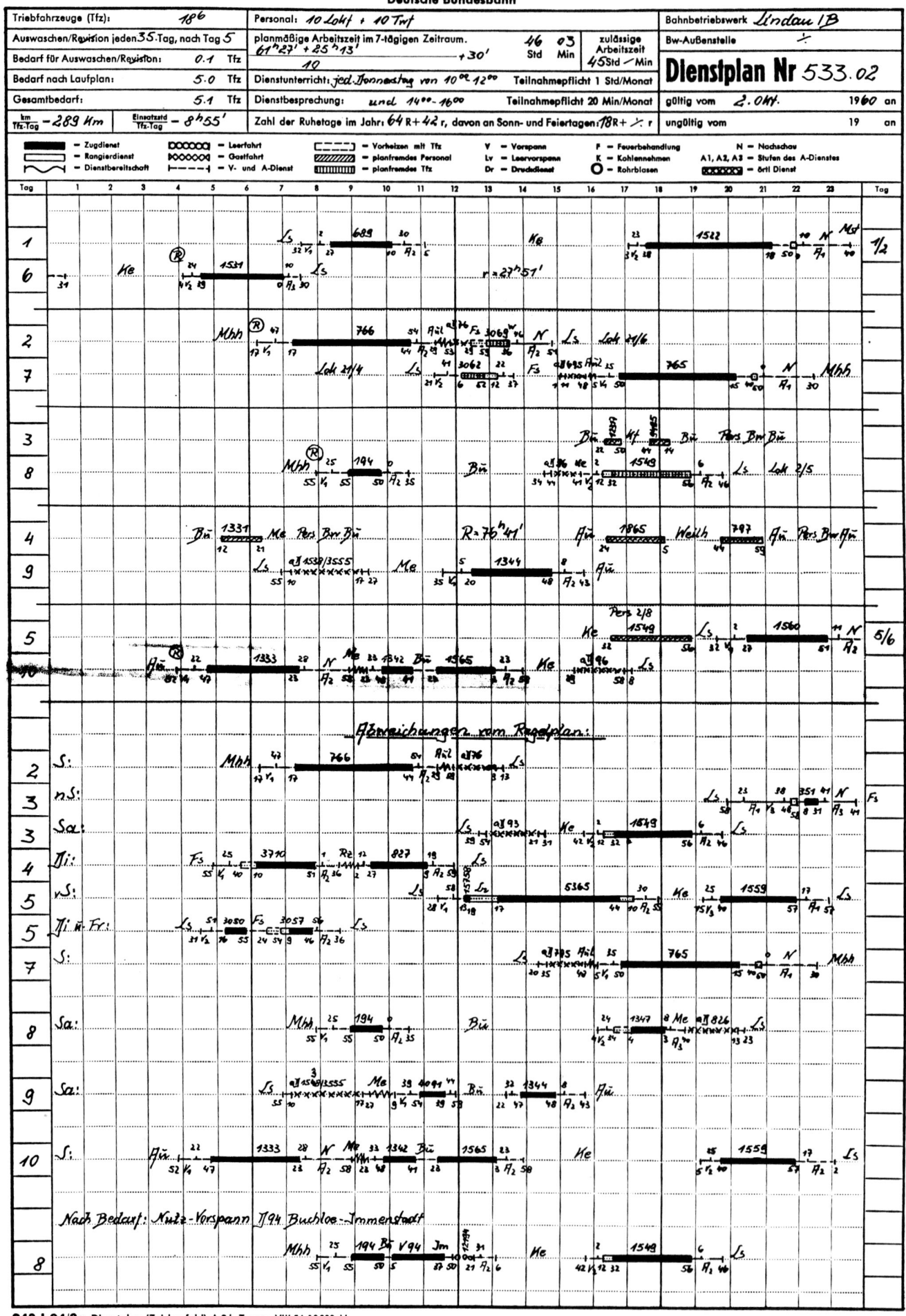

Deutsche Bundesbahn

| Triebfahrzeuge (Tfz): | 18⁶ | | Personal: 10 Lokf + 10 Twf | | Bahnbetriebswerk Lindau 1B | |
|---|---|---|---|---|---|---|

# Laufplan der Triebfahrzeuge

| ED | Augsburg |
|---|---|
| MA | Kempten |
| Bw | Kempten |

gültig vom 29. Mai 1960 an

| DplNr | Baureihe | Tag | 0 1 2 3 4 5 6 7 8 9 10 11 12 13 14 15 16 17 18 19 20 21 22 23 24 | Bem |
|---|---|---|---|---|
| 01 | 18⁶ | 1 | Kempten · · · · E 575 · · · · Mü · · · · D 96 · · Ls · · D 97 · · · · Mü | 574 |
| | | 2 | München · · P 1505 · · Ke · · D 703 · Ub · D 704 · Ke · E 889 · Augsburg | 454 |
| | | 3 | Augsburg · De 5078 · Bu 1332 · Au · · D 94 · · · Ls · · · D 95 · Augsburg | 425 |
| | | 4 | Augsburg · · E 888 · · Ke · · E 689 · 1683 Au · · E 690 · Ke · D 705 · Neu Ulm | 398 |
| | | 5 | Neu Ulm · · 5050 · D 708 · Ke · E 880/780 Fr,Sa · Lv D 93 v.1.7.-4.9. · Ke · Lz 12195 · Bu · D 795 · München | 313 |
| | | 6 | München · · · D 92 · · Ls · · D 93 · · Mü · · E 576 · Ke | 574 |
| | | | | 2738 |
| | | | | 456 km |
| 02 | 39 | 1 | 9481 · Buchloe · · P 1502 · · Mü · · · P 1515 · Ke · E 690 · Lindau | 291 |
| | | 2 | Lindau · · P 1538 · · Ke · P 1514 · Bu · P 1348 · Mü · P 1525 · Bu | 291 |
| | | 3 | Bu · Ne 5362 · · Ke · · Ne 5364 · 1575 · Ls · D 75 · 3079 · E 787 · E 887 · Kempten | 295 |
| | | 4 | Kempten · 7631 · Bu · De 5078 · Ke · P 1510 · · Mü · · P 1519 · · Ke · Nb 9481 W | 453 |
| | | | ab 26.06. bis 25.09. Ne 5364 / D 75 / 3079 / 787 / 887 | 1330 |
| | | | vom 29.05. bis 25.06. und ab 26.09. 5364 / Lz 2843 / 804 / 1548 | 332 km |

948 001 Laufplan der Triebfahrzeuge A 4 q Köln IV 51 10000 (Transparent)

**165** Im Bahnhof Aulendorf trafen sich am 12. April 1964 die Vertreterinnen zweier ewig konkurrierender Baureihen: 03 044 (Bw Ulm) hatte P 1314 Ulm–Friedrichshafen zu ziehen, 18 622 (Bw Lindau) war aus München mit E 766 München–Freiburg gekommen. Foto: G. Schilp

171

Mit 186 km Länge stellte das Zugpaar E 765/766 zwischen Aulendorf und München die nennenswerteste Leistung dar.

Am 26. September 1964 war schließlich das Ende des planmäßigen S 3/6-Einsatzes gekommen. An diesem Tag verließ mit 18620 vor E 766 (München–Freiburg) morgens um 7.37 Uhr zum letzten Mal eine bayerische S 3/6 planmäßig den Münchener Hauptbahnhof, die Stätte, wo 56 Jahre zuvor das ereignisreiche Leben dieser legendären Baureihe begonnen hatte. In den folgenden 12 Monaten bis zur endgültigen Abstellung der letzten Lokomotive (18622) konnte nur noch selten das markante S 3/6-Profil auf der Strecke beobachtet werden, dann nämlich, wenn eine Diesellokomotive oder eine der seit 1964 in Lindau beheimateten vier 01 ausgefallen war, wenn Sonderzüge zu befördern waren oder auch dann, wenn das Bw Lindau in verständnisvoller Weise dem Wunsch der inzwischen zahlreichen S 3/6-Freunde nachkam und nochmals eine der Maschinen mit einem Planzug auf die Reise schickte.

Die bei Planende im September 1964 noch vorhandenen Lokomotiven wurden in folgender Reihenfolge abgestellt:

18603  z ab  02.09.64
18617  z ab  28.09.64
18620  z ab  16.11.64
18614  z ab  25.01.65
18630  z ab  03.04.65

Seit April 1965 war nur noch 18622 betriebsbereit (neben der LVA-18505). Sie führte am 29. Mai 1965 eine große Abschiedsfahrt Augsburg–Donauwörth–Treuchtlingen–Ingolstadt–Augsburg, die anläßlich der BDEF-Verbandstagung in Augsburg veranstaltet wurde. Auf dem Weg dorthin hatte sie ihre bereits z-gestellte Schwesterlokomotive 18630 mitgebracht, die auf einer Fahrzeugschau im Bw Augsburg zusammen mit Lokomotiven anderer Baureihen gezeigt wurde.

Anschließend kam 18622 zurück nach Lindau, wo sie wenig später Schnellzugehren erwarteten. Große Unwetterschäden hatten zur Sperrung der Arlbergbahn geführt, so daß die dort verkehrenden internationalen Schnellzüge über die Strecke Lindau–Kempten–München Ost umgeleitet werden mußten. Für diese mehrtägige Sonderaufgabe war die Zahl der Kemptener V 200[1] und Augsburger 01 zu gering, so daß man 18622 heranzog. Auf diese Weise konnte die Lokomotive als Zugpferd u.a. des »Arlberg-Expreß«, des »Wiener Walzer« und des »Rot-Weiß-Kurier« auf der Allgäubahn nochmals beweisen, was in ihr steckt. Am 10. August 1965 bespannte sie einen Touropa-Zug zwischen Radolfzell und Lindau und kurze Zeit später nochmals einen Planzug.

Am 1. September 1965 war auch für 18622 das »Aus« gekommen. Die Deutsche Bundesbahn veranstaltete an diesem Tag eine Abschiedsfeier im Bw Lindau, auf der die Maschine letztmalig unter Dampf gezeigt wurde. Rundfunk und Fernsehen waren anwesend, um dieses für alle Freunde der S 3/6 traurige Ereignis festzuhalten. Die begehrten Lokschilder der Lokomotive, die umsichtigerweise bereits mehrere Monate vorher vom Betriebswerk in Gewahrsam genommen worden waren, sowie einige andere Eisenbahnsouvenirs wurden zugunsten der »Aktion Sorgenkind« versteigert. Anschließend ging auch bei 18622 das Feuer für immer aus.

An die große Zeit der Lindauer S 3/6 erinnerten jetzt nur noch die immer lichter werdenden Reihen der in Lindau-Reutin abgestellten Maschinen. Sie kamen nach und nach zur Zerlegung, leider auch 18622 im Jahr 1971. Nur wenigen blieb der Hochofen erspart: 18508 ging in den Privatbesitz des Schweizers Otto Fiechter, 18528 übernahm Krauß-Maffei und 18612 gelangte nach mehrjähriger Heizlokverwendung ins »Deutsche Dampflokomotiv-Museum« Neuenmarkt.

**166** Ausfahrt frei! 1959 verläßt 18610 (Bw Lindau) in Dampf gehüllt die neuerstehende Halle des Münchener Hauptbahnhofes.
Foto: K. Habler

**167** Die niedrigen Temperaturen des 8. Dezember 1962 sind 18 608 (Bw Lindau) im Augsburger Hauptbahnhof gut anzusehen. Gleich geht es mit E 880 Augsburg – Oberstdorf nach Immenstadt. Foto: H. Koppisch

**168** Kempten erhielt als eines der ersten Betriebswerke neue V 100, was auch Auswirkungen auf die S 3/6-Laufpläne hatte. Am 1. August 1962 begegneten sich die gerade drei Wochen alte V 100 1146 und die Lindauer 18 630 in Kempten. Foto: DB

**169** Gleich ist 18620 (Bw Lindau) am Ziel. Im Bild überquert sie mit E 711 am Ende ihrer Fahrt die Donaubrücke in Ulm (21. November 1963). Foto: U. Montfort

| | | | |
|---|---|---|---|
| 18426 | München I | 26.06.25–05.05.26 | München I |
| 18430 | Ludwigshafen | 11.12.25– 27 | München-Hbf |
| 18431 | | – 28 | Ludwigshafen |
| 18432 | | – 28 | Ludwigshafen |
| 18449 | Augsburg | 19.12.28–28.05.29 | Augsburg |
| 18461 | Augsburg | 10.05.29–19.01.31 | Augsburg |
| | Neu-Ulm | 02.12.53–05.02.54 | Neu-Ulm |
| 18462 | Augsburg | 22.01.29–04.10.30 | Augsburg |
| | Augsburg | 17.04.31–21.02.34 | München-Hbf |
| 18463 | Augsburg | 01.10.29–28.02.30 | Augsburg |
| 18469 | Neu-Ulm | 18.01.55–25.01.55 | Neu-Ulm |
| 18471 | (Augsburg) | 36 | (Kempten) |
| 18473 | (Augsburg) | 35–39, 45, 49, 50 | |
| | | –22.07.54 | Neu-Ulm |
| 18476 | RBD München | 28– | |
| | | 35, 36, 39 | |
| 18477 | Augsburg | 11.05.51–28.05.54 | Ausmusterung |
| 18478 | Augsburg | 17.02.43–14.03.43 | Augsburg |
| | Augsburg | 09.02.55–24.03.55 | Augsburg |
| | Augsburg | 10.11.55–18.02.57 | Augsburg |
| 18479 | Neulieferung | 15.11.23–23.11.56 | Ausmusterung |
| 18480 | Neulieferung | 03.12.23–02.11.55 | Ausmusterung |
| 18481 | Augsburg | 05.35– 02.57 | Augsburg |
| | Augsburg | 06.61–05.08.61 | Ausmusterung |
| 18482 | Augsburg | 55–07.08.56 | Ausmusterung |
| 18483 | Augsburg | 24.02.55–13.05.58 | Augsburg |
| 18484 | (Kempten) | (54)– (55) | (Ulm) |
| 18485 | Augsburg | 05.55–07.08.56 | Ausmusterung |
| 18490 | (Augsburg) | 53–22.02.55 | Ulm |
| | Ulm | 16.08.55–02.10.55 | Ulm |
| 18491 | Augsburg | 28.02.54–18.03.55 | Ausmusterung |
| 18492 | Augsburg | 14.05.55–02.09.57 | Augsburg |
| 18496 | Augsburg | 05.55–07.08.56 | Ausmusterung |
| 18498 | Augsburg | 21.05.55–18.04.56 | Ausmusterung |
| 18501 | Nürnberg-Hbf | 16.09.53–19.03.57 | Ulm |
| | Ulm | 12.04.57–10.08.57 | Ausmusterung |
| 18502 | Augsburg | 12.05.53–15.11.57 | Ausmusterung |
| 18503 | Nürnberg-Hbf | 33–23.03.54 | Ausmusterung |
| 18504 | Nürnberg-Hbf | 31–15.08.55 | Ausmusterung |
| 18505 | Nürnberg-Hbf | 23.10.53–09.01.55 | LVA Minden (Westf.) |
| 18506 | München-Hbf | 24.05.31–15.08.55 | Ausmusterung |
| 18507 | Nürnberg-Hbf | 17.04.53–07.10.54 | Neu-Ulm |
| | Neu-Ulm | 03.10.55– 11.57 | Augsburg |
| 18508 | Nürnberg-Hbf | 23.01.53–08.05.57 | Augsburg |
| | Augsburg | 11.06.61–20.10.62 | Ausmusterung |
| 18512 | Regensburg | 28.06.56–23.06.58 | Augsburg |
| 18513 | Hof | 28.05.57–15.11.57 | Ausmusterung |
| 18516 | Regensburg | 24.02.56–01.08.58 | Ulm |
| | Ulm | 23.08.58– 09.58 | Augsburg |
| 18519 | Regensburg | 29.05.57–25.04.58 | Ausmusterung |
| 18525 | Neulieferung | 04.02.28– 29 | Wiesbaden |
| 18526 | Neulieferung | 02.28– 29 | Wiesbaden |
| 18528 | Hof | 29.05.57–12.10.58 | Augsburg |
| | Augsburg | 30.05.61–15.11.63 | Ausmusterung |
| 18529 | Nürnberg-Hbf | 19.11.39–07.02.40 | Nürnberg-Hbf |
| 18537 | Darmstadt | 11.07.56– 09.58 | Augsburg |
| 18538 | Darmstadt | 27.02.56–20.11.58 | Ausmusterung |
| 18541 | Regensburg | 26.05.56–25.04.58 | Ausmusterung |
| 18543 | Darmstadt | 08.10.55– 57 | Umbau 18630 |
| 18601 | Ulm | 19.04.61–18.06.62 | Ausmusterung |
| 18602 | Regensburg | 03.06.59–01.07.64 | Ausmusterung |
| 18603 | Darmstadt | 10.10.57– 09.64 | Ludwigshafen (Z) |
| 18604 | Darmstadt | 02.01.58–04.12.61 | Ausmusterung |
| 18605 | Ulm | 28.03.61–28.05.63 | Ausmusterung |
| 18606 | Darmstadt | 28.11.57–18.06.62 | Ausmusterung |
| 18607 | Ulm | 30.07.61–15.11.63 | Ausmusterung |
| 18608 | Ulm | 30.05.61–15.11.63 | Ausmusterung |
| 18609 | Darmstadt | 18.04.57–12.11.62 | Ausmusterung |
| 18610 | Darmstadt | 01.11.57–12.11.62 | Ausmusterung |
| 18611 | Nürnberg-Hbf | 03.10.58–27.11.58 | Regensburg |
| | Regensburg | 22.01.59–01.07.64 | Ausmusterung |
| 18612 | Nürnberg-Hbf | 24.04.58–01.07.64 | Ausmusterung |
| 18613 | Nürnberg-Hbf | 02.10.58–01.07.64 | Ausmusterung |
| 18614 | Ulm | 03.10.61–28.04.65 | Ausmusterung |
| 18615 | Regensburg | 01.06.59–28.07.64 | Ausmusterung |
| 18616 | Nürnberg-Hbf | 04.10.58–01.07.64 | Ausmusterung |
| 18617 | Augsburg | 24.06.58–30.10.64 | Ausmusterung |
| 18618 | Nürnberg-Hbf | 08.02.58–04.12.61 | Ausmusterung |
| 18619 | Ulm | 04.10.61–15.11.63 | Ausmusterung |
| 18620 | Ulm | 31.05.61–10.03.65 | Ausmusterung |
| 18621 | Nürnberg-Hbf | 09.02.58–04.12.61 | Ausmusterung |
| 18622 | Ulm | 03.10.61–06.01.66 | Ausmusterung |
| 18623 | Ulm | 16.04.61–15.11.63 | Ausmusterung |
| 18624 | Regensburg | 09.07.59–04.12.61 | Ausmusterung |
| 18625 | Regensburg | 01.06.59–29.05.61 | Ausmusterung |
| 18626 | Regensburg | 30.05.59–28.06.62 | Ausmusterung |
| 18627 | Regensburg | 02.06.59–28.06.62 | Ausmusterung |
| 18629 | Ulm | 21.03.61–28.07.64 | Ausmusterung |
| 18630 | Umbau aus 18543 | 11.04.57–06.01.66 | Ausmusterung |

**170** Als 18614 (Bw Lindau) am 18. Dezember 1963 den Bahnhof Neu-Ulm mit E 711 verließ, war die Zeit der dortigen S 3/6 schon lange vorbei. Nicht einmal mehr das Betriebswerk existierte. Foto: U. Montfort

**171/172** Auf dem Führerstand der Lindauer 18613 bei knapp 110 km/h. Der Tachometer ist mit Fahrtenschreiber ausgerüstet (links, Slg: E. Mayer). Rechts im Bild 18602 beim Bekohlen im Bw Augsburg am 4. Juni 1962. Foto: H. Koppisch

**173** Ein beliebter, seit Ende des Dampfbetriebes aber leider aus der Gewohnheit gekommener Brauch war das Schmücken von Lokomotiven mit Christbäumen. Im Dezember 1963 vermittelte 18 614 Eisenbahnern und Reisenden weihnachtliche Stimmung. Foto: J. B. Kronawitter

**174** Das Wasserfassen mit gekuppeltem Zug auf einer Zwischenstation forderte vom Lokführer erhöhte Aufmerksamkeit, denn es mußte mittels der schwerfällig wirkenden Zugbremse auf Anhieb an der richtigen Stelle gehalten werden. Wir sehen dieses Manöver in Kaufering mit einer Lindauer 18⁶ im Jahr 1962.       Foto: H. Tauber

**175** 18 609 (Bw Lindau) überwindet im März 1962 auf der Strecke Lindau–Kempten die Steigung zwischen Harbatshofen und Oberstaufen. Wenige Monate später erlitt die Maschine in Fürstenfeldbruck einen umfangreichen Triebwerkschaden und mußte abgestellt werden. Anschließend diente sie noch als Heizlokomotive in Frankfurt. Foto: G. Turnwald

**176** E 766 München–Freiburg ist soeben in Aulendorf eingetroffen. Gleich wird 18 629 abkuppeln und ins Betriebswerk fahren. Der eisige Fahrtwind hat am Windleitblech seine Spuren hinterlassen (Aufnahme vom 15. Dezember 1963).

Foto: G. Schilp

**177**  In westlicher Richtung fuhren die Lindauer S 3/6 bis Singen. Auf dem Weg dorthin verläßt 18 622 im September 1963 den Bahnhof Radolfzell.          Foto: G. Turnwald

**178**  Mit Volldampf geht 18 617 im März 1964 die Steigung östlich von Kempten in Richtung Günzach an.
Foto: G. Turnwald

**179**  18. August 1960: 18 609 hat den E 793 Garmisch—Augsburg in Weilheim/Obb. übernommen und wird ihn entlang des Ammersees an sein Ziel bringen. Auf der Lokomotive steht Augsburger Personal.                                                                                                                                        Foto: R. Birzer

**180**  Die letzte planmäßige Ausfahrt einer bayerischen S 3/6 aus dem Münchener Hauptbahnhof! Am 26. September 1964 um 7.37 Uhr morgens setzte 18 620 (Bw Lindau) vor E 766 München—Freiburg nochmals fotogenen Dampf für die Fotografen auf. 56 Jahre vorher hatte die Geschichte der S 3/6 hier begonnen.
Foto: K. Ismaier,
Slg: W. Schier

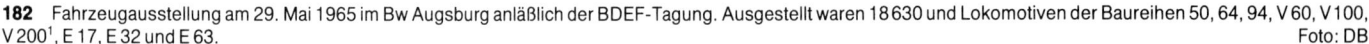

**181** Karl Ismaier, vielen Münchener Eisenbahnfreunden noch bekannt, vermerkte auf der Bildrückseite: »Diese Aufnahme ist eine Rarität besonderer Art! D 235 wurde an diesem Tag auf Wunsch von Heinz außerplanmäßig noch einmal von der einzigen im Bw Lindau noch unter Dampf stehenden S 3/6 geführt, damit diese Aufnahme (in unserer Sammlung noch fehlend) einer S 3/6 am Lindauer Damm noch möglich war! Das waren noch Zeiten!«       Slg: G. Böck

**182** Fahrzeugausstellung am 29. Mai 1965 im Bw Augsburg anläßlich der BDEF-Tagung. Ausgestellt waren 18630 und Lokomotiven der Baureihen 50, 64, 94, V 60, V 100, V 200[1], E 17, E 32 und E 63.       Foto: DB

**183** Große Abschiedsfahrt der letzten 18$^6$ am 29. Mai 1965 von Augsburg über Donauwörth nach Treuchtlingen und zurück (über Ingolstadt). Girlandengeschmückt dampft 18622 durch das schöne Altmühltal und zieht ihre zahlreichen Bewunderer in den Bann. Eben verläßt sie den Kirchberg-Tunnel auf dem Weg nach Ingolstadt.

Foto: Schreiber, Slg: J. B. Kronawitter

**184** Bald nach der Augsburger Abschiedsfahrt mußte 18622 unerwartet im Schnellzugdienst Lindau–München einspringen. Ende Juni 1965 war die Arlbergbahn mehrere Tage infolge von Unwetterschäden gesperrt, so daß eine Anzahl Reisezüge über das Allgäu umgeleitet werden mußte. Helmut Tauber beobachtete diese außergewöhnliche Betriebssituation und hielt 18622 mehrmals im Bild fest. Eines der Fotos zeigt die Maschine vor dem »Wiener Walzer« am Morgen des 27. Juni 1965 aus München kommend auf dem Lindauer Bodenseedamm.

Die Sperrung der Arlbergbahn war wegen der besonderen geographischen Lage dieser Strecke kein Einzelfall. Vorsorglich bestanden und bestehen Sonderpläne für umzuleitende Züge, wie etwa der unten abgedruckte vom Winterfahrplan 1948/49.

**Umleitungsschnellzug D (10,5) bzw L (11,5) 1. 2. 3. Klasse**

D 224 Paris Est—Basel—Zürich—Buchs—Innsbruck—Wien West (400 t)
L 110 Arlbergexpreß Paris Est—Basel—Zürich—Buchs—Innsbruck (—Budapest—Bukarest) vereinigt bis Rosenheim mit D 234 (Paris Est—Straßburg—)Lindau—Bregenz—Feldkirch—Innsbruck (650 t)
bei der Fahrt über Lindau—Kempten=Hegge—München im Falle der Unterbrechung der Arlbergstrecke
(im Bildfahrplan nicht enthalten)

Höchstgeschwindigkeit
L—Or 65 km/h
Or—R 85 km/h
R—Th 65 km/h
Th—Ai 80 km/h
Ai—Mhh 85 km/h

S 36.17 (18⁴⁻⁵)   Last 460 t f
Ur 1110—Vorspann L—Bu   Mindestbremshundertstel 76

**Linke Tabelle**

| | | | Ur 1224 B | | Ur 1110 B | | | |
|---|---|---|---|---|---|---|---|---|
| 1 | 2 | 3 | 4 | 6 | 4 | 6 | | 8 |
| | | Paris Est .......... | | 8.10 | | 23.20 | | |
| | | Feldkirch .......... | 22.43 | 22.58 | 13.17 | 13.35 | | |
| | | Bregenz .......... | 23.36 | 23.50 | 14.13 | 14.30 | | |
| | | Lindau Hbf ▼ .... | 0 02 | 0 30 | 14 42 (14 43) | 15 20 | | |
| 1,5 | | Stellw I Lindau Hbf . | — | 34 | | 24 | | 1,9 |
| 3,2 | | Bf Taubenberg..... | — | 39$_5$ | — | 29$_5$ | | 2,9 |
| 3,5 | | Oberreitnau ▼ .... | — | 46 | | 36 | | 3,3 |
| 5,7 | | Schlachters ........ | — | 54 | | 44 | | 4,5 |
| 3,5 | 80* | Hergensweiler ...... | — | 58 | | 48 | | 2,5 |
| 5,7 | | Hergatz .......... | — | 1 04 | | 53 | | 4,5 |
| 6,2 | | Bf Opfenbach Hp... | — | 17 | | 16 03 | | 6,5 |
| 4,5 | 75* | Heimenkirch ........ | — | 24 | | 10 | | 3,2 |
| 4,7 | | Röthenbach (Allg) ▼ | — | 32$_5$ | | 18 | | 4,0 |
| 6,0 | | Harbatshofen ....... | — | 43$_5$ | | 28 | | 7,0 |
| 7,1 | | Oberstaufen ....... | — | 52$_5$ | | 37 | | 7,0 |
| 4,7 | | Thalkirchdorf ...... | — | 59 | | 43 | | 4,6 |
| 4,9 | | Bf Ratholz Hp .... | — | 2 03 | | 47 | | 3,4 |
| 7,2 | | Immenstadt ▼..... | 2 10 | 20 | 16 55 | 17 05 | | 5,8 |
| 5,8 | | Seifen (Schwab) ..... | | 2 27 | — | 17 12 | | 4,7 |
| ,3 | | Oberdorf b J ▼ ... | | 31 | | 16 | | 2,9 |
| 5,0 | | Waltenhofen ....... | | 35$_5$ | | 20$_5$ | | 3,6 |
| 3,0 | | Kempten=Hegge .... | | 38$_5$ 17 24 | | 34 | | 2,6 |
| 1,7 | | Stellwerk V ....... | | 42$_5$ | | 39 | | 1,9 |

**Rechte Tabelle**

| | | Ur 1224 B | | Ur 1110 B | | | |
|---|---|---|---|---|---|---|---|
| 1,3 | Stellwerk I ▼ .... | | 44$_5$ | | 41 | | 2,0 |
| 2,7 | Bf Lenzfried ...... | | 48$_5$ | | 45 | | 2,5 |
| 2,3 | Betzigau .......... | | 51$_5$ | | 48 | | 1,5 |
| 3,2 | Wildpoldsried ...... | | 54$_5$ | | 51 | | 1,9 |
| 5,2 | Bf Immenthal .... | 3 00 | | | 57 | | 3,8 |
| 4,7 | Günzach .......... | | 05$_5$ | ¹) 18 03 | | | 3,6 |
| 5,3 | Bf St Alban ...... | | 11$_5$ | | 09 | | 4,7 |
| 4,4 | Aitrang ▼ .... | | 15$_5$ | | 13 | | 3,6 |
| 4,1 | Ruderatshofen ...... | | 19 | | 16$_5$ | | 3,0 |
| 4,2 | Biessenhofen ...... | | 22$_5$ | | 20 | | 3,0 |
| 5,4 | Kaufbeuren ▼ .... | | 28 | | 26 | | 4,2 |
| 5,1 | Leinau .......... | | 34$_5$ | | 33 | | 4,5 |
| 3,0 | Pforzen .......... | | 37 | | 36 | | 2,1 |
| 5,3 | Beckstetten ........ | | 41 | | 40 | | 3,7 |
| 6,9 | Buchloe .......... | 3 47 | 57 | 18 47 | 19 00 | | 5,3 |
| 7,5 | Jgling .......... | | 4 06$_5$ | | 11 | | 6,9 |
| 4,3 | Kaufering ......... | ¹) 10$_5$ | | | 16 | | 3,0 |
| 5,0 | Epfenhausen ....... | | 17$_5$ | | 23 | | 4,6 |
| 5,0 | Schwabhausen b L .. | | 21$_5$ | | 28 | | 3,7 |
| 4,1 | Geltendorf ........ | | 24$_5$ | | 31 | | 3,0 |
| 2,7 | Türkenfeld ......... | | 27 | | 35 | | 2,0 |
| 7,1 | Grafrath .......... | ¹) 32$_5$ | | | 41 | | 5,5 |
| 3,3 | Bf Schöngeising Hp. | | 37 | | 45 | | 2,5 |
| | Fürstenfeldbruck..... | 4 43$_5$ | | 19 51 | | | 3,2 |
| 4,1 | Abzw Steinwerk ... | | 46$_5$ | | 54 | | 2,3 |
| 4,9 | Puchheim .......... | | 50$_5$ | | 59 | | 3,7 |
| 2,6 | Aubing .......... | | 55$_5$ | 20 03 | | | 2,0 |
| 1,0 | Abzw Mü-Pasing West | | 58$_5$ | | 06 | | 1,0 |
| 3,2 | Mü=Pasing ▼ ..... | | 59$_5$ | | 08 | | 2,8 |
| 3,2 | Bf Landsbergstr .. | 5 03$_5$ | | | 12 | | 5,2 |
| 219,3 | München Hbf ▼ ... | 5 10 | 5 25 | 20 20 | 20 35 | | 186,9 |
| | Salzburg .......... | 8.00 | 8.40 | 23.01 | (23.00) | | |
| | Wien West .......... | 15.45 | | 7.30 | | | |

¹) Überholt Dg7637    ¹) Überholt P 1524
²) Überholt N 9467

**185–187** Abschiedsstunde für 18 622! Am 1. September 1965 veranstaltete die Deutsche Bundesbahn im Bw Lindau eine Feierstunde anläßlich der Außerdienststellung ihrer letzten 18⁶, zu der sich viele Eisenbahnfreunde und sogar Rundfunk und Fernsehen einfanden. Lampen, Loknummernschilder und andere Souvenirs fanden bei einer Verlosung zu Gunsten der »Aktion Sorgenkind« neue Besitzer. – Betrachtet man auf dem Bild unten die herrliche Lokomotive, deren Feuer wenige Stunden später für immer erlosch, so muß es aus heutiger Sicht unverständlich erscheinen, daß es 1971 tatsächlich zu ihrer Verschrottung kommen konnte. Leider war damals die Zeit für eine sinnvollere Verwendung noch nicht reif genug. Slg: G. Böck

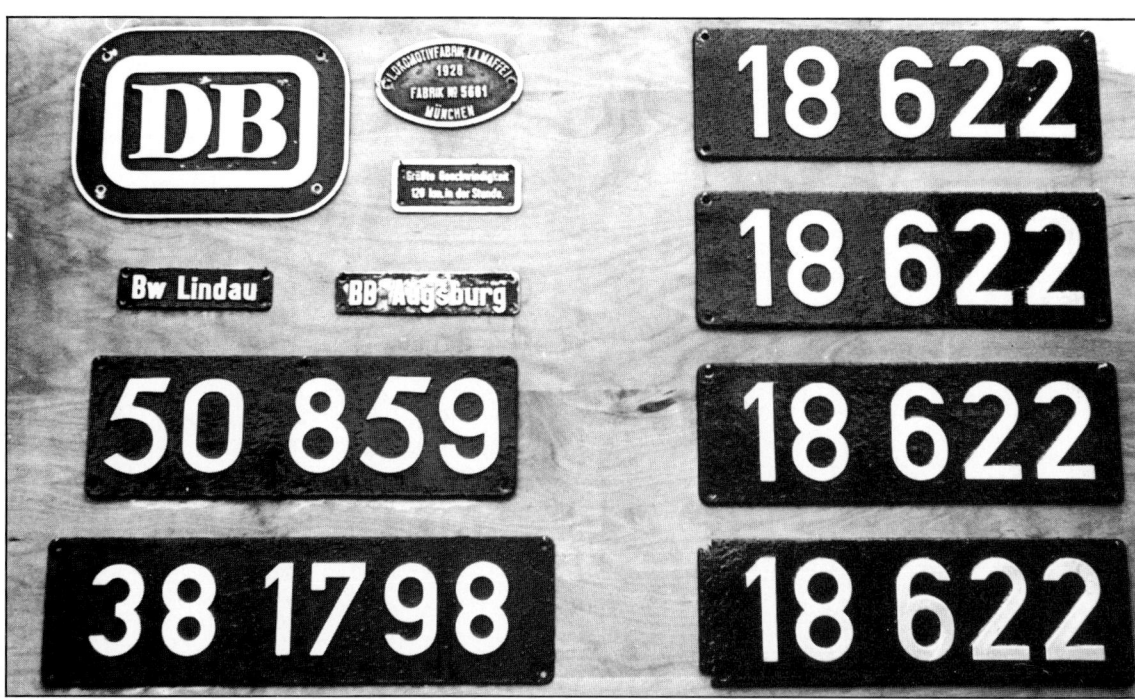

**188** Am Neujahrstag 1932 hatte 18 470 (Bw Augsburg) in Ulm-Hbf vor ihrem Zug Richtung Augsburg kurzen Aufenthalt. Foto: Geitmann

## Bw Augsburg

Erst 15 Jahre nach Indienststellung der bayerischen S 3/6 verfügte die Direktion Augsburg über eigene Lokomotiven dieser Gattung, die zunächst nur in Lindau und auch dort nur in wenigen Exemplaren stationiert wurden. Vier Jahre später, im Jahr 1927, erhielt auch das Bw Augsburg S 3/6, und zwar aus älteren Lieferungen stammende Maschinen der RBD München, deren Bedarf durch fabrikneue 18⁵ ausreichend gedeckt war. Die vorerst wenigen Lokomotiven waren im Schnellzugdienst zwischen München und Stuttgart sowie ins Allgäu eingesetzt:

**01.08.28:** 18 449, 461, 462, 463

Mit Eröffnung des elektrischen Betriebes auf der Rennstrecke München–Augsburg am 15. Mai 1931 wurden in Augsburg die nach dort von Elloks gebrachten Züge in Richtung Stuttgart, Würzburg und Nürnberg auf Dampf umgespannt. Zu diesem Zweck bekam das Bw Augsburg im Mai 1931 vor allem aus dem Bw München-Hbf eine Reihe von S 3/6, wodurch sich der Bestand deutlich vergrößerte:

**20.07.31:** 18 461, 463, 467, (470), 471, (473), 481, 482, 483, 484, 491, 492, 494

Nur zwei Jahre später (30. Mai 1933) hing der Fahrdraht auch zwischen Augsburg und Stuttgart, so daß ein großer Teil des Zugbetriebes zwischen den Hauptstädten Württembergs und Bayerns mit Elloks abgewickelt werden konnte. Damit entfielen diese Leistungen für die S 3/6, wodurch neben Augsburg –Nürnberg/Würzburg eine verstärkte Verwendung der Lokomotiven auf den Strecken Augsburg–Lindau (über Kempten bzw. Memmingen) anstelle der schwächeren 17⁴·⁵ möglich wurde.
Wiederum zwei Jahre darauf, am 10. Mai 1935, hatte sich die Elektrifizierung auch bis Nürnberg vorgearbeitet. Augsburg war

jetzt in westlicher, östlicher und nördlicher Richtung an den Fahrdraht angeschlossen, so daß den S 3/6 im wesentlichen nur noch die südwärts führenden Linien ins Allgäu und nach Weilheim–Garmisch verblieben. Die überzählig gewordenen Maschinen wurden nach München und Lindau abgegeben, außerdem hatten die in Augsburg gebliebenen S 3/6 nennenswerte Einbußen in bezug auf ihre Kilometerleistung hinzunehmen: vor 1935 legten sie täglich im Schnitt 400–450 km zurück, nach Mai 1935 jedoch um rund 100 km weniger.
Der Lokomotivbestand von 1936:

**31.07.36:** 18 461, 463, 482, 483, 491, 492

Die Gesamtzahl von zwischen fünf und sieben S 3/6 blieb für das kommende Jahrzehnt gleich. Nur wenige Bewegungen, die größtenteils aus der zusammenfassenden Liste am Schluß ersichtlich sind, veränderten das Bild. Ab 1948 traten wieder größere Verschiebungen ein, was sich in der folgenden, bis zum Schluß des Augsburger S 3/6-Dienstes reichenden Übersicht wiederspiegelt:

| | | | |
|---|---|---|---|
| 1945 = 7 | 1950 = 17 | 1955 = 7 | 1960 = 4 |
| 1946 = 5 | 1951 = 16 | 1956 = 4 | 1961 = 2 |
| 1947 = 6 | 1952 = 15 | 1957 = 7 | 1962 = 0 |
| 1948 = 12 | 1953 = 16 | 1958 = 7 | |
| 1949 = 7 | 1954 = 15 | 1959 = 7 | |

Im Winterfahrplan 1950/51 waren lediglich zwei D-Züge der amerikanischen Besatzungsmacht und zwei Eilzüge im S 3/6-Dienstplan zu finden, ansonsten zogen die stolzen Schnellzuglokomotiven nur Personenzüge:

| | |
|---|---|
| DBA 679 | Weilheim–Augsburg |
| DBA 680 | Augsburg–Weilheim |
| E 874 | Augsburg–Buchloe |
| E 875 | Buchloe–Augsburg |

**189/190** Vom Fotografen der Eisenbahndirektion Augsburg wurde 18 490 am 10. April 1952 im Bw Augsburg aus mehreren Perspektiven aufgenommen. Kurze Zeit später kam die Lokomotive zum Bw Lindau.

An diesem ungünstigen Verhältnis zwischen schnellfahrenden Reisezügen auf längeren Strecken und Personenzügen mit häufigen Halten und kurzen Fahrtstrecken änderte sich bis zum Ende des Augsburger S 3/6-Betriebes nichts wesentliches, die zu fahrenden Leistungen entsprachen denen anderer Dienststellen mit preußischen P 8 oder T 18.

In der ersten Hälfte der fünfziger Jahre reichte das Einsatzgebiet der 18er von Augsburg bis Memmingen–Aulendorf, bis Lindau (über Kempten), Garmisch und Ingolstadt. Im Herbst 1954 mußten nach Lindau und Neu-Ulm einige Maschinen abgegeben werden, weshalb der ab 3. Oktober 1954 gültige achttägige S 3/6-Laufplan mit einem Tagesschnitt von 329 km bereits ab 15. November 1954 durch einen fünftägigen mit 381 km/Tag ersetzt werden mußte. Eine Reihe von Zügen wurden in den P 8-Plan aufgenommen, unter anderem auch das eine Personenzugpaar, mit dem Ingolstadt angefahren wurde und die Weilheimer E- und P-Züge. Sie kamen teilweise zum Ende der fünfziger Jahre wieder in den S 3/6-Dienstplan.

Laufplan des Bw Augsburg, gültig ab 15. November 1954 für 5 Lokomotiven der Baureihe 18$^{4-5}$ (in der Reihenfolge der zu führenden Züge):

| Gz 5078 | Augsburg–Kempten | 4.20 Uhr– 7.25 Uhr |
|---|---|---|
| E 673 | Kempten–Augsburg | 9.33 Uhr–10.57 Uhr |
| P 1343 | Augsburg–Memmingen | 12.58 Uhr–15.11 Uhr |
| P 3570 | Memmingen–Aulendorf | 17.46 Uhr–19.54 Uhr |
| P 3541 | Aulendorf–Memmingen | 6.15 Uhr– 8.25 Uhr |
| P 1338 | Memmingen–Augsburg | 9.51 Uhr–11.37 Uhr |
| E 784 | Augsburg–Buchloe | 13.35 Uhr–14.19 Uhr |
| E 783 | Buchloe–Augsburg | 15.21 Uhr–15.56 Uhr |
| P 1353 | Augsburg–Memmingen | 18.06 Uhr–20.32 Uhr |
| P 1334 | Memmingen–Augsburg | 5.08 Uhr– 7.24 Uhr |
| P 1565 | Augsburg–Kempten | 10.17 Uhr–13.00 Uhr |
| P 1566 | Kempten–Augsburg | 14.33 Uhr–17.00 Uhr |
| E 876 | Augsburg–Lindau | 19.40 Uhr–22.25 Uhr |
| E 875 | Lindau–Augsburg | 5.47 Uhr– 8.56 Uhr |
| E 690 | Augsburg–Kempten | 16.12 Uhr–17.40 Uhr |
| D 181 | Leervorspann Kempten–Buchloe | 19.20 Uhr–20.19 Uhr |
| D 181 | Buchloe–Augsburg | 20.32 Uhr–21.04 Uhr |
| E 888 | Augsburg–Kempten | 5.54 Uhr– 7.42 Uhr |
| E 889 | Kempten–Augsburg | 18.02 Uhr–19.46 Uhr |

Durch Ausmusterung und weitere Abgaben nach Lindau und Ulm sank die Zahl der S 3/6 bis 1956 auf nur vier Maschinen:

**03.06.56:** 18 462, 471, 472, 473

Dadurch war eine weitere Kürzung des Planes notwendig, die erst mit der Zuweisung einer Reihe von S 3/6 aus Lindau in den Jahren 1957 und 1958 ausgeglichen werden konnte, wo inzwischen die neubekesselten 18$^6$ Einzug gehalten hatten.

Der Lokomotivpark setzte sich seit Mitte der fünfziger Jahre vornehmlich aus Maschinen zusammen, die nur noch bedingt unterhalten wurden oder bereits nicht mehr zum Erhaltungsbestand zählten. Sie wurden in Augsburg abgefahren und nach Erreichen der Kilometer- oder Zeitfrist ausgemustert, einzelne Lokomotiven bereits früher. Auf diese Weise sank die Zahl der betriebsbereiten S 3/6 stetig, so daß für den Sommer 1960 nur noch ein zweitägiger Laufplan aufgestellt werden konnte, für den am

**01.06.60:** 18 481, 508, 512, 528 (483 und 537 = z)

verfügbar waren. Dieser vorletzte Augsburger S 3/6-Plan enthielt im Gegensatz zu den meisten vorausgegangenen mehr Schnell- und Eil- als Personenzugleistungen, was für Augsburger Verhältnisse seit langer Zeit ungewöhnlich war. Tagesleistungen von 200–300 km stellten die Regel dar und nur selten

kam eine Lokomotive darüber. 18 491 und 528 mögen dies verdeutlichen:

**18 491: Jahreslaufleistung**

| 1934 | 117 220 km | 273 Betriebstage | Ø 429 km/Tag |
|---|---|---|---|
| 1935 | 79 817 km | 248 Betriebstage | Ø 322 km/Tag |
| 1936 | 70 257 km | 229 Betriebstage | Ø 307 km/Tag |
| 1937 | 108 308 km | 314 Betriebstage | Ø 345 km/Tag |
| 1938 | 89 616 km | 306 Betriebstage | Ø 293 km/Tag |
| 1939 | 75 086 km | 268 Betriebstage | Ø 280 km/Tag |
| 1940 | 70 775 km | 286 Betriebstage | Ø 247 km/Tag |
| 1941 | 67 985 km | 265 Betriebstage | Ø 256 km/Tag |
| 1942 | 73 388 km | 296 Betriebstage | Ø 248 km/Tag |
| 1943 | 55 422 km | 250 Betriebstage | Ø 222 km/Tag |
| 1944 | 29 291 km | 125 Betriebstage | Ø 234 km/Tag |
| 1945 | 28 962 km | 164 Betriebstage | Ø 177 km/Tag |
| 1946 | 25 754 km | 121 Betriebstage | Ø 213 km/Tag |
| 1947 | 23 655 km | 101 Betriebstage | Ø 234 km/Tag |
| 1948 | 73 798 km | 272 Betriebstage | Ø 271 km/Tag |
| 1949 | 65 344 km | 237 Betriebstage | Ø 276 km/Tag |
| 1950 | 78 094 km | 290 Betriebstage | Ø 269 km/Tag |
| 1951 | 61 059 km | 206 Betriebstage | Ø 296 km/Tag |
| 1952 | 84 675 km | 297 Betriebstage | Ø 285 km/Tag |
| 1953 | 84 558 km | 302 Betriebstage | Ø 280 km/Tag |

**18 528: Jahreslaufleistung**

| 1959 | 58 654 km | 245 Betriebstage | Ø 239 km/Tag |
|---|---|---|---|
| 1960 | 47 748 km | 222 Betriebstage | Ø 215 km/Tag |

Lediglich die ersten Augsburger Jahre bis etwa 1938 brachten den S 3/6 Leistungen, für die sie gebaut waren und unter denen sie wirtschaftliche Verbrauchs- und Kostenwerte zeigen konnten. 18 491 ist hier ganz besonders zu erwähnen: ihre Kohleverbrauchswerte der Jahre 1937 und 1938 liegen monatelang bei Werten unter 10 t pro 1000 km und im Schnitt dieser beiden Jahre auf der hervorragenden Marke von 10,03 t/1000 km. Für Oktober 1938 beträgt der Wert 9,05 t ...!

Ebenso günstig sind die Unterhaltungskosten in den dreißiger Jahren, die auf 1000 Lokkilometer bezogen 221 RM (RAW) und

Personenzüge waren die typischen Augsburger S 3/6-Leistungen. Abgebildet ein Buchfahrplanauszug vom Winter 1948/49.

| | P (30,1) 3. Klasse (250 t) | | | | | | |
|---|---|---|---|---|---|---|---|
| | **Augsburg Hbf—Buchloe—Memmingen** | | | | | | |
| Höchstgeschwindigkeit A—Bu 85 km/h S 36.17 (18⁴) Bu—M 75 km/h | | | | | Last 300 t e | Mindestbremshundertstel 57 | |
| | | 1333 | 1565 W | | 1337 W | | |
| | 3 | 6 | 6 | 4 | 6 | 4 | 6 | 8 |
| 1,3 | Augsburg Hbf ▼ ... | — | 4 55 | — | 10 00 | | | 2,5 |
| 0,5 | Au-Morellstr Hp ... | 4 59₅ | 5 00₅ | — | — | | | 0,5 |
| 4,7 | Au-Stw Süd ....... | — | 02 | — | 03₅ | | | 0,5 |
| 5,5 | Inningen ......... | 5 08₅ | 09₅ | 10 08 | 09 | | | 4,5 |
| 3,6 | Bobingen ........ | 18 | 20 | 16 | 17 | | | 5,1 |
| 2,2 | Wehringen Hp ..... | 26₅ | 27₅ | — | — | | | 3,8 |
| 5,3 | Großaitingen ...... | 32 | 33 | 24 | 25 | | | 2,7 |
| 5,5 | Schwabmünchen .... | 40₅ | 42₅ | 31₅ | 33₅ | | | 5,0 |
| 4,5 | Westerringen ..... | 50 | 51 | 40 | 41 | | | 5,0 |
| 3,8 | Bf Lamerdingen Hp .. | 58₅ | 59₅ | 47 | 48 | | | 4,4 |
| 3,0 | Dillishausen Hp .... | 6 05₅ | 6 06 | 52₅ | 53₅ | | | 3,8 |
| 3,8 | Buchloe ▼ ...... | 11₅ | 24 | 10 58 | 11 06 | 11 00 | 11 15 | 3,4 |
| 4,5 | Bf Wiedergeltingen Hp | 30 | 31 | | | 21 | 22 | 4,4 |
| 4,2 | Türkheim (Bay) Bf . | 37 | 39 | | | 28 | 31 | 4,6 |
| 6,2 | Bf Unterrammingen Hp | 45 | 46 | | | 37 | 38 | 4,3 |
| 6,1 | Mindelheim ....... | 55 | 58 | | | 47 | 50 | 6,1 |
| 7,6 | Stetten (Schwab) ... | 7 06₅ | 7 07₅ | | | 58₅ | 59₅ | 5,9 |
| 5,6 | Sontheim (Schwab) .. | 16₅ | 17₅ | | | 12 08₅ | 12 09₅ | 7,0 |
| 8,1 | Ungerhausen ...... | 24₅ | 26₅ | | | 16₅ | 18₅ | 5,4 |
| 86,0 | Memmingen ....... | 7 37 | — | | | 12 29 | — | 86,1 |
| | | | | | | | | 7,7 |

(von München Hbf / nach Oberdorf)

**191**  Am 4. März 1939 war 18 491 (Bw Augsburg) auf einer Fahrzeug- und Filmschau der Deutschen Reichsbahn anläßlich einer Straßensammlung des Winterhilfswerkes in Augsburg ausgestellt. Die Lokomotive erzielte in den dreißiger Jahren mehrmals monatliche Durchschnittsverbrauchswerte von 9 t Kohle pro 1000 km im regulären Zugdienst!
Slg: S. Lüdecke

**192**  Zwei Monate vor ihrer Z-Stellung fotografierte Richard Schatz die Augsburger 18 462 im September 1957 in Buchloe.

61 RM (Bw), zusammen 282 RM ausmachten. Das Gegenbeispiel ist 18528, die Ende der fünfziger Jahre aufgrund der häufigen Verwendung im Personenzugdienst im Schnitt 15 t Kohle für 1000 km benötigte und deren Unterhaltung deutlich aufwendiger als bei vergleichbaren, in besseren Plänen verwendeten Schnellzuglokomotiven war.

Im Winter 1960/61 waren noch 18481, 508, 512 (bis 06.02.61, dann z) und 528 einsatzbereit. Sie liefen nach Weilheim und Kempten bis zum Planwechsel im Mai 1961. Anschließend wurden 18481, 508 und 528 nach Lindau umbeheimatet.

| | | | |
|---|---|---|---|
| 18426 | Freilassing | 15.10.27–28.02.28 | Ludwigshafen |
| 18448 | Treuchtlingen | 04.46–14.11.51 | Ausmusterung |
| 18449 | München I | 28.09.27–03.10.28 | Lindau |
| | Lindau | 14.07.29–18.07.29 | Halle P |
| 18451 | Kempten | 15.04.48–17.01.50 | Göttingen P |
| 18461 | München I | 29.09.27–09.05.29 | Lindau |
| | Lindau | 01.03.31–13.06.33 | Kempten |
| | Kempten | 16.07.34–12.05.35 | Kempten |
| | Kempten | 23.06.36–08.12.45 | (Kempten) |
| 18462 | RBD München | 28.09.27–21.01.29 | Lindau |
| | Lindau | 05.10.30–16.04.31 | Lindau |
| | Neu-Ulm | 08.10.55–25.04.58 | Ausmusterung |
| 18463 | Freilassing | 07.10.27–31.10.28 | Nürnberg-Hbf |
| | Nürnberg-Hbf | 20.12.28–30.09.29 | Lindau |
| | Lindau | 26.04.30–08.06.33 | Kempten |
| | Kempten | 30.06.34–11.05.35 | Kempten |
| | Kempten | 18.05.36–27.04.47 | Kempten |
| 18465 | Kempten | 48–23.02.49 | Neu-Ulm |
| | Neu-Ulm | 04.10.55–18.04.56 | Ausmusterung |
| 18467 | Nürnberg-Hbf | 11.04.31–15.05.34 | München-Hbf |
| 18469 | Neu-Ulm | 17.05.53–28.06.54 | Neu-Ulm |
| | Neu-Ulm | 09.07.54–05.11.54 | Neu-Ulm |
| | Neu-Ulm | 23.09.55–02.11.55 | Ausmusterung |
| 18470 | | –13.08.35 | München-Hbf |
| | Neu-Ulm | 09.05.52–15.12.54 | Neu-Ulm |
| | Neu-Ulm | 14.05.55–21.12.55 | Ulm |
| 18471 | RBD München | 25.10.30– | (35) Lindau |
| | | 45, 50, 55, 59 | |
| | | –30.04.59 | Ausmusterung |
| 18472 | Buchloe | 51–22.03.55 | Neu-Ulm |
| | Kempten | 05.55–30.04.59 | Ausmusterung |
| 18473 | | 34, 35 | Lindau |
| | Neu-Ulm | 01.05.55–29.06.57 | Ulm |

| | | | |
|---|---|---|---|
| 18475 | Buchloe | 31.01.51–18.03.55 | Ausmusterung |
| 18476 | | 42, 45 | |
| | Kempten | 48–13.04.49 | Neu-Ulm |
| | Buchloe | 51–28.05.54 | Ausmusterung |
| 18477 | Hof | 05.50–10.05.51 | Lindau |
| 18478 | München-Hbf | 20.02.32–15.06.34 | München-Hbf |
| | München-Hbf | 27.06.41–17.11.42 | Lindau |
| | Lindau | 25.01.44–12.07.49 | Neu-Ulm |
| | Neu-Ulm | 08.05.50–08.02.55 | Lindau |
| | Lindau | 25.03.55–09.11.55 | Lindau |
| | Lindau | 08.04.57–04.06.58 | Ulm |
| 18481 | München-Hbf | 11.05.31– 05.35 | Lindau |
| | Lindau | 02.57– 06.61 | Lindau |
| 18482 | | 31, 33, 35, 36 | |
| | (Kempten) | 49– 55 | Lindau |
| 18483 | München-Hbf | 11.05.31–13.11.39 | Nürnberg-Hbf |
| | Nürnberg-Hbf | 23.04.40–30.05.41 | München-Hbf |
| | München-Hbf | 07.09.47–23.02.55 | Lindau |
| | Lindau | 19.06.58–14.07.60 | Ausmusterung |
| 18484 | München-Hbf | 12.05.31– 35 | Nürnberg-Hbf |
| | Kempten | 01.50– 05.52 | Kempten |
| 18485 | Nürnberg-Hbf | 49– 05.55 | Lindau |
| 18486 | Hof | 05.50–25.10.55 | Ulm |
| | Ulm | 10.11.55–18.04.56 | Ausmusterung |
| 18490 | München-Hbf | 06.06.41– 02.52 | (Lindau) |
| 18491 | München-Hbf | 11.05.31–27.02.54 | Lindau |
| 18492 | München-Hbf | 15.05.31– | |
| | | 33, 35, 36, 47, 49, 50, 55 | Lindau |
| | Lindau | 03.09.57–25.04.58 | Ausmusterung |
| 18494 | München-Hbf | 15.05.31–27.01.32 | Nürnberg-Hbf |
| 18496 | Nürnberg-Hbf | 12.48– 04.55 | Lindau |
| 18498 | Hof | 06.50–12.01.55 | Neu-Ulm |
| | Neu-Ulm | 22.03.55–20.05.55 | Lindau |
| 18502 | Hof | 11.05.50–25.05.50 | Nürnberg-Hbf |
| | Nürnberg-Hbf | 11.10.50–09.05.52 | Kempten |
| | Kempten | 08.01.53–19.04.53 | Lindau |
| 18507 | Lindau | 11.57–13.07.59 | Ausmusterung |
| 18508 | Lindau | 01.07.57–10.06.61 | Lindau |
| 18512 | Lindau | 24.06.58–27.04.61 | Ausmusterung |
| 18516 | Lindau | 10.58–28.04.60 | Ausmusterung |
| 18528 | Buchloe | 13.10.58–29.05.61 | Lindau |
| 18537 | Lindau | 09.58–14.07.60 | Ausmusterung |
| 18617 | Nürnberg-Hbf | 05.06.58–23.06.58 | Lindau |

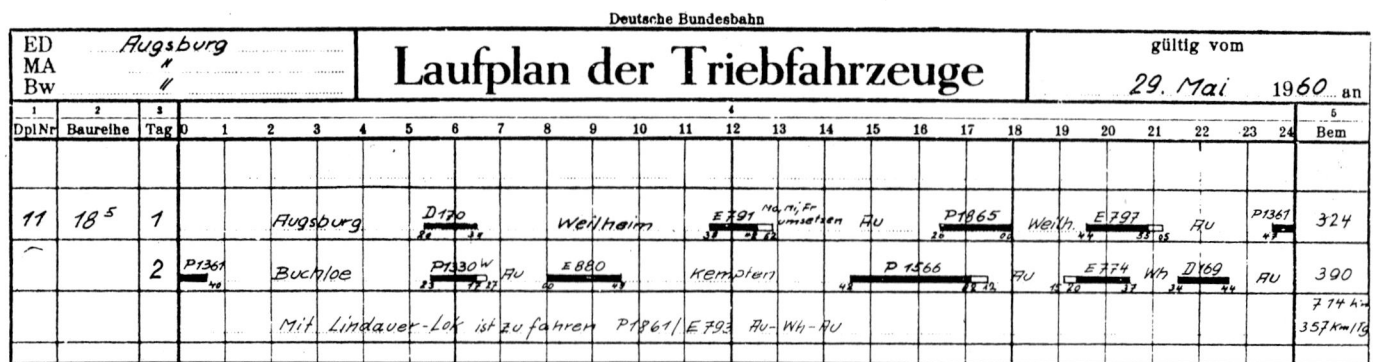

**193** 18512 (Bw Augsburg) mit E 790 Augsburg–Weilheim–Garmisch beim Halt in Geltendorf, 18. August 1960. Foto: R. Birzer

**194** Lokomotivgesichter im Bw Augsburg am 25. September 1960. Dampflokrundhäuser gehören heute fast ebenso wie die Lokomotiven, die sie einst beherbergten, der Vergangenheit an. Foto: U. Montfort

**195** Die letzten Augsburger S 3/6 waren 18 481, 508, 512 und 528. Während 18 512 im dortigen Betriebswerk am 27. April 1961 ausgemustert wurde (Aufnahme oben vom 1. Oktober 1960 im Heimat-Bw), wurden die übrigen drei noch nach Lindau umstationiert.                                          Foto: H. Koppisch

**196** Wenige Tage vor dem Ende des Augsburger S 3/6-Planes leistete 18 481 am 24. Mai 1961 mit E 880 noch Eilzugdienste.                                          Foto: H. Koppisch

## Bw Freilassing

Zwischen 1927 und 1945 beheimatete das im äußersten Süd-osten Bayerns gelegene Bw Freilassing vereinzelt S 3/6, deren Bedeutung aufgrund kleiner Stückzahl gering blieb.
Am 20. April 1928 wurde der durchgehende elektrische Betrieb München–Salzburg eröffnet, und bereits seit 1. August 1916 war die Strecke Freilassing–Berchtesgaden eine Domäne der neuen elektrischen Traktion. So fanden die Freilassinger Dampflokomotiven ihr Aufgabenfeld im wesentlichen in der Bedienung der Strecke Salzburg–Mühldorf–Landshut, auf den Nebenbahnen des Freilassinger Einzugsbereiches und im Rangierdienst, während die Bespannung des schnellen Reise-zugverkehrs der vor der Tür liegenden Hauptstrecke Salzburg – München lange Zeit den Betriebswerken München-Hbf und Rosenheim vorbehalten war. Eine Ausnahme bildete die Zeit von April bis Sommer 1929, als die D-Züge zwischen München und Salzburg aus nicht bekannten Gründen nur bis Rosenheim elektrisch fuhren und für den übrigen Teil der Strecke vier oder fünf S 3/6 in Freilassing vorgehalten wurden.
Vom Juli 1936 liegt die Beheimatungsübersicht vor:

18 424, 54 1538, 1572, 56 963, 57 2096, 2281, 2439, 2440, 64 255, 256, 336, 70 091, 89 812, 818, 819, 827, 98 304, 308, 309, 315, 98 495, 98 1010, 1011, 1021, 1026, 1027, 1045 sowie Elloks der Baureihen E 32, E 36, E 44, E 44$^1$, E 44$^2$, E 70, E 73, E 79, E 91.

Auffällig ist die Vielfalt der Baureihen, die durchwegs nur in wenigen Exemplaren vorhanden waren.
1927 und 1928 waren drei aus Rosenheim und München-Hbf übernommene S 3/6 (18 426, 454, 463) im Bw Freilassing, die bis Mai 1928 nach Augsburg und Nürnberg-Hbf abgegeben wurden. Ab Mitte der dreißiger Jahre gehörten ständig einzelne S 3/6 zum Bestand, die die Aufgabe hatten, die zeitweise ver-kehrenden Schnellzüge D 226/227 Berlin–Berchtesgaden und D 525/526 Berlin–Klagenfurt zwischen Salzburg/Freilassing und Landshut zu fahren. Außer für die Beförderung dieser Züge wurden die Lokomotiven auch für die Bespannung der Regierungssonderzüge auf der Strecke Freilassing–Landshut herangezogen. Diese Plan- und Sonderdienste teilte sich das Bw Freilassing mit dem Bw Landshut, das zur gleichen Zeit über meist eine S 3/6 verfügte.
Ab 1939 gingen die Schnellzugleistungen zurück, so daß den Freilassinger 18ern meist nur noch die Sonderzüge der Reichs-regierung und einzelne Bedarfsdienste, gegen Ende des Krie-ges wohl auch Ersatzleistungen bei Stromausfall oder Ellok-mangel verblieben. Als letzte Lokomotive wurde 18 433 im November 1945 nach Kempten umbeheimatet.

| | | | |
|---|---|---|---|
| 18 406 | Treuchtlingen | 02.05.43–14.06.43 | Treuchtlingen |
| 18 417 | München-Hbf | 21.03.36–25.04.36 | München-Hbf |
| | München-Hbf | 05.01.38–27.05.38 | München-Hbf |
| 18 421 | München-Hbf | 01.10.40–18.10.40 | München-Hbf |
| 18 423 | München-Hbf | 1943 | |
| 18 424 | München-Hbf | 21.06.33–30.08.33 | München-Hbf |
| | München-Hbf | 14.06.34– 34 | |
| | München-Hbf | 03.40– 11.41 | München-Hbf |
| | Treuchtlingen | 31.01.42–16.03.42 | Treuchtlingen |
| 18 425 | RBD München | 08.42– 05.45 | RBD München |
| 18 426 | Rosenheim | 11.03.27–14.10.27 | Augsburg |
| 18 432 | RBD München | 07.39– 11.42 | RBD München |
| 18 433 | Treuchtlingen | 24.06.43– 11.45 | Kempten |
| 18 454 | München-Hbf | 12.05.27–04.05.28 | Nürnberg-Hbf |
| 18 463 | München-Hbf | 16.05.27–06.10.27 | Augsburg |

## Bw Rosenheim

1927 und 1928 beheimatete das Bw Rosenheim wenigstens zwei S 3/6. Ihre Stationierung fällt teils kurz vor die am 12. April 1927 erfolgte Elektrifizierung der Strecke München–Rosen-heim (18 426), teils kurz danach (18 455). Welche Dienste die Maschinen fuhren, ließ sich nicht ermitteln.

| | | | |
|---|---|---|---|
| 18 426 | München I | 04.01.27–10.03.27 | Freilassing |
| 18 455 | | 20.01.28–25.04.28 | Würzburg |

## Bw Wiesbaden

Als erstes außerbayerisches Betriebswerk erhielt das Bw Wies-baden im Jahr 1928 S 3/6 zugewiesen, und zwar im Januar die fabrikneuen 18 521, 523 und 524, sowie im April sechs groß-rädrige Maschinen aus Nürnberg und Würzburg. Ihren Grund hatte diese Versetzung in dem bereits beschriebenen Mangel an leistungsfähigen Schnellzuglokomotiven mittleren Achs-druckes in den preußischen Direktionen.
Die S 3/6 waren in der Hauptsache für die Beförderung des eben neu eingeführten Fernschnellzuges FFD 101/102 »Rhein-gold« herübergeholt worden, dessen außergewöhnliche Stel-lung für den Reisenden bereits beim Studium des amtlichen Kursbuches deutlich wurde: »Nur 1./2. Klasse, mit besonderem Zuschlag und Sondergebühr«. Der elegante Zug, dessen Fahrtweg von Basel über Karlsruhe, Mannheim, Mainz, Köln und Duisburg nach Holland reichte, bestand aus vier bis fünf violett/cremefarben lackierten, neuen Reisezugwagen, sowie einem Speise- und einem Packwagen. Die Bespannung dieses Zuges zwischen Basel und Mannheim durch die bad. IVh (1928–34) und zwischen Mannheim und holländischer Grenze durch die bayerische S 3/6 (1928–37) kam nicht von ungefähr: der über besonderen Komfort verfügende »Rheingold« war der Renommierzug der Deutschen Reichsbahn und selbstver-ständlich mußte er immer pünktlich sein. Um die Fahrzeit attrak-tiv halten zu können, durften die Aufenthalte nur kurz sein, die Zuglokomotive konnte also wegen des damit verbundenen Zeitverlustes nur so oft als unbedingt erforderlich gewechselt werden. Mithin mußten die Maschinen in der Lage sein, lange Strecken zuverlässig durchzuhalten, was IVh und S 3/6 sicher gewährleisteten.

Die Fahrzeiten des »Rheingold« im Sommer 1928:

| | | FFD 101 | | FFD 102 |
|---|---|---|---|---|
| Basel S.B. Bf. | ab | 9.25 Uhr | an | 18.48 Uhr |
| Basel Bad. Bf. | an/ab | 9.33/ 9.53 Uhr | an/ab | 18.32/18.41 Uhr |
| Freiburg (Breisgau) | an/ab | 10.42/10.44 Uhr | an/ab | 17.40/17.41 Uhr |
| Baden-Baden West | an/ab | 12.01/12.03 Uhr | an/ab | 16.18/16.20 Uhr |
| Karlsruhe Hbf | an/ab | 12.27/12.30 Uhr | an/ab | 15.50/15.54 Uhr |
| Mannheim Hbf | an/ab | 13.19/13.25 Uhr | an/ab | 15.00/15.06 Uhr |
| Mainz Hbf | an/ab | 14.28/14.29 Uhr | an/ab | 14.00/14.01 Uhr |
| Köln Hbf | an/ab | 16.56/17.02 Uhr | an/ab | 11.28/11.34 Uhr |
| Düsseldorf | an/ab | 17.35/17.37 Uhr | an/ab | 10.52/10.54 Uhr |
| Duisburg | an/ab | 17.56/17.57 Uhr | an/ab | 10.32/10.33 Uhr |
| Zevenaar | an/ab | 19.26/19.51 Uhr | an/ab | 9.37/ 9.42 Uhr |
| Rotterdam | an | 21.56 Uhr | ab | 7.25 Uhr |

Für die S 3/6, die in Mannheim vor den Zug ging (der Wechsel IVh/S 3/6 durfte samt Bremsprobe nicht länger als sechs Minu-ten dauern!), waren 410 km bis Zevenaar in Holland zu leisten. Das bedeutete genau sechs Stunden Fahrt mit nur vier Halten von jeweils wenigen Minuten. Das Wasserfassen am Bahnsteig in Köln Hbf erforderte vom Lokführer viel Fingerspitzengefühl, denn es mußte mit dem ganzen Zug präzis an der vorgege-benen Marke gehalten werden, damit der Kran sofort über die

**197** Kurze Zeit fuhr der im Mai 1928 eingeführte FFD 101/102 »Rheingold« mit großrädrigen 18⁴, die zu diesem Zweck eigens nach Wiesbaden umstationiert worden waren. Im Bild FFD 101 bei Boppard am Rhein, 1928.

Foto: C. Bellingrodt

Tendereinfüllöffnung geschwenkt werden konnte. Während das frische Naß in den Wasserkasten sprudelte, wurde die Kohle auf dem rückwärtigen Teil des Tenders mit dem Haken nach vorne gezogen, um dem Heizer auf dem kommenden Streckenteil die Arbeit zu erleichtern. Dies alles geschah in Windeseile!

Die sechs großrädrigen S 3/6 wurden bereits nach zweimonatiger Anwesenheit beim Bw Wiesbaden bis Juni 1928 wieder abgezogen und nach Nürnberg und Würzburg zurückgegeben. Dafür gesellten sich zu den drei schon vorhandenen 18⁵ im Lauf des Sommers noch 18518 aus München und 18527/528 aus Würzburg, die im Herbst des Jahres für den Langlauf vor dem »Rheingold« alle mit von J. A. Maffei gelieferten größeren Tendern der neuen Bauart 2′2′T31,7 gekuppelt wurden.

Im Jahr 1929 erhielt das Bw Wiesbaden weiteren Zuwachs, wodurch jetzt neun S 3/6 bereitstanden:

**01.08.29:** 18520, 521, 522, 523, 524, 525, 526, 527, 528

Zu ihren Aufgaben gehörte neben Schnellzügen entlang des Rheins auch die Beförderung des FD 263/264 (München –Frankfurt/M.–Holland mit Kurswagen von Budapest) zwischen Frankfurt/M. und Zevenaar (370 km), der seinerzeit durch ganz Deutschland nur von S 3/6 in zwei Etappen geführt wurde!

1931 übernahm das 10 km entfernte, auf der anderen Seite des Rheins gelegene Bw Mainz einen Teil der Wiesbadener Aufgaben, worunter auch der »Rheingold« und der FD 263/264 waren. Sämtliche S 3/6 wurden nach Ende des Sommerfahrplans 1931 abgezogen und in Mainz stationiert, wo sie viele der bisherigen Leistungen fuhren. Dem Bw Wiesbaden verblieben nur rund zehn Vierlings-17⁰, die allerdings bereits auf der Auslaufliste standen. Mit Abstellung bzw. Abgabe dieser Lokomoti-

ven kam die S 3/6 allerdings schon ab 1932 wieder zurück, dieses Mal aus dem Bestand des Bw Halle P. Ende 1932 waren neben den letzten S 10 vorhanden:

**31.12.32:** 18533, 534, 546

Ihre geringe Zahl wurde 1934 durch Münchener und weitere Hallenser 18⁵ vergrößert:

**15.06.34:** 18515, 517, 518, 519, 533, 534, 545, 546, 547, 548

Doch bereits zwei Jahre später kamen fast ausschließlich fabrikneue 03 nach Wiesbaden und verdrängten den Großteil der S 3/6. Von Mai bis Juli 1936 wurden 03138 und 03254–257 zugestellt, im Juli und August 1937 03279–282 und im Oktober/November des gleichen Jahres 03288–290. Damit war die Mehrzahl der 18⁵ überzählig und konnte nach Mainz umbeheimatet werden (der »Rheingold« verblieb bezeichnenderweise auch jetzt noch der S 3/6!).

Das Betriebsbuch der Lokomotive 18546 erzählt uns über die km-Leistungen in den dreißiger Jahren:

**18546:** Laufleistung vom 10.11.32–31.12.33:
98743 km an 239 Betriebstagen (Ø 413 km)

Laufleistung 1934:
100104 km an 245 Betriebstagen (Ø 409 km)

Laufleistung 1935:
80552 km an 198 Betriebstagen (Ø 407 km)

Laufleistung 1936 (bis 28.09., dann Mainz):
63196 km an 181 Betriebstagen (Ø 349 km)

Peter Scheffler hat in seinem Buch »Das Bahnbetriebswerk Wiesbaden« den Dienstplan Nr. 31 für 12 Personale und

6 Lokomotiven (4 × 03, 2 × 18⁵), gültig ab 22. Mai 1937, veröffentlicht:

| | | | |
|---|---|---|---|
| D | 394 | Wiesbaden–Ludwigshafen | 22.10 Uhr–23.20 Uhr |
| D | 107 | Ludwigshafen–Wiesbaden | 1.48 Uhr– 3.03 Uhr |
| E | 382 | Wiesbaden–Ludwigshafen | 20.07 Uhr–21.26 Uhr |
| Lz | 8189 | Ludwigshafen–Mannheim | 23.26 Uhr–23.41 Uhr |
| D | 307 | Mannheim–Wiesbaden | 2.23 Uhr– 3.31 Uhr |
| P | 847 | Wiesbaden–Köln | 18.31 Uhr–22.02 Uhr |
| D | 108 | Köln–Wiesbaden | 23.34 Uhr– 2.04 Uhr |
| Sg | 5045 | Bischofsheim–Köln | 21.09 Uhr– 0.01 Uhr |
| D | 54 | Köln–Wiesbaden | 2.56 Uhr– 5.37 Uhr |
| D | 308 | Wiesbaden–Heidelberg | 2.26 Uhr– 4.07 Uhr |
| E | 95 | Heidelberg–Frankfurt | 7.55 Uhr– 9.18 Uhr |
| D | 67 | Frankfurt–Wiesbaden | 11.47 Uhr–12.23 Uhr |
| D | 54 | Wiesbaden–Frankfurt | 5.43 Uhr– 6.28 Uhr |
| D | 47 | Frankfurt–Wiesbaden | 7.19 Uhr– 8.03 Uhr |
| E | 276 | Wiesbaden–Ludwigshafen | 9.22 Uhr–10.38 Uhr |
| D | 163 | Ludwigshafen–Wiesbaden | 13.13 Uhr–14.23 Uhr |
| P | 1114 | Wiesbaden–Frankfurt | 5.20 Uhr– 6.21 Uhr |
| D | 202 | Frankfurt–Heidelberg | 7.12 Uhr– 8.40 Uhr |
| D | 243 | Heidelberg–Mannheim | 10.46 Uhr–10.56 Uhr |
| D | 185 | Mannheim–Frankfurt | 12.56 Uhr–14.12 Uhr |
| D | 57 | Frankfurt–Wiesbaden | 15.12 Uhr–15.57 Uhr |
| P | 1616 | Wiesbaden–Mainz | 7.15 Uhr– 7.27 Uhr (Leervorspann) |
| Gs | 5036 | Mainz–Karlsruhe | 8.17 Uhr–12.27 Uhr |
| Sg | 5045 | Karlsruhe–Bischofsheim | 18.54 Uhr–20.49 Uhr |
| D | 164 | Wiesbaden–Ludwigshafen | 15.00 Uhr–16.10 Uhr |
| D | 275 | Ludwigshafen–Wiesbaden | 19.21 Uhr–20.36 Uhr |

Seit 1936 waren nur noch wenige Maschinen vorhanden und damit für diesen Mischplan verfügbar. Sie wurden bis 1939 nach Mainz und Bingerbrück abgegeben.

Bis Herbst 1943 waren die 03 im Reisezugverkehr allein eingesetzt, dann wurde ein umfangreicher Lokomotivtausch vorgenommen: das Bw Bingerbrück gab alle seine S 3/6 ab, wobei die Mehrzahl an das Bw Wiesbaden ging, während Wiesbaden seinerseits die meisten seiner 03 nach Bingerbrück gab. Die ehemals Bingerbrücker 18485, 488, 489, 493, 495 und 500 blieben nur wenige Monate in Wiesbaden und rollten dann weiter nach Nürnberg (November 1943–Januar 1944). Dafür kamen vom Bw Nürnberg-Hbf die schwereren 18509, 510, 511, 512, 513 und 529, sowie aus Mainz 18520.

Der Zugverkehr hatte inzwischen in immer stärkerem Maß die Auswirkungen des Krieges zu spüren bekommen und eine Lokomotive nach der anderen mußte reparaturbedürftig abgestellt werden. Die RAW kamen mit den Ausbesserungen nicht mehr nach, waren sie doch durch Minderung der Belegschaften, zu wenige Ersatzteile und Bombenangriffe zunehmend geschwächt. Von den 1944/45 anwesenden S 3/6 waren die wenigsten betriebsbereit.

Eine Bestandsaufnahme vom Juni 1945 ergab für die Baureihe 18⁵:

| | |
|---|---|
| 18509 | in Wiesbaden ohne Tender abgestellt |
| 18510 | in Pfungstadt abgestellt |
| 18511 | in Pfungstadt abgestellt |
| 18512 | in Pfungstadt abgestellt |
| 18513 | in Wiesbaden ohne Stangen abgestellt |
| 18529 | Warten auf Ausbesserung |

**198** Schon nach zwei Monaten übernahmen neue 18⁵ die Beförderung des Renommierzuges. FFD 101 »Rheingold« begegnete Carl Bellingrodt im Jahr 1928 bei Köln-Mülheim. Die Tenderseitenwand der Zuglokomotive 18524 (Bw Wiesbaden) ist noch naß vom Wassernehmen am Bahnsteig in Köln-Hbf. Inzwischen hat die Maschine fast 300 km Fahrt hinter sich.

**199** Eine Wiesbadener 18⁵ an der Spitze des FD 263 München–Holland bei Oberwesel am Rhein, 29. Mai 1931. Die Maschine wird erst in Zevenaar vom Zug gehen. Die Kohlen sind ganz vorn auf den Tender geladen, um dem Heizer die Arbeit auf dieser weiten Reise zu erleichtern. – Ist das nicht ein Bild, für dessen Betrachtung man sich viel Zeit nehmen sollte? Foto: C. Bellingrodt

**200** Bei Namedy am Rhein begegnen sich eine Wiesbadener 18⁵ vor FFD 102 »Rheingold« und eine P 8 im Jahr 1928. Foto: C. Bellingrodt

Zur gleichen Zeit lieferte der Tender der Mainzer 18523 das Wasser für die Betriebsküche ...

Die spärliche Verwendung der Lokomotiven spiegeln die Unterlagen von 18512 wider:

**18512:**

| | | |
|---|---|---|
| Februar | 1945 | betriebsfähig kalt |
| März | 1945 | abgestellt in Pfungstadt |
| April | 1945 | abgestellt in Pfungstadt |
| Mai | 1945 | abgestellt in Pfungstadt |
| Juni | 1945 | abgestellt in Pfungstadt |
| Juli | 1945 | abgestellt in Pfungstadt |
| August | 1945 | abgestellt in Pfungstadt |
| September | 1945 | abgestellt in Pfungstadt |
| Oktober | 1945 | abgestellt in Pfungstadt |
| November | 1945 | Bw-Ausbesserung (18 Tage) |
| Dezember | 1945 | 1733 km/20 Betriebstage |
| Januar | 1946 | 752 km/7 Betriebstage |
| Februar | 1946 | Warten auf Ausbesserung |
| März | 1946 | Warten auf Ausbesserung |
| April | 1946 | Warten auf Ausbesserung |
| Mai | 1946 | Warten auf Ausbesserung |
| Juni | 1946 | Warten auf Ausbesserung |
| Juli | 1946 | Warten auf Ausbesserung |
| August | 1946 | RAW Mü-Freimann (L4) |
| September | 1946 | RAW Mü-Freimann (L4) |
| Oktober | 1946 | RAW Mü-Freimann (L4) |
| November | 1946 | 3255 km/20 Betriebstage |
| Dezember | 1946 | 3218 km/24 Betriebstage |

Nach Normalisierung der Verhältnisse waren die im Jahr 1948 zugeteilten Lokomotiven in der Mehrzahl wieder betriebsbereit und zwischen Wiesbaden und Frankfurt/M., sowie nach Köln und Krefeld im Einsatz (Wiesbaden gehörte seit 1945 zur RBD Frankfurt/M.):

**31.08.48**: 18509, 510, 511, 513, 519, 520, (522), 527

In das Jahr 1950 fällt die endgültige Ablösung der Wiesbadener S 3/6 durch Einheitslokomotiven. In diesem Fall waren es 01, die aus Gießen kamen und ab Sommerfahrplan 1950 im Schnell- und Eilzugdienst fuhren. Die 18er wurden von den Betriebswerken Hof, Regensburg und Darmstadt im Mai und Juni 1950 übernommen, lediglich 18521 blieb noch bis 27. Oktober 1950 als Reserve. In der ersten Jahreshälfte 1951 stellte das Bw Darmstadt nochmals 18528 und 531 leihweise für wenige Monate zur Verfügung, dann war die Zeit der S 3/6 in Wiesbaden endgültig vorüber.

| | | | |
|---|---|---|---|
| 18441 | Nürnberg-Hbf | 20.04.28–19.06.28 | Nürnberg-Hbf |
| 18445 | | 28 | |
| 18447 | Nürnberg-Hbf | 04.28– 06.28 | Würzburg |
| 18450 | Würzburg | 15.04.28–06.06.28 | Würzburg |

| | | | |
|---|---|---|---|
| 18451 | Würzburg | 28 | Würzburg |
| 18458 | Nürnberg-Hbf | 04.28–03.05.28 | Würzburg |
| 18485 | Bingerbrück | 09.43– 01.44 | Nürnberg-Hbf |
| 18488 | Bingerbrück | 07.09.43–06.12.43 | Nürnberg-Hbf |
| 18489 | Bingerbrück | 09.43– 12.43 | Nürnberg-Hbf |
| 18493 | Bingerbrück | 06.10.43–04.12.43 | Nürnberg-Hbf |
| 18495 | Bingerbrück | 09.43– 11.43 | Nürnberg-Hbf |
| 18500 | Bingerbrück | 09.43– 01.44 | Nürnberg-Hbf |
| 18509 | Würzburg | 14.01.29–06.07.29 | Nürnberg-Hbf |
| | Nürnberg-Hbf | 30.01.44–21.05.50 | Regensburg |
| 18510 | Nürnberg-Hbf | 20.02.44–23.05.50 | Regensburg |
| 18511 | Nürnberg-Hbf | 12.43–09.12.49 | Darmstadt |
| 18512 | Nürnberg-Hbf | 30.12.43–12.09.47 | Kempten |
| 18513 | Nürnberg-Hbf | 12.43–06.10.47 | München-Hbf |
| | München-Hbf | 14.03.48–14.06.50 | Darmstadt |
| 18515 | München-Hbf | 13.04.34– | |
| 18516 | Darmstadt | 26.02.39– | Darmstadt |
| | Darmstadt | 25.02.49–19.05.50 | Regensburg |
| 18517 | München-Hbf | 02.05.34– 08.36 | Mainz |
| | Darmstadt | 17.02.49–28.10.49 | ED München |
| 18518 | München-Hbf | 15.04.28–05.10.28 | München-Hbf |
| | München-Hbf | 02.05.34– 08.36 | Mainz |
| 18519 | München-Hbf | 31.05.34– 08.36 | Mainz |
| | Darmstadt | 26.08.48–28.05.50 | Hof |
| 18520 | Nürnberg-Hbf | 07.07.29–03.10.31 | Mainz |
| | Mainz | 14.09.43–31.01.45 | Mainz |
| | Darmstadt | 27.04.48–26.05.50 | Hof |
| 18521 | Neulieferung | 15.01.28– 08.31 | Mainz |
| | Darmstadt | 05.03.49–27.10.50 | Darmstadt |
| 18522 | Nürnberg-Hbf | 13.07.29–03.10.31 | Mainz |
| | RBD Nürnberg | 08.47– 48 | Darmstadt |
| 18523 | Neulieferung | 24.01.28– 07.31 | Mainz |
| 18524 | Neulieferung | 29.01.28–21.08.31 | Mainz |
| 18525 | Lindau | 29– 07.31 | Mainz |
| 18526 | Lindau | 29– 07.31 | Mainz |
| 18527 | Würzburg | 06.28– 07.31 | Mainz |
| | Darmstadt | 18.07.48–25.02.49 | Darmstadt |
| 18528 | Würzburg | 06.28– 12.31 | Mainz |
| 18529 | Nürnberg-Hbf | 12.43– | |
| | Mainz | 07.46–01.08.47 | Kempten |
| 18530 | Nürnberg-Hbf | 31.12.35– 36 | Mainz |
| 18531 | Nürnberg-Hbf | 09.06.35– 06.36 | Mainz |
| | Mainz | 09.36–15.05.39 | Bingerbrück |
| 18533 | Halle P | 04.32– 35 | Mainz |
| 18534 | Halle P | 04.32– 34 | Mainz |
| 18545 | Halle P | 04.35– 09.36 | Mainz |
| 18546 | Halle P | 10.11.32–28.09.36 | Mainz |
| 18547 | Halle P | 04.34– 02.35 | Mainz |
| 18548 | Halle P | 03.34– 09.36 | Mainz |
| 18528 | leihweise von Darmstadt | 25.02.51–11.05.51 | |
| 18531 | leihweise von Darmstadt | 31.01.51–01.04.51 | |

## Bw Halle P

In den Jahren 1928–30 wurde eine Anzahl S 3/6 an außerbayerische Reichsbahndirektionen abgegeben, weil einerseits der Ausbau der dortigen Hauptstrecken auf 20 t zulässigen Achsdruck wegen finanzieller Schwierigkeiten der Deutschen Reichsbahn nur langsam vorangetrieben werden konnte und andererseits durch S 3/6-Neulieferungen und durch Elektrifizierungen im südbayerischen Raum eine Abgabe von S 3/6 an andere Betriebswerke möglich geworden war. Der stückzahl-mäßige Bedarf der bayerischen Bw hinsichtlich einer leistungsfähigen, mittelschweren Schnellzuglokbaureihe ließ sich zumindest mehr als im Norden decken, so daß auch preußische Direktionen mit S 3/6 bedacht werden konnten. Zu ihnen gehörte die RBD Halle, die für ihr Bw Halle P zum Sommerfahrplan 1929 aus Würzburg, Nürnberg-Hbf und Augsburg vier großrädrige Maschinen erhielt (18446–449). Direkt ab Werk gingen von August bis November 1930 die vier Henschel-Lokomotiven 18545–548 zu, denen sich im Herbst 1931 drei weitere S 3/6 hinzugesellten (18533–535), die zuvor in Osnabrück bis zum Eintreffen der neuen 03 ausgeholfen hatten.

**201** Am frühen Nachmittag passiert FD 80 Berlin–München mit der noch fast neuen 18 545 (Bw Halle P) ohne Halt den Bahnhof Lichtenfels (1930).

Foto: Scharold, Slg: C. Asmus

**202** Eine Postkarte, wie man sie in den dreißiger Jahren in Buchhandlungen und auf Bahnhöfen kaufen konnte. Sie zeigt eine $18^5$ aus Halle P mit vorgespannter P 8 aufder Steigung vor Lauenstein im Frankenwald.

Slg: Dipl.-Ing. J. Ankele

**203** Den Scheitelpunkt der Frankenwaldbahn hat 18546 (Bw Halle P) vor FD 80 Berlin–München bereits überwunden, nun rollt sie bei Rothenkirchen talwärts (1932). Einen Auszug aus ihrem Betriebsbuch sehen wir rechts unten, links unten den Buchfahrplan des FD 80 vom Sommer 1931, der ohne Halt von Halle bis Nürnberg durchlief (314 km).

Foto: C. Bellingrodt

---

**FD 80** (1) 1. 2. Klasse 41

(Berlin Ahb—Halle a S.—)Nürnberg Hbf—München Hbf

Höchstgeschwindigkeit Saalfeld—Probstzella 80 km/h
Probstzella—Rothenkirchen (Ofr) 50 km/h
Rothenkirchen (Ofr)—Lichtenfels 90 km/h
Lichtenfels—Nürnberg Hbf 100 km/h

S 36.16u (18⁴)
Probstzella—Steinbach a. W. Schiebelok Gt 88.16 (96⁰)

Mindestbremsprozente: 96%
Fahrzeitzuschlag: 4%

| 1 | 2 | 3 | 4 | 5 | 6 | 7 | 8 | 9 | 10 | 11 | 12 |
|---|---|---|---|---|---|---|---|---|---|---|---|
| | Saalfeld (Saale) ▼ | — | Durch-fahrt | 13 01,6 | | | | | | | 400 350 150 |
| 1,7 | Bk Köditz ▼ | — | — | 03,2 | | | | | | | |
| 4,1 | Breternitz ▼ | — | — | 07 | | | | | | | |
| 4,1 | Eichicht (Saale) ▼ | — | — | 10,8 | 25¼ | 21,1 | | | | | |
| 2,2 | ●Hockeroda ▼ | — | — | 13 | | | | | | | |
| 3,7 | ●Unterloquitz ▼ | — | — | 16,5 | | | | | | | |
| 5,2 | ●Marktgölitz ▼ | — | — | 21,3 | | | | | | | |
| 4,0 | ●Probstzella | 13 26 | 3+ | 29 | | | | | | | 370 V |
| 1,7 | Bk Falkenstein | — | — | 31¾ | | | | | | | 330 V |
| 2,3 | 40 Lauenstein (Ofr) 40 | — | — | 35 | | | | | | | 85 IV |
| 3,0 | 40 ●Ludwigsstadt 40 | — | — | 39¾ | | | | | | | |
| 3,4 | Bk Leinenmühle | — | — | 45½ | | | | | | | |
| 2,8 | ●Steinbach a. W. | — | — | 50½ | | | | | | | 1060 III |
| 2,3 | Bk Bastelsmühle | — | — | 53½ | | | | | | | 580 III |
| 2,0 | Bk Kohlmühle | — | — | 56 | | | | | | | 130 II |
| 2,0 | ●Förtschendorf 45 | — | — | 58½ | 134 | 123 | | | | | |
| 3,0 | Bk Hessenmühle | — | — | 14 02 | | | | | | | |
| 2,9 | ●Rothenkirchen (Ofr) 80 | — | — | 06 | | | | | | | 730 I |
| 5,5 | ●Stockheim (Ofr) 65 | — | — | 10 | | | | | | | 380 I |
| 3,4 | ●Gundelsdorf | — | — | 12¾ | | | | | | | 85 I |
| 4,9 | 80 ●Kronach 60 | — | — | 16¼ | | | | | | | |
| 2,7 | ●Neuses b. Kr. | — | — | 18¾ | | | | | | | |
| 3,6 | ●Küps | — | — | 21½ | | | | | | | |
| 1,9 | Oberlangenstadt | — | — | 14 23 | | | | | | | |

---

### Standorte und Leistungen der Lokomotive 18 546

| 1 | 2 | 3 4 | | 5 | 6 |
|---|---|---|---|---|---|
| | Bahnbetriebswerk | Eisenbahnausbesserungswerk oder Privatwerk | | Leistung in km *) | |
| | | | | seit der letzten bahnamtlichen Untersuchung des Fahrgestelles | seit der Anlieferung |
| Halle | von 29.8.30 bis 8.4.31 | R. A. W. Halle Abt. L | von 1.4.31 bis 17.4.31 | 16000 | |
| ↑ | von 18.4.31 bis 12.11.31 | R. A. W. Halle Abt. L | von 13.11.31 bis 25.11.31 | 158000 | |
| | von 26.11.31 bis 23.4.32 | R. A. W. Halle Abt. L | von 23.4.32 bis 28.4.32 | 212000 | |
| | von bis | R. A. W. Halle Abt. L | von 7.5.32 bis 14.5.32 | 215000 | |
| ↑ | von 15.5.32 bis 30.6.32 | R. A. W. Halle Abt. L | von 1.7.32 bis 7.7.32 | 225000 | |
| '' | von bis | R. A. W. Nürnberg Abt. Z | von 9.8.32 bis 19.8.32 | | |
| '' | von 20.8.32 bis 9.11.32 | R. A. W. München Freimann | von 1.10.32 bis 9.11.32 | 256849 | 256849 |
| Wiesbaden | von 10.11.32 bis 9.4.34 | RAW München Freimann | von 12.4.34 bis 18.5.34 | 153107 L 2. | 389956 |
| Wiesbaden | von 19.5.34 bis 7.3.35 | RAW München Freimann | von 1.3.35 bis 16.5.35 | 217058 L 4. | 473907 |

Damit war zur Jahreswende 1931/32 neben den angestammten preuß. S $10^2$ ein Bestand von elf S 3/6 erreicht:

**01.01.32:** 18446, 447, 448, 449, 533, 534, 535, 545, 546, 547, 548

Die bayerischen Schnellzugmaschinen stellten in Halle keine Besonderheit dar, waren doch bereits die Nürnberger S 3/6 seit 1912 mit Unterbrechungen tägliche Gäste. Neu war freilich die Unterhaltung der Lokomotiven durch das Bw Halle P, das bisher nur landeseigene Maschinen beheimatet hatte.
Die Einsatzstrecken der Lokomotiven waren:
Halle–Berlin, Halle–Nürnberg, Halle–Erfurt–Bebra–Kassel, Halle–Cottbus, Halle–Sangerhausen–Nordhausen.
Während sie auf den beiden letztgenannten Strecken im Personen- und Eilzugdienst Verwendung fanden, führten sie zwischen Berlin und Nürnberg abschnittsweise D- und FD-Züge (FD 70/71 und FD 79/80) und erreichten vor dem D 8 Berlin–Halle–Erfurt–Bebra–Kassel den bemerkenswerten Durchlauf von 430 km. Bevor die Schnell- und FD-Züge Berlin–München ab 1935 von Nürnberger 01 übernommen wurden, gehörte ihre ausschließliche S 3/6-Bespannung zu den Aufgaben der Münchener, Nürnberger und Hallenser Betriebswerke.
Die Kilometerleistung der Lokomotive 18546 während ihrer Zugehörigkeit zum Bw Halle P (29. August 1930–1. Oktober 1932):

256849 km an 624 Betriebstagen = ∅ 412 km/Tag.

Hauptuntersuchungen führte das RAW München-Freimann an den Lokomotiven durch, während Bedarfs- und Zwischenausbesserungen vom RAW Halle übernommen wurden.
Im Jahr 1932 verließen fünf der elf Maschinen das Betriebswerk, so daß bis zum Ende der S 3/6-Stationierung im März/April 1934 die Lokomotiven 18446, 448, 449, 545, 547 und 548 übrigblieben. Sie kamen schließlich nach Ingolstadt, Regensburg und Wiesbaden, nachdem Halle ab 1933 mit Einheitslokomotiven der Baureihen 01 und 03 beliefert worden war.

| | | | |
|---|---|---|---|
| 18446 | Nürnberg-Hbf | 30.05.29–22.04.34 | Ingolstadt |
| 18447 | Würzburg | 06.06.29– 04.32 | Regensburg |
| 18448 | Nürnberg-Hbf | 28.05.29–07.03.34 | Ingolstadt |
| 18449 | Augsburg | 19.07.29–04.04.34 | Regensburg |
| 18533 | Osnabrück Br. | 10.31– 04.32 | Wiesbaden |
| 18534 | Osnabrück Br. | 01.11.31– 04.32 | Wiesbaden |
| 18535 | Osnabrück Br. | 25.11.31–17.06.32 | Darmstadt |
| 18545 | Neulieferung | 09.30– 03.34 | Wiesbaden |
| 18546 | Neulieferung | 29.08.30–01.10.32 | Wiesbaden |
| 18547 | Neulieferung | 25.09.30– 03.34 | Wiesbaden |
| 18548 | Neulieferung | 03.11.30– 03.34 | Wiesbaden |

## Bw Berlin-Ahb.

Im Jahr 1929 besaß das Bw Berlin-Ahb. kurzzeitig 18449 (aus Halle P), deren Verwendung bisher nicht geklärt werden konnte. Vermutlich steht ihre Versetzung jedoch im Zusammenhang mit der gleichzeitigen Umbeheimatung einer größeren Anzahl S 3/6 in andere preußische Direktionen.

## Bw Osnabrück Br.

Als drittes außerbayerisches Betriebswerk nach Wiesbaden und Halle P bekam auch Osnabrück Br. S 3/6 zugeteilt. Sie sollten dort die Zeit bis zum Erreichen des erforderlichen Bestandes an neuen Einheitsschnellzuglokomotiven der Baureihe 03 überbrücken, die mit 03002 bereits seit 23. Juli 1930 vertreten war. Im Laufe desselben Monats erschienen insgesamt acht fabrikneue $18^5$ des Henschel-Nachbaus in diesem nördlichen Betriebswerk, um auf der Strecke Köln–Osnabrück–Hamburg ein Einsatzgebiet von ausgesprochenem Flachlandcharakter zu erhalten. Neben anderen Leistungen war auch das Zugpaar D 93/94 Hamburg-Altona–Hamm–Köln mit dem sehenswerten Langlauf von 457 km in ihrem Dienstplan enthalten. Wie Theodor Düring mitteilt, erfreuten sich die Maschinen trotz ihrer ungewohnten Bedienung bei den mit preußischen Lokomotiven vertrauten Osnabrücker Personalen großer Beliebtheit und erwiesen sich als sehr zuverlässig. Zwischen den gewaltigen Bergwerks- und Fabrikanlagen des Ruhrgebiets oder nahe der Hamburger Hafenanlagen boten sie ein vollkommen neues Bild.

In den Jahren 1930 und 1931 verfügte das Bw Osnabrück Br. gleichzeitig über Schnellzugdampflokomotiven aller gebräuchlichen Antriebsarten: neben den Zweizylinder-03 und Vierzylinder-Verbund-S 3/6 liefen noch die inzwischen zurückgedrängten Dreizylinder-$17^2$ und Vierlings-$17^0$:

01.10.30:  03 001, 002, 003
$17^0$ div.
$17^2$ div.
18 533, 534, 535, 536, 537, 538, 539, 540

Im Juli 1931 begann die Serienlieferung der neuen 03, von der ab Oktober 1931 die Lokomotiven 03 058–071 ab Werk nach Osnabrück kamen. In der Folge davon wurden die Baureihe $17^0$ und die acht $18^5$ überflüssig und letztere im Oktober und November 1931 nach Halle P, Mainz und Darmstadt abgegeben.

| | | | | |
|---|---|---|---|---|
| 18 533 | Neulieferung | 07.30– | 10.31 | Halle P |
| 18 534 | Neulieferung | 16.07.30–31.10.31 | | Halle P |
| 18 535 | Neulieferung | 17.07.30–10.11.31 | | Halle P |
| 18 536 | Neulieferung | 17.07.30–31.10.31 | | Mainz |
| 18 537 | Neulieferung | 07.30– | 10.31 | Mainz |
| 18 538 | Neulieferung | 07.30– | 10.31 | Darmstadt |
| 18 539 | Neulieferung | 22.07.30– | 10.31 | Darmstadt |
| 18 540 | Neulieferung | 30.07.30–19.10.31 | | Mainz |

**206** Wissen Sie, was »Eisenbahn-Kriminologie« ist? Dieser von Wilhelm Tausche scherzhaft geprägte Begriff bezeichnet die systematische Erforschung unbekannter Details alter Fotografien, zu denen entweder nur wenige oder gar keine Angaben vorliegen. Wichtige Hilfen bei dieser Tätigkeit sind unter anderem Sonnenstand, Geländeformation, Gleislage, Baulichkeiten, Personen und ähnliches. Ohne jeden Hinweis auf Datum, Ort und Fotografen überdauerte das untenstehende Bild (Slg: H. Tauber) die Zeitläufe und sollte ins vorliegende Buch kommen. Was aber tun? Man kann dem Leser nicht ernsthaft zumuten, mit einem Bildtext wie etwa »18533 aufgenommen in den dreißiger Jahren« zufrieden zu sein. So wurde zunächst anhand des baulichen Zustandes der Lokomotive der Aufnahmezeitpunkt eingegrenzt. Dies ergab die wenig nützliche Erkenntnis, daß das Bild in der ersten Hälfte der dreißiger Jahre entstanden sein mußte, als die Maschine zu den Betriebswerken Osnabrück Br., Halle P, Wiesbaden und Mainz gehörte. Daraufhin wurden alte Kursbücher und Landkarten nach dem an der links sichtbaren Blockstelle zu erkennenden Namen »Lüdelsen« durchforscht. Bedauerlicherweise gab es nur einen einzigen Ort mit diesem Namen, der allerdings nicht in Frage kam, da er an einer eingleisigen Nebenbahn lag. Nochmals wurde das Originalfoto mit einer Lupe genauestens untersucht, um einen eventuell noch möglichen Namen zu eruieren. Das verwitterte Schild der Blockstelle und die nur mäßige Qualität der Fotografie ließen die Namen Lüdersen, Lüdeisen, Lodeisen, Lodelsen, Büdelsen, Bodelsen und Eddelsen möglich erscheinen. Nach nochmaligem umfangreichen Karten- und Kursbuchstudium erneut Fehlanzeige! Erst ein alter Buchfahrplan der Strecke Hamburg–Osnabrück aus der Sammlung Dr. W. Fiegenbaum und die Nachprüfung der Streckenlage auf einer Landkarte führten endlich zum Ziel. Es handelt sich um den Block Eddelsen bei Klecken nahe Hamburg, den die Osnabrücker 18533 zwischen Juli 1930 und Oktober 1931 mit einem Schnellzug passiert. Interessant ist das Bild auch insofern, als es die 1944 bombenbeschädigte und bereits 1948 ausgemusterte 18533 zeigt, von der fast keine Fotografien existieren.

**207** Im Winter 1930/31 zieht 18 534 (Bw Osnabrück Br.) bei Hagen-Haspe den D 94 Hamburg–Köln. Mit 457 km leisteten die S 3/6 vor diesem Zug einen respektablen Langlauf! Im Hintergrund die Hochöfen der Klöckner-Werke, deren Kulisse in Verbindung mit einer bayerischen S 3/6 ungewöhnlich erscheint. Foto: C. Bellingrodt

**208** Für rund 15 Monate zählten acht S 3/6 zum Bestand des Bw Osnabrück Br. Auf der Drehscheibe ihres nördlichen Heimat-Betriebswerkes sehen wir 18 540, die erst wenige Kilometer seit ihrer Anlieferung hinter sich hat (1930). Foto: C. Bellingrodt

**209** 18542 (Bw Osnabrück Br.) nimmt mit D 93 Köln–Hamburg die Steigung bei Wuppertal-Jesinghausen (1931). Ihr stehen noch rund 400 km Fahrt bevor!

Foto: C. Bellingrodt

**210** Die Sicherheitsventile sind kurz vor dem Abblasen, als 18540 (Bw Osnabrück Br.) mit D 93 den Bahnhof Wuppertal-Elberfeld auf dem Weg nach Hamburg verläßt (Winter 1930/31). Genügend Dampf ist Voraussetzung für die lange Fahrt!

Foto: C. Bellingrodt

## Bw Darmstadt

Fast drei Jahrzehnte beheimatete das hessische Bw Darmstadt Lokomotiven der Baureihen 18⁵ und zuletzt 18⁶. Die ersten Maschinen waren 18541–544, die ab August 1930 aus der Henschel-Nachlieferung zugingen. Ihnen folgten Ende 1931 die drei Osnabrücker 18538–540 und im Juli 1932 aus Halle 18535.

**31.08.32:** 18535, 538, 539, 540, 541, 542, 543, 544

Ihre Betriebsunterlagen nennen sehr ansehnliche Laufleistungen, die zwischen den vergleichsweise nahe beieinanderliegenden Großstädten Frankfurt/M., Mannheim, Heidelberg und Ludwigshafen gefahren wurden:

**18541:**

| | | |
|---|---|---|
| 08.08.30–16.09.32 | 596 Betriebstage, 262184 km, | Ø 440 km/Tag |
| 17.09.32–31.12.33 | 283 Betriebstage, 107019 km, | Ø 378 km/Tag |
| 01.01.34–31.12.34 | 167 Betriebstage, 69647 km, | Ø 417 km/Tag |
| 01.01.35–24.09.35 | 152 Betriebstage, 61140 km, | Ø 402 km/Tag |
| 25.09.35–31.05.37 | 308 Betriebstage, 140903 km, | Ø 457 km/Tag |
| 01.06.37–31.12.37 | 143 Betriebstage, 65785 km, | Ø 460 km/Tag |
| 1938 | 252 Betriebstage, 122416 km, | Ø 486 km/Tag |
| 1939 | 229 Betriebstage, 96095 km, | Ø 420 km/Tag |
| 1940 | 295 Betriebstage, 76786 km, | Ø 260 km/Tag |
| 1941 | 154 Betriebstage, 53018 km, | Ø 344 km/Tag |
| 1942 | 241 Betriebstage, 87721 km, | Ø 364 km/Tag |
| 1943 | 246 Betriebstage, 76143 km, | Ø 310 km/Tag |
| 1944 | 200 Betriebstage, 45798 km, | Ø 229 km/Tag |

Im April 1934 wurde 18516 von München nach Darmstadt umbeheimatet und im Mai 1935 die Nürnberger 18532, so daß nunmehr zehn der leistungsfähigen 18⁵ zur Verfügung standen. Wie uns 18541 zeigt, zählten die Maschinen zu den meistbe-

211 Frankfurt/M-Hbf am 29. März 1931: 18542 (Bw Darmstadt), erst ein halbes Jahr alt, steht weit außerhalb der Halle vor ihrem langen Zug. Foto: Geitmann

**212** Blick ins Bw Darmstadt der ersten Nachkriegsjahre mit 18543 und 18523, an denen unter freiem Himmel Reparaturen ausgeführt werden.   Slg: H. Koppisch

schäftigsten S 3/6 der Deutschen Reichsbahn. Vom Winter 1933/34 existiert der Dienstplan 1 (für 15 Personale auf 5 + 1 S 3/6):

| | | |
|---|---|---|
| Tag 1: | P 961 | Darmstadt–Frankfurt |
| | P 998 | Frankfurt–Mannheim |
| | D 43 | Mannheim–Frankfurt |
| | E 298 | Frankfurt–Heidelberg |
| | E 297 | Heidelberg–Frankfurt |
| | P 962 | Frankfurt–Darmstadt 406 km |
| Tag 2: | P 908 | Darmstadt–Mannheim |
| | P 991 | Mannheim–Frankfurt |
| | D 156 | Frankfurt–Heidelberg |
| | D 159 | Heidelberg–Frankfurt |
| | D 42/242 | Frankfurt–Heidelberg |
| | Lz | Heidelberg–Mannheim–Friedrichsfeld Nord |
| | E 200 | Ma.-Friedr. Nord–Mannheim |
| | FD 191 | Mannheim–Frankfurt 491 km |
| Tag 3: | FD 192 | Frankfurt–Mannheim |
| | D 185 | Mannheim–Frankfurt |
| | P 948 | Frankfurt–Heidelberg |
| | D 1 | Heidelberg–Frankfurt |
| | D 44 | Frankfurt–Mannheim 399 km |
| Tag 4: | Lz | Mannheim–Ludwigshafen |
| | D 41 | Ludwigshafen–Frankfurt |
| | D 176 | Frankfurt–Heidelberg |
| | D 85 | Heidelberg–Frankfurt |
| | D 86 | Frankfurt–Heidelberg |
| | D 175 | Heidelberg–Frankfurt |
| | D 94 | Frankfurt–Heidelberg 577 km |
| Tag 5: | D 93 | Heidelberg–Frankfurt |
| | D 2 | Frankfurt–Heidelberg |
| | E 99 | Heidelberg–Frankfurt |
| | P 926 | Frankfurt–Darmstadt |
| | P 935 | Darmstadt–Frankfurt |
| | D 186 | Frankfurt–Mannheim |
| | D 75 | Mannheim–Frankfurt |
| | P 964 | Frankfurt–Darmstadt 522 km |

(durchschnittliche Laufleistung: 479 km/Tag)

Im Krieg liefen die Darmstädter 18⁵ über Worms–Kaiserslautern auch bis Saarbrücken. Zum Jahreswechsel 1942/43 gingen 18514 und 531 aus Bingerbrück zu, ansonsten waren keine erwähnenswerten Veränderungen im Bestand zu verzeichnen. Erst in den Nachkriegsjahren brachte eine Reihe von Zu- und Abgängen ein neues Bild:

Lokerfassung der RBD Mainz vom Juni 1945:
18514 abgestellt Eberstadt
18515 abgestellt Darmstadt (Bombentreffer)
18516 abgestellt Eberstadt
18529 abgestellt Pfungstadt
18531 abgestellt Eberstadt
18532 abgestellt Buchschlag
18535 abgestellt Darmstadt
18538 abgestellt Eberstadt
18539 abgestellt Eberstadt
18540 abgestellt Darmstadt
18541 abgestellt Darmstadt
18542 abgestellt Buchschlag
18543 abgestellt Buchschlag
18544 abgestellt Buchschlag

**30.04.49:** 18522, 523, 524, 525, 526, 527, 528, 530, 531, 532, 536, 537, 538, 542, 543, 544, 547, 548 (alle in Dienst).

Die Maschinen kamen zeitweilig auch bis Köln, das Gros lief jedoch nach wie vor zwischen Frankfurt/M, Heidelberg, Mannheim und Wiesbaden hauptsächlich im Schnellzugdienst:

**Winter 1950/51 (ohne E- und P-Züge):**
| | |
|---|---|
| DBA 667 | Mannheim–Köln |
| DBA 668 | Köln–Mannheim |
| DUS 616 | Frankfurt–Heidelberg |
| DUS 622 | Frankfurt–Mannheim |
| DUS 709 | Heidelberg–Frankfurt |
| DUS 710 | Frankfurt–Heidelberg |
| FD 52 | Wiesbaden–Frankfurt |
| D 74 | Frankfurt–Heidelberg |
| D 75 | Mannheim–Frankfurt |

| D 76 | Frankfurt–Mannheim |
| D 85 | Mannheim–Frankfurt |
| D 86 | Frankfurt–Mannheim |
| D 135 | Frankfurt–Heidelberg |
| D 156 | Frankfurt–Heidelberg |
| D 169 | Heidelberg–Wiesbaden |
| FD 275 | Heidelberg–Frankfurt |
| FD 285 | Heidelberg–Frankfurt |
| FD 286 | Frankfurt–Heidelberg |
| D 375 | Mannheim–Frankfurt |
| D 376 | Frankfurt–Mannheim |
| D 407 | Mannheim–Wiesbaden |
| D 408 | Wiesbaden–Mannheim |
| D 461 | Heidelberg–Frankfurt |
| D 462 | Frankfurt–Heidelberg |

Als die Deutsche Bundesbahn eine Anzahl $18^5$ mit Neubaukessel ausrüstete, kamen die ersten zehn Umbaulokomotiven der neuen Reihe $18^6$ zum Bw Darmstadt. Zwischen Juni 1953 und Mai 1954 wurden 18601–610 dort in Dienst gestellt, während der Darmstädter Bestand an $18^5$, aus denen die Mehrzahl der umgebauten $18^6$ hervorgegangen war, allmählich abnahm:

01.06.54: 18513, 524, 528, 531, 532, 537, 538, 543, 544, 548, 601, 602, 603, 604, 605, 606, 607, 608, 609, 610

Mit rund 20 Maschinen war Darmstadt das größte S 3/6-Betriebswerk in den fünfziger Jahren. Das 18er-Einsatzgebiet sah zur Mitte des Jahrzehnts folgendermaßen aus:
Darmstadt–Frankfurt, Frankfurt–Heidelberg/Mannheim (über Mannheim–Friedrichsfeld), Frankfurt–Mannheim (über Riedbahn), Heidelberg/Mannheim–Wiesbaden, Wiesbaden – Darmstadt, Frankfurt–Würzburg, Mannheim/Heidelberg – Karlsruhe–Appenweier–Kehl/Offenburg, Karlsruhe – Mainz –Bischofsheim.

Während der Erprobung der ersten $18^6$ liefen in den Jahren 1953 und 1954 die Lokomotiven 18601, 606, 608 und 609 für jeweils kurze Zeit versuchsweise auch auf den Strecken Frankfurt/M–Hamburg und Frankfurt/M–Dortmund.

Die durchschnittlichen Laufleistungen im Regeldienst:

18527: Jahreslaufleistung

| 1950 | 82955 km, 246 Betriebstage, ⌀ 337 km/Tag |
| 1951 | 86700 km, 212 Betriebstage, ⌀ 409 km/Tag |
| 1952 | 105435 km, 260 Betriebstage, ⌀ 406 km/Tag |
| 1953 | 97102 km, 246 Betriebstage, ⌀ 395 km/Tag |
| | (Umbau in 18607) |

18610: (Umbau aus 18523)
Jahreslaufleistung

| 1954 (ab 29.5.) | 84654 km, 208 Betriebstage, ⌀ 407 km/Tag |
| 1955 | 109812 km, 274 Betriebstage, ⌀ 401 km/Tag |
| 1956 | 96597 km, 244 Betriebstage, ⌀ 396 km/Tag |
| 1957 (bis 30.9.) | 93633 km, 245 Betriebstage, ⌀ 382 km/Tag |

1955 gehörte neben einer großen Anzahl von Schnellzügen noch das Zugpaar F 3/4 »Merkur« zwischen Heidelberg und Frankfurt zu den Aufgaben der Darmstädter S 3/6.

Mit fortschreitender Elektrifizierung und Indienststellung der ersten Neubau-Elloks in Serie sanken die Leistungen der 18er jedoch schnell. 1956 wurden die letzten $18^5$ abgegeben bzw.

**214** Eine der typischen Lokomotivansichten Carl Bellingrodts: Treib- und Kuppelstangen unten, kein störender Hintergrund, Perspektive schräg von vorne, ausgeglichenes Licht und nicht zuletzt gestochene Schärfe. 1952 stand 18537 des Bw Darmstadt in Positur.

**215** In Frankfurt am Main, einem der wichtigsten Verkehrszentren Europas, war die S 3/6 jahrzehntelang Gast. 1953 stand 18526 (Bw Darmstadt) zur Abfahrt bereit. Die zerbrochenen Glasscheiben des Bahnsteigdaches erinnern an eine damals noch sehr nahe Vergangenheit. Foto: M. v. Kampen

**216** Darmstadt war das erste Betriebswerk, dem $18^6$ zugeteilt wurden. 18606 entstand aus der zuvor in Regensburg beheimateten 18535 und wurde in Darmstadt am 20. Februar 1954 in Dienst gestellt. 1955 brachte sie einen Sonderzug nach Würzburg und wurde von Manfred van Kampen auf der Heimfahrt Lz in Gemünden angetroffen.

**217** Das ist Dampflok-Atmosphäre, wie sie in jedem größeren Betriebswerk angetroffen werden konnte! Neben der mit Wendezugsteuerung ausgerüsteten 382733 steht 18609 vom Bw Darmstadt, im Hintergrund Lokomotiven der Baureihen $38^{10}$, 39, 50, $56^2$, 78, 86 und eine weitere $18^6$. Der Inhalt des Kohlenbansens ist bunt gemischt (1954). Foto: Dr. Wolff und Tritschler

**218** Im alten Heidelberger Hauptbahnhof hat 18 602 gerade einen Kurswagen an ihren Zug gesetzt und wartet nun auf Ausfahrt (1954). Die »6« des neuen Nummernschildes hat bereits Ermüdungserscheinungen.
Foto: M. van Kampen

umgebaut, so daß Ende des Jahres nur noch $18^6$ vorhanden waren:

**01.10.56:** 18601, 602, 603, 604, 605, 606, 607, 608, 609, 610, 628

Aber auch sie mußten dem rasch größer werdenden elektrischen Netz weichen und an andere Betriebswerke abgegeben werden. Im Lauf des ersten Halbjahres 1957 gingen 18602, 607, 608, 609 und 628 nach Nürnberg, Ulm und Lindau, so daß für den letzten Darmstädter S 3/6-Plan (Sommer 1957) noch

**01.06.57:** 18601, 603, 604, 606, 610

verblieben waren. Auch sie wurden schließlich im September und Oktober des Jahres umstationiert (Ulm, Lindau).

| | | | |
|---|---|---|---|
| 18493 | Bingerbrück | 22.10.41–13.11.42 | Bingerbrück |
| 18511 | Wiesbaden | 28.02.50–13.12.53 | Hof |
| 18513 | Wiesbaden | 15.06.50–20.05.55 | (Hof) |
| 18514 | Bingerbrück | 22.01.43–19.01.46 | München-Hbf |
| 18515 | | 39/40/45 | |
| | | –06.09.47 | Ausmusterung |
| 18516 | München-Hbf | 13.04.34–34 | Mainz |
| | Mainz | 34–(25.02.39) | Wiesbaden |
| | Wiesbaden | 08.41–24.02.49 | Wiesbaden |
| 18517 | | 24.09.48–16.02.49 | Wiesbaden |
| 18518 | | 47 | Kempten |
| 18519 | | 12.45 | |
| | (Wiesbaden) | 07.08.46–48 | Wiesbaden |
| 18520 | Mainz | 26.11.46–21.10.47 | Wiesbaden |
| 18521 | Nürnberg-Hbf | 25.09.48–03.03.49 | (Wiesbaden) |
| | Wiesbaden | 28.10.50–05.51 | Umbau in 18601 |
| 18522 | Wiesbaden | 13.02.49–53 | Umbau in 18604 |
| 18523 | Nürnberg-Hbf | 27.02.49–05.04.54 | Umbau in 18610 |
| 18524 | Mainz | 45–18.05.55 | Hof |
| 18525 | Nürnberg-Hbf | 23.09.48–11.05.53 | Umbau in 18603 |
| 18526 | Nürnberg-Hbf | 02.11.48–18.01.54 | Hof |
| 18527 | | 45–17.07.48 | Wiesbaden |
| | Wiesbaden | 26.02.49–18.01.54 | Umbau in 18607 |
| 18528 | Mainz | 04.12.46–09.05.55 | Hof |
| 18529 | | 06.45 | |
| 18530 | Nürnberg-Hbf | 16.01.49–11.10.53 | Umbau in 18605 |
| 18531 | Bingerbrück | 18.11.42–05.07.55 | Umbau in 18623 |
| 18532 | Nürnberg-Hbf | 15.05.35–05.09.47 | München-Hbf |
| | München-Hbf | 18.03.48–28.11.54 | Umbau in 18614 |
| 18533 | Mainz | 05.12.46–25.03.48 | Ausmusterung |
| 18535 | Halle P | 29.07.32–22.01.46 | Treuchtlingen |
| 18536 | Nürnberg-Hbf | 30.09.48–08.49 | Regensburg |
| 18537 | Mainz | 04.12.46–10.07.56 | Lindau |
| 18538 | Osnabrück Br. | 11.31–14.01.56 | Lindau |
| 18539 | Osnabrück Br. | 11.31–19.01.46 | Treuchtlingen |
| 18540 | Mainz | 11.12.31–19.01.46 | München-Hbf |
| 18541 | Neulieferung | 09.08.30–31.10.45 | München-Hbf |
| 18542 | Neulieferung | 04.08.30–22.03.54 | Umbau in 18609 |
| 18543 | Neulieferung | 03.09.30–28.05.55 | Lindau |
| 18544 | Neulieferung | 20.08.30–05.11.33 | Mainz |
| | Mainz | 07.02.34–02.01.56 | Umbau in 18628 |
| 18545 | Mainz | 23.11.46–08.47 | Kempten |
| 18546 | Bingerbrück | 13.12.42–11.08.47 | Kempten |
| 18547 | Mainz | 23.11.46–25.03.53 | Umbau in 18602 |
| 18548 | | 08.46–12.02.55 | Umbau in 18617 |
| 18601 | LVA Minden | 15.08.53–03.10.57 | Ulm |
| 18602 | Umbau aus 18547 | 11.06.53–02.07.53 | München-Hbf |
| | München-Hbf | 24.10.53–15.01.57 | Nürnberg-Hbf |
| 18603 | Umbau aus 18525 | 04.07.53–24.09.57 | Lindau |
| 18604 | Umbau aus 18522 | 30.11.53–11.10.57 | Lindau |
| 18605 | Umbau aus 18530 | 15.01.54–04.11.56 | Ulm |
| 18606 | Umbau aus 18535 | 20.02.54–08.09.57 | Lindau |
| 18607 | Umbau aus 18527 | 26.03.54–11.03.57 | Ulm |
| 18608 | Umbau aus 18518 | 15.04.54–08.01.57 | Ulm |
| 18609 | Umbau aus 18542 | 08.05.54–12.02.57 | Lindau |
| 18610 | Umbau aus 18523 | 29.05.54–30.09.57 | Lindau |
| 18614 | Umbau aus 18532 | 29.01.55–22.06.56 | Regensburg |
| 18628 | Umbau aus 18544 | 24.03.56–17.06.57 | Ulm |

## Standorte und Leistungen der Lokomotive 18 544

| 1 | 2 | 3 | 4 | 5 | 6 |
|---|---|---|---|---|---|
| Bahnbetriebswerk | | Eisenbahnausbesserungswerk oder Privatwerk | | Leistung in km *) | |
| | | | | seit der letzten bahnamtlichen Untersuchung des Fahrgestelles | seit der Anlieferung |
| Darmstadt | von 23.8.30 bis 21.11.30 | R.A.W. Nied | von 23.10.30 bis 21.11.30 | 20 000 | 21000 |
| Darmstadt | von 22.11.30 bis 28.12.30 | R.A.W. | von 29.12.30 bis 2.1.31 | 22820 | 37590 |
| Darmstadt | von 3.1.31 bis 11.10.31 | | von 12.10.31 bis 21.11.31 | 163116 | 163116 |
| Darmstadt | von 22.11.31 bis 7.1.32 | R.u.W. Darmstadt Lokomotivwerk. | von 8.1.32 bis 29.1.32 | 181467 | 181467 |
| '' | von 28.1.32 bis 18.4.32 | R.u.W. Darmstadt Lokomotivwerk. | von 19.4.32 bis 14.5.32 | 208654 | 208654 |
| Darmstadt | von 15.5.32 bis 8.8.32 | R.A.W. München Freimann | von 10.8.32 bis | 239032 | 239032 |
| '' | von 24.9.32 bis 3.4.33 | Va. | von 4.4.33 bis 1.4.33 | 51255 | 290287 |
| '' | von 8.4.33 bis 27.4.33 | R.A.W. München Freimann | von 29.4.33 bis 14.6.33 | 72451 | 291483 |
| '' | von 15.6.33 bis 5.11.33 | RAW Kaiserslautern | von 22.11.33 bis 29.11.33 | | |

Deutsche Bundesbahn

## Standorte und Leistungen der Lokomotive

........ ter Erhaltungsabschnitt der Lokomotive

vom ........ 19...... bis ........ 19......

Lokomotiv-Betriebs-Nr 18 612

| 1 | | 2 | 3 | | 4 | 5 | 6 |
|---|---|---|---|---|---|---|---|
| Standort | | | Ausbesserungen im Bundesbahn-Ausb.-Werk oder Privatwerk | | | Laufleistung in km | |
| Bahn-Betriebswerk | | Zeit | Werk | Schadgr. | Zeit | seit letzter Ausbess. im AW¹) | seit letzter L 4 |
| Leistung in km seit Anlieferung bis letzte L 4 | | | | | | | |
| Darmstadt | | von 29.5.54 bis 9.11.55 | Ingolstadt! L 2 | | von 10.11.55 bis 18.12.55 | | |
| Darmstadt | | von 19.12.55 bis 27.9.56 | AW Ingolstadt L 2m | | von 28.9.56 bis 21.12.56 | | |
| Darmstadt | | von 22.12.56 bis 30.9.57 | AW Ingolstadt L 0 | | von 3.10.57 bis 30.10.57 | | |
| Lindau/B | | von 1.11.57 bis 23.4.58 | AW Ingolstadt L 0 | | von 24.4.58 bis 22.6.58 | | |
| Lindau/B | | von 23.6.58 bis 4.2.60 | AW Ingolstadt L 2 | | von 5.2.60 bis 17.5.60 | | |
| Lindau/B | | von 17.5.60 bis | L | | von bis | | |
| | | von bis | L | | von bis | | |
| | | von bis | L | | von bis | | |
| | | von bis | L | | von bis | | |
| | | von bis | L | | von bis | | |

¹) Die Laufleistung (Sp. 6) ist bei jeder Zuführung der Lokomotive ins Ausbesserungswerk einzutragen.

**219** Wenige Tage vor dieser am 14. Juli 1955 in Heidelberg-Hbf entstandenen Aufnahme war 18 607 (Bw Darmstadt) von einer L2-Zwischenausbesserung aus dem AW Ingolstadt gekommen. Das Betriebsbuch weist aus, daß sie im Monat Juli 1955 insgesamt 13 031 km an 26 Betriebstagen leistete, was einem Tagesmittel von 501 km entspricht. Foto: Dipl.-Ing. H. Schneeberger

**220** Mit geöffneten Zylinderhähnen zieht 18 603 (Bw Darmstadt) am 11. April 1954 mit D 375 los. Nur noch kurze Zeit mußten die Züge im alten Heidelberger Hauptbahnhof Kopf machen, bald darauf wurde der neue Durchgangsbahnhof in Betrieb genommen. Foto: C. Bellingrodt

**221** Mit Eröffnung des neuen Heidelberger Hauptbahnhofes konnten die Fahrzeiten vieler Züge gekürzt werden. Am 22. Juli 1956 verließ 18 628 (Bw Darmstadt) den Bahnhof mit D 476. Foto: C. Bellingrodt

**222** 18 444 gehörte 1932 bis 1937 zum Bw Passau und fuhr dort zusammen mit 18 445 das Luxuszugpaar 51/52 »Ostende–Wien-Expreß« im Langlauf Passau–Frankfurt (456 km). Slg: C. Asmus

## Bw Passau

Das Betriebswerk der an der deutsch-österreichischen Grenze gelegenen Dreiflüssestadt besaß zwar nur insgesamt fünf S 3/6 während der Jahre 1930–1937, dennoch zählen die dort gefahrenen Leistungen zu den herausragenden der Baureihe. Den Anfang machten 18 404 (Zugang am 15. Juni 1930) und 401 (9. Mai 1931), die als Schnellzugreserve fungierten, bedarfsweise Vorspann vor D 54 oder D 58 leisteten, Sonderdienste fuhren oder den normalerweise mit Nürnberger S 3/6 bespannten »Ostende-Wien-Expreß« L 51/52 ersatzweise übernahmen. Für 1931 und 1932 können die Kilometerleistungen der beiden Lokomotiven genannt werden:

18 401: Gesamtleistung in Passau
(09.05.31–03.12.31) = 52 639 km
($\varnothing \sim$ 7500 km/Monat)

18 404: Jahreslaufleistung
1931: 63 763 km, 266 Betriebstage, $\varnothing$ 240 km/Tag
(50 Tage betriebsfähig abgestellt)
1932: 52 397 km, 161 Betriebstage, $\varnothing$ 325 km/Tag
(68 Tage betriebsfähig abgestellt)

18 401 war wenig beliebt und als schlechter Dampfmacher gefürchtet. Eine genaue Untersuchung der Lokomotive (unter anderem mittels einer Versuchsfahrt Richtung Plattling, bei der ein Bw-Angehöriger an der Rauchkammer stehend Rhythmus und Gleichförmigkeitsgrad der Auspuffschläge bei bis zu 100 km/h überprüfte) führte dazu, daß das Blasrohr neu ausgemittelt, sowie Steg und Hosenrohrausmauerung erneuert wurden.

Anschließend war die Lokomotive nur wenig besser, während sich ihre Schwesterlokomotive 18 404 größerer Beliebtheit erfreute. 18 401 wurde bereits am 3. Dezember 1931 nach Regensburg zurückgegeben.

Als 18 404 im Sommer 1932 zur Zwischenuntersuchung ins RAW München-Freimann mußte, kam am 24. Mai aus Regensburg 18 475 als Ersatz, die bis zur Rückkehr von 18 404 am 18. August 1932 beim Bw Passau blieb und anschließend nach Regensburg zurückging.

Am 19. November 1932 erhielt Passau die großrädrige Nürnberger 18 444, die sofort eingesetzt wurde. Als die Lokomotive am 21. Dezember 1932 auf RAW-Ausbesserung wartend abgestellt werden mußte, kam aus Nürnberg noch 18 445 hinzu (22. Dezember). Mit Rückkehr von 18 444 aus dem RAW München-Freimann am 2. Februar 1933 konnte nunmehr 18 404 nach Regensburg abgegeben werden, so daß von diesem Zeitpunkt bis zum Jahr 1937 ausschließlich die beiden großrädrigen 18⁴ beim Bw Passau stationiert waren.

Die Lokomotiven zogen in diesen rund vier Jahren das Luxuszugpaar L 51/52 »Ostende-Wien-Expreß« planmäßig zwischen Passau und Frankfurt/M.-Hbf, das sind 456 km im Durchlauf! Ab Mai 1933, eventuell bereits einige Monate vorher, bestand für eine S 3/6 sowie eine Reservemaschine ein Sonderplan, der nur die Bespannung dieses Zugpaares vorsah. Der L 51 verkehrte an den Tagen Dienstag, Donnerstag und Samstag zwischen Wien und Ostende, der L 52 am Sonntag, Mittwoch und Freitag in der Gegenrichtung, Montag war Ruhe. Die Planlokomotive konnte also beide Züge führen, so daß die jeweils in Reserve stehende Maschine eine nicht geringe Anzahl Tage betriebsfähig kalt abgestellt war. Entsprechend sehen die

Betriebsunterlagen aus: während einzelner Monate wurden **im Schnitt** bis zu 650 km/Tag gefahren, zu anderen Zeiten sind nur wenige Betriebstage mit allerdings meist hoher km-Leistung verzeichnet. Die Reservemaschine wurde fallweise auch zu Sonderdiensten vor anderen Zügen herangezogen, sofern bei der Planlokomotive keine Reparaturen oder Waschtage fällig waren.

Aufgrund der Einmaligkeit dieses Sonderplans seien die Kilometerleistungen der 18 444 während ihrer Passauer Zeit wiedergegeben:

| Monat/Jahr | Betriebstage | betriebsfähig abgestellt | RAW-Ausbesserung | Bw-Ausbesserung | Warten auf Ausbesserung | Von der Ausbesserung zurückgestellt | Kilometer |
|---|---|---|---|---|---|---|---|
| 12.32 | 13 | 6 | – | 1 | – | 11 | 5489 km |
| 1.33 | – | – | 31 | – | – | – | – |
| 2.33 | 2 | 25 | 1 | – | – | – | 324 km |
| 3.33 | – | 31 | – | – | – | – | – |
| 4.33 | 3 | 27 | – | – | – | – | 974 km |
| 5.33 | 6 | 25 | – | – | – | – | 2846 km |
| 6.33 | 24 | 6 | – | – | – | – | 10968 km |
| 7.33 | 24 | 7 | – | – | – | – | 10054 km |
| 8.33 | 27 | 4 | – | – | – | – | 12272 km |
| 9.33 | 26 | 4 | – | – | – | – | 11998 km |
| 10.33 | 23 | 4 | – | 4 | – | – | 11328 km |
| 11.33 | 18 | 2 | 4 | 6 | – | – | 10094 km |
| 12.33 | 2 | 9 | 20 | – | – | – | 917 km |
| 1.34 | – | – | 31 | – | – | – | – |
| 2.34 | 2 | 7 | 19 | – | – | – | 723 km |
| 3.34 | 6 | 23 | – | 2 | – | – | 2832 km |
| 4.34 | – | 30 | – | – | – | – | – |
| 5.34 | 27 | 4 | – | – | – | – | 13420 km |
| 6.34 | 26 | 4 | – | – | – | – | 13216 km |
| 7.34 | 5 | 26 | – | – | – | – | 1446 km |
| 8.34 | 3 | 28 | – | – | – | – | 976 km |
| 9.34 | 22 | 4 | – | 4 | – | – | 4724 km |
| 10.34 | 18 | 13 | – | – | – | – | 7786 km |
| 11.34 | 16 | 14 | – | – | – | – | 7624 km |
| 12.34 | 26 | 5 | – | – | – | – | 12302 km |
| 1.35 | 6 | 25 | – | – | – | – | 2936 km |
| 2.35 | 13 | 12 | – | 3 | – | – | 6578 km |
| 3.35 | 27 | 3 | – | 1 | – | – | 11118 km |
| 4.35 | 25 | 5 | – | – | – | – | 11328 km |
| 5.35 | 27 | 4 | – | – | – | – | 13885 km |
| 6.35 | 26 | 4 | – | – | – | – | 12280 km |
| 7.35 | 26 | 5 | – | – | – | – | 12559 km |
| 8.35 | 26 | 5 | – | – | – | – | 10158 km |
| 9.35 | 19 | 8 | – | 3 | – | – | 8758 km |
| 10.35 | 9 | 19 | 3 | – | – | – | 1927 km |
| 11.35 | – | – | 30 | – | – | – | – |
| 12.35 | 4 | 15 | 12 | – | – | – | 1487 km |
| 1.36 | 11 | 20 | – | – | – | – | 4804 km |
| 2.36 | 5 | – | – | 10 | – | 14 | 1947 km |
| 3.36 | 13 | 16 | – | 2 | – | – | 6639 km |
| 4.36 | 3 | – | – | 27 | – | – | 640 km |
| 5.36 | 5 | 26 | – | – | – | – | 1373 km |
| 6.36 | 13 | 13 | – | 4 | – | – | 4936 km |
| 7.36 | 19 | – | – | 12 | – | – | 12364 km |
| 8.36 | 9 | 1 | – | 13 | – | 8 | 7520 km |
| 9.36 | 16 | 3 | – | 1 | 10 | – | 6948 km |
| 10.36 | 25 | 3 | – | 3 | – | – | 10420 km |
| 11.36 | 8 | 7 | – | 15 | – | – | 3643 km |
| 12.36 | 26 | 4 | – | 1 | – | – | 9813 km |
| 1.37 | 25 | 2 | – | 4 | – | – | 11892 km |
| 2.37 | 18 | 3 | – | – | 7 | – | 8330 km |
| 3.37 | – | – | 8 | – | 23 | – | 185 km |
| 4.37 | – | – | 30 | – | – | – | – |

Der »Lux«, wie die Eisenbahner den L 51/52 nannten, wurde zeitweise auf der Strecke Passau–Frankfurt/M. nur von einem Personal (Bw Passau) gefahren. Rund vier Stunden Ruhe in Frankfurt/M. mußten damals genügen, um ausreichend gestärkt die lange Rückfahrt anzutreten! Man bedenke, daß es sich um ein besonders schnelles Zugpaar mit nur wenigen Halten handelte, das dem Heizer körperlich einiges abverlangte. J. B. Kronawitter, in den dreißiger Jahren beim Bw Passau tätig, schrieb für dieses Buch einen Bericht von einer Fahrt auf dem Führerstand der 18 444 vor dem L 51. Wir kommen dadurch in den großen Genuß, aus der Feder eines Beteiligten vom damaligen Betriebsablauf zu erfahren (siehe S. 328).

Vom 1. Juli bis 10. September 1936 verkehrte der L 51/52 täglich, und zwar in beiden Richtungen über Frankfurt-Süd––Mainz. Mit nur zwei Lokomotiven wäre der Dienstplan nicht zu erfüllen gewesen, so daß Passau in dieser Zeit nur bis Würzburg fuhr und der Zug dann von dortigen 18⁴ übernommen wurde. Ob ab 11. September 1936 bis zur Abgabe der beiden Passauer Maschinen im Jahr 1937 nochmals der Frankfurter Langlauf gefahren wurde, ist nicht sicher. 18 444 war beim Bw Passau bis 21. Februar 1937 in Dienst, kam anschließend ins RAW und nach erfolgter Ausbesserung zum Bw Regensburg. Wann 18 445 im Jahr 1937 abging, war nicht feststellbar.

Den L 51/52 fuhren nun wieder, wie schon bis 1933, Nürnberger S 3/6 in zwei Etappen (Lokwechsel in Nürnberg), bis er Ende 1939 gestrichen wurde. Nach dem Krieg führte ihn die DB wieder ein (FD bzw. F 51/52), und erneut beförderten ihn S 3/6, in diesem Fall Regensburger Maschinen auf dem noch nicht elektrifizierten Abschnitt Passau–Regensburg.

| 18 401 Regensburg | 09.05.31–03.12.31 | Regensburg |
|---|---|---|
| 18 404 Regensburg | 15.06.30–03.02.33 | Regensburg |
| 18 444 Nürnberg-Hbf | 19.11.32–20.05.37 | Regensburg |
| 18 445 Nürnberg-Hbf | 22.12.32– | (37) |
| 18 475 Regensburg | 24.05.32–18.08.32 | Regensburg |

| Standorte und Leistungen der Lokomotive 18 404 | | | | | |
|---|---|---|---|---|---|
| 1 | | 3 | 4 | 5 | 6 |
| Bahnbetriebswerk | | Eisenbahnausbesserungswerk oder Privatwerk | | Leistung in km *) | |
| | | | | seit der letzten bahnamtlichen Untersuchung des Fahrgestelles | seit der Anlieferung |
| Bw Regensburg | von 17.11.26 bis 11.3.28 | EAW Ingolstadt | von 12.3.28 bis 11.4.28 (7.7.) | 126 437 km | |
| Regensburg | von 19.4.28 bis 21.2.31 | RAW Au- Freimann | von 22.2.30 bis 17.4.30 (7.4.19.4.) | 14 + 131 | 270 568 |
| Regensburg | von 18.4.30 bis 14.6.30 | | | | |
| Bw Passau | von 15.6.30 bis 15.10.30 | J. A. Maffei München | von 16.10.30 bis 23.10.30 | (30 537) | |
| Passau | von 24.10.30 bis 11.6.31 | RAW Freimann 2(?)(53) | von 16.6.31 bis 21.7.31 | (74 973) | |
| Passau | von 22.7.31 bis 27.6.32 | RAW Au- Freimann | von 28.6.32 bis 13.8.32 | 112 490 | 383 058 |
| Bw Passau | von 19.8.32 bis 3.2.33 | | von bis | (32 384) | (415 439) |
| Bw Regensburg | von 4.2.33 bis 27.12.33 | RAW Au- Freimann | von 28.12.33 bis 12.2.34 L 2 | | 4(.)33 |
| Regensburg | von 13.2.34 bis 26.5.34 | | von bis | | |

211

**223** Das Bw Mainz fuhr während der dreißiger Jahre eine Reihe von hochwertigen Leistungen. Zu ihnen gehörte das Zugpaar FD 263/264 zwischen Emmerich bzw. Zevenaar und Frankfurt. Im Bild 18 525 am 17. April 1938 vor FD 264 Holland – München bei Block Rheinstein. Damals gab es noch leere Straßen! Foto: C. Bellingrodt

**224** 18 536 (Bw Mainz) wendet 1937 im Bw Frankfurt/M-1. Foto: Th. Düring

**225** Der wichtigste Zug, den das Bw Mainz zu fahren hatte, war der »Rheingold«. Die Zuglokomotive lief von Mannheim bis an die holländische Grenze durch, das Personal wechselte in Mainz. Am 8. Mai 1937 war FFD 102 mit vier Wagen nur kurz, es führte nahe der Blockstelle Pfalz 18 517. Foto: C. Bellingrodt

## Bw Mainz

In der zweiten Jahreshälfte 1931 bekam das Bw Mainz aus Wiesbaden 18 520–528, sowie aus Osnabrück 18 536, 537 und 540 (letztere ging nach vier Wochen nach Darmstadt weiter). Die Lokomotiven behielten einen Großteil der Leistungen, die sie zuvor beim Bw Wiesbaden gefahren hatten, darunter auch den FFD 101/102 »Rheingold« zwischen Mannheim und Zevenaar (410 km) bzw. später Emmerich (392 km), den FD 263 zwischen Frankfurt/M. und Zevenaar (375 km) und den FD 264 zwischen Emmerich und Frankfurt/M. Wendepunkte der Mainzer $18^5$ waren in den dreißiger Jahren Ludwigshafen, Mannheim, Wiesbaden, Frankfurt/M., Würzburg, Saarbrücken, Wuppertal, Hagen, Köln, Krefeld, Aachen, Dortmund, Venlo, Zevenaar und Emmerich.

**31.12.31:** 18 520, 521, 522, 523, 524, 525, 526, 527, 528, 536, 537

Der größte Teil der $18^5$, nämlich 18 514–548, zählte ab Mitte des Jahrzehnts zur RBD Mainz (Bw Mainz, Wiesbaden, Darmstadt) und prägte das Bild der Zugförderung auf den Rheinstrecken und im Rhein-Main-Gebiet. Die dabei entstandenen Laufleistungen waren sehenswert:

**18 520:** Jahreslaufleistung

|  |  |  |  |
|------|-----|-----|-----|
| 1933 | 141 866 km | 283 Betriebstage | Ø 501 km/Tag |
| 1934 | 118 873 km | 248 Betriebstage | Ø 479 km/Tag |
| 1935 | 113 541 km | 230 Betriebstage | Ø 494 km/Tag |
| 1936 | 116 724 km | 244 Betriebstage | Ø 478 km/Tag |
| 1937 | 108 116 km | 236 Betriebstage | Ø 458 km/Tag |
| 1938 | 86 458 km | 223 Betriebstage | Ø 388 km/Tag |
| 1939 | 110 442 km | 256 Betriebstage | Ø 431 km/Tag |
| 1940 | 83 369 km | 291 Betriebstage | Ø 286 km/Tag |
| 1941 | 82 395 km | 187 Betriebstage | Ø 441 km/Tag |

Die von Dr. Mühl in der »Lokomotivtechnik« des Jahres 1960 veröffentlichten Mainzer Dienstpläne veranschaulichen den abwechslungsreichen S 3/6-Alltag:

Dienstplan 1 (16 Personale und 8 Lokomotiven der BR $18^5$), gültig ab 04. 10. 36:

| | | | |
|---|---|---|---|
| Tag 1: | P 1611 | Mainz–Wiesbaden | |
| | E 310 | Wiesbaden–Frankfurt | |
| | D 76 | Frankfurt–Mannheim | |
| | FD 101 | Mannheim–Emmerich | 500 km |
| Tag 2: | FD 264 | Emmerich–Frankfurt | |
| | E 293 | Frankfurt–Wiesbaden | |
| | E 316 | Wiesbaden–Frankfurt | |
| | D 94 | Frankfurt–Heidelberg | 525 km |
| Tag 3: | E 305 | Heidelberg–Wiesbaden | |
| | 506 | Wiesbaden–Ludwigshafen | |
| | D 161 | Ludwigshafen–Krefeld | |
| | E 292 | Krefeld–Wiesbaden | |
| | P 1700 | Wiesbaden–Mainz | 740 km |
| Tag 4: | | Bereitschaft | |
| | P 1364 | Mainz–Frankfurt | |
| | E 259 | Frankfurt–Wiesbaden | 60 km |
| Tag 5: | D 55 | Wiesbaden–Köln | |
| | D 304 | Köln–Frankfurt | |
| | FD 263 | Frankfurt–Zevenaar | |
| | D 254 | Zevenaar–Emmerich | 820 km |
| Tag 6: | FD 102 | Emmerich–Mannheim | |
| | D 75 | Mannheim–Frankfurt | |
| | P 1369 | Frankfurt–Bingerbrück | 546 km |
| Tag 7: | D 137 | Bingerbrück–Frankfurt | |
| | P 1263 | Frankfurt–Mainz | 106 km |
| Tag 8: | Ruhe, Auswaschen | | |

Dienstplan 2 (10 Personale und 5 Lokomotiven der Baureihe 18⁵), gültig ab 04.10.36:

Tag 1: P 1368    Mainz–Frankfurt
       D 214     Frankfurt–Ludwigshafen
       D 267     Ludwigshafen–Wiesbaden
       P 1654    Wiesbaden–Mainz
       P 1324    Mainz–Frankfurt
       E 111     Frankfurt–Wuppertal         530 km
Tag 2: E 112     Wuppertal–Frankfurt
       E 69      Frankfurt–Bingerbrück
       P 1357    Bingerbrück–Koblenz         404 km
Tag 3: E 300     Koblenz–Wiesbaden
       P 1630    Wiesbaden–Mainz
       D 162     Mainz–Ludwigshafen
       E 247     Ludwigshafen–Wiesbaden      249 km
Tag 4: D 107     Wiesbaden–Köln
       D 270     Köln–Ludwigshafen
       D 269     Ludwigshafen–Koblenz
       D 282     Koblenz–Frankfurt           727 km
Tag 5: P 1399    Frankfurt–Mainz, Ruhe        38 km
Tag 6: Ruhe – Auswaschen

Der Bestand hatte 1934–36 aus Nürnberg, Wiesbaden und München-Hbf Zuwachs erhalten und war nun bei der stattlichen Anzahl von ständig rund 20 S 3/6 angelangt. Der durch die beiden Dienstpläne beschriebene Winterfahrplan 1936/37 sah folgende 18⁵:

**30.11.36:** 18517, 518, 519, 520, 521, 522, 523, 524, 525, 526, 527, 528, 529, 530, 533, 534, 536, 537, 545, 546, 547, 548

Im Lauf der nächsten Jahre traten keine nennenswerten Veränderungen im S 3/6-Lokomotivpark ein. Mit Kriegsbeginn entfiel jedoch eine Reihe insbesondere der schnelleren Reisezüge, so daß 1942 einige S 3/6 abgegeben werden konnten:

**01.01.43:** 18517, 520, 521, 522, 523, 524, 525, 526, 528, 530, 533, 534, 536, (537), 545, 547, 548

Nach drei weiteren Abgängen im Jahr 1944 sank die Zahl der S 3/6, die allerdings bedingt durch die Folgen des Krieges zum größten Teil 1944/45 abgestellt werden mußten.

Lokerfassung im Juni 1945:
18517 abgestellt Buchschlag
18518 abgestellt Buchschlag
18519 abgestellt Abteischneise
18520 abgestellt Pfungstadt
18521 abgestellt Buchschlag
18523 abgestellt Buchschlag
18524 abgestellt Abteischneise
18525 abgestellt Abteischneise
18526 abgestellt Eberstadt
18527 abgestellt Abteischneise
18528 abgestellt Buchschlag
18530 abgestellt Buchschlag
18533 abgestellt Bingerbrück (Bombentreffer)
18534 abgestellt Eberstadt
18536 abgestellt Buchschlag
18545 abgestellt Kreuznach
18546 abgestellt Dieburg
18547 abgestellt Eberstadt
18548 abgestellt Eberstadt

Nachdem ein Teil von ihnen 1945/46 wieder fahrfähig war, kam es noch einmal kurzzeitig zum S 3/6-Betrieb beim Bw Mainz. Im Herbst 1946 gingen jedoch die restlichen Lokomotiven nach Nürnberg-Hbf, Darmstadt und Wiesbaden ab.

Die letzten 18er waren:

**01.06.46:** 18517, 518, 520, 521, 523, 525, 526, 528, 530, 533, 536, 537, 543, 547

Bis Anfang 1948 besaß Mainz keine Schnellzuglokomotiven und mußte die Zeit bis zum Erscheinen der Baureihe 03 (Januar/Februar 1948) mit anderen Lokgattungen überbrücken, was angesichts der noch niedrigen Höchstgeschwindigkeiten auch gangbar war.

**226** 18536 (Bw Mainz) wird nach erfolgter Ausbesserung im RAW München-Freimann für die Heimfahrt abgeölt (1940)
Foto: Dr. G. Scheingraber

**227** Am Ochsenturm bei Oberwesel zog die Mainzer 18527 am 16. April 1938 den FD 102 »Rheingold« südwärts.　　Foto: C. Bellingrodt

**228** FD 264 Holland–München bei Rolandseck nahe Bonn auf dem Weg nach Frankfurt/M. 18524 (Bw Mainz) führte den Zug am 16. März 1933.　　Foto: C. Bellingrodt

| 18481 | (Augsburg) | 34 | (Augsburg) |
| 18514 | Nürnberg-Hbf | 14.03.35–15.05.36 | Bingerbrück |
| 18516 | Darmstadt | 34 | (Darmstadt) |
| 18517 | Wiesbaden | 08.36–16.10.46 | Nürnberg-Hbf |
| 18518 | München-Hbf | 08.36– 09.42 | |
| 18518 | | –06.11.46 | Nürnberg-Hbf |
| 18519 | Wiesbaden | 36– 45 | |
| 18520 | Wiesbaden | 04.12.31–13.09.43 | Wiesbaden |
| | Wiesbaden | 01.02.45–25.11.46 | Darmstadt |
| 18521 | Wiesbaden | 08.31–16.10.46 | Nürnberg-Hbf |
| 18522 | Wiesbaden | 04.10.31– 45 | Wiesbaden |
| 18523 | Wiesbaden | 08.31–14.10.46 | Nürnberg-Hbf |
| 18524 | Wiesbaden | 22.08.31– 45 | Darmstadt |
| 18525 | Wiesbaden | 08.31–30.10.46 | Nürnberg-Hbf |
| 18526 | Wiesbaden | 07.31–30.10.46 | Nürnberg-Hbf |
| 18527 | Wiesbaden | 08.31– 09.42 | |
| 18528 | Wiesbaden | 04.12.31– 46 | Darmstadt |

| 18529 | (Nürnberg-Hbf) | 35, 36 | (Nürnberg-Hbf) |
| | | – 07.46 | Wiesbaden |
| 18530 | Wiesbaden | 36– 46 | |
| 18531 | Wiesbaden | 06.36– 09.36 | Wiesbaden |
| 18533 | Wiesbaden | 35– 46 | |
| 18534 | Wiesbaden | 34– 46 | |
| 18536 | Osnabrück Br. | 01.11.31–30.10.46 | Nürnberg-Hbf |
| 18537 | Osnabrück Br. | 11.31– | |
| | | –01.11.46 | Darmstadt |
| 18540 | Osnabrück Br. | 05.11.31–10.12.31 | Darmstadt |
| 18543 | | – 11.46 | Darmstadt |
| 18544 | Darmstadt | 06.11.33–06.02.34 | Darmstadt |
| 18545 | Wiesbaden | 09.36– 01.46 | Darmstadt |
| 18546 | Wiesbaden | 29.09.36–26.06.42 | Bingerbrück |
| 18547 | Wiesbaden | 05.35– 11.46 | Darmstadt |
| 18548 | Wiesbaden | 09.36– 09.44 | Darmstadt |

**229** Ist das nicht ein wunderbarer Blick auf den Rhein? Eine Mainzer 18⁵ zieht den D 304 Köln–Frankfurt bei Hirzenach in südlicher Richtung (8. Mai 1937), während stromaufwärts ein sehenswerter Raddampfer fährt.
Foto: C. Bellingrodt

**230** 18 522 (Bw Mainz) steht um 1932 auf der Drehscheibe ihres Heimat-Betriebswerkes. Slg: H. Wenzel

## Bw Kempten

Erstmals 1933 gehörten zum Bw Kempten S 3/6. Es waren jeweils für kurze Zeit 18447, 461, 463 und 471 vorhanden, die bis 1936 wieder abgegeben waren. Von 18463 sind die Kilometerleistungen während ihrer Zugehörigkeit zum Bw Kempten bekannt:

18463:
09.06.33–29.06.34 = 37883 km an 177 Betriebstagen entsprechend 214 km/Tag.

Die Maschinen fuhren aller Wahrscheinlichkeit nach nicht in einem eigenen Plan, dazu war ihre Stückzahl zu gering, sondern verstärkten die angestammten 38[4]. Als 1936 einige Lokomotiven der Baureihe 17[4,5] zugewiesen wurden, konnte auf die S 3/6 wieder verzichtet werden.

1945 wurde im Zuge der Aufteilung Deutschlands in vier Besatzungszonen das bis dahin zur RBD Augsburg gehörige Bw Lindau der RBD Karlsruhe angegliedert. Damit unterstand dieses für die Zugförderung bedeutsame Betriebswerk der französischen Besatzungsmacht, während die gesamte übrige bisherige Augsburger Direktion im Bereich der Amerikaner lag. Möglicherweise um weiterhin in einem an der Allgäubahn gelegenen, direktionseigenen Betriebswerk die leistungsfähigen 18er verfügbar zu haben, wurde ab Ende 1945 im Bw Kempten eine

S 3/6-Gruppe aufgebaut, die bald auf 20 Exemplare angewachsen war. Namentlich aus der RBD München und dem Bw Augsburg, ab 1947 auch aus Wiesbaden und Darmstadt kamen 18er verschiedener Bauserien, die allerdings zum Teil zeitweise abgestellt waren.

01.12.47: 18445, 446, 451, 461, 462, 463, 465, 467, 468, 470, 476, 482, 512, 518, 529, 545, 546, sowie wahrscheinlich 18447, 452, 492

Die Lokomotiven standen auf den Strecken nach Lindau, München, Augsburg und Ulm im Einsatz und befuhren damit die üblichen S 3/6-Linien im Bezirk der RBD Augsburg. Den schwierigen Nachkriegsverhältnissen entsprechend waren die Kilometerleistungen nur mäßig, wie die Betriebsbücher ausweisen. Sie lagen zwischen durchschnittlich 130 und 380 km pro Tag mit steigender Tendenz.
Bis zum Sommer 1949 war ein Teil der Maschinen zu den Bw Augsburg, Neu-Ulm und Hof umstationiert bzw. ausgemustert, was den folgenden Bestand ergab:

01.10.49: 18470, 471, 484, 512, 518, 529, 545, 546

Bereits ein gutes Jahr später waren die restlichen Lokomotiven abgegeben, nachdem Kempten seit Frühjahr 1949 P 10 besaß. Zwischen 1952 und 1955 gehörten zur Verstärkung des Lokparkes noch einmal kurzzeitig einzelne Maschinen zum Bestand, ohne einen eigenen Laufplan zu besitzen.

**231** Vor der zerstörten Halle des Münchener Hauptbahnhofes ist 1948 die Kemptener 18461 abfahrbereit.
Foto: E. Schörner

**232/233** Blick ins Bw München-Hbf im Jahr 1949: 18470 (Bw Kempten) posiert für den Fotografen der Eisenbahndirektion München auf der Drehscheibe des Hauses 4, das heute zum Teil noch existiert. Wer wollte dieser Lokomotive die Formschönheit absprechen?

**234** Einige Meter zu weit fuhr 18502 im Jahr 1952 im Bw Kempten, so daß sie mit dem Tender in der Drehscheibengrube landete. Slg: M. Hehl

| DUS 712 (12,4) 3. Klasse (350 t) So, Sa | | | | | | | | | | |
|---|---|---|---|---|---|---|---|---|---|---|
| (für den öffentlichen Verkehr freigegeben) | | | | | | | | | | |
| Kempten (Allg) Hbf—Kaufbeuren—München Hbf | | | | | | | | | | |

Höchstgeschwindigkeit Ko—Ai 80 km/h
Ai—Mhh 85 km/h
S 36.17 (18⁴⁻⁵) Last 400 t g Mindestbremshundertstel 69

| 1 | 2 | 3 | 4 | 5 | 6 | 7 | 8 | 9 | 10 | 11 |
|---|---|---|---|---|---|---|---|---|---|---|
| | | Kempten (Allg) Hbf ▼ | — | — | 11 23 | | | | | |
| 1,3 | | Stellwerk I ......... | — | — | 26 | 3,0 | 2,0 | | | |
| 2,7 | | Bk Lenzfried ....... | — | — | 29₅ | 3,5 | 2,5 | | | |
| 2,3 | | Betzigau ......... | — | — | 32 | 2,5 | 1,5 | | | |
| 3,2 | | Wildpoldsried ..... | — | — | 35 | 3,0 | 1,9 | | | |
| 5,2 | | Bk Zimmethal ..... | — | — | 40 | 5,0 | 3,8 | 46,5 | | |
| 4,7 | | Günzach ......... | — | — | 45 | 5,0 | 3,6 | 33,8 | | |
| 5,3 | | Bk St Alban ..... | — | — | 50₅ | 5,5 | 4,7 | | | |
| 4,4 | | Aitrang ▼ ....... | — | — | 54₅ | 4,0 | 3,6 | | | |
| 4,1 | | Ruderatshofen ..... | — | — | 58₅ | 4,0 | 3,0 | | | |
| 4,2 | | Biessenhofen ..... | — | — | 12 02₅ | 4,0 | 3,0 | | | |
| 5,4 | | Kaufbeuren ▼ ..... | 12 09₅ | 20 | 29₅ | 7,0 | 4,2 | | | |
| 5,1 | | Leinau ........... | — | — | 36 | 6,5 | 4,5 | | | |
| 3,0 | | Pforzen ......... | — | — | 38₅ | 2,5 | 2,1 | 20,0 | | |
| 5,3 | | Beckstetten ..... | — | — | 42₅ | 4,0 | 3,7 | 15,6 | | |
| 6,9 | | Buchloe ......... | 49₅ | 1 | 50₅ | 7,0 | 5,3 | 13,0 | | |
| 7,5 | | Igling ......... | — | — | 59₅ | 9,0 | 6,9 | 9,9 | | |
| 4,8 | | Kaufering ......... | 13 03₅ | 1 | 13 04₅ | 4,0 | 3,0 | | | |
| 5,0 | | Epfenhausen ..... | 12₅ | 10 | 22₅ | 8,0 | 5,6 | 8,5 | | |
| 5,0 | | Schwabhausen b La .. | — | — | 27₅ | 5,0 | 4,0 | 7,0 | | |
| 4,1 | | Geltendorf ......... | 13 31 | 1 | 32 | 3,5 | 3,0 | | | |
| 2,7 | | Türkenfeld ......... | — | — | 35₅ | 3,5 | 3,0 | | | |
| 7,1 | | Grafrath ......... | — | — | 42₅ | 7,0 | 5,5 | 22,0 | | |
| 3,3 | | Bk Schöngeising Hp .. | — | — | 13 46₅ | 4,0 | 2,5 | 17,0 | | |
| 6,0 | | Fürstenfeldbruck ..... | 13 54 | 10 | 14 04 | 7,5 | 5,0 | | | |
| 3,0 | | Abzw Steinwerk ..... | — | — | 08₅ | 4,5 | 3,3 | | | |
| 4,1 | | Puchheim ......... | — | — | 12₅ | 4,0 | 3,2 | | | |
| 4,9 | | Aubing ........... | — | — | 17₅ | 5,0 | 3,7 | 28,0 | | |
| 2,6 | | Abzw Mü-Pasing West | — | — | 20₅ | 3,0 | 2,0 | 21,2 | | |
| 1,0 | | Mü-Pasing ▼ ....... | — | — | 21₅ | 1,0 | 1,0 | | | |
| 3,2 | | Bk Landsbergerstr .... | — | — | 25₅ | 4,0 | 2,8 | | | |
| 4,2 | | München Hbf ▼ ...... | 14 32 | — | — | 6,5 | 5,2 | | | |
| 130,8 | | | | 43 | | 146,0 | 109,1 | | | |

Buchfahrplan des DUS 712 vom Winter 1948/49

| 18433 | Freilassing | 11.45– 08.47 | RBD München |
|---|---|---|---|
| 18445 | München-Hbf | 11.45–04.08.49 | Ausmusterung |
| 18446 | Treuchtlingen | 20.04.46–04.08.49 | Ausmusterung |
| 18447 | | 04.33– 34 | |
| 18451 | Treuchtlingen | 09.02.47–14.04.48 | Augsburg |
| 18461 | Augsburg | 13.05.35–22.06.36 | Augsburg |
| | (Augsburg) | 27.06.47–16.05.49 | Neu-Ulm |
| 18462 | (Treucht- | 04.10.47–23.02.49 | Neu-Ulm |
| | lingen) | | |
| 18463 | Augsburg | 09.06.33–29.06.34 | Augsburg |
| | Augsburg | 12.05.35–17.05.36 | Augsburg |
| | Augsburg | 31.10.47–03.03.49 | Neu-Ulm |
| 18465 | RBD München | 09.46– 48 | Augsburg |
| 18467 | München-Hbf | 09.46–01.08.49 | Neu-Ulm |
| 18468 | | 09.46–01.08.49 | Neu-Ulm |
| 18469 | Neu-Ulm | 06.07.55–25.08.55 | Neu-Ulm |
| 18470 | München-Hbf | 10.47–01.12.50 | Buchloe |
| | Neu-Ulm | 11.03.55–20.03.55 | Neu-Ulm |
| 18471 | | 36, 49 | |
| 18472 | Neu-Ulm | 16.04.55– 05.55 | Augsburg |
| 18476 | (Augsburg) | 45– 48 | Augsburg |
| 18482 | München-Hbf | 11.46– 05.48 | (Augsburg) |
| 18484 | (Nürnberg- | 48– 12.49 | Augsburg) |
| | Hbf) | | |
| | Augsburg | 05.52– | Lindau |
| 18502 | Augsburg | 10.05.52–22.12.52 | Augsburg |
| 18512 | Wiesbaden | 13.09.47–05.05.50 | Hof |
| 18518 | Darmstadt | 07.11.47–08.05.50 | Hof |
| 18529 | Wiesbaden | 02.08.47–25.05.50 | Hof |
| 18545 | Darmstadt | 06.09.47–09.05.50 | Hof |
| 18546 | Darmstadt | 12.11.47–03.05.49 | Hof |

### Standorte und Leistungen der Lokomotive 18 463

| 1 | 2 | 3 | 4 | 5 | 6 |
|---|---|---|---|---|---|
| | Bahnbetriebswerk | | Eisenbahnausbesserungswerk oder Privatwerk | Leistung in km*) | |
| | | | | seit der letzten bahnamtlichen Untersuchung des Fahrgestelles | seit der Anlieferung |
| Lindau | von 1.10.1929 bis 18.12.1929 | RAW Kaiserslautern | von 13.12.1929 bis 14.1.1930 | 17000 | Fahrt nach Schupfholz Fort 6.11.1925 254 763 km |
| **Bw Lindau** | von 30.1.1929 bis 28.2.1930 | | von bis | 29 041 | |
| Lindau | von 29.2.30 bis 25.4.30 | | von bis | | |
| Augsbg | von 26.4.30 bis 9.4.31 | RAW Freimann | von 10.4.31 bis 22.5.31 | 120 113 | 374 876 |
| Bw Aw. | von 23.5.31 bis 8.6.33 | | von bis | | |
| Bw. Kempten | von 9.6.33 bis 11.4.34 | RAW/L Kaiserslautern | von 14.4.34 bis 18.6.34 | 123 843 | 498 719 |
| | von 9.6.34 bis 24.6.34 | | von bis | | |

## Bw Landshut (Bay)

Das Bw Landshut (Bay) verfügte in den dreißiger und vierziger Jahren zeitweise über Lokomotivbaureihen, die nur in Einzelexemplaren vorhanden waren. Genannt seien die bayer. D II (BR 89[6]), die Gt 2×4/4 (BR 96), die BB II (BR 98[7]) und die GtL 4/4 (BR 98[8]). So erhielt das Betriebswerk ab 1934 jeweils für den Sommerfahrplan auch eine S 3/6 vom Maschinenamt Regensburg zugeteilt, die auf der Strecke Landshut–Mühldorf–Freilassing eingesetzt wurde. Bei Bedarf kam sie nach Regensburg oder München, nicht jedoch nach Plattling. Anläßlich etwaiger RAW-Aufenthalte stellte das Bw Regensburg eine Leihlokomotive der gleichen Baureihe als Ersatz, die nach Rückkehr der Stammlokomotive wieder an ihr Heimat-Bw zurückging.

Mit Zuteilungs- und Abgangsdatum sind für Landshut folgende S 3/6 belegt:

18 401 von Regensb.     08.34–     09.34 nach Regensb.
   403 von Regensb. 27.06.33–01.09.33 nach Regensb.
   404 von Regensb. 27.05.34–29.08.34 nach Regensb.
          von Regensb. 27.07.36–05.08.36 nach Regensb.
   406 von Regensb.     06.35     (12 Tage)
                                            nach Regensb.
          von Regensb. 14.05.37–29.11.37 nach Regensb.

Desweiteren war zumindest eine großrädrige S 3/6 zugeteilt. Wenn die Plan-S 3/6 wegen turnusmäßigen Auswaschens oder eines Schadens nicht verfügbar war, übernahmen Lokomotiven der Baureihen 24, 38[4] oder 86 (ggf. in Doppeltraktion) ihre Leistungen. Interessant erscheint der Hinweis, daß die von der S 3/6 geführten D-Züge (Berlin –) Landshut – Mühldorf – Freilassing (– Berchtesgaden) zuvor von zwei Pt 2/3 (BR 70) befördert wurden, die mit diesem Dienst aufgrund ihrer großen Höchstgeschwindigkeit und ihrer guten Laufeigenschaften

zufriedenstellend zurechtkamen. Dem Vernehmen nach waren die Zuggewichte zu jener Zeit allerdings niedriger als ab Mitte der dreißiger Jahre.

Dank der Auskünfte ehemaliger Landshuter Eisenbahner sind uns die Namen einiger S 3/6-Planpersonale überliefert: die Lokführer Panzer, Bauer und Messer führten häufig die jeweilige Maschine, Sonderzüge der Reichsregierung durften hingegen nur die Lokführer Panzer und Bauer mit ausgewählten Heizern, so etwa Herrn Gebendorfer, fahren. War wieder einer dieser Züge in Richtung Freilassing mit der S 3/6 zu bespannen, mußten vor der Fahrt Wasser und Kohle komplett aus dem Tender entfernt werden, um die angeordneten Überprüfungen auf Sprengsätze durchführen zu können. Das Personal hatte demgemäß eine entsprechende Vorarbeitszeit, durfte die Lokomotive nach Übernahme der neuen Vorräte nicht verlassen und war zugleich für ihre ständige Bewachung verantwortlich.

Die Schnellzüge Richtung Freilassing (u.a. D 525/526 Berlin – Leipzig – Regensburg – Landshut – Mühldorf–Freilassing – Berchtesgaden) bestanden einschließlich Packwagen aus in der Regel sechs vierachsigen D-Zugwagen, wofür eine S 3/6 ausreichte. Waren weitere Wagen (z.B. ab Regensburg) beigestellt, so war ab Landshut eine zweite Lokomotive erforderlich. Die dafür verwendeten 24er oder 86er wurden unmittelbar an den Zug gesetzt, während die S 3/6 Vorspann fuhr.

Die Landshuter 18er waren wenig störanfällig, was nicht zuletzt der guten Unterhaltungsarbeit u.a. des auf die S 3/6 spezialisierten Vorschlossers Böllinger zu danken war. So genossen die Maschinen allseits Beliebtheit, wobei sich 18 406 besonderer Wertschätzung erfreute und zum Maßstab für die folgenden Schwesterlokomotiven wurde.

Die zeitweilige S 3/6-Beheimatung endete in Landshut während des Zweiten Weltkriegs.

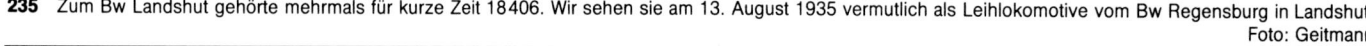

**235** Zum Bw Landshut gehörte mehrmals für kurze Zeit 18 406. Wir sehen sie am 13. August 1935 vermutlich als Leihlokomotive vom Bw Regensburg in Landshut.
Foto: Geitmann

**236** Das einzige bisher bekannt gewordene Bild einer Landshuter S 3/6 auf der Strecke Freilassing –Mühldorf–Landshut zeigt 18 406 mit einem Schnellzug im Sommer 1937 beim Passieren der kleinen Station Gastag nahe Freilassing.
Foto: E. Schörner

## Standorte und Leistungen der Lokomotive

| Bahnbetriebswerk | | Eisenbahnausbesserungswerk oder Privatwerk | | Leistung in km*) | |
|---|---|---|---|---|---|
| 1 | 2 | 3 | 4 | seit der letzten bahnamtlichen Untersuchung des Fahrgestelles 5 | seit der Anlieferung 6 |
| Regensburg | von 18. 4. 35 bis 25. 7. 36 | RAW. Mü-Freimann | von 25.7.36 bis 15.9.36 23. | 211269. | 706316 |
| Regensburg | von 16. 9. 6 bis 13. V. 37 | | von bis | | |
| Bw Landshut | von 14. V. 37 bis 29. X. 37 | | von bis | | |
| Regensburg | von 30. X. 37 bis 5. 1. 38 | RAW. Mü-Freimann | von 6. 1. 38 bis 31. 1. 38 "L2" | 85 543 | 794850 |
| Regensburg | von 1. 2. 38 bis 23. 10. 38 | RAW. Mü-Freimann | von 24. 10. 38 bis 8. 11. 38 "L4" | 319 322 | 874 361 |
| Regensburg | von 9. 12. 38 bis 3. 12. 39 | RAW. Mü-Freimann | von 4.12.39 bis 22.12.39 | | |
| Regensburg | von 23. 12. 39 bis 19. 2. 40 | RAW. Mü-Freimann | von 20. 2. 40 bis 30. 3. 40 "L2" | | |
| Regensburg | von 31. 3. 40 bis 19. 9. 40 | RAW. Mü-Freimann | von 20. 9. 40 bis 4. 10. 40 "L2" | | |
| Regensburg | von 5. 10. 40 bis 3. 6. 41 | | von bis | | |

## Monatsnachweis über Verwendung, Leistung, Brennstoffverbrauch — Lok 18 404

| Jahr und Monat | Die Lok war | | | | | Leistung im Monat | | | Ausbesserungskosten seit der letzten HU oder ZU | | Bemerkungen |
|---|---|---|---|---|---|---|---|---|---|---|---|
| | im Betrieb abgestellt | betriebsfähig abgestellt | schadhaft in Ausbesserung in RAW/Bw | von wartete auf Ausbesserung | von Ausbesserung zurückgestellt | Mio Lok-leistungstkm (in 2 Spalten multipliziert) | Lokomotiv-km | Lok-km seit der letzten HU oder ZU | im Monat | insgesamt | |
| | Tage | | | | | Ltkm | km | km | RM | RM | RM |
| Juni 1935 | – | 30 | – | – | – | – | – | – | – | | |
| Juli " | 5 | 2 | 22 | 2 | – | 265 | 817 | 817 | 174 | | |
| August | 25 | 6 | – | – | – | 1544 | 16294 | 496 | | | |
| Sept. | 25 | 4 | – | 1 | – | 275 | 6371 | 23094 | 193 | | |
| Oktober | 21 | 9 | – | 1 | – | 3195 | 9051 | 32064 | 164 | | |
| November | 14 | 16 | – | 1 | – | 1986 | 6263 | 38329 | 191 | | |
| Dezember | 12 | 19 | – | – | – | 1617 | 5086 | 43355 | 122 | | |
| Januar 1936 | 7 | – | – | 2 | – | 696 | 3217 | 46572 | 148 | | |
| Februar | 25 | 4 | – | – | – | 1227 | 4886 | 60938 | 473 | | |
| März | 28 | 3 | – | – | – | 2050 | 6190 | 56608 | 177 | | |
| April | 11 | 13 | – | 1 | – | 1012 | 3093 | 59201 | 474 | | |
| Mai | 24 | 6 | – | – | – | 593 | 1399 | 61400 | 652 | | |
| Juni | 24 | 6 | – | – | – | 2384 | 7784 | 18114 | 439 | | |
| Juli | 10 | 10 | – | – | – | 2507 | 8880 | 25264 | 199 | | |
| Aug. La | – | – | – | – | – | 620 | 2001 | | | | |
| Sept. | 4 | – | – | – | – | 510 | 1752 | 79542 | | | |
| Okt. | 13 | 11 | – | 2 | – | 1180 | 6018 | 33645 | 396 | | |
| Nov. | 19 | 11 | – | – | – | 1354 | 2884 | 87503 | 407 | | |
| Dez. | 9 | 11 | – | 4 | – | 826 | 1811 | 89339 | 1153 | | |
| Jan. 1937 | | | | 30 | – | | | | 1496 | | |
| Feb. | 20 | 11 | – | – | – | 2280 | 6012 | 96446 | 447 | | |
| März | 16 | 6 | – | – | – | 3050 | 7900 | 103316 | 202 | | |
| ... | 12 | 3 | 14 | – | – | 2394 | 2299 | 1629 | | 10800 | |
| ... | 7 | 6 | 18 | – | – | 711 | 1789 | 108085 | 175 | | |
| | 324 | 204 | 84 | 50 | – | 34443 | | 108091 | 10425 | | |

### Bw Mühldorf

Dem zur RBD München gehörenden Bw Mühldorf waren zumindest zwei S 3/6 kurzfristig 1933/34 und 1945/46 zugeteilt. Ein Einsatz im Plandienst der Mühldorfer Stammlokomotiven kommt kaum in Frage, da ausschließlich Güterzug-, Rangier- und Nebenbahnlokomotiven beheimatet waren. Ob 18 423 während ihrer Zugehörigkeit in den Jahren 1945/46 überhaupt unter Dampf stand, ist nicht bekannt.

| 18423 München-Hbf | | 28.06.33 – 30.08.33 | München-Hbf |
|---|---|---|---|
| | RBD München | 45/46 | München-Hbf |
| 18424 München-Hbf | | 24.12.33 – 02.01.34 | München-Hbf |

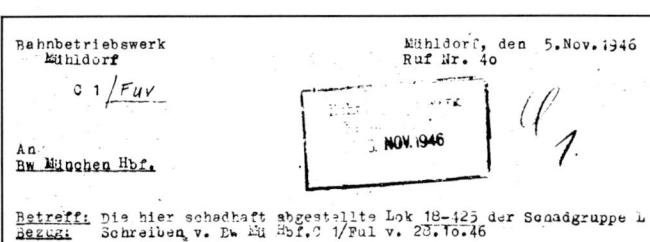

Bahnbetriebswerk
Mühldorf

Mühldorf, den 5.Nov.1946
Ruf Nr. 40

C 1/Fuv

– 5. NOV. 1946 –

An
Bw München Hbf.

Betreff: Die hier schadhaft abgestellte Lok 18-423 der Sonadgruppe L 4
Bezug: Schreiben v. Bw Mü Hbf.C 1/Ful v. 23.10.46

Nachstehend die gewünschte Zusammenstellung der wesentlichen Schäden. Die Lok ist noch fahrbar zum Abschleppen, wegen der Transportfähigkeit müßte bei der RBD nachgesucht oder festgestellt werden da vordere Laufachse fehlt und dadurch die Kuppel- und Treibradsatzstärke belastet sind.

Festgestellte Schäden:
1.) Links und rechts Rahmen stark verbogen.
2.) Pufferträger vollkommen eingedrückt und gebrochen.
3.) Beide Dampfzylinder (Niederdruck) gebrochen.
4.) links Zylinder (Hochdruck) gebrochen.
5.) Befestigungsflansch, Drehgestellzapfen gebrochen.
6.) Drehgestellrahmen gebrochen und stark verbogen.

## Bw Ingolstadt

In Ingolstadt spielten die S 3/6 nur eine untergeordnete Rolle. 1934 und 1935 waren die beiden großrädrigen, aus Halle P gekommenen 18 446 und 448 vorhanden, deren Aufgabengebiet wohl in der Verstärkung des dortigen 38⁴-Bestandes zu sehen ist. Zum Sommerfahrplan 1935 wurden sie an das Bw Treuchtlingen weitergegeben, wo sie wieder regelmäßig im Schnellzugdienst fuhren.

1946 und 1948 bis 1950 waren nochmals S 3/6 in Ingolstadt, die zuvor in Mainz, München-Hbf und Treuchtlingen beheimatet und dort durch andere Baureihen ersetzt worden waren. Im einzelnen handelte es sich um 18 514, 522, 534, 535, 539, 540 und 541, für die ein dreitägiger Laufplan aufgestellt wurde, der Personen-, Eil- und D-Züge auf der Strecke Würzburg–Ingolstadt–München enthielt. Ein Teil der Leistungen war vorher

vom Bw Treuchtlingen gefahren worden, das 1948 den S 3/6-Plandienst aufgegeben hatte und nunmehr 39er unterhielt. Bereits zu Jahresbeginn 1950 verließen die 18⁵ das Bw Ingolstadt wieder und fanden nach einem nochmaligen, jedoch nur kurzen Treuchtlinger Gastspiel bei der ED Regensburg ab Sommerfahrplan 1950 neue Heimat-Betriebswerke.

| | | | |
|---|---|---|---|
| 18 446 | Halle P | 28.06.34–12.07.35 | Treuchtlingen |
| 18 448 | Halle P | 08.03.34–    (35) | Treuchtlingen |
| 18 514 | München-Hbf | 25.08.48–07.01.50 | Treuchtlingen |
| 18 522 | Mainz | 02.46 | (RBD Nürnbg.) |
| 18 534 | Mainz | 07.11.46– (47) | (Treuchtlingen) |
| | (Treuchtlingen) | 49–05.04.50 | Regensburg |
| 18 535 | Treuchtlingen | 04.09.48–11.01.50 | Treuchtlingen |
| 18 539 | Treuchtlingen | 05.48–11.04.50 | Hof |
| 18 540 | München-Hbf | 01.03.48–12.01.50 | Treuchtlingen |
| 18 541 | München-Hbf | 03.04.48–08.01.50 | Treuchtlingen |

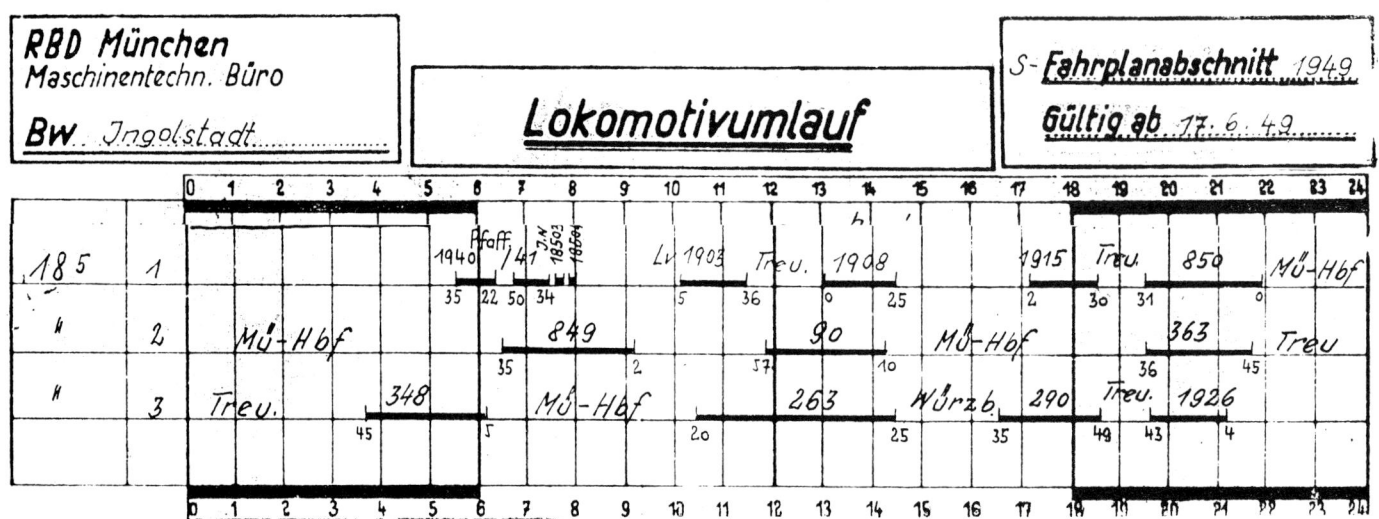

**237** Einer der ersten nach dem Zweiten Weltkrieg wieder eingerichteten FD-Züge war der FD 263 München–Dortmund, der im Bild mit der Ingolstädter 18 514 bei der Ausfahrt aus München-Hbf bespannt ist (12. September 1949).                                                    Foto: DB

**238** 18 493 war (abgesehen von einer kurzen Unterbrechung) von 1935 bis 1943 in Bingerbrück stationiert. Bei Mehlem begegnete sie Carl Bellingrodt mit D 303.

## Bw Bingerbrück

Die Auslieferung der Baureihe 03 hatte im Jahr 1934 die 150. Lokomotive erreicht. Nach zahlreichen norddeutschen Betriebswerken bekam nun auch das Bw Würzburg Schnellzuglokomotiven dieser Reihe, wodurch die bis dahin unangefochtene Stellung der dortigen S 3/6 gebrochen war. Entsprechend der 03-Zuteilungen wurden daher 18er frei, von denen im April 1935 die Lokomotiven 18 485 und 488, im Mai 18 489, im Oktober 18 493 und 500, sowie im Januar 1936 18 495 an das zur Direktion Mainz zählende Bw Bingerbrück abgegeben wurden. Vom Bw Mainz ging im Mai 1936 noch 18 514 zu, so daß ein Bestand von sieben S 3/6 zusammengekommen war. Als Einsatzgebiet der Maschinen werden die Strecken Frankfurt/M.–Bad Kreuznach–Saarbrücken, Bingerbrück–Saarbrücken und Frankfurt/M.–Köln genannt. Hier wurden bis Kriegsbeginn gute Kilometerleistungen erzielt:

**18 488:** Jahresleistung

| | | | |
|---|---|---|---|
| 1935 (ab Mai) | 58 727 km | 158 Betriebstage | Ø 372 km/Tag |
| 1936 | 64 075 km | 157 Betriebstage | Ø 408 km/Tag |
| 1937 | 89 598 km | 206 Betriebstage | Ø 435 km/Tag |
| 1938 | 119 835 km | 275 Betriebstage | Ø 436 km/Tag |
| 1939 | 81 394 km | 208 Betriebstage | Ø 391 km/Tag |
| 1940 | 69 453 km | 231 Betriebstage | Ø 301 km/Tag |
| 1941 | 51 933 km | 169 Betriebstage | Ø 307 km/Tag |
| 1942 | 68 259 km | 281 Betriebstage | Ø 243 km/Tag |
| 1943 (bis 6. 9.) | 35 888 km | 165 Betriebstage | Ø 218 km/Tag |

Durch Zuweisung der Wiesbadener 18 531 liefen ab Mai 1939 acht S 3/6 in Bingerbrück, ab Juni 1942 mit der aus Mainz gekommenen 18 546 sogar neun. Bald darauf war ihre Zeit jedoch vorbei: zum Jahresende 1942 wurden drei Maschinen nach Darmstadt und ein dreiviertel Jahr später die restlichen sechs nach Wiesbaden umstationiert (die wenig später nach Nürnberg weitergingen). Für sie erhielt Bingerbrück eine Anzahl zuvor in Wiesbaden beheimatete 03.

| | | | |
|---|---|---|---|
| 18 485 | Würzburg | 04.35– 09.43 | Wiesbaden |
| 18 488 | Würzburg | 09.04.35–06.09.43 | Wiesbaden |
| 18 489 | Würzburg | 12.05.35– 09.43 | Wiesbaden |
| 18 493 | Würzburg | 31.10.35–04.09.41 | Darmstadt |
| | Darmstadt | 10.12.42–05.10.43 | Wiesbaden |
| 18 495 | Würzburg | 25.01.36– 05.43 | Wiesbaden |
| 18 500 | Würzburg | 31.10.35– 09.43 | Wiesbaden |
| 18 514 | Mainz | 16.05.36–14.11.42 | Darmstadt |
| 18 531 | Wiesbaden | 16.05.39–17.11.42 | Darmstadt |
| 18 533 | Mainz (a. D.) | 45– 11.46 | Darmstadt |
| 18 537 | | 41 | |
| 18 546 | Mainz | 27.06.42–12.12.42 | Darmstadt |

### Standorte und Leistungen der Lokomotive 18 409

| 1 | 2 | 3 | 4 | 5 | 6 |
|---|---|---|---|---|---|
| Bahnbetriebswerk | | Eisenbahnausbesserungswerk oder Privatwerk | | Leistung in km*) | |
| Hof | von 19. I. 33 / bis 11. II. 33 | R.A.W. Mü-Freimann | von 14. 2. 33 / bis 13. 5. 33 | 131 440. | |
| Hof | von 14. 5. 33 / bis 6. III. 34 | RAW Mü-Freimann | von 7. 3. 34 / bis 23. 4. 34 / L3 | 166 850 | |
| Hof | von 27. 4. 34 / bis 24. 1. 35 | RAW MÜ Freimann | von 25. 1. 35 / bis 25. 2. 35 | | |
| Hof | von 26. 2. 35 / bis 29. 1. 36 | RAW Mü-Freimann | von 30. 1. 36 / bis 14. 3. 36 / L3 | | |
| Hof | von 15. V. 36 / bis 26. IV. 37 | RAW. Mü-Freimann | von 26. 4. 37 / bis 1. 6. 37 / L3 | 142 058 | 675 330 mit 31. 1. 33 |
| Bw Hof | von 2. 6. 37 / bis 27. 7. 38 | RAW. Mü-Freimann | von 28. 7. 38 / bis 31. 8. 38 „L2" | | |
| Bw Hof | von 1. 9. 38 / bis 13. 6. 39 | | von / bis | | |
| Eger / Hof | von 14. 6. 39 / bis 4. 9. 39 / von 5. 9. 39 / bis 7. 9. 39 | RAW. Mü-Freimann | von 9. 9. 39 / bis 2. 11. 39 | 192 447 | 867 677 |

## Bw Eger

Eger gehört zu jenen Betriebswerken, in denen die S 3/6-Beheimatung nur kurze Episode blieb. Jeweils während des Sommerreiseverkehrs waren in den dreißiger Jahren einzelne Maschinen zugeteilt, die relativ geringe Kilometerleistungen erbrachten (18 409 im Durchschnitt 168 km/Tag) und vermutlich im Sonderdienst liefen.

Nachgewiesen sind mindestens die folgenden Lokomotiven, die aus dem Bestand des nahegelegenen Bw Hof stammten:

| | | | |
|---|---|---|---|
| 18 402 | Hof | 09.05.34–31.10.34 | Hof |
| 18 409 | Hof | 14.06.39–04.09.39 | Hof |

223

**239** Erst kurze Zeit war 18413 in Bamberg beheimatet, als Ernst Schörner sie 1936 in Hochstadt-Marktzeuln fotografierte.

## Bw Bamberg

Die 1935 begonnene Zuteilung von S 3/6 an das Bw Bamberg, das ansonsten nur Personen-, Güterzug- und Rangierlokomotiven besessen hatte, war eine Folge der 1934 eingeleiteten Anlieferung von Einheitsschnellzuglokomotiven an die RBD Nürnberg. Darüberhinaus fuhr das Bw Nürnberg-Hbf seit Elektrifizierung der Strecke Nürnberg–Augsburg (–München) ab 1935 eine Reihe der bisher mit S 3/6 bespannten Züge mit Elloks, so daß ein Teil der 18er abgegeben werden konnte.
Die Lokomotiven 18405, 408, 413 und 415, die wegen ihres schwächeren Achsdruckes den gestiegenen Anforderungen des Nürnberger Betriebes nur noch bedingt genügt hatten, gingen daher im Frühjahr 1935 nach Bamberg. Zu ihnen kam 1936 aus Regensburg 18401 hinzu, womit für die kommenden Jahre fünf S 3/6 in Bamberg verfügbar waren.

**31.12.36:** 18401, 405, 408, 413, 415

Sie fanden auf den umliegenden Strecken nach Würzburg, Hof und Eisenach Verwendung, wobei die Linie Lichtenfels – Eisenach mit dem einzigen dort verkehrenden Schnellzugpaar D 297/298 (Eger–Bayreuth–Lichtenfels–Meiningen – Eisenach) befahren wurde. Heute findet man dort nicht nur keine S 3/6 mehr, auch die ehemals zweigleisige Hauptbahn existiert seit der Teilung Deutschlands nicht mehr als Durchgangsstrecke. Der an der bayerisch-thüringischen Grenze (nun BRD/DDR) gelegene Bahnhof Görsdorf/Thür., an dem einst 01, S 3/6, P 10, 43er und 62er vorbeistürmten, ist heute im Besitz einer Coburger Familie, die ihn als Sommersitz benutzt. Wo einmal die Gleise verliefen, wird nun Gemüse angebaut.
Die Kilometerleistungen der Bamberger 18[4] lagen bis Kriegs-

beginn bei durchschnittlich 350–400 km pro Tag und waren damit nicht sonderlich hoch. Lediglich 1938 war eine deutliche Steigerung um rund 15% zu verzeichnen, der aber bereits im folgenden Jahr der kriegsbedingte Verkehrsrückgang folgte.

**18401:** Jahreslaufleistung

| | | | |
|---|---|---|---|
| 1937 (ohne Jan.–März): | 63370 km | 181 Betriebstage | Ø 350 km/Tag |
| 1938: | 105108 km | 242 Betriebstage | Ø 434 km/Tag |
| 1939: | 77890 km | 211 Betriebstage | Ø 369 km/Tag |
| 1940: | 60730 km | 241 Betriebstage | Ø 252 km/Tag |
| 1941: | 74322 km | 272 Betriebstage | Ø 273 km/Tag |
| 1942: | 66787 km | 247 Betriebstage | Ø 270 km/Tag |
| 1943: | 91187 km | 306 Betriebstage | Ø 298 km/Tag |
| 1944: | 65946 km | 283 Betriebstage | Ø 233 km/Tag |
| 1945: | 4158 km | 24 Betriebstage | Ø 173 km/Tag |
| 1946 (bis14.10., dann »W«) | 18745 km | 104 Betriebstage | Ø 180 km/Tag |

**18405:** Jahreslaufleistung

| | | | |
|---|---|---|---|
| 1936: | 110861 km | 280 Betriebstage | Ø 396 km/Tag |
| 1937: | 106877 km | 275 Betriebstage | Ø 389 km/Tag |
| 1938: | 127572 km | 291 Betriebstage | Ø 438 km/Tag |
| 1939: | 88081 km | 232 Betriebstage | Ø 380 km/Tag |
| 1940: | 67837 km | 235 Betriebstage | Ø 289 km/Tag |
| 1941: | 67327 km | 242 Betriebstage | Ø 278 km/Tag |
| 1942: | 62867 km | 246 Betriebstage | Ø 256 km/Tag |
| 1943: | 59078 km | 252 Betriebstage | Ø 234 km/Tag |
| 1944: | 87685 km | 311 Betriebstage | Ø 282 km/Tag |
| 1945: | 23143 km | 157 Betriebstage | Ø 147 km/Tag |
| 1946: | 28742 km | 159 Betriebstage | Ø 181 km/Tag |
| 1947 (bis Jan.) | 3547 km | 16 Betriebstage | Ø 222 km/Tag |

Der S 3/6-Bestand bekam 1939 durch die Würzburger 18450, zum Jahreswechsel 1941/42 durch die Nürnberger 18430 und 18457, sowie 1944 durch die ebenfalls zuvor im Bw Nürnberg-Hbf stationierte 18429 Zuwachs. So betrug die Zahl der Bamberger 18er im Jahr 1944 neun Stück:

30.06.44: 18401, 405, 408, 413, 415, 429, 430, 450, 457

Im selben Jahr war noch einmal ein merklicher Anstieg der Betriebstage und Kilometerleistungen feststellbar, wenig später folgte aber der fast völlige Zusammenbruch des Betriebes. 18413 erlitt einen Bombentreffer und mußte total beschädigt ausgemustert werden. Die Jahre 1945 bis 1950 waren gekennzeichnet von der Abstellung aller genannten Maschinen, die nach und nach der Z-Stellung zum Opfer fielen. Davon war auch die erste S 3/6, 18401, betroffen, die am 14. Oktober 1946 nach einer Betriebszeit von gut 38 Jahren letztmals unter Dampf stand. Am 18. Juni 1947 waren nur noch 18415, 430 und die aus Nürnberg zugegangene 18466 einsatzbereit, die übrigen warteten z-gestellt in mehr oder weniger desolatem Zustand auf ihr Ende:

18401 Z (L3 notwendig)
18405 Z (L4 notwendig)
18408 Z (L4 notwendig)
18429 Z (L4 notwendig)
18450 Z (L3 notwendig)
18457 Z (L3 notwendig)

Zum gleichen Zeitpunkt strebte die Bahnverwaltung eine Minderung der zu unterhaltenden Baureihenzahl an, um die ohnehin schwierige Betriebssituation der Nachkriegszeit nicht durch die Notwendigkeit der Vorhaltung eines umfangreichen Ersatzteilbestandes, unterschiedliche Dienstpläne und dergleichen zu erschweren. Das Bw Bamberg beheimatete bisher elf verschiedene Dampf- und zwei Ellokbaureihen, als künftigen Bestand sah die RBD Nürnberg nur noch sechs bzw. eine Baureihe vor. Die sogenannte »Typenbereinigung« traf auch die älteren $18^4$, die aus dem Erhaltungsbestand genommen und nicht mehr ausgebessert wurden. Aus diesem Grund erhielt das Betriebswerk zwischen 1947 und 1949 einen komplett neuen S 3/6-Bestand, und zwar 18466, 487, 489, 493, 494, 495, 497, 499 und 500 (alle aus Nürnberg-Hbf). Einige der ausgedienten $18^4$ wurden noch vor ihrer Ausmusterung nach Pressig-Rothenkirchen geschleppt und zum Teil dort verschrottet, andere ereilte dieses Schicksal im Hauptsammellager Desching bei Ingolstadt. Zu letzteren gehörte auch 18434, die im Juni 1948 im Tausch gegen 18314 aus der damaligen sowjetisch besetzten Zone zum Bw Bamberg gekommen, dort aber nur noch als Z-Lokomotive geführt worden war.

Die Bamberger $18^{4-5}$ fuhren nun auf den Strecken nach Würzburg, Hof, Bayreuth und mit einer Leistung sogar bis Darmstadt. Zu Beginn der fünfziger Jahre erhielt das Betriebswerk neue V 80, die einige S 3/6-Züge übernahmen. Dadurch kam es zu einer Umverteilung von Reisezugleistungen zwischen den Betriebswerken Nürnberg-Hbf, Würzburg und Bamberg.

Bald darauf war die Zeit der Bamberger 18er vorbei. Die am Anfang des letzten Fahrplanabschnittes (Winter 1952/53) vorhandenen Lokomotiven 18487, 493, 494, 495, 497, 499 und 500 wurden in der ersten Jahreshälfte 1953 überwiegend an das Bw Ulm abgegeben, wo sie die bislang dort verkehrenden C-Maschinen ersetzten und noch für einige Jahre Dienst taten.

**240** Am 6. Juni 1939 stehen auf dem Kanal des Bw Bamberg 981118 und 18408, die beide zum dortigen Betriebswerk gehören. Der seit Anfang der zwanziger Jahre übliche Kesseltausch anläßlich von Hauptuntersuchungen wird auch an dieser S 3/6 deutlich, die zum Aufnahmezeitpunkt bereits ihren fünften Kessel besaß (J. A. Maffei/ 3095). Er wurde 1909 mit der links oben abgebildeten 18413 angeliefert, hatte aber ursprünglich keine Kaminkrempe. Sie wurde erst nachträglich, vielleicht nach einem Unfallschaden angebracht. Foto: C. Bellingrodt

**241** Eines der überaus seltenen Fotos aus der allerersten Nachkriegszeit zeigt die Pfälzer 18 429 (Bw Bamberg) bei der Ausfahrt aus dem Bahnhof Bamberg Richtung Forchheim im Jahr 1946. Lokomotive und Tender tragen Aufschriften der Besatzungsmacht.
Slg: H. Wenzel

**242** Am Bahnsteig in Bamberg 1950: 18 497 (Bw Bamberg) erhält den Abfahrauftrag. Foto: G. Ordnung

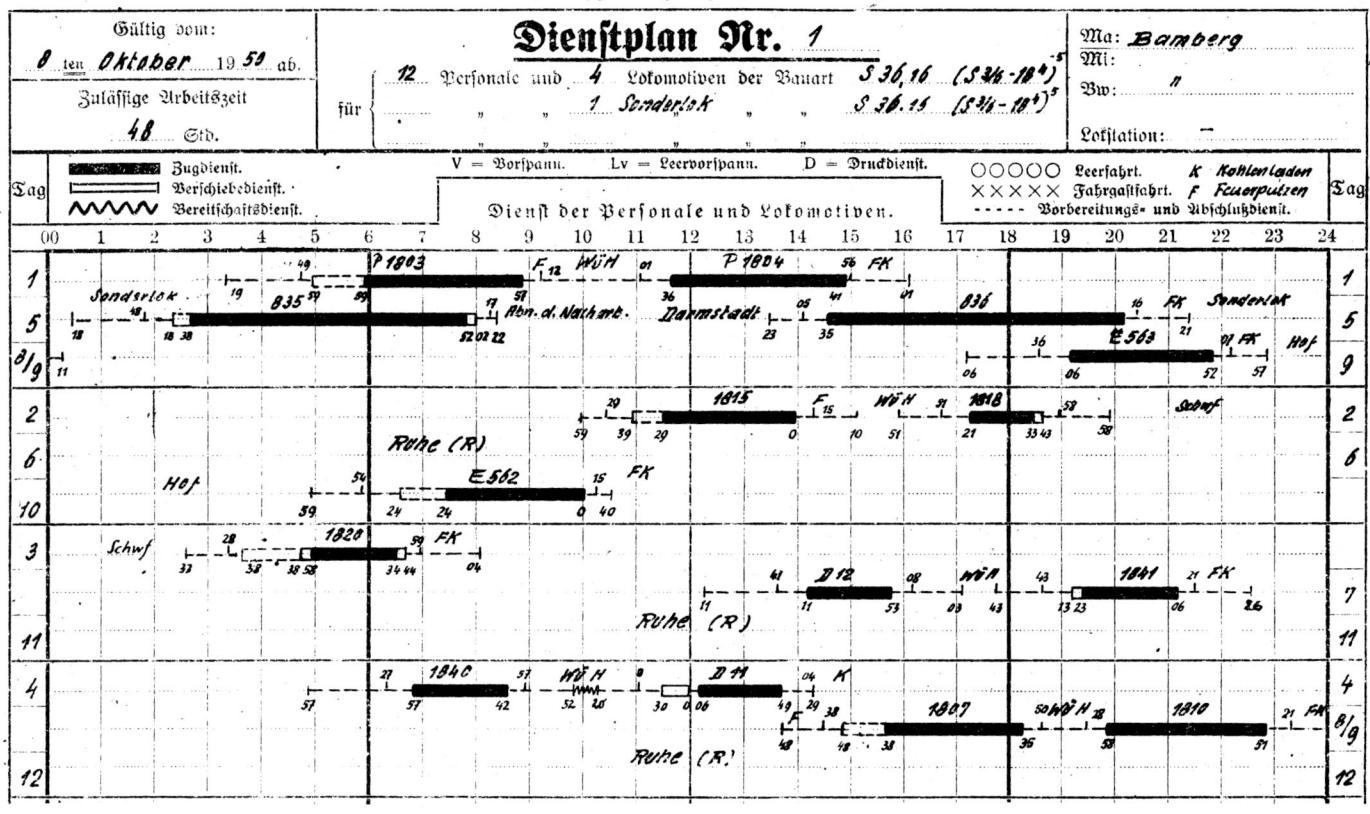

**Dienstplan Nr. 1**

Gültig vom: 8 ten Oktober 19 50 ab.
Zulässige Arbeitszeit 48 Std.

für { 12 Personale und 4 Lokomotiven der Bauart S 36.16 (S 3⁴·18⁴)⁵
1 Sonderlok „ „ S 36.15 (S 3⁴·18⁴)⁵

Ma: Bamberg
Mi:
Bw: „
Lofstation: —

Legende:
▬▬▬ Zugdienst.
═══ Verschiebedienst.
〰〰 Bereitschaftsdienst.
V = Vorspann. Lv = Leervorspann. D = Druckdienst.
○○○○○ Leerfahrt. K Kohlen laden
×××× Fahrgastfahrt. f Feuerputzen
- - - - Vorbereitungs- und Abschlußdienst.

**Dienst der Personale und Lokomotiven.**

---

**E 563** Würzburg—Bamberg—Münchberg—Hof Hbf 2. 3. Klasse (150 t)

Höchstgeschwindigkeit:
Bamberg—Neuenmarkt-Wirsberg .... 85 km/h
Neuenmarkt-Wirsberg—Marktschorgast .... 65 km/h
Marktschorgast—Münchberg .... 65 km/h
Münchberg—Seulbitz .... 80 km/h
Seulbitz—Hof Hbf .... 70 km/h
Neuenmarkt-Wsbg—Marktschorgast 50 km/h mit Schiebelok

S 36.17 (18⁴)  Last 400 t  Mindestbremshundertstel 65
Neuenmarkt-Wirsberg—Marktschorgast Schiebelok Gt 57.19 (95⁰)

| 1 | 2 | 3 | 4 | 6 | 4 | 6 | 4 | 6 | 8 |
|---|---|---|---|---|---|---|---|---|---|
| | | Bamberg ...... | (1842) | 1906 | | | | | |
| 3,5 | | Hallstadt (b Bamberg) . | | 11₃ | | | | | 3,3 |
| 4,1 | | Breitengüßbach .... | | 14₄ | | | | | 2,9 |
| 4,4 | | Bk Ebing Hp .... | | 18₃ | | | | | 3,2 |
| 2,2 | | Zapfendorf ...... | | ˙20 | | | | | 1,6 |
| 6,0 | | Ebensfeld ...... | | 24₅ | | | | | 4,2 |
| 5,5 | | Staffelstein ...... | | 29 | | | | | 3,9 |
| 6,2 | | Lichtenfels ...... | 1934 | 38 | | | | | 4,8 |
| 2,3 | | Bk Oberwallenstadt . | | 41₈ | | | | | 2,5 |
| 1,9 | | Michelau (Oberfr) . . . | | 43₈ | | | | | 1,4 |
| 1,8 | | Bk Trieb ...... | | — | | | | | 1,3 |
| 2,2 | | Hochstadt-Marktzln ▼ . | | 47₁ | | | | | 2,0 |
| 5,6 | | Burgkunstadt ..... | 54₅ | 55₅ | | | | | 6,1 |
| 5,7 | | Mainroth ...... | | 2002₅ | | | | | 4,9 |
| 5,2 | | Mainleus ...... | | 07 | | | | | 3,7 |
| 5,4 | | Kulmbach ...... | 2013₅ | 15₅ | | | | | 5,0 |
| 6,3 | | Untersteinach (bStst) ▼ | | 22₅ | | | | | 5,3 |
| 2,4 | | Bk Ludwigschorg Hp . | | 25 | | | | | 1,7 |
| 3,7 | | Neuenmarkt-Wirsberg ▼ | 29 | 40 | | | | | 3,2 |
| 3,6 | | Bk Streitmühle . . . | | 46₄ | | | | | 5,0 |
| 3,9 | | Marktschorgast .... | | 54 | | | | | 5,6 |
| 4,6 | | Falls ........ | | 2100₁ | | | | | 4,3 |
| | | Stammbach .... | | 2107₅ | | | | | |
| 9,8 | | Münchberg ...... | 2118 | 20 | | | | | 9,5 |
| 6,6 | | Seulbitz ...... | | 27₃ | | | | | 5,8 |
| 6,7 | | Schwarzenbach (Saale) . | 35₄ | 36₄ | | | | | 7,6 |
| 5,4 | | Oberkotzau Pbf ▼ . . | 42₆ | 43₆ | | | | | 5,1 |
| 2,0 | | Abzw Oberkotzau Rbf. | | 46₉ | | | | | 2,4 |
| 1,5 | | BkHof-Moschendorf Hp . | | 2148₈ | | | | | 1,6 |
| 2,1 | | Hof Hbf ▼ .... | 2152 | | | | | | 2,6 |

Buchfahrplan des E 563 Bamberg–Hof vom Winter 1950/51

| 18 401 | Regensburg | 18.06.36–20.10.48 | Pressig-Rothenkirchen (z) |
|---|---|---|---|
| 18 405 | Nürnberg-Hbf | 09.05.35–03.11.48 | Pressig-Rothenkirchen (z) |
| 18 408 | Nürnberg-Hbf | 13.03.35– 02.46 | Treuchtlingen |
| | Treuchtlingen | 10.46–19.10.48 | Pressig-Rothenkirchen (z) |
| 18 413 | Nürnberg-Hbf | 10.05.35–19.08.46 | Ausmusterung |
| 18 415 | Nürnberg-Hbf | 14.03.35–20.10.48 | Pressig-Rothenkirchen (z) |
| 18 421 | Regensburg | 22.09.48–14.08.50 | Ausmusterung |
| 18 429 | Nürnberg-Hbf | 24.01.43–04.02.43 | Würzburg |
| | Nürnberg-Hbf | 10.06.44–13.02.47 | Pressig-Rothenkirchen (z) |
| 18 430 | Nürnberg-Hbf | 11.01.42–14.08.50 | Ausmusterung |
| 18 434 | Dresden-Altstadt | 04.06.48–14.08.50 | Ausmusterung |
| 18 450 | Würzburg | 27.02.39–14.08.50 | Ausmusterung |
| 18 457 | Nürnberg-Hbf | 28.12.41–19.10.48 | Pressig-Rothenkirchen (z) |
| 18 466 | Nürnberg-Hbf | 06.10.47–07.06.48 | Regensburg |
| 18 472 | Nürnberg-Hbf | 30.09.47–27.09.48 | Regensburg |
| 18 487 | Nürnberg-Hbf | 17.01.48–01.06.53 | Nürnberg-Hbf |
| 18 489 | Nürnberg-Hbf | 17.12.47–11.05.51 | Nürnberg-Hbf |
| 18 493 | Nürnberg-Hbf | 21.11.47–07.03.53 | Ulm |
| 18 494 | Nürnberg-Hbf | 04.06.49–02.06.53 | Nürnberg-Hbf |
| 18 495 | Nürnberg-Hbf | 22.12.47–31.01.53 | Ulm |
| 18 497 | Nürnberg-Hbf | 17.03.49–27.04.53 | Ulm |
| 18 499 | Nürnberg-Hbf | 08.10.49–11.06.53 | Ulm |
| 18 500 | Nürnberg-Hbf | 05.48–25.06.53 | Ulm |

**243** Im Einschnitt bei Rottendorf nahe Würzburg zieht 18 499 (Bw Bamberg) am 19. Juli 1951 einen Eilgutzug. Foto: C. Bellingrodt

**244** In Oberfranken waren S 3/6 und 01 jahrzehntelang Kolleginnen. 18 493 (Bw Bamberg) und 01 233 (Bw Hof) warten 1950 mit ihren Zügen in Bamberg auf Ausfahrt. Foto: G. Ordnung

## Bw Treuchtlingen

In den Jahren 1935 bis 1950 besaß das mittelfränkische, an der Nordgrenze der RBD München gelegene Bw Treuchtlingen S 3/6, und zwar in der Hauptsache Maschinen der älteren Lieferungen und Großrädrige. Die nur dreiwöchige Zuteilung der aus München I stammenden S 3/6 3603 im Herbst 1918 soll hier unberücksichtigt bleiben, da sie ein Einzelfall war.
Zum Sommerfahrplan 1935 kamen aus Ludwigshafen die beiden Pfälzerinnen 18 432 und 433, sowie aus Ingolstadt bzw. Würzburg 18 446, 448 und 451. Ihre Stationierung war notwendig geworden, weil die durchgehenden Züge der Strecken München–Augsburg–Würzburg und Nürnberg–Ingolstadt –München seit der Elektrifizierung der Strecke (München–)Augsburg–Nürnberg ab Mai 1935 in Treuchtlingen auf Dampf umgespannt werden mußten, sofern sie von Elloks dorthin gebracht worden waren. Der Treuchtlinger Lokomotivbestand setzte sich zu diesem Zeitpunkt wie folgt zusammen:

15.05.35: 17 516, 521, 523
18 432, 433, 451 (ab 13.07.35 auch 18 446 und wahrscheinlich 448)
38 403, 407, 414, 415, 436, 443, 456, 457
54 1581, 1610
56 975, 1012, 1110, 1113
57 580, 581, 582, 587, 588
57 2677, 2928, 2929, 2930, 2931, 2933, 2934, 2935, 2936, 3021
70 004, 025, 028, 057, 092
89 649, 811, 837
E 32 07
E 44 025

Die Durchsicht der Liste zeigt, daß das Bw Treuchtlingen vornehmlich Personen- und Güterzüge bespannte. Erst die Zuweisung von S 3/6 und später P 10 und 01 verschaffte dem Betriebswerk eine größere Anzahl Schnellzugdienste.
1936 wurde 18 418 zugewiesen, mit der sechs S 3/6 für die Strecken Treuchtlingen–Würzburg und Treuchtlingen–Ingolstadt–München bereitstanden. Ihre monatlichen Kilometerleistungen betrugen 10–12 000 km (entsprechend einem Tagesschnitt von rund 400 km), sofern sie im Plan liefen. Wenn sie als Bedarfslokomotiven geführt wurden, waren die Leistungen sehr unterschiedlich, in der Gesamtsumme des jeweiligen Monats jedoch deutlich niedriger als im Plan. Dieser gemischte Dienst ergibt folgendes Bild:

18 418: Jahreslaufleistung

| | | | |
|---|---|---|---|
| 1936 (ab Februar) | 65 092 km | 249 Betriebstage | Ø 261 km/Tag |
| 1937 | 88 203 km | 288 Betriebstage | Ø 306 km/Tag |
| 1938 | 105 468 km | 269 Betriebstage | Ø 392 km/Tag |
| 1939 | 82 645 km | 230 Betriebstage | Ø 359 km/Tag |
| 1940 | 69 184 km | 245 Betriebstage | Ø 282 km/Tag |
| 1941 | 60 458 km | 208 Betriebstage | Ø 291 km/Tag |
| 1942 | 48 625 km | 200 Betriebstage | Ø 243 km/Tag |
| 1943 | 49 923 km | 230 Betriebstage | Ø 191 km/Tag |
| 1944 | 74 016 km | 280 Betriebstage | Ø 264 km/Tag |
| 1945 (bis 28. 2., dann W in Pappenheim) | 2370 km | 27 Betriebstage | Ø 88 km/Tag |

18 451: Jahreslaufleistung

| | | | |
|---|---|---|---|
| 1935 (ab 13. 5.) | 63 600 km | 186 Betriebstage | Ø 342 km/Tag |
| 1936 | 90 054 km | 257 Betriebstage | Ø 350 km/Tag |
| 1937 | 90 564 km | 260 Betriebstage | Ø 348 km/Tag |
| 1938 | 102 189 km | 280 Betriebstage | Ø 365 km/Tag |
| 1939 (ohne Sept./ Okt.) | 93 914 km | 255 Betriebstage | Ø 368 km/Tag |
| 1940 | 87 186 km | 290 Betriebstage | Ø 301 km/Tag |
| 1941 (ohne Aug./ Sept.) | 46 614 km | 188 Betriebstage | Ø 248 km/Tag |
| 1942 | 59 445 km | 273 Betriebstage | Ø 218 km/Tag |
| 1943 | 32 481 km | 178 Betriebstage | Ø 182 km/Tag |
| 1944 | 37 045 km | 182 Betriebstage | Ø 204 km/Tag |

Während der Jahre kamen zusätzliche 18er, nur wenige wurden abgegeben. So wuchs der Bestand allmählich, ohne daß die Zugleistungen nennenswert stiegen.

01.11.42: 18 406, 418, 424, 427, 433, 446, 448, 451, 456

Der Krieg hatte zur Streichung einer Reihe von Zügen und zur Herabsetzung der Fahrgeschwindigkeiten geführt, was auch aus den niedrigen Tagesleistungen (siehe oben) hervorgeht. Einzelne Lokomotiven standen mangels Bedarfs monatelang betriebsfähig abgestellt, so etwa 18 406 (Juli–Oktober 1942), 18 418 (April–Juli 1941) und 18 456 (April–Oktober 1941 und August–Oktober 1942).
Lokomotivumlaufpläne aus Kriegszeiten sind selten, daher seien zumindest diejenigen Züge genannt, die aus dem Induststörungsbuch der Treuchtlinger 18 424 zu entnehmen sind:

| November 1941: | D 71 München–Berlin |
|---|---|
| April 1943: | . 7425 ....... |
| April 1943: | Vorzug D 10347 München–Würzburg |
| März 1944: | P 224 Treuchtlingen–München |
| März 1944: | . 205 ........ |

1944 waren die Treuchtlinger S 3/6 erstaunlicherweise regelmäßiger und intensiver als während der vorangegangenen Kriegsjahre eingesetzt. Die Betriebsbücher weisen nur wenige Abstelltage aus, während die durchschnittlichen Tagesleistungen angestiegen waren. Die bereits aufgeführten Daten von 18 418 und 451, sowie diejenigen von 18 406 zeigen uns diese Entwicklung:

18 406: Jahreslaufleistung

| | | | |
|---|---|---|---|
| 1942 (ab 1. 7.) | 15 039 km | 87 Betriebstage | Ø 173 km/Tag |
| 1943 (ohne Mai/ Juni) | 37 144 km | 229 Betriebstage | Ø 162 km/Tag |
| 1944 | 62 161 km | 235 Betriebstage | Ø 265 km/Tag |
| 1945 (bis 7. 1., dann W) | 1731 km | 7 Betriebstage | Ø 247 km/Tag |

Aber dies war nur ein letztes Aufflackern des Betriebes, denn zu Jahresbeginn 1945 legten zwei furchtbare Luftangriffe die Treuchtlinger Eisenbahnanlagen in Schutt und Asche. Das Ergebnis der Bombardierungen waren 586 Tote, davon 259 namentlich bekannte und 83 unbekannte Soldaten (alle aus Militärzügen), 117 bekannte einheimische und 108 auswärtige Zivilisten (vermutlich Bahnreisende), sowie 19 unbekannte Zivilisten.
Einzelne Treuchtlinger Lokomotiven waren bereits vor den Luftangriffen von Flugzeugen beschossen und betriebsuntüchtig gemacht worden. 18 418 erlitt Anfang November 1944 umfangreiche Schäden, erhielt daraufhin vom 16. November 1944 bis 2. Februar 1945 im RAW München-Freimann eine L2-Zwischenausbesserung und kam anschließend noch auf 27 Betriebstage. Dann wurde sie in Pappenheim bei Treuchtlingen auf Ausbesserung wartend abgestellt, die sie aber nicht mehr bekam.

Im September 1945 verfügte das Bw Treuchtlingen über rund ein Dutzend S 3/6, die größtenteils nicht einsatzfähig waren:

01.09.45: 18 406, 407, 418, 422, 424, 427, 432, 446, 448, (451), 452

Der Lokomotivumlaufplan Nr. 1 vom Sommer 1946 weist lediglich einen Bedarf von zwei S 3/6 aus. Die beiden Maschinen

leisteten durchschnittlich 259 km/Tag und zogen insgesamt vier Züge:

P 1361   Treuchtlingen 5.57 Uhr – Würzburg 10.34 Uhr
P 1364   Würzburg 17.43 Uhr – Treuchtlingen 21.56 Uhr
E 849    München-Hbf 6.28 Uhr – Treuchtlingen 9.06 Uhr
E 850    Treuchtlingen 18.47 Uhr – München-Hbf 21.32 Uhr

Ein Jahr später sah es schon besser aus, so daß bereits wieder 364 km/Tag im Schnitt gefahren wurden. Eine Reihe der im obigen Bestand vom 1. September 1945 aufgeführten Maschinen war allerdings nicht mehr ausgebessert worden und zur Ausmusterung vorgesehen, so daß 1946/47 die Zuweisung von vier betriebsfähigen S 3/6 notwendig war:

**15.06.47:** 18406, 407, 418, 422, 424, 427, 432, 534, 535, 539, 541 (die Mehrzahl der $18^4$ bereits abgestellt)

Im Sommerfahrplan 1947 wurde ausschließlich zwischen Treuchtlingen und Würzburg gefahren:

**Dienstplan 1 für 5 + 1 S 3/6 (Sommer 1947):**

D 87     Treuchtlingen 2.20 Uhr – Würzburg 5.20 Uhr
P 1362   Würzburg 9.37 Uhr – Treuchtlingen 14.31 Uhr
D 89     Treuchtlingen 16.30 Uhr – Würzburg 19.37 Uhr
         (2 × S 3/6)
D 88     Würzburg 0.40 Uhr – Treuchtlingen 3.50 Uhr (2 × S 3/6)
E 849    Treuchtlingen 9.20 Uhr – Würzburg 12.30 Uhr
E 850    Würzburg 15.30 Uhr – Treuchtlingen 18.36 Uhr
D 363    Treuchtlingen 21.15 Uhr – Würzburg 0.30 Uhr
D 90     Würzburg 7.04 Uhr – Treuchtlingen 10.36 Uhr
P 1365   Treuchtlingen 15.46 Uhr – Würzburg 19.37 Uhr
D 364    Würzburg 4.44 Uhr – Treuchtlingen 8.25 Uhr
         (anschließend Lokreparatur im Bw Treuchtlingen)
P 1361   Treuchtlingen 5.45 Uhr – Würzburg 10.48 Uhr
P 1364   Würzburg 14.24 Uhr – Treuchtlingen 19.21 Uhr

Sechs $18^4$ wurden 1949 und 1950 ausgemustert (18406, 407, 418, 424, 427, 432), die übrigen S 3/6 nach München und Ingolstadt abgegeben. Damit war 1949 keine betriebsbereite Maschine mehr in Treuchtlingen. Eine neue Baureihe hatte 1947 ihr Regiment angetreten: die preußische P 10 fuhr nun den größten Teil der vormaligen S 3/6-Leistungen, lediglich einige wenige hatten die nach Ingolstadt umbeheimateten $18^5$

mitgenommen. Im ersten Halbjahr 1950 leisteten nochmals fünf $18^5$ in Treuchtlingen Dienst, die aus Ingolstadt gekommen waren. Sie liefen nur kurzzeitig und wurden bereits bis Mai des Jahres nach Regensburg weitergegeben. Sämtliche 39er gingen im selben Monat ebenfalls an andere Betriebswerke, wofür Treuchtlingen einen Stamm von 01 erhielt, mit dem ein großer Teil des Reisezugverkehrs zwischen München und Würzburg bis Mitte der sechziger Jahre bewältigt wurde.

| | | | |
|---|---|---|---|
| 18402 | München I | 26.10.18–15.11.18 | München I |
| 18406 | München-Hbf | 30.06.42–01.05.43 | Freilassing |
| | Freilassing | 15.06.43–21.04.49 | Ausmusterung |
| 18407 | RBD München | 07.43–14.08.50 | Ausmusterung |
| 18408 | Bamberg | 03.46– 09.46 | Bamberg |
| 18418 | München-Hbf | 18.01.36–21.04.49 | Ausmusterung |
| 18422 | Regensburg | 11.04.45–21.04.48 | München-Hbf |
| 18424 | (München-Hbf) | 07.01.42–29.01.42 | Freilassing |
| | Freilassing | 01.07.42–14.08.50 | Ausmusterung |
| 18427 | Heydebreck | 01.04.40–10.07.46 | München-Hbf |
| | München-Hbf | 01.12.46–21.04.48 | München-Hbf |
| | (München-Hbf) | –14.08.50 | Ausmusterung |
| 18432 | Ludwigshafen | 13.05.35– | |
| | Freilassing | 07.43–14.08.50 | Ausmusterung |
| 18433 | Ludwigshafen | 12.05.35–23.06.43 | Freilassing |
| 18446 | Ingolstadt | 13.07.35–29.08.39 | München-Hbf |
| | München-Hbf | 11.10.39–19.04.46 | Kempten |
| 18448 | Ingolstadt | (35)– 04.46 | Augsburg |
| 18451 | Würzburg | 13.05.35–27.08.39 | München-Hbf |
| | München-Hbf | 20.10.39–16.08.41 | Linz |
| | Linz | 01.10.41–(20.03.45) | |
| 18452 | Nürnberg-Hbf | 45– 46 | |
| 18456 | Nürnberg-Hbf | 15.06.39–05.03.43 | Nürnberg-Hbf |
| 18462 | München-Hbf | 01.10.46–29.10.46 | (Kempten) |
| 18514 | Ingolstadt | 08.01.50–12.03.50 | Regensburg |
| 18517 | Wiesbaden | 29.10.49–06.04.50 | Regensburg |
| 18534 | RBD München | 47 | RBD München |
| 18535 | Darmstadt | 23.01.46–25.04.48 | Ingolstadt |
| | Ingolstadt | 12.01.50–30.01.50 | Regensburg |
| 18539 | Darmstadt | 20.01.46– 05.48 | Ingolstadt |
| 18540 | Ingolstadt | 13.01.50–22.01.50 | Regensburg |
| 18541 | München-Hbf | 23.11.46–18.11.47 | München-Hbf |
| | Ingolstadt | 09.01.50–05.05.50 | Regensburg |

## Bw Heydebreck

Ab 1934 erhielt das Bw Ludwigshafen Lokomotiven der Baureihe 03, deren Bestand im Jahr 1938 soweit verstärkt war, daß auf die bislang dort beheimateten Pfälzer S 3/6 verzichtet werden konnte. Für sie wurde in Oberschlesien ein neues Einsatzgebiet gefunden. So bekam das kleine, 40 km südöstlich von Oppeln gelegene Bw Heydebreck im November und Dezember 1938 für den am 6. November 1938 durch das Protektorat Böhmen und Mähren aufgenommenen Korridorverkehr Berlin – Wien acht pfälzische S 3/6. Sie bespannten unter anderem die Schnellzüge D 71/72, D 73/74 und D 75/76 zwischen Heydebreck und Wien Ost (333 km) und D-Züge Breslau–Kattowitz, waren dem Vernehmen nach beim Personal jedoch nicht übermäßig beliebt, was vermutlich auf ihren für das hohe Zuggewicht von 400–500 t zu geringen Achsdruck von nur 16 t, darüberhinaus aber auch auf die Fremdartigkeit ihrer Bedienung zurückzuführen war. Unterhalten wurden die Lokomotiven vom RAW Oels, das auch Hauptuntersuchungen an ihnen ausführte. Der Schluß liegt nahe, daß eine längerfristige Stationierung der Maschinen in Oberschlesien vorgesehen war, da die aufwendige Heranführung und Vorhaltung eines kompletten S 3/6-Ersatzteillagers wohl nicht nur für einen Zeitraum von knapp zwei Jahren vom RAW Oels veranlaßt worden wäre.
Die Leistungen einiger Heydebrecker S 3/6 ließen sich ermitteln:

**18426:**

| | | | | | |
|---|---|---|---|---|---|
| Januar | 1939 | 27 Betriebstage | 8366 km | ∅ | 310 km/Tag |
| Februar | 1939 | 24 Betriebstage | 5538 km | ∅ | 231 km/Tag |
| März | 1939 | 31 Betriebstage | 10537 km | ∅ | 340 km/Tag |
| April | 1939 | 29 Betriebstage | 7319 km | ∅ | 252 km/Tag |
| Mai | 1939 | 27 Betriebstage | 8158 km | ∅ | 302 km/Tag |
| Juni | 1939 | 12 Betriebstage | 3070 km | ∅ | 256 km/Tag |
| Juli | 1939 | 11 Betriebstage | 1284 km | ∅ | 117 km/Tag |
| August | 1939 | 18 Betriebstage | 3648 km | ∅ | 203 km/Tag |
| September | 1939 | 24 Betriebstage | 1052 km | ∅ | 44 km/Tag |
| Oktober | 1939 | 23 Betriebstage | 1835 km | ∅ | 80 km/Tag |
| November | 1939 | 17 Betriebstage | 1100 km | ∅ | 65 km/Tag |
| Dezember | 1939 | 13 Betriebstage | 721 km | ∅ | 55 km/Tag |
| Januar (RAW) | 1940 | 0 Betriebstage | – | | – |
| Februar (RAW) | 1940 | 1 Betriebstag | 186 km | | – |
| März | 1940 | 19 Betriebstage | 704 km | ∅ | 37 km/Tag |

**18427:**

| | | | | | |
|---|---|---|---|---|---|
| Dezember | 1938 | 16 Betriebstage | 1943 km | ∅ | 121 km/Tag |
| Januar (RAW) | 1939 | – | – | | – |
| Mai | 1939 | – | – | | – |
| Juni | 1939 | 28 Betriebstage | 6750 km | ∅ | 241 km/Tag |
| Juli | 1939 | 31 Betriebstage | 4677 km | ∅ | 151 km/Tag |
| August | 1939 | 16 Betriebstage | 5004 km | ∅ | 313 km/Tag |
| September | 1939 | 15 Betriebstage | 656 km | ∅ | 44 km/Tag |
| Oktober | 1939 | 29 Betriebstage | 2484 km | ∅ | 86 km/Tag |
| November | 1939 | 10 Betriebstage | 1171 km | ∅ | 117 km/Tag |
| Dezember | 1939 | 23 Betriebstage | 5344 km | ∅ | 232 km/Tag |
| Januar | 1940 | 2 Betriebstage | 342 km | ∅ | 171 km/Tag |
| Februar | 1940 | (betriebsfähig | – | | – |
| März | 1940 | kalt) | – | | – |

**18429:**

| | | | | | |
|---|---|---|---|---|---|
| Dezember | 1938 | 27 Betriebstage | 7547 km | ∅ | 279 km/Tag |
| Januar | 1939 | 24 Betriebstage | 6205 km | ∅ | 258 km/Tag |
| Februar | 1939 | 15 Betriebstage | 3095 km | ∅ | 206 km/Tag |
| März | 1939 | 25 Betriebstage | 7292 km | ∅ | 292 km/Tag |
| April | 1939 | | | | |
| Mai | 1939 | | | | |
| Juni | 1939 | (Leistungen nicht bekannt) | | | |
| Juli | 1939 | | | | |
| August | 1939 | (RAW Oels L4) | | | |
| L4 vom 16.8.39–20.12.39 (RAW Oels) | | | | | |
| Dezember | 1939 | 9 Betriebstage | 1735 km | ∅ | 193 km/Tag |
| Januar | 1940 | 20 Betriebstage | 1795 km | ∅ | 90 km/Tag |
| Februar | 1940 | 18 Betriebstage | 1637 km | ∅ | 91 km/Tag |
| März | 1940 | 8 Betriebstage | 126 km | ∅ | 16 km/Tag |

18434:

| | | | | |
|---|---|---|---|---|
| Dezember | 1938 | 23 Betriebstage | 5904 km | ⌀ 257 km/Tag |
| Januar | 1939 | 15 Betriebstage | 3177 km | ⌀ 212 km/Tag |
| Februar | 1939 | 5 Betriebstage | 813 km | ⌀ 163 km/Tag |

RAW Oels 15.02.39–05.04.39 (L2)
RAW Oels 17.04.39–17.08.39 (L0)

| | | | | |
|---|---|---|---|---|
| August | 1939 | 10 Betriebstage | 2989 km | ⌀ 299 km/Tag |
| September | 1939 | 22 Betriebstage | 827 km | ⌀ 38 km/Tag |
| Oktober | 1939 | 27 Betriebstage | 1203 km | ⌀ 45 km/Tag |
| November | 1939 | 13 Betriebstage | 2941 km | ⌀ 226 km/Tag |
| Dezember | 1939 | 22 Betriebstage | 1851 km | ⌀ 84 km/Tag |
| Januar | 1940 | 18 Betriebstage | 1296 km | ⌀ 72 km/Tag |
| Februar | 1940 | 25 Betriebstage | 2251 km | ⌀ 90 km/Tag |

Bei allen vier Lokomotiven zeigen sich generell niedrige Kilometerleistungen, häufige Abstelltage und insbesondere ab September 1939 nur unbedeutende Tagesschnittleistungen. Es kann als sicher angenommen werden, daß die S 3/6 bereits ab Winterfahrplan 1939/40 nicht mehr planmäßig nach Wien gekommen sind, denn der Durchlauf von 333 km hätte andere Werte ergeben.
Nach nur knapp eineinhalb Jahren Stationierung in Oberschlesien mußten die Pfälzer Maschinen erneut der Baureihe 03 das Feld räumen. Im März und April 1940 gingen sie an die Bahnbetriebswerke Hof, Nürnberg-Hbf, Treuchtlingen und München-Hbf ab, wo sie noch einige Jahre Dienst leisteten.
Für die Heydebrecker Lokpersonale bedeutete der Wechsel von der S 3/6 zur 03 allerdings keine Verbesserung, da die 03 für lange und schwere Dienste im Hügelland ungeeignet war und häufig für Verspätungen und Ersatzlokgestellungen sorgte. 1944 mußte auch sie auf der Strecke nach Wien abtreten und der geeigneteren polnischen Pt 31 (DR-Baureihe 19[1]) weichen.

| | | | |
|---|---|---|---|
| 18425 | Ludwigshafen | 38– 04.40 | München-Hbf |
| 18426 | Ludwigshafen | 24.12.38–10.04.40 | München-Hbf |
| 18427 | Ludwigshafen | 21.11.38–28.03.40 | Treuchtlingen |
| 18428 | Ludwigshafen | 21.11.38–28.03.40 | Nürnberg-Hbf |
| 18429 | Ludwigshafen | 23.11.38–28.03.40 | Nürnberg-Hbf |
| 18430 | Ludwigshafen | 21.11.38–28.03.40 | Nürnberg-Hbf |
| 18431 | Ludwigshafen | 08.12.38–12.04.40 | Hof |
| 18434 | Ludwigshafen | 21.11.38–28.03.40 | Hof |

247 Während der Linzer Zeit kamen S 3/6 auch auf die Strecke Linz–Selzthal, die der abgebildete Zug gerade befährt. Slg: Dr. G. Scheingraber

**248** 18455 (Bw Linz) hatte bereits Verdunkelungsblenden auf ihren Laternen erhalten, als die 1941 mit einem Schnellzug bei Melk auf der Strecke Wien–Linz abgelichtet wurde. Im Hintergrund die herrliche barocke Benediktiner-Abtei Melk.
Slg: H. Griebl

**249** Während zwischen Wien und Linz Linksverkehr herrschte, wurde zwischen Linz und Salzburg rechts gefahren. Im Bild 18452 mit D-Zug um 1941.
Slg: H. Griebl

## Bw Linz/Donau

Seit 1938 unterstand das Heizhaus in Linz an der Donau nach dem sogenannten Anschluß Österreichs an Deutschland der Verwaltung der Deutschen Reichsbahn. Infolgedessen gehörte bis 1945 (und zum Teil in der Folgezeit wieder unter österreichischer Verwaltung) eine Anzahl deutscher Lokomotiven zum dortigen Betriebswerk. Am bekanntesten sind in diesem Zusammenhang die Baureihen $03^{10}$ und $18^{4,5}$ geworden, die zwischen 1940 und 1942 ($03^{10}$) und 1939 und 1943 ($18^{4,5}$) Dienst taten. Während erstere u. a. den gewaltigen Durchlauf Wien–Nürnberg von 512 km Länge zu bewältigen hatte und dabei wegen der Steigungsstrecken durch verschlackten Rost Schwierigkeiten bekam, waren die S 3/6 zwischen Wien und Passau, Wien und Salzburg (z. T. elektrifiziert!), auf der Pyhrnbahn Linz–Selzthal, sowie auf der Stecke Linz–Summerau–Budweis zumindest bis Oberhaid eingesetzt. Auf letzterer verkehrten 1939 bis 1945 D-Züge Berlin–Prag–Linz.

Im April/Mai 1939 kamen vom Bw Nürnberg-Hbf die Lokomotiven 18441, 442, 443, 452 und 453, sowie aus Würzburg 18455, also ausschließlich großrädrige Maschinen. Im Juli 1939 war außerdem die Umstationierung der Nürnberger 18457 vorgesehen, doch die Lokomotive verließ Linz nach nur zwei Tagen Aufenthalt wieder in Richtung Nürnberg. Wohl als Ersatz für im Ausbesserungswerk befindliche Maschinen waren 18423 (Zugang am 18. Mai 1941 vom Bw München-Hbf) und 18451 (Zugang am 17. August 1941 vom Bw Treuchtlingen) während des Sommers 1941 in Linz, während die Nürn-

233

berger 18509 und 513 zum Jahreswechsel 1941/42 nacheinander für rund eine Woche den Bestand verstärkten.

Im Oktober 1943 wurde die S 3/6-Unterhaltung in Linz aufgelöst. Die verbliebenen fünf Großrädrigen kamen geschlossen zum Bw Nürnberg-Hbf, wo ihnen noch eine kurze Frist bis zur Abstellung verblieb.

Ein Teil der Maschinen war während der Linzer Zeit mit Saugluftbremse ausgerüstet.

| 18423 | München-Hbf | 18.05.41–20.05.41 | Nürnberg-Hbf |
| 18441 | Nürnberg-Hbf | 28.04.39–09.10.43 | Nürnberg-Hbf |
| 18442 | Nürnberg-Hbf | 14.05.39–13.10.43 | Nürnberg-Hbf |
| 18443 | Nürnberg-Hbf | 16.05.39–16.06.39 | Nürnberg-Hbf |
| 18451 | Treuchtlingen | 17.08.41–30.09.41 | Treuchtlingen |
| 18452 | Nürnberg-Hbf | 14.05.39–10.10.43 | Nürnberg-Hbf |
| 18453 | Nürnberg-Hbf | 15.05.39–13.10.43 | Nürnberg-Hbf |
| 18455 | Würzburg | 25.05.39–13.10.43 | Nürnberg-Hbf |
| 18457 | Nürnberg-Hbf | 02.07.39–03.07.39 | Nürnberg-Hbf |
| 18509 | Nürnberg-Hbf | 21.12.41–28.12.41 | Nürnberg-Hbf |
| 18513 | Nürnberg-Hbf | 28.12.41–08.01.42 | Nürnberg-Hbf |

**250** Eine Bildrarität besonderer Art zeigt 18442 (Bw Linz) mit einem Personenzug im Jahr 1941 im Bahnhof Oberhaid auf der Strecke Linz–Summerau–Budweis. Die mindere Qualität möge wegen des Seltenheitswertes entschuldigt sein.
Slg: Dr. G. Scheingraber

**251** Am 11. April 1942 befand sich die gleiche Lokomotive im RAW München-Freimann. Sie hatte inzwischen wegen der österreichischen Wagengarnituren eine Vakuumbremseinrichtung erhalten.
Slg: C. Asmus

**252** Eine schöne Gesamtaufnahme vom Bw Linz aus dem Jahr 1940 zeigt eine bunte Mischung aus Fahrzeugen der Baureihen $16^0$, $33^1$, $35^2$, 50, $55^{57}$, $56^{34}$, $78^6$, $92^{25}$, $93^{13}$ und VT 70. Inmitten dieser Sammlung steht 18 442.
Slg: Dr. G. Scheingraber

## Bw Neu-Ulm

Im Rahmen von zum Teil recht umfangreichen Neuverteilungen des S 3/6-Lokomotivparks verloren Ende der vierziger Jahre verschiedene Betriebswerke ihre Maschinen, andere bekamen erstmals 18er. Zu letzteren gehörte das nur 4 km vom Bw Ulm entfernte Bw Neu-Ulm. Während Ulm, auf württembergischem Gebiet gelegen, von jeher zur Stuttgarter Direktion gehörte, zählte das Betriebswerk in Neu-Ulm, das sich gerade noch auf bayerischem Boden befand (es wurde 1960 aufgelöst), zur Direktion Augsburg. Wie nicht anders zu erwarten, konnte man diesseits der Donau vorwiegend bayerische Lokomotiven sehen, während im Bw Ulm viele württembergische Maschinen stationiert waren.

Zur Ablösung der vor der Ausmusterung stehenden Baureihe $38^4$ erhielt das Bw Neu-Ulm ab Februar 1949 S 3/6 aus Kempten und Augsburg. Das Jahresende zeigt acht Maschinen im Bestand:

**15.12.49:** 18 461, 462, 463, 465, 467, 468, 476, 478

1950 kamen aus Regensburg 18 464, 466 und 469, sowie aus Kempten 18 470 hinzu, dafür wurden 18 476 und 478 nach Buchloe und Augsburg abgezogen. Während der folgenden Jahre waren im Schnitt sieben bis acht S 3/6 in Neu-Ulm, die sich ausnahmslos aus der im Ersten Weltkrieg gebauten Serie i rekrutierten. Ein äußerst seltener Fall von Typenreinheit, der natürlich der Werkstatt manche Vereinfachung brachte. Erst nach Ausmusterung von 18 461, 463, 464, 467 und 468 (1953 bis 1955) konnte der Bedarf nicht mehr allein durch Zugang von Maschinen dieser Serie aus anderen Betriebswerken gedeckt werden, so daß für das letzte Jahr der S 3/6 in Neu-Ulm noch die Lindauer 18 507 hereinkam, für jeweils wenige Tage auch die Ulmer 18 497 und die Augsburger 18 498.

Die Neu-Ulmer 18er zogen Eil- und Personenzüge auf den Strecken Ulm–Kempten und Ulm–Ingolstadt–Regensburg. Auf der Regensburger Linie kamen sie immerhin auf einen Durchlauf von 201 km, während ihre übrigen Leistungen eher bescheiden waren:

**18 463:**

| | | | |
|---|---|---|---|
| 1949 (ab März) | 47 309 km | 193 Betriebstage | ∅ 245 km/Tag |
| 1950 | 80 583 km | 281 Betriebstage | ∅ 287 km/Tag |
| 1951 | 63 590 km | 194 Betriebstage | ∅ 328 km/Tag |
| 1952 | 93 531 km | 277 Betriebstage | ∅ 338 km/Tag |
| 1953 | 83 818 km | 282 Betriebstage | ∅ 297 km/Tag |
| 1954 (bis 1. 7., dann z) | 39 922 km | 125 Betriebstage | ∅ 319 km/Tag |

Im Winterfahrplan 1950/51 hatten die $18^4$ neben den Eilzügen E 549/550 Ulm–Regensburg–Ulm und E 503/504 Kempten–Ulm–Kempten nur Personenzüge zu fahren, was im wesentlichen auch so blieb.

Mitte 1955 waren noch fünf Lokomotiven vorhanden:

**01.07.55:** 18 462, 465, 466, 469, 507

Zur gleichen Zeit erhielt Neu-Ulm eine Anzahl Lokomotiven der Baureihe 39, die die Züge der S 3/6 übernahmen. 18 466 wurde ausgemustert, während die übrigen vier im September und Oktober nach Augsburg und Lindau abfuhren.

| | | | |
|---|---|---|---|
| 18 461 | Kempten | 17.05.49–01.12.53 | Lindau |
| | Lindau | 06.02.54–18.10.54 | Ausmusterung |
| 18 462 | Kempten | 24.02.49–07.10.55 | Augsburg |
| 18 463 | Kempten | 04.03.49–18.10.54 | Ausmusterung |
| 18 464 | Regensburg | 11.05.50–18.03.55 | Ausmusterung |
| 18 465 | Augsburg | 24.02.49–03.10.55 | Augsburg |
| 18 466 | Regensburg | 27.05.50–11.01.54 | Ulm |
| | Ulm | 15.01.54–02.11.55 | Ausmusterung |
| 18 467 | Kempten | 02.08.49–18.03.55 | Ausmusterung |
| 18 468 | Kempten | 02.08.49–09.11.53 | Ausmusterung |

| 18469 | Regensburg | 08.05.50–16.05.53 | Augsburg | | 18472 | Augsburg | 23.03.55–15.04.55 | Kempten |
|---|---|---|---|---|---|---|---|---|
| | Augsburg | 29.06.54–08.07.54 | Augsburg | | 18473 | Lindau | 23.07.54–30.04.55 | Augsburg |
| | Augsburg | 06.11.54–17.01.55 | Lindau | | 18476 | Augsburg | 14.04.49–11.05.50 | Buchloe |
| | Lindau | 26.01.55–29.01.55 | Regensburg | | 18478 | Augsburg | 13.07.49–07.05.50 | Augsburg |
| | Regensburg | 14.02.55–28.04.55 | Regensburg | | 18479 | Lindau | 07.50 (leihweise?) | Lindau |
| | Regensburg | 19.05.55–05.07.55 | Kempten | | 18480 | Lindau | 07.50 (leihweise?) | Lindau |
| | Kempten | 26.08.55–22.09.55 | Augsburg | | 18497 | Ulm | 04.07.54–24.07.54 | Ulm |
| 18470 | Kempten | 02.12.50–08.05.52 | Augsburg | | 18498 | Augsburg | 16.03.55–20.03.55 | Augsburg |
| | Augsburg | 16.12.54–10.03.55 | Kempten | | 18507 | Lindau | 08.10.54–02.10.55 | Lindau |
| | Kempten | 21.03.55–13.05.55 | Augsburg | | | | | |

**253** Am 5. Juli 1949 ist P 1622 Ulm–Kempten in Kellmünz an der Iller angekommen. Auf dieser Tour muß sich das Personal der Neu-Ulmer 18462 nicht anstrengen, denn der Zug benötigt für die Fahrtstrecke von 87 km nicht weniger als knapp drei Stunden.
Foto: C. Bellingrodt

**254** Wenige Monate vor ihrer Außerdienststellung stand die gleiche Maschine am Abend des 27. April 1955 mit P 1625 Kempten–Ulm im Bahnhof Memmingen.
Foto: U. Montfort

**255** Ausfahrt Illertissen Richtung Ulm im Mai 1955 mit 18 469 (Bw Neu-Ulm). Nicht nur Dampflokomotiven, sondern auch Formsignale und Telegrafenmasten gehören heute fast überall der Vergangenheit an.
Foto: E. Müller

**256** Frühling bei Matting an der Strecke Regensburg–Ulm. 18463 zieht ihren Eilzug vorbei an einem blühenden Baum Richtung Ingolstadt (1954).
Foto: G. Turnwald

**257** Die schroffen Jurafelsen entlang des Donaulaufes geben einer Neu-Ulmer 18⁴ bei Matting eine malerische Kulisse. Der Zug fährt nach Ulm (1954).
Foto: G. Turnwald

## E 508 (20,1) 3. Klasse (270 t)

**Ulm Hbf—Kempten (Allg) Hbf—Immenstadt—Oberstdorf**

Höchstgeschwindigkeit Ub—Nm 60 km/h
Nm—Ke 85 km/h
S 36.17 (18⁴⁻⁵)   Ke—Im 80 km/h          Last 300 t f          Mindestbremshundertstel 68

| 1 | 2 | 3 | 4 | 5 | 6 | 7 | 8 | 9 | 10 | 11 |
|---|---|---|---|---|---|---|---|---|---|---|
| | | Ulm Hbf ▼ ......... | — | — | 8 01 | | | | | |
| 2,2 | | Neu-Ulm ▼ ........ | 8 06 | 1 | 07 | 5,0 | 4,1 | | 1605 | |
| 6,8 | | Bf Gerlenhofen Hst .. | — | — | 15 | 8,0 | 6,0 | 11,0 | | |
| 3,2 | | Senden ............. | 18 | 1 | 19 | 3,0 | 2,9 | 8,9 | | |
| 5,6 | | Vöhringen ......... | — | — | 25 | 6,0 | 4,5 | 12,0 | (90705) | |
| 2,7 | | Bellenberg Hst ...... | — | — | 27₅ | 2,5 | 2,0 | 9,8 | | |
| 3,7 | | Illertissen ......... | 31 | 1 | 32 | 3,5 | 3,3 | | 8358 | |
| 6,9 | | Altenstadt (Iller) ..... | — | — | 39 | 7,0 | 5,5 | 11,5 | | |
| 4,7 | | Kellmünz ......... | 43₅ | 1 | 44₅ | 4,5 | 4,0 | 9,5 | | |
| 3,0 | | Pleß (Iller) Hp ...... | — | — | 48₅ | 4,0 | 2,7 | | | |
| 3,2 | | Fellheim .......... | — | — | 51₅ | 3,0 | 2,7 | 17,5 | (90707) | |
| 3,9 | | Heimertingen ........ | → | — | 55₅ | 4,0 | 3,0 | 13,9 | | |
| 6,4 | | Memmingen ...... | 9 02 | 5 | 9 07 | 6,5 | 5,5 | - | 1609 | |
| 7,3 | | Woringen (Schwab) ... | → | — | 16₅ | 9,5 | 7,5 | | | |
| 5,8 | | Grönenbach ......... | — | — | 23 | 6,5 | 4,5 | | | |
| 5,4 | | Reicholzried Hp ..... | — | — | 29 | 6,0 | 4,5 | 41,0 | | |
| 3,3 | | Dietmannsried ....... | — | — | 32₅ | 3,5 | 3,0 | 33,0 | | |
| 4,2 | | Heising ............ | — | — | 36 | 3,5 | 3,0 | | | |
| 5,7 | 70* | Abzw Kempten Ost Hst | — | — | 41 | 5,0 | 4,5 | | | |
| 3,2 | | Kempten (Allg) Hbf ▼ . | 48 | 15 | 10 03 | 7,0 | 6,0 | | | |
| 1,8 | | Stellwerk V ......... | — | — | 06₅ | 3,5 | 2,7 | | | |
| 1,7 | | Kempten-Hegge ...... | → | — | 08₅ | 2,0 | 1,9 | | | |
| 3,0 | | Waltenhofen ........ | → | — | 11₅ | 3,0 | 2,9 | 22,0 | | |
| 5,0 | | Oberdorf b J ▼ ..... | → | — | 16 | 4,5 | 3,8 | 19,1 | | |
| 4,3 | | Seifen (Schwab) ...... | — | — | 19₅ | 3,5 | 3,1 | | | |
| 5,8 | | Immenstadt ▼ ...... | 10 25 | (12) | 10 37 | 5,5 | 4,7 | | | |
| 108,8 | | | | 24 | | 120,0 | 98,3 | | | |

Buchfahrplan E 508 (Winter 1948/49)

---

Deutsche Bundesbahn

## Untersuchungen und Ausbesserungen
### des Lokomotiv-Fahrgestells-Kessels-Tenders*)

Lok-Betriebs-Nr *)
Tender-Fabrik-Nr *)      18463      Hersteller  Maffei
Kessel-Fabrik-Nr *)                 in  München

| 1 | 2 | 3 | 4 | 5 | 6 |
|---|---|---|---|---|---|
| Schad-gruppe (ohne L 1) | ausgeführt im Ausbesserungswerk Bahnbetriebswerk | in der Zeit vom | bis | Ausgeführte Arbeiten **) (Hier sind auch die amtl. Untersuchungen zu bescheinigen) | Ausbesserungs-kosten (ohne Sonderarbeiten) im EAW (ohne Bw)***) |

AW Ingolstadt   15.4.54 – 28.4.54   Bedarfsausbesserung (L0)
3. Radsatz getauscht. Reifenstärke 39 mm. 2 Achslager mit WM 80 ausgenommen. 2 Stangenlager gerichtet. 3 Kuppelstangenlager aufgefüllt. (25, 25 u. 23) Am Drehgestell 16 Nieten u. 8 Paßschrauben gewechselt.

Tag der Übergabe an den Betrieb   Bundesbahn-Ausbesserungswerk Ingolstadt
29.4.54                            Lokomotivabteilung

Ausmusterung

Lok ist laut HVB Verfg.
21.213 Fau 63 vom 18.10.54
ab 28.10.54 ausgemustert.
Neu-Ulm den 3.11.1954
Bahnbetriebswerk

---

**258** Am 27. Juni 1954 wurde 18 461 in Neu-Ulm z-gestellt. Ein Jahr später fotografierte sie Ulrich Montfort in ihrem Heimat-Bw, bevor sie kurze Zeit später zur Verschrottung ins Hauptsammellager Desching kam.

## Bw Buchloe

Das kleine Bw Buchloe stand immer im Schatten der umliegenden großen Betriebswerke Augsburg, München-Hbf, Kempten und Lindau und besaß nur regionale Bedeutung. Es beheimatete über Jahre hinweg einige Maschinen der Baureihe $17^{4,5}$ für Eil- und Personenzüge, sowie für Sonderzüge im Feiertagsverkehr, außerdem eine Handvoll $54^{15}$ für Nahgüterzüge und $89^8$ für den Bahnhofsrangierdienst. Später kamen $38^4$, 50er, 70er, 86er, 91er und $98^3$ hinzu, während die Baureihen $17^{4,5}$ und $89^8$ bis zum Jahr 1948 verschwanden. 1958 bildeten Lokomotiven der Reihen 50, 86, $98^{10}$ und $98^{18}$ sowie einige ETA 150 und 178 den Bestand, wobei – wie schon in früheren Jahren – jeweils nur geringe Stückzahlen vorhanden waren. 1960 wurde das Betriebswerk aufgelöst, bestand aber als Personaleinsatzstelle weiterhin.

Mit der Zuteilung von fünf S 3/6 im Frühjahr 1950 (18470, 471, 472, 475, 476) besaß das Bw Buchloe erstmals selbst diese Baureihe, nachdem sie bereits von auswärts jahrzehntelang hereingekommen war. Bereits nach wenigen Monaten wurden die Maschinen wieder an andere Dienststellen der ED Augsburg abgegeben. Nach amtlichen Unterlagen zählten 1952 nochmals zwei S 3/6 zum Lokpark, die allerdings ebenfalls nach kurzer Zeit wieder abgezogen wurden. Die Lokomotiven fuhren im Eil- und Personenzugdienst der umliegenden Strecken, unter anderem bespannten sie das Zugpaar E 882/883 Augsburg–Buchloe–Augsburg.

| 18470 | Kempten | 50 | | Neu-Ulm |
|---|---|---|---|---|
| 18471 | Kempten | 50 | | |
| 18472 | Hof | 07.50– | 51 | Augsburg |
| 18475 | Hof | 26.05.50–08.11.50 | | Augsburg |
| 18476 | Neu-Ulm | 12.05.50– | 51 | Augsburg |

## Bw Göttingen P

Ab 18. Februar 1950 gehörte die vom Bw Augsburg gekommene 18451 zur vorübergehend in Göttingen ansässigen Lokomotiv-Versuchsanstalt. 1951 zog sie mit der LVA nach Minden um.

## Bw Minden

Das Bw Minden unterhielt 1951 und 1952 die Lokomotive 18451, die von der am gleichen Ort ansässigen Lokomotiv-Versuchsanstalt für Meßfahrten vorgehalten wurde. Ab 1955 trat an diese Stelle die zuletzt in Lindau beheimatete 18505, die erst am 20. Mai 1967 aus dem aktiven Dienst ausschied.
Im Frühjahr bzw. Herbst 1957 waren vermutlich für im AW befindliche LVA-Stammlokomotiven (18316, 319, 323, 505) kurzzeitig 18618 und 629 ersatzweise in Minden.
Zu nennen ist auch 18601, die 1953 und 1954 längere Zeit von der LVA untersucht und gelegentlich durch das Bw Minden instandgesetzt wurde. 18613 und 627, die man 1955 und 1956 kürzeren LVA-Meßreihen unterzog, dürften dort wahrscheinlich keine nennenswerten Ausbesserungen erfahren haben, da ihre Versuchsfahrten andernorts stattfanden.

## Bw Lehrte

Zum Bw Lehrte zählte 1968 und 1969 die bereits z-gestellte 18505, die nach Auflösung des Bw Minden (Oktober 1968) zumindest buchmäßig ein anderes Heimat-Betriebswerk benötigte. Die Maschine sah ihr neues Domizil jedoch nie, sondern rollte wegen der Gefahr der Verschrottung bereits im Januar 1969 von Minden nach Treuchtlingen (auf Initiative einflußreicher Eisenbahner) und wenig später weiter nach Bamberg und Neuenmarkt-Wirsberg. Zu ihrem weiteren Lebensweg siehe Kapitel »Erhaltene S 3/6«!

**259** Vor dem Lokschuppen des Bw Buchloe stand am 1. Oktober 1960 die Lindauer 18624, im gleichen Jahr wurde das dortige Betriebswerk aufgelöst. Zu Beginn der fünfziger Jahre waren einige wenige S 3/6 in Buchloe beheimatet. Foto: R. Schatz

**260** Von 1955 bis 1968 gehörte 18505 zum Bw Minden und unterstand der dortigen Lokomotiv-Versuchsanstalt. Am 5. August 1967 mußte sie bereits von einer anderen Maschine ins Freie gezogen werden, da sie drei Monate zuvor außer Betrieb gestellt worden war.

Foto: L. Rotthowe

**261** Zu einer kurzen Wiederauferstehung kam die beim Bw Augsburg im Jahr 1949 bereits z-gestellte 18 451: sie leistete ab 17. Januar 1950 in Diensten der LVA Göttingen bzw. Minden bis zum Jahr 1952 noch Versuchsdienste und wurde erst dann endgültig abgestellt, nachdem drei badische 18$^3$ für die Versuchsanstalt grundüberholt worden waren. Aufnahme aus dem Jahr 1951. Foto: C. Bellingrodt

**262** Nach Ausmusterung der LVA-Lokomotive 18 319 waren seit 1964 in Minden noch 18 316, 18 323 und 18 505 für schnelle Versuchsfahrten vorhanden. Herbert Vaupel hatte 1966 Glück, als alle drei Renner im heimatlichen Stall anzutreffen waren.

## Bw Ulm

Von 1953 bis 1961 gehörten zum Bestand der BD Stuttgart bayerische S 3/6, die alle im Bw Ulm stationiert waren. Sie lösten dort die württembergischen C-Maschinen ab und wurden ihrerseits durch Lokomotiven der Baureihe 03 verdrängt. Im einzelnen gestalteten sich die neun Jahre ihrer dortigen Beheimatung wie folgt:

Die Baureihe $18^1$ (württemberg. C) lief zu Beginn der fünfziger Jahre bei den Betriebswerken Heilbronn und Ulm aus. Die Ulmer Lokomotiven wurden ab 1951 durch ständige Z-Stellungen dezimiert, was anfangs mit Zuweisungen Heilbronner $18^1$ ausgeglichen werden konnte. 1953 sank der Bestand an betriebsfähigen Maschinen jedoch unter die Zahl der für den Betrieb erforderlichen Lokomotiven, so daß eine andere Baureihe als Ersatz zugewiesen werden mußte. Diese kam im April 1953 mit den Nürnberger und Bamberger S 3/6 18 489, 493, 495 und 497, die im weiteren Verlauf des Jahres durch 18 487, 494, 499 und 500 der gleichen Betriebswerke Zuwachs erhielten. Damit waren zum 31. Dezember 1953 acht S 3/6 in Ulm beheimatet, die zusammen mit den letzten C-Maschinen auf den Strecken nach Friedrichshafen, Villingen und Crailsheim im Personen-, Eil- und Schnellzugdienst liefen.

Das Verschwinden der Baureihe $18^1$ ist aus nachfolgender Z-Stellungsliste ersichtlich:

| | | | | | |
|---|---|---|---|---|---|
| 18 101 | Z ab | 21.01.53 | 18 110 | Z ab | 11.12.53 |
| 18 112 | | 04.02.53 | 18 107 | | 18.02.54 |
| 18 123 | | 05.04.53 | 18 118, 115 | | 07.04.54 |
| 18 109 | | 21.04.53 | 18 122 | | 11.08.54 |
| 18 128 | | 30.04.53 | 18 113 | | 20.08.54 |
| 18 104 | | 04.07.53 | 18 126 | | 28.10.54 |
| 18 131 | | 09.07.53 | 18 102 | | 25.11.54 |
| 18 108 | | 10.07.53 | 18 128 | | 17.12.54 |
| 18 117 | | 23.07.53 | 18 136 | | 19.01.55 |
| 18 103 | | 26.08.53 | 18 133 | | 14.02.55 |
| 18 132 | | 24.09.53 | | | |

Die mit Abstellung dieser Maschinen entstandene Lücke

konnte nicht ausschließlich durch S 3/6 abgedeckt werden, da eine größere Anzahl von ihnen entgegen den zunächst aufgestellten Planungen für den angewachsenen schnellen Reisezugverkehr bei anderen Betriebswerken benötigt wurde. Daher verstärkten ab 1954 preuß. P 8 den Lokpark, womit ehemals württembergische, bayerische und preußische Lokomotiven nebeneinander im Reisezugverkehr Dienst taten.

Zum Jahresende 1955 war der S 3/6-Bestand auf 10 Maschinen aufgestockt:

**31.12.55:** 18 470, 484, 487, 489, 490, 493, 494, 495, 497, 500

Wie einige Jahre zuvor bei den Lokomotiven der Baureihe $18^1$, so wanderten nun auch S 3/6, und zwar vornehmlich jene mit 17 t Achsdruck, auf die Liste der Auslaufmaschinen. Viele Ulmer 18er beschlossen daher im dortigen Betriebswerk ihre Tage, womit erneut Ersatz gefunden werden mußte. Dieser erschien ab 1957 mit den neubekesselten $18^6$, die nach und nach von den Betriebswerken Darmstadt, Regensburg und Hof zugingen. Den Anfang machte 18 608, die am 9. Januar 1957 aus Darmstadt kam. Im gleichen Jahr folgten weitere sieben der modernisierten Maschinen, die zusammen mit den vorhandenen älteren S 3/6 folgende Reihung ergaben:

**31.12.57:** 18 473, 493, 495, 500, 601, 605, 607, 608, 620, 622, 628, 629

Die Betriebsbücher der Lokomotiven 18 605, 607 und 608 nennen uns recht ansehnliche Kilometerleistungen, von denen hier die jeweils höchsten genannt sind:

| | 18 605 | 18 607 | 18 608 |
|---|---|---|---|
| 1957 | Juli: 13 560 km | Juli: 13 359 km | März: 13 974 km |
| 1958 | Mai: 13 280 km | März: 14 089 km | März: 13 125 km |
| 1959 | Juni: 12 860 km | Dez.: 14 287 km | Juli: 13 704 km |
| 1960 | Dez.: 14 149 km | Juli: 15 268 km | Sep.: 13 960 km |
| 1961 | Feb.: 11 329 km | März: 13 035 km | März: 11 929 km |

18 614, 619 und 623 (alle vom Bw Regensburg), aber auch

**263** Im malerischen Donautal bei Hausen führte 18 489 im Jahr 1953 den E 588 Richtung Donaueschingen. Die Lokomotive war erst kurz vorher von Nürnberg-Hbf nach Ulm umbeheimatet worden.
Foto: C. Bellingrodt

18478 aus Augsburg schlossen 1958 und 1959 die Lücken, die weitere Abstellungen ergeben hatten, so daß zur Jahresmitte 1959 folgender Bestand anzutreffen war:

**30.06.59:** 18478, 495 z, 601, 605, 607, 608, 614, 619, 620, 622, 623, 628, 629

Ulm bot in jenen Jahren ein sehr vielfältiges S 3/6-Bild. Nicht nur, daß das Bw Ulm selbst über verschiedene Bauformen verfügte; darüberhinaus brachten auch noch S 3/6 der Betriebswerke Regensburg, Neu-Ulm (bis 1955) und Lindau ihre Züge in die Donaustadt.

Aus dem Jahr 1960 liegt der Umlaufplan 75.01 für den Sommer vor. Er enthält P-, E- und D-Züge auf den Strecken nach Friedrichshafen, Villingen und Aalen, wobei die Führung sämtlicher D-Züge zwischen Ulm und Friedrichshafen die wesentlichste Leistung der Maschinen darstellte. Es erscheint erwähnenswert, daß die damaligen Schnellzugfahrzeiten in diesem Abschnitt nur geringfügig länger waren als die heutigen:

Sommer 1960: D 352 »Vorarlberg-Expreß« Ulm ab 6.04 Uhr, Friedrichshafen Stadt an 7.26 Uhr (= 82 Minuten);

Winter 1983/84: D 1419 Ulm ab 6.01 Uhr, Friedrichshafen Stadt an 7.18 Uhr (= 77 Minuten). Beide Züge mit Halt in Biberach, Aulendorf, Ravensburg.

Es gilt hierbei zu berücksichtigen, daß die Fahrzeiten der Dampfzüge in der Regel einen gewissen Spielraum beinhalteten, der die Unwägbarkeiten des Lokomotivzustandes, der Kohle und des Personaleinsatzes ggf. ausgleichen sollte. Die heutigen Diesel- und Ellokpläne sind hingegen meist ohne Reserve ausgelegt!

Ab Januar 1961 wurden die Ulmer 18[6] allmählich von Lokomotiven der Baureihe 03 aus Köln und Ludwigshafen abgelöst. Im Mai 1961 war der Lokomotivbestand bereits gemischt:

**31.05.61:** 03 044, 047, 132, 222, 246, 263, 288
18 607, 614, 619, 622, 628 z

In den folgenden Monaten kamen weitere 03 aus Ludwigshafen, die die restlichen 18[6] brotlos machten. Sie gingen bis Oktober d.J., wie schon ihre Schwestermaschinen, geschlossen zum Bw Lindau. Als einzige Lokomotive blieb 18628 auf »z« stehend zurück. Sie war lange Zeit in Rißtissen-Achstetten abgestellt, bis sie 1966 zur Verschrottung nach München kam.

| | | | |
|---|---|---|---|
| 18464 | Neu-Ulm | 12.01.54–14.01.54 | Neu-Ulm |
| 18470 | Augsburg | 22.12.55–14.03.57 | Ausmusterung |
| 18473 | Augsburg | 30.06.57–30.04.59 | Ausmusterung |
| 18478 | Augsburg | 05.06.58–14.07.60 | Ausmusterung |
| 18484 | Lindau | −07.08.56 | Ausmusterung |
| 18486 | Augsburg | 26.10.55–09.11.55 | Augsburg |
| 18487 | Nürnberg-Hbf | 05.10.53–14.03.57 | Ausmusterung |
| 18489 | Nürnberg-Hbf | 29.04.53–23.11.56 | Ausmusterung |
| 18490 | Lindau | 23.02.55–15.08.55 | Lindau |
| | Lindau | 03.10.55–10.08.57 | Ausmusterung |
| 18493 | Bamberg | 25.04.53–25.04.58 | Ausmusterung |
| 18494 | Nürnberg-Hbf | 27.07.53–15.11.57 | Ausmusterung |
| 18495 | Bamberg | 01.04.53–13.07.59 | Ausmusterung |
| 18497 | Bamberg | 28.04.53–03.07.54 | Neu-Ulm |
| | Neu-Ulm | 25.07.54–18.04.56 | Ausmusterung |
| 18499 | Bamberg | 29.10.53–12.05.55 | Ausmusterung |
| 18500 | Bamberg | 26.06.53–20.11.58 | Ausmusterung |
| 18501 | Lindau | 20.03.57–11.04.57 | Lindau |
| 18516 | Lindau | 02.08.58–22.08.58 | Lindau |
| 18601 | Darmstadt | 04.10.57–18.04.61 | Lindau |
| 18605 | Darmstadt | 11.04.57–27.03.61 | Lindau |
| 18607 | Darmstadt | 29.05.57–29.07.61 | Lindau |
| 18608 | Darmstadt | 09.01.57–29.05.61 | Lindau |
| 18614 | Regensburg | 23.05.59–02.10.61 | Lindau |
| 18619 | Regensburg | 10.04.59–03.10.61 | Lindau |
| 18620 | Regensburg | 15.12.57–30.05.61 | Lindau |
| 18622 | Hof | 09.10.57–02.10.61 | Lindau |
| 18623 | Regensburg | 10.04.59–14.04.61 | Lindau |
| 18628 | Darmstadt | 22.08.57–28.05.63 | Ausmusterung |
| 18629 | Regensburg | 28.10.57–28.10.57 | LVA Minden |
| | LVA Minden | 23.11.57–20.03.61 | Lindau |

Abkürzungen: Fs = Friedrichshafen Stadt, Fh = Friedrichshafen Hafen, So = Sontheim (Brenz), Do = Donaueschingen, Aa = Aalen, Bib = Biberach, Vil = Villingen, Im = Immendingen

Laufplan der Triebfahrzeuge — Deutsche Bundesbahn
BD Stuttgart, MA ULM, Bw ULM, gültig vom 29.05.1960 an

**264** 18 500 in der Mittagssonne des 2. April 1958 im Bw Ulm. Gut zwei Monate später wurde die elegante Maschine abgestellt und bald darauf verschrottet.

Foto: U. Montfort

**265** Einfahrt Ulm aus Richtung Friedrichshafen aus der Sicht des Lokomotivführers. Das monumentale gotische Münster als Wahrzeichen der Stadt ist bereits weithin sichtbar (1957).

Slg: E. Mayer

**266** 18478 leistet 18628 (beide vom Bw Ulm) vor D 234 Dortmund—Innsbruck Vorspann (Ulm-Hbf, Sommer 1958). Das müßte es heute noch geben!
Foto: L. Montfort, Slg: U. Montfort

**267** Der Lokführer der Ulmer 18493 erhält vom Zugführer den Bremszettel. Gleich geht die Fahrt los! Aufnahme aus dem Jahr 1955.
Foto: Illig, Slg: B. Wollny

**268** P 1329 Friedrichshafen–Ulm fährt am 29. Mai 1958 in Ulm ein, Zuglokomotive ist 18 500 (Bw Ulm). Links die Hauptstrecke Richtung München.  Foto: U. Montfort

**269** Ab Januar 1957 besaß das Bw Ulm auch neubekesselte 18$^6$. Erste Lokomotive war 18 608, die Ulrich Montfort am 15. März 1957 vor E 695 nach Ulm in Friedrichshafen Stadt aufnahm.

**270** Südwestlichster Wendepunkt der Ulmer S 3/6 war Villingen. Am 26. September 1958 restaurierte 18 495 im dortigen Betriebswerk.
Foto: U. Montfort

**271** Seit Oktober 1957 war auch die erste 18⁶ in Ulm stationiert. Die Aufnahme zeigt sie am 25. April 1958 im Heimat-Bw.
Foto: U. Montfort

**272** Eine sehenswerte Parade im Bw Ulm! 18601, 18607, 18478 und 18629, alles »hauseigene« S 3/6, standen am 5. September 1958 nebeneinander. Foto: U. Montfort

**273** Hochbetrieb im Hauptbahnhof Ulm im Jahr 1960: 18628 (Bw Ulm) zieht gerade Richtung Friedrichshafen los, E 44111 (Bw Augsburg) steht abgebügelt auf dem Wartegleis, E 10217 (Bw Stuttgart) wird in Kürze nach München abfahren und ganz links eine weitere 18⁶. Foto: H. Tauber

**274**  Unter mächtiger Dampfentwicklung verläßt 18 614 (Bw Ulm) am 7. März 1961 mit D 76 Kiel–Lindau den Ulmer Hauptbahnhof.                    Foto: U. Montfort

**275**  18 628 war die einzige 18^6, die nicht in Lindau beheimatet war. Zuletzt gehörte sie zum Bw Ulm, wo sie am 15. Mai 1961 abgestellt wurde. 1960 fotografierte sie Carl Bellingrodt an der Wasserscheide Donau–Rhein im Bahnhof Wattenweiler vor einem Eilzug nach Friedrichshafen.

276 E 4693 Friedrichshafen–Ulm mit 18 622 (Bw Ulm) am Zusammenfluß von Iller und Donau wenige Kilometer vor Ulm, 6. Januar 1961. Foto: U. Montfort

277 »125 Jahre deutsche Eisenbahnen« 1960: im damaligen Jubiläumsjahr trugen 18 607 und 18 614 an den Windleitblechen Plaketten. An einem grauen Morgen standen sie in Ulm-Hbf mit ihren Zügen nebeneinander. Foto: H. Tauber

**278** Am 1. April 1961 hatte 18620 (Bw Ulm) im Bahnhof Durlesbach die zusammengewürfelte Garnitur des P 1325 am Haken. Gerade fährt die Lokomotive an.
Foto: U. Montfort

**279** In voller Fahrt donnert D 235 Innsbruck–Dortmund über die schienengleiche Kreuzung mit der Schmalspurbahn Biberach–Ochsenhausen in Warthausen (1960). Zuglokomotive ist die Ulmer 18623, die nach dieser Fahrt in Ulm den Gegenzug D 234 übernehmen wird.
Foto: C. Bellingrodt

**280**  Seit April 1959 besaß Ulm nur noch $18^6$, nachdem die älteren $18^{4-5}$ alle abgestellt worden waren. Die beiden letzten Maschinen waren 18478 und 18495, die am 8. Juni 1960 in Ulm-Söflingen abgestellt standen.    Foto: U. Montfort

**281**  Das letzte Ulmer Bild verkörpert Ende und Anfang zugleich: 18478 (angekauft von Serge Lory) wartet ausgemustert als letzte in Ulm vorhandene S 3/6 auf ihren Abtransport Richtung Lindau, rechts daneben eine der neu zugegangenen 03, die die 18er in Ulm ablösten. Aufnahme vom 1. Februar 1962.    Foto: U. Montfort

## Frankreich/Belgien

Während des Ersten Weltkrieges mußte die Mehrzahl der Länderbahnverwaltungen Lokomotiven für militärische Zwecke zur Verfügung stellen. Darunter waren auch einige S 3/6 der K.B.St.B., die in den besetzten Gebieten Frankreichs und Belgiens eingesetzt wurden. Es lassen sich folgende Betriebsnummern belegen:

Erster Weltkrieg: S 3/6 3611, 3612, 3613, 3614, 3615, 3642, 3645, 3652 (Verbleib jeweils meist mehrere Monate)

Mit Sicherheit waren weitere Maschinen zeitweise außer Landes, nur liegt deren komplette nummernmäßige Erfassung jenseits des Möglichen. Rund drei S 3/6 waren ständig auf dem »westlichen Kriegsschauplatz«. Wurde eine Lokomotive schadhaft oder war ihre Untersuchungsfrist abgelaufen, so mußte unverzüglich gleichwertiger Ersatz geschaffen werden. Dies bedeutete einen kräftigen Aderlaß für die Heimat-Betriebswerkstätten, wovon insbesondere die Bw München I betroffen war, die die meisten der abzutretenden S 3/6 stellen mußte.

Die nach Frankreich geschickten Maschinen (das sind mindestens alle oben genannten Lokomotiven) unterstanden der Militär-Eisenbahndirektion II in Sedan und waren dem Depot in Mohon zugeteilt. Zum Teil trugen sie an der Rauchkammertür die Buchstaben »Se« für das übergeordnete Maschinenamt in Sedan (dort gab es kein Depot). Sie sollen unter anderem Dienstschnellzüge zwischen dem zeitweise in Mézières/Charleville gelegenen Armeehauptquartier und Metz befördert haben. Bei Kriegsende Ende 1918 kehrten alle Lokomotiven in ihr bayerisches Stammland zurück.

Nur wenig später kam es in Frankreich und Belgien erneut zum S 3/6-Betrieb, dieses Mal allerdings unter anderen Vorzeichen. Gemäß den Waffenstillstandsbedingungen vom 11. November 1918 mußte das Deutsche Reich an die Siegermächte über 5000 Lokomotiven abliefern, unter denen sich auch 19 S 3/6 befanden. Kommissionen verschiedener Eisenbahnverwaltungen wählten diese »Armistice«-Lokomotiven aus (armistice = Waffenstillstand), wobei interessanterweise die erste S 3/6 3601 bemängelt und zurückgewiesen wurde.

Frankreich erhielt folgende S 3/6:
S 3/6 3602, neue Betriebsnummer ETAT 231-981
S 3/6 3605, neue Betriebsnummer ETAT 231-982
S 3/6 3618, neue Betriebsnummer ETAT 231-983
S 3/6 3622, neue Betriebsnummer ETAT 231-984
S 3/6 3665, neue Betriebsnummer ETAT 231-985
S 3/6 3666, neue Betriebsnummer ETAT 231-986
S 3/6 3668, neue Betriebsnummer ETAT 231-987
S 3/6 3669, neue Betriebsnummer ETAT 231-988
S 3/6 3670, neue Betriebsnummer ETAT 231-989
S 3/6 3672, neue Betriebsnummer ETAT 231-990
S 3/6 3674, neue Betriebsnummer ETAT 231-991
S 3/6 3675, neue Betriebsnummer ETAT 231-992
S 3/6 3676, neue Betriebsnummer ETAT 231-993
S 3/6 3677, neue Betriebsnummer ETAT 231-994
S 3/6 3678, neue Betriebsnummer ETAT 231-995
S 3/6 3679, neue Betriebsnummer ETAT 231-996

An Belgien gingen:
S 3/6 3620, neue Betriebsnummer 5920
S 3/6 3646, neue Betriebsnummer 5946
S 3/6 3649, neue Betriebsnummer 5949

Die Durchsicht der Aufstellung zeigt, daß in der Hauptsache die neueste Lieferung aus dem Jahr 1918 (Serie i) von der Abgabe betroffen war.

Verschiedentlich war von dem Gerücht zu hören, daß nicht alle von den Kommissionen ausgesuchten Lokomotiven tatsächlich auch in Frankreich und Belgien angekommen seien. Diese

**282** S 3/6 3615 war im Ersten Weltkrieg im französischen Kriegsgebiet eingesetzt. Sie gehörte zum Depot Mohon, das der Militär-Eisenbahndirektion II Sedan unterstand (Aufnahme aus Mohon 1917). Slg: VMN

**283** Das Deutsche Reich mußte 1919 über 5000 Lokomotiven an die Siegermächte abliefern, unter ihnen 19 bayerische S 3/6 an Frankreich und Belgien. Wir sehen die Maschine 3605 kurz nach ihrer Übergabe bereits auf französischem Boden, sie trägt am Stehkessel ein offenbar die Überführung oder den Besitzerwechsel betreffendes Schild.
Slg: H. Griebl

Vermutung scheint zumindest in bezug auf die drei an Belgien abgelieferten Maschinen eine nicht ohne weiteres abzustreitende Berechtigung zu haben. Darauf deutet unter anderem die für das Jahr 1935 belegte Äußerung von Ing. Verelst von der Brüsseler Direktion der Belgischen Staatsbahn hin, der auf die drei Armisticelokomotiven befragt lachend erklärte, daß die Belgier 1919 nicht ganz so schlau gewesen seien wie die Franzosen. Anders ausgedrückt: es seien zwar die vereinbarten Loknummern eingetroffen, aber nicht die ausgesuchten Lokomotiven. Ein weiteres gravierendes Indiz für Spekulationen dieser Art ist die heute in der Schweiz befindliche 18 478″, deren Lebensgeschichte tatsächlich eng mit den seinerzeitigen Vorgängen verbunden scheint (siehe hierzu Kapitel »Erhaltene S 3/6«).
Die drei Belgierinnen waren nur kurzzeitig in Verwendung (District Tournai), und zwar unter anderem zwischen Brüssel und Ostende, wurden aber bereits 1923/24 ausgemustert. Am 1. Mai 1922, 1. September 1922, 1. Januar 1923 waren noch alle drei S 3/6 vorhanden, am 1. Mai 1923, 1. September 1923 und 1. Januar 1924 noch zwei, am 1. Januar 1925 schließlich keine mehr. Der Grund für dieses frühzeitige Ausscheiden wird wohl in ihrer geringen Stückzahl zu suchen sein, die die Aufstellung eines wirtschaftlichen Laufplanes verhinderte. Daneben war aller Wahrscheinlichkeit nach auch ihre Fremdartigkeit innerhalb des belgischen Eisenbahnbetriebes ein Beweggrund, auf die Maschinen zu verzichten, denn alle Bauteile und Bedienungseinrichtungen waren unbekannt.
Anders in Frankreich: die 16 nach dort abgelieferten S 3/6 waren äußerst beliebt (Verbundloktradition!). Einige kamen ab Februar 1919 in das Depot Le Mans, ein anderer Teil ab Juli 1919 nach Thouars. Zu letzteren zählte auch die Münchener Ausstellungslokomotive 3602 von 1908, noch mit ihren beiden an der Rauchkammer befestigten Plaketten mit dem Königswappen; leider wanderten sie in den Schrott. Die Beheimatung in diesen Depots dauerte bis mindestens 1931, ging dann aber nach Nantes (1931–1935) und vor allem Saintes über (ab 1933), wo schließlich alle 231 ab wahrscheinlich 1935 zusammengefaßt waren. Während der Jahre 1926–1933 waren einige

Lokomotiven in Niort stationiert, zwischen 1927 und 1931 auch in La Rochelle.
Das Verwendungsgebiet läßt sich wie folgt zusammenfassen:

Paris – Le Mans
Le Mans – Rennes
Nantes – Rennes
Le Mans – Angers
Thouars – Niort – Royan
Thouars – Bordeaux
Nantes – Bordeaux
Saintes – Royan

Die Maschinen zogen bis Ende der dreißiger Jahre hauptsächlich schnelle Reisezüge, zu denen auch der Rapide »Manche-Océan« zwischen Nantes und Bordeaux gehörte. Seine Fahrzeiten:

| | | |
|---|---|---|
| Nantes | ab 11.30 Uhr | an 17.49 Uhr |
| La Rochelle | an 13.59/ab 14.09 Uhr | an 15.12/ab 15.21 Uhr |
| Saintes | an 15.06/ab 15.11 Uhr | an 14.13/ab 14.17 Uhr |
| Bordeaux-St. Jean | an 16.50 Uhr | ab 12.36 Uhr |

Mit 379 km bei nur zwei Halten war dies einer der längsten Durchläufe des französischen Eisenbahnbetriebes der dreißiger Jahre. Dies mag ein Beleg für die Wertschätzung sein, die die bayerische S 3/6 in Frankreich genoß, obwohl es dem Vernehmen nach nicht einfach gewesen sei, die Maschinen instandzuhalten, da sich die Deutsche Reichsbahn geweigert habe, Ersatzteile an Frankreich zu verkaufen.
Bald nach ihrem Besitzerwechsel erfuhren die Lokomotiven eine Reihe von Veränderungen: die beiden auf der linken Seite angeordneten Luftpumpen wurden entfernt und dafür rechts eine französische Pumpe angebracht, die Kamine mit Krempe (soweit vorhanden) wurden durch gerade Schlote ersetzt, die konischen Rauchkammertüren mußten bei der Mehrzahl der Maschinen weniger gewölbten weichen und mehr in die Tiefe gezogene Windleitbleche gaben schließlich ein Gesamtbild, das die Maschinen auch in ihrer äußeren Erscheinung in den

**285** Ganz französisch mutet inzwischen 231-982 vom Depot Saintes an, die wir auf der Vorderseite kurz nach der Übergabe noch mit ihrer bayerischen Nummer 3605 gesehen haben. Aufnahme im Depot Bordeaux vor 1939.
Foto: Vilain, Slg: Lepage

**286** (rechts oben)  Eines der wenigen Streckenbilder aus der französischen Zeit der S 3/6 zeigt eine »Bavaroise« (eine »Bayerische«), wie sie genannt wurden, bei Royan auf der Strecke nach Saintes um 1935. Die Lokomotiven trugen nur eine Stirnlampe.
Slg: Lepage

**287** (Mitte rechts)  In tadellosem Zustand präsentierte sich 231-989 zu Beginn der dreißiger Jahre. Die Tender erhielten in Frankreich eigene Nummern und trugen Schilder an den Seitenwänden.
Foto: Floquet, Slg: Lepage

**288** (rechts unten)  Mit dem Rapide »Manche-Océan« Hendaye–St. Malo erreichten die S 3/6 des Depot Saintes zwischen Nantes und Bordeaux einen Langlauf von 379 km. Im Bild, aufgenommen um 1933, hat 231-993 diesen Schnellzug zu fahren.
Slg: Dr. A. Mühl

französischen Lokomotivpark integrierte. Entsprechend dem Linksverkehr Frankreichs wurden die Führerhäuser so umgerüstet, daß der Lokführer nun auf der bisherigen Heizerseite arbeitete, äußerlich kenntlich an der nun links des Kessels verlaufenden Steuerungsstange.

Bei Gründung der SNCF im Jahr 1938 änderten sich die bisherigen ETAT-Betriebsnummern von 231-981 ff. in 231.A.981 ff., obgleich die Nummernschilder der Lokomotiven unverändert blieben. Die Tender wurden ebenfalls umbenannt:

ETAT 26.001        in 26.B.1
ETAT 26.401–403    in 26.B.401–403
ETAT 26.002–008    in 26.B.2–8
ETAT 26.404–408    in 26.B.404–408

Seit Ende der dreißiger Jahre waren die 16 Lokomotiven zunehmend im Personenzugdienst auf der Strecke Saintes – Bordeaux eingesetzt. Die drei ebenfalls 1919 an Frankreich abgelieferten württembergischen C standen zu diesem Zeitpunkt bereits nicht mehr im Dienst, lediglich ihre Kessel hatten als stationäre Dampfspender in der großen Rotunde des Depot Le Mans seit 1937/38 noch Verwendung gefunden. Als bei der Deutschen Reichsbahn aufgrund immenser Lokomotivabga-

ben in die östlichen Kriegsgebiete ein drückender Fahrzeugmangel spürbar wurde, besann man sich der in Frankreich noch verkehrenden S 3/6 und brachte sie als sogenannte »Rückführ-« bzw. »Leihlokomotiven« ins Reichsgebiet zurück, wo sie auf die Betriebswerke Würzburg und München-Hbf verteilt wurden. Wegen einer durch die Linksführung bedingten Abneigung der Reichsbahnpersonale waren sie allerdings mehr als ihre bayerischen Schwestern in untergeordneten Diensten zu finden.

Als 1945 der Zweite Weltkrieg zu Ende gegangen war, wechselten die 16 Lokomotiven nunmehr zum dritten Mal Land und Bahnverwaltung. Zur Jahresmitte rollten sie zurück nach Frankreich, für dieses Mal allerdings nur noch, um in Achères, Versailles-Matelots und Saintes abgestellt zu werden. Lokomotiven der Baureihe 141 R waren inzwischen genügend vorhanden. Im Jahr 1945 schieden 231.A.982, 987, 988, 990, 991 und 993 aus dem Bestand, 1946 folgten 231.A.981, 985, 986 und 994, sowie 1949 231.A.983, 984, 989, 995 und 996. Die Ausmusterung von 231.A.992 ist bisher unbekannt geblieben, 1951 war sie noch in Trappes abgestellt. Unter den letzten Lokomotiven, die verschrottet wurden (1951–53), waren 231.A.987 und 993.

**289**  Von 1942 bis 1945 befanden sich die 16 französischen S 3/6 wieder im Reichsgebiet und fuhren bei den Betriebswerken München-Hbf und Würzburg. Sie behielten ihre bisherigen Betriebsnummern und wurden 1944 größtenteils abgestellt. Notdürftig getarnt wartet 231-989 zusammen mit einer anderen 231 in Kitzingen am Main auf ihre weitere Bestimmung (1944). Bei einem Bombenangriff erlitt sie bald darauf erhebliche Beschädigungen. Man vergleiche den Zustand der Maschine auf diesem mit dem auf Bild 287!
Foto: H. Ott,
Slg: H. Koppisch

**290**  Im Jahr 1945 wechselten die 16 S 3/6 zum dritten und letzten Mal den Besitzer und kehrten nach Frankreich zurück. Dort kamen sie nicht mehr in Betrieb, sondern wurden abgestellt und bis 1949 ausgemustert. Abgebildet ist 231-992 im Jahr 1945 in Versailles-Matelots.
Foto: Laurent,
Slg: Lepage

# Unterhaltung, Verbrauchswerte, Wirtschaftlichkeit

Über das Für und Wider der Vierzylinder-Verbundlokomotive, ihre Vor- und Nachteile gegenüber Maschinen mit einfacher Dampfdehnung wurde jahrzehntelang diskutiert. Seit der konstruktiven Ausreifung der doppelten Dampfdehnung war es für die Königlich Bayerischen Staatseisenbahnen keine Frage, ob man nach dem Verbundprinzip verfahren sollte oder nicht, denn die Situation Bayerns als kohlearmes Land zwang dazu, hinsichtlich der Betriebsstoffe ökonomisch zu denken. Im übrigen entwickelte sich J. A. Maffei rasch zu einem Garanten für zuverlässige Maschinen dieses Typs, so daß die K. B. St. B. schließlich über die meisten Vierzylinder-Verbundlokomotiven innerhalb Deutschlands verfügten.

Seit dem Zusammenschluß der Länderbahnen im Jahr 1920 tendierte die offizielle Meinung grundsätzlich in Richtung Zwei- und Dreizylindertriebwerk, auch wenn 1925 neben 10 Stück h2-01 noch versuchsweise 10 h4v-02 gebaut wurden. Daß dieser Versuch durch fehlerhafte Konstruktionsvorgaben, an die sich J. A. Maffei zu halten hatte, zwangsläufig zum Nachteil der 02 verlaufen mußte, hatte die Lokomotivfabrik dem Zentralamt in Berlin noch vor dem Bau mitgeteilt, jedoch ohne Erfolg. So entstanden zwischen 1925 und 1943 die sogenannten Einheitslokomotiven, deren Bewährung den eingeschlagenen Weg durchaus rechtfertigte, wenngleich es in Fachkreisen nicht wenige Stimmen gab, die mit überzeugenden Argumenten für bestimmte Bereiche des Betriebes Verbundlokomotiven forderten.

Als 1949 die Deutsche Bundesbahn gegründet wurde, stand die Neubeschaffung von Fahrzeugen als eine der vordringlichsten Aufgaben an. Nach Abwägung einer Reihe von Varianten kam es wiederum ausschließlich zu Zwei- und Dreizylindermaschinen, was hinsichtlich des abzusehenden Endes des Dampfbetriebes mit Sicherheit die richtige Lösung darstellte. Verbundlokomotiven benötigen mehr als alle anderen Maschinen eine sorgfältige Wartung, die jedoch im Zuge des Traktionswandels und des Niedergangs des Dampfbetriebes von seiten der Personale in immer geringerem Maß gewährleistet war. Unter dieser Erscheinung litten seit den fünfziger (und kriegsbedingt bereits seit den vierziger) Jahren alle h4v-Lokomotiven, was letztlich ein wesentlicher Grund zu ihrer Ausmusterung war.

Wenn es in diesem Kapitel um Unterhaltung, Verbrauchswerte und Wirtschaftlichkeit der S 3/6 geht, so soll dies nicht im Sinne eines Vergleichs mit Maschinen einfacher Dampfdehnung geschehen, um vielleicht am Ende gar zu wissen, welche Lokomotive denn nun die beste von allen gewesen sei. Das ist andernorts aus berufenerem Munde bereits versucht worden, wobei sich immer wieder zeigte, daß dies eine schwer zu beantwortende Frage ist. Hier soll daher versucht werden, durch zusätzliches Zahlenmaterial und mit für die S 3/6 typischen Erscheinungen weiteres Licht in die Beurteilung dieser berühmten Schnellzuglokomotive zu bringen. Die Hinzufügung von Daten anderer Baureihen erfolgt, um dem Leser die Möglichkeit zu geben, die Werte der S 3/6 in einen Gesamtzusammenhang einzuordnen.

Die Aufwendungen für Betriebsstoffe und Ausbesserungen sind ein wesentlicher Gradmesser für die Bewährung einer Lokomotivbaureihe. Im folgenden zunächst eine Reihe von Verbrauchsdaten verschiedener Lokomotiven:

## Durchschnittlicher Kohleverbrauch in t/1000 km

**18 401**
1937 12,17 t
1938 12,46 t
1939 13,96 t
1940 16,00 t
1941 16,38 t
1942 19,84 t
1943 16,67 t
1944 19,69 t
1945 27,41 t

**18 404**
1937 12,12 t
1938 13,99 t
1939 14,75 t
1940 15,52 t
1941 18,54 t
1942 18,68 t
1943 20,87 t
1944 21,57 t
1945 41,45 t

**18 418**
1936 13,29 t
1937 12,75 t
1938 12,85 t
1939 14,04 t
1940 14,74 t
1941 16,16 t
1942 19,84 t
1943 18,52 t
1944 18,97 t

**18 426**
1937 13,36 t
1938 12,96 t
1939 22,11 t
1940 16,30 t
1941 18,72 t

**18 451**
1934 12,87 t
1935 13,19 t
1936 12,39 t
1937 12,36 t
1938 13,41 t
1939 14,19 t
1940 15,20 t
1941 17,45 t
1942 19,97 t
1943 18,77 t
1944 21,96 t
1945 –
1946 –
1947 23,01 t
1948 20,38 t
1949 18,00 t

**18 463**
1937 15,25 t
1938 14,69 t
1939 14,84 t
1940 19,92 t
1941 21,11 t
1942 19,87 t

1943 24,93 t
1944 20,58 t
1945 –
1946 –
1947 –
1948 17,83 t
1949 14,82 t
1950 14,95 t
1951 13,43 t
1952 14,63 t
1953 14,27 t
1954 14,25 t

**18 488**
1934 10,65 t

1937 12,50 t
1938 12,85 t
1939 13,92 t
1940 17,63 t
1941 17,84 t
1942 20,80 t
1943 21,81 t
1944 20,38 t

**18 491**
1937 10,04 t
1938 10,06 t
1939 11,11 t
1940 14,53 t
1941 11,45 t

1942 12,63 t
1943 14,03 t
1944 18,83 t
1945 27,81 t
1946 21,30 t
1947 19,06 t
1948 16,31 t
1949 13,90 t
1950 14,46 t
1951 12,39 t
1952 14,81 t
1953 13,49 t
1954 13,62 t

**18 518/608**
1947 20,04 t
1948 16,20 t
1949 15,73 t
1950 14,20 t
1951 12,61 t
1952 13,45 t
1953 12,29 t
1954 13,31 t
1955 14,99 t
1956 15,80 t
1957 12,56 t
1958 13,02 t
1959 12,32 t
1960 13,08 t
1961 11,91 t
1962 11,95 t
1963 14,01 t

**18 520/612**
1937 12,60 t
1938 13,17 t
1939 13,41 t
1940 17,99 t
1941 15,43 t

1945 22,13 t
1946 29,31 t
1947 –
1948 19,21 t
1949 14,57 t
1950 13,76 t
1951 14,69 t
1952 12,44 t
1953 13,42 t
1954 14,49 t
1955 12,31 t
1956 12,55 t
1957 12,47 t
1958 12,26 t
1959 11,49 t
1960 11,82 t
1961 11,21 t
1962 11,81 t
1963 13,45 t

**18 523/610**
1949 15,85 t
1950 15,86 t
1951 16,68 t

**291** Gerade hauptuntersucht steht die Ludwigshafener 18425 Anfang Mai 1930 im RAW Kaiserslautern zum Anheizen bereit. Noch besitzt die Maschine keine Windleitbleche. Jede Schraube ist an der spiegelblanken Lokomotive zu erkennen!

Slg: Dr. A. Mühl

| | | | | | |
|---|---|---|---|---|---|
| 1952 16,09 t | 1954 15,11 t | **01099** | 1943 16,60 t | 1963 14,40 t | 1962 15,66 t |
| 1953 14,59 t | 1955 15,56 t | 1931 11,40 t | 1944 19,00 t | 1964 13,40 t | 1963 16,97 t |
| 1954 15,10 t | 1956 16,17 t | 1932 11,56 t | 1945 26,10 t | 1965 13,90 t | 1964 16,18 t |
| 1955 15,47 t | 1957 12,78 t | 1933 13,44 t | 1946 21,20 t | | 1965 16,50 t |
| 1956 15,89 t | 1958 12,88 t | 1934 13,70 t | 1947 22,40 t | **171171** | 1966 17,67 t |
| 1957 14,40 t | 1959 13,27 t | 1938 14,09 t | 1948 20,90 t | 1935 11,76 t | |
| 1958 13,18 t | 1960 13,07 t | 1939 14,59 t | 1949 20,80 t | 1936 12,12 t | **031001** |
| 1959 11,79 t | 1961 13,14 t | 1940 17,35 t | 1950 14,30 t | 1937 14,35 t | 1950 12,99 t |
| 1960 11,53 t | 1962 13,32 t | 1941 17,25 t | 1951 14,00 t | 1938 13,24 t | 1951 13,25 t |
| 1961 11,36 t | | 1942 18,10 t | 1952 14,00 t | 1939 12,97 t | 1952 14,89 t |
| 1962 12,78 t | | 1943 17,58 t | 1953 12,90 t | 1940 16,23 t | 1953 13,43 t |
| | **18546/626** | 1944 23,05 t | 1954 13,80 t | 1941 17,59 t | 1954 12,41 t |
| | 1937 11,78 t | 1945 24,98 t | 1955 14,20 t | 1942 17,49 t | 1955 13,60 t |
| **18528** | 1938 11,86 t | 1948 16,42 t | 1956 13,80 t | 1943 17,89 t | 1956 13,39 t |
| 1948 18,79 t | 1939 14,07 t | 1949 17,14 t | 1957 14,40 t | 1944 20,90 t | 1957 13,10 t |
| 1949 17,81 t | 1940 14,79 t | 1950 15,92 t | 1958 14,60 t | | 1958 13,58 t |
| 1950 17,78 t | 1941 16,78 t | 1951 13,52 t | 1959 14,10 t | **011056** | 1959 15,40 t |
| 1951 14,92 t | 1942 21,61 t | 1952 13,38 t | 1960 14,50 t | 1940 13,01 t | 1960 15,70 t |
| 1952 17,28 t | 1943 18,39 t | 1953 13,59 t | | 1941 15,69 t | 1961 15,50 t |
| 1953 15,56 t | 1944 17,98 t | 1954 14,62 t | **03037** | 1942 18,05 t | 1962 17,20 t |
| 1954 15,78 t | 1945 25,04 t | 1955 14,99 t | 1944 17,30 t | 1943 17,58 t | 1963 16,90 t |
| 1955 15,12 t | 1946 24,77 t | 1956 14,35 t | 1947 19,90 t | 1944 17,67 t | 1964 16,70 t |
| 1956 15,16 t | 1947 24,59 t | 1957 14,92 t | 1948 20,40 t | 1945 25,35 t | 1965 17,60 t |
| 1957 13,00 t | 1948 17,66 t | 1958 14,32 t | 1949 17,20 t | | |
| 1958 13,54 t | 1949 15,24 t | 1959 14,39 t | 1950 14,60 t | 1949 13,66 t | **18318** |
| 1959 14,63 t | 1950 13,32 t | 1960 15,34 t | 1951 12,40 t | 1950 13,57 t | 1934 13,21 t |
| 1960 14,96 t | 1951 12,92 t | 1961 15,94 t | 1952 15,00 t | 1951 12,77 t | 1935 13,30 t |
| 1961 14,59 t | 1952 12,15 t | 1962 16,93 t | 1953 14,60 t | 1952 14,10 t | 1936 12,77 t |
| 1962 13,21 t | 1953 11,17 t | 1963 16,93 t | 1954 14,50 t | 1953 14,04 t | 1937 12,38 t |
| | 1954 11,23 t | 1964 15,72 t | 1955 14,80 t | 1954 14,49 t | 1938 12,65 t |
| **18530/605** | 1955 12,35 t | | 1956 15,70 t | 1955 14,20 t | 1939 14,63 t |
| 1948 18,07 t | 1956 11,30 t | | 1957 16,10 t | 1956 14,16 t | 1940 16,92 t |
| 1949 15,39 t | 1957 12,41 t | **01125** | 1958 15,20 t | 1957 14,82 t | 1941 16,73 t |
| 1950 14,10 t | 1958 13,84 t | 1939 13,10 t | 1959 14,80 t | 1958 14,43 t | 1942 19,78 t |
| 1951 15,22 t | 1959 12,67 t | 1940 15,40 t | 1960 16,50 t | 1959 14,85 t | 1943 19,51 t |
| 1952 14,65 t | 1960 11,97 t | 1941 14,40 t | 1961 14,20 t | 1960 15,04 t | 1944 22,43 t |
| 1953 14,86 t | 1961 12,70 t | 1942 19,20 t | 1962 16,00 t | 1961 15,34 t | |

Bei all diesen Werten müssen folgende Gesichtspunkte berücksichtigt werden:

Die Höhe des Kohleverbrauchs unterliegt unter anderem der Verschiedenartigkeit der Dienstpläne und der Anhängelasten, äußeren Bedingungen wie Langsamfahrstellen und Streckenhöchstgeschwindigkeiten, dem Betriebszustand der Lokomotive sowie dem Können des Lokpersonals. Die Jahre 1940–1950 sind in den vorstehenden Tabellen für eine Wertung ohne Bedeutung, da ihre Zahlen nicht unter normalen Umständen zustande gekommen sind. Die Kriegs- und Nachkriegszeit brachte eine Fülle von Betriebsstörungen, die sich negativ auf den Verbrauch auswirkten. Hinzu kam ein meist schlechter Allgemeinzustand der Lokomotiven, der durch Personalmangel, geringe Werkstattkapazitäten, fehlende Ersatzteile, minderwertiges Material und gesetzlich verlängerte Untersuchungsfristen verursacht wurde. Um die verfügbaren Maschinen voll nutzen zu können, wurden darüberhinaus alle im Erhaltungsabschnitt vorangegangenen Abstelltage zur Zeitfrist hinzugerechnet, was dazu führte, daß der Abstand zwischen umfangreicheren Ausbesserungen größer wurde.

Fast alle Schnellzuglokomotiven kamen bei Kriegsende längere Zeit, nicht selten für Jahre, auf totes Gleis, da sie einerseits stark ausbesserungsbedürftig und andererseits aufgrund ihres Verwendungszweckes zu diesem Zeitpunkt noch am leichtesten abkömmlich waren. Einzelne Maschinen wurden sporadisch eingesetzt und jeweils notdürftig fahrbereit gemacht. Wenn unter diesen Umständen Kohleverbrauchswerte von 30 t/1000 km zustandekamen, so verwundert dies nicht.

Unter dem Strich darf festgestellt werden, daß die S 3/6 im Kohleverbrauch eine der sparsamsten Schnellzuglokomotiven Deutschlands war. Für 1928 existieren folgende Jahresdurchschnittswerte für die Baureihen 01, S 3/6, S 10[1] und P 10:

| | Ø Verbrauch pro 1000 km | Ø Laufleistung pro Monat |
|---|---|---|
| BR 01 (Bw Erfurt) | 12,40 t | 11 400 km |
| BR 17[10–12] (Bw Görlitz) | 11,36 t | 9 500 km |
| BR 18[4], 18[4–5] (Bw Würzburg) | 11,33 t | 11 940 km |
| BR 39[0–2] (Bw Erfurt) | 14,35 t | 8 900 km |

Bei einer jährlich verfeuerten Brennstoffmenge von rund gerechnet 1500 t Kohle pro Lokomotive ist die Ersparnis von 8–10% einer S 3/6 gegenüber einer 01 und von 12–15% gegenüber einer 03, ihrer eigentlichen Nachfolgerin, durchaus nennenswert (eine bestimmungsgerechte Verwendung vorausgesetzt). In der Summe sind dies bis zu 200 t Kohle pro Jahr, die nicht unwesentlich zu Buche schlugen.

Der Kohleverbrauch ist auf der einen Seite ein wirtschaftlicher Faktor, zum anderen aber auch ein Kriterium für die Beliebtheit der betreffenden Lokomotive beim Personal. Die S 3/6 war von den Heizern äußerst geschätzt, da sie sich durch Sparsamkeit auszeichnete und die Feuerführung dank guter Luftzufuhr zum Rost problemlos war. Wenn man sich vor Augen führt, daß ein Heizer während einer Dienstschicht neben seinen sonstigen Aufgaben (Abölen, Warten und Bedienen der Lokomotive, Signal- und Streckenbeobachtung) bis zu 6 t Kohle zu verschaufeln hatte, dann kann man ermessen, welche Wertschätzung die S 3/6 beim Personal genoß.

Der Verbrauch an Schmierstoffen ist ein weiterer, nicht geringer Posten in den Gesamtbetriebskosten einer Dampflokomotive. Eine Aufstellung der RBD Nürnberg aus dem Jahr 1937 zeigt uns die Werte für verschiedene Lokgattungen (gerechnet in kg pro 1000 Lokkilometer):

| Lokgattung | Mineralöl Sommer | Mineralöl Winter | Heißdampf-Zylinderöl |
|---|---|---|---|
| BR 01 | 36 kg | 34 kg | 3,0 kg |
| BR 03 | 36 kg | 34 kg | 3,0 kg |
| BR 18[4], 18[4–5], 18[5] | 28 kg | 25 kg | 10,0 kg |
| BR 38[10] | 18 kg | 17 kg | 3,0 kg |
| BR 39 | 28 kg | 26 kg | 4,5 kg |
| BR 44 | 32 kg | 31 kg | 4,5 kg |
| BR 55[25] | 16,5 kg | 15,5 kg | 3,0 kg |
| BR 56[2] | 26 kg | 24 kg | 4,0 kg |
| BR 64 | 13 kg | 12 kg | 4,0 kg |
| BR 78 | 17 kg | 16 kg | 3,5 kg |
| BR 89[6], 89[7] | 6 kg | 5 kg | 5,0 kg |
| BR 96 | 31 kg | 28 kg | 12,0 kg |
| BR 98[8] | 8,5 kg | 7,5 kg | 5,5 kg |

**292** 18 520 (Bw Mainz) geht Ende März 1942 im RAW München-Freimann nach einer unfallbedingten L4-Hauptuntersuchung auf Werksprobefahrt.　　Foto: R. Tauber

**293** Vierzylinder-Verbund-Zylinderblock der Lokomotive 18610 (ehemalige 18523) als Schaustück im »Deutschen Dampflokomotiv-Museum« Neuenmarkt, 1981.                                                                                                     Foto: M. van Kampen

An dieser Stelle sei eine Besonderheit der bayerischen Lokomotiven und damit auch der S 3/6 erwähnt. Die Einfüllöffnungen der Schmiergefäßdeckel des Innentriebwerkes wiesen den sogenannten Bayern-Verschluß auf, der aus einem drehbaren, durch eine Feder gegen die Dichtfläche gedrückten Reiber bestand. Das Lokpersonal konnte dank dieser ebenso einfachen wie wirksamen Konstruktion das innenliegende Triebwerk ohne jede Mühe von außen schmieren. Jeder, der einmal eine Lokomotive der Baureihe 01[10] oder 44 abgeölt hat, weiß, welch geniale Einrichtung DR und DB durch den viel unvorteilhafteren Schraubverschluß ersetzt haben. Dieser zwang den Heizer, entweder von der Grube aus oder von außen über Kreuzkopf und Gleitbahn des äußeren Triebwerks zwischen Rahmen und Kesselbauch zu kriechen, um auf beengtem Raum die Schmiergefäße des mittleren Triebwerks nachzufüllen. Anzug und Krawatte, noch bis in die dreißiger Jahre beim Fahrpersonal üblich, hatten auf der S 3/6 ihren Sinn, – auf den moderneren Dreizylinderlokomotiven der Reichs- und Bundesbahn nach einer sogenannten Nachschau (komplettes Abölen aller Lager und Schmiergefäße) eher ein Wechsel der verschmutzten Kleidung.

Nun zum nächsten Posten in der Gesamtrechnung der Betriebsaufwendungen, den Ausbesserungskosten. Wiederum vorab eine Reihe von Daten verschiedener Lokomotiven, die allerdings einer Anmerkung bedürfen: die Kosten sind jeweils auf 1000 Lokkilometer bezogen und ergeben dadurch einen gewissen Vergleichsmaßstab, der aber nicht absolut gesehen werden darf. Ein Dienstplan mit schweren Leistungen im Hügelland kann für die Lokomotive eine größere Abnutzung bringen als ein solcher mit Langläufen im Flachland. Letzterer ergibt für die eingesetzten Zuglokomotiven hohe Laufleistungen und daraus resultierend andersartige Verbrauchs- und Kostenwerte. Ein weiterer, ganz wesentlicher Faktor ist die Frage, ob die Maschinen in dem für sie eigentlich vorgesehenen Verwendungsbereich gelaufen sind oder ob sie Dienste fuhren, für die sie nicht gedacht waren. Dies zu berücksichtigen ist insbesondere bei unserer S 3/6 von Bedeutung, da sie seit den fünfziger Jahren häufig in Plänen fuhr, für die eine P 8 oder eine 64 ausreichend gewesen wäre. Die folgenden Zahlen müssen daher mit dem notwendigen Hintergrund gesehen werden, wobei zu empfehlen ist, daß sich der Leser im Kapitel Betriebsdienst über die jeweiligen Standorte und Leistungen der betreffenden Lokomotive informiert.

Die Gegenüberstellung der Baureihen 01, 03 und 18 zeigt interessanterweise, daß die Vierzylinder-Verbundmaschine beträchtlich weniger Schmieröl für Achs- und Stangenlager benötigt als ihre zweizylindrigen Schwestern, obwohl sie durch ihr Innentriebwerk wesentlich mehr Schmiergefäße aufweist. Dieser Widerspruch erklärt sich aus der Tatsache, daß das Verbundtriebwerk wegen seines vorzüglichen Massenausgleichs deutlich schwächer dimensioniert ist und damit die umlaufenden Kräfte geringer sind als beim Zweizylindertriebwerk. Aus dem gleichen Grund ist auch die Belastung für die Achslager weniger groß, sie unterliegen weit weniger dem Stampfen der Lokomotive.

Mit vier Zylindern (von denen die beiden Niederdruck- größer als die Hochdruckzylinder sind und daher mehr Öl benötigen) liegt die Verbundlokomotive ungleich schlechter im Heißdampfölverbrauch als Zwei- und Dreizylindermaschinen. In der Summe dürften daher die Schmierstoffkosten der S 3/6 denen der Baureihen 01 und 03 grob entsprochen, jedoch kaum darüber gelegen haben, wie zunächst zu erwarten wäre und vielfach auch behauptet wurde.

**294** Die Münchener 18423 hat im RAW München-Freimann eine Zwischenuntersuchung erhalten und wird nun angeheizt (März 1942).                                                   Foto: R. Tauber

**295** Auf der Drehscheibe des RAW München-Freimann glänzt die frisch ausgebesserte 18 423 im Nachmittagslicht (März 1942). Die anschließende Werksprobefahrt ging wahrscheinlich Richtung Freising. Den von der Norm abweichenden dickeren Kamin besaß die Lokomotive noch 1947. Foto: R. Tauber

## Ausbesserungskosten pro 1000 km
(gerechnet von Hauptuntersuchung zu Hauptuntersuchung)

| | | | | | | |
|---|---|---|---|---|---|---|
| 18 401 | 14.07.34–31.07.37 | 233 213 km | 319 RM/RAW | 73 RM/Bw | gesamt: | 392 RM |
| | 01.07.37–30.10.42 | 404 021 km | 308 RM/RAW | 88 RM/Bw | gesamt: | 396 RM |
| 18 404 | 18.04.30–22.07.35 | 280 894 km | 384 RM/RAW | 99 RM/Bw | gesamt: | 483 RM |
| | 23.07.35–25.04.40 | 330 951 km | 337 RM/RAW | 109 RM/Bw | gesamt: | 446 RM |
| 18 418 | 01.04.30–29.05.36 | 289 490 km | 330 RM/RAW | 109 RM/Bw | gesamt: | 439 RM |
| | 30.05.36–19.11.43 | 539 382 km | 257 RM/RAW | 100 RM/Bw | gesamt: | 357 RM |
| 18 426 | 22.07.31–28.05.36 | 389 397 km | 243 RM/RAW | 106 RM/Bw | gesamt: | 349 RM |
| | 29.05.36–27.04.42 | 300 743 km | 365 RM/RAW | 98 RM/Bw | gesamt: | 463 RM |
| 18 451 | 22.12.33–11.03.39 | 386 146 km | 284 RM/RAW | 73 RM/Bw | gesamt: | 357 RM |
| | 12.03.39–08.02.47 | 338 120 km | 395 RM/RAW | 122 RM/Bw | gesamt: | 517 RM |
| 18 463 | 30–18.06.34 | 241 256 km | 328 RM/RAW | 98 RM/Bw | gesamt: | 426 RM |
| | 19.06.34–31.01.39 | 242 578 km | 424 RM/RAW | 81 RM/Bw | gesamt: | 505 RM |
| | 01.02.39–30.10.47 | 230 942 km | 561 RM/RAW | 222 RM/Bw | gesamt: | 783 RM |
| | 31.10.47– + | 507 936 km | 385 DM/AW[1] | 135 DM/Bw | gesamt: | 520 RM |

1 bei Annahme einer abschließenden HU in diesem Erhaltungsabschnitt von DM 60 000,–

| | | | | | | |
|---|---|---|---|---|---|---|
| 18 488 | 28.05.33–03.08.36 | 275 677 km | 311 RM/RAW | 82 RM/Bw | gesamt: | 393 RM |
| | 04.08.36–29.10.41 | 435 760 km | 295 RM/RAW | 85 RM/BW | gesamt: | 380 RM |
| 18 505 | 18.12.29–09.04.34 | 395 809 km | 214 RM/RAW | 62 RM/Bw | gesamt: | 276 RM |
| | 10.04.34–28.07.38 | 426 411 km | 234 RM/RAW | 109 RM/Bw | gesamt: | 343 RM |
| | 29.07.38–30.11.43 | 454 000 km | 236 RM/RAW | 171 RM/Bw | gesamt: | 407 RM |
| | 01.12.43–07.10.49 | 247 117 km | 607 RM/RAW | 139 RM/Bw | gesamt: | 746 RM |
| | 08.10.49–15.04.55 | 458 157 km | 478 DM/AW | 178 DM/Bw | gesamt: | 656 DM |
| 18 512 | 29.06.30–28.12.34 | 412 356 km | 243 RM/RAW | 126 RM/Bw | gesamt: | 369 RM |
| | 29.12.34–15.11.39 | 486 701 km | 234 RM/RAW | 117 RM/Bw | gesamt: | 351 RM |
| | 09.11.46–19.06.52 | 292 915 km | 767 DM/AW | 146 DM/Bw | gesamt: | 913 DM |
| 18 520/612 | 16.10.32–27.07.36 | 455 733 km | 246 RM/RAW | 101 RM/Bw | gesamt: | 347 RM |
| | 28.07.36–14.02.41 | 449 822 km | 307 RM/RAW | 115 RM/Bw | gesamt: | 422 RM |
| | 15.02.41–01.04.42 | 79 244 km | 1055 RM/RAW[1] | 100 RM/Bw | gesamt: | 1155 RM[1] |
| | 27.04.48–17.12.54 | 369 576 km | 489 DM/AW[2] | 154 DM/Bw | gesamt: | 642 DM[2] |
| | 18.12.54–20.03.61 | 619 407 km | 676 DM/AW | 295 DM/Bw | gesamt: | 971 DM |

1 Schwerer Unfall am 26.09.41   2 Inclusive Umbau in 18 612

| | | | | | | |
|---|---|---|---|---|---|---|
| 18 528 | 11.01.51–10.10.56 | 518 328 km | | | gesamt: | 693 DM |

| | | | | | |
|---|---|---|---|---|---|
| 18 530/605 | 04.48–14.01.54 | 397 032 km | 866 DM/AW[1] | 143 DM/Bw | gesamt: 1009 DM[1] |
| | 15.01.54–08.03.60 | 633 695 km | 429 DM/AW | 202 DM/Bw | gesamt: 631 DM |
| | 1 Inclusive Umbau in 18 605 | | | | |
| 18 541 | 31.07.30–24.09.35 | 499 980 km | 294 RM/RAW | 91 RM/Bw | gesamt: 385 RM |
| | 25.09.35–13.12.37 | 199 880 km | 363 RM/RAW | 107 RM/Bw | gesamt: 470 RM |
| | 14.12.37–16.11.42 | 413 705 km | 315 RM/RAW | 150 RM/Bw | gesamt: 465 RM |
| | 17.11.42–24.02.49 | 227 500 km | 823 RM/RAW | 178 RM/Bw | gesamt: 1001 RM |
| | 25.02.49–11.05.54 | 445 519 km | 518 DM/AW | 166 DM/Bw | gesamt: 684 DM |
| 18 546/626 | Anlieferung–16.05.35 | 473 907 km | 203 RM/RAW | 73 RM/Bw | gesamt: 276 RM |
| | 17.05.35–27.04.40 | 511 450 km | 247 RM/RAW | 96 RM/Bw | gesamt: 343 RM |
| | 28.04.40–14.04.44 | 307 529 km | 364 RM/RAW | 165 RM/Bw | gesamt: 529 RM |
| | 15.04.44–03.05.50 | 300 387 km | 452 RM/RAW | 137 RM/Bw | gesamt: 589 RM |
| | 04.05.50–09.02.56 | 647 937 km | 302 DM/AW[1] | 196 DM/Bw | gesamt: 498 DM[1] |
| | 1 Inclusive Umbau in 18 626 | | | | |
| 01 099 | 09.06.31–22.12.38 | 744 670 km | 182 RM/RAW | 86 RM/Bw | gesamt: 268 RM |
| | 23.12.38–12.02.42 | 296 371 km | 223 RM/RAW | 82 RM/Bw | gesamt: 305 RM |
| | 13.02.42–31.03.48 | 249 124 km | 512 RM/RAW | 90 RM/Bw | gesamt: 602 RM |
| | 01.04.48–09.09.54 | 692 050 km | 362 DM/AW | 202 DM/Bw | gesamt: 564 DM |
| | 10.09.54– 10.60 | 858 278 km | 312 DM/AW[1] | 214 DM/Bw | gesamt: 526 DM[1] |
| | 1 Bei Annahme einer abschließenden HU in diesem Erhaltungsabschnitt von DM 80 000,– | | | | |
| 01 1056 | 19.03.40–30.03.49 | 503 205 km | 362 RM/RAW | 119 RM/Bw | gesamt: 481 RM |
| | 31.03.49–18.03.54 | 538 430 km | 585 DM/AW[1] | 186 DM/Bw | gesamt: 771 DM[1] |
| | 19.03.54–26.10.61 | 1 289 658 km | 305 DM/AW | 186 DM/Bw | gesamt: 491 DM |
| | 1 Inclusive Umbau auf Neubaukessel | | | | |
| 03 037 | 05.10.31–12.08.38 | 835 000 km | | | gesamt: 278 RM |
| | 13.08.38–24.05.42 | | | | |
| | 25.05.42–26.03.47 | 277 437 km | | | gesamt: 232 RM |
| | 27.03.47–20.10.53 | 582 443 km | | | gesamt: 597 DM |
| | 21.10.53–21.11.60 | 730 221 km | | | gesamt: 432 DM |
| 03 1001 | 29.07.50–06.11.57 | 1 095 734 km | 292 DM/AW[1] | 137 DM/Bw | gesamt: 429 DM[1] |
| | 1 Inclusive Umbau auf Neubaukessel | | | | |
| 18 318 | 08.01.34–10.09.38 | 468 070 km | 205 RM/RAW | 80 RM/Bw | gesamt: 285 RM |
| | 11.09.38– + | 475 619 km | 312 RM/RAW[1] | 152 RM/Bw | gesamt: 464 RM[1] |
| | 1 Bei Annahme einer abschließenden HU in diesem Erhaltungsabschnitt von RM 50 000,– | | | | |
| 17 1171 | –14.05.35 | 304 003 km | 206 RM/RAW | 69 RM/Bw | gesamt: 275 RM |
| | 15.05.35–07.08.41 | 483 636 km | 208 RM/RAW | 118 RM/Bw | gesamt: 326 RM |
| | 08.08.41–29.06.44 | 219 046 km | 252 RM/RAW | 330 RM/Bw | gesamt: 582 RM |

Die Auflistung der Unterhaltungskosten zeigt, daß die S 3/6 in der Werkstatt meist (aber nicht immer!) etwas teurer war als die Einheitslokomotiven. Dies hat mehrere Ursachen:
a) Vierzylinder-Verbundtriebwerk ist vielteiliger als ein Zwei- oder Dreizylindertriebwerk;
b) Kropfachse war im Vergleich zu anderen Länderbahnlokomotiven (IV h!) weniger belastungsfähig;
c) Kessel war mit Stahlfeuerbüchse (z. T. ab 1938 statt Kupfer eingebaut) vor Einführung der gewindelos mit Spiel eingeschweißten Stehbolzen (ab 1950) sehr schadanfällig.

Zu a): Dem Nachteil großer Vielteiligkeit und Kompliziertheit des Verbundtriebwerkes steht auf der anderen Seite die im Vergleich zur Zwillings- und Drillingsmaschine geringere Beanspruchung der Triebwerksteile, des Rahmens und der Paßschrauben gegenüber. Wegen der in den einzelnen Zylindern ausgeübten kleineren Kolbenkräfte, des annähernd vollkommenen Massenausgleichs und der somit verhältnismäßig kleinen Massenkräfte konnten Kreuzköpfe, Treibstangen, Treibzapfen, Lager und dergleichen wesentlich zierlicher und leichter als bei Zwei- und Dreizylinderlokomotiven gleicher Leistung ausgeführt werden. Dieser Unterschied ist bei Lokomotiven von etwa entsprechender Größenordnung (z. B. 03 und 18⁴)

bereits mit bloßem Auge sichtbar. Als Auswirkung des ruhigen Laufs und der geringeren Beanspruchung des gesamten Lauf- und Triebwerkes traten Betriebsstörungen wie etwa Treibstangenbrüche, Rahmenbrüche und Radsternanrisse – häufige Schäden der Reihen 01, 01¹⁰, 03 und 03¹⁰ – bei der S 3/6 so gut wie nie auf. Unter anderem diese Erscheinung ließ die S 3/6 in der Bilanz des Werkstättendienstes zu Beginn der fünfziger Jahre besser als die Einheitslokomotiven abschneiden! Zuletzt sei nicht vergessen, daß die Zuverlässigkeit des Verbundtriebwerkes eine wesentlich größere Sicherheit gewährleistete. Der Bruch einer Triebstange hat bei Zwillings- und Drillingslokomotiven nicht nur einmal zur Entgleisung und damit zu umfangreichen Schäden geführt.

Zu b): Die vier Zylinder der S 3/6 wirkten gemeinsam auf die zweite Achse und bedingten eine sogenannte Kropfachse. Leider erwiesen sich die S 3/6-Kropfachsen im Betrieb als bei weitem nicht so problemlos wie jene der bad. IV h, die zum Teil von Anlieferung bis Ausmusterung in einer Maschine liefen. In den Betriebsbüchern sind Einträge über die genaueste Überwachung dieses Bauteiles häufig anzutreffen.

Seit den fünfziger Jahren mußten verstärkt neue Kropfachswellen hergestellt werden (so z. B. für 18 610 im Jahr 1956 beim Bochumer Verein), was die Unterhaltungskosten massiv

296 Die Kropfachsen der S 3/6 waren mit zunehmendem Alter schadanfälliger und damit teurer in der Unterhaltung. Sie wurden auf diese Weise ein wesentlicher Grund für das frühe Ausscheiden auch der modernisierten 18[6]. Am 21. Juni 1964 mußte 18630 im Bw Lindau auf ihre Kropfachse warten, die wegen eines Heißläufers ausgebaut worden war.                                  Foto: G. Schilp

erhöhte und schließlich zur raschen Ausmusterung auch der neubekesselten 18[6] beitrug.

Zu c): Bereits während des Ersten Weltkrieges mußten infolge Buntmetallmangels statt der üblichen Kupferfeuerbüchsen solche aus Eisen in die S 3/6 eingebaut werden. Da Eisen ein wesentlich schlechterer Wärmeleiter ist, traten stärkere Feuerbüchsmaterialausdehnungen auf, die zu häufigen Stehbolzenbrüchen führten. Man rüstete daher nach Kriegsende alle Maschinen wieder mit Kupferbüchsen aus, womit die Kesselschäden in Grenzen gehalten werden konnten. In den dreißiger Jahren entwickelte Krupp einen neuen Feuerbüchsstahl (IZ II), der ab 1938 durch die angeordnete vorrangige Verwendung von in Deutschland selbst vorkommenden Rohstoffen auch in der S 3/6 zur Anwendung kam. Dies allerdings wirkte sich bei den so ausgerüsteten Maschinen nachteilig aus, weil die durch den bei der S 3/6 besonders geringen Abstand von Stehkessel und Feuerbüchse nur kurzen Stehbolzen nun wesentlich stärkere Materialausdehnungen verkraften mußten. So stiegen die Unterhaltungskosten für die Kesselarbeiten stark an, während gleichzeitig die störungsfreie Laufleistung rapide abnahm. Man versuchte dieser Erscheinung durch Einbau von neu entwickelten Gelenkstehbolzen zu begegnen, erreichte aber erst ab 1950 mit den von der Deutschen Bundesbahn eingeführten gewindelos mit Spiel eingeschweißten Stehbolzen einen zufriedenstellenden Erfolg. Eine größere Anzahl Maschinen lief bis zur Ausmusterung mit Kupferbüchsen und war von Problemen dieser Art nicht betroffen.

Die S 3/6 wurde in einer Reihe von Ausbesserungswerken regelmäßig unterhalten. Es waren dies:
Zentralwerkstätte/EAW/RAW München 1908–1929
RAW/EAW München-Freimann 1929–1953
RAW Kaiserslautern 1928–1938
EAW/RAW/EAW/AW Ingolstadt 1919–1927, 1953–1961
RAW Oels 1938–1940
AW Nied 1961–1965

Dort wurden die Lokomotiven turnusmäßig untersucht und aus-

297 Das Verbundtriebwerk der bayerischen S 3/6 konnte dank der in den einzelnen Zylindern ausgeübten kleineren Kolbenkräfte, des annähernd vollkommenen Massenausgleichs und der somit verhältnismäßig geringen Massenkräfte wesentlich feingliedriger als bei Zwei- und Dreizylinderlokomotiven ausgebildet werden. Die Teilaufnahme von 18483 (Bw Augsburg) zeigt diesen unter anderem für die Laufruhe maßgeblichen Vorteil.                                  Foto: H. Schambach

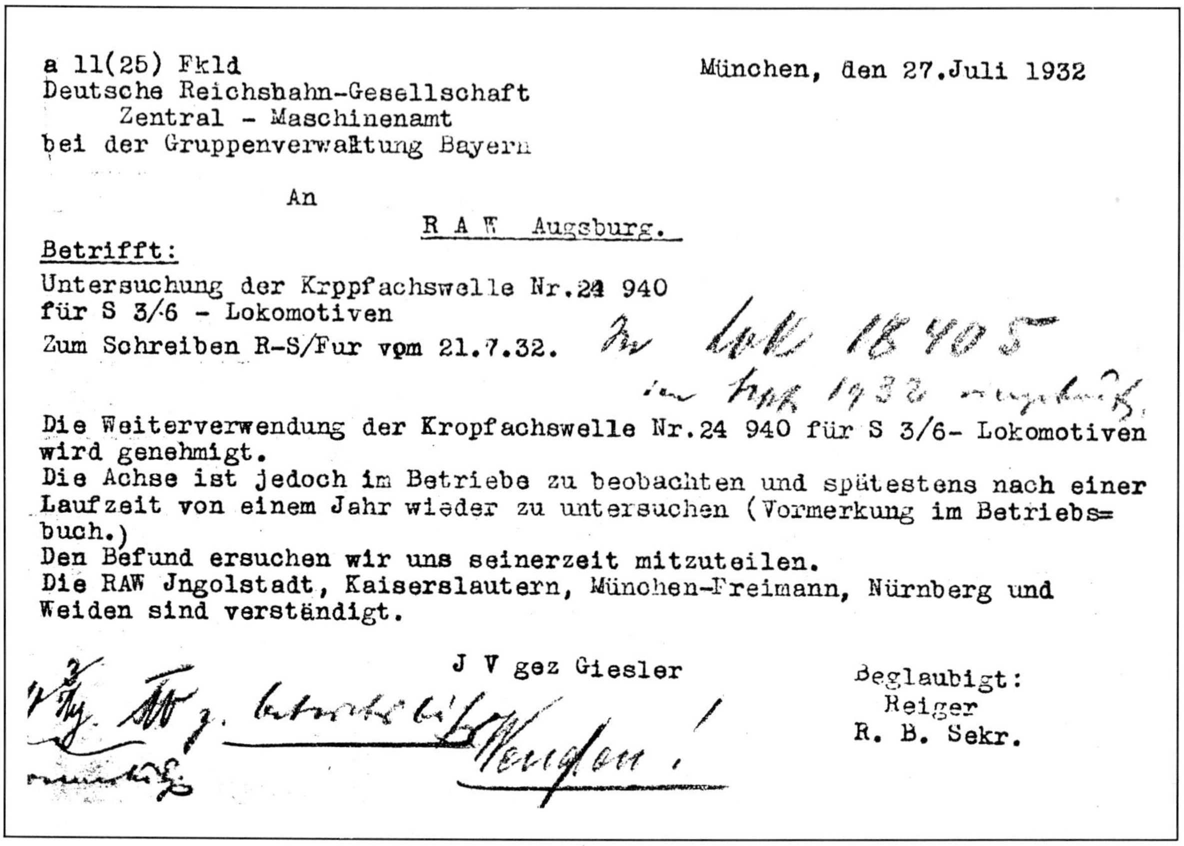

gebessert (L0-Bedarfsausbesserung, L2-Zwischenausbesserung, L3-Zwischenuntersuchung, L4-Hauptuntersuchung), während für die Behebung kleinerer Schäden auch andere nahegelegene Ausbesserungswerke angefahren wurden. Hier sind zu nennen:

RAW Nied (dreißiger, vierziger Jahre)
RAW/EAW Darmstadt (dreißiger bis fünfziger Jahre)
RAW Schwerte (dreißiger Jahre)
RAW Nürnberg (zwanziger bis vierziger Jahre)
RAW Halle (dreißiger Jahre)
RAW Leipzig (dreißiger Jahre)
AW Braunschweig (LVA-18505 1962–1965)

Seit 1927 waren die Ausbesserungswerke auf weitgehende Arbeitsteilung umgestellt und führten die sogenannte Fließarbeit und das Tauschverfahren durch, so daß es möglich wurde, die Lokomotiven nach Hauptuntersuchungen schon innerhalb von sechs bis acht Wochen wieder an den Betrieb zurückzugeben. Man erreichte diese Beschleunigung durch Ausbesserung auf Vorrat, d. h. jedes Ausbesserungswerk verfügte über einen Bestand an vollaufgearbeiteten Teilen, die einer gerade zur Untersuchung anstehenden Maschine eingebaut wurden, während deren verbrauchte Stücke ausgebaut und anschließend für das Lager auf neuwertigen Zustand gebracht wurden. Das galt auch für den Kessel, der im allgemeinen länger als das Fahrgestell für die Ausbesserung brauchte. Der Kesseltausch innerhalb der verschiedenen S 3/6-Serien wird unter anderem an der Kaminform besonders augenfällig (vgl. dazu Bildteil). Vor dieser Neuordnung wurden Lauf- und Triebwerksteile, Kessel, Tender und Feinausrüstung meist wieder der gleichen Maschine eingebaut, so daß Stillstände von vier und mehr Monaten entstehen konnten, bis das letzte Bauteil aufgearbeitet war. Als Beispiel soll uns S 3/6 3652, DR-Nr. 18463, dienen: Sie kam am 5. September 1919 ins Eisenbahn-Ausbesserungswerk Ingolstadt und verließ das Werk nach einer Hauptuntersuchung erst am 26. März 1920, also nach einem halben Jahr wieder. Die gleiche Lokomotive erhielt ab 17. April 1934 im RAW Kaiserslautern eine L4 mit Kesselwechsel und war bereits nach zwei Monaten fertiggestellt.

Im Zuge der Einführung des Tauschverfahrens beschaffte die Deutsche Reichsbahn eine Anzahl von Einzelkesseln und -tendern. Die folgende Aufstellung nennt die bisher bekannt gewordenen, wobei die Vermutung naheliegt, daß es weitere gegeben hat:

Kessel:

| Hersteller | Fabrik-nummer | Baujahr | eingebaut in (soweit bekannt) |
|---|---|---|---|
| EAW Ingolstadt | 1 | | |
| EAW Ingolstadt | 2 | | |
| EAW Ingolstadt | 3 | | |
| EAW Ingolstadt | 4 | 1924 | 18418 ab 1925, 18406 ab 1928 |
| EAW Ingolstadt | 5 | 1924 | 18412 ab 1924, 18416 ab 1928, 18404 ab 1930, 18405 ab 1936, 18404 ab 1940 |
| EAW Ingolstadt | 6 | 1925 | 18441 ab 1925, 18455 ab 1928, 18456 ab 1934 |
| EAW Ingolstadt | 7 | 1925 | 18458 ab 1934 |
| EAW Ingolstadt | 8 | 1925 | 18433 ab 1925, 18430 ab 1932, 18429 ab 1938 |
| EAW Ingolstadt | 9 | 1925 | 18464 bis 1942, 18475 ab 1942 |
| EAW Ingolstadt | 10 | 1925 | 18462 bis 1946, 18422 ab 1946 |
| Henschel und Sohn | 23792 | 1938 | 18517 ab 1938, 18543 ab 1954 |
| Henschel und Sohn | 23793 | 1938 | 18456 ab 1938 |
| Henschel und Sohn | 23794 | 1938 | 18477 ab 1938, 18427 ab 1946 |
| Henschel und Sohn | 24423 | 1939 | 18523 ab 1939, 18514 ab 1949 |
| J.A. Maffei | 5686 | 1927 | 18486 ab 1927 |

**298** Die Ausbesserungswerke waren nach dem Zweiten Weltkrieg über Jahre hinweg mit der Instandsetzung der zahlreichen Schadlokomotiven voll beschäftigt. Eine größere Anzahl Maschinen mußte von Industriebetrieben aufgearbeitet werden, weil die bahneigenen Werkstätten nicht ausreichten. 18 501 stand 1947 mit zwei weiteren S 3/6 im RAW München-Freimann auf Aufnahme wartend abgestellt. Foto: E. Schörner

**299** Eine 18⁵ erhält im AW Ingolstadt eine Zwischenausbesserung. In der Feuerbüchse werden gerade Schweißarbeiten ausgeführt. Foto: H. Tauber

**Tender:**

| | | | |
|---|---|---|---|
| J.A. Maffei | 5778 | 1928 | |
| J.A. Maffei | 5779 | 1928 | |
| J.A. Maffei | 5780 | 1928 | |
| J.A. Maffei | 5781 | 1928 | zuletzt 18610, jetzt 18612 (DDM) |
| J.A. Maffei | 5782 | 1928 | 18533 ab Anlieferung 1930 (Henschel-Lokomotive!) |
| J.A. Maffei | 5783 | 1928 | |
| Henschel und Sohn | 21697 | 1929 | 18520 ab 1929, jetzt 18505 (DGEG) |
| Henschel und Sohn | 21698 | 1929 | |
| Henschel und Sohn | 21699 | 1929 | |

Wagt man nun den Versuch, die S 3/6 auf ihre Wirtschaftlichkeit hin zu beurteilen, dann ist das nicht einfach und vielleicht sogar problematischer als bei anderen Lokgattungen. Eine Vierzylinder-Verbundlokomotive ist in bezug auf Einflüsse, wie sie ein nicht ihrem Verwendungszweck entsprechender Einsatz oder eine mangelnde Pflege mit sich bringen, wesentlich empfindlicher als Lokomotiven einfacher Dampfdehnung. Aber gerade diese beiden Faktoren beeinträchtigten das Ansehen der S 3/6 in einer Reihe von Betriebswerken erheblich. Als Beispiel für die Verwendung in ungünstigen Dienstplänen gelte unter anderem das Bw Augsburg, das die S 3/6 jahrelang meist vor Personenzügen einsetzte. Daß solches Fahren mit ständigem Halten und Anfahren nicht der Grundkonstruktion einer Vierzylinder-Verbund-Schnellzuglokomotive entsprechen kann, liegt auf der Hand. Sie verlangt ganz im Gegenteil das Führen von Schnellzügen im Hügelland mit Geschwindigkeiten zwischen 80 und 100 km/h, was beispielsweise im Bw Lindau zum alltägli-

chen Brot der S 3/6 gehörte. Die folgenden Kohleverbrauchswerte aus dem Jahr 1959 bedürfen daher auch keiner weiteren Erläuterung:

| Lokomotive | Heimat-Betriebswerk | Durchschnittlicher Kohleverbrauch auf 1000 km |
|---|---|---|
| 18528 | Bw Augsburg | 14,63 t |
| 18610 | Bw Lindau | 11,79 t |

Nicht nur die Verbrauchswerte, sondern auch die Höhe der Unterhaltungskosten wird von schlechten Einsatzbedingungen beeinflußt. Da die Aufwendungen für Ausbesserungen auf jeweils 1000 Lokkilometer bezogen wurden, mußte zwangsläufig z.B. eine Mainzer 18⁵ mit hoher Laufleistung hier besser abschneiden als etwa eine Augsburg/Kemptener 18⁴:

| Lokomotive | Heimat-Betriebswerk | Zeitraum | Laufleistung | Ausbesserungskosten/ 1000 km |
|---|---|---|---|---|
| 18463 | Bw Augsburg, Kempten | 1934–1939 | 242000 km | 505 RM |
| 18546 | Bw Mainz | 1935–1940 | 511000 km | 343 RM |

Wenn die Gegenüberstellung weitergeführt und Einheitsschnellzuglokomotiven einbezogen werden, dann zeigt sich meist ein etwas niedrigerer Kostenwert dieser Maschinen:

| Lokomotive | Heimat-Betriebswerk | Zeitraum | Laufleistung | Ausbesserungskosten/ 1000 km |
|---|---|---|---|---|
| 01041 | Bw Braunschweig-Hbf | 1934–1939 | 702000 km | 326 RM |
| 03037 | Bw Hamburg-Altona | 1931–1938 | 835000 km | 278 RM |

Die höhere Laufleistung war hierbei einerseits nicht nur für eine zweifellos größere Triebwerkabnutzung als bei den vorgenannten S 3/6 verantwortlich, sondern andererseits auch für eine günstigere Berechnungsbasis für die Kostenwerte auf 1000 km. Es wäre sicher falsch, die S 3/6 als grundsätzlich teurer einzustufen als ihre jüngeren Einheitslokkolleginnen, denn ausschlaggebend ist in erster Linie der Einsatzbereich, in dem die betrachteten Lokomotiven fuhren. Wie entscheidend dieser Gesichtspunkt ist, zeigte sich unter anderem 1964, als zur Verstärkung des 18⁶-Bestandes mehrere Lokomotiven der Baureihe 01 zum Bw Lindau kamen. Die Maschinen waren beim Personal wegen ihres wesentlich höheren Kohleverbrauchs bald unbeliebt und zeigten auf den langen Steigungen der Allgäubahn nicht das von der S 3/6 gewohnte Durchhaltevermögen. Für eine Fahrt Lindau–München–Lindau wurden rund 7 Tonnen Kohle benötigt, während die S 3/6 mit 5 Tonnen auskam.

Dieses Beispiel soll uns zeigen, daß es vor allem darauf ankommt, Lokomotiven dort einzusetzen, wo sie auf Grund ihrer zugrunde gelegten Konzeption die beste Eignung zeigen. Es wäre daher völlig unsachgemäß, wollte man behaupten, die 01 sei untauglich gewesen, weil sie auf der Allgäubahn schlecht abschnitt, oder die S 3/6 sei eine teure Lokomotive gewesen, weil sie im Personenzugdienst mehr kostete als eine P 8, oder weil eine im Flachland verwendete 01 mit hoher Laufleistung billiger als sie war. Ähnliches gilt für die Baureihe 03, der jahrelang vor schwersten Zügen im Hügelland Leistungen

abverlangt wurden, die sie notgedrungen zum Scheitern bringen mußten, da sie dafür nicht gebaut war. Die Liste solcher Beispiele ließe sich unschwer fortführen. Nicht wenige Lokbeurteilungen seitens der Bahn orientierten sich an derart zustande gekommenen Betriebsergebnissen und gingen am eigentlichen Problem, dem falschen Einsatzort der Lokomotiven, vorbei.

Ein interessanter Zahlenwert mag zur Beurteilung der S 3/6 beitragen: zu Beginn der fünfziger Jahre machten die Brennstoffkosten etwa 40 bis 45% der Gesamtbetriebskosten einer Dampflokomotive aus, d. h. beinahe die Hälfte aller Aufwendungen für den Betrieb (Kohle, Schmieröl und Instandhaltungskosten) gingen auf das Konto des Kohleverbrauchs! Unter diesem Aspekt bekommen die äußerst günstigen und von keiner Einheitsschnellzuglokomotive erreichten Verbrauchswerte der S 3/6 eine Bedeutung, die weit über die Geringschätzung durch Verfechter der einstufigen Dampfdehnung hinausgeht.

Man wird nicht fehlgehen mit der Feststellung, daß die S 3/6 zu den bewährtesten deutschen Dampflokomotiven gehörte. Dies wird belegt durch ihr hohes Ansehen bei den Männern, die täglich mit ihr umzugehen hatten, ihre weite Verbreitung auf zahlreiche Betriebswerke und ihre lange Dienstzeit von fast 60 Jahren. Letzteres erscheint in Anbetracht des geringen Ansehens, das Verbundlokomotiven bei DR und DB genossen, um so bemerkenswerter und legt Zeugnis ab von der soliden Konstruktion der S 3/6.

**300** 18617 (Bw Lindau) ist für ihre letzte größere Untersuchung weitgehend zerlegt. Im Vordergrund ihr Radsatz, der noch abgedreht werden muß (Aufnahme 1960 im AW Ingolstadt). Foto: H. Tauber

**Deutsche Bundesbahn**

# Ausbesserungs-Vormeldung
# der Lokomotive Nr    18 605

| Heimat-Bw | MA | Schad-gruppe |
|---|---|---|
| U l m | U l m | L 2 |

Derzeit verwendet im _____ Plan-Schnellzug- Dienst | Lok ist im Erhaltungsbestand _ja_

| | | |
|---|---|---|
| Datum der letzten L 4    15.1.54 | L 3 o/m W  - - - | L 2  27.3.58 |
| Datum der nächsten L 4    — | L 3  15.1.60 | Lok — ist — außer Betrieb gesetzt am 24.11.59 |
| bis 30.Okt.59 Leistung seit der letzten L 4  625 237  km | L 3  - - -  km | L 2  185 111  km |

## Verlängerungsmöglichkeiten der Fristen

| 1 | 2 | 3 | 4 | 5 |
|---|---|---|---|---|
| Seit letzter Untersuchung | angefallene Abstelltage*) | Frist bereits verlängert um Abstelltage | noch nicht zur Fristverlängerung verwendete Abstelltage (Sp 2 – Sp 3) | Frist kann äußerstens noch verlängert werden um (365 Tage – Sp 3) |
| HU (L 4) | | | | |
| ZU (L 3) | | | | |

| Begründung für vorzeitige oder außerplanmäßige Zuführung: | Begründung bei Eilbestellung: |
|---|---|
| Schwere Entgleisung | L o k m a n g e l |

**Schäden:** (Es sind nur die Schäden und Mängel hier zu melden, die durch die vorgeschriebenen Planarbeiten nicht beseitigt werden; insbesondere sind die Schäden zu melden, die nur an der unter Dampfdruck stehenden oder an der fahrenden Lokomotive zu erkennen sind. Die Schäden sollen in der Reihenfolge der „Anweisung zum Ausfüllen der Ausbesserungs-Vormeldung" aufgeführt werden — s. Drucksache 946 00 08)

Die Lok ist mit dem Tender bei einer Geschwindigkeit von ca. 50 km/h mit

sämtlichen Achsen durch Überfahren eines Entgleisungsschuhes entgleist.

U. E. ist es wirtschaftlich, die Lok im Rahmen einer L 2 aufzuarbeiten.

Die im Bw festgestellten Unfallschäden wurden nachstehend mitaufgeführt:

Lok und Tender von den Radsätzen abheben, Rahmen und Drehgestelle auf An-

riss4 und Brüche untersuchen und Rahmen vermessen. Ein Seitenschlag der Rad-

sätze konnte bei der Nachmessung vom Bw nicht festgestellt werden.

Fristverlängerung durchführen gem. HVB-Verfügung 27A.272 Fav 134 v. 29.10.59.

Die Radreifen haben nur geringe Abnützungen, jedoch sind die Radreifen der 1.

Drehgestellachse und der 2. Tenderachse erheblich beschädigt.

Die nach vorne angebaute Heizleitung bitte an der Lok belassen.

*) bis zum Datum der Ausbesserungsvormeldung

| Fahrzeug-Nr. | Wirtschaftlichkeitsprüfung | Zur Vormeldung |
|---|---|---|
| 18 605 | für eine Bedarfsausbesserung | vom 27.11.1959 |

| Zeile | Rechengröße mit | Zahlenwert |
|---|---|---|
| 1 | Durchschnittliche Kosten der vorausgegangenen Fahrzeuguntersuchung (ohne die Kosten für die Kesselerhaltung) | 47 Taus. DM |
| 2 | Laufleistung seit der letzten Fahrzeuguntersuchung | 190 Taus. km |
| 3 | Erhaltungskosten je km (Zeile 1 : Zeile 2) | 0,25 DM/km |
| 4 | Voraussichtliche Kosten der Bedarfsausbesserung | 14 Taus. DM |
| 5 | Mindesterforderliche zusätzliche Laufleistung (Zeile 4 : Zeile 3) | 56 Taus. km |
| 6 | verl. Frist 15.1.60<br>Bis zur ~~konstruktionsgrenze~~ noch mögliche Leistung | 10 Taus. km |
| 7 | Als wirtschaftliche Maßnahme ergibt sich die Schadgruppe: L 2 | |
| 8 | Hauptarbeiten bei der geplanten Bedarfsausbesserung:<br>Schwere Entgleisung bei ca. 50 km/h<br>2 beschädigte Radreifen und 2 beschädigte Achslager. Lok abheben.<br>w Schmidt /Rz | |

| Tag der Berechnung | Heimat-Bw | MA | BD | GDW | |
|---|---|---|---|---|---|
| 27.11.59 | U l m | U l m | Stuttgart | München | |

**301** Nach einer L2-Zwischenausbesserung im AW Ingolstadt geht 18 620 (Bw Ulm) im Jahr 1959 auf Probefahrt.          Foto: Barbinger, Slg: S. Lüdecke

# S 3/6 als Versuchs- und Heizlokomotiven

Die Weiterverwendung von Dampflokomotiven nach ihrem Ausscheiden aus dem regulären Zugdienst ist von jeher bekannt. Aus dem Bestreben heraus, die einmal für die Beschaffung einer Lokomotive getätigten Aufwendungen voll auszunutzen, war die sich zwecks Kapitalrückgewinnung an die Ausmusterung anschließende Verschrottung nicht der einzig mögliche Weg, den die Bahnverwaltung beschreiten konnte. Für untergeordnete Dienste als Heizanlagen, Belastungsfahrzeuge und Bremslokomotiven, für Aufstoßversuche und Hilfszugübungen waren ausrangierte Lokomotiven willkommen. Je nach Erhaltungszustand, etwa bei abgefahrenem oder schadhaftem Laufwerk, aber noch betriebsbereitem Kessel, war die befristete Weiterverwendung als stationäre Heizanlage möglich. Dieses Gnadenbrot verdienten sich eine nicht geringe Zahl S 3/6; insbesondere boten sich hierzu die erst Mitte der fünfziger Jahre umgebauten $18^6$ an, deren Kessel im Durchschnitt nicht einmal zehn Jahre im Dienst standen. Nicht weniger als ein Viertel dieser neubekesselten S 3/6 konnte sich so noch einige Jahre halten. Hervorzuheben ist von diesen Maschinen die 1968/69 im AW Offenburg mit einer Henschel-Leichtölfeuerung versehene 18 602, die als mobile Heizanlage der BD Saarbrücken noch bis zum Ende der siebziger Jahre überlebte und damit zur letzten S 3/6 wurde, deren Kamin dampfte.

Zu nennen sind in diesem Zusammenhang auch eine Reihe von Einzelkesseln der 1953er-Rekoserie, die in der Hoffnung auf einen Verkauf an Fabriken zunächst von der Verschrottung ausgenommen worden waren, dann aber doch mangels Interesse den zugehörigen Lokomotiven in den Hochofen folgten. Ein ähnliches Schicksal widerfuhr zur selben Zeit den ebenfalls noch viel zu jungen $03^{10}$-Ersatzkesseln.

Zwei S 3/6 sind nach ihrem Abgang aus dem Betriebsdienst für Versuchsfahrten neuer Reisezugwagen und Lokomotiven betriebsfähig erhalten worden. Zunächst zog man 18 451 heran, die am 6. Juni 1949 beim Bw Augsburg ausgeschieden war (sie stand bereits ab 20. April 1949 auf »z«, wurde dann aber in den ersten Junitagen nochmals kurzfristig benötigt), und machte die großrädrige Maschine im Rahmen einer L0-Bedarfsausbesserung wieder fahrbereit. Sie kam am 18. Februar 1950 in den Bestand des Bw Göttingen-Pbf und stand in der Folgezeit der vorübergehend in Göttingen ansässigen Lokomotiv-Versuchsanstalt zur Verfügung. Anläßlich der Verlegung der LVA an ihren neuen Standort Minden/Westf. im Jahr 1951 kam auch 18 451 noch kurzzeitig zum dortigen Betriebswerk, bis sie am 5. April 1952 von der Ausbesserung zurückgestellt und endgültig ausrangiert wurde. Die Lokomotive hatte im wesentlichen die Aufgabe, die Zeit bis zur Inbetriebnahme der vollaufzuarbeitenden drei IVh-Maschinen zu überbrücken. Ihre sporadischen Fahrten für die LVA mit einer Gesamtlaufleistung von gut 18 000 km belegt das Betriebsbuch, aus dem die nachfolgenden Aufschreibungen stammen:

| Monat | Jahr | in Betrieb | betriebs-fähig abgestellt | in Ausbes-serung | Kilo-meter |
|---|---|---|---|---|---|
| März | 1950 | – | 24 | 7 | – |
| April | | 4 | 26 | – | 1105 |
| Mai | | 2 | 29 | – | 255 |
| Juni | | 2 | 11 | 17 | 565 |
| Juli | | 3 | 1 | 27 | 930 |
| August | | 17 | 14 | – | 3768 |
| September | | 8 | 22 | – | 691 |
| Oktober | | – | 5 | 26 | – |
| November | | – | – | 30 | – |
| Dezember | | 2 | 18 | 11 | 522 |
| Januar | 1951 | – | 31 | – | – |
| Februar | | – | 28 | – | – |
| März | | – | 31 | – | – |
| April | | 3 | 27 | – | 602 |
| Mai | | – | 15 | 15 | – |
| Juni | | – | 30 | – | – |
| Juli | | 1 | 30 | – | 59 |
| August | | – | 31 | – | – |
| September | | – | 30 | – | – |
| Oktober | | – | 31 | – | – |
| November | | 9 | 20 | 1 | 2629 |
| Dezember | | – | 29 | 2 | – |
| Januar | 1952 | – | 31 | – | – |
| Februar | | 4 | 25 | – | 2449 |
| März | | – | 31 | – | – |
| April | | – | 4 | (ab 5. April 1952 z-gestellt) | |

**302** Zwischenhalt eines mit 18 451 bespannten Versuchszuges aus neuen Doppelstockwagen im Bahnhof Oberrieden auf der Strecke Göttingen–Bebra (1950). Slg: C. Bellingrodt

**303** Am 12. Juni 1962 fährt Meßzug Dsts 4274 mit den Maschinen 18505 und 18316 (beide LVA Minden) in Bebra ein. Der Zug besteht aus zwei Teilen: der erste geht mit 18316 nach Salzburg weiter, während 18505 gedreht wird und mit dem Rest über Eschwege-West nach Schwebda zum dortigen Frieda-Tunnel zu Kühlversuchen fährt.
Foto: H. Vaupel

Wenn auch keine regelmäßigen Einsätze gefahren wurden, so leistete die inzwischen schon reichlich abgefahrene, fast vierzig Jahre alte Maschine (L4 im Jahr 1947, L2 1948, anschließend nur L0) eine Reihe von herausragenden Fahrten, deren bedeutendste Theodor Düring in seinem Buch »Schnellzug-Dampflokomotiven der deutschen Länderbahnen 1907–1922« (Stuttgart, 1972) schildert:

»Am 2. Mai 1951 hatte die letzte damals noch beim Lok-Versuchsamt Minden (Westfalen) für Zwecke des Versuchsdienstes verwendete großrädrige S 3/6-Maschine, Lok 18451, bei der besonderen Gelegenheit der Vorführung der neuerbauten 26,4-m-Doppelstockwagen eine gute Möglichkeit, ihre besonderen Fähigkeiten unter Beweis zu stellen, da die ursprünglich für die Bespannung des Sonderzuges vorgesehene Lok 18323 wegen Lagerschadens an der Adams-Achse nicht eingesetzt werden konnte. Für den Doppelstockzug (12 Achsen, 135 t Last) waren auf der Strecke Hamburg–München Fahrzeiten festgesetzt, die denen des für den Sommerfahrplan 1951 erstmals eingeplanten Schnelltriebwagens Ft 56 (später ›Blauer Enzian‹) entsprachen und 35 Minuten kürzer als die des bis dahin verkehrenden FD 290 waren. Loktechnisch war es von besonderem Interesse, daß mit der 39 Jahre alten 18451 hierbei ohne Anstände erstmals eine Strecke von 820 km im Langlauf, also mit ein und derselben Lok ohne Zwischenausschlacken durchfahren wurde.

Die 18451 hielt dabei auf den einzelnen Streckenabschnitten die Schnelltriebwagenfahrzeiten und unterschritt sie sogar. Zu den planmäßigen Halten kamen jedoch nicht vorgesehene Aufenthalte, die aber ausschließlich zu Lasten des Betriebes durch zahlreiche Langsamfahrstellen und Überholung von zwei FD- und zwei D-Zügen gingen. Auch die noch nicht voll betriebtüchtigen Neubauwagen brachten durch Störungen an Laufwerk und Bremse einige Halte, die durch das Wiederanfahren danach der Lok die Einhaltung der Fahrzeiten erschwerten und schließlich zu einer Gesamtverspätung von 62 Minuten bei der Ankunft in München-Hbf führten. Die für die Strecke Hamburg-Altona–München Hbf unter diesen erschwerten Bedingungen erzielte

Gesamtfahrzeit von 561,5 Minuten war nur unwesentlich länger als die Planzeit von 555 Minuten. Die gefahrene mittlere Geschwindigkeit betrug 87,8 km/h statt der erforderlichen 88,7 km/h. Nördlich Göttingen wurden höchste Geschwindigkeiten von 110 bis 120 km/h, südlich Augsburg sogar, bis zum Auftreten eines Schadens an einem der Wagen, 125 km/h gefahren. Bemerkenswerte Überlegenheit zeigte der Zug mit seiner Vierzylinderlok gegenüber einem Dieseltriebwagen wie dem damals neuen VT 08[5] vor allem auf den Rampenabschnitten; so wurde die rund 30 km lange 10-Promille-Steigung von Ochsenfurt bis kurz vor Steinach mit einer mittleren Fahrgeschwindigkeit von 98 km/h, die kürzere Rampe hinter Ansbach mit 98,7 km/h (Spitzenwerte zwischen 100 und 105 km/h) genommen. Bei Ankunft in München Hauptbahnhof war die Lage des Feuers noch durchaus gut; die Lok hätte damit noch weitere 100 bis 200 km fahren können.«

Diese außergewöhnliche Fahrt brachte einige wichtige Erkenntnisse für den Einsatz von lokbespannten F-Zügen bei der Deutschen Bundesbahn. 18451 hatte bewiesen, daß es möglich war, leichtere schnellfahrende Reisezüge mit Mehrzylinderlokomotiven über größere Distanzen zu bespannen. So waren denn auch bald Lokomotiven der Baureihen 01[10], 03[10] und 05 in beachtenswerten Langläufen zu finden.

In den obigen Betriebsbuchaufschreibungen der Lok 18451 wird der aufmerksame Leser für den Monat Mai 1951 den Eintrag der beschriebenen Versuchsfahrt vermissen. Ganz offensichtlich wurde er vom Heimat-Betriebswerk in Minden vergessen.

Am 18. Oktober 1954 wurde 18451 als letzte großrädrige S 3/6 ausgemustert, kam aber nicht auf den Schrottplatz, sondern über das AW Ingolstadt (dort komplette Restaurierung) ins Deutsche Museum München. Ihr weiterer Lebensweg ist in Kapitel »Erhaltene S 3/6« nachgezeichnet.

Als die zuletzt zum Bw Lindau gehörige und ab 17. April 1955 als Ergänzung der drei bad. IVh-Lokomotiven 18316, 319 und 323 dem LVA Minden unterstellte 18505 1955 zur Ausbesse-

**304/305** Lokomotiven der LVA Minden im Einsatz anzutreffen, war immer Glückssache, denn sie gingen unregelmäßig auf die Strecke. Oben fährt 18 505 am 27. April 1962 in Osnabrück-Hbf ein, während rechts eine Lokomotive der Baureihe 50 mit ihrem Personenzug auf die Reise geht. Unten steht die Maschine auf der Drehscheibe ihres Heimat-Betriebswerkes, im Hintergrund ist die mit Mischvorwärmer ausgerüstete 50 3025 zu erkennen. Fotos: P. Konzelmann

rung ins AW Ingolstadt kam, wurden an ihrem Tender umfangreiche Schäden und Verschleißerscheinungen festgestellt (starke Abrostungen am Boden und sämtlichen Versteifungen), so daß die Instandsetzung als nicht mehr wirtschaftlich eingestuft werden mußte. Ein Tauschtender bayerischer Bauart konnte vom AW nicht bereitgestellt werden, da seit Beginn der fünfziger Jahre durch häufig aufgetretene Achswellenbrüche ein fühlbarer Mangel eingetreten war. Daher schlug das AW dem BZA Minden am 21. März 1955 die Verwendung eines Einheitstenders der Bauart 2'2'T34 oder 2'3'T38 vor. Wegen der leichter durchführbaren Änderungsarbeiten am Kuppelkasten, der besseren Laufeigenschaften und der größeren Vorräte riet das Versuchsamt daraufhin zur Bauart 2'3'T38. 45 004, die einen noch gut erhaltenen fünfachsigen Tender besaß, war am 11. Januar 1955 abgestellt worden und zur Ausmusterung vorgesehen. Ihr Tender ging daher am 5. Sep-

tember 1955 nach einer Vollaufarbeitung an 18 505 über, wodurch die Versuchslokomotive über einen größeren Aktionsradius als vorher verfügte. Der alte bayerische Tender wurde ausgemustert und im HSL Desching zerlegt. Die noch einwandfreien Achsen gingen ins Ersatzteillager des AW Ingolstadt.

Um das Verhalten der Federn, Ausgleichshebel und Kupplungseinrichtung des neuen Gespanns auf extremer Gleislage überprüfen zu können, fanden am 8. September 1955 auf dem Sommer- und auf dem Winterablaufberg im Verschiebebahnhof Löhne/Westf. Versuchsfahrten statt. Laut den Richtlinien für die bauliche Ausbildung von Ablaufbergen sollten die Brechpunkte mit einem Halbmesser von mindestens 300 m abgerundet sein. Weil jedoch dieser Wert augenscheinlich nicht gegeben war, wurde eine provisorische Nachmessung mit Schnur und Maßstab am Schienenkopf vorgenommen, die zu dem

**306** Ist das nicht ein idyllischer Platz zum Eisenbahnfotografieren? Als Carl Bellingrodt am 8. Juni 1957 die Lokomotive 18 505 mit einem Meßzug am Fuldaufer bei Friedlos zwischen Bad Hersfeld und Bebra aufnahm, da gab es dort noch 01, 01[10], 41, 44 und manch andere Baureihe zu sehen.

## Monatsnachweis über Verwendung, Leistung, Ausbesserungskosten und Stoffverbrauch im Bw

~~Kleinlok~~ ~~Diesellok~~ ~~Ellok~~ Dampflok Nr | *18 505*

| 10 | 11 | 12 | 13 | 14 | 15 | 16 | 17 | 18 | 19 | 20 | 21 | 22 | 23 | 24 | 25 | 26 | 27 | 28 | 29 | 30 | 31 | 32 |
|---|---|---|---|---|---|---|---|---|---|---|---|---|---|---|---|---|---|---|---|---|---|---|
| | | | | das Triebfahrzeug war | | | | | | | Abstelltage | | | Leistung im Monat | | | Ausbesserungskosten der Schadgruppe 1 in DM | | Batterieunterhaltungskosten im Monat in DM | Brennstoff- und Energieverbrauch im Monat | | |
| | | | | | schadhaft | | | | | | | | | | | | | | | | | |
| Jahr und Monat | Im Dienst | kurzzeitig unbenutzt | in Reserve | an Dritte vermietet | in Ausbesserung im BW | wartet auf Ausbesserung im BW | in Ausbesserung im AW | | wartet auf AW Ausbesserung | von der Ausbesserung zurückgestellt | angefallen Summe Sp 12 u 13 u Sp 15 bis 20 | von Sp 21 sind anrechnungsfähig | insgesamt seit der letzten HU oder ZU | 1000 Leistungstonnenkm ohne Kleinlok Betriebsstunden bei Kleinlok | Kilometer | Kilometer (Betriebsstunden bei Kleinlok) seit der letzten HU oder ZU | im Monat | insgesamt seit der letzten HU oder ZU | | Kohle in t / 10⁶ Ltkm; Kraftstoff in l / 10¹ Ltkm; Energie in kWh / 10¹ Ltkm | | Bemerkungen |
| *1961* | I | k | r | v | b | x | h | | w | z | | | | | | | | | | | | |
| *Juli* | 6 | 20 | | | | | | | | | 20 | | | 0,484 | 2104 | 2104 | 64 | 64 | | 26,90 | 12,79 | |
| *August* | 12 | 18 | | | | | | | | | 18 | | | 0,965 | 2934 | 5038 | 1927 | 1991 | | 32,79 | 11,18 | |
| *Sept.* | 8 | 22 | | | | | | | | | 22 | | | 0,480 | 1847 | 6885 | 125 | 2116 | | 21,75 | 11,78 | |
| *Okt.* | 19 | 10 | | | 2/ | | | | | | 12 | | | 1,871 | 6635 | 13 520 | 1758 | 3874 | | 76,96 | 11,60 | |
| *November* | 10 | 18 | | | 2/ | | | | | | 20 | | | 1,430 | 4434 | 17 954 | 591 | 4465 | | 56,10 | 12,65 | |
| *Dez.* | 14 | 16 | | | 1 | | | | | | 17 | | | 1,016 | 2817 | 20 771 | 1215 | 5680 | | 41,95 | 14,89 | |
| *1962* | | | | | | | | | | | | | | | | | | | | | | |
| *Jan* | 18 | 13 | | | | | | | | | 13 | | | 1,316 | 4500 | 25 271 | | | | | | |
| *Febr.* | 16 | 11 | | | 1 | | | | | | 12 | | | 1,076 | 3335 | 28 606 | | | | 60,35 | 18,10 | |
| *März* | 19 | 11 | | | 1 | | | | | | 12 | | | 1,277 | 3784 | 32 390 | | | | 68,30 | 15,18 | |
| *April* | 11 | 18 | | | 1 | | | | | | 19 | | | 0,619 | 1943 | 34 333 | | | | 29,35 | 15,11 | |
| *Mai* | 13 | 18 | | | | | | | | | 18 | | | 1,010 | 2977 | 37 310 | | | | 45,65 | 15,33 | |
| *Juni* | 15 | 15 | | | | | | | | | 15 | | | 0,924 | 3183 | 40 493 | | | | 43,15 | 15,44 | |
| *Juli* | 10 | 5 | | | 1 | 15 | | | | | 21 | | | 0,489 | 2148 | 42 641 | | | | 22,20 | 10,34 | |
| *August* | 11 | 4 | | | 2 | 14 | | | | | 20 | | | 0,363 | 1980 | 44 621 | | | | 13,60 | 6,87 | |
| *September* | 16 | 9 | | | | 5 | | | | | 14 | | | 0,142 | 787 | 45 309 | | | | 4,90 | 6,22 | |
| *Oktober* | | | | | | 31 | | | | | 31 | | | | | | | | | | | |

Ergebnis führte, daß die Halbmesser nur rund 230 m betrugen. Die anschließenden Ausrundungen in die Ebene ergaben Werte um 300 m. Als 18 505 langsam über den Brechpunkt des Winterablaufberges fuhr, wurden durch die starke Krümmung zeitweilig beide Radsätze des vorderen Drehgestells und der letzte Tenderradsatz von den Schienen abgehoben. Beim anschließenden Durchfahren der Ausrundung wurden die drei Kuppelachsen so weit angehoben, daß sie in den Bremsklötzen festhingen. Aus dieser Stellung konnte die Maschine nur durch eine Hilfslokomotive befreit werden.

Da diese Erscheinung nicht auf den fünfachsigen Tender zurückzuführen und an der Kupplung zwischen Lokomotive und Tender keine Unregelmäßigkeiten festzustellen waren, konnte 18 505 bedenkenlos eingesetzt werden. Der Achsstand betrug nunmehr knapp 19 m, was ein Befahren von 20 m-Drehscheiben noch möglich machte.

Die Lokomotive überlebte ihre im Regeldienst stehenden Schwestern der Baureihe 18[5], deren letzte 1962 ausschied, um mehrere Jahre, und auch keine der neubekesselten 18[6] konnte ihr den Rang der letzten Betriebs-S 3/6 ablaufen. Erst am 20. Mai 1967 wurde sie z-gestellt, zwei Jahre später erging am 10. Juli 1969 die Ausmusterung. Damit geriet die Lokomotive noch in die Zeit der DB-Triebfahrzeugumnummerung, die ihr auf dem Papier die Computernummer 018 505-8 bescherte. Das lange Überleben der Vierzylindermaschine war in erster Linie ihrer guten Eignung für die Anforderungen des Versuchsdienstes zu verdanken, nicht zuletzt aber auch der auf langjährigen Betriebserfahrungen basierenden Vorliebe des LVA-Lei-

**307** (oben) Wenn bei der Mindener 18 505 eine größere Reparatur anfiel, mußte die Maschine ins AW Ingolstadt fahren. Die Aufnahme zeigt sie anläßlich einer L0-Bedarfsausbesserung im April 1960 in Ingolstadt.
Foto: F. Seitz

**308** (Mitte) Probefahrten des AW Ingolstadt führten häufig durch das Altmühltal. Nach einer L3-Zwischenuntersuchung mußte sich auf dieser Strecke auch an 18 505 zeigen, ob alles in Ordnung war. Im Bw Treuchtlingen ergab sich bei dieser Gelegenheit eine Parade mit dortigen Rennern.
Foto: J. B. Kronawitter

**309** (rechts) 18 505 in Bebra am 12. Juni 1962 mit Meßzug auf dem Weg nach Schwebda zum Frieda-Tunnel. Rechts die Göttinger 41 309.
Foto: H. Vaupel

Deutsche Bundesbahn

## Standorte und Leistungen der Lokomotive

| | ...ter Erhaltungsabschnitt der Lokomotive | | | Lokomotiv-Betriebs-Nr | 18 505 |
|---|---|---|---|---|---|
| vom | 19....  bis | 19.... | | | |

| 1 | 2 | 3 | 4 | 5 | 6 |
|---|---|---|---|---|---|
| Standort | | Ausbesserungen im Bundesbahn-Ausb.-Werk oder Privatwerk | | Laufleistung in km | |
| Bahn-Betriebswerk | Zeit | Werk / Schadgr. | Zeit | seit letzter Ausbess. im AW [1] | seit letzter L 4 |
| Bundesbahn-Versuchsamt für Lokomotiven Minden (Westf.) | von 1.2.56 bis 29.10.56 | Nw. Minden L0 | von 30.10.56 bis 19.11.56 | 82 200 | |
| für L... Minden (V...) | von 20.11.56 bis 27.1.57 | Nw. L0 | von 28.2.57 bis 5.3.57 | | |
| für L... Minden (Westf.) | von ... bis | Minden L | von ... bis | | |
| ...Minden (...) | von 6.3.57 bis 20.8.57 | AW Ingolstadt L 2 | von 21.8.57 bis 2.10.57 | | |
| ...Minden (...) | von 3.10.57 bis 16.4.59 23.4.59 | AW Ingolstadt L 0 | von 24.4.59 bis 3.8.59 | | |
| Bundesbahn-Versuchsamt für Lokomotiven Minden (Westf.) | von 4.8.59 bis 13.4.60 | AW Ingolstadt L 0 | von 14.4.60 bis 08.6.60 | | |
| Bahn-Versuchsamt für Lokomotiven Minden (Westf.) | von 9.6.60 bis 9.2.61 | AW Ingolstadt L3/umfass. | von 09.2.61 bis 05.7.61 | | |
| a | von 6.7.61 bis 8.7.62 | AW Braunschweig L 0 | von 17.7.62 bis 14.8.62 | | |

**310** 18610 erhielt als einzige Dampflokomotive eine Mittelpufferkupplung und wurde ab 1965 für diesbezügliche Versuche in München und Minden verwendet. Aufnahme aus Minden 1969. Foto: M. van Kampen

ters Düring für die Reihen IVh und S 3/6. Nur so war es möglich, daß sich 18316, 319, 323 und 505 so lange halten konnten.

18505 hatte eine Gegendruckbremse erhalten und kam vor und hinter Meßzügen durch das ganze Bundesgebiet. Einen besonderen Dienst leistete sie anläßlich der 125-Jahrfeier der deutschen Eisenbahnen 1960, als sie – in historisch grünem Kleid und fälschlicherweise als S 3/6 3642 statt 3706 bezeichnet – für Filmaufnahmen unter anderem Wagen des kaiserlichen Hofzuges führte. Sie hatte zu diesem Zweck den Tender der 18483 erhalten. Heute gehört die (inzwischen mit dem Tender der 18612 versehene) Maschine zum Museumsbestand der »Deutschen Gesellschaft für Eisenbahngeschichte e.V.«, die sie auf Ausstellungen verschiedensten Anlasses der Öffentlichkeit präsentiert.

18610, nach ihrer Ausmusterung am 12. November 1962 zunächst bis 1964 als Vorheizlokomotive weiter in Betrieb, stand ab 8. Juli 1965 dem AW München-Freimann als rollfähiges Fahrzeug für Erprobungen der damals hochaktuellen Mittelpufferkupplung zur Verfügung. Die Maschine erhielt zu diesem Zweck (wohl als einzige Dampflokomotive!) eine solche Kupplungseinrichtung und diente dem Ausbesserungswerk für Druck- und Aufstoßversuche. 1967 wurde sie mit einer Höchstgeschwindigkeit von 50 km/h nach Minden/Westf. zur Versuchsanstalt geschleppt und diente anschließend für weitere Erprobungen, bis das Projekt Mittelpufferkupplung mangels finanzieller Voraussetzungen von den interessierten europäischen Bahnverwaltungen ad acta gelegt werden mußte. Bis 1975 stand die inzwischen arg heruntergekommene Lokomotive abwechselnd in Minden bzw. im nahegelegenen Porta abgestellt, bevor sie im Dezember 1975 nochmals eine große Reise antrat und – wieder mit alter Kupplung ausgestattet – nach Neuenmarkt-Wirsberg kam, um dort ihren Tender und diverse Kleinteile an die bereits vollständig restaurierte 18612 im »Deutschen Dampflokomotiv-Museum« abzutreten. Da die Erhaltung der wertvollen Lokomotive nahelag, aber mangels Vollständigkeit bedauerlicherweise letztlich nicht in Frage kommen konnte, beließ man wenigstens den Zylinderblock, die Rauchkammer mit Kamin und Windleitblechen, sowie den

2'C1'-Radsatz als Anschauungsstücke im und vor dem Museum und verschrottete nur den kleineren Rest.

Nachfolgend die Auflistung der nach ihrem Ausscheiden aus dem Betriebsdienst noch weiterverwendeten S 3/6:

18444 + 14. 08. 1950, Heizlok in Naila, Hof, Marxgrün, Weiden und Regensburg; 1964 noch in Plattling abgestellt. Verschrottung 1966 in Straubing.

18451 1950–52 Versuchslokomotive der LVA Göttingen und Minden; Z 05. 04. 1952, + 18. 10. 1954; seit 1959 im Deutschen Museum München.

18475 + 18. 03. 1955, Heizlok in Augsburg.

18505 1955–67 Versuchslokomotive des LVA Minden; Z 20. 05. 1967, + 10. 07. 1969; seit 1972 bei der »Deutschen Gesellschaft für Eisenbahngeschichte e.V.«

18602 + 10. 07. 1964, Umbau auf Leichtölfeuerung 1968/69 im AW Offenburg, Heizlok der BD Saarbrücken (u.a. in Trier und Saarbrücken), Fahrgestell 1984 vor dem Saarbrücker Hbf aufgestellt.

18603 + 20. 06. 1966, Heizlok in Ludwigshafen.

18609 + 12. 11. 1962, Heizlok im AW Nied.

18610 + 12. 11. 1962, ab 08. 07. 1965 AW München-Freimann für Mittelpufferkupplungsversuche, ab 1967 gleichartige Versuche in Minden, 1975 nach Neuenmarkt-Wirsberg; zum Teil erhalten.

18612 + 01. 07. 1964, Heizlok in Kempten bis 1969, 1973 nach München-Ost (Restaurierung), 1975 ins »Deutsche Dampflokomotiv-Museum« Neuenmarkt-Wirsberg.

18626 + 28. 06. 1962, Heizlok im AW Nied.

18627 + 28. 06. 1962, Heizlok in Lindau und im AW Nied.

Kessel der 18409 (+ 14. 08. 1950) wurde nach Ausmusterung der Lokomotive Heizanlage im Bw Regensburg. Verschrottung im Frühjahr 1963.

Kessel der 18604 (+ 04. 12. 1961) erhielt im AW Nied 1963 eine L3, anschließend Vorheizanlage im Bw Köln-Bbf; Verschrottung 1969.

**311** Die letzte großrädrige S 3/6, die unter Dampf stand, war 18444, wenn auch nur noch als Heizlokomotive. Sie wurde an verschiedenen Orten noch bis Anfang der sechziger Jahre verwendet und erst 1966 in Straubing verschrottet. Das Bild zeigt sie am 16. Februar 1961 als Kataster Nr. 447 in Weiden in Betrieb.    Foto: Dr. A. Mühl

**312** In Augsburg-Hbf wurde 18475 ab 1955 mehrere Jahre lang unter der Bezeichnung »fahrbarer Landdampfkessel Nr. 41« für die Zugvorheizanlage genutzt. Zu diesem Zweck hatte sie eine Saugzugturbine einer Kondenslokomotive der Baureihe 52 erhalten. Aufnahme vom 2. Mai 1958.    Foto: U. Montfort

Deutsche Bundesbahn                     Augsburg, den 16. Mai 1955
Bundesbahndirektion
     Augsburg

An
MA Augsburg

Betreff: Untersuchung eines beweglichen Landdampfkessels;
         ausgemusterte Lok 18 475
Bezug:   BD Verfg 24 M 29 Md 25.3.55

Nach dem Untersuchungsbefund des AW München-Freimann ist der Kessel der
ausgemusterten Lok 18 475 in einem verhältnismäßig guten Zustand. Für
die Hauptuntersuchung des Kessels und Herrichtung der Lok als beweglichen
Landdampfkessel als Reserve für die vorhandenen Zugvorheizanlagen
werden voraussichtlich folgende Kosten anfallen:

     Lohnkosten (Titel 15-2-1)    =      1 400,00 DM
     Stoffkosten (Titel 15-2-2)   =        400,00 DM
                                      _____
                      zusammen:        1 800,00 DM

Die Arbeit wird voraussichtlich im AW München-Freimann ausgeführt.

Wir ersuchen, für die Ausführung der inneren Untersuchung des Kessels
und Herrichtung der Lok einen Werkbestellzettel zu erstellen und anher
vorzulegen. Das Vorhaben ist im Arbeitsplan V Abschnitt A unter lfd
Nr. 55 nachzutragen.
                      gez: M a n c k

---

Deutsche Bundesbahn                     Augsburg, den 21. Dezember 1955
Bundesbahndirektion
     Augsburg
     24 M 29 Md

An die
BD Frankfurt (Main)

Betreff: Saugzuganlage der Lok Reihe 52 Kond.

Wir haben für die Zugvorheizanlage im Bf Augsburg Hbf die ausgemusterte
Lok 18475 als fahrbaren Landdampfkessel herrichten und den Kessel mit
einer Saugzuganlage aus einer Lok 52 Kond. ausrüsten lassen. Wir haben
beim Betrieb der Anlage festgestellt, daß die Trubine nicht bei allen
Drehzahlen gleich ruhig läuft und beabsichtigen deshalb auf dem Heiz-
stand einen Drehzahlmesser vorzusehen, wie er bei der 1 E Henschel
Kondenslok angebaut war.
Wir bitten, bei den im dortigen Bezirk abgestellten Kondenslok einen
noch brauchbaren Drehzahlmesser mit Geber und Zubehör abbauen und an
das Bw Augsburg senden zu lassen.


                      gez. J a n s o n

---

Betr: **Ausmusterungsantrag**

Anlagen: Betriebsbuch, ~~Wirtschaftlichkeitsberechnung, Kostenvoranschlag~~


Ich beantrage die Ausmusterung

der Lokomotive Nr  | 18 409 |  Lieferjahr 1909   Lieferer  Maffei München ⎫ L4=25.1.47
des Kessels    Nr  |  3091  |     „       1909       „      Maffei München ⎬
des Tenders    Nr  |  3091  |     „       1909       „      Maffei München ⎭

Begründung: Die Lok wurde am 6.7.48 zur LO vorgemeldet. Am Hochdruckzylinderblock
ist der linke Einströmflansch gerissen.
Vom EAW kann kein Ersatzzylinderblock angebaut werden.
Durch ED Verfügung 24 M 41 Ful vom 24.10.49 wurde angeordnet, die Lok
als Heizlok zu verwenden. 365 Abstelltage konnten noch angerechnet werden.
Die Kesseluntersuchungsfrist läuft somit am 25.1.51 ab.

**313** Eine größere Anzahl 18⁶ wurde nach dem Abzug aus dem Betriebsdienst noch zu Heizzwecken herangezogen, so auch 18 603 in Ludwigshafen. Sie wurde 1967 von 10 002 abgelöst.                                                                  Foto: Dr. K. G. Baur

**314** Die heute im »Deutschen Dampflokomotiv-Museum« Neuenmarkt erhaltene 18 612 verdankt ihr Weiterleben ihrer Heiztätigkeit in Kempten bis zum Jahr 1969. Diese Zeit und die anschließende Frist bis zur endgültigen Ausmusterung genügten gerade noch, um die Maschine in ein Zeitalter hinüberzuretten, das ausrangierte Dampflokomotiven nicht mehr als lästiges Übel, sondern als ein wertvolles Zeugnis der Technikgeschichte ansieht. Seit 1973 ist 18 612, die wir hier noch in Kempten unter Dampf sehen (1968), in sicherer Obhut.                                                                  Slg: H. Skrzypnik

**315/316** Die letzte überhaupt unter Dampf stehende S 3/6 war 18 602, die noch bis Ende der siebziger Jahre als Heizlokomotive der BD Saarbrücken verwendet wurde. Sie hatte zu diesem Zweck 1968/69 im AW Offenburg eine Leichtölfeuerung erhalten. Pläne, sie komplett der Nachwelt zu erhalten, mußten aufgegeben werden, da zu viele Einzelteile anläßlich des Umbaus abhanden gekommen waren, ihre Neuanfertigung wäre zu kostspielig gewesen. So wurden 1983 lediglich Rahmen und Radsatz vor dem Saarbrücker Hauptbahnhof als Denkmal aufgestellt. Während die Lokomotive im Bild oben als Heizlok Nr. 7009 in Trier zu sehen ist (Foto: Zeug, Slg: F. Lüdecke), zeigt sie sich uns links nochmals in besseren Tagen auf der »Deutschen Verkehrsausstellung München 1953« kurz nach der Neubekesselung (Foto: F. Seitz).

**317** Unfallokomotive S 3/6 3630, die am 17. April 1917 in Nannhofen vor D 53 mit Personenzug 926 zusammenstieß.

Slg: Dr. A. Mühl

# Unfälle

Die bayerische S 3/6, jahrzehntelang im schnellen Reisezugdienst und in verhältnismäßig großer Stückzahl eingesetzt, blieb naturgemäß von Unfällen nicht verschont. Deren Aufzählung (soweit bekannt) erfolgt hier nicht, um der Sensationslust nicht weniger Eisenbahninteressierter Vorschub zu leisten, sondern zum einen aus Gründen der angestrebten Vollständigkeit dieser Biographie, zum anderen aber auch, um derer zu gedenken, die bei diesen Unglücksfällen ihr Leben oder ihre Gesundheit lassen mußten. Letztgenannter Gesichtspunkt wird in der Eisenbahnliteratur bei der Darstellung von Unfällen zugunsten der Zurschaustellung von demoliertem Material in der Regel außer acht gelassen.

Das erste zu erwähnende Unglück ereignete sich am 10. Februar 1910 nahe einer Blockstelle zwischen Rosenheim und Großkarolinenfeld, als der D 18 morgens gegen sechs Uhr bei starkem Nebel auf einen vorausfahrenden Güterzug auffuhr. Die den Schnellzug führende S 3/6 der ersten Bauart trug keine ernsteren Schäden davon.
Weitaus folgenreicher verlief die Flankenfahrt vom 17. April 1917 im Bahnhof Nannhofen auf der Strecke Augsburg–München. Die großrädrige S 3/6 3630, die den D 53 zwischen Ulm und München führte, stieß abends gegen 22 Uhr infolge Überfahrens des wegen dichten Schneetreibens kaum sichtbaren Einfahrsignals auf den im Bahnhof rangierenden und soeben die Fahrstrecke des D 53 kreuzenden Personenzug 926. Dieser wurde quer durchschnitten, so daß mehrere Menschen umkamen und großer Schaden am Wagenmaterial und auch an der S 3/6 entstand. Sie stürzte nach rechts um, ihren Tender und den Postwagen mitreißend, während der folgende Elsässer CCi halb zertrümmert wurde. Der Aufprall erfolgte mit hoher Geschwindigkeit, was das Ausmaß des Unfalls vergrößerte. Das Drehgestell der Lokomotive wurde abgerissen und lag rund 40 Meter entfernt auf dem Gleis, die beiden Niederdruckzylinder gingen zum Teil in Trümmer, Triebwerk und Steuerung wurden stark deformiert, das Bremsgestänge gänzlich unbrauchbar und die rechte Tragfeder der vorderen Kuppelachse aus dem Bund gerissen. Der Barrenrahmen hatte den schweren Stoß und den anschließenden Fall gut überstanden, nicht einmal der Vorderrahmen war verbogen. Auch der Kessel war in seiner Substanz unbeschädigt geblieben, nur Rohrleitungen, Gestänge, Armaturen und Kamin wurden abgerissen. Der Tender hatte an Vorder- und Rückwand beträchtliche Schäden erlitten, seine Drehgestelle wurden abgerissen. Am folgenden Tag waren die Wagentrümmer teilweise beseitigt, Lok und Tender lagen jedoch noch umgestürzt. Das Unglück führte zu heftigen Angriffen auf die K.B.St.B. Die Sichtbarkeit der Signale war infolge des heftigen Schneetreibens schlecht, da nasser Schnee an den Signalgläsern hängenblieb und die Lichtstärke beeinträchtigte. Die Signale standen wegen der im Bahnhof begonnenen Rangierbewegung vorschriftsmäßig in Warn- bzw. Haltstellung. Die Rangierfahrt hatte insofern ihre Berechtigung, als ein aus München kommender Zug nicht aufgehalten werden sollte. Das Verhängnis aber war, wie schon mehrfach vorher, die Gleisanlage, die es beim Ein- oder Ausstellen von Wagen notwendig machte, das Gegengleis zu queren. Die Anlage von Überholungsgleisen hätte dieses und ähnliche Unglücke verhindern können (in Österreich damals bereits weit verbreitet!).
Wenig später war die Strecke Rosenheim–München Schauplatz eines Unglücks (16. Juni 1918), das erfreulicherweise glimpflicher verlief, als dies zunächst zu erwarten gewesen war.
Vom Wagen Nürnberg 59058 des Güterzuges 2257, der unter anderem Schleifholz geladen hatte, war im Gefälle nach Ostermünchen etwa 500 Meter vor der Einfahrtsweiche des Bahn-

hofs Großkarolinenfeld ein Stamm herabgefallen. Die Lokomotive (S 3/6 3619) des unmittelbar nachfolgenden Balkanexpreß D 51 hatte den dicken Stamm gepackt und mit einer Geschwindigkeit von 85 km/h zwischen den Schienen bis zur Einfahrtsweiche Großkarolinenfeld geschoben, wo er sich zwischen den zusammenlaufenden Gleisen verfing. Noch 129 Meter, gerechnet von der Weiche, lief die Lokomotive weiter, bis sie sich infolge Entgleisens quer übers Gleis stellte und umfiel. Größeres Unglück wurde durch das rasche Bremsen des Lokführers verhindert. Dieser hatte den Holzstamm zunächst nicht entdecken können, da die Strecke in einer Linkskurve verläuft (der Heizer war offensichtlich mit der Feuerung beschäftigt). Die zahlreichen Reisenden, die an diesem strahlenden Sommertag den Schnellzug benutzten, veranstalteten aus Dankbarkeit für die schnelle Reaktion des Lokführers eine Sammlung, die 700 Mark einbrachte. Die Aufgleisungsarbeiten waren sehr aufwendig, da sechs schwere D-Zugwagen (darunter Schlafwagen) tief im Boden eingegraben und andere nahe am Umstürzen waren. Die meiste Zeit erforderte das Aufrichten und Einheben der S 3/6. Da wegen Personalmangel nur tagsüber gearbeitet werden konnte, dauerten die Aufräumungsarbeiten fünf Tage. Lediglich zwei Personen erlitten leichte Verletzungen, dagegen war der Sachschaden beträchtlich. Als Ursache für das Unglück wurde die fehlerhafte Verladung und Befestigung des Schleifholzes festgestellt.
Am 1. Dezember 1924 ereignete sich in Haspelmoor (Strecke Augsburg–München) ein dem Nannhofener Unglück von 1917 annähernd gleicher Unfall, wobei wiederum das Überqueren eines belegten Gleises zum Verhängnis wurde. Ein auf dem Überholungsgleis vor dem Stationsgebäude stehender Güterzug hatte sich in Bewegung gesetzt, um in das Hauptgleis Richtung Augsburg einzufahren, als der D 69 (Frankfurt–München) von Augsburg herankam und das in Warnstellung stehende Vorsignal infolge Dunkelheit und Unachtsamkeit überfuhr. Das geschlossene Hauptsignal wurde zwar noch erkannt, aber der Zug konnte nicht mehr rechtzeitig zum Halten gebracht werden und stieß auf den Packwagen und die folgenden Waggons des Güterzuges. Der Gepäckwagen wurde zertrümmert, fing Feuer und brannte vollständig aus, wobei der Zugführer ums Leben kam. Erneut war die ungenügende Anlage der Bahnhofsgleise mitverantwortlich: es gab nur ein Überholungsgleis für beide Richtungen, und zwar neben dem Münchener Hauptgleis. Die Zuglok des D 69 war eine S 3/6 der Nachkriegsserie (3679–3709), die an der Vorderseite leichtere Beschädigungen davontrug.
Für die Maschine (eine Regensburger S 3/6 der ersten Lieferung) ebenfalls glimpflich verlief der Aufstoß des Vorzuges zum D 21 München–Regensburg–Berlin in der Nacht vom 8. auf 9. August 1925 in Wernberg (Strecke Regensburg–Hof). Der Zug hatte das auf »Halt« stehende Einfahrsignal überfahren und prallte mit beträchtlicher Geschwindigkeit auf den Güterzug 2122. Außer einer Anzahl von Güterwagen wurden auch einige bayerische Abteilvierachser des Vz D 21, die umgestürzt waren, beschädigt.
Am 30. Mai 1926 entgleiste 18 504 vor dem FD 80 Berlin–München mit der ersten Achse ihres Drehgestells bei einer Geschwindigkeit von ca. 80 km/h. Der Zug, der sich im Bereich des zur RBD Erfurt gehörenden Bahnhofs Camburg/Saale befand, lief trotz der Entgleisung noch 673 m weiter, bis er, ohne nennenswerten Schaden genommen zu haben, zum Stehen kam. Als Ursache wurden Gleisverwerfungen nach Revisionsarbeiten angenommen.
Ein Vierteljahr später (31. August 1926) kam es – wiederum nach Gleisbettungsarbeiten – auf derselben Strecke zu einem ähnlichen Unfall. Bei Unterloquitz entgleiste die erste Achse der 18 442 vor D 237 Stuttgart–Berlin, dennoch behielt das Drehgestell ausreichende Stabilität, um die Maschine im Gleis zu halten. Der mit einer Geschwindigkeit von vermutlich

**318** Entgleisung des
D 32 mit Zuglokomotive
S 3/6 348 am 2. Februar
1917 zwischen Homburg
und Limbach.
Slg: S. Lüdecke

**319** Donauwörth, 23.
Oktober 1918: S 3/6 3637
stieß infolge Signalmiß-
achtung vor D 49 mit Gü-
terzug 2638 zusammen.
Slg: C. Asmus

**320** Aufstoß des Dg
6130 mit S 3/6 3635 am
13. Juni 1918 in Diedorf
auf der Strecke Augsburg
– Ulm.
Slg: S. Lüdecke

**321** Im Ersten Weltkrieg verunglückte die Pfälzer S 3/6 347 in Bruchmühlbach vor einem Truppentransportzug, wobei zahlreiche Tote zu beklagen waren.
Slg: Dr. A. Mühl

**322** Nur drei Tage nach dem Diedorfer Unglück entgleiste am 16. Juni 1918 S 3/6 3629 vor D 51 in Großkarolinenfeld auf der Strecke Rosenheim – München wegen eines im Gleis liegenden Holzstammes, der von einem vorausfahrenden Güterzug herabgefallen war.
Slg: S. Lüdecke

72 km/h fahrende Zug lief noch knapp einen halben Kilometer weiter. Es entstand lediglich geringer Sachschaden.

Stärker in Mitleidenschaft gezogen wurde am 8. September 1926 S 3/6 3700 (später 18 499). Infolge einer defekten englischen Kreuzungsweiche im Bahnhof Oberdachstetten der Strecke Würzburg – München entgleiste die Maschine vor dem aus Würzburg kommenden D 90 Hamburg – München und blieb nach hartem Aufprall auf der rechten Seite liegen. Sie trug Beschädigungen des rechten Niederdruckzylinders und des Laufwerkes davon, ebenso entstand am Tender und an einigen Reisezugwagen Schaden.

Am 14. Dezember 1927 erfaßte 18 499 vom Bw Nürnberg-Hbf im Bahnhof Hochstadt-Marktzeuln (Strecke Saalfeld–Lichtenfels) eine Gruppe von Güterwagen und entgleiste. Sie rutschte eine kleine Böschung hinunter und blieb aufrecht im Erdreich stecken. Die geringfügigen Beschädigungen am Drehgestell

und am Bremsgestänge konnten ohne großen Aufwand behoben werden.

Von einem der schwersten Unfälle war in der Nacht zum 10. Juni 1928 der Schnellzug D 47 München – Dortmund bei der Ausfahrt aus der Station Siegelsdorf (Strecke Nürnberg – Würzburg) betroffen. Der Zug fuhr mit fast voller Geschwindigkeit (knapp 100 km/h), als die führende 18 502 des Bw Würzburg entgleiste, ihr Drehgestell verlor, die Böschung hinabstürzte und durch den nachdrängenden Zug in umgekehrter Lage zur Fahrtrichtung mit den Rädern nach oben schwer beschädigt liegenblieb. Bei diesem Sturz kam der Lokführer um, während sich sein Heizer durch gerade noch rechtzeitiges Abspringen schwer verletzt retten konnte. 24 Reisende wurden getötet, weitere 118 verletzt.

Innerhalb von sechs Wochen erschütterten seinerzeit nicht weniger als fünf Eisenbahnunglücke die Öffentlichkeit, was zu

**323/324** Am 10. Juni 1928 entgleiste 18 502 (Bw Nürnberg-Hbf) vor dem Nachtzug D 47 bei Siegelsdorf und stürzte eine Böschung hinab. 24 Tote waren bei diesem schrecklichen Unglück zu beklagen, das die Fahrgäste im Schlaf überraschte. Aufnahme oben vom 19. Juni, unten vom 21. Juni 1928.                                    Slg: C. Asmus

eingehenden Überprüfungen, auch des sicheren Laufes der S 3/6, Veranlassung gab. Zwischen 1926 und 1928 waren Lokomotiven dieser Baureihe mehrmals vor Schnellzügen entgleist, wobei diese Vorfälle mit Ausnahme des Siegelsdorfer Unglücks ohne größere Folgen abliefen. Wenn auch am sofort untersuchten Laufwerk der 18 502 keine Mängel feststellbar waren, die als Auslöser des Unfalls in Frage gekommen wären, so erhielten dennoch die letzten 18 S 3/6 der Henschel-Lieferung von 1930 statt der bisherigen Sechspunktabstützung eine Vierpunktabstützung ihres Rahmens, die einen ruhigeren Lauf gewährleistete.

D 47, von dem sich die Lokomotive losgerissen hatte, folgte ihr teilweise die Böschung hinab: der erste Wagen, ein bayerischer Pw4ü, verblieb in schräger Lage am Bahnkörper, der zweite Packwagen (preuß. Pw4) und der folgende CCü4 lagen nach rechts umgestürzt ebenfalls noch auf der Böschung, vierter, fünfter und sechster Wagen hatten sich dagegen quer gestellt, wobei der vierte direkt auf die Maschine geworfen und vollständig zertrümmert wurde. Die beiden folgenden Wagen kamen halb zestört neben den ersten zu liegen. 18 502 hatte bei ihrem gewaltigen Sturz zwar starke äußerliche Beschädigungen erlitten, war jedoch in ihrer Substanz weitgehend unversehrt geblieben. Sie stand im September 1928 nach einer Hauptuntersuchung bereits wieder im Dienst.

**325** Den von 18502 übriggebliebenen Torso transportierten zwei Nürnberger 78er am 26. Juni 1928 ab. Vier Monate später stand die Maschine nach einer L4-Hauptuntersuchung wieder in Dienst.
Slg: C. Asmus

In der ersten Julihälfte 1928 ereigneten sich nicht weniger als drei Unfälle, an denen S 3/6 beteiligt waren. Zunächst sprangen am 3. Juli 1928 Schleppachse und Tender der Münchener 18517 bei der Einfahrt Ulm Hbf aus dem Gleis (außerdem der folgende Postwagen). Die Lokomotive rollte bremsend mit dem D 59 Karlsruhe–München das Gefälle der westlichen Bahnhofseinfahrt hinab, als die Last des 343 t schweren Zuges die Maschine von rückwärts aus den Schienen drängte. Als Unfallursache nahm eine Kommission die provisorische Lage des gerade in Arbeit befindlichen Gleises an.

Bereits am 7. Juli 1928 kam es zum nächsten Vorfall, von dem erneut der D 59 betroffen war: auf der Geislinger Steige entgleiste in einer Linkskurve das Tenderdrehgestell der 18519 (Bw München-Hbf) bei einer Geschwindigkeit von 38 km/h. Es wurde vermutet, daß die Zugkraft der S 3/6 wegen Schleuderns kurzzeitig herabgesetzt war, der Zug durch die nachschiebende preußische T 20 auflief und durch den sich hieraus ergebenden Querdruck die Entgleisung herbeigeführt werden konnte. Der Sachschaden war von geringem Ausmaß.

Am Abend des heißen, gewittrigen 15. Juli 1928 war wieder eine S 3/6 an einem Unfall beteiligt, sie kam jedoch mit geringfügigen Schäden an der Frontpartie davon. Der soeben aus dem Münchener Hauptbahnhof abgefahrene Vorzug des Verwaltungssonderzuges 52841 (München–Augsburg–Nürnberg) wurde nach wenig mehr als einem Kilometer Fahrtstrecke zwischen Hacker- und Donnersbergerbrücke durch eine Zwangsbremsung zum Stehen gebracht. Bevor er genügend gesichert werden konnte, fuhr der irrtümlicherweise zu früh abgelassene Stammzug mit seiner S 3/6 (eine Nürnberger Lokomotive der ersten Lieferung) auf, wobei die letzten beiden Wagen, ein bayerischer ABBü4 alter Bauart und ein bayerischer BCC4, zertrümmert wurden und in Flammen aufgingen. Der ebenfalls fahrlässig abgelassene D 49 München–Berlin konnte glücklicherweise, gewarnt durch den Feuerschein, rechtzeitig zum

Halten gebracht werden. Dennoch waren 10 Todesopfer in den zerstörten Schlußwagen des Vorzuges zu beklagen.

Ohne größere Schäden für die Lokomotive verlief die Entgleisung der großrädrigen Nürnberger 18441 am 27. August 1928 vor dem D 179 (Friedrichshafen – Lindau – Nürnberg – Eger) bei Wildpoldsried auf der Allgäubahn. Als Ursache für diesen Unfall wird einerseits ein ungenügender Oberbau angegeben, andere Quellen nennen jedoch die nicht über alle Zweifel erhabene Führungskraft des S 3/6-Drehgestells, dessen vier vergleichsweise starre Einzelfedern eine nicht eben aufwendige Konstruktion darstellten. S 3/6-Entgleisungen ereigneten sich mehrfach in jener Zeit, als vom alten bayerischen auf den neuen, harten Reichsbahnoberbau übergegangen wurde. Bekannt sind neben Siegelsdorf und Wildpoldsried die Fälle in Ulm, Karlstadt, Unterloquitz und Camburg.

Der arktische Winter 1928/29, der zahlreiche Verkehrswege zeitweise lahmlegte, war indirekt auch der Verursacher eines nächtlichen Aufstoßes, der sich am 30. Januar 1929 im Bahnhof Sünching auf der Strecke Passau–Regensburg ereignete. Das infolge Nebels und Rauhreifs schlecht sichtbare Einfahrsignal wurde vom Lokführer der Regensburger 18406, die an diesem Tag den D 155 führte, nicht erkannt, woraufhin der Zug mit nahezu unverminderter Geschwindigkeit auf einen im Bahnhof haltenden Güterzug aufprallte, dessen letzte Wagen zerstörte und in einer Ladung von Säcken, die sich vor der S 3/6 aufstauten, zum Stehen kam. Die Folgen des Unfalles waren an der Lokomotive die typischen eines Aufstoßes, ließen jedoch Zylinder, Kessel, Lauf- und Triebwerk ohne ernstere Spuren.

Weitreichende Folgen hatte jedoch der Zusammenstoß vom 24. Oktober 1929 in Reichelsdorf auf der Strecke Nürnberg–Treuchtlingen, an dem die Münchener 18470 vor D 39 München–Berlin und der von 383351 geführte D 389 beteiligt waren. Beide Lokomotiven wurden hart mitgenommen; der schon fast leere Tender der S 3/6 stieg bei dem Aufprall nach

**326** In Hochstadt-Markt-zeuln kollidierte 18499 (Bw Nürnberg-Hbf) am 14. Dezember 1927 mit einer Gruppe von Güter-wagen und rutschte eine Böschung hinab.
Slg: C. Asmus

rückwärts auf und zertrümmerte den folgenden Postwagen in seiner vorderen Hälfte. Die Drehgestelle der Zuglokomotiven wurden zurückgedrückt, so daß bei der S 3/6 der vordere Kuppelradsatz vom Gleis abgehoben wurde und handhoch über den Schienen schwebte.

Dasselbe, nur weitaus schlimmer, geschah bei der P 8: hier wurde nicht nur die erste Kuppelachse, sondern auch der Treibradsatz fast einen dreiviertel Meter hoch vom Gleis abgehoben, die Treib- und Kuppelstangen sowie der ganze Rahmen so verbogen, daß kein Rad mehr umging und die Maschine demontiert werden mußte, um von der Unfallstelle weggeschafft werden zu können. Die Lokomotive erhielt keine Ausbesserung mehr, sondern wurde ausgemustert. 18470 hatte den Zusammenstoß besser überstanden: sie erlitt neben Beschädigungen der Pufferbohle und der Frontpartie lediglich eine Verbiegung des Vorderrahmens und war wenige Monate nach dem Unglück wieder im Dienst.

Die folgende stichwortartige Auflistung nennt jene Unglücke, zu denen keine weitergehenden Informationen vorliegen. Sie erhebt, wie auch der vorangegangene Teil, keinen Anspruch auf Vollständigkeit. Hingewiesen sei diesbezüglich nur auf Kollisionen mit Straßenverkehrsteilnehmern an Bahnübergängen.

1. Weltkrieg: S 3/6 347 verunglückt in Bruchmühlbach vor Truppentransportzug schwer.
02.02.17: Entgleisung des D 32 zwischen Homburg und Limbach infolge Fliegerangriffs (Strecke Kaiserslautern–Saarbrücken). Zuglok S 3/6 348 (spätere 18432).
13.06.18: Aufstoß des Dg 6130 (Zuglok S 3/6 3635, spätere 18452) auf Ng 2318 in Diedorf (Strecke Augsburg–Ulm).
23.10.18: Flankenfahrt des D 49 mit Güterzug 2638 infolge Signalmißachtung im Bahnhof Donauwörth, Zuglok S 3/6 3637 (spätere 18454).
22: S 3/6 3623 (spätere 18418) Zusammenstoß.
24.06.29: Tender der Zuglok des VzD 26 zwischen Irrenlohe und Schwandorf entgleist.
ca. 37: 18538 Zusammenstoß mit E 04.
17.12.38: Rangierabteilung stößt in Heidingsfeld-Ost (Strecke Würzburg–Ansbach) mit D 387 zusammen. S 3/6 umgestürzt.
26.09.41: 18520 hat schweren Aufstoß.
43: 18411 in Unfall verwickelt.
44: 18491 stürzt wegen Gleisschadens nach Bombenabwurf bei Ungerhausen auf der Strecke Memmingen–Buchloe eine Böschung hinab.

10.44: 18425 verunglückt.
26.12.44: Schwerer Aufstoß des D 248 in Vorra (Strecke Nürnberg–Bayreuth), Zuglok 18488.

Gegen Kriegsende wurden mehrere S 3/6 durch Bombentreffer oder Beschuß beschädigt und nicht mehr wiederhergestellt: 18403, 404, 413, 414, 428, 453, 458, 474, 515, 533.

**327** Stellvertretend für zahlreiche Zusammenstöße mit Straßenverkehrsteilnehmern soll diese Aufnahme von 18510 (Bw Nürnberg-Hbf) stehen: sie hatte am 19. März 1939 bei Posten 26 am Bahnübergang zwischen Strullendorf und Hirschaid einen Lkw gerammt. Meist blieben die Folgen für die Lokomotive, so wie hier, gering, während sie für den Straßenbenutzer in der Regel katastrophal waren.
Slg: VMN

# Ausmusterung und Verschrottung

Gerechnet vom Erscheinen im Jahr 1908 bis zur Außerdienststellung der letzten Lokomotive 1967 brachte es die bayerische S 3/6 auf eine Dienstzeit von 59 Jahren. Über ein halbes Jahrhundert lang verkehrten Maschinen dieser Gattung im Schnellzugdienst, der als Aushängeschild des Eisenbahnverkehrs immer besonderen Ansprüchen unterworfen war und ist. Daß die S 3/6 diesen Bedingungen über Lokomotivgenerationen hinweg genügen konnte, zeugt von ihrer genialen Konstruktion.

Als erste Lokomotive wurde 18428 ausgemustert, die bei einem Angriff (vermutlich auf das RAW Nürnberg) derart beschädigt wurde, daß sie nicht mehr lauffähig war und mit Verfügung vom 29. Dezember 1945 aus dem Bestand ausscheiden mußte. Ihre Verschrottung erfolgte an Ort und Stelle.

Im Jahr 1946 kamen auf der Ausmusterungsliste durch Kriegsverluste 18403, 413 und 414, sowie die 1944 in Vorra mit dem D 248 verunglückte 18488 hinzu. Von 18414 liegt der Ausmusterungsantrag vor, der ahnen läßt, welchen Ausmaßes der Treffer gewesen sein muß.

Im folgenden Jahr wurde 18425 des Bw München-Hbf ausgemustert, die offenbar einen starken Aufstoß gehabt hatte und seitdem im Bw Mühldorf abgestellt gewesen war. Dazu kam die Darmstädter 18515, die einen Bombentreffer erlitten hatte (+6. September 1947). 1948 musterte man drei weitere im Krieg demolierte S 3/6 aus: 18426, 474 und 533, letztere wurde vermutlich im Dezember 1944 beim Angriff auf Bingerbrück getroffen.

Inzwischen waren die ersten S 3/6-Serien der Baujahre 1908–1914 (18401–458), die mit ihrem Achsdruck von 16 t unter der Leistungsfähigkeit der neueren Maschinen lagen und mittlerweile bis zu 40 Jahre alt geworden waren, aus dem Erhaltungsbestand genommen worden. So sind in den Jahren 1949 und 1950 denn auch ganze Reihen von 18ern in den Ausmusterungsverfügungen zu finden: allein am 14. August

1950 nicht weniger als 25 Stück, rund ⅙ der gesamten Baureihe! Mit einem Schlag waren die eleganten großrädrigen S 3/6 verschwunden, und auch vor der allerersten Maschine, 18401, machte der Schweißbrenner nicht Halt. Sie war zuletzt im Bw Bamberg stationiert und dort am 15. Oktober 1946 abgestellt worden. Noch vor ihrer Ausmusterung kam sie zum Bw Pressig-Rothenkirchen, zu dessen Aufgaben seinerzeit auch die Verschrottung von Fahrzeugen gehörte. Zusammen mit 18429 wurde sie dort im Herbst 1949 zerlegt.

Zum Jahresende 1950 betrug der Bestand an S 3/6 insgesamt 86 Lokomotiven, die alle im Erhaltungsbestand erfaßt waren (Durchschnittsalter 25 Jahre). Durch den wieder auflebenden Verkehr war ihre weitere Unterhaltung dringend notwendig, darüberhinaus eine Modernisierung naheliegend, da in einigen Einsatzbereichen auf längere Sicht keine Ablösung durch Neufahrzeuge denkbar war. So erwiesen sich zum Beispiel die fünf nach Kempten angelieferten Maschinen der Baureihe 23, die als Verstärkung und ggf. als Ersatz der dort angestammten P 8, P 10 und S 3/6 gedacht waren, als für die Allgäubahn wenig geeignet.

Mithin wurden in den ersten fünfziger Jahren lediglich zwei Maschinen (18448 und 468) ausgemustert. Der Erhaltungsbestand vom 15. Januar 1952: 45 Lokomotiven $18^{4-5}$, 38 Lokomotiven $18^5$.

Zunächst bestand die Absicht, die Mehrzahl der Lokomotiven der Nummernreihe 18479–548 durch Neubekesselung zu modernisieren. Dieses Vorhaben wurde bald auf die vorhandenen 38 S 3/6 der Serie 18509–548 reduziert, bis der einsetzende Strukturwandel schließlich nur noch 30 Maschinen zu neuen Kesseln kommen ließ.

Mit den Ausmusterungsverfügungen des Jahres 1954 setzte das zweite große S 3/6-Sterben ein, das alljährlich zwischen fünf und zehn der vornehmlich älteren Lokomotiven ausschied. Die Serie 18461–478 war 1954 aus dem Bestand der zu unterhaltenden Maschinen genommen worden und mit 18478 im Jahr 1960 die letzte dieser noch zur Zeit der K.B.St.B. in Dienst gestellten S 3/6 aus dem Bestand geschieden. Doch nur zwei weitere Jahre dauerte es, bis ihr die verbliebenen Maschinen der seit 1957 nicht mehr voll unterhaltenen Serie 18479–508

```
 .n   Deutsche Reichsbahn
Reichsbahndirektion Nürnberg          Nürnberg, den 7. Jan 1946
       27 M5 Fuvl Bl

An MA Nürnberg 1 und 2, Bw Nürnberg Hbf und Rbf
Abdruck an: M5, M6, M40

Betreff: Ausmusterung von Lok

Die Obl United States Zone hat mit Verfg III 31.1. Fü vom 29. Dez 1945
unserem Entscheid über die Ausmusterung der Lok

            18 428 des Bw Nürnberg Hbf
            57 2006 des Bw Nürnberg Rbf
       und E 44 061

zugestimmt. Sie sind ab sofort in allen Verzeichnissen zu streichen
und im St 10a in Spalte 20 abzusetzen und in Spalte 26 einmalig aufzu-
führen.

Ferner ist beim Bw Nürnberg Rbf die ELok E 44 172, die seit 9. Okt 45
in der RBD München läuft, abzusetzen.

                  gez Weber
                              lt Dienstsiegel         Beglaubigt:
                                                         ROS
```

Bahnbetriebswerk Mü.-Hbf.                          München, den 18.Sept.1945.
          C 1
              Fü V

An die
Reichsbahndirektion in München                Eingangsvermerke:
durch R.M.A.  M ü n c h e n  1


Betreff:  Ausmusterungsantrag-

     Wir beantragen die Ausmusterung                              ✓
der Lokomotive 18-414 Lieferjahr: 1909 Lieferer: I.A.MAFFEI
des Kessels    ./.   Lieferjahr: ./.  Lieferer:  ./.
des Tenders    ./.   Lieferjahr: ./.  Lieferer:  ./.

Begründung:
Durch Feindeinwirkung sind bei genannter Lokomotive nachstehend folgende Schäden entstanden:
Linker ND Zylinderblock abgesprengt. Rechter ND und beide
HD Zylinder beschädigt. Kreuzköpfe, Gleitbahnen, Kolbenstangen, Treib- und Kuppelstangen teilweise verbogen, bzw. abge-
schnitten. Vorderer Pufferträger abgesprengt. Barrenrahmen
verbogen. Drehgestell vernichtet. Linke vordere Kuppelachse
am Achsschenkel abgesprengt. Steuerung stark beschädigt.
Bremsanlage, Luftpumpe, Vorwärmer, Licht- und Ölleitungen
fehlen zum Teil, zum anderen arg beschädigt. Indusianlage
zerstört. Führerhaus fehlt. Gesamte Armatur vernichtet. Kessel, Rauchkammer mit Türe verbeult. Aschenkasten verzogen.


Verwendungsmöglichkeit:
a). Die Lokomotive ist zum Verkauf nicht geeignet.
b). Der Kessel kann nach Aufarbeitung weiter verwendet werden.


Vermerk:
Der Kostenvoranschlag wäre vom RAW zu erstellen, da uns hierzu die
nötigen Unterlagen fehlen. Die Wirtschaftlichkeitsberechnung dagegen erübrigt sich auf Grund der ungewöhnlich großen Lokomotivschä-
den.

---

Eig. u. Nr. des Wagens *Lk 18483*

Eigengewicht des Wagens _____ t

Gewicht der Ladung _____ t

Gesamtgewicht _____ t


## Dienstgut
## Augsburg Hbf

Von _____

nach *Feldkirchen (bei München*

über *Trago - Mü Moosach*

Anschrift des
Empfängers:  *Fa E. Layrite*
*Feldkirchen (bei München*

Entladestelle:

Aufgegeben am _____ *20.4.* ____ 19 *65*

605 46 Hauptzettel für Dienstgut-Wagenladungen (Frachtgut)
A 5 h 8 c  Karlsruhe  IX 64  1 000 000  B 207

---

Reichsbahnbetriebswerk                     Pressig, den 06.08.1949
Pressig-Rothenkirchen

Durch  MA Bamberg                Reichsbahndirektion
                                     Nürnberg
an     RBD Nürnberg.          eingeg. -9.AUG. 1949

Betreff: Zerlegen von Schadlok.

     Zum Zerlegen der Schadlok 18 401 und 18 429
wurden uns von der RBD Nü fernmündlich 95 Tgw zugewie=
sen.Da diese nun verbraucht sind,die Arbeiten jedoch
noch nicht abgeschlossen werden konnten,werden noch
weitere 50 Tgw benötigt.Wir bitten um Genehmigung der=
selben.

                         J.V.                          EROS

**328–330** Am 20. April 1965 wurde die ausgemusterte 18 483 von Augsburg nach Feldkirchen bei München überführt (siehe Dienstgutzettel links oben), wo am 26. April bereits tatkräftig an ihrer Verschrottung gearbeitet wurde (Foto oben: C. Asmus). Am 9. April 1960 hielt der verstorbene Karl Habler kurz vor Z-Stellung der Maschine in Ingolstadt einen Blick aus ihrem Führerstand fest. Bis zuletzt hatte die Lokomotive noch das aus früheren Tagen stammende Schild »RBD Augsburg« getragen (Foto: H. Schambach).

nachfolgten (die LVA-Lokomotive 18505 ist hier nicht berücksichtigt).

Die acht nicht umgebauten 18[5] (18512, 513, 516, 519, 528, 537, 538, 541) hatten zur Mitte der fünfziger Jahre nochmals größere Untersuchungen bekommen und liefen anschließend aus. Mit Ablauf der Zeit- oder Kilometerfrist wanderten sie aufs Abstellgleis, mitunter auch schon früher. 18528 überlebte immerhin eine ganze Reihe der modernisierten 18[6] und wurde erst am 11. Oktober 1962 z-gestellt.

Nicht wenigen Lokomotiven bereiteten ihre reparaturbedürftigen Kropfachsen den Garaus. Man betrachte nur die Bilder aus Desching, um zu erkennen, daß die diesbezüglichen Schwierigkeiten oft sogar dazu zwangen, dieses anfällige Bauteil aus ausgemusterten S 3/6 zu entnehmen, um Schwestermaschinen noch für eine gewisse Zeit über die Runden bringen zu können. Da sich die Modernisierungsmaßnahmen nur auf den Kessel der S 3/6 beschränkten, das Triebwerk aber unverändert ließen, kam es zu Beginn der sechziger Jahre tatsächlich so weit, daß mit 18625 am 29. Mai 1961 bereits die erste 18[6] ausgemustert wurde. Ein halbes Jahr später folgten ihr 18604, 618, 621, 624 und bald noch mehr. Damit traten Lokomotiven ab, deren Kessel kaum älter als fünf Jahre geworden waren!

Hinzu kam, daß die V 200[0] inzwischen weitgehend ausgereift war und ab 1962 von Kempten aus einen Teil des Schnellzugdienstes im Allgäu übernahm. Als 1963 die u.a. für die Streckenverhältnisse München–Lindau konzipierte, verstärkte V 200[1] nachfolgte und ein ebenbürtiger Ersatz erschienen war, erlosch der Stern der S 3/6 rasch. Innerhalb von nur fünf Jahren wurden alle dreißig 18[6] abgestellt und ausgemustert. Die letzte Lokomotive, 18622, absolvierte am 29. Mai 1965 anläßlich des Verbandstages der deutschen Eisenbahnfreunde von Augsburg über Donauwörth nach Treuchtlingen eine große Abschiedsfahrt (zurück über Ingolstadt) und wurde anschließend nur noch wenige Male während des Sommerfahrplans ersatzweise herangezogen. Im Rahmen einer Feierstunde stand sie am 1. September 1965 im Bw Lindau letztmalig unter Dampf. Als allerletzte S 3/6 ging 18505 des LVA Minden in die Geschichte ein, die noch bis 20. Mai 1967 in (gelegentlichem) Dienst stand. Mit ihr wurde am 10. Juli 1969 die letzte bayerische S 3/6 ausgemustert.

Es ist bereits in zahlreichen Veröffentlichungen das Bedauern zum Ausdruck gekommen, daß gerade eine so leistungsfähige und beliebte Dampflokomotive wie die 18[6] derart rasch außer Dienst gestellt werden konnte. Dazu trugen mehrere Gründe bei, die hier gemeinsam, jedoch ohne gegenseitige Gewichtung genannt sein sollen:

— Kropfachsen waren größtenteils abgefahren,
— Strukturwandel vollzog sich rasch (Elektrifizierungen, Bau von Großdiesellokomotiven),
— Unterhaltungsaufwand wuchs durch Alter der Lokomotiven und steigende Personalkosten,
— Leistungen der AW- und Bw-Personale waren bei Ausbesserungen zunehmend mit Mängeln behaftet,
— Bereitschaft sank, aufwendiger zu erhaltende Maschinen sorgfältig instandzusetzen,
— Streben der Bahnverwaltung nach Fortschritt und Beseitigung alles Alten.

Die drei zuletzt genannten Punkte erscheinen auf den ersten Blick wenig gewichtig, sie sind jedoch von nicht unwesentlicher Bedeutung. Die jeweils letzten Jahre einer Lokomotivbaureihe waren in der Regel von einem rapiden Niedergang der betroffenen Maschinen hinsichtlich ihres Betriebszustandes und äußeren Erscheinungsbildes gekennzeichnet. Sobald feststand, daß bestimmte Lokomotiven nicht mehr über einen längeren Zeitraum hinweg unterhalten würden, nahm dies die Mehrzahl der Personale zum Anlaß, nur noch das Notwendigste zu tun.

Dadurch stieg die Zahl der Schäden und Betriebsunregelmäßigkeiten und drückte den Grad der Wirtschaftlichkeit erheblich, was auf seiten der mit nüchternen Zahlen rechnenden Bahnverwaltung wiederum negativ zu Buche schlug und die Entscheidung als richtig »erwies«, die betroffene Baureihe aufs Abstellgleis zu schieben. Dieser circulus vitiosus erfuhr nicht zuletzt durch den immensen Fortschrittsglauben der Deutschen Bundesbahn eine weitere Anregung. Zu Beginn der sechziger Jahre kündigte man bahnseitig für 1968 das Ende des Dampfbetriebes an, mußte dieses Ziel aber immer wieder hinausschieben, bis schließlich erst 1977 auf die gerne totgeschwiegenen Dampfrösser verzichtet werden konnte. Aus heutiger Sicht war vielleicht manche Entwicklung im Zuge des Strukturwandels und der Rationalisierung verfrüht oder gar verfehlt. Dennoch: die Dinge lassen sich, wenn sie abgeschlossen sind, leichter beurteilen als während ihrer Entstehung. Insofern und auch wegen der heute fehlenden praktischen Bedeutung erscheinen derartige Überlegungen nunmehr nicht zu Unrecht theoretisch.

Die Verschrottung der ausrangierten S 3/6 führten verschiedene Stellen durch. In den ersten fünfziger Jahren, als die Ausmusterungswelle der Jahre 1949 und 1950 über die Maschinen hinweggerollt war und der Bestand auf rund die Hälfte der ehemals 159 Lokomotiven sank, war das im Norden von Ingolstadt gelegene Hauptsammellager Desching der bedeutendste Ort. Die Mehrzahl der seinerzeit ausgeschiedenen 18er fand nach Entnahme noch brauchbarer Ersatzteile durch das AW Ingolstadt in diesem mit der Zerlegung von Fahrzeugen beschäftigten Werk ihr Ende. Desching gebührt der zweifelhafte Ruhm, die unangefochtene Spitze in der Verschrottung von Dampflokomotiven zu bilden. Über 2000 Maschinen wurden auf diesem Gelände eines ehemaligen Munitionsdepots zwischen 1947 und 1959 zerlegt. In langen Reihen standen sie auf dem von Ingolstadt-Nord heranführenden Zufahrtgleis und warteten auf ihr Ende, das in Einzelfällen mehrere Jahre auf sich warten ließ.

Nach Schließung des Hauptsammellagers im Jahr 1959 waren die Arbeiten nicht mehr in gleicher Weise zentralisiert wie bisher. Die Zerlegung der während der durch den Zweiten Weltkrieg entstandenen Entwicklungslücke überalterten und anschließend ausgemusterten Lokomotiven, darüberhinaus die Verschrottung der in mehrtausendfacher Auflage vorhandenen, jedoch nur für kurze Lebensdauer ausgelegten Kriegslokomotiven war weitgehend abgeschlossen, so daß die Unterhaltung eines eigenen Zerlegewerkes nicht mehr lohnte, zumal das AW Ingolstadt als Hauptlieferant des HSL Desching kurz vor der Schließung stand. So übernahmen in zunehmendem Maß private Firmen die zuvor noch von oder in Regie der Deutschen Bundesbahn ausgeführten Arbeiten. Auf diese Weise war auch die weitere Verschrottung der S 3/6 auf verschiedene Orte verteilt, von denen stellvertretend Feldkirchen bei München, das AW Offenburg, München-Moosach, Karthaus und Blumau in Österreich genannt seien.

Mangels Platzes im eigenen Areal stellten verschiedene Betriebswerke ihre ausgemusterten Maschinen in mehr oder weniger nahegelegenen Bahnhöfen auf ungenutzten Gütergleisen ab. Hofer Veteranen standen in Oberkotzau (z.B. 18409, 411, 412, 419, 431, 444), die Regensburger am dortigen Ostbahnhof (z.B. 18417, 449) und die Lindauer wegen der auf der Bodenseeinsel besonders beengten Raumverhältnisse in Lindau-Reutin oder Kaufering. Der verstorbene Serge Lory schrieb 1964 in einem Brief: »In rascher Reihenfolge sterben die S 3/6-Lokomotiven aus, und noch nie waren so viele ausrangierte Maschinen in Reutin beieinander wie heute. Jetzt, da die Tage länger werden und ich vom Autobus die rostigen Trümmer stehen sehe, wende ich mich jedesmal ab. Es ist mir zumute wie einem Bauern, der seine treuen Pferde abtun muß, weil er hierzu gezwungen wird.«

**331/332** Im Hauptsammellager Desching bei Ingolstadt wurden Ende der vierziger und in den fünfziger Jahren unzählige Dampflokomotiven zerlegt. Unter ihnen waren viele S 3/6, wie 18 482 und 18 466, die Ulrich Montfort dort am 28. September (oben) und am 23. April 1956 (unten) fotografierte. Vor ihrer Zuführung zum HSL waren im AW Ingolstadt ihre Kropfachsen für noch im Dienst befindliche S 3/6 ausgebaut worden. Heute unvorstellbar: auch die Nummernschilder wurden verschrottet …

Deutsche Bundesbahn                    Desching, den 18.7.1952
Eisenbahnausbesserungswerk
        Ingolstadt
Hauptsammellager Desching
    Stv    (H)   H 1

Durch den Werkdirektor

an ED - Nürnberg

Betrifft: Betriebsbücher für Dampflok.

Bezug:    Verfg. EZA Minden 2311 Fldb 2 vom 15.1.52.

Anlage:    1

Gemäß vorgenannter Bezugsverfügung übersenden wir Ihnen zur Weiterbehandlung das Betriebsbuch der Lok 18.405 mit Kesselstammheft 3160 und Tenderstammheft 3022.
Fahrgestell und Kessel wurden am 4.4.52, der Tender am 18.7.52 verschrottet.

Im April 1965 waren neben einigen anderen Lindauer Maschinen insgesamt 13 S 3/6 in Reutin versammelt (18602, 605, 607, 608, 610, 611, 613, 614, 615, 616, 617, 619, 620), die nach und nach die letzte Reise zum Zerlegewerk antraten.
1972 waren lediglich 18505, 508, 602, 610 und 612 an ver-schiedenen Orten übriggeblieben, die sich noch als Heiz- oder Versuchslokomotiven bzw. als vorgesehene Museumsfahrzeuge hatten halten können. 18451 und 528 hatten bereits frühzeitig den Weg in eine sichere Bleibe gefunden.

**333/334** Beide Aufnahmen zeigen die gleiche Lokomotive und sind aus derselben Perspektive in nur kurzem zeitlichen Abstand entstanden. Trotz soviel Ähnlichkeit hat sich für 18512 das Lokomotivdasein entscheidend und endgültig verändert: oben ist die Maschine am 1. Oktober 1960 in Buchloe noch unter Dampf, unten steht sie am 5. Dezember 1961 bereits ausgemustert zur Verschrottung im österreichischen Blumau-Neurißhof. Sie war drei Wochen vorher mit sieben weiteren DB-Dampflokomotiven über Simbach dorthin überführt worden. Fotos: R. Schatz, R. Deutner

# Ausmusterungsverfügungen

| 15.12.45 | 18404 | 18424 | 18.10.54 | 07.08.56 | 20.11.58 | 04.12.61 | 01.07.64 |
|---|---|---|---|---|---|---|---|
| 18428 | 18406 | 18427 | 18451 | 18482 | 18500 | 18604 | 18602 |
|  | 18410 | 18430 | 18461 | 18484 | 18538 | 18618 | 18611 |
| 29.01.46 | 18418 | 18431 | 18463 | 18485 |  | 18621 | 18612 |
| 18414 | 18423 | 18432 |  | 18496 | 30.04.59 | 18624 | 18613 |
|  | 18429 | 18433 | 18.03.55 |  | 18471 |  | 18616 |
| 04.05.46 | 18442 | 18434 | 18464 | 23.11.56 | 18472 |  |  |
| 18403 | 18443 | 18441 | 18467 | 18479 | 18473 | 28.06.62 | 28.07.64 |
|  | 18456 | 18444 | 18475 | 18489 |  | 18601 | 18615 |
| 29.05.46 |  | 18450 | 18491 |  | 13.07.59 | 18606 | 18629 |
| 18488 | 04.08.49 | 18453 |  | 14.03.57 | 18495 | 18626 |  |
|  | 18445 | 18454 | 12.05.55 | 18470 | 18507 | 18627 | 30.10.64 |
| 19.08.46 | 18446 | 18455 | 18499 | 18487 |  |  | 18617 |
| 18413 | 18447 | 18457 |  |  | 28.04.60 | 20.10.62 |  |
|  | 18452 | 18458 | 15.08.55 | 10.08.57 | 18516 | 18508 | 10.03.65 |
| 18.04.47 |  |  | 18504 | 18490 |  | 18609 | 18620 |
| 18425 | 01.09.49 | 13.12.50 | 18506 | 18501 | 14.07.60 | 18610 |  |
|  | 18420 | 18411 |  |  | 18478 |  |  |
| 06.09.47 | 18422 | 18449 |  | 15.11.57 | 18483 |  | 28.04.65 |
| 18515 |  |  | 24.11.55 | 18494 | 18537 | 28.05.63 | 18614 |
|  | 14.08.50 | 14.11.51 | 18466 | 18502 |  | 18605 |  |
| 25.03.48 | 18405 | 18448 | 18469 | 18513 |  | 18628 | 06.01.66 |
| 18533 | 18407 |  | 18480 |  | 27.04.61 |  | 18622 |
|  | 18408 | 09.11.53 |  |  | 18512 |  | 18630 |
| 20.09.48 | 18409 | 18468 | 23.03.54 | 25.04.58 |  | 15.11.63 |  |
| 18426 | 18412 |  | 18503 | 18462 | 29.05.61 | 18528 | 20.06.66 |
| 18474 | 18415 | 23.03.54 |  | 18492 | 18625 | 18607 | 18603 |
|  | 18416 | 18503 | 18.04.56 | 18493 |  | 18608 |  |
| 21.04.49 | 18417 | 28.05.54 | 18465 | 18519 | 05.08.61 | 18619 | 10.07.69 |
| 18401 | 18419 | 18476 | 18486 | 18541 | 18481 | 18623 | 18505 |
| 18402 | 18421 | 18477 | 18497 |  |  |  |  |
|  |  |  | 18498 |  |  |  |  |

**335** Fast alle $18^6$ standen nach ihrer Z-Stellung in Lindau-Reutin abgestellt, im Bild sind neun Lokomotiven dieser Baureihe im Juni 1964 zu sehen. Die im Vordergrund sichtbare 18616 war erst kurze Zeit dabei.
Foto: Dr. K. G. Baur

**336** Die Firma Beutler in München zerlegte in den sechziger Jahren eine größere Anzahl Bundesbahnfahrzeuge. 18 608 und eine Schwesterlokomotive kamen mit ihren Führerhäusern aneinander gekuppelt ebenfalls dorthin. Mit einer Höchstgeschwindigkeit von 30 km/h waren sie über die Allgäubahn geschleppt worden. Aufnahme vom 24. Dezember 1965.       Foto: J. Straube

**337** Im Dezember 1965 trifft ein Schrottzug ausgemusterter Lokomotiven in München-Moosach bei der Firma Schrottag ein. Die am 1. Juli 1964 ausgemusterte 18 613 (Bw Lindau) ist dabei.       Foto: Schwalb

**338** Fünf Lindauer 18⁶ (18611, 614, 616, 620 und 629) rollen am 7. Dezember 1965 in Ulm gemeinsam ihrem letzten Ziel Karthaus bei Trier entgegen. Sie müssen sich von V 200 108 (Bw Kempten), einer ihrer Nachfolgerinnen, ziehen lassen. Zum Teil wurden erst Fahrgestell und Tender einiger Maschinen zerlegt, während die Kessel noch zurückbehalten wurden (siehe Bild 340). Foto: Schwalb

**339** Noch lange Zeit nach ihrer Ausmusterung war 18630 in Kaufering an der Strecke Buchloe–München mit ebenfalls ausrangierten Augsburger und Kemptener Veteranen abgestellt. Erst 1970 wurde sie in Konstanz verschrottet. Foto: Dr. W. Fiegenbaum

**340** (oben) Einige 18⁶-Neubaukessel wurden zunächst von der Verschrottung ausgenommen und noch bis Ende der sechziger Jahre im AW Trier aufbewahrt. Die Deutsche Bundesbahn hoffte, für die noch jungen Kessel einen Käufer zu finden, was jedoch ebensowenig wie bei den ebenfalls noch vorhandenen 03¹⁰-Neubaukesseln gelang.
Foto: Dr. W. Fiegenbaum

**341–343** (links und unten) Die letzten drei Bilder dieses Kapitels leiten bereits zum nächsten über, das sich mit denjenigen S 3/6 befaßt, denen das Schicksal der Verschrottung erspart geblieben ist. Sie zeigen von Sammlern begehrte Requisiten, wie etwa das Fabrikschild der Lokomotive 18614 (Ulm, 6. September 1963, Foto: U. Montfort), Betriebsbücher und Nummernschilder (Foto: S. Lüdecke) und einen Kamin (Ingolstadt, 30. April 1960, Foto: F. Seitz/J. B. Kronawitter). Wenn Stücke wie diese heute den Besitzer wechseln, dann nur zu vierstelligen Summen …

# Erhaltene S 3/6

Von den einstmals 159 Lokomotiven sind insgesamt sechs Exemplare der Nachwelt erhalten geblieben. Sie konnten in der Mehrzahl vor Witterungseinflüssen geschützt untergebracht werden und sind somit auch langfristig als erhalten anzusehen. Der Werdegang zur Denkmallokomotive bzw. zum Museumsfahrzeug stellte sich im einzelnen wie folgt dar:

**18451:** Als erste S 3/6 ist 18451 zu nennen, die bereits 1954 von der Verschrottung ausgenommen wurde. Die zuletzt für Versuchsfahrten verwendete und 1952 von der Ausbesserung zurückgestellte Lokomotive wurde vom 23. Mai 1957 bis 4. Juni 1958 im Ausbesserungswerk Ingolstadt mustergültig restauriert und weitgehend in ihren alten bayerischen Zustand als S 3/6 3634 zurückversetzt. Anschließend war sie im September 1958 an der 800-Jahr-Feier der Stadt München beteiligt: unter reger Teilnahme der Bevölkerung rollte sie auf einem Straßenfahrzeug durch München und kam anschließend als Schenkung der Deutschen Bundesbahn ins Deutsche Museum München. Mangels Platzes in der Fahrzeughalle erfolgte ihre Aufstellung zunächst im Freigelände, was ihrem Zustand auf Dauer abträglich sein mußte. Im Rahmen von Erweiterungs- und Umbaumaßnahmen in den Jahren 1967/68 konnte für die wertvolle Maschine schließlich ein Hallenplatz bereitgestellt werden, der überdies ihrem eleganten Erscheinungsbild Rechnung trägt. Vor dem Umzug in die neugestaltete Abteilung Landverkehr wurde die äußerlich mitgenommene Lokomotive 1968 im Ausbesserungswerk München-Freimann komplett überholt; bedauerlicherweise verfehlte ihr Neuanstrich jedoch durch ein viel zu helles Grün und ein falsches Rot die authentische Farbgebung (Spitzname seither: »Laubfrosch«). Es ist betrüblich, daß den maßgeblichen Stellen seinerzeit offenbar kein fachkundiger Ratgeber zur Seite stand.

Eine Besichtigung der großräderigen Lokomotive im Deutschen Museum ist insbesondere zur vollen Stunde zu empfehlen. Dann nämlich setzt ein Aufseher einen Elektromotor in Betrieb, der das blanke Vierzylinder-Verbundtriebwerk über Gleisrollen in Bewegung setzt. Kreisende 2-Meter-Räder und vier blitzende, sich majestätisch vor- und zurückbewegende Treibstangen lassen den Betrachter ahnen, welche Ausstrahlung die prächtige Maschine zur Zeit ihres Betriebes gehabt haben muß.

**18478:** Am 2. März 1959 wurde beim Bw Ulm die Lokomotive mit der Betriebsnummer 18478 von der Ausbesserung zurückgestellt. Mit ihr schied die letzte noch zur Zeit der K.B.St.B. in Dienst gestellte S 3/6 aus dem aktiven Dienst. Der Schweizer Serge Lory, allen Eisenbahnfreunden bekannt, erwarb die Maschine und konnte sie dank des Entgegenkommens der Deutschen Bundesbahn ab 1962 zunächst im Lokschuppen Lindau–Reutin und wenig später im Bw Lindau unterstellen, womit die Voraussetzung für die beabsichtigte Aufarbeitung in den betriebsfähigen, bayerischen Originalzustand geschaffen war.

Bereits nach kurzer Zeit zweifelte Lory an der Richtigkeit der Betriebsnummer 18478 und dies mit Recht: eine Reihe von Lokomotivbauteilen und Maßen ordnete die Maschine nicht der Serie i (S 3/6 3650–3679, DR 18461–478), sondern der früher gelieferten Serie h zu (S 3/6 3645–3649, DR 18422–424). Zunächst blieb es bei der Vermutung, daß irgend etwas nicht stimmen könnte, bis im Zuge der Restaurierung tatsächlich die am Rahmen eingeschlagene Maffei-Fabriknummer 3482 aus dem Jahr 1914 (Serie h) zum Vorschein kam. Damit war einwandfrei bewiesen, daß es sich bei der vermeintlichen 18478 um die S 3/6 mit der ehemaligen bayerischen Nummer 3645

(DR 18422) handelt. Da bei Kessel- oder Tenderwechsel die Lokomotivbetriebsnummer immer beim Rahmen bleibt, wurde offenkundig, daß hier ein Irrtum (oder Absicht!) vorliegen mußte. Die Freude über die Entdeckung dieses richtigstellenden Beweises währte nicht lange, denn die Frage blieb offen, wie es zu diesem Kuriosum kommen konnte. Es gab lange Zeit keine plausible Erklärung und auch heute läßt sich nicht mit letzter Sicherheit sagen, worin der Grund liegt. Erfreulicherweise ist jedoch dank der Daten aus dem Lokomotivbetriebsbuch, das freundlicherweise der neue Besitzer der 18478″, Christoph R. Oswald, zur Auswertung zur Verfügung stellte, sowie aufgrund verschiedener Aufzeichnungen des 1980 verstorbenen Serge Lory eine sehr wahrscheinlich als richtig einzustufende Lösung des Rätsels möglich.

Zunächst seien diejenigen Entstehungsmöglichkeiten der falschen Betriebsnummer genannt, die sich im Laufe der Nachforschungen zunächst herauskristallisiert haben:

1) Versehentlicher oder absichtlicher Tausch der Rahmen von 18422 und 18478 anläßlich der letzten L4 an 18478 (5. Februar–17. April 1953 EAW Mü-Freimann), bei der auch ein Kesselwechsel durchgeführt wurde. 18422 war am 1. September 1949 ausgemustert worden, aber noch bis mindestens 1951, wahrscheinlich jedoch noch länger in Freimann vorhanden. Denkbarer Grund für den Tausch: schlechter Zustand des Rahmens von 18478 und daher Verwendung des bereits ausgemusterten Rahmens von 18422, die aber als Lokomotive einer Splittergattung (18⁴ der Baujahre bis 1914) nicht mehr weiterverwendet werden durfte.

2) Sinngemäß der gleiche Vorgang wie unter 1) anläßlich der L4 an 18478 vom 19. September 1946–19. Februar 1946 im RAW München-Freimann. Damals stand 18422 jedoch noch in Dienst und hätte infolgedessen bei einer möglicherweise gleichzeitig durchgeführten Untersuchung den Rahmen von 18478 bekommen müssen.

3) Sinngemäß der gleiche Vorgang wie unter 2) anläßlich der L0 vom 10. Juni–5. September 1944 im RAW München-Freimann (ebenfalls mit Kesselwechsel).

Eine Reihe von Fakten sprach für jede der drei genannten Möglichkeiten, allerdings auch eine Anzahl dagegen, so daß schließlich die Annahme eines derartigen Vorgangs verworfen werden mußte. Dagegen ließ sich eine andere Theorie, die anfangs für ganz unwahrscheinlich gehalten wurde, Schritt für Schritt aufbauen und erhärten: am Tender von 18478″ war bei der Aufarbeitung unter alten Farbschichten die bayerische Betriebsnummer 3646 (Serie h) zum Vorschein gekommen; laut Betriebsbuch hatte 18478 jedoch nie einen Tenderwechsel! Einige Bauteile, unter anderem ein am hinteren Ende des Kohlenkastens angebautes Abteil für den Gasbehälter der Beleuchtung und die Bauart des Tenders mit einem Drehgestell und zwei festen Achsen bezeugten die einwandfreie Zugehörigkeit zu einer der fünf S 3/6 der Serie h (Betriebsnummern 3645–3649) bei Ablieferung. Die auf einer anderen Farbschicht vorgefundenen weißen Aufschriften »Allied Forces«, sowie »Au« für Augsburg legten offen, daß der Tender um 1946 im Augsburger Bezirk gefahren war. Nach Angaben der Betriebsbücher 18422 und 478 kommt hierfür nur 18478 in Frage, womit darauf zu schließen ist, daß der Betriebsnummerntausch zu diesem Zeitpunkt längst stattgefunden hatte. Stellt man nun die eindeutige Zugehörigkeit von Rahmen und Tender der heutigen 18478″ zur nur fünf Lokomotiven umfassenden Serie h der als sehr wahrscheinlich anzunehmenden Vermutung gegenüber, daß im Jahr 1919 zwar drei, aber nicht die drei ausgesuchten S 3/6 in Belgien als Armisticelokomotiven angekommen sind (siehe hierzu Kapitel »Frankreich/Belgien« im Abschnitt »59 Jahre Betriebsdienst«), dann liegt die Schlußfolgerung sehr nahe, daß es bereits 1919 zu dem inoffiziellen und in den Lokomotivunterlagen verschwiegenen Betriebsnummernwechsel gekommen ist. Seinerzeit wurden

**344** Im September 1958 übergab die Deutsche Bundesbahn die zuvor im AW Ingolstadt mustergültig restaurierte und nun grün lackierte 18451 als Schenkung dem Deutschen Museum München. Auf dem Weg dorthin rollte die Maschine anläßlich der 800-Jahr-Feier der Stadt München auf einem Straßenroller durch die bayerische Landeshauptstadt. Ihr Kamin war wegen der Trambahnfahrleitungen vorübergehend verkürzt worden. Foto: DB

**345** Seit 1958 befindet sich 18451 im Deutschen Museum München, wo sie zunächst im Freigelände aufgestellt war. Wegen witterungsbedingter Schäden mußte sie 1967/68 nochmals gründlich aufgearbeitet werden, anschließend bekam sie anläßlich der Neugestaltung der Abteilung Landverkehr einen Hallenplatz. Foto: Deutsches Museum München

**346** Am 5. Oktober 1966 verließ 18 478″ bzw. S 3/6 3645 das Bw Lindau, wo sie von ihrem seinerzeitigen Besitzer Serge Lory in jahrelanger Arbeit wieder in den bayerischen Originalzustand zurückversetzt worden war (Aufnahme: H. Koppisch). Die Maschine kam in die Schweiz, wo man über Jahre hinweg nichts mehr von ihr hörte, die beabsichtigte Wiederinbetriebnahme scheiterte aus verschiedenen Gründen. Nach dem Tod Lorys erwarb der Schweizer Christoph R. Oswald die Lokomotive im Jahr 1981 mit dem Ziel, sie zu reaktivieren.

aller Wahrscheinlichkeit nach Rahmen und Tender der Lokomotiven mit den bayerischen Betriebsnummern 3645, 3646 und 3673 getauscht bzw. deren Loknummern inoffiziell gewechselt und die Fabrikschilder entfernt, wobei der Tender (oder noch mehr) der nach Belgien abzuliefernden 3646 zur »neuen« 3673″ bzw. späteren 18 478″ kam und mit ihr bis zur Ausmusterung lief.

Welche Vorgänge sich im einzelnen damals abgespielt haben, läßt sich heute nicht mehr rekonstruieren, weil notgedrungenermaßen nichts amtlich wurde. Die Führung des Betriebsbuches der als 18 478 bezeichneten Lokomotive gibt keinerlei Auskunft über den Hergang und bestätigt indirekt durch dieses Schweigen, daß es wohl seinerzeit nicht mit rechten Dingen zuging.

Als Tatsache können wir mithin festhalten, daß die heute in der Schweiz befindliche S 3/6 als die bayerische 3645 anzusehen ist. Sie wäre bei der Reichsbahn als 18 422 eingenummert worden, bekam aber unter Annahme der Vorgänge des Jahres 1919 die Betriebsnummer 18 478, mit der sie auch bis 1959 lief. Wenn wir also von dieser Lokomotive sprechen, dann sind die Nummern S 3/6 3645 oder 18 478″ richtig, nicht jedoch 18 478. Die bayerische Bezeichnung 3645 erscheint insofern als die treffendste, als Serge Lory während der Restaurierung den Originalzustand des Jahres 1914 weitestgehend wiederherstellte. Der neue Besitzer Christoph R. Oswald sieht vor, die Maschine nach nochmaliger Zerlegung und vollständiger Aufarbeitung wieder in Betrieb zu nehmen. Dank und Anerkennung der vielen S 3/6-Freunde sind ihm gewiß.

Anläßlich der Überführung seiner 18 478 von Lindau in die Schweiz gab Serge Lory am 5. Oktober 1966 dem Bayerischen Rundfunk ein Interview, dessen Wortlaut damals von W. Schier aufgezeichnet wurde. Gesprächspartner war Josef Jablonka:

J.: Wir haben den Lokschuppen des Bahnbetriebswerkes in Lindau aufgesucht und hier dürfen wir zunächst dem Herrn Ingenieur Lory ein herzliches »Grüezi« entbieten.

L.: Grüezi, Herr Jablonka, freut mich außerordentlich.

J.: Ja, daß wir uns zum zweiten Mal sehen, muß man sagen, denn wir hatten ja schon die Gelegenheit im Jahre 1962, Sie bei der Arbeit beobachten zu können; damals allerdings, Herr Lory, nicht in einem weißen Hemd wie heute, sondern in dem blauen Monteuranzug, verschmiert ...

L.: Ja, es ist sehr viel Schwärze oben heruntergekommen.

J.: Und natürlich auch sehr viel Arbeitsstunden sind inzwischen vergangen, einige Tausende wohl.

L.: Ja, 5500 Arbeitsstunden sind gemacht worden.

J.: Die Zeit am Wochenende haben Sie geopfert.

L.: Ja.

J.: Also auch einen Teil Ihrer Arbeitszeit.

L.: Natürlich, ja. Ich habe soviele Überstunden gemacht unter der Woche, daß ich mich sehr oft am Donnerstag schon freimachen konnte. So war ich Freitag, Samstag, Sonntag hier, aber normalerweise nur Samstag, Sonntag. Den Urlaub habe ich selbstverständlich mit größter Freude hier verbracht.

J.: Nun zur Hauptsache: das ist also die Lokomotive S 3/6 in einer Länge von nahezu 25 Metern ...

L.: Nein, nein, so lang ist sie nicht ...

J.: Tender eingerechnet, meine ich, der hier vor uns steht. Man kann nun erkennen, was da alles, rein äußerlich betrachtet, in den alten Zustand zurückversetzt wurde, angefangen von dem niedrigen Schornstein mit seinem Kranzl herum, über die Dampfdome bis zum Fahrgestell, bis zu den stilechten Petroleumlampen der alten Zeit. Und eigentlich, so sagten Sie mir, als ich zu Ihnen kam, muß man berücksichtigen, daß wir hier an sich auf einem sehr historischen Boden stehen.

L.: Ja, das stimmt. Wir stehen hier im alten Lokschuppen der Ludwigsbahn, also der ehemaligen Hauptwerkstätte der Königlich Bayerischen Ludwigsbahn, wir stehen sogar auf alten, in England gewalzten Schienen in Pilzform, die aus Schweißeisenstäben zusammengeschweißt sind, und draußen im Hof liegt die Schiebebühne auf Steinquadern, die seinerzeit die Schwellen waren. – Die S 3/6 ist 1908 in Betrieb gekommen, und die Maschine ist nach ihren Schrif-

ten bestellt worden am 18. Juli 1914, ausgeliefert worden im Jahr 1918.

J.: Sie haben alles genau vermerkt.

L.: Das sind die Akten. Aber die Lok hat mir im Lauf der Arbeiten sehr, sehr viel erzählt, und ich traue den Akten nicht mehr. Ich habe Sachen herausgefunden, nach denen ich genau weiß, daß ich eine Maschine vor mir habe, die 1914 aus der bayerischen Serie h geliefert worden ist.

J.: Nun war es doch die Schwierigkeit, Herr Lory, all das wieder zu bekommen an technischen Attributen, was damals ein- und angebaut worden ist. Wie war denn das überhaupt möglich? War das noch der Fall aus den deutschen Beständen?

L.: Nein, das ist gar nicht mehr möglich. Die historischen Ausrüstungen von der S 3/6 sind Schrottaktionen und den Modernisierungen zwischen den zwei Weltkriegen restlos zum Opfer gefallen. Das ist nicht mehr aufzutreiben gewesen in Deutschland.

J.: Und wo haben Sie es dann aufgetrieben?

L.: Ich habe es aufgetrieben in Frankreich, in Spanien, in Dänemark, in Österreich und in der Schweiz, überall dort, wo Maffei-Maschinen gelaufen sind.

J.: Da wage ich gar nicht nach dem Preis zu fragen, denn ursprünglich, so hieß es, als ich im Jahr 1962 hier war, haben Sie 22000.– DM gezahlt ...

L.: Nein, Franken.

J.: Oder Fränkli sogar für diese ausrangierte Lokomotive. Also kein Wunder, daß Sie da noch sehr viel mehr aufwenden mußten.

L.: Das ist gar nicht so schlimm. Das ist sehr schön, wenn man lange Jahre gemütlich in der Freizeit an so einem Objekt schaffen kann. Das geht alles nebenbei, das kommt billiger als Autofahren und Bergsteigen. Und die Teile sind mir größtenteils geschenkt worden, nicht bloß alte Teile, sondern auch Neumaterial, z. B. Profileisen, Rundeisen, Blech, Rohr, alles, was man dazu braucht, ist mir von der Industrie geschenkt worden. Ich habe sehr viele Teile hier an der Maschine, die in Lehrwerkstätten und Gewerbeschulen in der Schweiz hergestellt worden sind. Vollkommen gratis!

J.: Also kein Wunder, daß man jetzt diese Maschine einreihen darf unter die Filmstars etwa, denn wir wissen ja, sie sind nach wie vor begehrt als ein Objekt, das die alte technische Zeit verkörpern soll. Kein Wunder auch, daß diese Maschine in der Schweiz ihren besonderen Beifall finden wird, wenngleich sich Ihr Herzenswunsch ja nicht verwirklichen ließ, nämlich unter Dampf selbst mit Ihrem Lokführerpatent hinüberzubrausen.

L.: Ja, das ist leider nicht möglich. Die Strukturwandlung hat Welt und Menschen verändert, so daß wir heute in einer ganz anderen Situation sind. Z. B. eine Extrafahrt mit einer Schweizer Dampflok, die heute noch in Rorschach betriebsbereit steht, also direkt die Tochter der S 3/6, die schwere vierrädrige Gotthardschnellzuglok, die darf nicht mehr herüberkommen, weil zwei Maschinen zusammen auf der Rheinbrücke St. Margarethen nicht mehr zugelassen sind. Ich hätte einen Güterzug mieten und zwischen beide Maschinen einstellen müssen, und das kostet natürlich viel, viel mehr, als wenn man sie an einen Güterzug anhängt und herüberschleppen läßt, wie es heute stattfindet.

J.: Die Lokomotive soll ja letztlich wohl ein Museumsobjekt werden, aber doch nicht ausschließlich bleiben.

L.: Museumsobjekt hat in der Schweiz in puncto Dampflokomotive einen ganz besonderen Klang. Die Lokomotiven, die in Luzern stehen, sind alle voll revidiert und können jederzeit auf Verlangen von einer Gesellschaft gemietet werden, vor einen Zug gespannt werden und fahren.

J.: Das soll also auch mit dieser Lokomotive wahrscheinlich geschehen.

L.: Jawohl, nur hat das Verkehrshaus Luzern heute noch keine neue Halle, es hat noch keinen Gleisanschluß, die große Maschine kann man nicht auf einem Rollschemel hineinbringen. Es ist wohl der Wunsch geäußert worden, sie während dem Sommer aufzustellen und im Winter an einem anderen Ort, aber der Transport auf der Straße ist undenkbar, so daß die Maschine vorläufig, währenddessen ich sie noch weiter ausrüste – das wird noch ca. zwei Jahre beanspruchen oder auch mehr –, wird sie im Unterhalt von einer Bahngesellschaft bleiben, die dann damit selbstverständlich Fahrten unternimmt. Jetzt kommt sie nach Rorschach und wird drei Tage lang den technischen Stellen und dem Zoll vorgeführt.«

**18505:** Zeit ihres Lebens gehörte 18505 zu den besonderen Lokomotiven ihrer Baureihe. Lange Jahre in Nürnberg-Hbf zu einem der bedeutendsten S 3/6-Betriebswerke gehörig, erreichte sie in den dreißiger Jahren monatliche Laufleistungen von bis zu 20000 km, kam 1955 gekuppelt mit einem fünfachsigen Tender der Baureihe 45 und mit Gegendruckbremse versehen als Versuchslokomotive zum LVA Minden und wurde erst 1967 als letzte Maschine ihrer Gattung aus dem Betrieb gezogen. Anschließend tauchte sie auf Initiative einflußreicher Eisenbahner wegen der Gefahr der Verschrottung unter, wurde am 24. Januar 1969 von Minden über Altenbeken nach Kassel geschleppt und erreichte Treuchtlingen eine Woche später, wo sie zunächst eine Bleibe fand. Einige Monate darauf mußte sie nach Bamberg und wenig später nach Neuenmarkt-Wirsberg umziehen, wo auch 45010 zeitweise untergebracht war. Im Jahr 1972 konnte die »Deutsche Gesellschaft für Eisenbahngeschichte e. V.« beide Maschinen von der Deutschen Bundesbahn als Dauerleihgaben übernehmen und in ihren Fahrzeugpark eingliedern. Die Überführungsfahrt nach Neustadt an der Weinstraße im Jahr 1972 verlief wegen eines Heißläufers nicht ohne Probleme. So mußte 18505 im Bw Kirchenlaibach erst repariert werden, ehe sie die Weiterreise antreten konnte. Da die DGEG berechtigterweise Wert darauf legte, ihre S 3/6 in der ursprünglichen Bauform zeigen zu können, wurde der fünfachsige Tender verschrottet und 1972 durch den bayerischen 2'2'T 31,7 der noch in Kempten abgestellten 18612 ersetzt. Zu diesem Zeitpunkt wußte man noch nichts von den Bemühungen um die Erhaltung dieser neubekesselten S 3/6, so daß das Problem der Tenderbeschaffung nun auch dem zukünftigen Besitzer dieser Lokomotive bevorstand. Mit Hilfe von 18610 konnte 18612 im Jahr 1975 schließlich auch komplettiert werden.

18505 wurde seither von der DGEG auf zahlreichen Fahrzeugschauen in ganz Deutschland ausgestellt. Die Lokomotive kann auf diese Weise auch nach ihrer Ausmusterung eine beachtliche (Roll-)Laufleistung verbuchen. Nach Ablauf des Leihgabenvertrages mit der DB ging die Maschine durch Kauf in den Besitz der DGEG über, während 45010 wieder der Bundesbahn zurückgegeben wurde.

**18508:** Am 30. Juli 1962 wurde beim Bw Lindau die vorletzte im regulären Zugdienst verwendete 18⁵, die Seddiner Ausstellungslokomotive 18508, außer Betrieb gestellt. Anschließend über Jahre hinweg in Lindau-Reutin abgestellt, hätte ihr Weg ebenso wie bei 18622, – der letzten Betriebs-18⁶, – fast in den Hochofen geführt, wäre sie nicht in letzter Minute von dem Schweizer Architekten Otto Fiechter angekauft und damit gesichert worden. Die lange Zeit auf dem Abstellgleis ließ bedauerlicherweise zahlreiche Ausrüstungsteile verlorengehen (Ersatzstücke für im Dienst stehende Lokomotiven, Souvenirs für Eisenbahnfreunde), so daß bald nur noch ein rostender Torso übrigblieb. Der neue Besitzer richtete sein Augenmerk daher zunächst auf die Wiederbeschaffung aller fehlenden Teile, noch ehe dies die fortschreitende Modernisierung bei der

DB unmöglich gemacht haben würde. Ähnlich wie bei 18478 war dies eine Aufgabe, die in mehrere Länder Europas führte: genannt seien eine Original-Speisepumpe aus der DDR, eine Westinghouse-Luftpumpe aus Italien und der Feuerbüchsrost aus Österreich und der Bundesrepublik.

Im Jahr 1973 wurde 18508 von Lindau in die Schweiz geschleppt. Sie ist im Augenblick in der Nähe von Zürich unter Dach untergebracht und wird in absehbarer Zeit äußerlich vollständig restauriert werden. Ob eine betriebsfähige Aufarbeitung in Betracht kommt, ist noch offen, da die hierzu notwendigen Aufwendungen an Finanzen und Arbeitszeit bedeutend sind.

18528: Im Jahr 1963 knüpfte die Lokomotivfabrik Krauß-Maffei, München-Allach, an die große Tradition ihres Vorgängerwerkes J. A. Maffei an und beschloß den Ankauf einer der letzten in Lindau noch vorhandenen Original-S 3/6. Nach einer Besichtigung von 18508 und 18528 am 22. März 1963 und auf Anraten des Abteilungspräsidenten beim BZA Minden, Witte, entschied sich Krauß-Maffei für letztere Lokomotive (Kaufpreis: DM 17100.–), die Lindau schließlich am 3. Januar 1964 im Schlepp eines Güterzuges verließ. In Kempten und Buchloe anderen Güterzügen beigestellt, erreichte sie das Bw München-Hbf, das sie am 7. Januar 1964 durch eine Lokomotive der Baureihe 78 nach München-Allach überführen ließ. In den folgenden

347   Für die 125-Jahr-Feier der deutschen Eisenbahnen wurde 18505 im Jahr 1960 mit dem Tender der Lokomotive 18483 ausgerüstet und in grüner Länderbahnlackierung unter der falschen bayerischen Betriebsnummer 3642 (DR 18419) auf verschiedenen Ausstellungen gezeigt. Im Bild sehen wir sie mit einem Filmzug in Oberlahnstein.
Foto: C. Bellingrodt

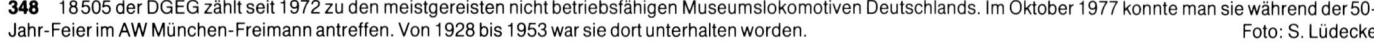

348   18505 der DGEG zählt seit 1972 zu den meistgereisten nicht betriebsfähigen Museumslokomotiven Deutschlands. Im Oktober 1977 konnte man sie während der 50-Jahr-Feier im AW München-Freimann antreffen. Von 1928 bis 1953 war sie dort unterhalten worden.
Foto: S. Lüdecke

303

**349/350** Für das Deutsche Museum München wurden 1951 im EAW München-Freimann Führerstand und Stehkessel der 1914 gebauten Pfälzer S 3/6 18 427 restauriert. Um die Lokomotive, deren übriger Teil inzwischen verschrottet war, als Ganzes in Fotografie zu besitzen, montierte man im Ausbesserungswerk an die Führerhausseiten- wand der gerade ausgebesserten 18 477 kurzerhand die Nummer 18 427 (Bild oben). Ein zweites, nicht offizielles Bild (unten) bringt den Notbehelf zu Tage: an der Rauchkammer prangt das echte Lokschild 18 477! Die Lokomotive war gerade zur Abnahmeprüfung angeheizt, nach der sie an ihr neues Heimat-Bw Lindau abging (Mai 1951). Fotos: Deutsches Museum München

**351** Aufnahme des erhalten gebliebenen Teiles der Lokomotive 18 427 in der Fahrzeughalle des Deutschen Museums. Ursprünglich besaß die Maschine einen Kessel mit zwei Feuertüren. Nach mehrmaligem Wechsel anläßlich von Hauptuntersuchungen wurde zuletzt der Nachbaukessel Henschel/23 794 aus dem Jahr 1938 eingebaut, der somit nur auf eine Lebensdauer von gut 10 Jahren kam. Er war den modernen S 3/6-Kesseln entsprechend gefertigt worden und hatte nur eine Feuertür. Heute befindet sich das abgebildete Lokomotivteil bei der »Deutschen Gesellschaft für Eisenbahngeschichte e. V.«.

Foto: Deutsches Museum München

305

**352/353** Die 1924 als letzte unter bayerischer Betriebsnummer abgelieferte S 3/6 3709 (DR 18 508) war im Jahr ihrer Entstehung blau lackiert und mit Messingzierringen versehen auf der »Eisenbahntechnischen Ausstellung« in Seddin bei Berlin zu sehen. Das Gemälde von Felix Schwormstädt (Slg: B. Wollny) läßt uns ein wenig damalige Atmosphäre spüren. Obige Darstellung steht am Beginn des Lebens dieser Maschine, die Aufnahme unten stammt dagegen aus ihren letzten Betriebstagen, als sie am 1. Juni 1962 im Hafenbahnhof von Friedrichshafen zusammen mit anderen Dampflokomotiven an einer Fahrzeugparade beteiligt war (Foto: R. Birzer). Zwei Monate später erfolgte die Z-Stellung, an die sich erfreulicherweise nicht der Weg in den Hochofen anschloß, sondern der Ankauf durch den Schweizer H. Fiechter, in dessen Obhut sich die Maschine heute befindet.

Wochen wurde die Maschine komplett sandgestrahlt und auf Hochglanz gebracht, wobei von dem anfänglichen Plan, ihr den originalen grünen Anstrich wiederzugeben, wegen des nicht mehr vorhandenen Ursprungszustandes diverser Bauteile abgegangen wurde. Am 24. Mai 1964 konnte die prachtvolle Maschine vor dem Verwaltungsgebäude der Firma Krauß-Maffei aufgestellt werden, um künftig an die große Zeit des Münchener Lokomotivbaus zu erinnern. Die gesamten Aufwendungen für die Denkmallok beliefen sich auf rund 85000.– DM.

Zweimal mußte 18528 in der Folgezeit jedoch noch ihren Ruheplatz ändern, wenn auch nur für wenige Meter. Im Herbst 1965 versetzte man sie auf die gegenüberliegende Straßenseite, was jedoch den nachteiligen Effekt hatte, daß das formvollendete, markante Gesicht der Lokomotive in eine Buschreihe sah, während für den auf dem Gehsteig vorbeikommenden Passanten im wesentlichen nur das Studium des Tenders übrigblieb. Deshalb ließ Krauß-Maffei die Maschine am 8. Dezember 1967 um 180° drehen, womit der heutige Stand erreicht war.

Die Probleme einer im Freien aufgestellten Lokomotive gingen auch an 18528 nicht spurlos vorüber. Obwohl fachkundig und gründlich restauriert, waren doch bereits nach wenigen Jahren immer deutlichere Schäden festzustellen, die in erster Linie durch Witterungseinflüsse, aber auch durch mutwillige Beschädigungen bedingt waren. Einstiger Glanz und leuchtende Farben wichen Rostanfressungen und zerbrochenen Scheiben. Diesen Verfallserscheinungen entgegenzuwirken, wäre Krauß-Maffei nur unter finanziellen Aufwendungen möglich gewesen, zu denen man seinerzeit nicht bereit war. Als Retter in der Not trat 1969 eine Gruppe des neugegründeten »Eisenbahn-Klub 18528« (heute »Eisenbahnclub München e. V.«) an die Lokomotivfabrik heran, die sich anbot, die bereits deutlich heruntergekommene Maschine kostenlos instandzusetzen und zu pflegen. Die von diesem Vorschlag angetane Firma stellte gerne die notwendigen Materialien bereit. Der bald sichtbare Erfolg der (inzwischen seit Jahren unermüdlich meist von einem einzigen Eisenbahnfreund durchgeführten) Arbeiten war und ist die Voraussetzung dafür, daß 18528 trotz Aufstellung unter freiem Himmel als erhalten betrachtet werden kann.

18612: Obwohl bei Abstellung der letzten S 3/6 am ehesten zu erwarten gewesen wäre, daß eine der modernisierten 18⁶ den Weg in ein Museum oder in Privathand nehmen würde, war dies über Jahre hinweg nicht abzusehen. Im Gegenteil: die Freunde der S 3/6 mußten mit Bedauern registrieren, daß der größte Teil der 30 Umbaulokomotiven nach und nach dem Schneidbrenner zum Opfer fiel, bis 1972 nur noch 18602, 18610 und 18612 übriggeblieben waren. Diese drei Maschinen taten z. T. noch für Heiz- und Versuchszwecke Dienst, ihr Ende war jedoch inzwischen ebenfalls absehbar. Als sich auch in der Folgezeit keine Initiative zeigte, für die Erhaltung einer der Lokomotiven einzutreten, taten sich 1972 Gerhard Böck, München, und der Verfasser zusammen, um eine Möglichkeit der Rettung von 18612 zu suchen. Diese Maschine war vor den beiden anderen prädestiniert für eine Erhaltung, da sie nahezu noch vollständig und von nachträglichen Umbauten verschont geblieben war. Nach anfänglichen Bemühungen im Alleingang (u. a. Anbieten der Lok als Denkmal an verschiedene Städte bei Zusicherung der kostenlosen Aufarbeitung) konnte Bundesbahnoberrat i. R. J. B. Kronawitter, Kenner und Freund der S 3/6, für das Anliegen hinzugewonnen werden. Mit seiner Hilfe wurde die Maschine von Kempten nach München-Ost (23. Mai 1973) verbracht, ihre vorläufige Sicherstellung gelang. Dennoch ließ sich ein Erwerb von der Deutschen Bundesbahn nicht umgehen, den schließlich Günter Knauß, Begründer des »Deutschen Dampflokomotiv-Museums« in Neuenmarkt-Wirsberg, zu Beginn des Jahres 1974 tätigte. Die gründliche Restaurierung der nun geretteten 18612 übernahm für ihn in den Jahren 1974 und 1975 eine Gruppe von Eisenbahnfreunden aus dem Münchener Großraum, die 3500 Arbeitsstunden unentgeltlich aufwendeten. Am 13. Juni 1975 trat die wieder schwarz und rot glänzende »Königin«, wie sie liebevoll von ihren Freunden genannt wurde, ihre vorerst letzte Reise an, um im ehemaligen Bw Neuenmarkt-Wirsberg, dem heutigen »Deutschen Dampflokomotiv-Museum«, neben rund 20 weiteren Dampflokomotiven eine würdige Bleibe zu finden. Die Schwierigkeiten dieser letzten Fahrt (313 Kilometer in 45 Stunden) sind in einer Broschüre des Verfassers im Rahmen der gesamten Lebensgeschichte von 18520/18612 ausführlich beschrieben (1978 im Verlag »Eisenbahn-Kurier« erschienen).

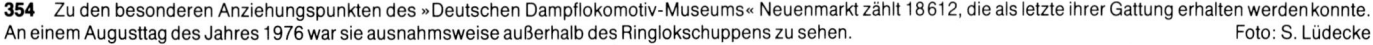

**354**  Zu den besonderen Anziehungspunkten des »Deutschen Dampflokomotiv-Museums« Neuenmarkt zählt 18612, die als letzte ihrer Gattung erhalten werden konnte. An einem Augusttag des Jahres 1976 war sie ausnahmsweise außerhalb des Ringlokschuppens zu sehen.                                                                 Foto: S. Lüdecke

**355** Ihre heutige Vollständigkeit verdankt 18612 zu einem gewissen Teil auch 18610, die unter anderem ihren Tender und ihre vier Treibstangen spendete. Für das DDM wurden außerdem Rauchkammer mit Kamin und Windleitblechen, der Zylinderblock und der Radsatz als Anschauungsstücke erhalten, der kleinere Teil verschrottet. Im Bild die Überreste von 18610 in Neuenmarkt-Wirsberg im Juni 1976. Foto: S. Lüdecke

**356** Die Probleme einer im Freien aufgestellten Denkmallokomotive zeigt diese Aufnahme (1966) der von Krauß-Maffei in München-Allach erhaltenen 18528: durch Wind und Wetter, leider auch durch Mutwillige, ist jedes dergestalt aufbewahrte Fahrzeug immensen Beeinträchtigungen ausgesetzt, die nur durch konsequente Pflege in erträglichen Grenzen gehalten werden können. Slg: G. Böck

# Mit der S 3/6 von München nach Lindau

Zu Beginn unseres Jahrhunderts erschienen im Verlag Justus Perthes, Gotha, mehrere Dutzend kleiner Hefte mit dem Titel „Rechts und links der Eisenbahn!". Zum Preis von 50 Pfg. auf jedem größeren Bahnhof erhältlich, beschrieben sie die Hauptbahnen des Deutschen Reiches in ihrer landschaftlichen und geschichtlichen Einbettung. Vom reisenden Publikum wurden sie gerne als Begleiter verwendet, um – wie es im Vorwort der Broschüren tatsächlich heißt – „die Eisenbahnfahrt als unangenehme Zugabe einer Reise"

durch Lektüre zu überbrücken. Wir möchten das Heft 45 „München – Lindau – Zürich – Luzern" in seinem Abschnitt bis Lindau heute allerdings nicht wegen derartiger Beweggründe heranziehen, sondern wollen noch einmal eine Reise über jene Strecke antreten, auf der die S 3/6 über ein halbes Jahrhundert lang heimisch war. Eine Reihe von Bildern soll uns dabei die landschaftlichen Reize dieser ebenso schönen wie schwierigen Bahn vermitteln:

Die von vier mächtigen Bogen überspannte, im Laufe der Jahre allmählich von Rauch geschwärzte Bahnhalle ist von dem Stimmengewirr vieler tausend Menschen erfüllt. Gewaltig wogt es auf dem Zentralbahnhof in München. Mag er auch durch manchen moderneren Bau im einzelnen überholt sein, so ist er **Zentralbahnhof München** doch für das reisende Publikum äußerst bequem eingerichtet, ein notwendiges Erfordernis, da München, besonders zur Sommerszeit, einen Riesenverkehr zu bewältigen hat: München ist Durchgangs- und Endstation zugleich. So gewaltig ist derselbe schon geworden, daß noch ein kleiner Bahnhof, für den Lokalverkehr München—Partenkirchen bestimmt, angegliedert werden mußte. Von allen Seiten schaaren sich gleichsam vor ihm die Gleise zusammen. Gleich fallen uns an ihrer weißen Farbe die Kühlwagen der großen Bierbrauereien auf — ein echt Münchner Bild, zusammen mit den Gebäuden der Brauereianlagen selbst, welche, wie z. B. die der Pschorr- und Hackerbrauerei, zu uns herniederschauen. Über sie hinweg erhebt sich zur imposanten Höhe von 90 m der schlanke, in frühgotischem Stile erbaute Turm von St. Paul. Da der Zentralbahnhof auf der westlichen Seite der Stadt erbaut ist, verlassen wir das Weichbild, ohne genaueren Einblick in die Stadt, wie wir es z. B. bei den Fahrten ostwärts genießen, auf denen der Zug sie im Süden umzieht. Nur im Rückblick heben sich aus dem gewaltigen Häusermeer die zahlreichen Kirchtürme deutlich ab und unter diesen — wer kennt sie nicht! — die beiden zwiebelartigen **Frauenkirche** Kuppen der Frauenkirche, gewissermaßen das Wahrzeichen der Stadt München. Unter vielfachen Überführungen von Bahngleisen und Landstraßen hindurch, deren Anlage die Regulierung des Bahnnetzes an diesem wichtigen Punkte der Stadt nötig gemacht hat, treten wir, nachdem wir den Häuserreihen mit vorstädtischem Charakter wie den Fabrikanlagen entflohen sind, in die Ebene hinaus. Kahl, ohne sonderliche Reize mit nur vereinzelten Baumgruppen, wenigen bebauten Feldern, dagegen Wiesenflächen in größerer Zahl, breitet sie sich vor uns aus und läßt uns eine Meereshöhe von rund 500 m nicht vermuten. Nur der steinige Boden, der hier und da zutage tritt und den

verhältnismäßig geringen Anbau erklärlich macht, erinnert daran. Sehr angenehm sind wir daher zur Rechten durch den Park von Nymphenburg berührt, einst in stiller Ab- **Nymphenburg** geschiedenheit weit von dem Getriebe der Großstadt gelegen, heutzutage mit ihr durch eine ununterbrochene Reihe von Häusern verbunden. An seiner westlichen Seite führen die Gleise nach Ingolstadt und Regensburg zum Donautal, zur ferneren Verbindung mit Norddeutschland. Wir aber haben schon Pasing erreicht, den am weitesten nach Westen vor- **Pasing** geschobenen Vorposten Münchens. Eine Villenkolonie, ist es anderseits doch auch ein Sitz mächtiger Fabrikanlagen für Papier-, Loden-, Wolldeckenfabrikation, neuerdings auch für Herstellung von Automobilen; flach und ohne Waldumgebung ist es ziemlich reizlos, wird aber von den Münchnern, weil das Wasser der Würm für ein Bad sehr angenehm ist, gern aufgesucht. Diesen Fluß überschreiten wir hinter der Station selbst **Würm** und halten die westliche Richtung weiter inne; abermals zweigen Gleise ab: nordwärts nach Augsburg, scharf nach Süden diejenigen zum Starnberger See oder Würmsee. Ihm, der das Ziel vieler tausend Ausflügler **Starnberger See** aus München zu allen Jahreszeiten bildet, aber stets die traurige Erinnerung an das sich hier mit dem Tode Ludwigs II. abspielende Drama wachhalten wird, entströmt an seinem Nordende die Würm, nachdem sie in dem großen Seebecken Schutt und Geröll abgelagert hat. Unterhalb Pasing tritt sie in ein weites Sumpfgebiet, das Dachauer Moos, in dem sie sich, in viele kleine Wasseradern zerlegt, **Dachauer Moos** verliert, um durch zwei künstliche Anlagen, den Würm- und den Schleißheimer Kanal, der Isar zugeführt zu werden. Diesem Gebiet nähern wir uns an seinem südlichen Ende über Aubing hinaus: eine weite Moorfläche, bedeckt gar oft mit trügerischem Grün. Zwischen den Wiesengründen, dem Schilf und Rohr haben Gebüsche sowie einzelstehende oder zu kleineren Gruppen vereinigte Bäume, die den Sumpfboden lieben, festen Fuß gefaßt, eine Landstraße zieht wohl durch das Gelände hin. Im ganzen, ein unfruchtbares, oft von Fieberluft heimgesuchtes und daher von den Menschen gern gemiedenes Gebiet, mögen

**357** München-Hbf im Herbst 1932: nur noch wenige Minuten, dann wird D 180 seine Reise über die Allgäubahn nach Lindau antreten. 18 516 gehört zum Bw München-Hbf, ihr Personal ist offenbar gerade in eine Unterhaltung vertieft.
Slg: C. Asmus

auch Münchner Maler hier der Natur Stimmungsbilder ablauschen, die an Erlkönigsszenerieen erinnern. Doch trotz des unerfreulichen Anblicks hat diese Landschaft eine große Vergangenheit hinter sich.

Dieses Dachauer Moos war gleich den vielen anderen Moosen und Rieds auf der schwäbisch-bayerischen Hochfläche der Schauplatz der Wirkungen gewaltiger Gletschermassen, welche mit elementarer Kraft gewirkt und die Spuren ihrer **Eiszeit** Tätigkeit noch heute deutlich sichtbar hinterlassen haben. In einer Epoche, welche derjenigen, wo unsere großen Faltengebirge, auch die Alpen, sich durch seitlichen Druck aus der Erdrinde aufgebaut hatten, folgte und unter dem Zeichen außerordentlicher, wahrscheinlich auf kosmische Ursachen zurückzuführender Kälte gestanden hat, bedeckten das gesamte Alpengebiet ungeheure Gletschermassen, an deren Mächtigkeit uns heute vielleicht die Verhältnisse an den Polen, besonders in der Antarktis, erinnern. Über die Berghöhen, die Kalkalpen weg, drangen sie, vorhandene tektonische, d. h. mit der Bildung des Gebirges entstandene, Spalten und Einschnitte benutzend, weit in die nördlich vorgelagerte Hochebene, zum Teil über den Breitengrad des heutigen München hinaus, nach Norden vor, alles unter sich begrabend. Diese Vorstöße haben sich drei- bis viermal wiederholt, unterbrochen durch wärmere Klimaperioden, welche die Gletscher wenigstens teilweise dann zum Abschmelzen brachten. Als das Eis endgültig gewichen war, hatte die Hochebene ein ganz anderes Aussehen als früher. Allerorten, nicht gleich weit nach Norden reichend und in verschiedenen Richtungen divergierend, waren gewaltige Geröllmassen zurückgeblieben, die Moränen. Zu diesen hatten **Moränen** die Gletscher vom Gebirge das Material herabgeschleppt, auf dem Rücken, an den Seiten oder am Grunde und bei ihrem Rückzug liegen gelassen. Zwischen ihnen tosten die Wasser, von deren Mächtigkeit und Kraft wir uns heute nur schwer eine Vorstellung machen können, lagerten die Schottermassen um oder spülten sie weg und füllten Unebenheiten im Terrain mit den feineren Sedimenten auf, so daß das Bodenrelief, welches die heutige Hochebene in ihren Hauptzügen darbietet, ein Produkt der Tätigkeit der Gletscher und der Eisströme, also »fluvioglazialen« Ursprungs ist. Allmählich ging den Gletscherwassern die Nahrung aus. Viele Furchen wurden wasserleer — die heutigen vielfach auf der Hochebene anzutreffenden Trockentäler —, nur in den tieferen Rinnen stürmten und schäumten die Bäche und Flüsse nordwärts, wenn auch nicht mehr mit der einstigen Gewalt; anderwärts wiederum sammelte sich das Wasser und durchsetzte, da es keinen Abfluß fand, den Boden. So haben sich die heutigen Moose gebildet: unser Dachauer Moos ist ein Erzeugnis des Isargletschers, der, aus mehreren Einschnitten in den Kalkalpen hervorbrechend, einen Seitenarm über den heutigen Würmsee mit seinem Abfluß nach Norden gesandt hat.

So hat denn auch diese Landschaft trotz ihrer unableugbaren Öde und Einförmigkeit an Interesse für uns gewonnen. Wenn wir jetzt nach Durchquerung des Mooses bei Roggenstein auf leicht gewellte, aus losem Gestein aufgehäufte Hügelreihen stoßen und jenseit über die Sumpffläche weg, zur Rechten, **Dachau** Dachau auf der Spitze eines in gleicher Richtung dahinziehenden niedrigen Höhenzugs erblicken, so wissen wir, daß wir einige jener Erhebungen der diluvialen Moränenlandschaft vor uns haben. Auf unserer Fahrt **Moränenlandschaft** südwestlich halten wir uns zunächst an jenem Moränenzug, den schöner Wald ziert, und erreichen in kurzer Zeit die Station Bruck. Der Ort, jenseit der Amper, in offener Talweitung anmutig gelegen, wird noch von **Bruck** Münchnern besonders wegen der vorzüglichen Bäder im nahen Flusse gern aufgesucht und zeugt von gewisser Wohlhabenheit. Westlich erhebt sich in einiger Entfernung eine alte Abtei des Zisterzienserordens, welche Ludwig der Strenge, der Vater des Kaisers Ludwig des Bayern (1314 bis 1347), errichten ließ, damit sie als Sühne für seine unschuldig gemordete Gemahlin, Maria von Brabant, diene. In ihrer Nähe erlitt dann jener Kaiser selbst den Tod in den Armen eines Bauern, als er auf einer Bärenjagd aufs heftigste erkrankte. Weiter nach Südwesten trägt uns der Zug dann zunächst über die Amper, **Amper** die, vom Ammersee kommend, in von Erlengebüsch umrahmtem Wiesental, ihr grünes Wasser nordwärts sendet, noch nicht ahnend, daß auch sie, gleich der Würm, das Dachauer Moos, wenigstens auf kurzer Strecke, betreten muß, um erst nach einem recht gewundenen Laufe jenseit von Moosburg in der Isar zu enden. Hier und da nehmen wir einige Aufschlüsse alter Moränen an der Bahn wahr, die sich aber erst bei Grafrath und weiterhin nach Türkenfeld zu mehren. Auf dieser Strecke fesselt uns, während zur Rechten die Physiognomie der Landschaft sich nicht wesentlich ändert, die Fläche vom Ammersee, der etwas kürzer, aber ebenso breit wie der nahe Starn-

berger See eine jener großen Furchen ausfüllt, **Ammersee** welche die diluvialen Gletscher geschaffen haben, wie auch gleichen Ursprungs der nahe Pilsen- und Wörthsee sind. Jener ist der wahre Typus eines glazialen Sees; noch heute sind, besonders weit nach Süden, seine Ufer von Mooren umzogen, sprechende Zeugen, daß dies Becken einst bedeutend mehr Wasser geborgen hat. Deutlich können wir die Ufer wahrnehmen, ja auf dem Ostufer sogar einen burgartigen Bau auf einem Bergkegel — den heiligen Berg Andechs, der ein Kloster trug, berühmt als Wallfahrtsort, weil er u. a. unter seinen Reliquien Milchtropfen aus den Brüsten der heiligen Jungfrau bergen sollte. Über die Fläche des Sees weg, der einen düsteren, melancholischen Eindruck hinterläßt und häufig der Schauplatz wild darüber hinbrausender Stürme ist, deuten dunkle Umrisse die Nähe der Kalkalpen an, welche die höchste Spitze des Deutschen Reiches, die Zugspitze tragen. **Zugspitze** In der Nähe, am Bahndamm, machen sich die Spuren der Entstehung der Hochfläche auch weiterhin bemerkbar: kleine Schotterhügel sind angeschnitten, Torf seht auf den Wiesen aufgehäuft. So erreichen wir Geltendorf, nur eine kleine Ortschaft, aber einen bedeutenden Eisenbahnknotenpunkt. Von hier zweigt sich nach Norden die Bahn über Mering nach Augsburg a. Lech ab, nach Süden senken sich die Gleise am Rande des Ammersees entlang über Weilheim nach Murnau, wo sie sich mit der direkt von München hergeleiteten Strecke vereinigen, um nach Partenkirchen—Garmisch weiter geleitet zu werden. Diese Strecke ist demnach die nächste Verbindung zwischen Augsburg und der Gegend am Fuße der Zugspitze.

Vorbei an einem kleinen versumpften Waldsee zur Linken, fahren wir weiter nach Westen durch die Moränenlandschaft über Schwabhausen nach Erpfenhausen. Immer gleich bleibt sich der Typus des Geländes, auch insofern, als nur wenige Dorfschaften in unseren Gesichtskreis treten. Es ist diese Ansiedlungsart teils in dem Charakter des bajuvarischen Stammes begründet, teils in der Beschaffenheit des Bodens, welcher eine Häufung menschlicher Siedelungen zu größeren Dorfschaften nicht zuläßt, da der von weiten Wiesenflächen unterbrochene Boden nicht überall eine Bebauung von Äckern gestattet. Deshalb blicken wir meist nur auf einzelstehende Gehöfte, die oft weit voneinander entfernt liegen. Bald darauf durchschneiden wir eine gewaltige Schottermasse in einem Hohlweg, die Moräne, welche das rechte, östliche Ufer des Lech begrenzt. Unmittelbar dahinter übersetzen wir den Fluß selbst, der, weit im Süden hinter der ersten Kette der Kalkalpen ent- **Lech** springend, seine ungebändigten Fluten durch die Hochebene dahinwälzt und gar oft das nahe Gelände überschwemmt. Daher hat auch unsere Bahn auf einer 20 m hohen Brücke über den Fluß geleitet werden müssen und erreicht auf einem hohen Bahndamm die Station Kaufering. Der Ort selbst **Kaufering** liegt am rechten Ufer des Lech auf der Moräne, desgleichen auch, gen Süden, in einiger Entfernung die Stadt Landsberg mit seiner schönen Burg, welche wir deutlich sehen. In ihrer Nähe ist der berühmte Maler Herkomer geboren, der diese Stadt mit manchem schönen **Landsberg** Bilde beschenkt hat. Abermals sind wir hier an einem wichtigen Eisenbahnknotenpunkt angelangt. Von Norden trifft hier eine Bahn von Augsburg ein, welche durch das seit Ottos I. Sieg über die Ungarn 955 berühmte Lechfeld, vorbei an einem großen Truppenübungsplatz, führt; nach **Lechfeld** Süden wird die Strecke weiter nach Schongau a. Lech geleitet. Leicht ansteigend verfolgen wir durch prächtigen Tannenwald unseren Weg westwärts und erreichen Igling am Fuße eines niedrigen, von Süden nach Norden ziehenden Moränenzugs. Es ist noch das alte Landschaftsbild, obgleich wir bereits das eigentliche Bayern verlassen haben. Zwar gehört heute infolge des geschichtlichen Ganges der Ereignisse auch der Teil westlich des Lech bis zur Iller zum Königreich der Wittelsbacher, aber die Bevölkerung ist alemannischer Abstammung, und bald werden wir, auch von der Bahn aus, dieses Unterschieds inne. Auf fast schnurgerader Strecke, etwas fallend, bringt uns in flacher Mulde der Zug nach Buchloe, das auf eine ziemlich lange Vergangenheit zurückblickt. Es birgt die Gebeine des berühmten Landsknechtführers Georg von Frundsberg, **Buchloe** der auf dem Feldzug gegen Rom im Kampfe zwischen Karl V. und Franz I. (die Stadt erlebte 1527 die letzte große Plünderung, den »sacco di Roma«) den Tod fand. Die Burg des alten Helden war bei Schwaz im Unterinntal, deren Trümmer noch erhalten sind. Heute hat die Stadt eine große Bedeutung als Eisenbahnknotenpunkt. Aus Württemberg, vom Neckar- und Donaugebiet, werden hierher die Züge über Memmingen an der Iller hergeleitet; nordwärts durchschneidet eine andere Linie

**358** Ausfahrt Kaufbeuren mit dem von der Lindauer 18 605 geführten E 94 Nürnberg–Augsburg–Schweiz (April 1962). Der ab Buchloe mit dem aus München kommenden Flügelzug E 194 vereinigte Zug wurde wegen seines ansehnlichen Gewichtes häufig in zwei Teilen oder mit Vorspann gefahren.　　Foto: G. Turnwald

bayerischen Boden und erreicht über Augsburg Anschluß an die Strecke München—Nürnberg.

Von Buchloe ab folgen wir der von Augsburg kommenden Bahnlinie auf der Hochfläche direkt nach Süden, zwischen zwei ziemlich weit voneinander stehenden Moränenzügen. Durch wenig anziehendes Gelände erreichen wir, vorbei an manchem Schotteraufschluß, welcher uns wieder daran erinnert, wie wenig tief die Ackerkrume ist, Beckstetten und, etwas nach Westen uns haltend, Pforzen. Damit sind wir in das Flußgebiet der Wertach getreten, welche in den Vorhöhen der Alpen zwischen Kempten und Füßen entspringt und gleich dem **Wertach** Lech nordwärts fließt, bis sie bei Augsburg demselben tributär wird. Auch dieser Fluß bewegt sich in einer durch die Konfiguration des Landes vorgeschriebenen Rinne; ebenso entspricht es der Oberflächengestaltung, daß wir selbst, so oft wir das Flußgebiet wechseln, nie durch einen zu- oder uns entgegenströmenden Bach auf die Wasserscheiden aufmerksam gemacht werden. Wir sind über die Wasserscheiden hinweggeglitten, Nebenflüsse gibt es nicht. Für die Einförmigkeit der Landschaft entschädigt uns bei günstigem Wetter ein Blick zur Linken auf die Alpenkette, aus deren Gipfelreihe sich vielleicht die Zugspitze gegen Südosten etwas deutlicher heraushebt.

Gleich hinter Pforzen durchschneiden wir dann den leicht im Gelände markierten Höhenzug und nähern uns, vorbei an der Irrenanstalt Irrsee, einer ehemaligen Benediktinerabtei, dem Flußtal selbst, in dem die Wertach unter mannigfachen Windungen sich langsam und gemächlich nach Norden zu schlängelt. Ein Stückchen flußaufwärts überqueren wir das Wasser, das durch ein Wehr aufgestaut ist, und sind bald darauf **Kaufbeuren** in Kaufbeuren, der ehemaligen Reichsstadt, die in den Zeiten Napoleons I. an Bayern gegeben wurde. Ziemlich lebhaft scheint hier Industrie betrieben zu werden, wie mannigfache Fabrikanlagen verraten.

Auf dem linken Ufer der Wertach, ziemlich dicht an den Moränen in schönen Aufschlüssen entlang, geht es, vorbei an einem breiten verhältnismäßig gut angebauten Tale, nach Süden, bis wir, an dem Orte selbst vorüberfahrend, Bießenhofen erreicht haben. Hier hat die Hauptstrecke nicht weiter nach Süden gebaut werden können. Die Strecke bis zum Nordrande der Alpen, denen wir uns schon merklich genähert haben, durchzieht vielmehr eine Nebenbahn, die, über Oberdorf nach Füßen im Lechtal geleitet, manchem zum Besuch der **Füßen** Königsschlösser Hohenschwangau und Neuschwanstein hochwillkommen ist. Wir müssen, um an den Bodensee zu gelangen, uns westwärts halten. So durchschneidet denn unser Zug, bald sanft steigend, bald etwas fallend, eine Reihe von Moränenzügen, die hier zum Teil bis etwa 20 m hoch dicht an

den Bahnkörper herantreten. Manchmal von lichten Waldpartien, dann wieder von Feldern begleitet, bringt uns die Bahn, hier und da mit Blicken auf eine Ziegelei oder Holzsägewerk, über Ruderatshofen und Aitrang in einer großen Schleife nach Günzach, wo ein großes Trockental mit dem kleinen Günzbach in der Mitte das Gelände durchsetzt. Bis hierher haben wir von München aus eine Steigung von rund 300 m überwunden und den höchsten Punkt dieser Strecke mit 810 m erreicht. Dem nächsten nordsüdlichen Talzug, in den wir, vielfach im einzelnen die Richtung wechselnd, unter starkem Gefälle eintreten, folgen auch wir und verlassen zum zweitenmal die Westrichtung. Über Wildpoldsried und Betzigau in bekanntem Gelände nähern wir uns mit schwacher Wendung nach Süd- **Iller** westen wiederum einem neuen Zufluß der Donau, der Iller, welche, nach Westen allmählich ausweichend, in ihrem unteren Laufe die Grenze zwischen Württemberg und Bayern bildet. Wir befinden uns hier bereits im Allgäu. Drüben zur Rechten sehen wir bereits die Hauptstadt liegen. Mit **Allgäu** einem großen, nach Süden ausholenden Bogen, ähnlich wie beim Lech, fahren wir über das rechte höhere Ufer der Iller: wir sind in Kempten.

In anmutiger Talmulde gelegen, wo der Fluß an der östlichen Seite ziemlich tief sein Bett eingesenkt hat, vereinigt die beinahe 20 000 Einwohner bergende Stadt fast den gesamten Handel des Allgäus in ihren Mauern. **Kempten** Dank dem großen Reichtum an Rindvieh, welches auf den berühmten Almen vorzügliche Nahrung findet, hat man die Käsefabrikation besonders gepflegt: von hier findet der Großversand in aller Herren Länder statt; mancher »Schweizerkäse«, der in den Handel kommt, ist deutschen Ursprungs. Nicht geringere Bedeutung hat der Handel mit Holz, von dem wir zuzeiten hier ungeheure Massen auf dem Bahnhof aufgestapelt sehen können. Außerdem finden große Mengen der Bevölkerung Beschäftigung in Spinnereien und Webereien, deren Erzeugnisse guten Ruf genießen. Zur Hebung des Wohlstandes trägt wesentlich die günstige Lage bei. An dem Durchgangsverkehr zwischen München und dem Bodensee, bzw. den Anschlüssen nach der Schweiz und dem österreichischen Vorarlberggebiet einerseits gelegen, nimmt es andererseits über Ulm auch an dem von Württemberg teil. Außerdem aber zieht in direkt südöstlicher Richtung eine Bahn von Kempten über Nesselwang nach Pfronten hin und führt damit durch das Voralpenland und ein Stück der Flyschzone ins Kalkalpengebiet an den Fuß des eigentlichen Hochgebirges, in einer Störungslinie, welche den Grünten gegen Südosten abschneidet. Von Pfronten aus läßt sich leicht der Übergang ins Lechtal bewerkstelligen. Diese Strecke ist auch noch insofern interessant, als hier mit etwas über 900 m der höchste, von einer einfachen

**359** Kempten ist erreicht. D 92 »Bavaria« München−Genf läßt die Stadt allerdings aus Zeitgründen abseits liegen und nimmt die Umgehungsbahn über Kempten-Hegge. Im Bild passiert er die Illerbrücke (1959). Foto: DB

**360** D-Zug Genf−Lindau−München zwischen Immenstadt und Kempten im Dezember 1956. 18541 gibt einer weiteren Lindauer $18^5$ Vorspann. Foto: G. Turnwald

Eisenbahn in Deutschland erreichte Punkt liegt. Kempten selbst blickt auf eine lange Vergangenheit zurück. Von den Römern nach den Kämpfen mit den Vindeliziern als Stadt begründet, hat es vom Mittelalter bis 1803 als freie Reichsstadt eine gewisse Rolle gespielt, ist auch lange die Residenz der Fürstäbte von Kempten gewesen.

Nach etwas längerem Aufenthalt verläßt unser Zug den Bahnhof, der Kopfstation ist, zunächst wieder in derselben Richtung, wendet sich dann aber bald nach Süden, sodaß wir links den Ausblick auf die Alpen genießen können. Im Tale der Iller, von ihr durch leichte Hügelzüge zeitweise getrennt, **Mittelgebirgslandschaft** geht es flußaufwärts, vorbei an Waltenhofen unter etwas stärkerer Steigung in ein Gebiet, welches rechts den Typus einer Mittelgebirgslandschaft zeigt. Diese wirkt um so anmutender, als hier auch Dorfschaften in größerer Zahl über das Gelände verteilt sind. Und geradezu voll Entzücken ruht das Auge auf der Fläche des Nieder-Sonthofener Sees, an welchen ganz dicht der Bahnkörper herantritt. Sicherlich glazialen Ursprungs, von einst größerer Ausdehnung, nach den Sumpfgebieten zu schließen, wird er heute in zwei ungleiche Teile durch eine weit vorspringende Landzunge zerlegt. Trotz seiner nicht allzu großen Ausdehnung — man kann bequem drüben auf Oberdorf schauen — wirkt er doch mit seiner lieblichen Umgebung sehr stimmungsvoll, um so mehr, da hier bereits braune, nach Art der in den Gebirgssiedelungen erbauten Häuschen, deren Dächer mit Steinen beschwert sind, sich malerisch über die Landschaft gruppieren. Ebenso schön, wenn auch anders in seiner Art, wirkt das Bild links.

Über die Iller weg, die mit ihrem grünen, häufig getrübten Wasser die Talsohle in mannigfachen Windungen durchzieht, treten die Vorhöhen der Alpen in unseren Gesichtskreis, im Vorblick der Grünten. Da haben wir aber auch schon die Station Oberdorf erreicht, hinter der in ziemlicher Entfernung die Ortschaft selbst mit der Ruine Werdenstein und der Kirche von Eckarts liegt. Bei Seifen, leicht fallend, haben wir dann den Fluß ziemlich dicht neben uns, der durch die Geröllfelder zu beiden Seiten seinen Charakter als Hochgebirgsbach anzeigt. Hier gewinnen wir ein schönes Panorama auf die Allgäuer Alpenwelt. Gerade weil wir noch in einiger Entfernung dahinfahren,

ist es uns vergönnt, die Bergriesen zu bewundern, aus denen im Hintergrund das Nebelhorn und die Mädelegabel sich aus dem Dunste abheben. Unter mannigfachen Windungen kommen wir allmählich in eine südwestliche Richtung; nur kurze Zeit noch, und wir sind — der Grünten im Vordergrunde beginnt die Landschaft immer mehr zu beherrschen — in Immenstadt eingefahren, dem Ausgangspunkt für den Besuch **Immenstadt** des sich weit nach Süden ausdehnenden oberen Illertals. In ihm aufwärts erreicht man Oberstdorf, das wegen seiner schönen Lage nicht zu Unrecht genannte Allgäuer Berchtesgaden. Einen Einblick in das Tal selbst genießen wir allerdings nicht, da von Osten der Grünten, von **Oberstdorf** Westen das Immenstädter Horn, der Mittag und andere Vorhöhen des Bregenzer Waldes sich vorschieben. Die Kleinbahn muß daher auch einen großen Bogen nach Osten zu beschreiben, um die Talsohle zu gewinnen. Wie Lech, Isar, Inn und Traun heute nur Täler durchfließen, die zur Eiszeit von mächtigen Gletschern erfüllt waren, so gilt dies auch von der Iller. Allerdings besteht gegen jene insofern ein Unterschied, als die Iller — ein kleines Stückchen Oberlauf im Birgsauer Tal, wo die Trettach entspringt, abgerechnet — ein Längstal nicht besitzt, sondern quer die Kalkalpen und die diesen vorgelagerte Zone des Flysch durchbricht. Die Kreide, welche den Kern **Grünten** des Bregenzer Waldes bildet, keilt nur mit einer dünnen Spitze an die Mitte des Tales aus. Nur im Grünten, dem nördlichsten Vorposten, ist auf dem rechten Illerufer eine neue Kreidewelle zutage getreten, die eine aus dem Flysch auftauchende Falte zu recht bedeutender Höhe (fast 1800 m) emporgetrieben hat. Geologisch wirkt dieses Gebiet noch dadurch anziehend, als am Südabhang des Grünten zwischen Sonthofen und Hindelang mehrere Juraklippen zum Durchbruch gekommen sind, desgleichen ein höchst merkwürdiger Aufbruch von kristallinischen Gesteinen entdeckt worden ist — ein recht verwickeltes, aber sehr interessantes Gebiet, welches einen Vorgeschmack von den schwierigen Verhältnissen im Bregenzer Wald und dem Vorarlberg gibt.

Doch kehren wir nach Immenstadt selbst zurück! Auf dem Schotterboden der Iller seitwärts vom Flusse im anmutigen Tale gelegen, ist es, nach Süden ohne Aussicht auf die Allgäuer Alpen, gen Norden durch Vorberge abgeschlossen, welche auf der Hochfläche aufsitzen. Gleich Kempten hat Immenstadt be-

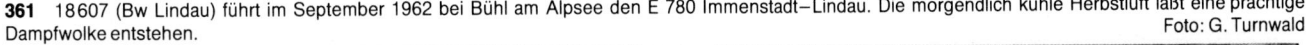

**361** 18607 (Bw Lindau) führt im September 1962 bei Bühl am Alpsee den E 780 Immenstadt–Lindau. Die morgendlich kühle Herbstluft läßt eine prächtige Dampfwolke entstehen.
Foto: G. Turnwald

deutenden Käsehandel.

Hier verlassen wir mit dem Illertal die südliche Richtung, da wir nicht in die Alpenwelt des Allgäu eindringen. Um das Bodenseegebiet zu gewinnen, wenden wir nach Westen und umfahren die Höhen des Bregenzer Waldes am Außenrande. Zunächst geht die Bahn im Tale einer kleinen Ache, welche der Iller zuströmt, in gleichem Niveau aufwärts, zu beiden Seiten von Bergzügen begleitet. Noch einen Rückblick auf den Grünten, dann biegt die Bahn nordwärts. Zur Rechten liegt eine kleine, von Schilf und Rohr umstandene Seefläche, zur Linken breitet sich über die nächsten Baumgruppen und niedrigen Hügelketten weg der große Alpsee aus. Wir befinden uns auf einem Abschnürungsboden, da der kleinere östliche Teil **Alpsee** zu dem größeren Seebecken gehörte. Dieses selbst umzieht der Zug auf seinem Nordufer der Länge nach mit den herrlichsten Ausblicken auf den See und die südlich von ihm sich aufbauenden Höhen des Bregenzer Waldes. Ruhig und still liegt er mit seiner grünen Wasserfläche vor uns, während drüben grüne Matten die Berghöhen hinaufsteigen, über sie hin Heustadel und Alpenhäuschen verstreut sind, links von der Ortschaft Bühl flankiert. Das westliche Ende des 3 km langen Sees läuft in ein weites, grünes, von Schilf und Rohr auf torfigem Grunde durchzogenes Wiesental aus, über Ratholz bis gegen Thalkirchdorf hin. Durch dasselbe windet sich ein kleiner, träger Bach, dessen Fortsetzung der Abfluß der Seen zur Iller bei Immenstadt hin ist. Dieses Talbecken gehörte zur Diluvialzeit, vielleicht noch später zum See selbst und ist der Vermoorung verfallen. Desto lieblicher ist die Gegend gen Süden. Mögen auch der Stuiben, mehr östlich, und das Rindalphorn zu bedeutenderen Höhen, etwa 1700—1800 m, ansteigen, so ist doch der Charakter der Landschaft der gleiche, wie er ihn häufig in unseren deutschen Mittelgebirgen antreffen, abgerechnet allerdings einige Steilabstürze, welche die Berghänge grotesker gestalten als dort.
Es ist das typische Bild des Bregenzer **Bregenzer Wald** Waldes, in seinem Aussehen durch dessen Entstehung und geologische Beschaffenheit bedingt. In seinen höheren Teilen aus Flysch bestehend — soweit reicht unser Blick —, umhüllt der Bregenzer Wald einen inselartigen Kern von Kreidegesteinen im Süden, während gegen Norden jüngere mergelige Gesteine vorgelagert sind, die, an unserer Stelle bis gegen Leutkirch hinauf, die Oberfläche auch zur Rechten der Bahn zusammensetzen. Die einzelnen Schichtglieder des Flysch sind im Bregenzer Walde in großer Mannigfaltigkeit, auch hinsichtlich der Reihenfolge, ausgebildet, so daß die ganze Szenerie äußerst reizvoll und abwechslungsreich wirkt. Die mergeligen Gesteine bilden meist die in der Mehrzahl nicht zu steil geneigten Abhänge, und bedingen im ganzen nördlichen Vorarlberggebiet große Fruchtbarkeit. Übrigens werden wir die

gleiche Bodenbeschaffenheit auch späterhin in den schweizerischen Gebieten auf unserer Fahrt antreffen. Denn die Falten, welche den Bregenzer Wald aufgebaut haben, setzen sich westlich des Rheintals fort und haben dort eine ähnliche Tektonik wie hier geschaffen. Beide zusammen schwingen um den Bogen der Triaszone des Rhätikongebiets herum.

Auch zur Rechten unserer Bahnstrecke finden wir die mergeligen Gesteine, welche nördlich von Ratholz im Hauchenberg noch über 1200 m ansteigen. Vorbei an Dörfern, Wiesen und einzelnen Waldpartien, mit Aussicht linker Hand auf die Eckalp, steigen wir im lieblichen Talgrund weiter aufwärts. Dann wenden wir uns vom Bache ab und haben die Wasserscheide zwischen dem Gebiet der Iller und des Bodensees, d. h. eine Wasserscheide zwischen Donau und Rhein erreicht. Hinter einem kurzen Tunnel blickt dann zu uns, in der Luftlinie des nach Südwesten zur Bregenzer Ache hin sich öffnenden Weißachtals gesehen, aus weiter Ferne der Säntis nieder — der erste Gruß aus der Schweiz.

Unterdes sind wir in Oberstaufen angelangt, einem der Ausgangspunkte für den Besuch des nördlichen Bregenzer Waldes, wie man auch von hier aus durch jenes Tal nach Bregenz an die Gestade des Bodensees **Oberstaufen** kommen kann. Vornehmlich Bayern sind es, die diesen in hübschem Grunde gelegenen Ort wegen seiner prächtigen Waldungen im Sommer aufsuchen, während er den Norddeutschen weniger bekannt ist.

Unsere Bahn dringt zum Bodensee nicht durch das Weißachtal vor, sondern umzieht die nordwestlichsten Ausläufer des Vorarlberggebiets an seinem Außenrande in mannigfachen Windungen und hält sich dabei an der Grenze der Neogenformation gegen die Hochebene hin. Zu diesem Wege war sie schon dadurch gezwungen, da es galt, von Oberstaufen aus bis Lindau fast 400 m Höhendifferenz zu überwinden, abgesehen davon, daß die Strecke immer auf bayerischem Boden bis zum Endpunkt bleibt.

Zunächst wendet sich unser Zug nach Norden und erreicht von der Wasserscheide aus das Tal des oberen Argen. Anmutige Landschaftsbilder ziehen an unserem Auge vorüber. In sanften Profilen steigen die Abhänge der nicht **Argen** hohen Bergzüge zum saftigem Grün des Tales hernieder. Ein Stückchen begleitet uns der Bach, der meist in Wiesen- oder Moorgründen dahinzieht, wohl auch alten Moränenschutt angeschnitten hat. Trotz seines noch kurzen Laufes ist er doch schon durch Wehre aufgestaut und besitzt Kraft genug, einzelne Holzsägemühlen zu treiben. An einzelnen Stellen geht die Bahn durch Hohlwege, deren Kämme Schutzwehre tragen, um den Bahnkörper gegen Schneeverwehungen möglichst zu sichern. So haben wir Harbatshofen erreicht, wenden in einer großen

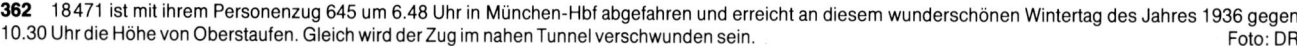

**362** 18471 ist mit ihrem Personenzug 645 um 6.48 Uhr in München-Hbf abgefahren und erreicht an diesem wunderschönen Wintertag des Jahres 1936 gegen 10.30 Uhr die Höhe von Oberstaufen. Gleich wird der Zug im nahen Tunnel verschwunden sein. Foto: DR

**363** Eine Fahrt von München nach Lindau über die Allgäubahn war für den Freund der Eisenbahn vor 25 Jahren gewiß packender als heute. Die Sicht aus dem Abteilfenster mit den unverwechselbaren Umrissen der führenden S 3/6, der über dem Zug liegende Dampf, eine reizvolle Landschaft und nicht zuletzt der typische Geruch der Dampfeisenbahn ... wer möchte das heute nicht erleben? Foto: H. Tauber

**364** Blick vom Führerstand der Zuglokomotive (BR 18$^6$) des D 91 Genf–München bei der Durchfahrt Harbatshofen. Das Ausfahrsignal stammt noch aus bayerischen Tagen, während sein Genosse am Nebengleis bereits neuere Zeiten verkörpert. Slg: E. Mayer

**365** Herrlicher Blick ins Land zwischen Harbatshofen und Röthenbach. In der Vormittagssonne rollt D 92 »Bavaria« München–Genf dem Bodensee entgegen (Winter 1960/61). Seit Oberstaufen fällt die Strecke.　　　　　　　　　　　　　　　　　　　　　　Foto: G. Turnwald

**366** Bahnhof Lindau 1962: gemeinsam werden zwei 18⁶ des dortigen Betriebswerkes den aus Genf gekommenen schweren Morgenschnellzug D 91 nach München bringen. Ihnen und ihren Personalen steht eine anstrengende Fahrt über die steigungsreiche Strecke bevor.　　　　　Slg: C. Asmus

**367** (rechts oben)　18627 überquert mit dem D 95 Zürich–Augsburg–Nürnberg an einem Juninachmittag des Jahres 1961 den Bodenseedamm in Lindau. Die sommerlichen Temperaturen lassen die Badegäste das erfrischende Naß dem Blick auf den ausfahrenden Schnellzug vorziehen. Damals war eine S 3/6 nichts Außergewöhnliches!　　　　　　　　　　　　　　　　　　　　　　　　　　　Foto: Dr. K. G. Baur

Kurve zuerst nach Norden, um die nicht unbeträchtlichen Terrain-unebenheiten zu überwinden, dann nach Westen gen Röthen-bach, zu welchem uns ein fast 60 m hoher, über einen lieblichen Talgrund weggeführter Bahndamm hinleitet. Ähnlich wie bei Oberstaufen, bietet sich auch von hier Gelegenheit zum Eintritt in den Bregenzer Wald. Zwei Bahnen, nach Weiler und über Lindenberg nach Scheidegg, zweigen sich ab und bringen ziemlich weit ins Innere die Besucher hinein, die dann von dort den Abstieg zum Bodensee nach Bregenz unternehmen. Gleich hinter dem Bahnhof von Röthenbach erinnern uns wieder schöne Aufschlüsse der Moränenablagerungen, daß wir noch immer auf der schwäbisch-bayerischen Hochfläche uns befinden, mögen auch die Berghöhen zur Linken und die flachwelligen Hügelzüge zur Rechten das gewohnte Bild etwas verwischen. In scharfer Neigung führt die Bahn weiter nach Westen durch kupiertes Terrain, in dem Wald und Wiese die hervorstechendsten Züge der Landschaft bilden. So geht es vorbei an Heimenkirch mit seinen Ton-werken und Holzsägemühlen, immer nach Westen. Da muß die Bahn abermals weit nach Norden ausweichen, um den letzten Moränenzug zu umziehen, der uns noch vom Bodenseegebiet trennt. Biesenberg, Opfenbach, Mariathann, Wohmbrechts passieren wir auf dieser Schleife, dann rollt unser Zug in den Bahnhof von Hergatz ein. Zwar befinden wir uns noch auf bayerischem Boden, allein der Typus **Hergatz** der Landschaft wird ein völlig anderer und ändert sich, je weiter wir nach Süden vordringen, noch mehr. Die gewal-tigen Erhebungen der Allgäuer Alpen sind verschwunden, des-gleichen die weiten Flächen der Hochebene mit ihren Moränen-zügen, Gebirgsflüssen und Moorgründen. Nur zur Linken erstreckt sich ein Bergzug von mittlerer Höhe, bedeckt mit Wald und Matten, in südwestlicher Richtung dahin, vor ihm **Leiblach** fließt die Leiblach dem Bodensee zu. Zur Rechten aber — wir sind inzwischen schon ein gut Stück weiter nach Hergensweiler zu gefahren — bedecken reiche Äcker mit prächtigem Getreide die Fläche, dazwischen liegen zahlreiche Ort-schaften. Obstbäume und Hopfenpflanzungen werden sichtbar. Und über diese nähere Umgebung kann der Blick frei in eine weite Landschaft schweifen. Fast könnte man meinen, dem Alpen-gebiet überhaupt entrückt zu sein. Doch da tauchen zur Linken am südlichen Horizont, erst nur in unsicheren Umrissen, dann

immer deutlicher, die Höhenzüge und **Schweizer Alpen** Spitzen der Schweizer Alpen auf, während unser Zug infolge der oft recht beträchtlichen Neigung des Terrains immer schneller dahin rollt. Zuerst zur Linken im Vorblick nehmen wir den Pfänder wahr. Dicht hinter Bregenz sich erhebend, bezeichnet er das Ostende des Bodensees, der selbst unseren Blicken noch zunächst sich entzieht. Weiter, im **Pfänder** Vordergrunde, reihen sich die Appenzeller Alpen an, über deren Kette der über 2500 m hohe Säntis, gar oft auch im Sommer mit einer Schneehaube geschmückt, hervorragt. Und zwischen dem Pfänder und den Appenzeller Alpen sehen **Säntis** wir in ein weites, offenes Tal hinein, zu beiden Seiten begrenzt von hohen Bergzügen, welche in der Ferne zu einer Mauer sich zusammenzuschließen scheinen: es ist das Rheintal, welches wir bis zu der Gegend der Enge vor Sargans bei klarem Wetter zu überblicken vermögen. Da blitzt es — wir haben **Rheintal** inzwischen Schlachters erreicht — im Vorder-grunde plötzlich hier und dort auf: der Bodensee ists, welchen die Sonne hell erglänzen läßt. So kurz auch die Entfernung in der Luftlinie ist, können wir ihn im geraden Wegs nicht erreichen. Wir haben hier in Schlachters noch **Bodensee** über 500 m Meereshöhe, d. h. etwa diejenige von München, und müssen noch mehr als 100 m bis zum Spiegel des Bodensees hinabsteigen. Die Bahn ist daher gezwungen, einen großen, nach Westen in vielen gewaltigen Windungen ausholen-den Bogen zu machen. Von Schlachters ab hören mithin die Durchblicke auf das gegenüberliegende Schweizer Gebiet vorläufig auf. Durch schönen Wald wenden wir uns zunächst etwas süd-wärts, um dann allmählich nach Nordwesten abzubiegen. Eine lachende Landschaft nimmt uns auf: reiche Felder, Obstbäume in großer Zahl, dann wieder grünende Wiesen, hier und dort mit kleinen Teichen durchsetzt, abwechselnd mit Baumgruppen oder größeren Waldkomplexen bestanden, fliegen an uns vorüber. Wohin wir blicken, tritt uns Wohlstand entgegen. Es ist der Typus der sonnigen Gefilde der Bodenseelandschaften, ganz abweichend von dem Landschaftscharakter der bayerischen Hochebene. Dazu trägt auch nicht unwesentlich die große Zahl der Ortschaften bei, welche auf beiden Seiten der Bahn sichtbar sind. Am besten kann man diesen Unterschied betreff der Siedelungen daran erkennen, daß zwischen München und Buchloe, d. h. bei einer Entfernung von 68 km,

nehmen wir den Pfänder wahr. Dicht hinter Bregenz sich erhebend, bezeichnet er das Ostende des Bodensees, der selbst unseren Blicken noch zunächst sich entzieht. Weiter, im Vordergrunde, reihen sich die Appenzeller Alpen an, **Pfänder** über deren Kette der über 2500 m hohe Säntis, gar oft auch im Sommer mit einer Schneehaube geschmückt, hervorragt. Und zwischen dem Pfänder und den Appenzeller Alpen sehen wir in ein weites, offenes Tal hinein, zu beiden Seiten **Säntis** begrenzt von hohen Bergzügen, welche in der Ferne zu einer Mauer sich zusammenzuschließen scheinen: es ist das Rheintal, welches wir bis zu der Gegend der Enge vor Sargans bei klarem Wetter zu überblicken vermögen. Da blitzt es — wir haben inzwischen Schlachters erreicht — im Vorder- **Rheintal** grunde plötzlich hier und dort auf: der Bodensee ists, welchen die Sonne hell erglänzen läßt. So kurz auch die Entfernung in der Luftlinie ist, können wir ihn geraden Wegs nicht erreichen. Wir haben hier in Schlachters noch **Bodensee** über 500 m Meereshöhe, d. h. etwa diejenige von München, und müssen noch mehr als 100 m bis zum Spiegel des Bodensees hinabsteigen. Die Bahn ist daher gezwungen, einen großen, nach Westen in vielen gewaltigen Windungen ausholenden Bogen zu machen. Von Schlachters ab hören mithin die Durchblicke auf das gegenüberliegende Schweizer Gebiet vorläufig auf. Durch schönen Wald wenden wir uns zunächst etwas süd- wärts, um dann allmählich nach Nordwesten abzubiegen. Eine lachende Landschaft nimmt uns auf: reiche Felder, Obstbäume in großer Zahl, dann wieder grünende Wiesen, hier und dort mit kleinen Teichen durchsetzt, abwechselnd mit Baumgruppen oder größeren Waldkomplexen bestanden, fliegen an uns vorüber. Wohin wir blicken, tritt uns Wohlstand entgegen. Es ist der Typus der sonnigen Gefilde der Bodenseelandschaften, ganz abweichend von dem

Landschaftscharakter der bayerischen Hochebene. Dazu trägt auch nicht unwesentlich die große Zahl der Ortschaften bei, welche auf beiden Seiten der Bahn sichtbar sind. Am besten kann man diesen Unterschied betreff der Siedelungen daran erkennen, daß zwischen München und Buchloe, d. h. bei einer Entfernung von 68 km, nur zwölf Stationen liegen, während auf der gleich langen Strecke von Immenstadt bis Lindau deren 18 sich finden, und zwar mit gesteigerter Zunahme auf eigentlich schwäbischem Gebiet, so daß auf die letzte Hälfte, von Heimenkirch ab, 13 Stationen kommen.

Rehlings passiert, und ebenso die Schleife nach Süden um- fahren, hält der Zug in Oberreitnau. Jetzt sind wir ins Bodensee- gebiet selbst getreten. Noch 50 m etwa **Oberreitnau** über dem Seespiegel, genießen wir einen schönen Blick auf das Südufer des Sees, welches mit den dasselbe in weiter Ferne umrahmenden Appenzeller Alpen einen wirkungsvollen Hintergrund für das entzückende Landschaftsbild abgibt. Der rings von Obstbäumen umgebene Ort liegt in einer Mulde; links und rechts steigen Hügel mit sanften Böschungen an, die Hänge — ein Zeichen für das mildere Klima — bedeckt mit Wein- pflanzungen, zwischen denen aber hier und dort auch Hopfen an- gebaut ist. Unter ziemlich scharfer Neigung rollt nun die Bahn zum Ufer hinab, dabei noch manche Kurve durchfahrend, um die Höhendifferenz bequemer zu überwinden. Schönau, Bodolz, Holben, freundliche, zwischen Obst- und Weinpflanzungen ge- bettete Ortschaften, die kaum einige Kilometer voneinander ent- fernt liegen, durchfahren wir schnell, so daß wir den Ausblick auf den See gar nicht voll genießen können; dann vereinigen wir uns mit den Gleisen der Bodensee- **Lindau** Gürtelbahn. Jetzt sind wir an das Ufer gelangt; eine lange Eisenbahn- brücke hilft uns hinüber auf die Insel, auf der das »Venedig im Bodensee« erbaut ist: wir sind in Lindau angelangt.

**368** Ankunft des D 72 in Lindau 1956. Die Zuglo- komotive 18 543 wurde bald darauf mit Neubau- kessel versehen und in 18 630 umgezeichnet. Foto: E. Schörner

# Erinnerungen an die bayerische S 3/6

Die Beschäftigung mit der Geschichte der Dampflokomotive ist zwangsläufig ein in die Vergangenheit gerichtetes Tun. Bei Erscheinen dieses Bandes sind nunmehr eineinhalb Jahrhunderte verstrichen, seit in Deutschland die erste Eisenbahn in Betrieb genommen wurde. Fast während dieser gesamten Zeitspanne prägte die Dampflokomotive ganz entscheidend das Bild des Zugverkehrs, so daß wir, wenn von den Ursprüngen und Grundlagen der Eisenbahn die Rede ist, ganz selbstverständlich die Dampfmaschine in unsere Betrachtungen einbeziehen. Sie war nicht nur der maßgebende Motor für die Blüte des Eisenbahnzeitalters und damit ein Mittel zum Zweck, sondern auch eine beispiellose Verkörperung von Kraft und Bewegung, die unzählige Menschen in ihren Bann zog. Ihre imposante Erscheinung regte Maler, Dichter und Musiker zur Darstellung in verschiedenen künstlerischen Richtungen an und gab ihr auch damit eine bleibende Stellung in unserer Geschichte. All dies gehört wohl zu den Ursachen, warum wir uns heute noch – und man glaubt: mehr denn je – mit einem Traktionsmittel befassen, dessen Zeit längst vorbei ist und das für die Fortentwicklung der modernen Eisenbahn keinerlei Bedeutung mehr hat.

Nicht selten fällt im Zusammenhang mit dem Steckenpferd Dampflokomotive der heute in Mode gekommene Begriff »Nostalgie«. Dieses Wort wird in jüngerer Zeit immer häufiger vom Menschen des Atomzeitalters gebraucht, der in einer von Fortschritt, Rationalisierung, Technisierung und Rastlosigkeit gezeichneten Welt ein starkes Defizit in bezug auf die Erfüllung seiner seelischen Bedürfnisse zu verbuchen hat. Zwar machen unendlich viele Dinge das heutige Leben gegenüber früheren Zeiten bequemer, und so soll hier auch keineswegs jeglicher Fortschritt in Frage gestellt werden. Aber macht dieser Fortschritt auch glücklicher und zufriedener? Gemessen an den Erscheinungen unseres gesellschaftlichen Zusammenlebens kann dies nur verneint werden, so daß die Frage nach dem Sinn einer Reihe von Zeitentwicklungen durchaus naheliegt. Um so verständlicher erscheint auch das stetig wachsende Interesse an Überbleibseln vergangener Tage, die so recht das menschliche Sehnen nach der »guten, alten Zeit« verkörpern, in der alles besser war ... – aus der Sicht der Gegenwart! Und zu jenen Überbleibseln zählt insbesondere auch die Dampflokomotive. Von jenen, die auf und an ihr Dienst verrichteten, wurde sie gewiß nicht immer verehrt, dazu war die Arbeit zu beschwerlich. Für den heutigen Eisenbahnfreund ist sie hingegen das Idealbild einer Lokomotive, das mit viel Aufwand in gehüteten Einzelexemplaren für die Nachwelt erhalten wird. Jeder engagierte Dampflokliebhaber würde sich dagegen wehren, wenn man sein Hobby ausschließlich als nostalgische Erscheinung abtäte. Wenn unser Buch über die bayerische S 3/6 mit Erinnerungsberichten schließt, dann keinesfalls deshalb, weil nach den vorausgegangenen Kapiteln mit umfangreichem Fakten- und Zahlenmaterial gewissermaßen als Ausgleich ein Beitrag im Stil der allgemeinen Nostalgiewelle folgen sollte. Vielmehr ist es bei der Darstellung von eisenbahngeschichtlichen Themen nicht ausreichend, allein den technischen und betrieblichen Bereich zu schildern. Da die Dampflokomotive eine Maschine war, die von und für Menschen gebaut wurde, ist es von größtem Interesse, auch von ihrer Wirkung auf den Menschen zu hören. So sind die nachfolgenden Zeilen von Augen- und Ohrenzeugen eine willkommene Bereicherung, die die S 3/6 noch einmal lebendig werden lassen. All das, was damals alltäglich war, ist heute nicht mehr zu wiederholen.

**Dipl.-Ing. Ernst Hoecherl** in einem Artikel über seine Praktikantenzeit bei der DR im Jahr 1932 (erschienen in »Die Dampf-Bahn«, Pöcking, 1979):

»Nachdem man uns Praktikanten auf Schnellzüge nicht loslassen wollte, durften wir zum Abschluß wenigstens je einen Dampf- und einen elektrischen Schnellzug zu einer Gastfahrt auswählen. Gab es für einen Eisenbahnbeflissenen aus dem Tal der Altmühl noch Verlockenderes, als sich den FD 80 auf seiner letzten Nonstop-Etappe Nürnberg–München herauszusuchen? Am Donnerstag, 27. Oktober 1932, stieg das große Erlebnis. Es wurde eingeleitet mit einer Fahrt vor dem BP 847 München–Nürnberg–(Berlin), den ich gegen ¾9 Uhr noch ohne Lok am Bahnsteig in München-Hbf vorfand. Sie kam bald darauf vom Betriebswerk in Gestalt der 18417, einer der leichten (Achsdruck = 16 t) Vorkriegslieferungen, die nicht einmal das stolze Kennzeichen der Kaminkrone aufwiesen. Ich begrüßte, etwas enttäuscht darüber, Lokführer Schwerd nebst Heizer und nahm nach einigen Schnappschüssen meinen Platz auf der Tenderbrücke ein. Daß der etwa aus einem Dutzend meist preußischer Abteilvierachser bestehende Zug für diese leichte S 3/6 reichlich schwer war, zeigte sich auch bald bei den 5‰-Überquerungen der verschiedenen Hügelschwellen auf dem Weg nach Ingolstadt. Wir kamen dort bereits mit Verspätung an und hielten neben einem Güterzug, dessen neu-ausgebesserte G 10 uns als Lastprobefahrt folgen sollte. Ein mir vom Vorjahr her bekannter Monteur vom nahen RAW erkannte mich und fragte mit Gesten, warum ich nicht selbst führe. Meister Schwerd erkannte die Frage und forderte mich auch schon auf, seinen Platz einzunehmen, was ich natürlich mit Freuden tat. Mein Gott! Wie weit mußte man doch da die Steuerung ausgelegt lassen, um den Zug in Schwung zu bringen und nicht noch mehr Verspätung zusammenzubringen! Trotzdem drehte mir Herr Schwerd, auf den Heizer deutend, das schwere Steuerungshandrad weiter zurück und dachte dabei wohl an seine Kohlenprämie. So ergab sich denn der Eindruck einer recht mühsamen Fahrt die Jura-Abdachung hinan, die uns Minute um Minute verlieren ließ. Erst als es ab Adelschlag wieder talwärts ging, kamen wir auf die einer S 3/6 würdige Geschwindigkeit. Herr Schwerd warnte mich vor der Lage des Eichstätter Ausfahrtsignals dicht hinter dem Bahnhof; doch die kannte ich nur zu genau und kam auch zügig und gut zum Stehen. Dann ging es weiter bis Weißenburg, wo wir wieder Platz wechselten, weil meine Amateur-Streckenkenntnis hier zu Ende war. Bis Nürnberg hatten wir schließlich über 20 Minuten Verspätung beisammen. Wir fuhren hinaus zum Betriebswerk, schlackten aus, ergänzten die Vorräte und stellten die Maschine nach dem Drehen im Haus ab. Bis zur Rückreise verblieb uns noch etwas Freizeit, die mir gerade zu einem Abstecher in die Fürther Straße reichte. Dann ging es wieder zum Hauptbahnhof, wo wir auf einem Gleisstutzen vor den Bahnsteigen unseren FD 80 von Berlin erwarteten.

Es war 15.49 Uhr, als wir mit dem aus fünf oder sechs Wagen neuester Bauart bestehenden FD starteten. Schwerd fuhr. Ich machte von seinem Anerbieten, es selbst zu probieren, nicht Gebrauch, da ich hier keinerlei Streckenkenntnis besaß, das Fahren unter ständiger Anleitung aber nicht schätzte. Ich möchte den Lokführer kennen, der über solche Antwort nicht glücklich gewesen wäre! –

Leicht zog die 18417 ihre geringe Last dahin, als wir die kurvenreiche Strecke am Rande des Rednitztales südwärts eilten. In

## FD 80, Fernschnellzug. (1) 1. 2. Kl.
### Fortsetzung aus Heft 1.
S 36.17. 295 380 65 I.

| km | Station | | | | | | | |
|---|---|---|---|---|---|---|---|---|
| | ● Nürnberg Hbf [40] | 15 47 | 6 | 15 53 | | | 100 | 67 |
| 3,0 | Bf Schweinau | — | — | 58 | 3,3 | | | 96 |
| 2,2 | ● Eibach | — | — | 16 00 | 1,3 | | | |
| 3,2 | ● Reichelsdorf | — | — | 02 | 1,9 | | | 87 |
| 3,1 | Bf Katzwang | — | — | 04¼ | 2,1 | | | |
| 3,5 | [45] ● Schwabach [45] | — | — | 07¼ | 2,8 | | | |
| 3,4 | [80] ● Rednitzhembach | 152 | — | 10¾ | 3 | 135,9 | | |
| 4,1 | ● Büchenbach | — | — | 13½ | 2,3 | | | |
| 3,1 | [85] ● Roth [60] | — | — | 15½ | 2 | | | |
| 3,8 | ● Unterheckenhofen | — | — | 18¼ | 2,5 | | | |
| 4,6 | [80] ● Georgensgmünd [45] | — | — | 21¼ | 2,7 | | | |
| 3,8 | ● Mühlstetten | — | — | 25½ | 3,3 | | | 92 |
| 5,9 | [45] ● Pleinfeld [70] | — | — | 16 30¼ | 4,1 | | | 79 |
| 4,9 | ● Ellingen (Bay) | — | — | 34¼ | 3,3 | | | |
| 4,4 | ● Weißenburg (Bay) | — | — | 37¼ | 2,8 | | | |
| 5,0 | ● Grönhart | — | — | 40½ | 2,9 | | | |
| 3,8 | [45] ● Treuchtlingen [45] | — | — | 43¾ | 3,1 | | 90 | 50 |
| 6,4 | ● Pappenheim | — | — | 49¼ | 5,4 | | | |
| 5,2 | [60] ● Solnhofen [60] | — | — | 53½ | 4,1 | | | |
| 7,2 | [80] ● Dollnstein [85] | — | — | 59¼ | 5,6 | | | 70 |
| 6,9 | ● Obereichstätt | — | — | 17 04¼ | 4,8 | | | |
| 3,4 | [85] ● Eichstätt Bf [85] | — | — | 06¾ | 2,1 | | | |
| 4,8 | ● Adelschlag | — | — | 11 | 3,5 | | 100 | 88 |
| 5,4 | ● Tauberfeld | — | — | 14½ | 3 | | | |
| 3,3 | ● Eitensheim | — | — | 16¾ | 2,1 | | | |
| 4,2 | ● Gaimersheim | — | — | 19¼ | 2,5 | | | |
| 5,7 | ● Ingolstadt Nord | — | — | 23 | 3,5 | | | 65 |
| 3,3 | ● Ingolstadt Hbf | — | — | 26 | 2,8 | | | 80 |
| 3,9 | ● Oberstimm | 152 | — | 28¾ | 2,4 | 135,9 | | |
| 4,7 | ● Reichertshofen (Obb) | — | — | 31¾ | 2,8 | | | |
| 6,2 | ● Hög | — | — | 36¼ | 4 | | | |
| 6,0 | ● Wolnzach Bf | — | — | 40¼ | 3,6 | | | |
| 4,8 | ● Walkersbach | — | — | 43¼ | 2,9 | | | |
| 5,7 | ● Pfaffenhofen (Ilm) | — | — | 47 | 3,5 | | | |
| 5,8 | ● Reichertshausen (Ilm) | — | — | 51 | 3,5 | | | |
| 3,7 | ● Paindorf | — | — | 53½ | 2 | | | |
| 3,8 | ● Petershausen (Obb) | — | — | 56 | 2,1 | | | |
| 6,0 | ● Esterhofen | — | — | 18 00 | 3,6 | | | |
| 3,3 | ● Röhrmoos | — | — | 02 | 1,8 | | | 70 |
| 5,1 | ● Walpertshofen | — | — | 05½ | 3,3 | | | |
| 4,2 | ● Dachau Bf | — | — | 08¼ | 2,5 | | | |
| 5,1 | Bf Karlsfeld | — | — | 11¼ | 3 | | | |
| 2,3 | ● Allach | — | — | 12¾ | 1,4 | | | |
| 4,7 | Bf Nymphenburger Kanal | — | — | 15¾ | 2,8 | | | |
| 5,7 | [20][10] München Hbf | 18 25 | — | — | 7,9 | | | |
| 198,6 | | | | | | | | |

Buchfahrplan des FD 80 (Sommer 1930)

der beginnenden Abenddämmerung folgte uns die geschmeidige Lichterschlange mit ihrem Prunkstück Speisewagen über Brücken, durch Föhrenwälder und Stationen und weithin leuchteten uns überall die grünen Lichter der Signale entgegen. Dann kam das Altmühltal mit seinen endlosen Kurven, Tunnels und Brücken und mit ihm der Teil der Strecke, dem so mancher Spaziergang galt, als ich mich noch damit begnügen mußte, diesen meinen Lieblingszug vom Berge oder von der Strecke aus zu erleben. Nun stand ich auf seiner Maschine, die bald mit 100 km/h der Donau zueilte. Das wohlbekannte Gelände ließ keine besonderen Vorkommnisse bis zum Ziel mehr erwarten. Doch da bemerkten wir schon weit vor Röhrmoos Brandröte am nächtlichen Himmel. Je näher wir ihr kamen, desto mehr Leute und Fahrzeuge sahen wir auf den Wegen neben der Strecke aufgeregt dahinhasten. Da war auch schon die Lohe über dem kleinen Dorf Schillhofen, am Waldrand rechts hinter dem Bahnhof Röhrmoos. Ein Doppelstadel stand in hellen Flammen und sandte eine dichte Rauchwand über die Gleise, in die wir, die Hitze spürend, mit hellem Pfiff tauchten und auch schon durch waren. Noch weit hinter Dachau kündete roter Widerschein von dieser tragischen Einlage, bis er von den Lichtern der Münchener Außenbezirke übertönt wurde. Pünktlich (18.21 Uhr) trafen wir dann in München-Hbf ein.«

**Dipl.-Ing. Ernst Hoecherl** in einem Artikel über die Eisenbahn im Raum Eichstätt (erschienen in »Die Dampf-Bahn«, Pöcking, 1982):

»Es bedeutete eine erhebliche Verbesserung des Personenzugdienstes, als mit den bereits 1922 angekündigten ›Beschleunigten Personenzügen‹ (in den populären Fahrplänen mit BP bezeichnet, im Reichsbahn-Kursbuch aber ohne Zusatz zur Zugnummer) ein Mittelding zwischen Schnell- und ›Bummelzug‹ eingeführt wurde. Den ersten Vertreter der neuen Kategorie auf unserer Strecke bildete der in München um 8.10 Uhr (Sommer 1925) abfahrende und bis Berlin durchlaufende BP 847, dessen Gegenzug aber über Augsburg geführt wurde. Ihm folgten bald weitere, so daß z.B. im Sommer 1928 der aus den Ferien wieder in die Münchener Schule einrückende Schreiber um 15.12 Uhr in Eichstätt Bf. abfahren und schon um 17.36 Uhr in München eintreffen konnte. Als letzte Reisemöglichkeit des Tages gab es den in Eichstätt Bf. um 22.13 Uhr abfahrenden BP 208, der um 0.50 Uhr in München-Hbf eintraf. In der Gegenrichtung blieb der BP 847 auch 1928 noch der einzige ›Beschleunigte‹, dessen meist ansehnlich langer, bis Berlin durchlaufender Teil aus preußischen Abteil-Vierachsern bestand. Die anderen, nur zwischen Nordbayern und München verkehrenden BPs führten regelmäßig die gut laufenden bayerischen C3i und je einen Pw3i und Post4, gelegentlich auch einen langradständigen gedeckten Güterwagen. Was sie technisch so anziehend machte, war ihre Bespannung mit der S 3/6, die man nun, statt sie nur vorbeijagen zu sehen, vor der Abfahrt eingehend besichtigen und während der Fahrt von der nächstgelegenen Wagenplattform aus zwei Stunden lang mit Aug und Ohr beobachten und genießen konnte. Was waren aber die genannten Züge schon im Vergleich zu den Schnellzügen, von denen der in Eichstätt Bf. haltende nach München 1 Stunde 52 Minuten und der nach Nürnberg 1 Stunde 42 Minuten benötigte (Sommer 1925), während alle anderen in voller Fahrt durch den Bahnhof stürmten. Ihre Herrin war in jedem Fall Maffeis Meisterwerk, die S 3/6, die in den ersten DR-Jahren noch in bayerischem Grün und bis 1930 noch ohne Windleitbleche lief. Man wußte, wann sie kamen. Die besten Zeiten waren die Stunde zwischen 9.15 Uhr und 10.15 Uhr, in der zur Sommerreisezeit gleich drei reguläre D- und FD-Züge, mitunter auch noch ein oder zwei Verstärkungszüge mit den Endzielen Berlin (D 139), Holland (FD 263) und Hamburg (D 89) aufeinanderfolgten, sowie, als Höhepunkt des Tages, die Viertelstunde nach 17 Uhr, in welcher der FD 80 Berlin–München auf seiner Nonstop-Fahrt Nürnberg–München Eichstätt Bf. passierte. (Der Gegenzug FD 79, München-Hbf ab 12.00 Uhr, mußte in der Eichstätter Zeit des Schreibers wegen der obligaten Tischzeit immer unbeachtet bleiben). Dieses Zugpaar war als erstes der Strecke komplett aus den neuen Standard-D-Wagen mit den vielteiligen Görlitzer Drehgestellen und dem entsprechenden, immer nagelneu aussehenden Speisewagen WR4ü zusammengesetzt und führte auch einen Kurswagen der FS Italia (Rom) mit sich. Die anderen Schnellzüge hatten noch lange Jahre auch die bekannten preußischen Oberlichtwagen und die schnittigen, heute als »Hechte« geläufigen ersten Reichsbahn-D-Wagen der Stahlbauart von 1923, mit den schräg eingezogenen Enden und Schwanenhals-Drehgestellen. Auch die wegen ihrer tiefliegenden Kastenunterkante etwas klobig wirkenden bayerischen D-Wagen mit Tonnendach und langradständigen Fachwerk-Drehgestellen waren noch häufig zu sehen. Nimmt man dazu die vierachsigen preußischen Schlaf- und Speisewagen, die sechsachsigen Ungetüme preußischer Schlafwagen und die verschiedenen preußischen, bayerischen und Einheits-Pw4ü und Post4ü, dann kann man sich das buntscheckige Bild der Schnellzugsgarnituren des ersten Reichsbahn-Jahrzehnts wohl vorstellen. Zu näherer »Inspektion« dieser flüchtigen Bekannten gab es in

Eichstätt Bf. wenig Gelegenheit. Doch konnte man sich – was dem Betrachter in München-Hbf nicht möglich war – ein Stück Geschwindigkeitserlebnis verschaffen. Der beste Platz hierfür war am Zaun, nahe dem Ausfahrsignal und unmittelbar am Hauptgleis München–Nürnberg: »Man hörte das ferne Rauschen des Zuges aus den Wäldern widerhallen, erkannte die schöne Gestalt der nun fast lautlos näherkommenden Maschine mit Kronenkamin, Rauchkammerkegel, spiegelnden Laufflächen der führenden Achse vor der breit ausladenden Batterie der vier Zylinder – und schon brach das sinnverwirrende Spektakel der triebwerkswirbelnden, tosenden Vorbeifahrt über den fasziniert an den Zaun geklammerten Beobachter herein. Wie es da innerhalb des durchsichtigen Barrenrahmens zuging! Sekunden nur, bis nach dem Vorbeiwischen des letzten Wagens seine mit Oberwagenscheiben und runder Schlußscheibe versehene Rückfront in der Linkskurve und nahen Felskluft verschwand.«

369  S 3/6 vor D-Zug Nürnberg–München im Felseinschnitt vor Eichstätt Bf. Darstellung von Dipl.-Ing. E. Hoecherl.

**Friedrich Seitz** erinnert sich an Begegnungen mit der S 3/6:

»Mein Interesse an der Eisenbahn, insbesondere an Lokomotiven, datiert schon seit frühester Jugend. Die Realisierung dieses Interesses war in jenen Jahren allerdings recht schwierig. Wollte man um 1930 einen etwas entfernter gelegenen, eisenbahntechnisch bedeutsamen Ort erreichen, so war man als Schüler meist auf das Fahrrad angewiesen, wobei der Besitz eines solchen damals noch keineswegs selbstverständlich war. Einschlägiges Schrifttum gab es seinerzeit kaum und stand mir nicht zur Verfügung.

Meine ersten bewußten Beobachtungen von Dampflokomotiven machte ich Ende der zwanziger Jahre in und um Stuttgart. Als eine besonders hervorstechende Baureihe blieb mir die elegant-schnittige württembergische C-Maschine, Baureihe 18[1], in Erinnerung. Auch die kraftvoll-harmonische preußische P 10, Baureihe 39, beeindruckte mich sehr. Diese beiden Reihen bewältigten damals den größten Teil des von Stuttgart ausgehenden hochwertigen Reisezugdienstes. Er war für mich immer ein Erlebnis, wenn ich auf einer meiner zahlreichen Wanderungen zu Fuß oder später mit dem Rad in Stuttgarts schöner Umgebung in der Nähe eines »Fahrt frei« anzeigenden Signals den Zug erwartete und eine dieser beiden Lokomotiven auftauchte, oft auch in Doppeltraktion in verschiedenen Kombinationen. Schon bald freilich gesellte sich eine weitere Schnellzuglokomotive dazu, die mich von Anfang an in ungewohnter Weise fesselte. An Harmonie der Formen war sie den beiden ersteren in jedem Fall ebenbürtig. Völlig neu für mich waren der ausgeprägtere Rauchkammerkegel und die Gestaltung des Schornsteins mit der oben abschließenden Krempe; diese wies nach meinem Eindruck eine die Gesamterscheinung krönende Eleganz auf. Damit hatte ich die bayerische S 3/6 von J. A. Maffei kennengelernt, die mein Interesse an der Eisenbahn nun für Jahrzehnte wesentlich beeinflussen sollte.

In der Folgezeit suchte ich, inzwischen ebenfalls im Besitz eines Fahrrads, konsequent die Stellen auf, bei denen mit dem Erscheinen der S 3/6 zu rechnen war. Zunächst wurde öfters der Stuttgarter Hauptbahnhof mein Ziel. So hatte ich Gelegenheit, die Maschinen auch aus der Nähe und im Stillstand zu sehen. Offenbar schon zu jener Zeit für eine gute graphische Gestaltung empfänglich, wurde ich selbst von dem an der Zylinderblockverkleidung angebrachten Firmenschild mit seiner klaren und geschmackvollen Schrift angezogen. Bei einem dieser Besuche entstand mein erstes Foto einer S 3/6 (18512, nach der Ankunft in Stuttgart ins Betriebswerk fahrend). Aufnahmen waren für mich damals schwierig, weil ich bis zur zweiten Hälfte der vierziger Jahre auf einen Photoapparat angewiesen war, der für Momentaufnahmen nur eine einzige Verschlußzeit aufwies, nämlich ¹/₂₅ Sekunde.

Oft fuhr ich durch die sich östlich des Hauptbahnhofs hinziehenden Anlagen zum damals viergleisigen Rosensteintunnel, der einen schönen Blick auf den regen und vielfältigen Zugverkehr bot. So freute ich mich auch, wenn ich etwa einen Vorortszug nach Schorndorf mit einer württembergischen T 14[1] antraf. Die Rückfahrt richtete ich allerdings meistens so ein, daß ich gegen 18 Uhr wieder in der Nähe des Vorfelds des Hauptbahnhofs war, denn der zwar relativ leichte, aber ziemlich schnelle D 31 (Paris – Stuttgart – München – Wien) fuhr jahrelang um 18.10 Uhr Richtung München ab und wurde regelmäßig von einer S 3/6 befördert. Mit einer leicht wehenden Rauchfahne wartete die Maschine am Rande der Gleisanlagen auf ihren Einsatz. Dieses Bild der in der herabsinkenden Abenddämmerung besonders romantisch wirkenden Lokomotive habe ich noch vor Augen, als ob es erst wenige Jahre zurückläge. Gelegentlich fuhr ich von Stuttgart über die Filderebene in östlicher Richtung, bei guter Sicht die in der Ferne lockenden Berge der Schwäbischen Alb vor mir. Das Ziel war Plochingen,

wo eine Brücke über die Bahntrasse einen guten Blick auf die D-Züge bot, die in rascher Fahrt durcheilten und zu einem wesentlichen Teil mit S 3/6 bespannt waren. Den Rückweg wählte ich dann durchs Neckartal, wo ich einmal die heute fast legendäre württembergische K, Baureihe 59, antraf, deren kraftvolle und ausgeglichene Gestaltung mich sehr packte.

Ein andermal wieder mit dem Rad unterwegs begegnete mir in der Nähe von Ludwigsburg ein aus Richtung Stuttgart kommender D-Zug mit einer P 10. Direkt vor meinem Standplatz – Straße und Bahn verliefen ein gutes Stück nebeneinander – kreuzte er mit einem anderen, Stuttgart zustrebenden Schnellzug. Aber was für eine Lokomotive war davor? An sich sah sie genauso aus wie die mir bisher bekannt gewordenen S 3/6, lediglich der Schornstein wich erheblich von meinem Bild ab. Ob nun aber sein oberer Rand lediglich durch ein umlaufendes Eisenband gebildet wurde oder durch eine wulstartige, im Umfang stark verkürzte Krempe vermag ich heute nicht mehr zu sagen. Die Kreuzung der beiden D-Züge kam so plötzlich und war von einem derartigen Leben erfüllt, daß mir die genaue Beobachtung von Details nicht möglich war. Aus späteren Bildvergleichen ergab sich, daß es sich wohl um eine Pfälzer S 3/6 gehandelt hatte. Noch lange war ich von dieser Begegnung zweier gleichermaßen markanter, im Baustil aber so verschiedener Schnellzuglokomotiven gefesselt.

Mit zwei Schulfreunden befand ich mich in den Osterferien 1932 auf einer Radtour von Stuttgart nach München mit Übernachtung in der Jugendherberge Günzburg. Nach dem Kursbuch sollte die Durchfahrt des Orient-Expreß L 5 (Calais – Paris – Stuttgart – München – Wien – Bukarest – Istanbul) in Günzburg am Morgen zu erwarten sein. In ziemlich genauer Übereinstimmung mit meiner Schätzung kam der mit Spannung erwartete Zug mit recht hoher Geschwindigkeit in Sicht. Dem Schornstein der S 3/6 – dieses Mal wieder eine mit der typischen Krempe – entströmten perlend dichte Schwaden von weißgrauem Rauch, hinter der Lokomotive liefen elegante Wagen in einheitlich dunkelblauem Anstrich der ISG. Ein donnerndes Brausen, ratternde Schienenstöße – und schon war der Zug mit seinen Schußsignalen wieder verschwunden. Diese Vorbeifahrt brachte in ganz besonderer Eindringlichkeit die Schönheit des Dampfbetriebs zum Ausdruck.

Die weitere Entwicklung des S 3/6-Betriebsdienstes verfolgte ich ab 1934 von München aus. Wegen des nach wie vor fehlenden Kontaktes zu Bahnkundigen war dies auch jetzt nur in unvollkommenem Maße möglich. So wußte ich kaum etwas von der zunehmenden Umstationierung der S 3/6 in außerbayerische Bereiche. Immerhin hatte ich bereits 1933 beim Abiturausflug zu meiner freudigen Überraschung in Wiesbaden eine S 3/6 angetroffen, und zwar eine der von Henschel neu gelieferten Maschinen. In München stand ich im Laufe der Jahre unzählige Male auf der Hacker-, Donnersberger- oder Friedenheimer Brücke und ließ mich von der S 3/6 bannen. Auf der Strecke nach Würzburg traf ich im Sommer 1934 erstmals auf Einheits-Schnellzuglokomotiven. War hier der hochwertige Reisezugdienst bisher eine Domäne der S 3/6 gewesen (z. B. der FD 263/264, den ich bei Allach oft gesehen hatte), so wurden diese Züge nun in zunehmendem Maß von den neuen, wuchtigen und ebenfalls formschönen Lokomotiven der Baureihe 01 und 03 geführt. Dabei kamen Vorspannkombinationen der S 3/6 mit den Einheitslokomotiven wiederholt vor.

Seit den fünfziger Jahren gab es für mich nur noch wenig Gelegenheit, mit der S 3/6 in Berührung zu kommen. Jene Jahre waren von dem Bewußtsein bestimmt, daß ein wesentlicher Teil der Lokomotiv- und Eisenbahngeschichte sich seinem unwiderruflichen Ende näherte. Daran konnte für mich persönlich auch die Tatsache nichts ändern, daß es mir im September 1963 noch möglich war, eine Mitfahrt auf dem Führerstand der 18622 zu erleben. Dieses Erlebnis zählt zu meinen eindrucksvollsten und wird in steter Erinnerung bleiben.

**370/371** Stuttgart wurde jahrzehntelang von S 3/6 verschiedener Dienststellen angefahren. Im obigen Bild rollt 18 498 (Bw Nürnberg-Hbf) im Jahr 1934 mit D 114 die letzten Kilometer vor dem Stuttgarter Hauptbahnhof talwärts, unten hat 18 496 vom gleichen Bw ihre Reise nach Nürnberg gerade begonnen.

Fotos: A. Ulmer, Slg: A. Braitmaier

Am Morgen dieses Septembertages stand ich am Gleis 33 des Starnberger Flügelbahnhofs vor der abfahrbereiten 18 622. Die Lokomotive hatte den Eilzug 766 München–Freiburg (über Memmingen) zu führen. Geschäftig überprüfte das Lokpersonal im Rundgang nochmals die Maschine, die eine an diesem Morgen angenehme Wärme und auch den typischen Geruch von Dampf, Öl und heißem Eisen ausstrahlte. Der ruhige Takt der Luftpumpe, das leise Summen der Lichtmaschine und das verhaltene Brodeln im Kessel ließen die gebändigte Kraft der mächtigen Lokomotive ahnen. – Die Zeit der Abfahrt nahte. Der Heizer legte noch Kohlen auf und regulierte mittels der Aschkastenklappen den Luftzutritt zu Rost und Feuerbüchse und vermied so das verbotene Qualmen im Bahnhofsbereich. Anschließend speiste er Wasser in den Kessel, dessen Sicherheitsventile dem Abblasen nahe waren und schließlich auch mit kurzem, aber heftigem Knallen ansprachen. Dann rückte der Zeiger der Bahnhofsuhr auf 7.35 Uhr: der Aufsichtsbeamte gab mit dem Befehlsstab den Abfahrauftrag, und ohne Rucken und mit sanftem Auspuff (auch »Aussprache« oder »Schlag« genannt) setzte sich die Lokomotive in Bewegung. Nach einigen Weichenstößen waren wir auf der Strecke. Die Aussprache der Maschine wurde kraftvoller, als wir die drei Brücken über die bis München-Laim zehngleisige Bahntrasse passierten. Im Bereich des Bw München-Hbf standen rauchende Treuchtlinger 01, Münchener P 8, T 18, 50, 64 und 86, ferner zahlreiche Elloks. Schließlich pendelte sich die Geschwindigkeit bei 95 km/h ein.

Das Führerhaus war zwar sehr geräumig, für mich aber verwirrend durch die zahlreichen Apparaturen, Rohrleitungen, Hebel, Schaugläser und Manometer. Gespannt verfolgte ich die Tätigkeit des Lokführers bei der Bedienung des Reglers, der Steue-

373  Blick auf die Strecke vom Platz des Lokomotivführers. Zum Zeitpunkt der Aufnahme (5. Januar 1965) stand 18614 vom Bw Lindau drei Wochen vor der Z-Stellung.    Foto: Schwalb

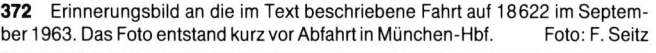

372  Erinnerungsbild an die im Text beschriebene Fahrt auf 18622 im September 1963. Das Foto entstand kurz vor Abfahrt in München-Hbf.    Foto: F. Seitz

rung, des Druckausgleichs und des Bremsventils; dasselbe Interesse galt der Arbeit des Heizers bei der Feuerhaltung, beim Kesselspeisen, bei der Überprüfung der Wasserstände, beim Abschlammen und schließlich den wechselseitigen Zurufen des Personals bezüglich Signalstellung und Langsamfahrstellen. Dies alles ging in rascher Folge ineinander über – ein Bild großer, aber gelassener Konzentration!

Aber schon bald nahte der Halt in Geltendorf und für mich damit das Ende der Fahrt. Fast benommen stieg ich von der Maschine, mit Dank an die Lokmannschaft, guten Wünschen für ihre Weiterfahrt und glückliche Heimkehr. Der Eilzug setzte seine Reise planmäßig fort, ich aber nahm nochmals den Schlag der S 3/6 in mich auf, nun wieder wie bei unzähligen früheren Malen aus der für einen nicht zum Betrieb gehörenden üblichen räumlichen Distanz. Die Rückfahrt nach München erfolgte mit einer Diesellok der Baureihe V 100.«

**Adam Weinisch** schildert einige Eindrücke:

»... So kam einmal hier in Bamberg die 18 446 (Bw Halle P) vor FD 79 mit ausgelaufenem Lager an und mußte durch eine P 8 (38 1620) abgelöst werden. Interessant war für mich 1937 die Sichtung der 18 493 vor D-Zug zwischen Koblenz und Bingerbrück. Mein erster Gedanke war damals: Fahren die Würzburger S 3/6 jetzt bis an den Rhein?! Wie ich später erfuhr, war diese Lok mit anderen vom Bw Würzburg zum Bw Bingerbrück gekommen.

Wie oft konnte ich in meiner Kindheit von der Eisenbahnbrücke aus die Abfahrt des D 40 (Berlin–München) gegen 18 Uhr in

Bamberg beobachten! Er war seinerzeit regelmäßig mit einer Nürnberger S 3/6 aus der Serie 18 479–508, also einer damals noch recht neuen Maschine bespannt. Ab und zu war es auch einmal eine aus der Serie 18 461–478. Die älteren S 3/6 wurden im regulären Schnellzugsdienst, zumindest auf der Strecke München–Halle, nicht mehr eingesetzt, außer vor Saisonzügen, die nur in bestimmten Zeitabschnitten verkehrten. Diese Abfahrt war für mich immer ein besonderes Ereignis. Zunächst setzte sich die Schublok, eine T 9³–91³⁻¹⁸, hinter den letzten Wagen. Übrigens hatte der D 40 nie weniger als neun Wagen, die höchste Anzahl habe ich mit 14 festgestellt. Ein ganz schönes Gewicht von entsprechender Länge! Die Lok stand schon ganz vorne am Ausfahrsignal außerhalb des Bahnsteiges und der letzte Wagen ragte noch ziemlich weit über den Bahnsteig hinaus. Der Heizer hatte natürlich fest nachgefeuert, so daß die S 3/6 während des dreiminütigen Aufenthalts unheimlich qualmte und die ganze Umgebung verschleierte. Dabei blies meist noch das Sicherheitsventil ab und das ziemlich laut. Nach einem kurzen Pfiff und dem Verständigungspfiff der Schublok ging's los, wobei die S 3/6 oftmals schleuderte und Rauch- und Dampfschwaden in Kirchturmhöhe ausstieß. Ein imposantes Bild! Nachgeschoben wurde etwa nur 200–300 Meter bis kurz vor der Eisenbahnbrücke, dann mußte die S 3/6 allein weiterkommen.

Jahre später wollte ich in den großen Ferien nach München die ganze Strecke mit Dampf, also über Ingolstadt fahren. Ich suchte mir einen entsprechenden Zug heraus. Es war der D 140, der nur im Sommer verkehrte, aber in Bamberg nicht hielt. Also zunächst mit dem E 170 nach Nürnberg (Saalfelder P 10–39⁰⁻²), dann umgestiegen. Der D 140 kam mit der 18 548

(Bw Halle P) an und bekam als Zuglok die 18 405 (Bw Nürnberg-Hbf), die einzige unter den alten S 3/6 mit Kranzschornstein. Zwischen Nürnberg und München hielt der Zug nur in Ingolstadt. Natürlich ging ich in den ersten Wagen gleich hinter der Lok. Der Packwagen war am anderen Ende und Post war keine dabei. Während der ganzen Fahrt stand ich die zweieinhalb Stunden am offenen Fenster und als ich in München ankam, war ich total schwarz. S 3/6-Ruß!

Tief beeindruckt hat mich nach dem Krieg die große Anzahl der mehr oder weniger beschädigten, zum Teil ausgemusterten S 3/6, die überall herumstanden. Und wie habe ich mich gefreut, wenn die eine oder andere wieder in Betrieb kam, z.B. 18 496, 498, 523 und 526, aber für die meisten war es endgültig aus.

Eine kurze Episode, die ich nicht selbst erlebt, aber von Herrn Ing. Buschmann gehört habe, sei noch angefügt. In den zwanziger Jahren fuhr er auf einer S 3/6 der Serie a–c, vermutlich vom Bw Hof, vor einem Nachtschnellzug auf der »Schiefen Ebene« von Neuenmarkt-Wirsberg in Richtung Marktschorgast. Die Maschine hatte damals wie üblich noch Petroleumbeleuchtung, auch im Führerhaus. Um die Geschwindigkeit genauer zu kontrollieren, leuchtete Herr Buschmann den Tachometer von Zeit zu Zeit mit der elektrischen Taschenlampe an. Die S 3/6 konnte auf der Steigung konstant 60 km/h halten! Das war aber für die nachschiebende T 16¹–94⁵⁻¹⁸ zu viel: in einer Kurve machte sie nicht mehr mit und entgleiste. Da sie aber mit dem Zug gekuppelt war, wurde sie noch ein ganzes Stück mitgezerrt, bis alles zum Halten kam. Ein Glück nur, daß sie nicht umfiel.«

**374** 18 487 war 25 Jahre lang in Nürnberg-Hbf stationiert. Am 18. Juli 1932 stand sie am Bahnsteig des dortigen Hauptbahnhofs und gehörte zur ersten Garde der Schnellzuglokomotiven.
Foto: Geitmann

## Baron Ludwig von Welser:

»D 79 bestand (15.08.1912) aus 2 Pw4, 5 ABBü und 1 Speisewagen und war genau 300 t schwer, geführt von der Lokomotive 3629 (Bw München I), die gut im Stand war. Der stark besetzte Zug verließ München, wie dort nahezu üblich, mit 1 Minute Verspätung um 8 Uhr 11 Min., erreichte schnell 90 km, eilte längere Zeit mit 95–105 km dahin, mußte vor Pfaffenhofen, das um 8 Uhr 45 Min. durchfahren wurde, wegen verspätet gezogenen Signals auf 60 km/Std. herabgehen, erreichte schnell wiederum 100–110 km/Std. und sauste rechtzeitig mit ca. 80 km/Std. durch Ingolstadt-Hptbhf., hielt auf der 5-Promillesteigung bis Eichstätt 80–90 km/Std. und eilte in fast gleichem Tempo ins Altmühltal hinunter, vor Dollnstein der scharfen Kurven wegen auf 60–65 km/Std. zurückgehend. Vor der Durchfahrt durch Pappenheim mußte wegen einer Baustelle bis 45 km/Std. abgebremst werden; doch erfolgte das Wiederbeschleunigen des Zuges so energisch und schnell, daß Treuchtlingen, vor welchem auf ca. 60 km/Std. abgebremst wurde, um 1 Minute zu früh – 9 Uhr 41 Min. – passiert wurde. Scharf aufholend erreichte der Zug Pleinfeld 9 Uhr 54 Min. und mußte hier, da der verspätete vorausfahrende Zug 111 (Eilzug) hinderte, anhalten, was 3 Minuten Zeitverlust verursachte. Kaum stand der Zug still, brüllten auch schon die Kesselventile, also Dampf in Fülle! Trotz dieses »Slaks« und zweier weiterer Verzögerungen durch Baustelle und Langsamfahren durch Schwabach langte der Zug, der wieder 90 und 100 km erreicht hatte, pünktlich in Nürnberg-C-B. ein. Die Maschine hatte ihre Aufgabe ohne Mühe bewältigt und es sei, wie der Führer sagte, ein Leichtes, im Fall von Verspätung auf günstigen Streckenabschnitten, wo der Oberbau es zulasse, mit 110–115 km/Std. zu fahren, doch sei dies bei normalem Verlauf nicht nötig. Abends kehrte dieselbe Maschine mit dem Gegenzug D 80, ebenfalls »non-stop« (7 Uhr 43 Min.–10 Uhr 08 Min.) wieder nach München zurück, wobei die Leistung trotz der etwas längeren Fahrzeit der Gesamtsteigung von über 200 m wegen entsprechend höher ist.

Die Maschine hatte gezeigt, daß sie keineswegs ausgelastet war. Sie hätte bei der vorgeschriebenen Fahrzeit den »downtrain« auch bei 400 t Belastung noch befördert und den 300-t-Zug auch in ca. 2 Stunden über die Strecke gebracht, trotzdem ihr dortmals noch Vorwärmer und größerer Überhitzer fehlten.

Die Fahrt des D 57 nach Würzburg (München ab 9 Uhr 10 Min., Würzburg an 12 Uhr 25 Min.), welche Verfasser im Juni 1912 begleitete, war als Maschinenleistung höher zu werten, da das Zuggewicht 360 t betrug und die 10-Promillerampen dieser Strecke erschwerend ins Gewicht fielen. Die Fahrt verlief völlig planmäßig und glatt, trotzdem auch hier allerlei Fahrtbehinderung durch Gleisauswechslungen und sonstige Oberbauarbeiten, »Halt« gebietende Signale usw. nicht fehlten. Aber die Maschine besaß genügend Kraftreserve, um die jeweils entstandenen Zeitverluste alsbald aufzuholen. Der Zug lief mehrmals längere Zeit mit schöner Gleichmäßigkeit 90–95 km/Std., überschritt 100 km nur für kürzere Zeit und erreichte die größte festgestellte Schnelligkeit von 105 km/Std. zwischen Treuchtlingen und Gunzenhausen auf ebener Bahn, also ohne Mitwirkung der Schwerkraft. Die in der Steigung liegende Strecke von Ansbach bis Oberdachstetten wurde mit 90 km angefahren, worauf die Geschwindigkeit bis zum Brechpunkt auf ca. 75 km/Std. zurückging, um im Gefäll gegen Steinach wieder 90 km zu erreichen. Bei diesem Tempo traten die Bremsen der Kurven halber in Tätigkeit. Die 10-Promillerampe hinter Steinach drückte die Geschwindigkeit auf 60–55 km herab, worauf dann ab Uffenheim – außer in den zahlreichen Kurven – mit schöner Regelmäßigkeit 85–80 km eingehalten und ab Marktbreit noch etwas überschritten wurden. Pünktlich 12 Uhr 25 Min. fand diese schöne »non-stop«-Fahrt in Würzburg ihr Ende. An der Maschine fehlte nichts (es war die 3640), der Führer äußerte sich sehr befriedigt, rühmte das reichliche Dampfmachen und den schönen, ruhigen Lauf.

Schon ein Jahr zuvor, am Fronleichnamstag 1911, hatte Verfasser denselben Zug, und zwar als lebendiger Geschwindigkeitsmesser begleitet, indem er dabei mit Hilfe eines Chronographen während der ganzen Fahrt fortlaufend in kurzen Zeitabständen die Geschwindigkeit notierte, so daß daheim ein komplettes Fahrdiagramm aufgezeichnet werden konnte. Der Zug war an diesem Tage 340 t schwer; ihn führte die S 3/6 3608 (Bw München I), eine kleinräderige, die großräderigen Schwestern existierten noch nicht. Des geringen Raddurchmessers von 1870 mm wegen bedurfte bei diesen Maschinen das Triebwerk, insbesondere die inneren Stangenlager sorgfältiger Pflege, und in der Tat beobachtete Verfasser vor der Abfahrt in München, daß der Führer Öl von sonst nicht gesehener Qualität in echt münchener, bayuvarischer Weise – aus einem Maßkrug – in die großen Schmiergefäße der inneren und äußeren Treibstangenlager goß, da bei der Länge dieser aufenthaltslosen Fahrt und der Höhe der Tourenzahl bei diesen Lagern gelegentlich Neigung zum Warmlaufen auftrat. Auf dieser Fahrt schwankte infolge von Oberbauarbeiten bis Ingolstadt die Geschwindigkeit ziemlich stark, mußte mehrfach wesentlich reduziert werden, hielt sich im übrigen zwischen 85 und 90 km/Std. Ingolstadt wurde rechtzeitig 9 Uhr 57 Min. mit reichlich 80 km passiert und die lange 4- und 5-Promillesteigung bis Eichstätt unbehindert mit 90–85–80 km zurückgelegt, worauf im Altmühltal wegen Bauarbeiten wieder mehrfach scharf abgebremst werden mußte, so daß Treuchtlingen etwas verspätet durchfahren wurde, was jedoch auf der fast ebenen Strecke bis Gunzenhausen leicht ausgeglichen werden konnte durch Einhalten einer Geschwindigkeit von 100 bis 105 km/Std. Abgesehen von der Durchfahrt durch Gunzenhausen hielt sich sodann das Tempo auf gut 90 km/Std., um gegen Winterschneidbach zu, der Steigung halber, auf 70 km zu sinken, erreichte jedoch im Gefäll gegen Ansbach wieder 90 km–95 km, worauf Ansbach selbst mit 50 km passiert wurde. Wieder erfolgte Beschleunigung auf über 90 km/Std., doch drückte die einsetzende Steigung von 1:180 die Fahrt auf 80 km herunter. Im anschließenden Gefäll stieg die Geschwindigkeit rasch bis 95 km, aber zweimaliges Bremsen setzte die Fahrt abermals auf 65 km herab. Hinter Steinach, mitten auf der sich gegen Ermetzhofen hinziehenden 10-Promillerampe, nötigte eine Baustelle zum Abbremsen auf 20 km/Std., wovon sich der Zug jedoch überraschend schnell erholte, da die Maschine scharf ins Zeug ging und vom schon nahen Gefällsbruch an auch die Schwerkraft mitwirkte, so daß die Geschwindigkeit alsbald 90 km/Std. überschritt. Aber sogleich legten die Bremsen ein mehrmaliges Veto ein, und nun blieb das Tempo trotz der zahlreichen Kurven mit 80–85 km/Std. stets an der Grenze des Erlaubten, überschritt 90 km erst nach Erreichung des Maintals bei Marktbreit und behielt dasselbe bis über Heidingsfeld hinaus bei, worauf im Gefäll von Sanderau bis Würzburg scharfes Bremsen die Bewegung auf 60 km herunterbrachte und gleich darauf der Zug pünktlich den dreieinhalbstündigen Lauf beendigte. Der Führer war im ganzen befriedigt über Fahrtverlauf und Maschine, fügte aber hinzu, daß man bei diesem Zug vor allfälligem Warmlaufen der Hochdruckstangenlager bei heißem Wetter nicht ganz sicher sei. Verfasser überzeugte sich selbst, daß trotz des sonnenlosen, trüben Tages die besagten Lager schon gut warm waren und bei Schmierung mit dem gewöhnlichen Öl die lange Fahrt wohl kaum aushalten würden.

So war es richtig, für solche und kommende noch schnellere Fahrten Maschinen mit größeren Rädern zu beschaffen, was dann auch noch im gleichen Jahre ins Werk gesetzt wurde.

Am Abend dieses Tages begleitete Verfasser den 425 t schweren Gegenzug D 58 nach München, den eine Schwesterlokomotive, die 3614 (Bw München I), in prächtiger Fahrt ans Ziel

**375** S 3/6 3608 (DR 18406), Zuglokomotive der nebenstehend im Text beschriebenen Fahrt mit dem D 57, im Anlieferungszustand des Jahres 1909.

Slg: Dr. G. Scheingraber

brachte und dabei in Ansbach die durch Wasserfassen entstandene Verspätung von 3 Minuten mühelos alsbald hereinbrachte. Der Wasserinhalt des Tenders von 26 cbm war für den Rückweg etwas knapp, weshalb vorsorglich in Ansbach, wo 5 Minuten Aufenthalt vorgesehen waren, 5–6 cbm aufgefüllt wurden.

Einer Fahrt aus der neusten Zeit, die Verfasser ebenfalls mitmachte, sei hier noch gedacht. Dieselbe stellt zwar keine besondere Maschinenleistung dar, zeigt jedoch die großräderige S 3/6 als ausgezeichnete Läuferin. Ende Juli 1934 hatte der aus der Schweiz kommende Nachtschnellzug D 125, der früh 6 Uhr Augsburg passieren sollte, nach Lindau eine zweistündige Verspätung mitgebracht und traf erst um 8 Uhr in Augsburg ein, von wo er um 8 Uhr 6 Min. abfuhr. Der aus 5 Wagen bestehende Zug (in Normalzusammensetzung nur 4) im Gewicht von 230 t wurde von der Nürnberger großräderigen S 3/6 18453 (früher 3636) geführt. Sofort nach Verlassen des Bahnhofs geriet der Zug in ein wütendes Tempo; denn die leicht fallende, fast ganz in der Geraden liegende Strecke bis Donauwörth ist eine Rennstrecke, wie sie in Bayern nicht häufig sind. Mit 105–110 km/Std. (zeitweise noch mehr) eilt der Zug durch den schönen Sommermorgen dahin, dessen Maschine es sichtlich Vergnügen macht, daß man sie einmal gehörig ausgreifen läßt. Schon nach 25½ Minuten (genau abgestoppt) trotz scharfen Bremsens vor der großen Kurve außerhalb der Donaubrücke ist Donauwörth erreicht, mit etwa 60 km erfolgt die Durchfahrt daselbst und dann legt sich die Maschine ins Zeug, um mit ungewohnter Geschwindigkeit, 70–75 km/Std., die Jurarampe durch des Verfassers heimatliche Waldespracht hinaufzustürmen. Schnell erreicht der Zug den Scheitelpunkt bei Nußbühl, wieder beginnt eiliger Lauf, mit reichlich 90 km rollt der Zug das Gefäll gen Treuchtlingen hinab – da gebietet

unerwartet in Möhren der Semaphor Halt bis zum Stillstand und der Zug verliert 3 kostbare Minuten Zeit, die bis Treuchtlingen, schon der Felssicherungsarbeiten wegen natürlich nicht eingebracht werden können. Auch der Bahnhof von Treuchtlingen selbst hemmt die Fahrt, denn seine Gleisanlage befindet sich noch im Umbau. Dann aber legt die Maschine von neuem los, doch schon in Weißenburg stockt das Rennen wieder, die Vorstrecke gegen Pleinfeld ist noch belegt – ein stark verspäteter Zug erfährt nur zu leicht unerwartete Hemmungen – aber gleich ist die Bahn frei und der Zug jagt mit 100–110 km Geschwindigkeit weiter, und obzwar in Pleinfeld durch die doppelte Kurve und bei Roth wegen Bauarbeiten nochmals zu langsamem Tempo gezwungen, erreicht er sogleich wieder die vorige Schnelligkeit und beendet nach 1 Stunde 36 Minuten in Nürnberg-C-B. den Sturmlauf. Die Gesamtfahrzeit von 90 Minuten ergibt einen Durchschnitt von 92 km in der Stunde. Berücksichtigt man den durch mehrfache Behinderung entstandenen Gesamtzeitverlust mit 6 Minuten, was eher zu wenig bemessen ist, so ergibt sich die durchschnittliche Geschwindigkeit auf 98,6 km/Std. und jene auf der Teilstrecke Augsburg –Donauwörth als dem günstigsten Streckenteil zu rund 100 km/Std. Dem Verfasser, der diese Teilstrecke seit 1878 vielleicht 500 Mal befahren hat, drängte sich bei dieser Fahrt unwillkürlich der Vergleich mit den alten Zeiten auf, wo die leichte BIX die ca. 100 bis 120 t schweren Schnellzüge in 38 bis 40 Minuten über diese Laufstrecke brachte, jedoch in einem Verspätungsfall dieselbe mit 100 t Belastung in 35 Minuten entsprechend 73 km/Std. durchlief, wobei sie die zugelassene maximale Geschwindigkeit von 80 km/Std. nicht überschreiten durfte. Die Oberbauverhältnisse zogen schon bei dieser Schnelligkeit die Grenze auf der dortmals noch eingleisigen Strecke.«

327

J. B. Kronawitter

# Bekanntschaft mit der S 3/6

Zu den Wunschträumen eines Knaben gehörte unter anderem auch das Interesse für die Eisenbahn und besonders für Lokomotiven. Für einen Passauer Eisenbahnerbuben, aufgewachsen zum Teil mit Eisenbahnerkindern, gab es genug Anregungen. Anfangs machte man noch keine großen Unterschiede, pauschal war eben Lokomotive gleich Lokomotive. Später prägte man sich schon besondere Wesensmerkmale ein, die Größe, die äußeren Formen, die Höhe der Räder, überhaupt das ganze Erscheinungsbild der Lokomotiven und auch deren Geräusche. So unterschied man schon bald zwischen bayerischen und österreichischen Maschinen. Wichtig war auch das »Gesicht« der Lokomotiven, das heißt die Formgebung der vorderen Bauteile einschließlich des Schornsteins, auch Rauchfang oder Kamin genannt.

Da kamen noch vor dem Ersten Weltkrieg Maschinen, die hatten einen »Spitz« (= kegelige Rauchkammertüre). Man nannte sie die »Spitz-« oder »Blitzzug-Maschinen«. Wer beim Spielen eine solche Lokomotive mimen wollte bzw. durfte, mußte schon besonders schnell und ohne abzugleiten auf dem Trottoirrandstein laufen können.

Diese Spitz-Maschinen führten den »Expreßzug«, wie die Spielgefährten geschäftig von ihren Vätern zu erzählen wußten. Nach späterem Wissen waren es wohl S 2/5 und S 3/5, die von Nürnberg her kamen.

Es muß um 1912/13 gewesen sein, da brachte mein Vater einen Besuch aus München wieder zur Bahn und ich durfte mitgehen. Am Bahnhof verweilte man noch einige Zeit innerhalb der Perronsperre. Mein Augenmerk galt natürlich dem Bahngeschehen. Da entdeckte ich, vor Aufregung ganz erschauernd, über Gleise hinweg eine noch nie gesehene große Lokomotive. Ich weiß noch genau, sie war grün gestrichen, hatte große rote Räder und vorne einen Spitz. Das Herz schlug mir höher und ich bestürmte meinen Vater mit Fragen. Dieser fühlte sich in der Unterhaltung mit dem zu verabschiedenden Besuch gestört und wollte mich abwimmeln. Aber der Onkel, so durfte ich ihn nennen, pflichtete mir bei. Und so sagte mein Vater etwa: ».. ja, das ist die neue, die größte bayerische und sogar größte deutsche Schnellzuglokomotive. Sie hat 12 Räder und fährt 120 km in der Stunde schnell.« Der Onkel meinte, er hätte solche oder sehr ähnliche, große Maschinen auch schon im Centralbahnhof München gesehen und auch bei der Durchfahrt im Bahnhof München-Haidhausen (= München Ostbahnhof). Nach späteren Nachforschungen war mir klar, das war meine erste, bewußte Bekanntschaft mit der S 3/6, deren Bezeichnung mir damals noch unbekannt war. Übrigens, beim Abschied sagte der Onkel, wenn ich brav und folgsam sei und fleißig lerne, würde mir das Christkind auch so eine schöne Maschine bringen. Tatsächlich bekam ich am nächsten Weihnachten eine vielbewunderte Eisenbahn mit einer zwar kleineren Lokomotive, die aber auch einen blitzblanken Spitz hatte; ich besitze sie heute noch.

Während des Ersten Weltkrieges habe ich S 3/6-Lokomotiven nicht mehr gesehen. Nach diesem Krieg kamen S 3/6 wohl wieder von Nürnberg her, aber mit einem Schnellzug, der nachts einlief und sehr früh am Morgen wieder wegfuhr. Als dann ein zweites Schnellzugpaar und später noch ein drittes kam, zu anderen Verkehrszeiten, änderte sich das Bild und die S 3/6 wurden auch tagsüber sichtbar. Gegen die frühe Mitte der zwanziger Jahre bekamen auch die Regensburger S 3/6-Lokomotiven zugeteilt. An Wochenenden und in den Ferien war ich dann oft, ob am frühen Morgen zum D 157, untertags zu den D 55/54 oder abends zum D 156 da, um die S 3/6 zu bewundern. Bevorzugte Standpunkte in Passau waren der gesamte Bahnhofsbereich, das Maschinenhaus, die Bw-nahe Straßenbrücke im Westen, die dem österreichischen Heizhaus bzw. tunnelnahe Straßenbrücke im Osten und natürlich der Bahnsteg. Letzterer Verweilpunkt brachte mir bei den Schulkameraden den Spitznamen »Stegwastl« ein, was mich aber nicht weiter genierte. Höhepunkte waren natürlich Doppelbespannungen, kommend und gehend.

Da gab es oft kleine Intermezzos, wenn wir, damals bereits mit einem gleichgesinnten Klassenkameraden, auch einem Eisenbahnersohn, uns ins bayerische Maschinenhaus einschlichen. Hier wurden wir beim Betrachten der abgestellten, aber doch meist »dampfsäuselnden« Lokomotiven oft verscheucht. Aber über eine Zaunlücke retournierten wir wieder; wir waren schon zähe Burschen und ließen uns nicht so leicht abschütteln. Natürlich wurden wir wieder einmal von Schlossern, Feuerleuten oder sogar höheren Chargen angehalten und nach unserem Begehr gefragt. Da mußten dann die Namen von Vätern von Schulkameraden herhalten, von denen wir wußten, daß sie zur Betriebswerkstätte gehörten. Aber aus dem Bw-Areal »rausgegamst« wurden wir noch öfter, auch unter Androhung der Anzeige bei der Schule bzw. bei den Eltern.

So standen wir wieder einmal im Langhaus und endlich auch vor einer S 3/6. Wegen mangelnder Beleuchtung, der Enge des Raumes und dem fehlenden Abstand zur Lok konnten wir die ganze imposante Erscheinung dieser großartigen Maschine leider nicht gänzlich, sondern nur in Teilen aufnehmen. Aber das Gesicht der Lok, den Spitz, den Kamin, den ausnahmsweise eine Krempe zierte, die mächtige Brust des Schieber-Zylinderblocks, den »Stiefelknecht« des ausladenden Stehkessels, sowie die keilförmige Windschneide der Führerhaus-Bugwand konnten wir in dieser gedrängten Nähe schon erfassen und ehrfürchtig bewundern. Ja, das war alles echte, majestätische, verehrungswürdige S 3/6!

Als einmal die unsymmetrische 3/4-Drehscheibe des bayerischen Betriebswerkes erneuert und vergrößert wurde, mußten die eigenen und die auswärtigen Wendeloks, soweit sie Schlepptender hatten, auf der größeren, aber noch handbetriebenen Drehscheibe des österreichischen Heizhauses gewendet werden. Die Tankloks blieben ungedreht. Da gab es am Ostkopf des Bahnhofs viel zu sehen. Das veranlaßte uns, auch im österreichischen Heizhaus Kontakt zu suchen und Eingang zu finden. Probleme gab's dabei nicht, der Heizhausleiter war ein gemütlicher Waldviertler und sein Sohn an unserer Schule.

Diese Eisenbahnliebhaberei ging dann so weiter durch die Etappen der Schulzeit. Doch bremsten die Eltern den zeitlichen Aufwand dafür, denn auch das zusätzliche Briefmarkensammeln, Fußballspielen usw. vertrug sich nicht mit den schulischen Pflichten. Prinzipiell aber wurden weitere Kontakte geknüpft und erweitert, mit Eisenbahnern und kundigen Interessenten. Dies und ein zunehmendes Eindringen in die Eisenbahnliteratur vermehrte zusehends mein Wissen um dieses Interessengebiet.

Immer mehr kristallierte sich der Berufswunsch heraus, Eisenbahner oder Lokomotivbauer zu werden. Darauf wurde dann auch die zukünftige Schul- und Berufsausbildung ausgerichtet. Für ihr Verständnis und ihre Opferbereitschaft dazu bin ich meinen verehrten Eltern lebenslang dankbar.

Von Regensburg her kamen damals die S 3/6–3603, 3604, 3606, 3608, wechselnd auch die 3610 bis 3613, 3614, 3618 und die 3645 bereits als 18 422. Später erschienen auch die anderen mit den neuen DR-Nummern und dem Gattungszeichen S 36.16; sie wurden laufend mit Vorwärmern und Speisepumpen ausgerüstet. In der späten Mitte der zwanziger Jahre bekamen diese S 3/6 noch die stutzerhaften, kleinen Windleitbleche, »Mäuseohren« genannt, die wenig Wirkung zeigten. Absichten, an der S 3/6-Stirnfront zwischen Rauchkammerunterseite und der Pufferbohlenplattform eine breite Schrägfläche anzubringen (wie bei Einheitslok 01[0]) und damit die großen

Windleitbleche Bauart Göttingen zu kombinieren (»Elefantenohren«), unterblieben. Nach dem Zweiten Weltkrieg wurden im Bw Hof/Saale an Einheitslok und zwei S 3/6 (18 412 und 419) die Kriegslok-Windleitbleche Bauart Degenkolb versuchsweise angebracht, jedoch mehr in Kaminhöhe hochgezogen. Dies ergab eine aerodynamisch bessere Ableitung des Winddruckkegels und damit vor dem Schornstein weniger Neigung zur sogenannten »Rauchkrawatte«. Die Versuche konnten nicht fortgesetzt werden, da sie vom im Entstehen begriffenen Zentralamt Göttingen/Minden nicht »abgesegnet« waren! – Bei der DR der damaligen Ostzone und bei ausländischen Bahnverwaltungen kam man aber zu ähnlichen Überlegungen und Anwendungen hinsichtlich Rauchleitvorrichtungen.

Im folgenden wird aus der Erinnerung, zum Teil auch aus noch erhaltenen Aufzeichnungen eine Mitfahrt auf einer S 3/6 mit allem Drum und Dran geschildert. Es handelt sich hier um den Dienstplan-Kurs des »Ostende-Wien-Expreß« L 51, westwärts von Passau nach Frankfurt/M. fahrend, dessen Garnitur als Flügelzug zum »Orient-Expreß« in Linz/Donau abgetrennt wurde. Zwar fungierte ich formal als Dritter Mann, wobei ich nach schon abgelegter Heizer- und Lokführerprüfung mit Fahrtberechtigung – überwiegend und soweit ich mich strekkensicher fühlte – die Lok selbst führte. Der planmäßige Lokführer war auf dem Führerstand mitanwesend. Ort und Zeit: Bw Passau vor Mitte der dreißiger Jahre an einem Schönwetter-Samstagnachmittag:
Im Langhaus des Bw steht eine »langhaxige« S 3/6, die 18 444. Mit dem Lokpersonal, also zu dritt, werden die vorgeschriebenen Untersuchungen, Verrichtungen und Überprüfungen im Rahmen der Vorarbeit und Aufrüstung gewissenhaft durchgeführt. Mit Ölspritze, Hammer, diversen Schraubenschlüsseln und einer Ölfunzel geht es an die Maschine und den Tender heran, von außen, oben und unten. Im einzelnen unterteilen sich die Arbeiten auf Laufwerk, Triebwerk, Stangen- und Achslager, Federungs- und Bremssystem, Stellkeil- und Zapfenspiele, dazu alle Verbindungen und deren Sicherungen (Muttern, Beilagen, Splinte ...), Sandstreuer, Radreifen, Zug- und Stoßvorrichtung usw. Oben auf dem Führerstand und um den Umlauf geht es weiter über Wasserstände, Prüfhähne, Luft- und Speisepumpe, Injektor und Schmierpressen, Feuerbüchse innerlich, Gängigkeit der Aschkastenklappen, des Kipprostes, diverse Leitungen, Dampfpfeife usw. usw. Es würde zu weit führen und den Leser ermüden, das alles noch detaillierter aufzuführen. Doch sei sehr darauf hingewiesen, daß eine gewissenhafte Erledigung der Vorarbeit insgesamt, einschließlich der Aufrüstung, eine unbedingte Voraussetzung für eine sichere Durchführung einer Zugleistung ist, noch dazu, wie in diesem Fall, einer Langstreckenfahrt. Ebenso wichtig ist auch nach Fahrtende die saubere Ausführung der sogenannten Nachschau mit eventuellen Reparaturaufträgen und deren Erledigung zwecks störungsfreier Rückfahrt.
Inzwischen hat der Heizer das Reservefeuer auseinandergezogen, weiter aufgebaut und, soweit es der Dampfdruck zuläßt, den »Surrer« (= Hilfsbläser) angestellt. Das gibt aus dem Schuppendachkamin ein ganz schönes Rauchwölkchen. – Die S 3/6 bevorzugt ein Hufeisen-Feuerbett, also eine gute Abdekkung der Rückwand und der beiden Seitenwände. Andere Loktypen brauchen das Keilfeuer. Überhaupt »mag« die S 3/6 mit ihren zwei Feuertüren eine bestimmte Feuerbedienung, besonders wenn sie eine Kupferbox hat. Da mußten später außerbayerische Lokpersonale schon bemüht sein, sich darauf einzustellen. Den Heydebreckern und Donau-Linzern gelang dies angeblich nicht! Offenbar kamen die »ETAT-Franzosen« damit besser zurecht.
Im Jourbüro (= Lokleitung) vergewissere ich mich, daß die 18 444 von ihrer letzten Fahrt her ohne Mängel abgestellt ist und keine Reparaturzettel vorliegen. Nun ist es Zeit zum Raus

fahren. Ein Pfiff, der Drehscheiber bläst mit dem Horn »Kommen« und ich fahre langsam aus dem Haus. Mit Reglerspiel und der Zusatzbremse »maßte« ich mich vorsichtig auf die Drehscheibe. Das ist nicht ganz einfach, da die lange Lok wenig Spielraum zur Drehscheibenlänge zuläßt. Wir fahren dann noch zum Wasserkran, um den Tenderinhalt zu ergänzen. Der Heizer »organisiert« noch schnell etwas Reserven an Schmierölen, die knapp bemessen zugeteilt werden. Beim Bw-Posten kurzes Warten, bis uns das Stellwerk 3 am Bahnhofswestkopf annimmt. Und dann geht es »arschlings«, d. h. mit dem Tender voraus auf dem südlichen Maschinengleis zum Stellwerk 3, von dort nach kurzem Warten in einen Stutzen des Lokwartegleses, auf dem uns das Gleissperrsignal vorläufig einschließt.
Während der Heizer, ein körperlich gut gestellter, bewährter Reservelokführer-Anwärter, sich weiter um das Feuerbett kümmert, umrundet der Lokführer nochmals prüfend Lok und Tender. Der Lokführer ist fachlich und menschlich als ein sehr guter »Meister« bekannt und gehört zur Elite seiner Berufsgruppe. Früher nannte man solche, nicht sehr zahlreiche Vollbluteisenbahner auch »Herrenführer« und sie wurden sogar mit dem Zusatz »Baron« bedacht. Nicht zu verwechseln allerdings mit »Maschinenführern«, die übertriebenes herrisches Verhalten praktizierten und zwar gefürchtet, aber nicht geschätzt waren. Mit einem Kreidestrich halbierten sie das Führerstandspodium und zeigten so einem neu zugeteilten Heizer unmißverständlich seinen Grenzbereich links vom Strich an.
Ich gehe zur nächsten Telefonbude, um beim AB/Fdl (= Aufsichtsbeamter/Fahrdienstleiter) zu erfragen, wie der L 51, »Lux« genannt, von Österreich her dran ist. Es heißt, er hätte etwa 30 Minuten Verspätung. Das zu wissen ist wichtig für die weitere Feuerhaltung der S 3/6 am Bahnhof. Einerseits ist Qualmen und Abblasen der Sicherheitsventile verboten, andererseits muß der Heizer bei der Abfahrt mit Dampfdruck und Kesselwasserstand gut gestellt sein. Das ergibt also schon Probleme und erfordert große Geschicklichkeit und Erfahrung seitens des Heizers. Zu hoher Kesselwasserstand bringt beim Anfahren die Gefahr des Wasserüberreißens und Schleuderns mit den Folgen von Wasserschlägen und Triebwerksschäden. Das hat eben alles seine zwei Seiten! – Also Aschkastenklappen zu und die Feuertüren ein klein wenig öffnen, nicht zu viel, denn die S 3/6 ist empfindlich für direkte Kaltluft in die Feuerbüchse und rächt sich mit Rohrrinnen und Stehbolzenrissen. Dann machen Lokführer und Heizer eine kleine Brotzeit auf ihren Führerstandsitzen. Ich verlasse die Lok und gehe außen um sie herum. Majestätisch steht sie da, unsere S 3/6. Sie strahlt, inzwischen ist es etwas windig geworden, mollige Wärme aus. Die ganze Maschine gibt den typischen Geruch von heißem Eisen, Öl und Dampf von sich und ich empfinde sie förmlich als Lebewesen. Das leise Summen der Lichtmaschine, das gedrosselte »Dung-dang« der Luftpumpe, die verhaltenen Takte der Speisepumpe, wenn sie angestellt ist, das leise Brodeln in der Feuerkiste lassen die gebändigte Kraft dieser mächtigen Maschine als technisches Wunderwerk fühlen. Ihr stolzes Gesicht mit dem erhobenen Haupt des Kamins mit Krempe bezeugt vornehme Erhabenheit und ideologisch eine Art von Selbstbewußtsein nach der Arie: »Wenn ich König wäre ...«! Wahrlich ein imposantes Geschöpf von Technik und menschlichem Können. Bezeichnend für das Gesicht der S 3/6 sind auch die schräg abwärts gerichteten Rauchkammer-Stützstreben (nach amerikanischer Art) und die »Hühnerleitern« zum Umlaufaufstieg. Schließlich noch die schräg aufwärts zeigenden Schutzrohre über den vorderen, deckelseitigen Kolbenstangen der mittigen Hochdruckzylinder. Mit etwas Phantasie gleichen sie fast vorgestreckten »Wehrspießen«. Und das Führerhaus, der Befehlsstand, vergleichbar mit Kommandobrücke oder Cockpit, ist auch so eine kleine technische Wunderwelt. Die zahlreichen Meß- und Anzeigegeräte, Schaugläser, Handräder, Hebel, Rohrverbindungen, Gestänge, einge-

hüllt in eine geheimnisvolle Düsterheit, sind für den nicht kundigen Erstbeschauer verwirrend. Die beiden Feuertüren, welche typisch für die S 3/6 sind, verbergen hinter sich ein glühend heißes, fast höllisch-schauriges, wirbelndes Flammenmeer. Zuweilen auch eine tödliche Gefahr bei Unfällen für die im Führerhaus eingeschlossene Lokmannschaft, auch im Zusammenhang mit geplatzten Dampfleitungen ...

Während ich so meditiere und die S 3/6 anhimmle, kommt das »Rotkäppchen« (= Aufsichtsbeamter) an die Lok und sagt, der Lux sei schon in Schärding durch. Der Heizer richtet sich schnell auf die neue Sachlage ein, räumt Kohle auf das Schaufelbrett vor und spritzt auch noch die Tenderkohle ein. Dann überprüft er nochmals seine Stangenlagerschmiergefäße bzw. ölt etwas nach.

Tatsächlich hört man schon vom (österreichischen) Stellwerk 2 am Bahnhofostkopf her die typischen Einklang-Schläge des österreichischen Läutewerkes, welches die baldige Einfahrt des Lux ankündigt. Und nach kurzer Zeit kommt der L 51 auch mit hechelnden Zylinder-Saugventilen, zischendem Ejektor der Hardy-Saugbremse und dem »Täff-täff« der Westinghouse-Bremse. Schnell kommt der österreichische Verschieber, kuppelt aus und zeigt dies durch zwei Schläge auf den Pufferteller an. Dann hängt er sich auf den vorderen Lokaufstieg, pfeift und »wachelt« mit seiner Signalflagge, die an einem gekürzten Hackelstecken weht und mehr schwarz als rot ist, vorwärts. Dann fährt die Lok zum Auswechseln an uns vorbei. Statt wie sonst eine neuere Tanklok Serie 729 ist es eine Schnellzuglok Reihe 310 mit konischem Kessel und umgekehrter »3/6«-Achsanordnung. Die Bayern nennen sie »Zeppelin« oder »Arschlings-3/6«, wie auch die österreichischen Eisenbahner als »Nachbarn« oder »Breinhasen« apostrophiert werden. Wir sind für sie die »Boarn« oder »Dä(i)dschn«, wenn sie aus der Wiener Gegend kommen, oder die »Boarnfakkn«, wenn sie Tiroler sind. Letzteres quittieren wir mit »Trolla-Fakkn«, was sie auch schlucken. Aber all das ist bloß harmlose gegenseitige Frotzelei und wir verstehen uns sonst gut.

Als die 310 an uns vorbeifährt, deutet der österreichische Lokführer nach vorne auf seine Lok (wahrscheinlich ist da etwas

nicht in Ordnung) und der Heizer auf den Kohlentender, vermutlich schlechte Kohle. Sie tragen als Kopfbedeckung statt der blaugrauen Kunstledermützen so eine Art Strumpf, einseitig als Zipfel zugebunden und sind beide ölrußverschmiert, haben also eine kleine Marterfahrt hinter sich.

Das Gleissperrsignal gibt uns freie Rangierfahrt und wir setzen uns vorsichtig an den L 51, die letzten Meter sande ich, um bei der Abfahrt »gut auf den Beinen zu stehen«. Bremsleitungs- und Hauptluftbehälterdruck sind schnell erreicht. Der Lokführer überprüft das ordnungsgemäße Ankuppeln durch den bayerischen Rangierer, der Wagenmeister gibt das Handsignal zur Bremsprobe und meldet nachher »Bremse in Ordnung«. Der Heizer gibt noch einige Öltropfen auf die Schieber- und Kolbenstangen und die »Lineale« (= Kreuzkopfführungen). Der Zugführer kommt, bringt den Bremszettel und läßt sich unsere Namen für den Fahrtbericht geben. Als er mich sieht, meint er: »Habt's heut' an Lehrbub'n dabei (Ausbildling), und wer fährt nachher?« Der Lokführer antwortet: »Na wer denn sonst, der Lehrbua halt.« Der Zugführer: »Daß er fei net einschläft dabei; mir werden mit 20 Minuten Verspätung wegfahr'n und einige ›La‹ (Langsamfahrstellen) haben wir auch!« Der Lokführer: »Feit sich nix, paß' nur Du auf, daß' Dich net runterbeutelt von Dein' Juchhekobel (Zugführerhochsitz im Packwagen).«

Ein metallisches Klappern vor uns zeigt, daß das Ausfahrsignal auf »Frei« gegangen ist, und schon wird auch das Zweiklang-»Kling-klang« des bayerischen Läutewerkes vom Stellwerk 3 her hörbar. Die Abfahrt steht direkt bevor, offenbar haben also die beiderseitigen Zöllner schneller gearbeitet. Der Zugführer meldet den Zug fertig, der AB pfeift, Zugführer und Schaffner heben die Hand hoch und der AB den Befehlsstab, ein aufmunterndes »auf geht's« des Meisters, der sich hinter mich postiert. Der Heizer schaufelt noch und ich werfe einen Blick nach rückwärts auf den Bahnsteig. Der AB grüßt, Zugführer und Schaffner verschwinden im Zug und in der Abendsonne strahlen die Domtürme ein Lebewohl.

Kurz vor der Abfahrt haben wir mit dem Zugführer noch die Uhrzeiten verglichen. Während der Heizer einen kräftigen Schluck aus seiner Kaffeeflasche nimmt, sich den Schweiß von

**376** Passau-Hbf im Jahr 1934: 18 444 (Bw Passau) wenige Minuten vor Abfahrt in Richtung Regensburg, im Hintergrund der Dom.
Foto: J. B. Kronawitter

der Stirne wischt und die Speisepumpe einstellt, öffne ich vorsichtig den Regler, nehme ihn kurz zurück, als der Zug anfährt und öffne wieder die Dampfzufuhr zum Triebwerk. Unter Beachtung der Schieberkastendrücke und entsprechender Regler- und Steuerungseinstellung geht es zügig vorwärts, vorbei am grüßenden Turmwärter. Zylinderablaßhähne kurz auf und ohne Schleudern beschleunigen wir zusehends. Noch ein paar Weichenschläge und wir sind auf der Strecke. Das anfangs verhaltene »Hub--hub« des Auspuffs ist in das kräftigere und schnellere »Hupp-hupp« der typischen S 3/6-Aussprache übergegangen. Vorbei am Bw, wo uns der Jourbeamte und einige Maschinenhausgehilfen zuwinken. Hinter uns läuft brav die Garnitur, die diesmal sechs, sonst nur vier oder fünf braune ISG-Wagen umfaßt, wie der Lokführer bemerkt. Auerbach mit dem Rangierbahnhof wird passiert, schneller werdend geht es Heining zu mit dem Kachletkraftwerk rechts und nach Schalding mit dem Donaustausee.

Nun gilt es, in guter, überlegter Fahrweise und ohne zu »dreschen«, die Verspätung Minute für Minute einzufahren. In dauernder Blickwanderung von der Strecke auf die Anzeigeinstrumente, die Uhr und das Fahrplanbuch werden auch die beiden Feuertüren mitbedient, um beim Schaufeln durch den Heizer so wenig wie möglich Kaltluft in die heiße Feuerbüchse einzulassen. Schließlich übernimmt der Lokführer die linke, heizerseitige Feuertür für dieses Manöver. Wir haben kaum 80 km/h erreicht, da muß ich schon wieder abbremsen auf 45 km/h an der Löwenwand. Kurz nach Passieren des auf der Straßenseite befindlichen Löwendenkmals beginnt schon die Kurverei, die sonst mit 60 km/h befahren wird. Rechts liegt still und ruhig der fjordartige Donau-Stausee. Kaum ist diese erste La hinter uns, wird wieder beschleunigt, unter Ausnutzung der kürzesten Fahrzeit. Bei Seestetten sind wir schon auf knapp 70 km/h, Sandbachs weite Rechtskurve durchrauschen wir mit fast 90 km/h und steigern uns in der anschließenden Geraden am linksseitigen Hausbacher Kircherl vorbei auf noch mehr. Signalmäßig läuft alles prima, immer freie Ein- und Ausfahrten. Meine gute Streckenkenntnis erlaubt mir, die Strecke in puncto Geschwindigkeit voll auszunutzen, ohne überspanntes Risiko bezüglich Sicherheit. Auch habe ich als Vorbereitung für diese Fahrt aus den graphischen Fahrplänen die Neigungs- und Krümmungsverhältnisse der Streckenabschnitte studiert und aufgezeichnet. Dieses Wissen ist dem Planpersonal schon in Fleisch und Blut übergegangen.

Gesprochen wird kaum etwas, außer den Zurufen und Quittungen der Signalstellungen und der La's. Die Schranken sind ordnungsgemäß und rechtzeitig geschlossen. Vilshofen wird abgebremst durchfahren, die Geschwindigkeit »gut« gemessen, was beim Meister ein kurzes Stirnrunzeln und beim Heizer Grinsen verursacht. Schon in der Ausfahrtsrechtskurve wird wieder beschleunigt. Die kleine Steigung von der Vilsbrücke ab ist schnell passiert. Links oben glänzen die beiden Türme vom Kloster Schweiklberg, rechts jenseits der Donau grüßt die Ruine der ehemaligen Raubritterburg Hilgartsberg.

In einer weiten Rechtskurve geht es Pleinting zu. Hier erweitert sich beiderseits das Donau-Urstromtal. Rechts treten die Vorberge des Bayerischen Waldes zurück und links auch die Hügel zum südlichen Vilstal und Rottal.

Die Aussprache der Lok geht über in ein kräftiges, für die S 3/6 typisch abgehacktes Blubbern. Der Heizer dirigiert mühelos Dampfdruck und Kesselwasserstand. Mit voll ausgenützter Geschwindigkeit fegen wir durch Girching, Osterhofen zu. Dort wieder eine ärgerliche La. Links die bekannte Barockkirche Damenstift von Altenmarkt. Nach Osterhofen geht es mit Tempo weiter nach Langenisarhofen und damit auf der langen Geraden auf den Block Moos zu. Da klettert der Tacho schon über 100 km/h hinaus.

So stürmen wir Plattling, dem alten Pledelingen des Nibelungenliedes, entgegen. Dort auch freie Ein- und Ausfahrt. Links

bei der Einfahrt der alte Bahnhof aus der Ostbahnzeit und rechts die Trasseneinmündung der mittleren Waldbahn von Eisenstein–Deggendorf her. Gut gemessen brausen wir durch, daß es gerade so staubt und der AB etwas erschreckt zurücktritt, um im Staub- und Unratwirbel zu verschwinden. Die Rechtskurve der Ausfahrt quittiert das Tempo mit kräftigem Rucken!

Und weiter gehts nach der Linkskurve in die lange Gerade über Stephansposching, Straßkirchen und Amselfing zur mehrtürmigen ehemals Herzogstadt und Gäuboden-Metropole Straubing, bekannt auch durch die Agnes-Bernauer-Spiele. Zur rechten Hand ist noch der sagenhafte Berghügel des Natternberges sichtbar. Von rechts und jenseits der Donau erblickt man den isolierten Bergkegel des Bogenberges, einst von einer Burg, heute nur noch von einer Wallfahrtskirche gekrönt. Auch aus dieser Richtung kommend mündet die Trasse der oberen Waldbahn von Miltach–Cham her in die Hauptstrecke ein.

Straubing wird mit gut 100 km/h (wenn nicht mehr) passiert, schon auch zügig wegen der anschließenden Steigung zum Block Atting. In Radldorf mündet die Lokalbahn, früher Ostbahn-Hauptstrecke von Geiselhöring–Neufahrn ein. Scheppernd geht es auf einem Brücklein über die kleine Laaber und weiter stürmen wir auf leicht wechselnden Gradienten der Streckenführung vom Revier des lößhaltigen Gäubodens (Bayerns Kornkammer) dem mehr mooshaltigen Dinkel- bzw. Dunkelboden zu, der sich bis Regensburg hinzieht. Der Rechnung nach haben wir schon einiges eingefahren, einschließlich der La-Versäumnisse.

Die Begleitmusik dieser brausenden Fahrt sind neben den Ratata-Schlägen der Schienenstöße das Scheppern des Gestänges der Schmierpressenantriebe, das Säuseln und Gurgeln des Injektors beim Speisen, wenn wegen Geschwindigkeitsermäßigung der Regulator abgestellt wird, auch die Gestängegeräusche beim Betätigen der Aschkastenklappen und schließlich das Klirren der Feuertüren. Bei Volleistung feuert der Heizer etwa alle vier bis sechs Minuten jeweils sechs bis acht Schaufeln gut in die Ecken und an die Buchswände seitlich und rückwärts und wirft nur mäßiges Streufeuer zur Mitte, alles je nach Trassenlage und vorgeschriebener Fahrgeschwindigkeit. Zwischendurch wird auch rückwärts blickend der Zuglauf überprüft. Für die Betrachtung der vorbeiziehenden Landschaft bleibt wenig Zeit.

Erregend ist der Blick nach vorne schräg abwärts auf die toll wirbelnden Räder des Triebwerks, das zuckende Hin und Her der Steuerungsteile, verbunden mit dem rhythmischen Zischen aus den Zylinderablaßhähnen (Gocks genannt). Faszinierend auch die in Größe und Richtung wechselnden Seiten- bzw. Schrägsilhouetten der Lok mit Rauchfahne und wirbelndem Triebwerk beim Eintreten in Auf- oder Abböschungen je nach Kurven- und Bahnkörperlage, mal vor-, mal nacheilend. Dazu gehört auch das Auf- und Abhüpfen der Drahtbündel des Telegrafen- und Telefongestänges. Oder wenn es durch Buschgelände geht, erinnert das flatternde Verwehen des Lokabdampfes nach den Seiten an die Erlkönig-Ballade. Alle diese und auch die jahreszeitlich verschiedenen Darstellungen der Landschaft sind wohl eine kleine Beigabe und ein Ausgleich zur gebotenen und anstrengenden Aufmerksamkeit seitens des Lokpersonals. Flora und Fauna, Standorte des Wildes, interessante oder historische Bauten und Geschehnisse gehören dazu. Auch persönliche Bezüge sind da mit eingeschlossen.

Abschnittsweise, besonders in leichten Gefällen, ist das in Tonhöhe und periodisch wechselnde, durchdringende Singen und Quietschen der Gleisriffeln zu hören. Ihre Erforschung und Beseitigung macht noch Schwierigkeiten, Abhilfe gibt es bisher nur durch die Schienenschleifzüge.

Gegenzüge wischen mit kurzem Getöse vorbei, mit dumpfem

**377/378** Momentaufnahmen auf dem Führerstand der Lokomotive 18 480 (Bw Lindau), Lokführer und Heizer verrichten konzentriert ihre Arbeit. Die Maschine fährt mit vollem Schieberkastendruck (September 1955).

Fotos: DB

Windstoßschlag der aufeinanderprallenden beiden Bugdruckwellen, gleich gefolgt bei Reisezügen vom Sogwirbel am Ende des begegnenden Zuges. Bei Kreuzung mit Güterzügen mischt sich unter das Tacken der Schienenstöße auch das härtere, klirrende Schlagen von Radreifenflachstellen. Wissen die Lokführer bei solchen Kreuzungen dienstplanmäßig voneinander und kennen sie sich näher, so begrüßen sie sich mit kurzem Pfiff, bei Nacht auch mit Blinken der Stirnbeleuchtung, so die Lok schon elektrische Beleuchtung hat. Das alles gehört so zum einschlägigen Milieu!

So stürmen wir pendelnd zwischen 95 und 105 km/h (auch etwas darüber!) über Sünching, Taimering, Moosham und Mangolding auf Obertraubling zu, wo die München–Landshuter Strecke einmündet. Die Rechtskurve bei der Einfahrt und die Weichenverbindung im Bahnhof zwingt uns auf 45 km/h herunter, aber noch im Bahnhof wird wieder »kräftig aufgemacht«, was die Ausfahrtsweiche zu einem »Denkanstoß« veranlaßt. Schnurgerade geht es über Burgweinting und Pürkelgut Regensburg zu. Rechts noch am südlichen Berghang das Sanatorium bei Donaustauf und die Wallhalla bei Wörth. Wenig bekannt ist, daß die Walhalla auf des Königs Wunsch seinerzeit auf dem Bogenberg nordöstlich von Straubing hätte erbaut werden sollen, aber die örtliche Bevölkerung wehrte sich gegen den Abriß ihrer Wallfahrtskirche.

Nun tauchen auch die Kalkfelsen des rechts vom Bahnhof Wallhalla-Straße gelegenen Keilberger Steinbruchs auf, auf dessen Gelände ein ausrangiertes »Glaskastl« (= PtL 2/2) als Werklok tätig ist. Anschließend an die Anlagen des Rangierbahnhofs Regensburg-Ost plaziert sich gegenüber die Zuckerfabrik, die von weitem wie ein großes Dampfschiff aussieht, auch mündet die Hof–Weidener Strecke hier ein. Für eine Ausschau nach den Werkloks der Zuckerfabrik (bayer. BB II, oldenburg. T 2) ist keine Zeit. In einer weiten Linkskurve geht's dem Regensburger Hauptbahnhof zu, die vieltürmige Domstadt Ratisbona grüßte schon von weitem. Zwar schon vorher mit abgestelltem Regler den Leerlauf ausnützend, wird erst noch zögernd abgebremst, um noch etwas an Fahrzeitgewinn herauszuschinden. Aber dann ist es doch soweit, als wir den linksseitigen ehemaligen Turn- und Taxis-Wagenschuppen (jetzt Flm) passieren. Dort stand noch 1922/23 eine alte Ostbahn-2/2 (B V Ostb. 1001 oder 1002?). Unter der Galgenberger Brücke durch und gleich folgt der präzise Halt am vorgeschriebenen Punkt, wobei vorher natürlich noch gesandet wird. Kurzer Zweiminuten-Halt, schnell herunter und Lok- und Tenderachslager überprüft und nachgeschmiert. Alles in Ordnung, Lager mäßig handwarm. Zwei Arbeiter des Bw Regensburg springen schnell auf den Tender, um Kohle vorzuschaufeln und so werden drei Minuten daraus.

Ausfahrt frei, der AB pfeift und drängt, die zwei Schaufler springen ab. Das kleine Läutewerk an der Eingangstüre zum AB bimmelt, auf geht's wieder! Unsere S 3/6 schreitet gut aus und es überrascht nicht, daß eine warme Lok viel schneller startet als eine Maschine am Anfang einer Fahrt. Der Lokführer erzählt mir, daß bei Normalfahrt, das heißt ohne Verspätung von Passau her, immer so gefahren wird, daß man zwei bis drei Minuten früher in Regensburg ankommt und so ein Plus an Aufenthalt gewinnt.

Wir fahren vorbei am linksseitigen Bw-(Eisbuckel), wo einige S 3/6 und Hofer 02 rauchen, unter der Kumpfmühler Brücke durch und rechts vorbei am neueren Bw-(Königsberg), wo Nürnberger G 12 gerade bekohlt werden. Rechts erstreckt sich der (westliche) Prüfeninger Rangierbahnhof. Wir durchfahren die Prüfeninger Brücke und erreichen schnell die Abzweigung nach Sinzing–Ingolstadt. Bahnhof Prüfening wird schon passiert, links grüßt noch das Kircherl von der Heilanstalt Karthaus. Mit vergrößerter Füllung und entsprechendem Schieberkastendruck treten wir, die Mariazeller Brücke passierend und damit die Donau überquerend, in die Steigung der kurvenreichen Juratrasse ein. Durch das kurze Felsentor geht es den nördlichen Hang entlang, rechts fällt das Land zum Naabtal ab, das sich gleich nach Norden windend unseren Blicken entzieht. Mit donnerndem Staccato greift unsere »Eß« (Kosename für die S 3/6!) kräftig aus und trommelt hinauf nach Etterzhausen und Eichhofen (später Undorf benannt). In den fast ebenen Bahnhofsbereichen wird die Steuerung etwas zurückgenommen. So geht es weiter, Füllung und Schieberkastendruck wechselnd. Der Meister akzeptiert das schmunzelnd und auch der Heizer (der »Gesell«) ist dankbar, nicht zu sehr strapaziert zu werden. So fahren wir der Dämmerung entgegen. Die Steigungen auf der Ostrampe des karstigen Oberpfälzer-Fränkischen Jura wechseln unterschiedlich von 1:100, 1:150 bis 1:200.

Vor Beratzhausen passieren wir polternd die in der Geraden liegende Laabertalbrücke, Mausheim zu. Dann kommt Parsberg mit seinem Schloß, das mit rund 260 m über den fast gleichen Bahnhofshöhen von Regensburg und Nürnberg liegt. Es stellt den höchsten Punkt dieses Teils des oberpfälzischen Jura dar. Aber die tiefer verlaufende Bahntrasse steigt noch weiter an über Seubersdorf bis zum links liegenden sogenannten »Erlöser-Kircherl« bei Batzhausen. Jetzt hat auch die Bahn ihren höchsten Punkt erreicht.

Für den Heizer beginnt nun eine kurze Streßpause. Schweißwischend erfrischt er sich kurz aus der Kaffeeflasche, aber schon springt er wieder von seinem Sitz auf, schließt die Aschkastenklappen, speist mit dem Injektor den Kessel auf und stellt den Hilfsbläser etwas an. Dann reguliert er vorsichtig mit Spieß und »Kreil« (= langer zweizinkiger Feuerhaken) das Feuer, zieht einige anfallende Schlacke zurück und ergänzt das Feuerbett.

Es beginnt nun ein längeres, kurvenreiches Gefälle mit etwa denselben Gradienten wie auf der Ostrampe, das mit fast ausgelegter Steuerung und etwas Schmierdampf befahren wird, bedarfsweise auch leicht angebremster Garnitur, wobei die Lokbremse ausgelöst bleibt. Im Deininger Bereich geht es noch über eine in der Kurve verlaufende Brücke über ein Trockental.

Ein grüner Punkthaufen zeigt freie Ein- und Durchfahrt durch Neumarkt/Opf. an. Der Heizer hat inzwischen schon wieder das Feuer aufgebaut und mit voller Geschwindigkeit lassen wir Neumarkt zurück. Dabei passieren wir auf einer Brücke den Ludwigskanal, der weiter über das Sulztal dem südlichen Altmühltal zustrebt, wo auch die abzweigende Lokalbahn nach Beilngries verläuft. Übrigens, dieser Ludwigskanal und seine Erweiterung ist seit eh und je so überflüssig wie ein Kropf und spukt immer noch in gewissen Köpfen herum. Offenbar hat man seit Karl dem Großen und Ludwig I. auch heutzutage leider noch nichts dazugelernt.

Auf unserem Kurs geht es weiter über Pölling und Postbauer mit wechselnden Neigungen. Vorbei wie schon so oft an Bahnwärtern, die mit schwenkenden Laternen bezeugen, daß sie oder ihre dienstmitverpflichteten Frauen auf Posten sind. Ruhende Laternen lassen das Gegenteil vermuten und veranlassen den Lokführer zu jodelnden Pfiffen und erhöhter Aufmerksamkeit bei Annäherung an beschrankte Wegübergänge. Über Oberferrieden, Burgthann, Ochenbruck bis Feucht geht es weiter in sausender Fahrt, geländemäßig ohne besondere Probleme. Zwischen Burgthann und Ochenbruck kreuzen wir nochmals den Donau-Main-Kanal. Dann holen wir in letzter Anstrengung über Feucht, Fischbach bis Dutzendteich noch einige Minuten heraus. Aber von hier zwingen die 50 bzw. 40 km/h zu ermäßigter Einfahrt in die türmereiche Noris, die sich schon von weitem mit hellem Lichterschein ankündigt.

Nun gilt es präzise an den heizerseitigen Wasserkran heranzufahren und dabei das Sanden auf den letzten Metern nicht zu vergessen. Der Aufenthalt von ca. acht Minuten muß gut genutzt werden. Steuerung auf Mitte, Lok mit Zusatzbremse

und Wurfhebeltenderbremse gut eingebremst. Schlammhahnen auf und herunter zur Lagerüberprüfung und zum Wasserfassen. Zwei Nürnberger Bw-Hilfskräfte schaufeln eilig Kohle vor. Lokführer und Heizer kümmern sich um Trieb- und Laufwerk und schmieren nach. Auf dem Tender kommt nun Staubkohle zum Vorschein, was den Heizer angesichts des späteren Spessartübergangs gar nicht freut. Am Zug gibt es einen kleinen Ruck, dann das Klatschen der Bremsklötze, dem gleich darauf das Auslösezischen an den Waggons folgt. Eine Rangierabteilung hat am Zugschluß einen Kurswagen vom »Karlsbad-Expreß« zugestellt. Da das zugeführte Tenderwasser inzwischen ausreicht, wird der Wasserkran ausgeschwenkt und gesichert.

Ich steige auf die Lok und mache die Bremsprobe mit dem Wagenmeister. Vorher nehme ich die Tenderwurfhebelbremse zurück. Das wäre eine schöne Blamage gewesen, wenn ich dies vergessen hätte! – Da kommt der Zugführer mit dem neuen Bremszettel. Nun haben wir sieben Wagen am Haken. Anerkennend meint der Zugführer, daß wir fast »plan« seien und es ihn am Hochsitz ganz schön herumgebeutelt hätte.

Da gesellt sich ein ISG-Bediensteter dazu, der jammert: »Wer bezahlt mir mein zerbrochenes Geschirr, das mit Eurer tollen Fahrerei kaputtgeht?« Und noch jemand kommt dazu, offenbar ein Fahrgast des Lux. Dieser beschwichtigt den ISG-Mann und meint, das regle er schon, Hauptsache, er käme rechtzeitig ans Ziel und lobt die Lokmannschaft. Auch der Zugführer ergänzt, daß der Fahrtbericht schon so geführt sei, daß Schnüffler keine Geschwindigkeitsübertretungen herausdividieren könnten. Der Reisende kommt nochmals vor und bietet etwas Trinkbares an, was der Lokführer und ich aber dem Heizer zuschieben; es ist nichts Alkoholisches! –

Nun habe ich wegen des ISG-Mannes doch Bedenken, aber der Meister beruhigt mich und meint, es käme öfter vor, daß ISG- oder Mitropa-Leute sich auf das Rangier- oder Lokpersonal ausredeten.

Der Bericht über die Fahrt bis Frankfurt/M. sei nun kürzer gefaßt. Es verlief alles planmäßig und ohne Zwischenfälle. Über das Plateaugelände des Hopfen- und Weinbaugebietes bei Neustadt/Aisch, Markt Bibart, Kitzingen bis Würzburg mit Durchschneidung des Steigerwaldes ging es weiter. In Kitzingen wurde der Main überquert und von da bis Rottendorf lag wieder eine längere Steigung vor uns. In Rottendorf kam die Schweinfurter Strecke heran, und von da fiel die Bahn nach Würzburg ab, das planmäßig erreicht wurde. Im Ostkopf von Würzburg-Hbf mündeten von links kommend die Strecken von München–Treuchtlingen bzw. von Lauda ein. Nach kurzem Aufenthalt weiter das Maintal entlang, vorbei am Rangierbahnhof Zell, Karlstadt und Gemünden, wo die Elm–Fulda–Bebraer Strecke abzweigte. In Lohr wurde das Maintal verlassen, dann ging es in den steigungs- und krümmungsreichen Spessart hinein. Das verlangte vom Heizer wieder eine arge Anstrengung. Die Ostrampe des Spessart-Waldgebirges beginnt in Lohr (Abzweigung linksseitig nach Wertheim) über Partenstein im Tal des Lohrbaches mit Steigungen von 1:200, 1:180 usw. Gespenstisch folgte der hellerleuchtete Wagenzug und schlängelte sich durch die Kurven. Ebenso faszinierend wirkte die gelbrot beleuchtete Rauchfahne, die sich beim Feuern über Tender und vorderen Wagenzug wälzte. Treu und brav trommelte die S 3/6 wieder im Staccato die Steigungen hinan und der Höllenschlund der Feuerbüchse fraß Schaufel um Schaufel. Der »Schnupftabak« (= Fein- und Staubkohle) machte dem Heizer schon zu schaffen und der Meister unterstützte seinen Gesellen kameradschaftlich. Auch mir machte der dauernde Wechsel durch Blendung der strahlenden Feuerbüchse die Streckenbeobachtung nicht leicht, aber glücklicherweise hatten wir immer freie Fahrt. Auch das innere Beschlagen der Schutzbrille wurde mir lästig.

Daß wir signalmäßig immer so gut durchkamen, lag wohl daran,

daß der Lux ein bevorzugter Zug war, vor dem die Stellwerker, Fahrdienstleiter und Aufsichtsbeamten großen Respekt hatten, da sie bei Unregelmäßigkeiten im Zuglauf nicht nur die Zugüberwachung (Zü), sondern bei schriftlicher Verantwortung auch die Behördenbürokratie der Dienststellen, Ämter und Direktionen im Nacken hatten. Dies galt natürlich auch für den Betriebsmaschinendienst aller Sparten und Etagen.

In Heigenbrücken war im Schwartzkopf-Tunnel endlich der Brechpunkt erreicht, und in sausender Fahrt ging es zunächst 50:1 talabwärts, immer »gut gemessen«, da wir inzwischen doch noch etwas »zugebrockt« hatten. Über Laufach, Hösbach, Goldbach, im Tal der Laufach (Wasserscheide Lohrbach/ Laufach), Goldbach und der Aschaff, erreichten wir Aschaffenburg, das abgebremst passiert wurde. Im Bahnhof Laufach war der Stützpunkt für die Schublok Gt 2×4/4 (BR 96) für den Schubdienst auf der Westrampe bis Heigenbrücken. Es kamen dann die preuß. T 20 (BR 95) dazu. In Aschaffenburg zweigten links die Strecken nach Miltenberg und Darmstadt ab. Da mir nun meine Streckenkenntnis, besonders bei Nacht, nicht mehr ausreichend genug erschien, bat ich den Lokführer, selbst die Führung der Maschine zu übernehmen. Aber er meinte, wer A sagt, muß auch B sagen und ich solle nur weiter kutschieren, er würde mich fallweise schon dirigieren. Zwar war ich selbst auch schon reichlich strapaziert, riß mich aber zusammen, und weiter gings.

Obschon für den L 51 im Fahrplanbuch (jetzt Buchfahrplan genannt) der Streckenverlauf feststand, kam es aus betrieblichen Gründen öfter vor, daß ab Hanau Hbf von ihm abgewichen wurde; so auch diesmal. Von einer Tagesmitfahrt auf einer Frankfurter P10-Lok bzw. von Zugfahrten im Abteil nach Frankfurt-Hbf wußte ich ungefähr von den verschiedenen möglichen Streckenverbindungen ab Hanau-Hbf bzw. Hanau-West nach Frankfurt-Hbf. Diese für mich etwas verwirrend erscheinenden Alternativen verliefen unterschiedlich über Mainkur oder Mühlheim/Offenbach mit weiteren Möglichkeiten über Frankfurt-Ost/ -Süd und in engem östlichen Bogen nach Frankfurt-Hbf, oder über Oberrad, Frankfurt-Süd und auch engem Einfahrtsbogen, oder über Sportfeld, Niederrad und weitem rechten Einfahrtsbogen nach Frankfurt-Hbf. Aber präzise und übersichtlich geläufig war mir dies alles nicht. Vor allem nachts, wenn in der Eile Merk- oder Bezugspunkte zur Orientierung schlecht oder nicht auszumachen waren.

Ohne »La« oder »Stutzen« ging, auch signalmäßig, alles glatt weiter. Als wir auf den hellerleuchteten Hauptbahnhof Frankfurt/ M. einbogen, fühlte ich mich wieder ganz sicher und bremste den Zug sauber vor den Prellbock. Im Vorbeifahren stand wartend eine S 3/6 neuerer Bauart (18$^5$) nebenan, die den L 51 dann wohl weiterbeförderte.

Wir fuhren die 18444 ins Bw Frankfurt-M.-1, stellten sie nach der Abrüstung und Nachschau ab, ohne Rohrrinnen oder sonstige Mängel. Dann schnell zum Waschen und kurzer Brotzeit und nach Mitternacht zum Schlafen. Nach rund sechseinhalbstündiger Fahrt mit drei Halten hatten wir 456 Streckenkilometer hinter uns.

Am frühen Morgen ging's wieder zu Vorarbeit und Aufrüstung, wie gehabt in Passau, und dann fuhren wir mit dem L 52, der in Frankfurt/M. mit einer nagelneuen 03 angekommen war, in einen schönen Sonntag hinein, wieder nach Passau zurück. Da dies eine Tagesfahrt war, fühlte ich mich sicher in der Führung der Lok, die mir der Meister wieder überließ. Alles verlief planmäßig und ohne Schwierigkeiten.

Bei der Durchfahrt durch Großauheim stand eine bayer. D VI als Werklok im Fabrikterrain. In Kahl, bereits im Fränkischen, spähte ich vergebens nach Lokomotiven der Kahlgrundbahn. Diese sollte unter anderem eine ehemals preußische G 7, sowie eine umgebaute C 1-n2-Tanklok, beide mit Windleitblechen im Betrieb haben! Der Spessart-Übergang wurde mit Genuß und im Sturm genommen. In Nürnberg wurde ein Kurs-

wagen für den »Karlsbad-Expreß« abgestellt. Nach Mittag kamen wir planmäßig in Passau Hbf an, wo schon eine österreichische 729 darauf wartete, den Lux weiterzuführen.

Für mich war diese Fahrt gewiß strapaziös, aber auch lehrreich und stockte mein Wissen und Erfahrungspotential weiter auf. Ich erlebte so selbst, was eine Lokomotive, hier eine S 3/6, ebenso wie ihre Männer auf dem Führerstand tagaus tagein alles leisteten, gewissenhaft und zuverlässig. Da tut es schon gut und macht Freude, wenn gelegentlich Reisende am Zielbahnhof an der Lok vorbeigehend für die gute Fahrt dankbar und anerkennend zum Lokpersonal hinaufgrüßen. Schließlich waren sie wie viele andere auch für mehr oder weniger lange Zeit ihrer Obhut und Sicherheit anvertraut, im Verhältnis nicht anders als einem Schiffs- oder Flugkapitän.

Nun soll diese Fahrtschilderung nicht dazu verleiten, den Loko-

motiv-Fahrdienst nur als von eitel Poesie und Romantik getragen zu verstehen. Vielmehr hat er, wie viele andere verantwortungsvolle Berufe auch, seine Probleme, Härten und Strapazen. Jedenfalls werden an das Lokpersonal, wie auch deren Helfer in den Werkstätten, erhebliche und in das persönliche Leben eingreifende Forderungen gestellt. Dies sei wohl bedacht! Trotzdem: ein berufsintensiver, traditionsbewußter und womöglich noch generationsverbundener »Schwarzer Eisenbahner« (so die Zunftsprache für das Lokpersonal) verbindet berufliche und persönliche Qualitäten auch mit echter Liebe zum Beruf. Diesen Vollbluteisenbahnern, den gegenwärtigen, ihren Vorgängern und wohl auch den Nachfahren, gebührt Achtung, Anerkennung und Ehre, überall auf der Erde, wo auf Schienen gefahren wird.«

**379** Die Lebensgeschichten vieler S 3/6 waren bewegt, manche Maschine kam weit herum. Die Bilder dieser Seite zeigen ein solches Lokomotivleben in geraffter Form: links S 3/6 3662 (Bw München I) erst wenige Jahre alt um 1922 in München.
Foto: Dr. R. Kallmünzer, Slg: Dr. G. Scheingraber

**380** Bei der Deutschen Reichsbahn bekam die Lokomotive die Betriebsnummer 18 473 und stand in den Direktionen München und Augsburg in Dienst. Im Lauf der Jahre veränderte sich ihr ursprüngliches Aussehen durch eine Reihe von Zutaten, wie etwa die Anbringung von Windleitblechen. Die inzwischen montierten Nummernschilder stellen bereits die dritte Garnitur dar: nach der bayerischen Betriebsnummer wurden Schilder mit breiten Reichsbahnziffern in Messing angebracht und nach deren kriegsbedingter Einschmelzung um 1950 solche aus Aluguß mit spitzen Ziffern. Die Aufnahme von Ulrich Montfort zeigt uns die Lokomotive in ihren letzten Tagen: inzwischen beim Bw Ulm beheimatet, standen ihr nur noch wenige Monate bis zur Außerdienststellung bevor. Sie war längst aus dem Erhaltungsbestand ausgeschieden (Ulm-Hbf, 11. September 1957)

# Lokomotiv-Lebensläufe

Die folgenden Seiten enthalten eine Zusammenstellung aller 159 Lokomotiv-Lebensläufe.
Als Quellen dienten:
– Betriebsbücher
– Lokomotiv-Karteikarten
– Statistische Nachweise verschiedener Reichs- und Bundes-
  bahndirektionen
– Bestandslisten diverser Betriebswerke
– Lokomotivtagebücher
– Zahlreiche amtliche Schreiben
– Aufschreibungen privater Sammlungen

Es ist verständlich, daß zuweilen Differenzen zwischen den verschiedenen Quellen auftauchten. In der Regel bewegten sich diese innerhalb geringer Grenzen, wobei grundsätzlich versucht wurde, die verläßlichsten Daten in diese Aufstellung aufzunehmen. Es steht außer Frage, daß dennoch Lücken blei-

ben mußten, weshalb an dieser Stelle die Anregung stehen soll, weiße Flecken oder Abweichungen durch bisher unbekanntes Zahlenmaterial ausfüllen bzw. beseitigen zu helfen. In Klammern gesetzte Daten sind jeweils als wahrscheinlich anzusehen, jedoch nicht als zweifelsfrei gesichert.
Die Reihenfolge der Lebensläufe folgt der Nummerierung des Reichsbahnschemas. Lokomotiven, die keine DR-Nummer erhalten haben, sind zwischen die in der gleichen Lieferserie gebauten Maschinen eingeordnet.

Erklärung der Lebenslaufkurzfassung:
Zeile 1 = Betr.Nr. K.B.St.B. – DR-Betr.Nr.
Zeile 2 = Hersteller/Fabriknummer/Baujahr
Zeile 3 = Anlieferung/Abnahme
Zeile 4 ff. = Heimat-Standort von – bis
W = Warten auf Ausbesserung
Z = Von der Ausbesserung zurückgestellt
a. D. = außer Dienst
+ = Ausmusterung
++ = Verschrottung

---

**3601 18401**
JAM / 3016 / 1908
16.07.08/24.11.08

| | |
|---|---|
| München I | 02.12.08–29.05.15 |
| Würzburg | 30.05.15–17.08.18 |
| München I | 18.08.18–23.09.25 |
| Regensburg | 23.09.25–08.05.31 |
| Passau | 09.05.31–03.12.31 |
| Regensburg | 04.12.31–17.06.36 |
| Bamberg | 18.06.36–20.10.48 |
| Pressig-R. (Z.) | 21.10.48– + |

abgestellt 15.10.46 (W)
+ 21.04.49
++ Bw Pressig-Rothenkirchen 1949

**3602 231-981**
JAM / 3017 / 1908
20.07.08/   08

| | | |
|---|---|---|
| München I | 08– | (14) |
| ED Nürnberg | | 15, 17 |

Armisticelieferung an Frankreich 1919, dort in Betrieb als ETAT 231-981. 1941 zurück an DR, in Betrieb beim Bw Würzburg. 1945 wieder an SNCF.
+ 1946

**3603 18402**
JAM / 3018 / 1908
30.10.08/08

| | |
|---|---|
| München I | 08–15.03.15 |
| Aschaffenburg | 16.03.15–23.07.18 |
| München I | 24.07.18–25.10.18 |
| Treuchtlingen | 26.10.18–15.11.18 |
| München I | 16.11.18–06.05.20 |
| Nürnberg-Hbf | 07.05.20–29.07.20 |
| München I | 30.07.20–30.09.20 |
| Nürnberg-Hbf | 01.10.20–28.11.20 |
| Hof | 29.11.20–08.05.34 |
| Eger | 09.05.34–31.10.34 |
| Hof | 01.11.34– + |

+ 21.04.49

**3604 18403**
JAM / 3019 / 1908
31.10.08/25.11.08

| | |
|---|---|
| München I | 11.08–24.02.15 |
| Aschaffenburg | 25.02.15–17.08.18 |
| Würzburg | 18.08.18–19.01.24 |
| Regensburg | 20.01.24–26.03.33 |
| Landshut | 27.06.33–01.09.33 |
| Regensburg | 02.09.33–14.08.42 |
| Hof | 15.08.42– + |

+ 04.05.46 (Bombentreffer)
++ Bw Pressig-Rothenkirchen 1946

**3605 231-982**
JAM / 3020 / 1908
04.11.08/

| | | |
|---|---|---|
| München I | 08– | (14) |

Armisticelieferung an Frankreich 1919, dort in Betrieb als ETAT 231-982 bei den Depots Le Mans, Niort, Nantes, Saintes. An DR 18.02.42, dort in Betrieb beim Bw Würzburg (ab 13.03.42). 1945 zurück an SNCF.
+ 1945

**3606 18404**
JAM / 3021 / 1908
07.11.08/02.12.08

| | | |
|---|---|---|
| München I | 12.08– | (14) |
| Würzburg | | – 23 |
| Regensburg | 23– | |
| Regensburg | 17.11.26–14.06.30 | |
| Passau | 15.06.30–03.02.33 | |
| Regensburg | 04.02.33–26.05.34 | |
| Landshut | 27.05.34–29.08.34 | |
| Regensburg | 30.08.34–03.12.42 | |
| Hof | 04.12.42– + | |

abgestellt 08.04.45
Z 18.07.47
+ 21.04.49

**3607 18405**
JAM / 3022 / 1908
12.11.08/23.12.08

| | |
|---|---|
| München I | 24.12.08–   10.23 |
| Nürnberg-Hbf | 01.24–08.05.35 |
| Bamberg | 09.05.35–03.11.48 |
| Pressig-Rothen-kirchen (Z) | 04.11.48– + |

Z 23.02.47, + 14.08.50
++ HSL Desching 1952

**3608 18406**
JAM / 3088 / 1909
01.09.09/10.09.09

| | |
|---|---|
| München I | 02.09.09–   10.23 |
| Regensburg | 27.11.23–13.05.37 |
| Landshut | 14.05.37–29.11.37 |
| Regensburg | 30.11.37–03.06.41 |
| München-Hbf | 04.06.41–29.06.42 |
| Treuchtlingen | 30.06.42–01.05.43 |
| Freilassing | 02.05.43–14.06.43 |
| Treuchtlingen | 15.06.43– + |

abgestellt 01.45 (W), Z 15.11.46
+ 21.04.49

**3609 18407**
JAM / 3089 / 1909
07.09.09/

| | |
|---|---|
| München I | 09–   10.23 |
| Regensburg | 01.24–04.06.41 |
| München-Hbf | 05.06.41– |
| Treuchtlingen | 07.43– + |

Z vor 09.47, + 14.08.50
++ HSL Desching 1951 oder 1952

**3610 18408**
JAM / 3090 / 1909
13.09.09/27.09.09

| | |
|---|---|
| München I | 27.09.09–30.04.15 |
| Aschaffenburg | 01.05.15–28.05.15 |
| München I | 29.05.15–21.03.17 |
| Nürnberg-Hbf | 22.03.17–28.08.25 |
| Hof | 11.12.25–24.06.27 |
| Nürnberg-Hbf | 25.06.27–12.03.35 |
| Bamberg | 13.03.35– 02.46 |
| Treuchtlingen | 03.46– 09.46 |
| Bamberg | 10.46–22.02.47 |
| Pressig-Rothen-kirchen (Z) | 20.10.48– + |

Z 23.02.47, + 14.08.50
++ HSL Desching 1952


**3611 18409**
JAM / 3091 / 1909
16.09.09/26.09.09

| | |
|---|---|
| München I | 26.09.09–30.08.15 |
| MED II Sedan | 31.08.15–03.12.15 |
| München I | 04.12.15–27.01.16 |
| MED II Sedan | 28.01.16–04.12.16 |
| München I | 05.12.16–23.03.17 |
| Nürnberg-Hbf | 24.03.17–01.12.20 |
| Hof | 02.12.20–27.12.23 |
| Würzburg | 26.03.24–29.01.25 |
| München I | 18.02.25–24.02.25 |
| Würzburg | 25.02.25–07.05.28 |
| Regensburg | 08.05.28–04.06.31 |
| Hof | 05.06.31–13.06.39 |
| Eger | 14.06.39–04.09.39 |
| Hof | 05.09.39– + |

Z 29.11.48, + 14.08.50


**3612 18410**
JAM / 3092 / 1909
21.09.09/30.09.09

| | | |
|---|---|---|
| München I | 09– | (15) |
| MA Sedan | 1. Wk. | |
| München I | (15)–01.04.25 | |
| Ludwigshafen (lw) | 20 | |
| Hof | 02.04.25–07.04.45 | |
| Regensburg | 08.04.45–14.09.45 | |
| Hof Z | 45– | + |

+ 21.04.49


**3613 18411**
JAM / 3093 / 1909
28.09.09/20.10.09

| | |
|---|---|
| München I | 20.10.09–21.11.16 |
| MA Sedan | 22.11.16–17.09.17 |
| München I | 18.09.17–25.12.17 |
| MA Sedan | 26.12.17–21.11.18 |
| München I | 22.11.18–09.10.23 |
| Regensburg | 13.02.24–08.03.35 |
| Hof | 09.03.35– + |

+ 13.12.50


**3614 18412**
JAM / 3094 / 1909
06.10.09/

| | | |
|---|---|---|
| München I | 09– | 10.23 |
| MA Sedan | 1. Wk. | |
| Regensburg | 11.23– | 05.28 |
| Hof | (04.33)– | + |

+ 14.08.50


**3615 18413**
JAM / 3095 / 1909
16.10.09/23.10.09

| | |
|---|---|
| München I | 24.10.09–24.11.16 |
| MED II Sedan | 25.11.16–28.10.17 |
| München I | 29.10.17–09.09.18 |
| Hof | 10.09.18–18.05.27 |
| Nürnberg-Hbf | 18.05.27–09.05.35 |
| Bamberg | 10.05.35– + |

+ 19.08.46 (Bombentreffer in Lichtenfels)


**3616 18414**
JAM / 3096 / 1909
28.10.09/15.11.09

| | |
|---|---|
| München I | 15.11.09–03.12.23 |
| Regensburg | 04.12.23–07.06.41 |
| München-Hbf | 08.06.41– + |

+ 29.01.46 (Bombentreffer)
++ 1948 Bw München-Hbf


**3617 18415**
JAM / 3097 / 1909
03.11.09/17.11.09

| | | |
|---|---|---|
| München I* | 09– | (14) |
| Hof | ~ 20 | |
| Nürnberg-Hbf | 07.09.27–13.03.35 | |
| Bamberg | 14.03.35– | 48 |
| Pressig-Rothen-kirchen (Z) | 21.10.48– | + |

Z 08.08.47
+ 14.08.50
++ Desching
* nach anderer Quelle Nürnberg-Hbf
ab 17.11.09


**3618 231-983**
JAM / 3142 / 1910
Fertigstellung bei J. A. Maffei 07.09.10
Übernahme durch K.B.St.B. erst 04.11

| | | |
|---|---|---|
| München I | 11– | (14) |

Armisticelieferung an Frankreich 1919,
dort in Betrieb als ETAT 231-983 bei den
Depots Thouars, Niort, La Rochelle,
Saintes. Abgegeben an DR 05.03.42, in
Betrieb beim Bw Würzburg ab 19.03.42.
Zurück an SNCF 1945.
+ 1949


**3619 18416**
JAM / 3156 / 1911
11.05.11/24.05.11

| | | |
|---|---|---|
| München I | 11– | (14) |
| Ludwigshafen (lw) | 17, 20 | |
| München I | – | 23 |
| Regensburg | 23– | |
| Regensburg | 20.02.26–27.04.33 | |
| Hof | 28.04.33–22.12.33 | |
| Regensburg | 23.12.33– | + |

+ 14.08.50


**3620 EB 5920**
JAM / 3157 / 1911
16.05.11/

| | | |
|---|---|---|
| München I | 11– | (14) |

Armisticelieferung an Belgien 1919, dort
in Betrieb als EB 5920.
+ 1923 oder 1924


**3621 18417**
JAM / 3158 / 1911
24.05.11/31.05.11

| | | |
|---|---|---|
| München I | 11– | (14) |
| Nürnberg-Hbf | 04.05.20–04.05.31 | |
| München-Hbf | 05.05.31–21.03.36 | |
| Freilassing | 21.03.36–25.04.36 | |
| München-Hbf | 25.04.36–04.01.38 | |
| Freilassing | 05.01.38–27.05.38 | |
| München-Hbf | 28.05.38–03.06.41 | |
| Regensburg | 04.06.41– | + |

+ 14.08.50


**3622 231-984**
JAM / 3159 / 1911
27.05.11/ 11

| | | |
|---|---|---|
| München I | 11– | (14) |

Armisticelieferung an Frankreich 1919,
dort in Betrieb als ETAT 231-984 bei den
Depots Niort, Thouars, Nantes, Saintes.
Abgegeben an DR 21.02.42, in Betrieb
beim Bw München-Hbf ab 11.03.42, ab
23.07.42 beim Bw Würzburg. Zurück an
SNCF 1945.
+ 1949


**3623 18418**
JAM / 3160 / 1911
22.06.11/10.07.11

| | | |
|---|---|---|
| München I | 11.07.11– | |
| Nürnberg-Hbf | 23, 24 | |
| Nürnberg-Hbf | 14.05.27–04.05.31 | |
| München-Hbf | 05.05.31–17.01.36 | |
| Treuchtlingen | 18.01.36– | + |

Z 15.11.46, + 21.04.49
++ Ingolstadt (vermutlich Desching)

**3642 18419**
JAM / 3449 / 1913
31.12.13/21.01.14

| | | |
|---|---|---|
| München I | 21.01.14–24.05.17 | |
| MED II Sedan (Mohon) | 25.05.17–05.12.18 | |
| München I | 26.02.20–26.02.24 | |
| Regensburg | 27.02.24–26.04.31 | |
| Hof | 17.06.31–01.11.38 | |
| Regensburg | 02.11.38–18.01.39 | |
| Hof | 09.03.39–11.11.47 | |
| Regensburg | 11.11.47–10.12.47 | |
| Hof | 12.12.47– + | |

+ 14.08.50


**3643 18420**
JAM / 3450 / 1914
08.01.14/02.02.14

| | | |
|---|---|---|
| München I | 14– | |
| Aschaffenburg | 24– | |
| Würzburg | 12.09.26–08.05.28 | |
| Regensburg | 09.05.28–10.04.31 | |
| München-Hbf | 11.04.31–03.06.41 | |
| Regensburg | 04.06.41–04.07.49 | |
| ED München (Z) | 05.07.49– + | |

+ 01.09.49


**3644 18421**
JAM / 3451 / 1914
31.01.14/07.02.14

| | | |
|---|---|---|
| München I | 04.14– | |
| Würzburg | 14.01.27–16.04.28 | |
| Hof | 10.05.28–04.03.31 | |
| München-Hbf | 28.04.31–30.09.40 | |
| Freilassing | 01.10.40–18.10.40 | |
| München-Hbf | 19.10.40–04.06.41 | |
| Regensburg | 05.06.41–25.06.48 | |
| Bamberg | 22.09.48– + | |

Z 26.02.50
+ 14.08.50
++ HSL Desching 1952


**3645 18422 (18478″)**
JAM / 3482 / 1914
18.05.14/27.05.14

| | | |
|---|---|---|
| München I | 23.08.14–02.12.15 | |
| MA Sedan | 03.12.15–16.09.16 | |
| München I | 17.09.16– 02.17 | |
| Ludwigshafen | 02.17–20.09.18 | |
| München I | 03.19–26.02.24 | |
| Regensburg | 27.02.24–10.04.31 | |
| München-Hbf | 11.04.31–03.06.41 | |
| Regensburg | 04.06.41–10.04.45 | |
| Treuchtlingen | 11.04.45–21.04.48 | |
| München-Hbf | 22.04.48– + | |

+ 01.09.49


**3646 EB 5946**
JAM / 3483 / 1914
19.05.14/

| | | |
|---|---|---|
| München I | 14– | |

Armisticelieferung an Belgien 1919, dort in Betrieb als EB 5946.
+ 1923 oder 1924


**3647 18423**
JAM / 3484 / 1914
23.05.14/

| | | |
|---|---|---|
| München I | 10.14– | |
| Aschaffenburg | 24– | 25 |
| Würzburg | 25– | 04.28 |
| Nürnberg-Hbf | 05.28–31.03.33 | |
| Hof | 01.04.33–20.06.33 | |
| München-Hbf | 21.06.33–27.06.33 | |
| Mühldorf | 28.06.33–30.08.33 | |
| München-Hbf | 31.08.33–17.05.41 | |
| Linz | 18.05.41–20.09.41 | |
| Nürnberg-Hbf | 21.09.41– | |
| München-Hbf | (42)– | |
| Freilassing | (15.07.43)– | |
| Mühldorf | (45)– | 46 |
| München-Hbf | 46– | 02.46 |
| RBD Augsburg | 02.46– | 10.47 |
| München-Hbf | 10.47– | + |

+ 21.04.49
Am 23.06.49 zur ++ nach Mü-Schwabing


**3648 18424**
JAM / 3485 / 1914
28.05.14/

| | | |
|---|---|---|
| München I | 11.14– | |
| Aschaffenburg | 24– | 25 |
| Würzburg | 02.26– | 04.28 |
| Hof | 05.28–04.05.31 | |
| RBD München | 05.05.31– | |
| München-Hbf | –20.06.33 | |
| Freilassing | 21.06.33–30.08.33 | |
| München-Hbf | 31.08.33–23.12.33 | |
| Mühldorf | 24.12.33–02.01.34 | |
| München-Hbf | 03.01.34–13.06.34 | |
| Freilassing | 14.06.34– | 34 |
| München-Hbf | 35– | 36 |
| Freilassing | 36– | |
| München-Hbf | – | 08.39 |
| Freilassing | 03.40– | 11.41 |
| München-Hbf | 41– | |
| Treuchtlingen | 07.01.42–29.01.42 | |
| Freilassing | 31.01.42–16.03.42 | |
| Treuchtlingen | 01.07.42– + | |

+ 14.08.50
++ HSL Desching 1951 oder 1952


**3649 EB 5949**
JAM / 3486 / 1914
29.05.14/

| | | |
|---|---|---|
| München I | 14– | |

Armisticelieferung an Belgien 1919, dort in Betrieb als EB 5949.
+ 1923 oder 1924


**341 18425**
JAM / 3439 / 1914
05.03.14/

| | | |
|---|---|---|
| Ludwigshafen | 14– | (18) |
| München-Hbf | –04.07.27 | |
| Regensburg | 05.07.27– | 28 |
| RBD Nürnberg | 28– | |
| Ludwigshafen | 28– | 38 |
| Heydebreck | 38– | 04.40 |
| München-Hbf | 14.04.40– | |
| Freilassing | 08.42– | 05.45 |
| München-Hbf | (11.46)– | + |

+ 18.04.47 (Unfall)


**342 18426**
JAM / 3440 / 1914
06.03.14/24.04.14

| | | |
|---|---|---|
| München I | 07.03.14–22.04.14 | |
| Ludwigshafen | 24.04.14–07.12.17 | |
| München I | 10.02.18–15.07.19 | |
| Ludwigshafen | 16.07.19–20.10.21 | |
| München I | 01.08.22–25.06.25 | |
| Lindau | 26.06.25–05.05.26 | |
| München I | 06.05.26–03.01.27 | |
| Rosenheim | 04.01.27–10.03.27 | |
| Freilassing | 11.03.27–14.10.27 | |
| Augsburg | 15.10.27–28.02.28 | |
| Ludwigshafen | 29.02.28–31.10.38 | |
| Heydebreck | 24.12.38–10.04.40 | |
| München-Hbf | 14.04.40–07.06.41 | |
| Regensburg | 08.06.41–25.04.44 | |
| Hof | 26.04.44–07.04.45 | |
| Regensburg | 08.04.45– + | |

+ 20.09.48 (Flankenfahrt)
Am 08.07.49 zur ++ zum EAW Ingolstadt


**343 18427**
JAM / 3441 / 1914
07.03.14/09.03.14

| | | |
|---|---|---|
| Ludwigshafen | 14– | (18) |
| Hof | 13.10.26–14.03.28 | |
| Ludwigshafen | 14.04.28–20.11.38 | |
| Heydebreck | 21.11.38–28.03.40 | |
| Treuchtlingen | 01.04.40–10.07.46 | |
| München-Hbf | 46– | 46 |
| Treuchtlingen | 01.12.46–21.04.48 | |
| München-Hbf | 22.04.48– | (48) |
| Treuchtlingen | – | + |

+ 14.08.50
Führerhaus und Stehkessel 1951 aufgearbeitet, anschließend ins Deutsche Museum, ab 1969 Dauerleihgabe an »Deutsche Gesellschaft für Eisenbahngeschichte e.V.«

**344  18428**
JAM / 3442 / 1914
13.03.14/14.03.14

| Ludwigshafen | 14– | (18) |
|---|---|---|
| RBD Nürnberg | – | 28 |
| Ludwigshafen | 08.05.28–17.11.38 | |
| Heydebreck | 21.11.38–28.03.40 | |
| Nürnberg-Hbf | 01.04.40– | + |

Z 22.02.45, + 15.12.45 (Bombentreffer)
++ RAW Nürnberg


**345  18429**
JAM / 3443 / 1914
31.03.14/01.04.14

| München I | 01.04.14–27.04.14 |
|---|---|
| Ludwigshafen | 28.04.14–10.07.25 |
| Nürnberg-Hbf | 11.07.25–27.06.26 |
| Hof | 28.06.26–11.05.28 |
| Ludwigshafen | 12.05.28–20.11.38 |
| Heydebreck | 23.11.38–28.03.40 |
| Nürnberg-Hbf | 01.04.40–23.01.43 |
| Bamberg | 24.01.43–04.02.43 |
| Würzburg | 05.02.43–25.05.43 |
| Nürnberg-Hbf | 26.05.43–18.03.44 |
| Bamberg | 10.06.44–13.02.47 |
| Pressig-Rothen-kirchen (Z) | 13.02.47–  + |

W 23.06.46, Z 13.03.47
+ 21.04.49, ++ Pressig-Rothenkirchen
1949


**346  18430**
JAM / 3444 / 1914
13.04.14/17.04.14

| München Hbf | 18.04.14–04.12.15 |
|---|---|
| Ludwigshafen | 06.12.15–10.12.25 |
| Lindau | 11.12.25–  27 |
| München-Hbf | 29.12.27–25.01.28 |
| Ludwigshafen | 26.02.28–17.11.38 |
| Heydebreck | 21.11.38–28.03.40 |
| Nürnberg-Hbf | 01.04.40–10.01.42 |
| Bamberg | 11.01.42–  + |

Z 09.08.49
+ 14.08.50
++ HSL Desching 1951


**347  18431**
JAM / 3445 / 1914
23.04.14/

| Ludwigshafen | 14– | (18) |
|---|---|---|
| Lindau | – | 28 |
| Ludwigshafen | 29.02.28–18.10.38 | |
| Heydebreck | 08.12.38–12.04.40 | |
| Hof | 13.04.40– | + |

Z 06.45
+ 14.08.50


**348  18432**
JAM / 3446 / 1914
23.04.14/

| Ludwigshafen | 14– | 18 |
|---|---|---|
| Lindau | – | 28 |
| Ludwigshafen | 28–12.05.35 | |
| Treuchtlingen | 13.05.35– | |
| Freilassing | 07.39– | 11.42 |
| Treuchtlingen | 07.43– | + |

Z vor 09.47, + 14.08.50
+ HSL Desching 1951 oder 1952


**349  18433**
JAM / 3447 / 1914
29.04.14/

| Ludwigshafen | 30.04.14– | |
|---|---|---|
| RBD Nürnberg | (06.24)– | 28 |
| Ludwigshafen | 28–11.05.35 | |
| Treuchtlingen | 12.05.35–23.06.43 | |
| Freilassing | 24.06.43– | 11.45 |
| Kempten | 11.45– | 08.47 |
| München-Hbf | 08.47– | + |

Z 27.09.49, + 14.08.50
++ HSL Desching 1951 oder 1952


**350  18434**
JAM / 3448 / 1914
06.05.14/06.05.14

| Ludwigshafen | 14– | (18) |
|---|---|---|
| Würzburg | ~ | 26 |
| Ludwigshafen | 27.08.29–20.11.38 | |
| Heydebreck | 21.11.38– | 04.40 |
| Hof | 13.04.40–24.06.45 | |
| RAW Stendal L2 | 01.08.46–20.08.46 | |
| Dresden-Altstadt | 14.04.47–01.06.48 | |
| Bamberg (Z) | 04.06.48– | + |

(Tausch gegen 18314)
+ 14.08.50
++ HSL Desching 1952


**3624  18441**
JAM / 3305 / 1912
22.03.12/05.05.12

| Nürnberg-Hbf | 06.05.12–16.03.28 |
|---|---|
| Wiesbaden | 20.04.28–19.06.28 |
| Nürnberg-Hbf | 20.06.28–12.06.30 |
| Würzburg | 13.06.30–17.05.34 |
| Nürnberg-Hbf | 10.07.34–27.04.39 |
| Linz | 28.04.39–09.10.43 |
| Nürnberg-Hbf | 11.10.43–  + |

Z 01.01.47, + 14.08.50
++ HSL Desching 1952


**3625  18442**
JAM / 3306 / 1912
27.03.12/16.04.12

| Nürnberg-Hbf | 18.05.12–01.07.14 |
|---|---|
| München I | 18.11.14–03.11.27 |
| Nürnberg-Hbf | 04.11.27–08.06.29 |
| Würzburg | 09.06.29–28.04.34 |
| Nürnberg-Hbf | 10.07.34–03.08.34 |
| Würzburg | 04.08.34–03.09.34 |
| Nürnberg-Hbf | 04.09.34–13.05.39 |
| Linz | 14.05.39–13.10.43 |
| Nürnberg-Hbf | 14.10.43–  + |

Z 20.03.47, + 21.04.49
++ EAW Schwerte


**3626  18443**
JAM / 3307 / 1912
01.04.12/13.04.12

| Nürnberg-Hbf | 31.05.12–23.03.17 |
|---|---|
| München I | 24.03.17–10.04.18 |
| Würzburg | 11.04.18–05.10.18 |
| München I | 06.10.18–07.03.19 |
| Würzburg | 08.03.19–30.04.39 |
| Nürnberg-Hbf | 02.05.39–15.05.39 |
| Linz | 16.05.39–16.06.39 |
| Nürnberg-Hbf | 17.06.39–  + |

Z 20.03.47
+ 21.04.49
++ EAW Schwerte


**3627  18444**
JAM / 3308 / 1912
12.04.12/27.04.12

| Nürnberg-Hbf | 27.04.12–03.11.27 |
|---|---|
| München-Hbf | 04.11.27–16.01.28 |
| Nürnberg-Hbf | 17.01.28–18.11.32 |
| Passau | 19.11.32–20.05.37 |
| Regensburg | 21.05.37–20.01.45 |
| München-Hbf | 19.08.45– |
| Regensburg | –15.01.46 |
| Hof | 15.02.48–  + |

+ 14.08.50
Nach Ausmusterung Heizlok u. a. in Hof,
Naila, Marxgrün, Weiden, Regensburg,
Plattling.
++ Straubing 1966


**3628  18445**
JAM / 3309 / 1912
24.04.12/

| München I | 12– | |
|---|---|---|
| Nürnberg-Hbf | 24 | |
| München I | – | |
| Wiesbaden | 28 | |
| Nürnberg-Hbf | –21.12.32 | |
| Passau | 22.12.32– | (37) |
| Nürnberg-Hbf | 40 | |
| RBD Regensburg | –04.06.41 | |
| München-Hbf | 05.06.41– | |
| München-Hbf | (01.43)– | 11.45 |
| Kempten | 11.45– | + |

+ 04.08.49

**3629 18446**
JAM / 3310 / 1912
30.04.12/14.05.12

| | |
|---|---|
| München I | 14.05.12–23.09.17 |
| Aschaffenburg | 24.09.17–09.02.18 |
| München I | 10.02.18–05.10.18 |
| Aschaffenburg | 06.10.18–10.08.20 |
| Würzburg | 11.08.20–18.12.20 |
| Hof | 19.12.20–23.04.21 |
| Würzburg | 24.04.21–27.03.24 |
| Hof | 28.03.24–04.06.25 |
| Nürnberg-Hbf | 05.06.25–29.05.29 |
| Halle P | 30.05.29–22.04.34 |
| Ingolstadt | 28.06.34–12.07.35 |
| Treuchtlingen | 13.07.35–29.08.39 |
| München-Hbf | 30.08.39–10.10.39 |
| Treuchtlingen | 11.10.39–19.04.46 |
| Kempten | 20.04.46–    + |

Z 08.48, + 04.08.49

**3630 18447**
JAM / 3311 / 1912
13.05.12/

| | | |
|---|---|---|
| München I | 12– | (14) |
| Hof | (15)– | 20 |
| Nürnberg-Hbf | 23, 24, 28 | |
| Wiesbaden | 04.28– | 06.28 |
| Würzburg | 06.28–05.06.29 | |
| Halle P | 06.06.29– | 04.32 |
| Regensburg | 32– | |
| Kempten | 04.33– | 34 |
| Regensburg | 05.35– | 08.43 |
| RBD Regensburg | 01.45– | |
| RBD München | – | 11.45 |
| RBD Augsburg | 11.45– | + |

+ 04.08.49

**3631 18448**
JAM / 3312 / 1912
21.05.12/

| | | |
|---|---|---|
| München I | 12– | (14) |
| Hof | (15)– | 20 |
| Nürnberg-Hbf | (23)–27.05.29 | |
| Halle P | 28.05.29–07.03.34 | |
| Ingolstadt | 08.03.34– | (35) |
| Treuchtlingen | (35)– | 04.46 |
| Augsburg | 04.46– | + |

+ 14.11.51

**3632 18449**
JAM / 3313 / 1912
24.05.12/08.06.12

| | |
|---|---|
| München I | 08.06.12–23.10.19 |
| Nürnberg-Hbf | 24.10.19–19.01.20 |
| München I | 25.07.20–27.09.27 |
| Augsburg | 28.09.27–03.10.28 |
| Lindau | 19.12.28–28.05.29 |
| Augsburg | 14.07.29–18.07.29 |
| Halle P* | 19.07.29–04.04.34 |
| Regensburg | 19.05.34–    + |

* 1929 kurzzeitig leihweise im Bw Berlin-Ahb.
+ 13.12.50

**3633 18450**
JAM / 3314 / 1912
14.08.12/02.10.12

| | |
|---|---|
| München I | 03.10.12–11.04.18 |
| Würzburg | 12.04.18–14.05.18 |
| München I | 15.05.18–16.02.26 |
| Würzburg | 17.02.26–11.10.26 |
| München I | 21.10.26–15.12.26 |
| Nürnberg-Hbf | 16.12.26–01.01.27 |
| München I | 02.01.27–13.09.27 |
| Würzburg | 14.09.27–22.03.28 |
| Wiesbaden | 15.04.28–06.06.28 |
| Würzburg | 07.06.28–13.12.28 |
| München-Hbf | 14.12.28–06.01.29 |
| Würzburg | 23.01.29–26.02.39 |
| Bamberg | 27.02.39–    + |

Z 13.03.47, + 14.08.50
++ HSL Desching 1952

**3634 18451**
JAM / 3315 / 1912
23.08.12/30.09.12

| | | |
|---|---|---|
| München I | 12– | (14) |
| Würzburg | 23 | |
| Würzburg | 11.05.26–12.05.35 | |
| Treuchtlingen | 13.05.35–27.08.39 | |
| München-Hbf | 28.08.39–19.10.39 | |
| Treuchtlingen | 20.10.39–16.08.41 | |
| Linz | 17.08.41–30.09.41 | |
| Treuchtlingen | 01.10.41–20.03.45 | |
| Kempten | 09.02.47–14.04.48 | |
| Augsburg | 15.04.48–17.01.50 | |
| LVA Göttingen | 18.02.50– | |
| LVA Minden | (51)– | + |

Z 05.04.52, + 18.10.54
Steht heute im Deutschen Museum München

**3635 18452**
JAM / 3316 / 1912
31.08.12/02.10.12

| | | |
|---|---|---|
| München I | 03.10.12–04.05.28 | |
| Nürnberg-Hbf | 05.05.28–09.03.39 | |
| Linz | 14.05.39–10.10.43 | |
| Nürnberg-Hbf | 11.10.43– | 45 |
| Treuchtlingen* | 45– | |
| RBD München | – | 04.46 |
| RBD Augsburg | 04.46– | + |

* andere Quelle: Nürnberg-Hbf
31.12.45
+ 04.08.49

**3636 18453**
JAM / 3317 / 1912
13.09.12/23.09.12

| | |
|---|---|
| München I | 23.09.12–17.10.12 |
| Nürnberg-Hbf | 18.10.12–14.05.39 |
| Linz | 15.05.39–13.10.43 |
| Nürnberg-Hbf | 14.10.43–    + |

Z 08.04.45, + 14.08.50
++ HSL Desching 1952

**3637 18454**
JAM / 3318 / 1912
20.09.12/23.10.12

| | | |
|---|---|---|
| Nürnberg-Hbf* | 24.10.12– | 06.14 |
| München I | 23 | |
| Nürnberg-Hbf | – | 26 |
| Würzburg | 07.26– | 10.26 |
| Nürnberg-Hbf | 10.26– | |
| München-Hbf | 26.02.27–11.05.27 | |
| Freilassing | 12.05.27–04.05.28 | |
| Nürnberg-Hbf | 05.05.28– | + |

Z 01.04.48
+ 14.08.50
++ HSL Desching
* nach anderer Quelle München I 1912.

**3638 18455**
JAM / 3319 / 1912
08.10.12/10.10.12

| | | |
|---|---|---|
| Nürnberg-Hbf* | 11.10.12– | 06.14 |
| Rosenheim | 20.01.28–25.04.28 | |
| Würzburg | 24.05.28–24.01.39 | |
| Linz | 25.05.39–13.10.43 | |
| Nürnberg-Hbf | 14.10.43– | + |

Z 02.02.45, + 14.08.50
++ HSL Desching 1952
* nach anderer Quelle München I 1912.

**3639 18456**
JAM / 3320 / 1912
16.10.12/30.10.12

| | |
|---|---|
| Nürnberg-Hbf | 03.12.12–25.03.17 |
| München I | 26.03.17–01.04.18 |
| Nürnberg-Hbf | 30.08.18–01.06.39 |
| Treuchtlingen* | 15.06.39–05.03.43 |
| Nürnberg-Hbf | 06.03.43–    + |

Z vor 06.47, + 21.04.49
++ EAW Schwerte (zugeführt am 12.07.49)
* nach anderer Quelle am 25.05.39 zum Bw Linz (25.05.39–15.06.39).

**3640 18457**
JAM / 3321 / 1912
30.11.12/13.12.12

| | |
|---|---|
| Nürnberg-Hbf | 14.12.12–13.05.35 |
| Würzburg | 14.05.35–04.11.35 |
| Nürnberg-Hbf | 19.12.35–01.07.39 |
| Linz | 02.07.39–03.07.39 |
| Nürnberg-Hbf | 04.07.39–27.12.41 |
| Bamberg | 28.12.41–19.10.48 |
| Pressig-Rothen-kirchen (Z) | 20.10.48–    + |

Z 13.03.47, + 14.08.50
++ HSL Desching 1952

**3641 18458**
JAM / 3322 / 1912
21.01.13/18.02.13

| | | |
|---|---|---|
| Nürnberg-Hbf* | 13– | |
| München I | | 23 |
| Nürnberg-Hbf | – | 03.28 |
| Wiesbaden | 04.28–03.05.28 | |
| Würzburg | 04.05.28–23.05.39 | |
| Nürnberg-Hbf | 24.05.39–14.02.42 | |
| Würzburg | 15.02.42–14.03.42 | |
| Nürnberg-Hbf | 15.03.42– + | |

Z 01.46, + 14.08.50,
++ HSL Desching
* nach anderer Quelle München I 1913.


**3650 18461**
JAM / 4513 / 1915
27.03.15/12.04.15

| | |
|---|---|
| München I | 12.04.15–28.09.27 |
| Augsburg | 29.09.27–09.05.29 |
| Lindau | 10.05.29–19.01.31 |
| Augsburg | 01.03.31–13.06.33 |
| Kempten | 14.06.33–15.07.34 |
| Augsburg | 16.07.34–12.05.35 |
| Kempten | 13.05.35–22.06.36 |
| Augsburg | 23.06.36–08.12.45 |
| Kempten | 27.06.47–16.05.49 |
| Neu-Ulm | 17.05.49–01.12.53 |
| Lindau | 02.12.53–05.02.54 |
| Neu-Ulm | 06.02.54– + |

Z 27.06.54, + 18.10.54,
++ HSL Desching 1956


**3651 18462**
JAM / 4514 / 1915
31.03.15*/01.05.15

| | |
|---|---|
| RBD München | – 09.27 |
| Augsburg | 28.09.27–21.01.29 |
| Lindau | 22.01.29–04.10.30 |
| Augsburg | 05.10.30–16.04.31 |
| Lindau | 17.04.31–21.02.34 |
| München-Hbf | 22.02.34–30.09.46 |
| Treuchtlingen | 01.10.46–29.10.46 |
| Kempten | 04.10.47–23.02.49 |
| Neu-Ulm | 24.02.49–07.10.55 |
| Augsburg | 08.10.55– + |

* andere Quelle: 26.04.15
Z 28.11.57, + 25.04.58


**3652 18463**
JAM / 4515 / 1915
10.04.15/23.04.15

| | |
|---|---|
| Hinterstellt | 24.04.15–28.08.15 |
| München I | 29.08.15–28.10.18 |
| Mohon (Frankr.) | 29.10.18–13.11.18 |
| München I | 14.11.18–14.05.27 |
| Freilassing | 16.05.27–06.10.27 |

| | |
|---|---|
| Augsburg | 07.10.27–31.10.28 |
| Nürnberg-Hbf | 01.11.28–19.12.28 |
| Augsburg | 20.12.28–30.09.29 |
| Lindau | 01.10.29–28.02.30 |
| Hinterstellt | 29.02.30–25.04.30 |
| Augsburg | 26.04.30–08.06.33 |
| Kempten | 09.06.33–29.06.34 |
| Augsburg | 30.06.34–11.05.35 |
| Kempten | 12.05.35–17.05.36 |
| Augsburg | 18.05.36–27.04.47 |
| Kempten | 31.10.47–03.03.49 |
| Neu-Ulm | 04.03.49– + |

Z 02.07.54, + 18.10.54
++ HSL Desching 1957 oder 1958


**3653 18464**
JAM / 4516 / 1915
19.04.15/

| | | |
|---|---|---|
| München I | 15– | |
| RBD Nürnberg | 24–11.06.29 | |
| RBD München | 12.06.29–11.04.31 | |
| Regensburg | 12.04.31– | |
| Regensburg | 33, 35, 36 | |
| Regensburg | –10.05.50 | |
| Neu-Ulm | 11.05.50– + | |

Z 14.01.55, + 18.03.55
++ HSL Desching


**3654 18465**
JAM / 4517 / 1915
01.05.15/14.05.15

| | | |
|---|---|---|
| Nürnberg-Hbf | 05.15– | |
| Dresden-Altst. | 15– | (16) |
| Aschaffenburg | 25– | 28 |
| Würzburg | 28–07.05.34 | |
| München-Hbf | 08.05.34– | 12.45 |
| RBD München | – | 09.46 |
| Kempten | 09.46– | 48 |
| Augsburg | | 48–23.02.49 |
| Neu-Ulm | 24.02.49–03.10.55 | |
| Augsburg | 04.10.55– + | |

Z 17.10.55, + 18.04.56


**3655 18466**
JAM / 4518 / 1917
26.10.17/03.11.17

| | |
|---|---|
| Nürnberg-Hbf | 04.11.17–19.01.18 |
| München I | 24.01.18–23.06.21 |
| Nürnberg-Hbf | 24.06.21–13.07.21 |
| München I | 14.07.21–23.09.25 |
| Regensburg | 24.09.25–05.05.28 |
| Nürnberg-Hbf | 06.05.28–29.01.43 |
| Würzburg | 30.01.43–29.04.43 |
| Nürnberg-Hbf | 30.04.43–05.10.47 |
| Bamberg | 06.10.47–07.06.48 |
| Regensburg | 08.06.48–26.05.50 |
| Neu-Ulm | 27.05.50–11.01.54 |
| Ulm | 12.01.54–14.01.54 |
| Neu-Ulm | 15.01.54– + |

Z 01.10.55, + 02.11.55
++ HSL Desching


**3656 18467**
JAM / 4519 / 1917
14.11.17/

| | | |
|---|---|---|
| München I | 17– | |
| RBD München | –04.05.28 | |
| Nürnberg-Hbf | 05.05.28–10.04.31 | |
| Augsburg | 11.04.31–15.05.34 | |
| München-Hbf | 16.05.34– | 09.46 |
| Kempten | | 09.46–01.08.49 |
| Neu-Ulm | 02.08.49– + | |

Z 04.01.55, + 18.03.55


**3657 18468**
JAM / 4520 / 1917
28.11.17/04.12.17

| | | |
|---|---|---|
| München I | 12.17– | |
| RBD München | 28– | 04.31 |
| Regensburg | 04.31– | |
| Regensburg | –04.06.41 | |
| München-Hbf | 05.06.41– | 12.45 |
| Kempten | | 09.46–01.08.49 |
| Neu-Ulm | 02.08.49– + | |

+ 09.11.53


**3658 18469**
JAM / 4521 / 1917
12.12.17/20.12.17

| | | |
|---|---|---|
| München I | 12.17– | |
| RBD München | 28–10.04.31 | |
| Regensburg | 11.04.31– | |
| Regensburg | 35, 36, 45 | |
| Regensburg | –07.05.50 | |
| Neu-Ulm | 08.05.50–16.05.53 | |
| Augsburg | 17.05.53–28.06.54 | |
| Neu-Ulm | 29.06.54–08.07.54 | |
| Augsburg | 09.07.54–05.11.54 | |
| Neu-Ulm | 06.11.54–17.01.55 | |
| Lindau | 18.01.55–25.01.55 | |
| Neu-Ulm | 26.01.55–29.01.55 | |
| Regensburg | 30.01.55–13.02.55 | |
| Neu-Ulm | 14.02.55–28.04.55 | |
| Regensburg | 29.04.55–18.05.55 | |
| Neu-Ulm | 19.05.55–05.07.55 | |
| Kempten | 06.07.55–25.08.55 | |
| Neu-Ulm | 26.08.55–22.09.55 | |
| Augsburg | 23.09.55– | |

Z ~ 10.55, + 02.11.55
++ HSL Desching 1956
Häufige Verschiebungen 1954 und 1955
aufgrund Verfügung zur »Lokhilfe«.


**3659 18470**
JAM / 4522 / 1917
27.12.17/

| | | |
|---|---|---|
| München I | 18– | |
| RBD München | 28–01.05.30 | |
| RBD Augsburg | 02.05.30– | |
| Augsburg | –13.08.35 | |
| München-Hbf | 14.08.35– | |
| München-Hbf | – | 10.47 |
| Kempten | 10.47–01.12.50 | |
| Buchloe | 50 | |
| Neu-Ulm | 02.12.50–08.05.52 | |

Augsburg              09.05.52–15.12.54
Neu-Ulm           16.12.54–10.03.55
Kempten          11.03.55–20.03.55
Neu-Ulm           21.03.55–13.05.55
Augsburg              14.05.55–21.12.55
Ulm                       22.12.55–   +

Z 10.01.57, + 14.03.57

## 3660 18471
JAM / 4523 / 1918
12.01.18/

| | | |
|---|---|---|
| München I | 18– | |
| RBD München | 28–21.11.28 | |
| Nürnberg-Hbf | 22.11.28–15.01.29 | |
| München-Hbf | 16.01.29–24.10.30 | |
| Augsburg | 25.10.30– | (35) |
| Lindau | 36 | |
| Kempten | ~36 | |
| RBD Augsburg | – | 43 |
| RBD Regensburg | 43– | |
| Augsburg | 45 | |
| Kempten | 49 | |
| Buchloe | 50 | |
| Augsburg | 55, 58, 59 | |

+ 30.04.59

## 3661 18472
JAM / 4524 / 1918
28.01.18/01.02.18

| | |
|---|---|
| München I | 18– |
| Ludwigshafen (lw) | 20 |
| RBD Nürnberg | 24, 28 |
| Würzburg | 31–02.07.33 |
| Nürnberg-Hbf | 03.07.33–02.10.33 |
| Würzburg | 03.10.33–18.12.33 |
| Nürnberg-Hbf | 19.12.33–26.07.35 |
| Würzburg | 27.07.35–19.06.36 |
| Nürnberg-Hbf | 20.06.36–  04.45 |
| Nürnberg-Hbf | 11.02.47–29.09.47 |
| Bamberg | 30.09.47–27.09.48 |
| Regensburg | 28.09.48–  10.48 |
| Hof | 10.48–  05.50 |
| Buchloe | 07.50–  51 |
| Augsburg | 51–22.03.55 |
| Neu-Ulm | 23.03.55–15.04.55 |
| Kempten | 16.04.55–  05.55 |
| Augsburg | 05.55–  + |

Z 06.58, + 30.04.59

## 3662 18473
JAM / 4525 / 1918
11.02.18/

| | |
|---|---|
| München I | 18– |
| München-Hbf | –  04.31 |
| RBD Augsburg | 04.31– |
| Augsburg | 34, 35 |
| Lindau | 35, 36, 37, 38, 39, 45, 49, 50 |
| Lindau | –22.07.54 |
| Neu-Ulm | 23.07.54–30.04.55 |
| Augsburg | 01.05.55–29.06.57 |
| Ulm | 30.06.57–  + |

Z 08.08.58, + 30.04.59

## 3663 18474
JAM / 4526 / 1918
26.02.18/

| | |
|---|---|
| München I | 18– |
| RBD München | –04.05.28 |
| Nürnberg-Hbf | 05.05.28– |
| Nürnberg-Hbf | 34, 35, 36, 38, 39, 40, 45, 47 |
| RBD Nürnberg | 47, 48 |
| Nürnberg Hbf | –  + |

+ 20.09.48 (Bombentreffer)

## 3664 18475
JAM / 4527 / 1918
20.03.18/26.03.18

| | |
|---|---|
| München I | 22.04.26–05.05.31 |
| Regensburg | 06.05.31–23.05.32 |
| Passau | 24.05.32–18.08.32 |
| Regensburg | 19.08.32–26.03.33 |
| Hof | 27.03.33–27.02.35 |
| Regensburg | 06.04.35–13.04.49 |
| Hof | 03.06.49–25.05.50 |
| Buchloe | 26.05.50–08.11.50 |
| Augsburg | 31.01.51–  + |

Z 12.01.55, + 18.03.55,
++ Feldkirchen 1963
Nach Ausmusterung Weiterverwendung
als Heizlok (Landdampfkessel Nr. 41)

## 3665 231-985
JAM / 4528 / 1918
17.04.18/

Armisticelieferung an Frankreich 1919,
dort in Betrieb als ETAT 231-985 bei den
Depots Thouars, La Rochelle, Niort,
Saintes. Am 25.02.42 an DR abgegeben, dort beim Bw Würzburg in Betrieb
ab 05.04.42. Zurück an SNCF 1945.
+ 1946

## 3666 231-986
JAM / 4529 / 1918
24.06.18/

Armisticelieferung an Frankreich 1919,
dort in Betrieb als ETAT 231-986 bei den
Depots Thouars, Niort, Saintes. Am
14.03.42 an DR, dort in Betrieb beim Bw
München-Hbf ab 14.03.42, beim Bw
Würzburg ab 23.07.42. An SNCF zurück
1945.
+ 1946

## 3667 18476
JAM / 4530 / 1918
27.06.18/

| | | |
|---|---|---|
| München I | 18– | |
| RBD München | – | 28 |
| Lindau | 28– | |
| Lindau | 35, 36, 39 | |
| Augsburg | 42, 45 | |
| Kempten | 45– | 48 |
| Augsburg | 48–13.04.49 | |

Neu-Ulm           14.04.49–11.05.50
Buchloe           12.05.50–  51
Augsburg             51–  +

+ 28.05.54

## 3668 231-987
JAM / 4531 / 1918
02.07.18/

Armisticelieferung an Frankreich 1919,
dort in Betrieb als ETAT 231-987. An DR
abgegeben 1942, dort in Betrieb beim
Bw München-Hbf ab 03.03.42. Zurück
an SNCF 1945.
+ 1945

## 3669 231-988
JAM / 4532 / 1918
08.07.18/

Armisticelieferung an Frankreich 1919,
dort in Betrieb als ETAT 231-988. An DR
abgegeben 1942, dort in Betrieb beim
Bw München-Hbf ab 10.04.42. Zurück
an SNCF 1945.
+ 1945

## 3670 231-989
JAM / 4533 / 1918
12.07.18/

Armisticelieferung an Frankreich 1919,
dort in Betrieb als ETAT 231-989 bei den
Depots Le Mans, Niort, Nantes, Saintes.
Am 12.02.42 an DR, dort in Betrieb beim
Bw Würzburg ab 22.02.42. An SNCF zurück 1945.
+ 1949

## 3671 18477
JAM / 4534 / 1918
18.07.18/

| | | |
|---|---|---|
| München I | 18– | |
| RBD Augsburg | – | 08.28 |
| RBD München | 08.28–26.06.31 | |
| Regensburg | 27.06.31– | |
| Regensburg | 35, 36, 45 | |
| Regensburg | – | 04.48 |
| Hof | 05.48– | 05.50 |
| Augsburg | 05.50–10.05.51 | |
| Lindau | 11.05.51– | + |

+ 28.05.54

## 3672 231-990
JAM / 4535 / 1918
24.07.18/

Armisticelieferung an Frankreich 1919,
dort in Betrieb als ETAT 231-990 bei den
Depots Nantes, Thouars, Saintes. An DR
1942, dort in Betrieb beim Bw München-
Hbf ab 09.03.42. Zurück an SNCF im
Juni 1945.
+ 1945

**3673  18478**
JAM / 4536 / 1918
29.07.18/01.08.18

| | | |
|---|---|---|
| München I | 18– | 06.19 |
| München-Hbf | 15.05.27– | 21.07.30 |
| Nürnberg-Hbf | 26.08.30– | 22.09.30 |
| München-Hbf | 19.10.30– | 10.05.31 |
| Augsburg | 20.02.32– | 15.06.34 |
| München-Hbf | 16.06.34– | 26.06.41 |
| Augsburg | 27.06.41– | 17.11.42 |
| Lindau | 17.02.43– | 14.03.43 |
| Augsburg | 25.01.44– | 12.07.49 |
| Neu-Ulm | 13.07.49– | 07.05.50 |
| Augsburg | 08.05.50– | 08.02.55 |
| Lindau | 09.02.55– | 24.03.55 |
| Augsburg | 25.03.55– | 09.11.55 |
| Lindau | 10.11.55– | 18.02.57 |
| Augsburg | 08.04.57– | 04.06.58 |
| Ulm | 05.06.58– | + |

Z 13.04.59, + 14.07.60
Ankauf durch S. Lory, ab 17.02.62 Aufarbeitung in Lindau, am 05.10.66 Überführung in die Schweiz. 1981 Übernahme der Lok durch Ch. R. Oswald (Schweiz). Loknummer unrichtig, Lok besitzt Rahmen der S 3/6 3645.

**3674  231-991**
JAM / 4537 / 1918
31.07.18/

Armisticelieferung an Frankreich 1919, dort in Betrieb als ETAT 231-991. An DR 1942, dort in Betrieb beim Bw München-Hbf ab 14.03.42. Zurück an SNCF 1945.

+ 1945

**3675  231-992**
JAM / 4538 / 1918
06.08.18/

Armisticelieferung an Frankreich 1919, dort in Betrieb als ETAT 231-992 bei den Depots Le Mans, Nantes, Saintes. An DR 1942, dort in Betrieb beim Bw Würzburg ab 19.02.42.

+ ~ 1949

**3676  231-993**
JAM / 4539 / 1918
10.08.18/

Armisticelieferung an Frankreich 1919, dort in Betrieb als ETAT 231-993. An DR 1942, dort in Betrieb beim Bw München-Hbf ab 03.03.42. Zurück an SNCF 1945.

+ 1945

**3677  231-994**
JAM / 4540 / 1918
14.08.18/

Armisticelieferung an Frankreich 1919, dort in Betrieb als ETAT 231-994 bei den Depots Le Mans, Nantes, Saintes. 1942 an DR, dort in Betrieb beim Bw Würzburg ab 13.03.42. Zurück an SNCF 1945.

+ 1946

**3678  231-995**
JAM / 4541 / 1918
19.08.18/

Armisticelieferung an Frankreich 1919, dort in Betrieb als ETAT 231-995 bei den Depots Le Mans, Nantes, Saintes. Am 04.03.42 an DR abgegeben, dort in Betrieb beim Bw Würzburg ab 26.03.42. Zurück an SNCF 1945.

+ 1949

**3679  231-996**
JAM / 4542 / 1918
23.08.18/

Armisticelieferung an Frankreich 1919, dort in Betrieb als ETAT 231-996. An DR 1942, dort in Betrieb beim Bw München-Hbf ab 01.03.42. Zurück an SNCF 1945.

+ 1949

**3680  18479**
JAM / 5448 / 1923
/14.11.23

| | | |
|---|---|---|
| Lindau | 15.11.23– | + |

Z 17.06.56, + 23.11.56

**3681  18480**
JAM / 5449 / 1923
/02.12.23

| | | |
|---|---|---|
| Lindau | 03.12.23– | + |

Z 17.09.55
+  02.11.55
++ HSL Desching

**3682  18481**
JAM / 5450 / 1923
05.10.23/26.11.23

| | | |
|---|---|---|
| München I | 11.23– | 10.05.31 |
| Augsburg | 11.05.31– | 05.35 |
| Mainz | 34 | |
| Lindau | 05.35– | 02.57 |
| Augsburg | 02.57– | 06.61 |
| Lindau | 06.61– | + |

Z 21.06.61
+ 05.08.61, ++ Feldkirchen bei München 1963

**3683  18482**
JAM / 5451 / 1923
02.11.23/29.11.23

| | | |
|---|---|---|
| München I | 30.11.23– | |
| RBD München | | –27.05.31 |
| RAW Grunewald | 28.05.31– | 05.07.31 |
| RBD München | 06.07.31– | 18.07.31 |
| RBD Augsburg | 19.07.31– | |
| Augsburg | 31, 33, 35, 36 | |

| | | |
|---|---|---|
| Nürnberg-Hbf | 40 | |
| RBD Augsburg | | –04.06.41 |
| München-Hbf | 05.06.41– | 11.46 |
| Kempten* | 11.46– | 05.48 |
| Augsburg | 49– | 55 |
| Lindau | 55– | + |

Z 29.04.56, + 07.08.56
++ HSL Desching 1957 oder 1958
* nach anderer Quelle 1947 in Augsburg.

**3684  18483**
JAM / 5452 / 1923
07.11.23/30.11.23

| | | |
|---|---|---|
| München I | 11.23– | |
| München I | 07.10.26– | 10.05.31 |
| Augsburg | 11.05.31– | 13.11.39 |
| Nürnberg-Hbf | 14.11.39– | 08.03.40 |
| Augsburg | 23.04.40– | 30.05.41 |
| München-Hbf | 31.05.41– | 10.03.47 |
| Augsburg | 07.09.47– | 23.02.55 |
| Lindau | 24.02.55– | 13.05.58 |
| Augsburg | 19.06.58– | + |

Z 15.05.60
+ 14.07.60, ++ Feldkirchen bei München 1965

**3685  18484**
JAM / 5453 / 1923
12.11.23/04.12.23

| | | |
|---|---|---|
| München I | 05.12.23– | 11.05.31 |
| Augsburg[1] | 12.05.31– | 35 |
| Nürnberg-Hbf | 19.05.35– | 09.43 |
| Würzburg | 19.10.43– | 15.03.44 |
| Nürnberg-Hbf | 04.44– | 27.06.47 |
| Kempten[2] | 48– | 12.49 |
| Augsburg | 01.50– | 05.52 |
| Kempten[3] | 05.52– | (03.55) |
| Lindau | (05.55)– | + |
| Ulm[4] | – | + |

Z 08.04.56, + 07.08.56
++ HSL Desching
[1] nach anderer Quelle Nürnberg-Hbf 1934
[2] nach anderer Quelle 07.49 Augsburg
[3] nach anderer Quelle 54 Lindau
[4] nach anderer Quelle + in Lindau

**3686  18485**
JAM / 5454 / 1923
/12.12.23

| | | |
|---|---|---|
| Nürnberg-Hbf | 12.23– | 05.29 |
| Würzburg | 06.29– | 17.03.35 |
| Bingerbrück | 04.35– | 09.43 |
| Wiesbaden | 09.43– | 01.44 |
| Nürnberg-Hbf | 01.44– | 12.48 |
| Augsburg | 49– | 05.55 |
| Lindau | 05.55– | + |

Z 01.04.56, + 07.08.56

**3687 18486**
JAM / 5455 / 1923
19.11.23/15.12.23

| | |
|---|---|
| Nürnberg-Hbf | 16.12.23– 11.47 |
| Hof | 12.06.48– 04.50 |
| Augsburg | 05.50–25.10.55 |
| Ulm | 26.10.55–09.11.55 |
| Augsburg | 10.11.55– + |

Z 10.12.55, + 18.04.56


**3688 18487**
JAM / 5456 / 1923
22.11.23/21.12.23

| | |
|---|---|
| Nürnberg-Hbf | 21.12.23–17.11.47 |
| Bamberg | 17.01.48–01.06.53 |
| Nürnberg-Hbf | 02.06.53–22.09.53 |
| Ulm | 05.10.53– + |

Z 11.01.57, + 14.03.57


**3689 18488**
JAM / 5457 / 1923
27.11.23/02.01.24

| | |
|---|---|
| Nürnberg-Hbf | 24– |
| Nürnberg-Hbf | 29.10.26–01.04.29 |
| Würzburg | 09.07.29–22.10.29 |
| Nürnberg-Hbf | 23.10.29–28.12.29 |
| Würzburg | 29.12.29–08.04.35 |
| Bingerbrück | 09.04.35–06.09.43 |
| Wiesbaden | 07.09.43–06.12.43 |
| Nürnberg-Hbf | 10.02.44– + |

W 26.12.44, + 29.05.46 (Unfall)


**3690 18489**
JAM / 5539 / 1923
/11.01.24

| | |
|---|---|
| Würzburg | 12.01.24–11.05.35 |
| Bingerbrück | 12.05.35– 09.43 |
| Wiesbaden | 09.43– 12.43 |
| Nürnberg-Hbf | 12.43–11.12.47 |
| Bamberg | 17.12.47–11.05.51 |
| Nürnberg-Hbf | 12.05.51–22.03.53 |
| Ulm | 29.04.53– + |

Z 18.08.56, + 23.11.56


**3691 18490**
JAM / 5540 / 1923
11.12.23/17.01.24

| | |
|---|---|
| Würzburg | 18.01.24–21.04.34 |
| München-Hbf | 09.34*–05.06.41 |
| Augsburg | 06.06.41– 02.52 |
| Lindau | 53–22.02.55 |
| Ulm | 23.02.55–15.08.55 |
| Lindau | 16.08.55–02.10.55 |
| Ulm | 03.10.55– + |

Z 26.09.57, + 10.08.57
* andere Quelle: 22.04.34


**3692 18491**
JAM / 5541 / 1923
18.12.23/21.01.24

| | |
|---|---|
| München I | 01.05.24–10.05.31 |
| Augsburg | 11.05.31–27.02.54 |
| Lindau | 28.02.54– + |

Z 23.08.54
+ 18.03.55


**3693 18492**
JAM / 5542 / 1923
28.12.23/14.01.24

| | |
|---|---|
| München I | 14.01.24–14.05.31 |
| Augsburg | 15.05.31– |
| Augsburg | 33, 35, 36 |
| RBD München | – 10.45 |
| RBD Augsburg | 10.45– |
| Augsburg | 47, 49, 50, 55 |
| Augsburg | – 55 |
| Lindau | 14.05.55–02.09.57 |
| Augsburg | 03.09.57– + |

Z 10.02.58, + 25.04.58


**3694 18493**
JAM / 5543 / 1924
18.01.24/01.02.24

| | |
|---|---|
| München I | 01.02.24–13.06.29 |
| Würzburg | 14.06.29–30.10.35 |
| Bingerbrück | 31.10.35–04.09.41 |
| Darmstadt | 22.10.41–13.11.42 |
| Bingerbrück | 10.12.42–05.10.43 |
| Wiesbaden | 06.10.43–04.12.43 |
| Nürnberg-Hbf | 05.12.43–20.11.47 |
| Bamberg | 21.11.47–07.03.53 |
| Ulm | 25.04.53– + |

Z 11.03.58, + 25.04.58


**3695 18494**
JAM / 5544 / 1924
23.01.24/06.02.24

| | |
|---|---|
| München I | 06.02.24–14.05.31 |
| Augsburg | 15.05.31–27.01.32 |
| Nürnberg-Hbf | 28.01.32–03.06.49 |
| Bamberg | 04.06.49–02.06.53 |
| Nürnberg-Hbf | 03.06.53–26.07.53 |
| Ulm | 27.07.53– + |

Z 23.07.57, + 15.11.57


**3696 18495**
JAM / 5545 / 1924
/18.02.24

| | |
|---|---|
| Nürnberg-Hbf | 02.24– 25 |
| München I | 25–13.06.29 |
| Würzburg | 14.06.29–24.01.36 |
| Bingerbrück | 25.01.36– 05.43 |
| Wiesbaden | 09.43– 11.43 |
| Nürnberg-Hbf | 11.43–21.12.47 |
| Bamberg | 22.12.47–31.01.53 |
| Ulm | 01.04.53– + |

Z 23.04.59, + 13.07.59


**3697 18496**
JAM / 5546 / 1924
31.01.24/25.02.24

| | |
|---|---|
| Nürnberg-Hbf | 02.24– 12.48 |
| Augsburg | 12.48– 04.55 |
| Lindau | 05.55– + |

Z 20.02.56, + 07.08.56


**3698 18497**
JAM / 5547 / 1924
28.01.24/08.03.24

| | |
|---|---|
| Nürnberg-Hbf | 08.03.24–16.03.49 |
| Bamberg* | 17.03.49–27.04.53 |
| Ulm | 28.04.53–03.07.54 |
| Neu-Ulm | 04.07.54–24.07.54 |
| Ulm | 25.07.54– + |

Z 21.10.55, + 18.04.56
* nach anderer Quelle Bamberg 1948


**3699 18498**
JAM / 5548 / 1924
/05.03.24

| | |
|---|---|
| Nürnberg-Hbf | 06.03.24–31.03.48 |
| Hof | 12.06.48– 04.50 |
| Augsburg | 06.50–12.01.55 |
| Neu-Ulm | 16.03.55–20.03.55 |
| Augsburg | 22.03.55–20.05.55 |
| Lindau | 21.05.55– + |

Z 09.11.55, + 18.04.56


**3700 18499**
JAM / 5549 / 1924
06.03.24/22.03.24

| | |
|---|---|
| Nürnberg-Hbf | 22.03.24–07.10.49 |
| Bamberg | 08.10.49–11.06.53 |
| Ulm | 29.10.53– + |

Z 09.02.55, + 12.05.55


**3701 18500**
JAM / 5550 / 1924
/29.03.24

| | |
|---|---|
| Würzburg | 30.03.24–30.10.35 |
| Bingerbrück | 31.10.35– 09.43 |
| Wiesbaden | 09.43– 01.44 |
| Nürnberg-Hbf | 01.44– 45 |
| Nürnberg-Hbf | 09.45– 05.48 |
| Bamberg | 05.48–25.06.53 |
| Ulm | 26.06.53– + |

Z 25.06.58, + 20.11.58


**3702 18501**
JAM / 5551 / 1924
25.03.24/11.04.24

| | |
|---|---|
| Würzburg* | 04.24–23.02.41 |
| Nürnberg-Hbf | 02.41–15.09.53 |
| Lindau | 16.09.53–19.03.57 |
| Ulm | 20.03.57–11.04.57 |
| Lindau | 12.04.57– + |

Z 09.05.57, + 10.08.57
* nach anderer Quelle 1929 in RBD
Mainz. Bingerbrück 1936 (leihweise?).

**3703 18502**
JAM / 5552 / 1924
02.04.24/16.04.24

| | |
|---|---|
| Würzburg | 04.24– |
| Würzburg | 18.02.27–16.12.40 |
| Nürnberg-Hbf | 17.12.40–12.06.48 |
| Hof | 13.06.48–10.05.50 |
| Augsburg | 11.05.50–25.05.50 |
| Nürnberg-Hbf | 26.05.50–10.10.50 |
| Augsburg | 11.10.50–09.05.52 |
| Kempten | 10.05.52–22.12.52 |
| Augsburg | 08.01.53–19.04.53 |
| Lindau | 12.05.53–    + |

Z 12.08.57, + 15.11.57
(1936 leihweise Bingerbrück)


**3704 18503**
JAM / 5553 / 1924
/01.05.24

| | |
|---|---|
| Hof | 08.24–    02.29 |
| Nürnberg-Hbf* | 08.29–    32 |
| Lindau | 33–    + |

+ 23.03.54
* nach anderer Quelle 1929 Lindau


**3705 18504**
JAM / 5554 / 1924
/07.05.24

| | |
|---|---|
| Hof | 08.24–    02.29 |
| Nürnberg-Hbf* | 02.29–    31 |
| Lindau | 31–    + |

+ 15.08.55
* nach anderer Quelle 1929 Lindau


**3706 18505**
JAM / 5555 / 1924
02.05.24/16.05.24

| | |
|---|---|
| Nürnberg-Hbf | 20.05.24–17.09.53 |
| Lindau | 23.10.53–09.01.55 |
| LVA Minden | 17.04.55–    10.68 |
| Lehrte (Z) | 10.68–    + |

Z 20.05.67, + 10.07.69
Lok befindet sich im Eigentum der
»Deutschen Gesellschaft für Eisenbahn-
geschichte e.V.«


**3707 18506**
JAM / 5556 / 1924
05.24/    05.24

| | |
|---|---|
| München I | 05.24–23.05.31 |
| Lindau | 24.05.31–    + |

Z 28.04.55, + 15.08.55


**3708 18507**
JAM / 5557 / 1924
20.05.24/31.05.24

| | |
|---|---|
| München I | 11.24–04.05.28 |
| Würzburg | 05.05.28–    04.37 |
| LVA Grunewald | 14.04.37–    05.37 |
| Würzburg | 05.37–16.12.40 |
| Nürnberg-Hbf | 17.12.40–05.03.53 |
| Lindau | 17.04.53–07.10.54 |
| Neu-Ulm | 08.10.54–02.10.55 |
| Lindau | 03.10.55–    11.57 |
| Augsburg | 11.57–    + |

Z    08.58
+ 13.07.59
Lok war vom 13.03.35–24.06.35 zu
Filmaufnahmen in München (»Stahltier«
von Otto Zielke)


**3709 18508**
JAM / 5558 / 1924
12.09.24/12.11.24

| | |
|---|---|
| München I | 13.11.24–03.05.28 |
| Würzburg | 04.05.28–29.12.40 |
| Nürnberg-Hbf | 30.12.40–28.11.52 |
| Lindau | 23.01.53–08.05.57 |
| Augsburg | 01.07.57–10.06.61 |
| Lindau | 11.06.61–    + |

Z 30.07.62, + 20.10.62
Im Privatbesitz von H. Fiechter (Schweiz)


**18509**
JAM / 5661 / 1926
22.10.26/02.05.27

| | |
|---|---|
| Würzburg | 03.05.27–13.01.29 |
| Wiesbaden | 14.01.29–06.07.29 |
| Nürnberg-Hbf | 07.07.29–20.12.41 |
| Linz | 21.12.41–28.12.41 |
| Nürnberg-Hbf | 29.12.41–29.01.44 |
| Wiesbaden | 30.01.44–21.05.50 |
| Regensburg | 22.05.50–17.10.54 |

Umbau in 18611 (04.12.54)


**18510**
JAM / 5662 / 1926
12.11.26/10.05.27

| | |
|---|---|
| Würzburg | 11.05.27–28.04.30 |
| Nürnberg-Hbf | 24.06.30–30.01.44 |
| Wiesbaden | 20.02.44–23.05.50 |
| Regensburg | 24.05.50–21.04.55 |

Umbau in 18618 (27.05.55)


**18511**
JAM / 5663 / 1926
17.11.26/11.05.27

| | |
|---|---|
| Würzburg | 13.05.27–30.06.29 |
| Nürnberg-Hbf | 01.07.29–    12.43 |
| Wiesbaden | 12.43–09.12.49 |
| Darmstadt* | 28.02.50–13.12.53 |
| Hof | 14.12.53–13.06.55 |

Umbau in 18622 (09.09.55)
* andere Quelle: Darmstadt ab 01.06.50


**18512**
JAM / 5664 / 1926
24.11.26/13.05.27

| | |
|---|---|
| Würzburg | 08.06.27–06.07.29 |
| Nürnberg-Hbf | 07.07.29–29.12.43 |
| Wiesbaden | 30.12.43–12.09.47 |
| Kempten | 13.09.47–05.05.50 |
| Hof | 06.05.50–21.12.54 |
| Regensburg | 22.12.54–27.06.56 |
| Lindau | 28.06.56–23.06.58 |
| Augsburg | 24.06.58–    + |

Z 07.02.61, + 27.04.61,
++ Blumau (Österreich) 1962


**18513**
JAM / 5665 / 1926
29.11.26/16.05.27

| | |
|---|---|
| Nürnberg-Hbf | 16.05.27–27.12.41 |
| Linz | 28.12.41–08.01.42 |
| Nürnberg-Hbf | 09.01.42–    12.43 |
| Wiesbaden | 12.43–06.10.47 |
| RBD Augsburg | 07.10.47–    11.47 |
| München-Hbf | 11.47–13.03.48 |
| Wiesbaden | 14.03.48–14.06.50 |
| Darmstadt | 15.06.50–20.05.55 |
| Hof* | 21.05.55–27.05.57 |
| Lindau | 28.05.57–    + |

Z 26.09.57, + 15.11.57
* andere Quelle: Regensburg


**18514**
JAM / 5666 / 1926
/13.05.27

| | |
|---|---|
| Nürnberg-Hbf | 14.05.27– |
| Nürnberg-Hbf | 06.06.29–12.03.35 |
| Mainz | 14.03.35–15.05.36 |
| Bingerbrück | 16.05.36–14.11.42 |
| Darmstadt | 22.01.43–19.01.46 |
| München-Hbf | 20.01.46–30.03.48 |
| Ingolstadt | 25.08.48–07.01.50 |
| Treuchtlingen | 08.01.50–12.03.50 |
| Regensburg | 26.04.50–25.04.55 |

Umbau in 18620 (02.07.55)


**18515**
JAM / 5667 / 1926
/    05.27

| | |
|---|---|
| München-Hbf | 05.27–12.04.34 |
| Wiesbaden | 13.04.34– |
| Darmstadt | –08.12.39 |
| L4 RAW Mü.-Fr. | 09.12.39–18.01.40 |
| Darmstadt | 19.01.40– |
| Darmstadt abg. | 06.45 |

+ 06.09.47 (Bombentreffer)

**18516**
JAM / 5668 / 1926
16.12.26/

| | |
|---|---|
| München-Hbf | 27–12.04.34 |
| Darmstadt | 13.04.34– 34 |
| Mainz | 34 |
| Darmstadt | –25.02.39 |
| Wiesbaden | 26.02.39– 41 |
| Darmstadt | 08.41–24.02.49 |
| Wiesbaden | 25.02.49–19.05.50 |
| Regensburg | 20.05.50–23.02.56 |
| Lindau | 24.02.56–01.08.58 |
| Ulm | 02.08.58–22.08.58 |
| Lindau | 23.08.58– 09.58 |
| Augsburg | 10.58– + |

Z 04.59, + 28.04.60

**18517**
JAM / 5669 / 1926
23.12.26/06.05.27

| | |
|---|---|
| München-Hbf | 07.05.27–01.05.34 |
| Wiesbaden | 02.05.34– 08.36 |
| Mainz | 08.36–16.10.46 |
| Nürnberg-Hbf | 17.10.46–22.01.47 |
| Darmstadt | 24.09.48–16.02.49 |
| Wiesbaden | 17.02.49–28.10.49 |
| Treuchtlingen | 29.10.49–06.04.50 |
| Regensburg | 07.04.50–12.01.55 |

Umbau in 18616 (26.03.55)

**18518**
JAM / 5670 / 1927
/06.05.27

| | |
|---|---|
| München-Hbf* | 07.05.27–14.04.28 |
| Wiesbaden (lw) | 15.04.28–05.10.28 |
| München-Hbf | 06.10.28–02.05.34 |
| Wiesbaden | 02.05.34– 08.36 |
| Mainz | 08.36– 09.42 |
| Mainz abg. | –06.11.46 |
| Nürnberg-Hbf | 07.11.46– |
| Darmstadt | 47 |
| Kempten | 07.11.47–08.05.50 |
| Hof | 12.05.50–23.10.51 |
| Regensburg | 24.10.51–22.01.52 |
| Hof | 23.01.52–16.05.52 |
| Regensburg | 17.05.52–19.02.54 |

* LVA Grunewald 1927 (Leistungsuntersuchung).
Umbau in 18608 (15.04.54)

**18519**
JAM / 5671 / 1927
07.05.27/16.05.27

| | |
|---|---|
| München-Hbf | 17.05.27–30.05.34 |
| Wiesbaden | 31.05.34– 08.36 |
| Mainz | 36– 45 |
| Darmstadt | 12.45 |
| Darmstadt | 07.08.46– 48 |
| Wiesbaden | 26.08.48–28.05.50 |
| Hof | 29.05.50–15.07.52 |
| Regensburg | 16.07.52–04.10.52 |

| | |
|---|---|
| Hof | 05.10.52–02.12.54 |
| Regensburg | 03.12.54–28.05.57 |
| Lindau | 29.05.57– + |

Z 12.02.58, + 25.04.58
++ 1960

**18520**
JAM / 5672 / 1927
17.05.27/02.06.27

| | |
|---|---|
| München-Hbf | 02.06.27–22.10.28 |
| Hof | 23.10.28–16.05.29 |
| Nürnberg-Hbf | 17.05.29–06.07.29 |
| Wiesbaden | 07.07.29–03.10.31 |
| Mainz | 04.12.31–13.09.43 |
| Wiesbaden | 14.09.43–31.01.45 |
| Mainz | 01.02.45–25.11.46 |
| Darmstadt | 26.11.46–21.10.47 |
| Wiesbaden | 27.04.48–26.05.50 |
| Hof | 27.05.50–27.10.54 |

Umbau in 18612 (15.12.54)

**18521**
JAM / 5689 / 1927
/14.01.28

| | |
|---|---|
| Wiesbaden* | 15.01.28– 08.31 |
| Mainz | 08.31–16.10.46 |
| Nürnberg-Hbf | 17.10.46– 09.48 |
| Darmstadt | 25.09.48–03.03.49 |
| Wiesbaden | 05.03.49–27.10.50 |
| Darmstadt | 28.10.50– 05.51 |

Umbau in 18601 (Krauß-Maffei L4
07.05.51–20.09.51, Abnahme im EAW
München-Freimann 16.03.53).
* nach anderer Quelle 1928 RBD Nürnberg

**18522**
JAM / 5690 / 1927
27.12.27/20.01.28

| | |
|---|---|
| Hof | 01.02.28–03.06.29 |
| Nürnberg-Hbf | 05.06.29–12.07.29 |
| Wiesbaden | 13.07.29–03.10.31 |
| Mainz | 04.10.31– 45 |
| Ingolstadt | 02.46 |
| RBD Nürnberg | 07.10.46– |
| Wiesbaden | 08.47– 48 |
| Darmstadt | 13.02.49– 53 |

Umbau in 18604 (29.11.53)

**18523**
JAM / 5691 / 1927
04.01.28/23.01.28

| | |
|---|---|
| Wiesbaden* | 24.01.28– 07.31 |
| Mainz | 08.31–14.10.46 |
| Nürnberg-Hbf | 25.10.46–08.04.48 |
| Darmstadt | 27.02.49–05.04.54 |

Umbau in 18610 (29.05.54)
* nach anderer Quelle 1928 RBD Nürnberg

**18524**
JAM / 5692 / 1928
/28.01.28

| | |
|---|---|
| Wiesbaden* | 29.01.28–21.08.31 |
| Mainz | 22.08.31– 45 |
| Darmstadt | 45–18.05.55 |
| Hof | 19.05.55–09.11.55 |
| Regensburg | 10.11.55–19.12.55 |
| Hof | 20.12.55–02.01.56 |

Umbau in 18627 (28.03.56)
* nach anderer Quelle 1928 RBD Nürnberg

**18525**
JAM / 5693 / 1928
/03.02.28

| | |
|---|---|
| Lindau* | 04.02.28– 29 |
| Wiesbaden | 29– 07.31 |
| Mainz | 08.31–30.10.46 |
| Nürnberg-Hbf | 31.10.46–22.09.48 |
| Darmstadt | 23.09.48–11.05.53 |

Umbau in 18603 (03.07.53)
* nach anderer Quelle Wiesbaden 1928

**18526**
JAM / 5694 / 1928
/17.02.28

| | |
|---|---|
| Lindau | 02.28– 29 |
| Wiesbaden | 29– 07.31 |
| Mainz | 07.31–30.10.46 |
| Nürnberg-Hbf | 31.10.46–07.04.48 |
| Darmstadt | 02.11.48–18.01.54 |
| Hof | 20.03.54–27.01.55 |
| Regensburg | 28.01.55–08.03.55 |
| Hof | 09.03.55–26.05.55 |

Umbau in 18621 (12.08.55)

**18527**
JAM / 5695 / 1928
/ 03.28

| | |
|---|---|
| Würzburg | 03.28– 06.28 |
| Wiesbaden | 06.28– 07.31 |
| Mainz | 08.31– 09.42 |
| Darmstadt | 45–17.07.48 |
| Wiesbaden | 18.07.48–25.02.49 |
| Darmstadt | 26.02.49–18.01.54 |

Umbau in 18607 (25.03.54)

**18528**
JAM / 5696 / 1928
/22.03.28

| | |
|---|---|
| Würzburg | 23.03.28– 06.28 |
| Wiesbaden | 06.28– 12.31 |
| Mainz | 04.12.31– 46 |
| Darmstadt | 04.12.46–09.05.55 |
| Hof | 29.06.55–28.05.57 |
| Lindau | 29.05.57–12.10.58 |
| Augsburg | 13.10.58–29.05.61 |
| Lindau | 30.05.61– + |

Z 11.10.62, + 15.11.63
Heute Denkmallok der Fa. Krauß-Maffei,
München-Allach.

**18529**
JAM / 5873 / 1930
25.07.30/08.08.30

| | | |
|---|---|---|
| Nürnberg-Hbf | 09.08.30– | |
| Nürnberg-Hbf | 33, 34, 39 | |
| Mainz | 35, 36 | |
| Nürnberg-Hbf | –18.11.39 | |
| Lindau | 19.11.39–07.02.40 | |
| Nürnberg-Hbf | 08.02.40– | 12.43 |
| RBD Mainz | 12.43– | 43/44 |
| Wiesbaden | 43/44 | |
| Darmstadt | 06.45 | |
| Mainz | – | 07.46 |
| Wiesbaden | 07.46–01.08.47 | |
| Kempten | 02.08.47–25.05.50 | |
| Hof | 26.05.50–03.01.55 | |

Umbau in 18615 (11.03.55)

**18530**
JAM / 5874 / 1930
27.08.30/14.09.30

| | | |
|---|---|---|
| Nürnberg-Hbf | 09.30–30.12.35 | |
| Wiesbaden | 31.12.35– | 36 |
| Mainz | 36– | 46 |
| Nürnberg-Hbf | 07.11.46–22.07.48 | |
| Darmstadt | 16.01.49–11.10.53 | |

Umbau in 18605 (14.01.54)

**18531**
Henschel u. Sohn / 21731 / 1930
/01.07.30*

| | |
|---|---|
| Nürnberg-Hbf | 10.07.30–24.05.35 |
| Wiesbaden | 09.06.35–  06.36 |
| Mainz | 06.36–  09.36 |
| Wiesbaden | 09.36–15.05.39 |
| Bingerbrück | 16.05.39–17.11.42 |
| Darmstadt | 18.11.42–05.07.55 |

Umbau in 18623 (07.10.55)
* nach anderer Quelle 03.07.30

**18532**
Henschel u. Sohn / 21732 / 1930
16.06.30/01.07.30

| | |
|---|---|
| Nürnberg-Hbf | 05.07.30–25.04.35 |
| Darmstadt | 15.05.35–05.09.47 |
| München-Hbf | 09.11.47–29.12.47 |
| Darmstadt | 18.03.48–28.11.54 |

Umbau in 18614 (28.01.55)

**18533**
Henschel u. Sohn / 21733 / 1930
/  07.30

| | | |
|---|---|---|
| Osnabrück-Br. | 07.30– | 10.31 |
| Halle P | 10.31– | 04.32 |
| Wiesbaden | 04.32– | 34 |
| Mainz | 35– | 45 |
| Bingerbrück (abg.) | 45– | 11.46 |
| RBD Frankfurt (abg.) | 05.12.46– | + |
| Darmstadt (abg.) | 47 | |

+ 25.03.48 (Bombenschaden)

**18534**
Henschel u. Sohn / 21734 / 1930
/15.07.30

| | | |
|---|---|---|
| Osnabrück-Br. | 16.07.30–31.10.31 | |
| Halle P | 01.11.31– | 04.32 |
| Wiesbaden | 04.32– | 34 |
| Mainz | 34– | 46 |
| RBD München | 02.46– | 04.50 |
| Ingolstadt | 07.11.46– | |
| Treuchtlingen | 47 | |
| Ingolstadt | 49–05.04.50 | |
| Regensburg | 06.04.50– | 55 |

Umbau in 18619 (15.06.55)

**18535**
Henschel u. Sohn / 21735 / 1930
08.07.30/14.07.30

| | |
|---|---|
| Osnabrück-Br. | 17.07.30–10.11.31 |
| Halle P | 25.11.31–17.06.32 |
| Darmstadt | 29.07.32–22.01.46 |
| Treuchtlingen | 23.01.46–25.04.48 |
| Ingolstadt | 04.09.48–11.01.50 |
| Treuchtlingen | 12.01.50–30.01.50 |
| Regensburg | 27.05.50–26.10.53 |

Umbau in 18606 (20.02.54)

**18536**
Henschel u. Sohn / 21736 / 1930
30.06.30/16.07.30

| | | |
|---|---|---|
| Osnabrück-Br. | 17.07.30–31.10.31 | |
| Mainz | 01.11.31–30.10.46 | |
| Nürnberg-Hbf | 27.01.47–29.09.48 | |
| Darmstadt | 30.09.48– | 08.49 |
| Regensburg* | 08.49–26.04.50 | |
| Hof | 06.06.50–29.04.52 | |
| Regensburg | 30.04.52–10.11.54 | |

Umbau in 18613 (14.01.55)
* andere Quelle: Regensburg ab 30.05.50

**18537**
Henschel u. Sohn / 21737 / 1930
/  07.30

| | | |
|---|---|---|
| Osnabrück-Br. | 07.30– | 10.31 |
| Mainz | 11.31– | |
| Bingerbrück | 41 | |
| Mainz | –01.11.46 | |
| Darmstadt | 04.12.46–10.07.56 | |
| Lindau | 11.07.56– | 09.58 |
| Augsburg | 09.58– | + |

Z 02.60, + 14.07.60

**18538**
Henschel u. Sohn / 21738 / 1930
/  07.30

| | | |
|---|---|---|
| Osnabrück-Br. | 07.30– | 10.31 |
| Darmstadt | 11.31–14.01.56 | |
| Lindau | 27.02.56– | + |

Z 23.05.58, + 20.11.58

**18539**
Henschel u. Sohn / 21739 / 1930
30.06.30/21.07.30

| | | |
|---|---|---|
| Osnabrück-Br. | 22.07.30– | 10.31 |
| Darmstadt | 11.31–19.01.46 | |
| Treuchtlingen | 20.01.46– | 05.48 |
| Ingolstadt | 05.48–11.04.50 | |
| Hof | 12.04.50–19.03.54 | |
| Regensburg | 20.03.54– | 56 |

Umbau in 18629 (24.08.56)

**18540**
Henschel u. Sohn / 21740 / 1930
/30.07.30

| | |
|---|---|
| Osnabrück-Br. | 30.07.30–19.10.31 |
| Mainz | 05.11.31–10.12.31 |
| Darmstadt | 11.12.31–19.01.46 |
| München-Hbf | 03.05.46–29.02.48 |
| Ingolstadt | 01.03.48–12.01.50 |
| Treuchtlingen | 13.01.50–22.01.50 |
| Regensburg | 17.05.50–  55 |

Umbau in 18625 (17.12.55)

**18541**
Henschel u. Sohn / 21741 / 1930
29.07.30/30.07.30

| | |
|---|---|
| Darmstadt | 09.08.30–31.10.45 |
| München-Hbf | 27.02.46–20.09.46 |
| Treuchtlingen | 23.11.46–18.11.47 |
| München-Hbf | 19.11.47–09.12.47 |
| Ingolstadt | 03.04.48–08.01.50 |
| Treuchtlingen | 09.01.50–05.05.50 |
| Regensburg | 06.05.50–25.05.56 |
| Lindau | 26.05.56–  + |

Z 19.02.58, + 25.04.58
++ 1960

**18542**
Henschel u. Sohn / 21742 / 1930
/01.08.30

| | |
|---|---|
| Darmstadt | 04.08.30–22.03.54 |

Umbau in 18609 (08.05.54)

**18543**
Henschel u. Sohn / 21743 / 1930
/12.08.30

| | | |
|---|---|---|
| Darmstadt | 03.09.30–28.05.55 | |
| Lindau | 08.10.55– | 57 |

Umbau in 18630 (10.04.57)

**18544**
Henschel u. Sohn / 21 744 / 1930
11.08.30/13.08.30

| | |
|---|---|
| Darmstadt | 20.08.30–05.11.33 |
| Mainz | 06.11.33–06.02.34 |
| Darmstadt | 07.02.34–02.01.56 |

Umbau in 18 628 (23.03.56)

**18545**
Henschel u. Sohn / 21 745 / 1930
/19.08.30

| | | |
|---|---|---|
| Halle P | 09.30– | 03.34 |
| Wiesbaden | 04.34– | 09.36 |
| Mainz | 09.36– | 01.46 |
| Darmstadt | 23.11.46– | 08.47 |
| Kempten | 06.09.47–09.05.50 | |
| Hof | 10.05.50–16.09.53 | |
| Regensburg | 17.09.53–24.10.53 | |
| Hof | 25.10.53–03.12.53 | |
| Regensburg | 04.12.53– | 55 |

Umbau in 18 624 (24.11.55)

**18546**
Henschel u. Sohn / 21 746 / 1930
22.08.30/26.08.30

| | |
|---|---|
| Halle P | 29.08.30–01.10.32 |
| Wiesbaden | 10.11.32–28.09.36 |
| Mainz | 29.09.36–26.06.42 |
| Bingerbrück | 27.06.42–12.12.42 |
| Darmstadt | 13.12.42–11.08.47 |
| Kempten | 12.11.47–03.05.49 |
| Hof | 10.06.49–26.02.50 |
| Regensburg | 04.05.50–23.11.55 |

Umbau in 18 626 (08.02.56)

**18547**
Henschel u. Sohn / 21 747 / 1930
/24.09.30

| | | |
|---|---|---|
| Halle P | 25.09.30– | 03.34 |
| Wiesbaden | 04.34– | 02.35 |
| Mainz | 05.35– | 11.46 |
| Darmstadt | 23.11.46–25.03.53 | |

Umbau in 18 602 (10.06.53)

**18548**
Henschel u. Sohn / 21 748 / 1930
/01.11.30

| | | |
|---|---|---|
| Halle P | 03.11.30– | 03.34 |
| Wiesbaden | 03.34– | 09.36 |
| Mainz | 09.36– | 09.44 |
| Darmstadt | 08.46–12.02.55 | |

Umbau in 18 617 (04.05.55)

**18601 (521)**
JAM / 5689 / 1927
Abnahme nach Umbau: 16.03.53 (MF)

| | |
|---|---|
| LVA Minden | 17.03.53–14.08.53 |
| Darmstadt | 15.08.53–03.10.57 |

| | |
|---|---|
| Ulm | 04.10.57–18.04.61 |
| Lindau | 19.04.61– + |

Z 03.10.61, + 18.06.62

**18602 (547)**
Henschel u. Sohn / 21 747 / 1930
Abnahme nach Umbau: 10.06.53 (MF)

| | |
|---|---|
| Darmstadt | 11.06.53–02.07.53 |
| München-Hbf* | 03.07.53–14.10.53 |
| Darmstadt | 24.10.53–15.01.57 |
| Nürnberg-Hbf | 16.04.57–15.06.58 |
| Regensburg | 16.06.58–02.06.59 |
| Lindau | 03.06.59– + |

Z 02.12.63, + 01.07.64
* für Verkehrsausstellung München
1953.
Nach Ausmusterung Umbau auf Öl-
feuerung (AW Offenburg 1968/69) und
Verwendung als Heizlok in der BD Saarbrücken (Nr. 7009)
++ 1983 Saarbrücken (ausschließlich
Rahmen und Radsatz)

**18603 (525)**
JAM / 5693 / 1928
Abnahme nach Umbau: 03.07.53 (MF)

| | |
|---|---|
| Darmstadt | 04.07.53–24.09.57 |
| Lindau | 10.10.57– + |

Z 02.09.64, + 20.06.66
Nach Z-Stellung Weiterverwendung als
Heizlok in Ludwigshafen

**18604 (522)**
JAM / 5690 / 1927
Abnahme nach Umbau: 29.11.53 (MF)

| | |
|---|---|
| Darmstadt | 30.11.53–11.10.57 |
| Lindau | 02.01.58– + |

Z 30.09.61, + 04.12.61
++ AW Offenburg 1963 (Fahrgestell)
Der Kessel erhielt im AW Nied 1963 eine
L3-Untersuchung und wurde zur Vor-
heizanlage im Bww Köln-Bbf (++ 1969).

**18605 (530)**
JAM / 5874 / 1930
Abnahme nach Umbau: 14.01.54 (Ing)

| | |
|---|---|
| Darmstadt | 15.01.54–04.11.56 |
| Ulm | 11.04.57–27.03.61 |
| Lindau | 28.03.61– + |

Z 22.11.62, + 28.05.63
++ Feldkirchen 1965

**18606 (535)**
Henschel u. Sohn / 21 735 / 1930
Abnahme nach Umbau: 20.02.54 (Ing)

| | |
|---|---|
| Darmstadt | 20.02.54–08.09.57 |
| Lindau | 28.11.57– + |

Z 29.12.61, + 18.06.62
++ 1963

**18607 (527)**
JAM / 5695 / 1928
Abnahme nach Umbau: 25.03.54 (Ing)

| | |
|---|---|
| Darmstadt | 26.03.54–11.03.57 |
| Ulm | 29.05.57–29.07.61 |
| Lindau | 30.07.61– + |

Z 03.09.63, + 15.11.63
++ 1965 Feldkirchen

**18608 (518)**
JAM / 5670 / 1927
Abnahme nach Umbau: 15.04.54 (Ing)

| | |
|---|---|
| Darmstadt | 15.04.54–08.01.57 |
| Ulm | 09.01.57–29.05.61 |
| Lindau | 30.05.61– + |

Z 14.04.63, + 15.11.63
++ München 1966

**18609 (542)**
Henschel u. Sohn / 21 742 / 1930
Abnahme nach Umbau: 08.05.54 (Ing)

| | |
|---|---|
| Darmstadt | 08.05.54–12.02.57 |
| Lindau | 18.04.57– + |

Z 22.07.62, + 12.11.62
Nach Z-Stellung Weiterverwendung als
Heizlok im AW Nied.
++ 1964 Frankfurt/M-Ost

**18610 (523)**
JAM / 5691 / 1927
Abnahme nach Umbau: 29.05.54 (Ing)

| | |
|---|---|
| Darmstadt | 29.05.54–30.09.57 |
| Lindau | 01.11.57– + |

Z 17.03.62, + 12.11.62
Nach Z-Stellung Weiterverwendung als
Vorheizlok im Bf Lindau (1962/63). Ab
08.07.65 im AW München-Freimann für
Versuche an der Mittelpufferkupplung,
ab 1967 Fortsetzung in Minden. Vorder-
front und Radsatz blieben im »Deutschen
Dampflokmuseum Neuenmarkt« erhalten. Rest ++ 1976.

**18611 (509)**
JAM / 5661 / 1926
Abnahme nach Umbau: 04.12.54 (Ing)

| | |
|---|---|
| Hof | 04.12.54–30.03.55 |
| Regensburg | 31.03.55–20.05.55 |
| Nürnberg-Hbf | 21.05.55–02.10.58 |
| Lindau | 03.10.58–27.11.58 |
| Regensburg | 28.11.58–21.01.59 |
| Lindau | 22.01.59– + |

+ 01.07.64, ++ 1966 Karthaus

**18612 (520)**
JAM / 5672 / 1927
Abnahme nach Umbau: 15.12.54 (Ing)

| | |
|---|---|
| Hof | 18.12.54–21.05.55 |
| Nürnberg-Hbf | 22.05.55–10.02.58 |
| Lindau | 24.04.58–    + |

Z 19.02.64, + 01.07.64
Nach Ausmusterung Weiterverwendung
als Vorheizlok in Kempten (+ 1969).
Lok steht heute im »Deutschen Dampflokomotiv-Museum Neuenmarkt«.

**18613 (536)**
Henschel u. Sohn / 21 736 / 1930
Abnahme nach Umbau: 14.01.55 (Ing)

| | |
|---|---|
| Regensburg | 14.01.55–21.05.55 |
| Nürnberg-Hbf | 22.05.55–01.10.58 |
| Lindau | 02.10.58–    + |

Z 14.11.63, + 01.07.64,
++ München 1966

**18614 (532)**
Henschel u. Sohn / 21 732 / 1930
Abnahme nach Umbau: 28.01.55 (Ing)

| | |
|---|---|
| Darmstadt | 29.01.55–22.06.56 |
| Regensburg | 23.06.56–22.05.59 |
| Ulm | 23.05.59–02.10.61 |
| Lindau | 03.10.61–    + |

Z 25.01.65, + 28.04.65
++ 1965 (Fahrgestell) Karthaus
Kessel 1967 in Karthaus zur ++.

**18615 (529)**
JAM / 5873 / 1930
Abnahme nach Umbau: 11.03.55 (Ing)

| | |
|---|---|
| Hof | 12.03.55–01.07.57 |
| Regensburg | 02.07.57–31.05.59 |
| Lindau | 01.06.59–    + |

Z 28.03.64, + 28.07.64
++ 1965 Feldkirchen

**18616 (517)**
JAM / 5669 / 1926
Abnahme nach Umbau: 26.03.55 (Ing)

| | |
|---|---|
| Nürnberg-Hbf | 27.03.55–03.10.58 |
| Lindau | 04.10.58–    + |

Z 02.03.64, + 01.07.64
++ 1966 (Fahrgestell) Karthaus
Kessel 1967 im AW Trier noch vorhanden.

**18617 (548)**
Henschel u. Sohn / 21 748 / 1930
Abnahme nach Umbau: 04.05.55 (Ing)

| | |
|---|---|
| Nürnberg-Hbf | 05.05.55–04.06.58 |
| Augsburg | 05.06.58–23.06.58 |
| Lindau | 24.06.58–    + |

Z 28.09.64, + 30.10.64
++ Konstanz 1970

**18618 (510)**
JAM / 5662 / 1926
Abnahme nach Umbau: 27.05.55 (Ing)

| | |
|---|---|
| Nürnberg-Hbf | 28.05.55–24.03.57 |
| LVA Minden | 25.03.57–15.04.57 |
| Nürnberg-Hbf | 16.04.57–07.02.58 |
| Lindau | 08.02.58–    + |

Z 28.05.61, + 04.12.61
++ 1963

**18619 (534)**
Henschel u. Sohn / 21 734 / 1930
Abnahme nach Umbau: 15.06.55 (Ing)

| | |
|---|---|
| Regensburg | 16.06.55–09.04.59 |
| Ulm | 10.04.59–03.10.61 |
| Lindau | 04.10.61–    + |

+    15.11.63
++ München 1966

**18620 (514)**
JAM / 5666 / 1926
Abnahme nach Umbau: 02.07.55 (Ing)

| | |
|---|---|
| Regensburg | 03.07.55–14.12.57 |
| Ulm | 15.12.57–30.05.61 |
| Lindau | 31.05.61–    + |

Z 16.11.64, + 10.03.65
++ 1966 Karthaus

**18621 (526)**
JAM / 5694 / 1928
Abnahme nach Umbau: 12.08.55 (Ing)

| | |
|---|---|
| Nürnberg-Hbf | 13.08.55–08.02.58 |
| Lindau | 09.02.58–    + |

Z 23.08.61, + 04.12.61
++ Frankfurt/M-Ost

**18622 (511)**
JAM / 5663 / 1926
Abnahme nach Umbau: 09.09.55 (Ing)

| | |
|---|---|
| Hof | 10.09.55–08.10.57 |
| Ulm | 09.10.57–02.10.61 |
| Lindau | 03.10.61–    + |

Z 09.09.65, + 06.01.66, ++ Konstanz
1972. Am 01.09.65 als letzte $18^6$ unter
Dampf.

**18623 (531)**
Henschel u. Sohn / 21 731 / 1930
Abnahme nach Umbau: 07.10.55 (Ing)

| | |
|---|---|
| Hof | 07.10.55–05.10.57 |
| Regensburg | 06.10.57–09.04.59 |
| Ulm | 10.04.59–14.04.61 |
| Lindau | 16.04.61–    + |

Z 28.11.62, + 15.11.63
++ 1965 Frankfurt/M-Ost

**18624 (545)**
Henschel u. Sohn / 21 745 / 1930
Abnahme nach Umbau: 24.11.55 (Ing)

| | |
|---|---|
| Regensburg | 25.11.55–21.04.59 |
| Lindau | 09.07.59–    + |

Z 23.03.61*, + 04.12.61
++ 1963
* nach anderer Quelle 23.09.61

**18625 (540)**
Henschel u. Sohn / 21 740 / 1930
Abnahme nach Umbau: 17.12.55 (Ing)

| | |
|---|---|
| Regensburg | 18.12.55–31.05.59 |
| Lindau | 01.06.59–    + |

Z 11.01.61, + 29.05.61,
++ Blumau (Österreich) 1961

**18626 (546)**
Henschel u. Sohn / 21 746 / 1930
Abnahme nach Umbau: 08.02.56 (Ing)

| | |
|---|---|
| Regensburg | 09.02.56–29.05.59 |
| Lindau | 30.05.59–    + |

Z 09.12.61, + 28.06.62
++ 1964 Frankfurt/M-Ost
Nach Ausmusterung Heizlok im AW
Nied.

**18627 (524)**
JAM / 5692 / 1928
Abnahme nach Umbau: 28.03.56 (Ing)

| | |
|---|---|
| Hof | 29.03.56–10.04.56 |
| LVA Minden | 11.04.56–29.04.56 |
| Hof | 30.04.56–17.07.56 |
| Nürnberg-Hbf | 18.07.56–07.08.56 |
| Hof | 08.08.56–26.05.57 |
| Regensburg | 27.05.57–01.06.59 |
| Lindau | 02.06.59–    + |

Z 02.10.61, + 28.06.62, ++ 1965
Nach Ausmusterung Heizlok im AW Nied
und in Lindau.

**18628 (544)**
Henschel u. Sohn / 21 744 / 1930
Abnahme nach Umbau: 23.03.56 (Ing)

| | |
|---|---|
| Darmstadt | 24.03.56–17.06.57 |
| Ulm | 22.08.57–    + |

Z 15.05.61, + 28.05.63
++ 1966 München

**18629 (539)**
Henschel u. Sohn / 21 739 / 1930
Abnahme nach Umbau: 24.08.56 (Ing)

| | |
|---|---|
| Regensburg | 26.08.56–24.09.56 |
| LVA Minden | 25.09.56–13.10.56 |
| Regensburg | 14.10.56–27.10.57 |
| Ulm | 28.10.57–28.10.57 |
| LVA Minden | 29.10.57–22.11.57 |
| Ulm | 23.11.57–20.03.61 |
| Lindau | 21.03.61–    + |

Z 22.05.64, + 28.07.64
++ 1966

**18630 (543)**
Henschel u. Sohn / 21 743 / 1930
Abnahme nach Umbau: 10.04.57 (Ing)

| | |
|---|---|
| Lindau | 11.04.57–    + |

Z 03.04.65, + 06.01.66
++ 1970 Konstanz

**381** 18603 hat ihren Umbau im EAW München-Freimann gerade hinter sich und absolviert nun ihre Abnahmeprobefahrt. Aufnahme in Ingolstadt im Juli 1953.
Slg: C. Bellingrodt

# Literaturverzeichnis

Hoecherl/Kronawitter/Tausche: »S 3/6 – Star unter den Dampflokomotiven«, Stuttgart 1970

Düring: »Schnellzug-Dampflokomotiven der deutschen Länderbahnen 1907–22«, Stuttgart 1972

Deutsche Reichsbahn: »Beschreibung der Baureihe $18^5$«, Berlin 1932

Ritzau: »Eisenbahn-Katastrophen in Deutschland«, Landsberg 1979

Ritzau: »Kriterien der Schiene«, Landsberg 1978

Scheffler: »Das Bahnbetriebswerk Wiesbaden«, Wuppertal 1976

Braun/Hofmeister: »E 17 – Portrait einer deutschen Schnellzuglok«, München 1978

Braun/Hofmeister: »E 16 – Portrait einer bayerischen Schnellzuglok«, München 1977

Pieper: »Lokomotivverzeichnis der DR, DB und DR«, Krefeld o. Jg.

Böck: »18 528 – Geschichte einer bayerischen Schnellzuglok«, München 1978

Konzelmann: »Die Baureihe $01^{10}$«, Freiburg 1977

Wenzel: »Die Baureihe 01«, Solingen 1972

Wenzel: »Die Baureihe 03«, Freiburg 1977

van Kampen/Wenzel: »Die Baureihe $03^{10}$«, Freiburg 1978

Wenzel: »Die Baureihe 39«, Solingen 1971

Weisbrod/Müller/Petznick: »Dampflok-Archiv 1«, Berlin 1976

Diverse Kursbücher der K. Bay. Sts. B., DR und DB

Diverse Triebfahrzeug-Stationierungsverzeichnisse der Verlage Röhr und Eisenbahn-Kurier

Diverse Zeitschriftenartikel

Persönliche Aufschreibungen von Baron Ludwig von Welser (†)

Lüdecke: »Die Schiefe Ebene bei Neuenmarkt-Wirsberg«, Ulm 1981

Lüdecke: »Baureihe 96 – Gigant unter den Dampflokomotiven«, Stuttgart 1983

**382** Abschiedsfoto! 18 502 (Bw Augsburg) dampft am Morgen des 12. Dezember 1951 mit ihrem Personenzug Richtung Buchloe aus dem Augsburger Hauptbahnhof davon. Ob es noch einmal Dampfwolken einer S 3/6 zu sehen und zu riechen geben wird? Foto: DB